Moldflow 模流分析实例教程

史 勇 编著

化学工业出版社

·北京·

图书在版编目（CIP）数据

Moldflow模流分析实例教程/史勇编著．—北京：化学工业出版社，2019.1（2025.4重印）

ISBN 978-7-122-33206-6

Ⅰ.①M…　Ⅱ.①史…　Ⅲ.①注塑-塑料模具-计算机辅助设计-应用软件-教材　Ⅳ.①TQ320.66-39

中国版本图书馆CIP数据核字（2018）第242253号

责任编辑：贾　娜　　　　文字编辑：陈　喆
责任校对：宋　夏　　　　装帧设计：王晓宇

出版发行：化学工业出版社（北京市东城区青年湖南街13号　邮政编码100011）
印　　装：涿州市般润文化传播有限公司
787mm×1092mm　1/16　印张24¾　字数670千字　2025年4月北京第1版第9次印刷

购书咨询：010-64518888　售后服务：010-64518899
网　　址：http://www.cip.com.cn
凡购买本书，如有缺损质量问题，本社销售中心负责调换。

定　　价：128.00元

前言

随着我国模具行业的高速发展，模具制造业在大力发展的同时，模具企业之间的竞争也愈发激烈。客户对模具企业不断提出新的要求，希望模具品质越来越高，模具设计周期越来越短，模具价格越来越低。模具企业以经验为主的传统模式已无法满足客户的需要，引入模流分析正是打破这一瓶颈的有力工具。在珠江三角洲的大型模具制造企业中，模流分析部门已成为企业中不可缺少的一个重要部门，并且越来越发挥出重要作用。

笔者曾多次参加 Moldflow 公司的用户大会，现在一套 Moldflow 软件（只有基本模块）费用为 50 万元左右（最近又改为租用，每套每年大概 10 万元），成本如此高的软件可以为模具企业创造多少价值呢？实践证明，利用 Moldflow 软件进行模流分析可以验证模具设计是否存在缺陷，减少试模次数，缩短模具周期，降低模具成本，提高企业效率。

笔者总结了多年应用 Moldflow 的经验和教训，从企业实际需求出发，编写了本书。本书以实例解析的方式讲述了运用 Moldflow 软件进行模流分析的基本分析流程、评估标准及优化方法。全书共分为 10 章，每章一个实例，每个实例都有侧重点，分别详细讲解了模流分析基本流程及填充分析、冷却分析、保压分析、翘曲分析的分析流程、评估标准及优化方法，同时还介绍了产品优化方法、双色模分析流程、热流道模具分析流程及大型汽车保险杠模具针阀式热流道分析流程。

本书理论结合实际，由浅入深，以分析流程为主线，以评估标准为准则，以优化方法为重点，通过对实例操作的解读，全面学习了 Moldflow 的应用方法及分析技巧，致力于帮助读者不但学会模流分析流程，更习得解决实际问题的能力。

本书适用于从事产品设计、模具设计及注塑成型等相关工作的技术人员使用，也可供高校模具设计及制造专业的师生学习参考，还可为有志于成为模流分析工程师、模具设计工程师和注塑成型工艺师的读者提供帮助。本书内容贴合企业实际需求，讲解清晰，思路清楚，案例丰富，适合各个层次的读者阅读。

书中重要内容提供了视频讲解，扫描二维码即可观看学习。部分视频内容较多，容量较大，不便于扫码观看，已上传至出版社网站 www. cip. com. cn 中“资源下载”区，可下载学习。

本书由史勇编著，在编写过程中，得到了东莞优胜模具培训学校、东莞荣丰制模有限公司、东莞立盛精密模具制造有限公司领导的大力支持。特别感谢袁迈前、周川湘、张维合、陈国华、周平、陈迪清、周升霞、龚崇高、敬大敏、周金涛、葛红波、史国良等老师和朋友的鼎力支持与无私帮助。感谢一批又一批的学生对本书的殷殷期望，是你们的支持让我在编写本书时获得了极大的动力。

由于水平所限，书中不足之处难免，恳请读者朋友对书中的不足之处提出宝贵意见和建议，对此不胜感激。

编著者

目录

第1章 MP3外壳——入门实例

1.1 概述 …… 001
1.1.1 什么是模流分析 …… 001
1.1.2 模流分析的作用及价值 …… 001
1.1.3 模流分析的基本流程 …… 002
1.1.4 为什么要划分网格 …… 002
1.1.5 分析说明 …… 002
1.2 模型前处理 …… 003
1.2.1 从CAD软件导出模型 …… 003
1.2.2 导出模型的格式 …… 003
1.2.3 新建工程及导入 …… 005
1.3 网格划分及统计 …… 007
1.3.1 网格类型 …… 007
1.3.2 生成网格 …… 008
1.3.3 网格统计 …… 010
1.4 网格诊断及修复 …… 011
1.4.1 网格诊断 …… 011
1.4.2 网格修复 …… 019
1.5 成型窗口分析 …… 031
1.5.1 浇口位置指定 …… 031
1.5.2 设置分析序列 …… 031
1.5.3 选择材料 …… 032
1.5.4 成型窗口分析 …… 034
1.6 创建浇注系统 …… 041
1.6.1 型腔的布局 …… 042
1.6.2 流道系统向导 …… 044
1.7 创建冷却系统 …… 050
1.8 工艺参数设置 …… 054
1.8.1 设置分析序列 …… 054
1.8.2 工艺参数设置 …… 055
1.8.3 开始分析 …… 059
1.9 分析结果解读 …… 062
1.9.1 流动分析结果解读 …… 062
1.9.2 冷却分析结果解读 …… 071
1.9.3 翘曲分析结果解读 …… 074
1.10 分析优化 …… 075
1.11 优化结果 …… 079

第2章 手机中壳——填充分析

2.1 概述 …… 081
2.1.1 填充分析的目的 …… 081
2.1.2 填充分析的流程 …… 081
2.1.3 分析说明 …… 081
2.2 网格划分及修复 …… 082
2.3 浇口位置比较 …… 084
2.4 成型窗口分析 …… 088
2.5 填充平衡分析 …… 089
2.6 填充平衡评估及优化 …… 092
2.6.1 填充平衡评估标准 …… 092
2.6.2 填充平衡优化 …… 093
2.7 创建浇注系统 …… 094
2.8 流道平衡分析 …… 098
2.9 流道平衡评估及优化 …… 102
2.9.1 流道平衡评估标准 …… 102
2.9.2 流道平衡优化 …… 102

第3章 圆筒前壳——冷却分析

3.1 概述 …… 106
3.1.1 冷却分析的目的 …… 106
3.1.2 冷却优化分析的流程 …… 107
3.1.3 分析说明 …… 107
3.2 网格划分及修复 …… 107
3.3 浇口位置分析 …… 109
3.4 成型窗口分析 …… 112
3.5 创建浇注系统 …… 113
3.6 填充分析 …… 115
3.7 创建冷却系统 …… 118
3.8 冷却分析 …… 122
3.9 冷却分析结果评估标准 …… 127
3.10 冷却系统优化 …… 127
3.11 冷却优化分析及结果 …… 130

第4章 数码相机外壳——保压分析

4.1 概述 …………………………… 133
4.1.1 保压分析的目的 ………… 133
4.1.2 优化保压分析的流程 …… 133
4.1.3 分析说明 ………………… 134
4.2 网格划分及修复 …………… 134
4.3 浇口位置比较 ……………… 137
4.4 浇口位置优化 ……………… 141
4.5 成型窗口分析 ……………… 142
4.6 创建浇注系统 ……………… 143
4.7 流道平衡分析及优化 ……… 146
4.8 创建冷却系统 ……………… 150
4.9 冷却分析及优化 …………… 152
4.10 保压分析 ………………… 156
4.11 保压分析结果评估标准及优化方法 ………………… 162
4.12 保压分析优化及结果 …… 163
4.13 保压分析再次优化及结果 ……………………… 167

第5章 液晶电视外壳——翘曲分析

5.1 概述 …………………………… 172
5.1.1 翘曲分析简介 …………… 172
5.1.2 优化翘曲分析的流程 … 172
5.1.3 分析说明 ………………… 173
5.2 网格划分及修复 …………… 174
5.3 浇口位置比较 ……………… 176
5.4 浇口位置优化 ……………… 179
5.5 成型窗口分析 ……………… 181
5.6 创建浇注系统 ……………… 182
5.7 流道平衡分析及优化 ……… 185
5.8 创建冷却系统 ……………… 189
5.9 冷却分析及优化 …………… 191
5.10 保压分析及优化 ………… 196
5.11 翘曲分析 ………………… 206
5.12 翘曲分析结果评估标准及优化方法 ……………………… 210
5.13 翘曲分析优化及结果 …… 211

第6章 电气产品分线盒——优化产品

6.1 概述 …………………………… 215
6.2 网格划分及修复 …………… 215
6.3 浇口位置分析 ……………… 217
6.4 填充分析及优化 …………… 219
6.5 成型窗口分析 ……………… 220
6.6 创建浇注系统 ……………… 221
6.7 流道平衡分析及优化 ……… 222
6.8 创建冷却系统 ……………… 225
6.9 冷却分析及优化 …………… 226
6.10 优化产品及分析 ………… 229
6.11 保压分析及优化 ………… 233
6.12 翘曲分析及优化 ………… 243
6.13 Moldflow 分析报告 ……… 246

第7章 手机保护套——双色模分析

7.1 概述 …………………………… 260
7.2 双色模分析流程 …………… 261
7.3 3D 网格划分及修复 ……… 261
7.4 第一射浇口位置分析 ……… 264
7.5 第一射填充分析及优化 …… 267
7.6 第一射保压分析及优化 …… 272
7.7 重叠注塑浇口位置分析 …… 279
7.8 重叠注塑填充分析及优化 ……………………………… 282
7.9 重叠注塑保压分析及优化 ……………………………… 286
7.10 双色模翘曲分析及优化 … 293

第8章 打印机前门——热流道系统

8.1 概述 …………………………… 297
8.2 CAD Doctor 的前处理 …… 298

8.3 网格划分及修复 …………………… 301
8.4 浇口位置分析 …………………… 303
8.5 成型窗口分析 …………………… 306
8.6 创建热流道浇注系统 ……………… 306
8.7 填充分析及优化 ………………… 308
8.8 创建冷却系统 …………………… 310
8.9 冷却分析及优化 ………………… 312
8.10 保压分析及优化 ………………… 315
8.11 翘曲分析及优化 ………………… 322

第 9 章 汽车后视镜——热流道转冷流道

9.1 概述 ……………………………… 325
9.2 网格划分及修复 ………………… 326
9.3 限制性浇口位置分析 …………… 327
9.4 成型窗口分析 …………………… 330
9.5 创建浇注系统 …………………… 331
9.6 填充分析及优化 ………………… 332
9.7 创建冷却系统 …………………… 338
9.8 冷却分析及优化 ………………… 339
9.9 保压分析及优化 ………………… 343
9.10 翘曲分析及优化 ………………… 354

第 10 章 汽车保险杠——针阀式热流道

10.1 概述 …………………………… 357
10.2 网格划分及修复 ………………… 358
10.3 浇口位置选择 ………………… 360
10.4 成型窗口分析 ………………… 361
10.5 阀浇口热流道系统创建 … 363
10.6 填充分析及优化 ……………… 366
10.7 创建冷却系统 ………………… 373
10.8 冷却分析及优化 ……………… 374
10.9 保压分析及优化 ……………… 378
10.10 翘曲分析及优化 ……………… 388

第 1 章

MP3 外壳——入门实例

1.1 概述

初识模流

1.1.1 什么是模流分析

模流分析实际上就是指运用计算机数据模拟方法结合有限元分析，通过电脑完成塑料熔体在模具内的填充、保压、冷却过程的模拟仿真，模拟模具注塑的过程，得出塑料熔体的温度场、压力场和速度场的分布，从而预测填充、保压、冷却过程中出现的各种问题。针对各种问题可对模具的方案进行可行性评估，完善模具设计方案及优化产品设计方案，从而缩短产品的生命周期，减少试模次数，降低模具成本。塑胶模具模流分析常用软件有 Autodesk Moldflow、Moldex3D 等，本书以 Autodesk Moldflow 2017 进行讲解。

1.1.2 模流分析的作用及价值

编者参加过多次 Moldflow 公司的发布会，现在一套 Moldflow 软件（只有基本模块）的费用大概人民币五十多万元，这么贵的软件到底可以为企业做些什么呢？Moldflow 可以

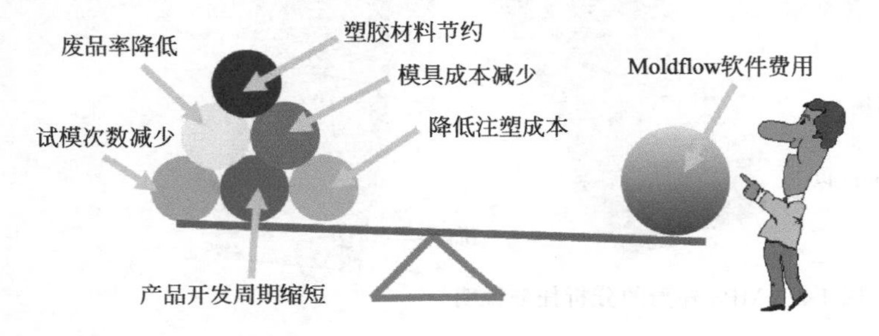

网格简介

使整个产品的开发周期缩短，试模次数减少，降低模具成本，注塑成本节约 6%～8%，塑胶材料节约 2%～3%，废品率降低 1%，特别对于高精度、大型复杂的产品，可以大大地降低成本，所以现在越来越多的公司开始使用 Moldflow 软件。

1.1.3　模流分析的基本流程

图 1-1 为常规模型 Moldflow 的基本分析流程。

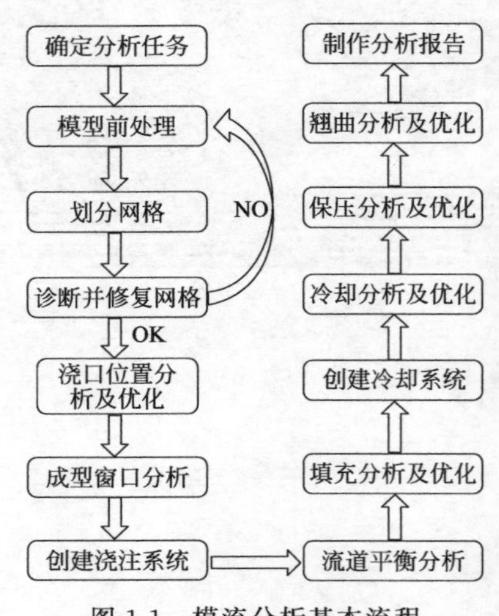

图 1-1　模流分析基本流程

1.1.4　为什么要划分网格

在整个模流分析的过程中，划分并修复网格会占用大量的时间，为什么要划分网格呢？因为 Moldflow 是一个有限元分析，有限元分析是用较简单的问题代替复杂问题后再求解。它将求解域看成是由许多称为有限元的简单而又相互作用的元素（单元）组成，对每一单元假定一个合适的（较简单的）近似解，然后推导求解这个域总的满足条件（如结构的平衡条件），从而得到问题的解，就是用有限数量的未知量去逼近无限未知量的真实系统。这个解不是准确解，而是近似解，因为实际问题被较简单的问题所代替。由于大多数实际问题难以得到准确解，而有限元不仅计算精度高，而且能适应各种复杂形状，因而成为行之有效的工程分析手段。

举个例子，我们都学过一篇课文叫《曹冲称象》。在古代由于技术原因，没有那么大的秤能称起一头大象的重量。曹冲想了一个很聪明的办法，先把大象装到一艘船上，在船下沉的位置画一条线，然后把大象赶下船，向船上装小块的石头，等船下沉到线时，所有小块石头的重量就等于大象的重量，把每一块石头的重量相加就是大象准确的重量。这就像模流分析无法一次分析整个产品，就把产品划分成一个个的有限三角形网格单元，通过对每个单元的计算，从而得出整个产品的计算结果，当然，实际的模流分析会相互关联，比此例更为复杂。

1.1.5　分析说明

本章以 MP3 外壳实例分析，学习 Moldflow 的基本流程。通过本章的学习，可对 Moldflow 的分析流程有初步的认识；会使用模型的导入，网格的划分，网格的诊断及修复，能够创建浇注系统和冷却系统，能够对浇口位置分析、成型窗口分析、填充分析、冷却分析、保压分析、翘曲分析有初步的了解；能够设定分析次序、材料和工艺设置。

MP3 外壳的分析任务说明如图 1-2 所示。

分析任务说明：
①材料：ABS＋PC
②穴数：1×2
③确认分析任务
- 流动平衡——浇口位置
- 成型性——注塑压力、锁模力
- 模具设计——流道系统、冷却系统
- 产品外观——熔接痕、气穴
- 装配要求——Z 方向翘曲在 0.5mm 以下

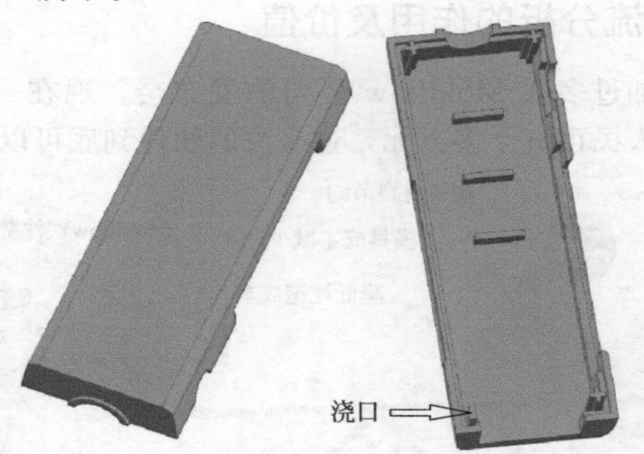

图 1-2　MP3 外壳的分析任务说明

1.2　模型前处理

模型前处理

1.2.1　从 CAD 软件导出模型

① 由于 Moldflow 软件中的建模功能不是很强大，通常情况下模型都是从其他 CAD 软件转换而来，如 Unigraphics NX、Pro/E、Solidworks、CATIA。本书以 Unigraphics NX 软件来讲解导出模型。双击打开 UG 软件，选择“文件”→“打开”，打开如图 1-3 所示的文档。

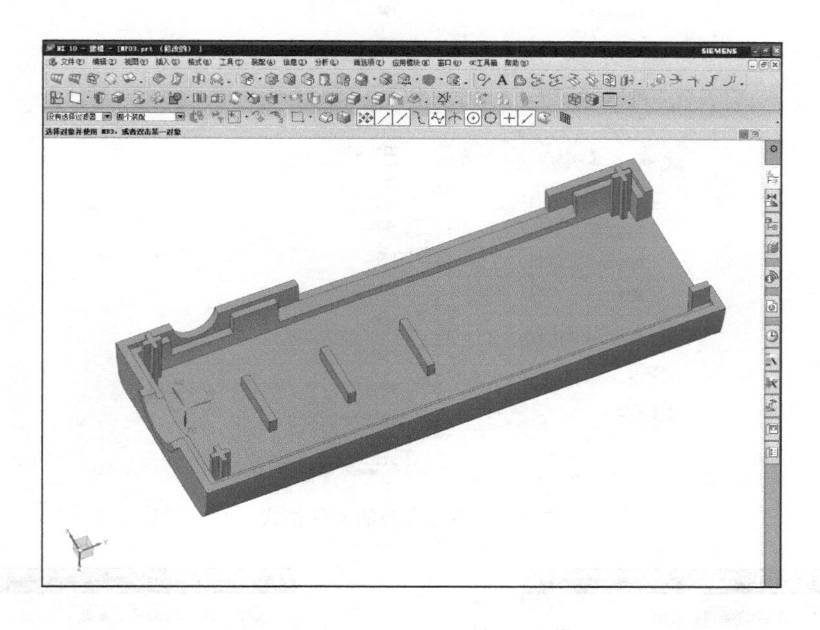

图 1-3　Unigraphics NX 打开的模型

② 在导出之前，最好先把模型摆正，把模型的出模方向朝向正 Z 轴方向，虽然在 Moldflow 软件中也可以摆正，但在 UG 中会更方便一点。如果模型比较复杂，还要对模型进行处理，如去除模型上的小圆角或小 C 角，否则导出的模型在划分网格时质量不高，会导致分析精度降低甚至分析失败。选择“文件”→“导出”，如图 1-4 所示。

1.2.2　导出模型的格式

Moldflow 可以导入的模型格式主要有三种：IGS、STL、STP。一般情况下，如果模型没有乱面，则使用 IGS 格式导入的模型，在进行网格划分时，网格的质量会比较好；如果模型有乱面，则建议优先使用 STLS 格式。当 Moldflow 安装有 MDL 时，则建议优先使用 STP 格式。现在高版本的 Moldflow 软件在安装时会自动安装 MDL。

(1) IGS 格式

CAD 文件的通用格式，主要包含面和线。UG 中导出 IGS 格式：“文件”→“导出”→“IGES”，如图 1-5 所示，在“导出至”选项中要选定导出文件的目录及 IGS 的文件名。如图 1-6 所示，在“模型数据”，如果整个文件只有一个实体，可以选择“整个部件”，如果文件中有多个实体，则选择“选定的对象”后选要导出的实体。

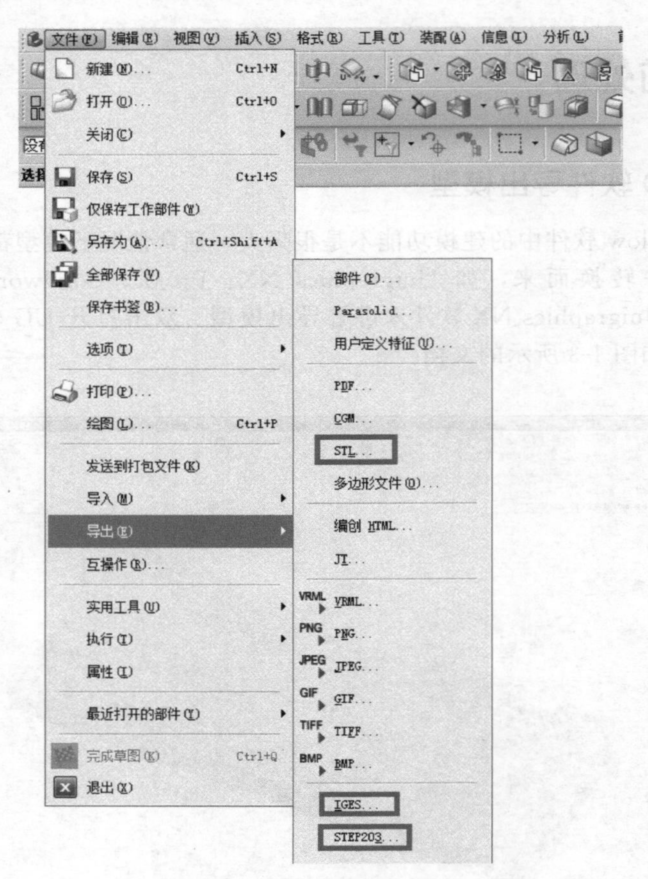

图 1-4　导出模型的文件格式

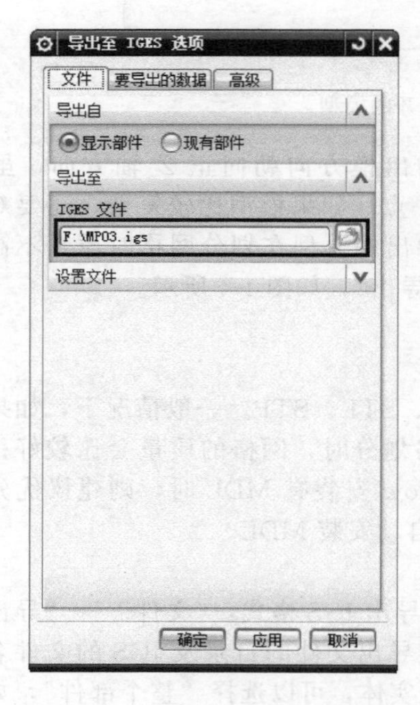

图 1-5　导出 IGS 文件的目录

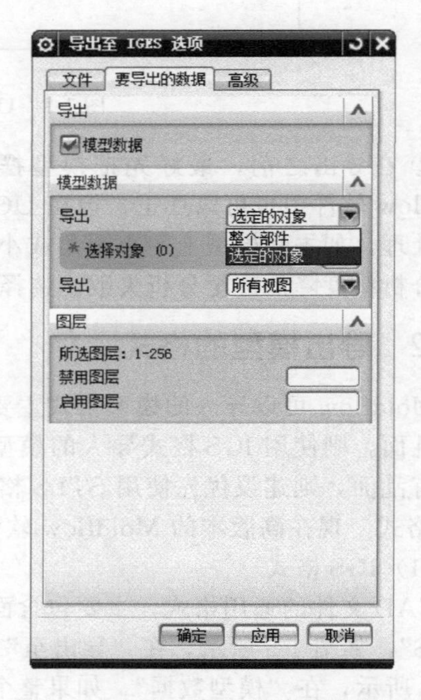

图 1-6　导出 IGS 文件的选择对象

(2) STL 格式

三角形面。UG 中导出 STL 格式："文件"→"导出"→"STL"，如图 1-7 所示，点击"确定"后会要求选择目录及文件名。

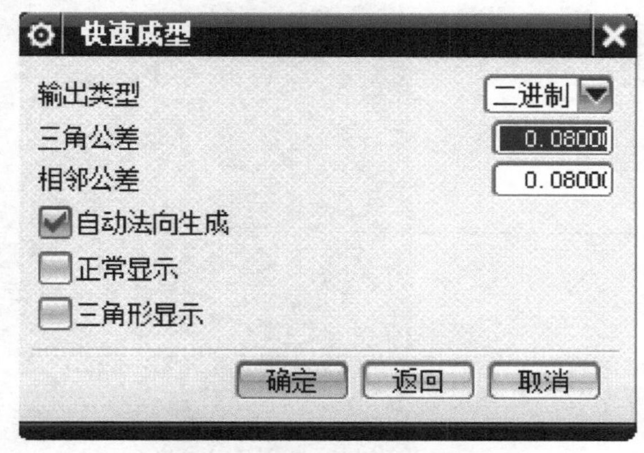

图 1-7　导出 STL 格式对话框

(3) STP 格式

CAD 文件的通用格式，主要包含实体。UG 中导出 STP 格式："文件"→"导出"→"STP"，如图 1-8 所示，在"导出至"选项中要选定导出文件的目录及 STP 的文件名。如图 1-9 所示，在"模型数据"，如果整个文件只有一个实体，可以选择"整个部件"，如果文件中有多个实体，则选择"选定的对象"后选要导出的实体。

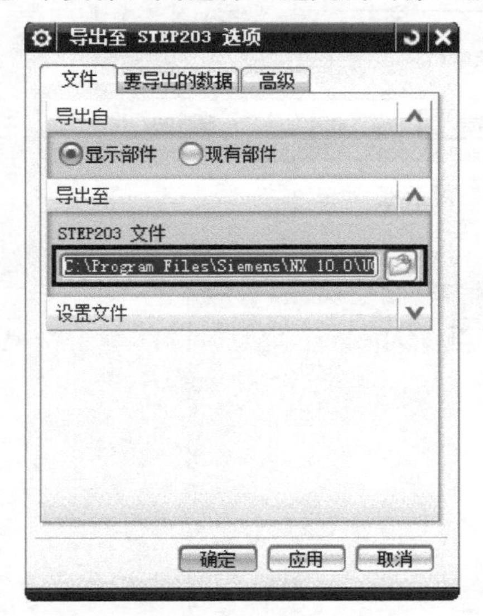

图 1-8　导出 STP 文件的目录

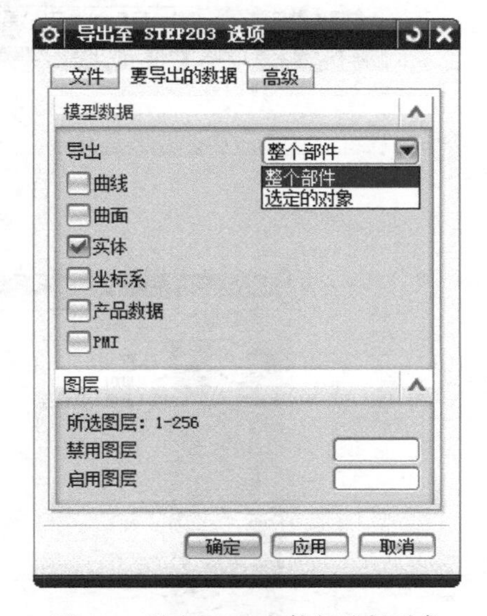

图 1-9　导出 STP 文件的选择对象

1.2.3　新建工程及导入

① 双击启动 Moldflow 软件，初始界面如图 1-10 所示。

② 选择"开始并学习"→"创建新工程"，如图 1-11 所示，在"工程名称"中输入工程名"MP01"，在"创建位置"中可通过"浏览"选择正确的目录位置。

③ 选择"主页"→"导入"，如图 1-12 所示。选中"MP01.igs"文件。出现如图 1-13 所示的对话框，在导入的网格类型中选择"双层面"。

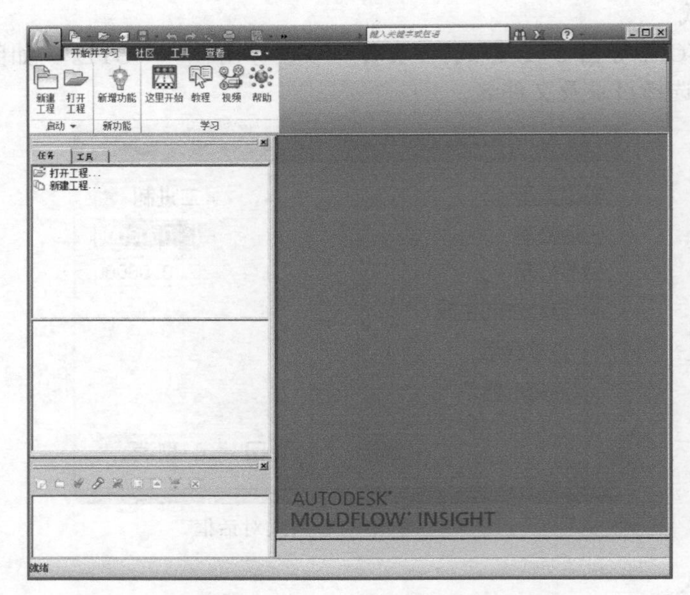

图 1-10 Moldflow 软件的初始界面

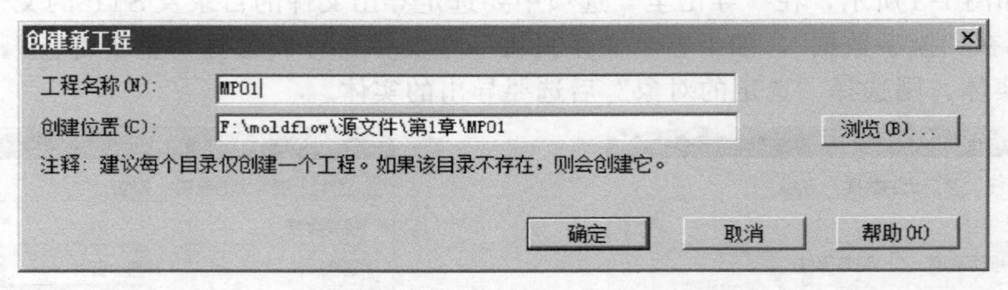

图 1-11 “创建新工程”对话框

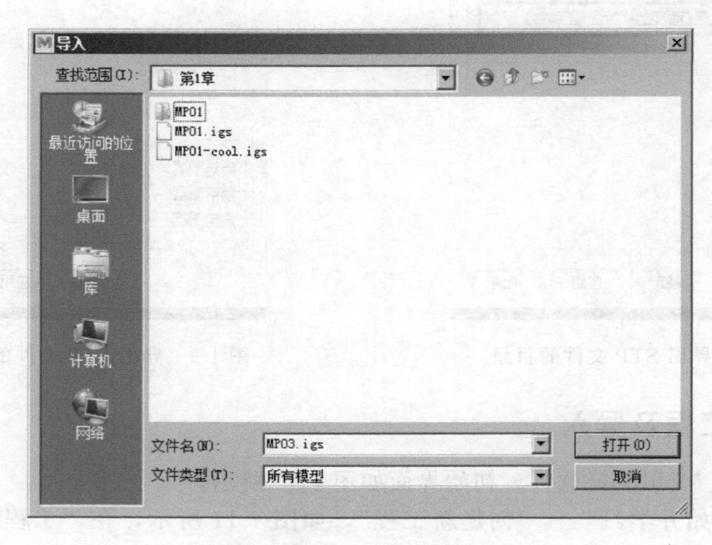

图 1-12 “导入”对话框

④ 模型导入的结果如图 1-14 所示。

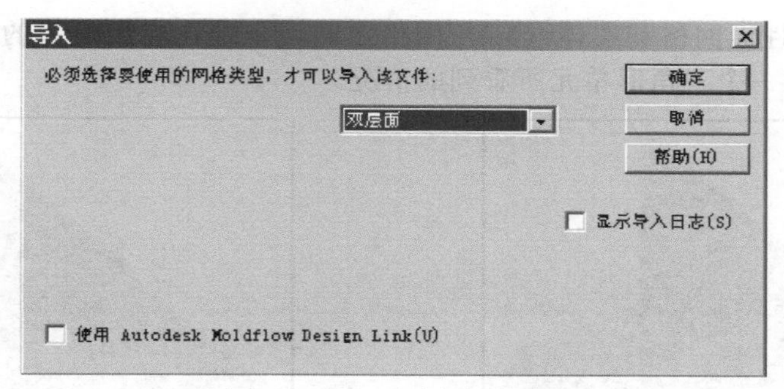

图 1-13　导入时选择网格类型

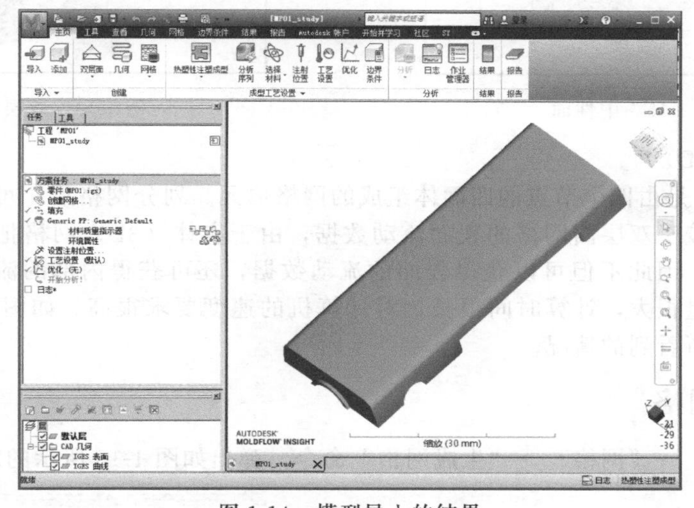

图 1-14　模型导入的结果

1.3　网格划分及统计

网格划分及统计

Moldflow 进行模型分析之前，必须生成网格模型，划分网格的原因，可以参照第 1.1 节的“为什么要划分网格”。

1.3.1　网格类型

Moldflow 的网格类型有三种，分别为：中性面、双层面和实体（3D）。中性面是最早的网格类型，其特点是速度快，但精度不高。随着计算机硬件的发展，现在网格划分的主流是双层面网格，将来计算机的速度越来越快，实体（3D）网格将成为主流。

（1）中性面

中性面（midplane）：取模型的中间层面来代替整个模型进行分析。划分风格后，由三个节点组成的三角形单元形成单层网格。中性面网格分析时间较短，但精度不高，而且局部区域形状需等效处理，前修改时间较长，一般用于薄壁塑料产品。如图 1-15 所示为移动一个三角形单元所看到的情况。

（2）双层面

双层面（fusion）：取模型的外表面（或者叫上表面和下表面）代替整个模型进行分析。划分网格后，由三个节点组成的三角形单元形成上表面和下表面双层网格。双层面网格的优点和缺点都介于中性面网格和实体（3D）网格之间，是现在应用最多的一种网格类型。如图 1-16 所示为移动一个三角形单元所看到的情况。

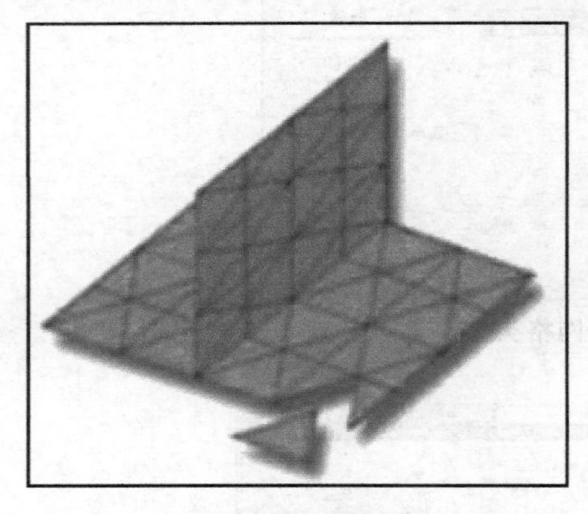

图 1-15　中性面

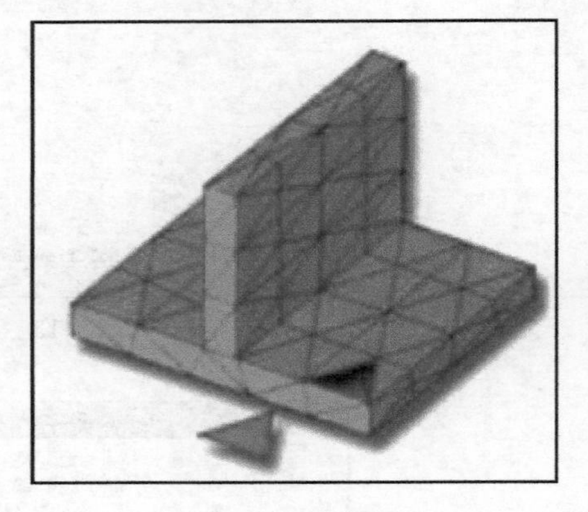

图 1-16　双层面

（3）实体（3D）

实体（3D）：是由四个节点的四面体组成的网格单元。划分网格后，可以真实地模拟塑料的流动。相比较于双层面网格的表面流动数据，由于实体（3D）网格把模型在厚度方面流动考虑进去了，因此不但可以获得表面的流动数据，还可获得内部的流动数据，精度最高，同时计算数量很大，计算时间很长，对计算机的速度要求很高。如图 1-17 所示为移动一个三角形单元所看到的情况。

1.3.2　生成网格

单击“网格”→“网格”→“生成网格”命令，弹出如图 1-18 所示的对话框。

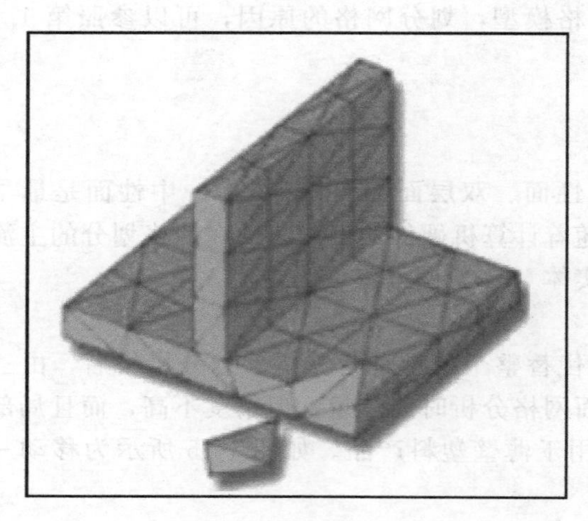

图 1-17　实体（3D）

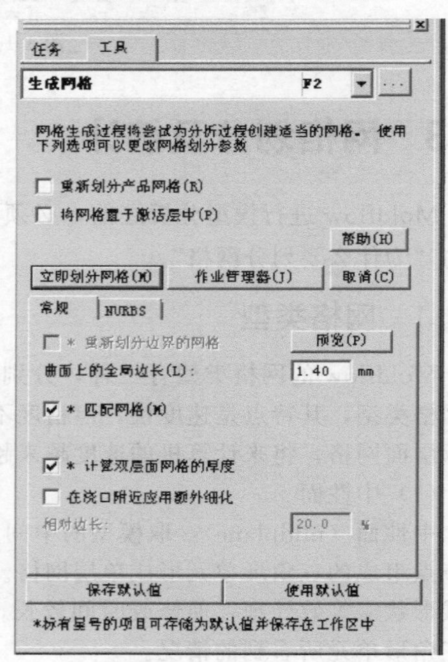

图 1-18　“生成网格”对话框

①“重新划分产品网格”：对于已经存在的网格模型重新进行网格划分。

②“将网格置于激活层中”：将划分的网格放置到激活层中。

③“曲面上的全局边长”：指定网格边长的值。此值的大小控制着网格的质量和网格的数量，一般情况下，此值取模型平均壁厚的 1.5～2 倍，网格的数量尽量控制在 5 万个之内，否则计算的时间会加长，此值应该多试几次，找到最佳的网格质量。

④“匹配网格”：选中复选框，可以自定义弦高值，用于设置边缘角的弦高。

⑤“NURBS”中的“启用弦高控制”：适用于 STL 文件并适用于圆弧或圆孔较多的模型，可改变网格的工整度。

⑥“NURBS”中的“合并公差”：可自动合并小于此值的两个节点，而消除一些几何狭长的三角形单元。

单击“预览”按钮，可以预览模型的生成效果，所有的设置完成后，单击“立即划分网格”按钮，直接生成网格，同时弹出网格日志，如图 1-19 所示，显示正在分析的结果。生成网格后如图 1-20 所示。

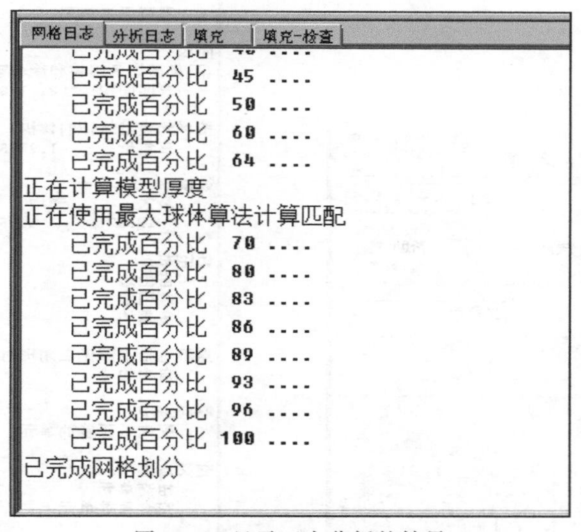

图 1-19　显示正在分析的结果

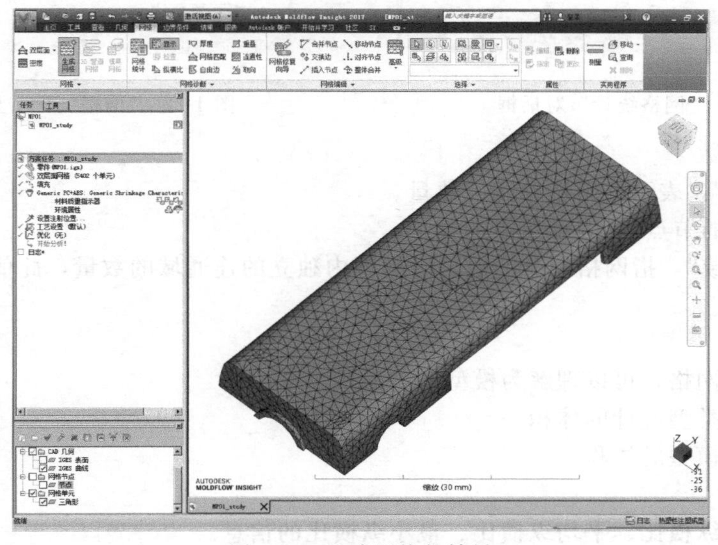

图 1-20　生成网格的结果

1.3.3 网格统计

Moldflow划分的网格一般都存在着或多或少的缺陷，“网格统计”用来对已划分完的网格进行统计，检验已划分好的网格是否存在缺陷。根据统计的结果，如果网格的缺陷不是很严重，可以进行网格诊断和修复。如果网格的缺陷非常严重，则要重新划分网格。不好的网格质量会导致分析结果的准确性降低，严重时甚至会导致分析失败。

选择“网格统计”命令，弹出如图1-21所示的对话框，在“单元类型”中选择“三角形”选项后，单击“显示”后，则在下方显示，如图1-22所示。

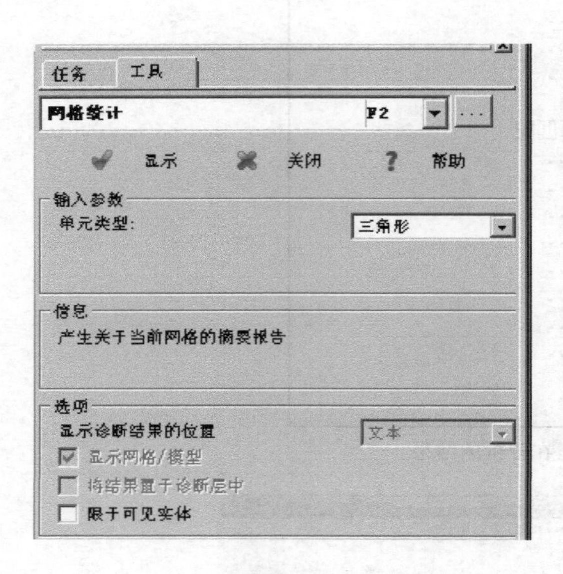

图1-21　“网格统计”对话框

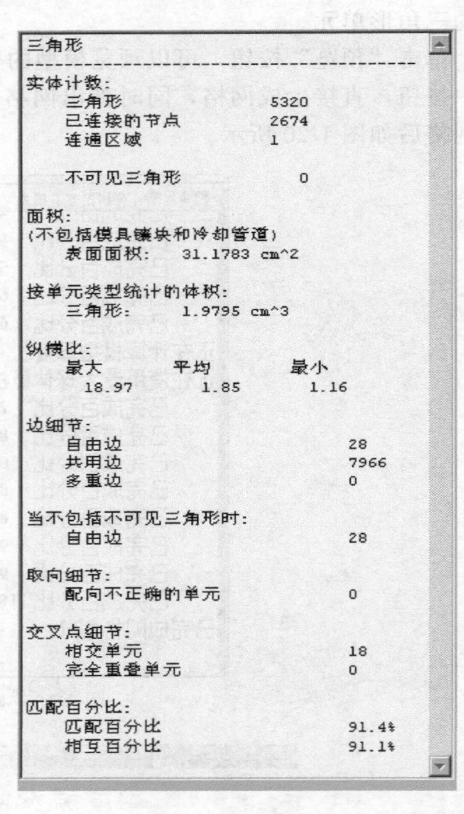

图1-22　“网格统计”显示结果

（1）实体计数

①“三角形”：表示三角形单元的数量。

②“已连接的节点”：表示节点的数量。

③“连通区域”：指网格划分完成后，模型内独立的连通域的数量，此值应为1，否则说明模型存在问题。

（2）面积

对于双层面网格，可以理解为模型的表面积。

（3）按单元类型统计的体积

可以理解为模型的体积。

（4）纵横比

三角形最大纵横比、平均纵横比、最小纵横比的信息。

三角形的纵横比指三角形最长边与三角形高的比值，值越大，说明三角形是一个比较狭长的三角形，值越小，三角形接近等边三角形，在 Moldflow 中认为等边三角形是最好的纵横比网格单元。纵横比对分析结果的计算的精确性影响很大，在中性面和双层面网格的分析中，纵横比的推荐最大值是 6，Moldflow 2017 新版本的纵横比推荐最大值是 20。在实体（3D）网格中，纵横比推荐的最大和最小值分别为 50 和 5，平均应该在 15 左右。

（5）边细节

①“自由边”：表示一个三角形单元或三维单元的某条边与周围的三角形的边没有共用，在双层面和实体（3D）类型的网格中，不允许有自由边。

②“共用边”：表示两个三角形或三维单元共用的一条边，在双层面网格中，只存在共用边。

③“多重边”：表示与两个以上实体连接的网格边。所谓边就是连接两个网格节点的线段。在双层面类型的网格中，多重边的数量必须为“0”。

（6）取向细节

“配向不正确的单元”：必须保证为“0”。可用“网格”→“网格修复”→“全部取向”进行修复。

（7）交叉点细节

①“相交单元”：表示不同平面上的单元相互交叉的情况。相交单元的数量必须保证为“0”。

②“完全重叠单元”：表示单元的重叠情况，一种情况是单元部分重叠，另一种情况是单元完全重叠。完全重叠单元的数量必须为“0”。

（8）匹配百分比

“匹配百分比”：表示模型上下表面网格单元的相互匹配程度，仅针对双层面类型的网格。对于“填充＋保压”分析，网格的匹配率要大于 85%；对于“翘曲”分析，网格的匹配率要大于 90%。网格的匹配率太低，会导致分析的精度降低，甚至会导致分析失败，应该重新划分网格。

（9）本例网格统计结果

在本例的三角形统计结果中最大纵横比 18.67，最好修复到 6 以下，自由边有 28 条，需要修复到 0，相交单元 18 个，需要修复到 0，网格匹配率达到了 91.44%，完全达到要求，其他选项均合格。

1.4　网格诊断及修复

1.4.1　网格诊断

网格诊断的目的是找出具体的网格缺陷，通过不同的诊断工具，可以查找出各种不同的网格缺陷，网格诊断为后面的网格修复提供指引。选择“网格”→“网格诊断”并单击后面的倒三角按钮，可将隐藏的网格诊断命令显示出来，如图 1-23 所示。

（1）纵横比诊断

纵横比诊断是网格诊断中用得最多的一种诊断。网格纵横比是指三角形单元最长边与高的比值，其值越大，则三角形单元越接近于一条直线，在分析中不允许有这种三角形单元，纵横比诊断就是为了查找这些三角形单元的具体存在位置和数量，并用引线的形式从大到小用不同的颜色进行标示。

单击“纵横比”按钮，弹出如图 1-24 所示的对话框。

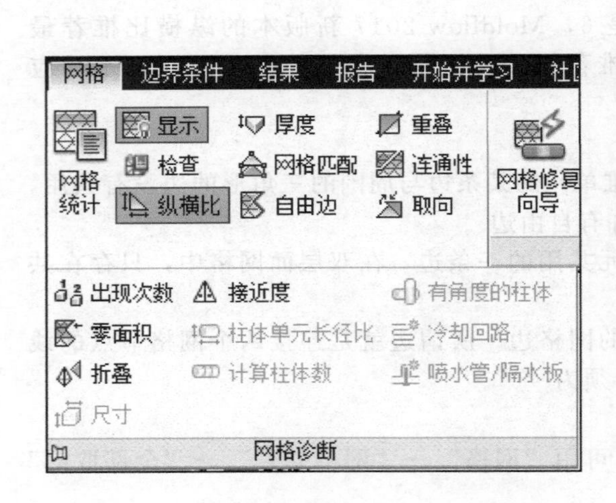

图 1-23 “网格诊断”命令组

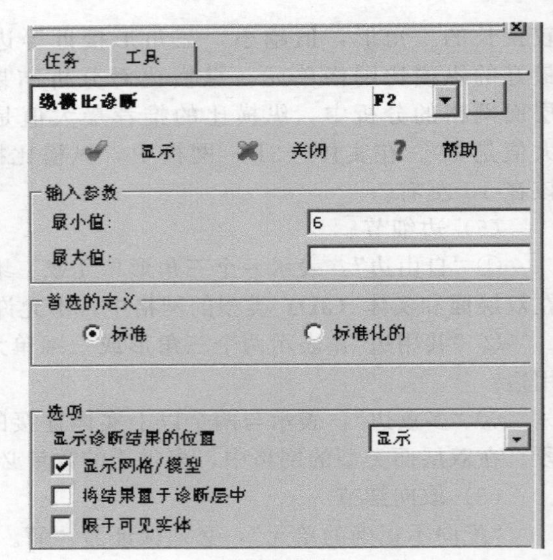

图 1-24 “纵横比诊断”对话框

①“输入参数”：表示纵横比推荐的最小值与最大值。纵横比推荐的最小值旧版本为6～8，2017版推荐的最小值为20。“最大值”一般都显示为空，这样模型中比最小值大的单元在诊断结果中显示。

②“首选的定义”：包括“标准”和“标准化的”，都是计算三角形单元纵横比的格式。“标准”格式的主要目的是与低版本的网格纵横比兼容，一般推荐使用“标准化的”。

③“显示诊断结果的位置”：有两个选项分别为“显示”和“文本”。“显示”结果，系统用不同颜色的指引线指出纵横比大小不同的单元，如图1-25所示，单击指引线，高亮显示指引线所指的网格单元。如果选择“文本”，诊断结果以文本的形式显示，如图1-26所示。

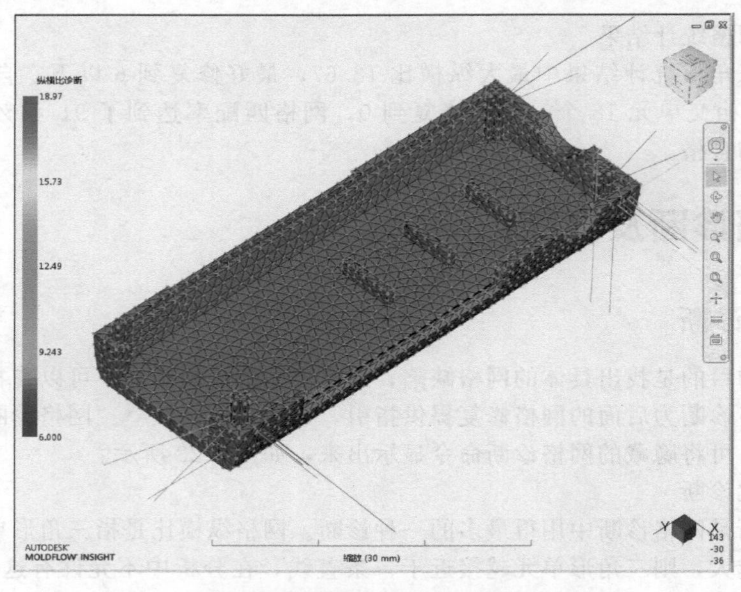

图 1-25 “纵横比诊断”显示结果

④“将结果置于诊断层中”：选择此复选框后，会把诊断出的纵横比单元放入一个新建

的“诊断结果”层中。

（2）自由边诊断

自由边诊断的目的是查找自由边的数量及具体位置。自由边出现的情况主要分为两种：一种是与其他三角形单元的边未共享，一种是模型中的非结构性孔洞缝隙周围的边。最典型的实例是，删除任何一个三角形单元，就会产生三条自由边。

单击“自由边”按钮，弹出如图 1-27 所示的对话框。

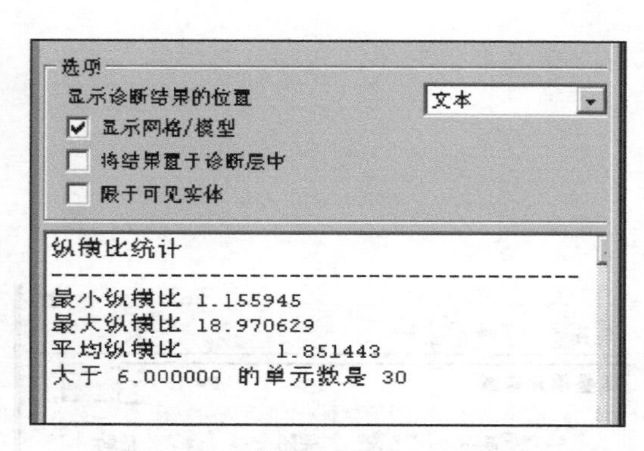

图 1-26　“纵横比诊断”文本结果

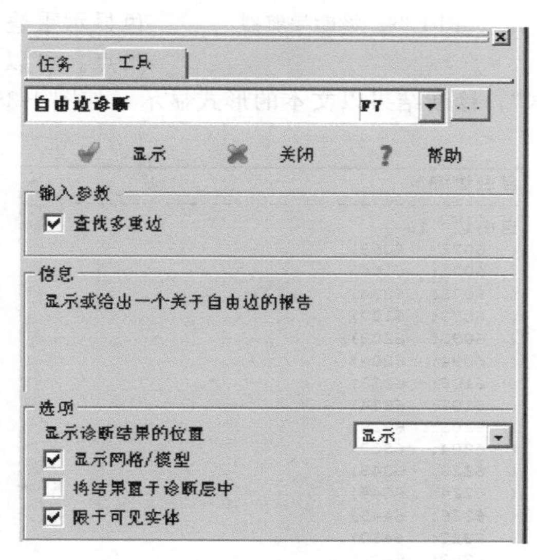

图 1-27　“自由边诊断”对话框

①“查找多重边”：选中复选框，表明诊断的结果中包含多重边。

②“显示诊断结果的位置”：有两个选项，分别为“显示”和“文本”。“显示”的结果如图 1-28 所示，图中比色卡由两种颜色表示，上端颜色显示自由边的位置，下端颜色显示多重边的位置。本例有 28 条自由边，多重边没有。可以通过“诊断导航器”中“起点”按钮找到第一条自由边，或者选择“终点”按钮查找最后一条自由边，可通过“上一步”或“下一步”按钮查找下一条自由边，如图 1-29 所示。如果选择“文本”，诊断结果以文本的形式显示，如图 1-30 所示。

③“将结果置于诊断层中”：选择此复选框后，会把诊断出的自由边单元放入一个新建的“诊断结果”层中。

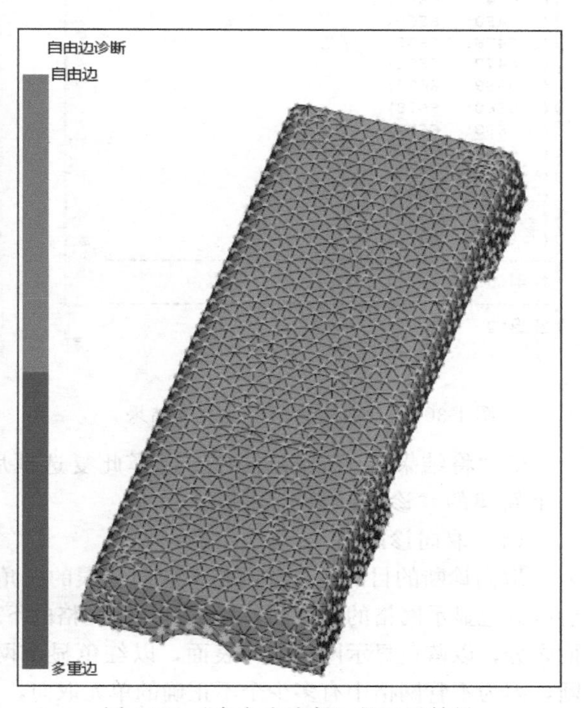

图 1-28　“自由边诊断”的显示结果

（3）重叠单元诊断

重叠单元诊断的目的是查找网格中重叠和相交的三角形单元的具体位置和数量。重叠是指有两个共面单元交叉，而相交是指有非共面单元交叉。

图 1-29 诊断导航器

单击“重叠”按钮，弹出如图 1-31 所示的对话框。

①“输入参数”有两个选项：“查找交叉点”和“查找重叠”，分别确定相交单元和重叠单元的具体位置。

②“显示诊断结果的位置”：有两个选项，分别为“显示”和“文本”。“显示”的结果如图 1-32 所示，图中比色卡由两种颜色表示，上端颜色显示交叉点的位置，下端颜色显示重叠单元的位置，本例没有重叠单元，只有 18 个交叉点。可以通过“诊断导航器”一一查看。如果选择“文本”，诊断结果以文本的形式显示，如图 1-33 所示。

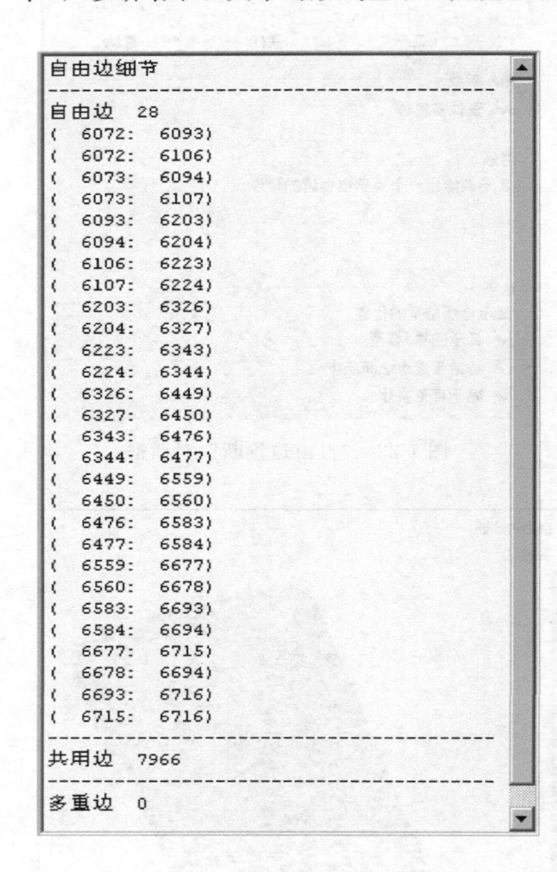

图 1-30 “自由边诊断”的文本结果

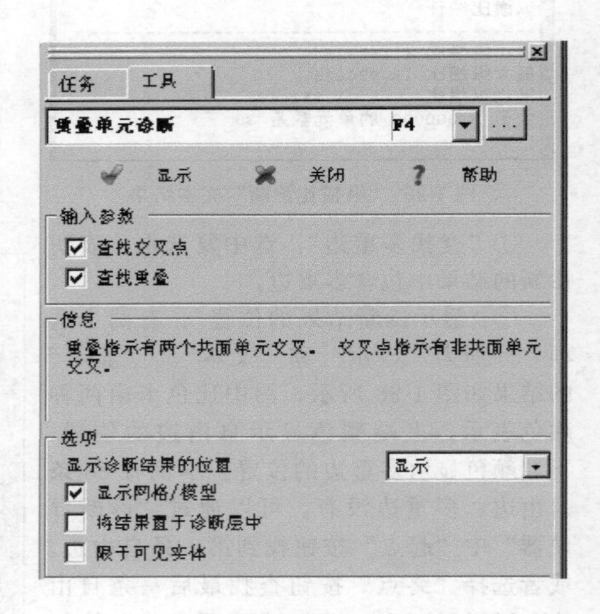

图 1-31 “重叠单元诊断”对话框

③“将结果置于诊断层中”：选择此复选框后，会把诊断出的相交单元和重叠单元放入一个新建的“诊断结果”层中。

（4）取向诊断

取向诊断的目的是查找网格中取向错误的三角形单元的具体位置和数量。对于中性面网格，会以蓝色显示网格的上表面，以红色显示网格的下表面。对于双层网格，网格单元会有内、外表面之分，以蓝色显示网格的外表面，以红色显示网格的内表面。一般情况下，不用进行取向诊断，因为不管网格中有多少个不正确的单元取向，只需执行“网格”→“网格修复”→“全部取向”命令，可以一次性修复所有取向错误的单元，因此，“取向”命令基本不用。

单击“取向”命令，弹出如图 1-34 所示的对话框。

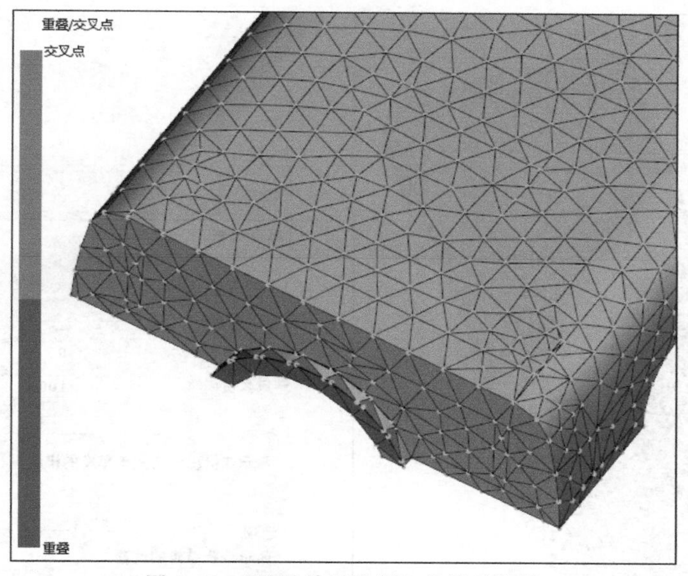

图 1-32 “重叠单元诊断”的显示结果

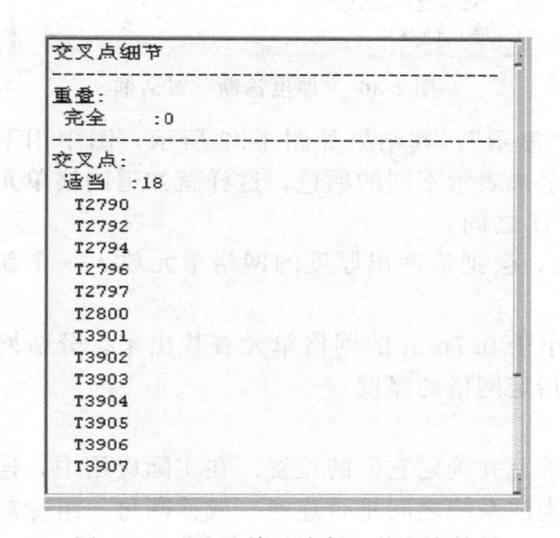

图 1-33 “重叠单元诊断”的文本结果

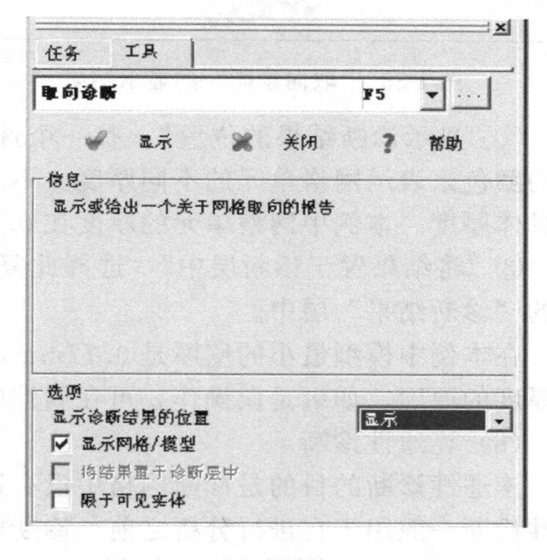

图 1-34 “取向诊断”对话框

“显示诊断结果的位置”：有两个选项，分别为“显示”和“文本”。“显示”的结果如图 1-35 所示，图中比色卡由两种颜色表示，上端颜色显示网格的顶部，下端颜色显示网格的底部。本例没有显示底部颜色的单元，表示没有取向错误的单元。如果选择“文本”，诊断结果以文本的形式显示。

(5) 厚度诊断

厚度诊断的目的是检查网格单元的厚度分布及确定它们的具体位置。Moldflow 在导入模型后，其厚度可能存在差异，特别是在网格修复后，这种差异可能增加。所以，在完成网格修复后，要进行厚度诊断，与模型的厚度相比较，如果不符合要求，则要以手工的方法进行修复。

单击“厚度”按钮，弹出如图 1-36 所示的对话框。

①“输入参数”有两个选项：“最小值”和“最大值”，分别表示在诊断结果中显示网格单元厚度的最小值和最大值，“最小值”推荐值是 0，“最大值”推荐值是 1000。在实际情况下，模型厚度的最小值不可能是负的，而最大值不会超过 1000。这样不管什么样的模型厚度，都会以数值的形式诊断出来。

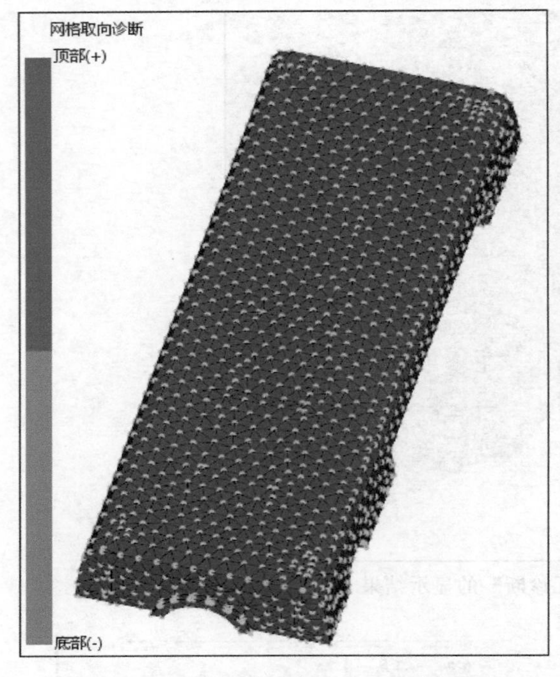

图 1-35 “取向诊断”的显示结果

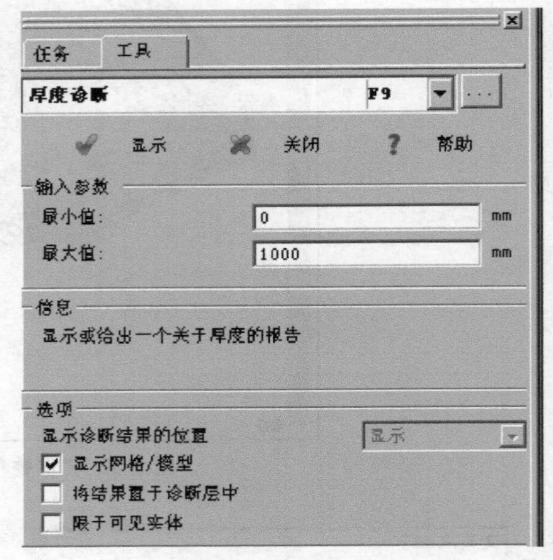

图 1-36 “厚度诊断”对话框

②“显示诊断结果的位置”：有一个选项为“显示”，其结果如图 1-37 所示，图中用不同的颜色来表示网格单元的不同厚度。不同的数字来表示不同的颜色，这样就知道网格单元的具体厚度。本例中网格单元的厚度在 0.37～2.97 之间。

③“将结果置于诊断层中”：选择此复选框后，会把诊断出厚度的网格单元放入一个新建的“诊断结果”层中。

在本例中模型最小的壁厚是 0.77mm，可把小于 0.7mm 的网格单元查找出来，分析网格厚度的原因，如果是误操作，可在属性中手动指定网格的厚度。

(6) 连通性诊断

连通性诊断的目的是诊断网格中没有连通的单元并确定它们的位置。在实际应用中，连通性诊断一般用于在进行分析之前，诊断模型与浇注系统之间是否连通，或诊断每一组冷却系统是否连通。

单击“连通性”按钮，弹出如图 1-38 所示的对话框。

①“输入参数”→“从实体开始连通性检查”，表示从选择的单元开始去检验网格的连通性。选择“忽略柱体单元”复选框，表示忽略网格模型中一维单元的连通性，即不诊断模型中的浇注系统和冷却系统。

②“显示诊断结果的位置”：有两个选项，分别为“显示”和“文本”。“显示”的结果如图 1-39 所示，图中比色卡上显示有两种颜色，上端的颜色代表连通，下端的颜色代表不连通。本例中所有的网格都显示的是比色卡上端的颜色，也就是本例的网格单元全部连通。如果选择“文本”，诊断结果以文本的形式显示。

③“将结果置于诊断层中”：选择此复选框后，会把诊断出的连通单元放入一个新建的“诊断结果”层中。

(7) 出现次数诊断

出现次数诊断的目的是诊断网格的出现次数和确定它们的分布位置，通常在对称分布的模穴中使用，用数值来代表某个对象的重复出现次数，而不是直接分析整个模型和浇注系统，大大减少了模型网格数量，间接起到简化模型的作用。如竖直流道的出现次数为 1，主流道为 2，分流道、浇口、模型为 4。出现次数只建议在“填充＋保压”分析中使用，在“冷却”“翘曲”分析中应避免使用，否则会影响到分析结果的准确性，而且只适用于较小体积的模型。

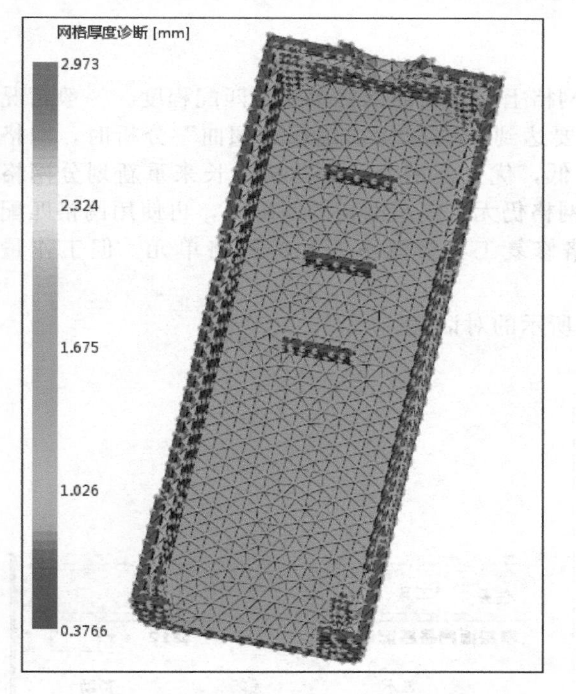

图 1-37　“网格厚度诊断”的显示结果

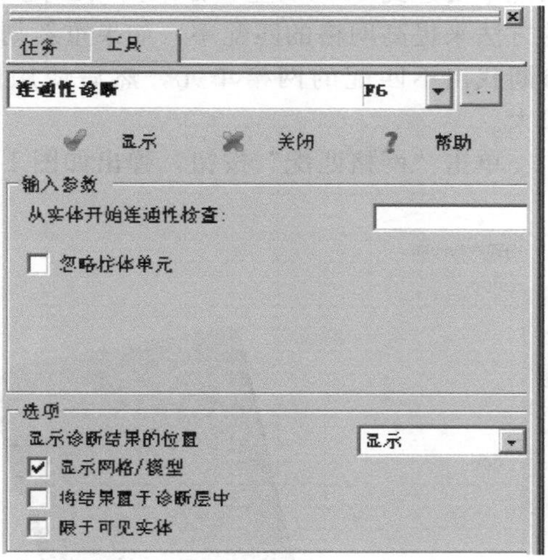

图 1-38　“连通性诊断”对话框

单击“连通性”按钮，弹出如图 1-40 所示的对话框。

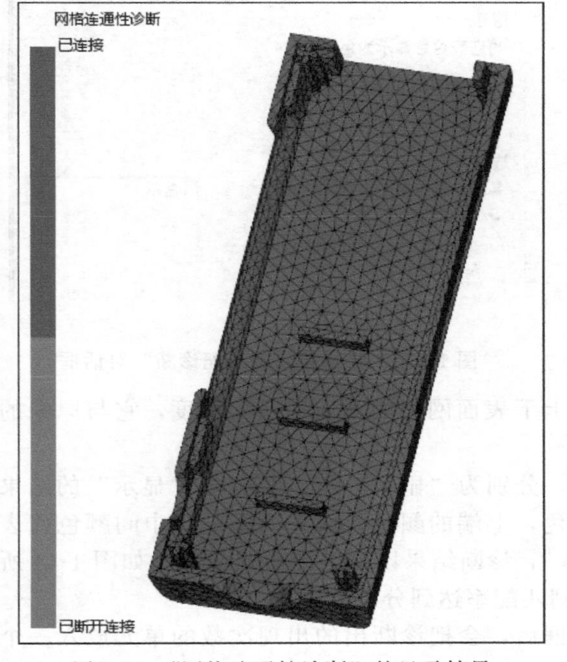

图 1-39　“网格连通性诊断”的显示结果

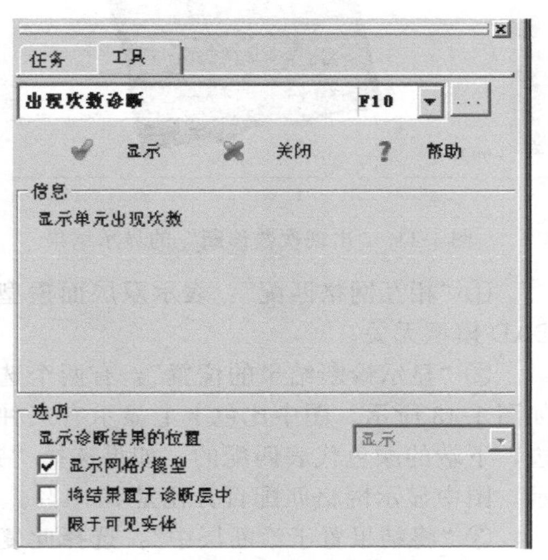

图 1-40　“出现次数诊断”对话框

单击“显示”按钮，显示网格出现次数的诊断结果，如图1-41所示。本例只有一个产品，出现次数显示为1。

“将结果置于诊断层中”：选择此复选框后，会把诊断出的出现次数的单元放入一个新建的“诊断结果”层中。

（8）网格匹配诊断

网格匹配诊断的目的是检验双层面模型网格上下表面的网格单元的匹配程度。一般情况下进行“填充＋保压”分析时，网格匹配率要达到85％以上，进行“翘曲”分析时，网格匹配率要达到90％以上，如果网格匹配率过低，优先使用合适的网格边长来重新划分网格的方法来提高网格的匹配率，如果重新划分网格仍无法提高网格的匹配率，再使用网格匹配诊断找出不匹配的网格单元，然后使用网格修复工具修复不匹配的网格单元，但工作量较大。

单击“网格匹配”按钮，弹出如图1-42所示的对话框。

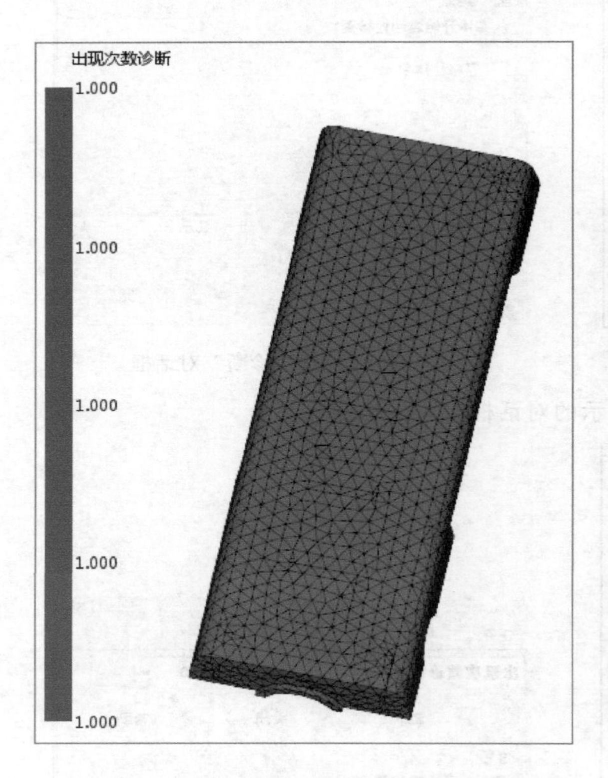

图1-41　“出现次数诊断”的显示结果

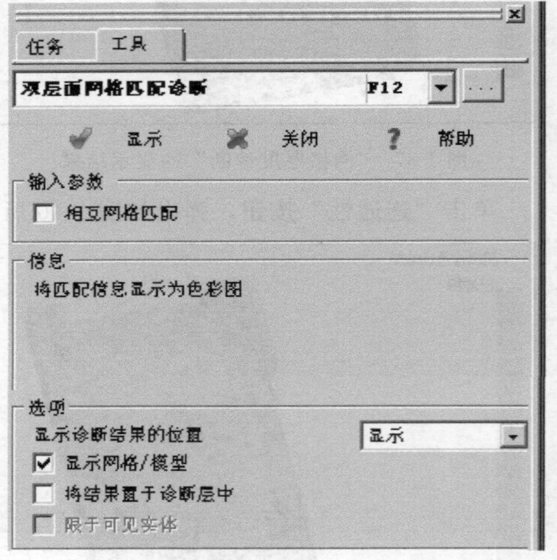

图1-42　“双层面网格匹配诊断”对话框

①“相互网格匹配”：表示双层面模型中上下表面网格的对应、匹配程度，它与原来的CAD模型无关。

②“显示诊断结果的位置”：有两个选项，分别为“显示”和“文本”。“显示”的结果如图1-43所示，图中比色卡上显示有三种颜色，上端的颜色代表非匹配的，中间颜色代表边，下端的颜色代表匹配的。如果选择“文本”，诊断结果以文本的形式显示。如图1-44所示，图中显示网格匹配百分比是91.4％。本例匹配率达到分析要求。

③“将结果置于诊断层中”：选择此复选框后，会把诊断出的出现次数的单元放入一个新建的“诊断结果”层中。

（9）零面积诊断

零面积诊断的目的是查找网格中存在的零面积单元（该单元的面积接近于 0，几乎近于一条直线）的数量和具体位置。在网格模型中，如果存在零面积单元，在分析中是不允许的。

单击“零面积”按钮，弹出如图 1-45 所示的对话框。

①“输入参数”有两个选项：“查找以下边长”和“相等的面积”。在“查找以下边长”的文本框中输入一个值，将查找网格模型中边长小于输入值的网格单元，此单元被看成零面积单元，从而查找出所有的零面积单元的具体位置，进行网格修复。

②“显示诊断结果的位置”：有两个选项，分别为“显示”和“文本”。“显示”的结果如图 1-46 所示，图中没有出现比色卡，表明本例中没有零面积单元。如果选择“文本”，诊断结果以文本的形式显示，如图 1-47 所示，图中显示零面积的实体数为 0。

③“将结果置于诊断层中”：选择此复选框后，会把诊断出的零面积单元放入一个新建的“诊断结果”层中。

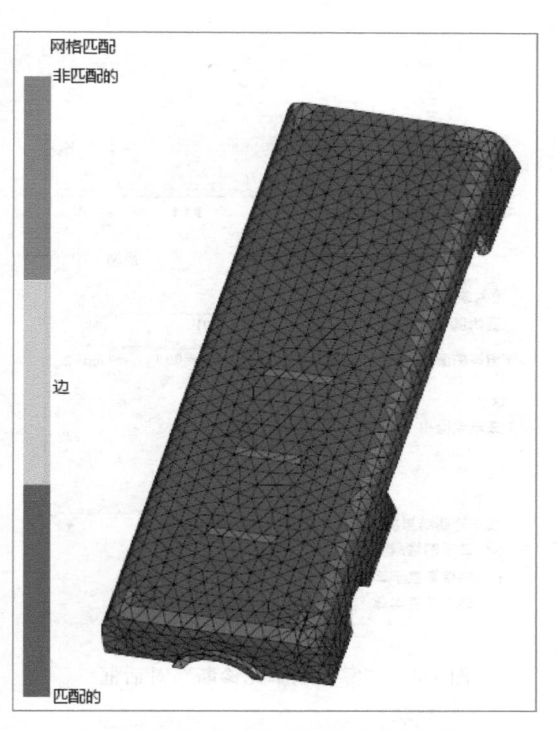

图 1-43　“网格匹配诊断”的显示结果

网格匹配

匹配的	3929
非匹配的	828
边	5883
匹配百分比	91.4%
相互百分比	91.1%

图 1-44　“网格匹配诊断”的文本结果

1.4.2　网格修复

通过上一节的网格诊断，发现网格中存在的网格缺陷及它们的具体位置和数量。现在就对这些网格缺陷进行修复，修复时尽量保持模型的原有形状，不要出现较大的变化。Moldflow 提供了多种网格修复工具，其他修复工具中是一些不常用的修复工具。选择“网格”→“网格修复”并单击其后的倒三角按钮，可将隐藏的网格修复命令全部显示出来，如图 1-48 所示。

（1）自动修复

自动修复工具的作用是：自动修复网格中存在的交叉和重叠单元，同时可以有效地改进网格的纵横比，对双层面模型很有效。在使用一次此命令后，可以反复使用，能提高修改效率。但是此命令不能解决所有网格中存在的问题。

单击“自动修复”按钮，弹出如图 1-49 所示的对话框。

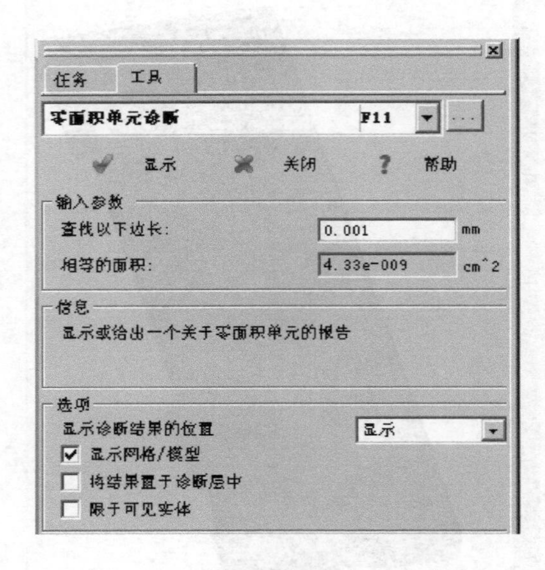

图 1-45　“零面积单元诊断”对话框

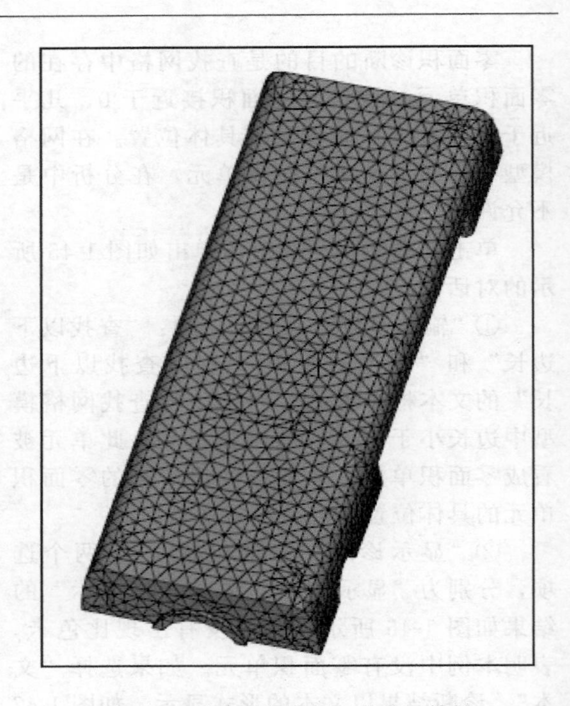

图 1-46　“零面积诊断”的显示结果

零面积单元统计

零面积实体数　0

图 1-47　“零面积诊断”的文本结果

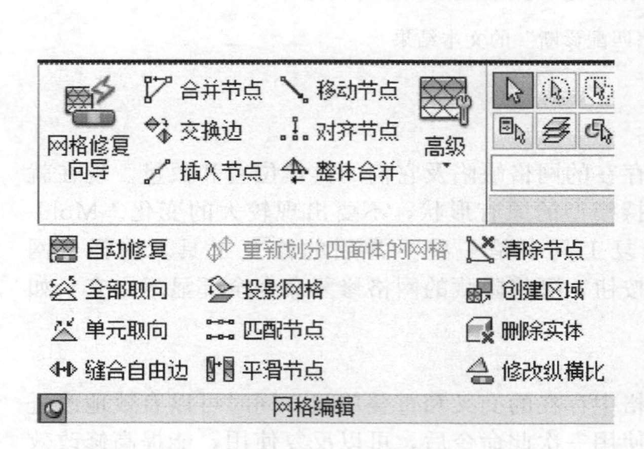

图 1-48　网格修复命令组

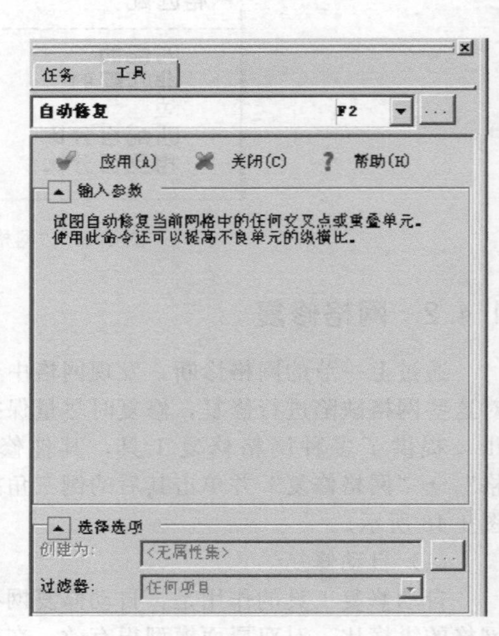

图 1-49　“自动修复”对话框

单击“应用”按钮，运行此命令，完成后会报告修复的结果，如图 1-50 所示。

（2）修改纵横比

修改纵横比工具的作用：自动修复比指定值更大的三角形纵横比。它一次可以修复多个三角形的纵横比，大大提高修改的效率。通常此命令不能完全修复到期望的纵横比数值，有部分纵横比还需要手动进行修复。

单击“修改纵横比”按钮，弹出如图 1-51 所示的对话框。

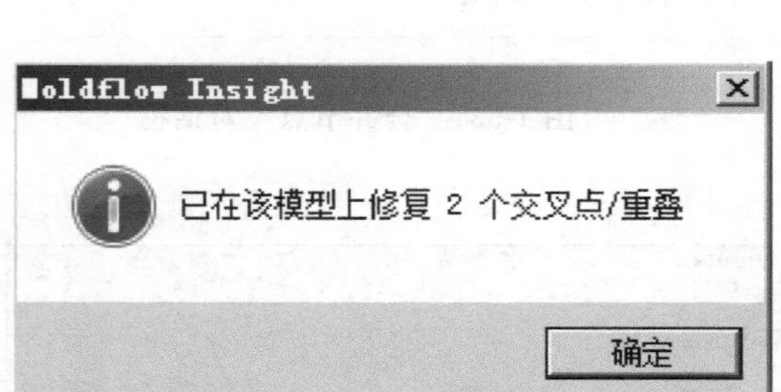

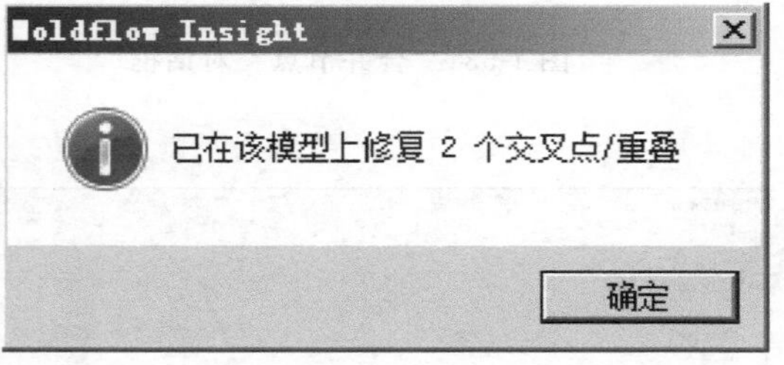

图 1-50 “自动修复”的显示结果

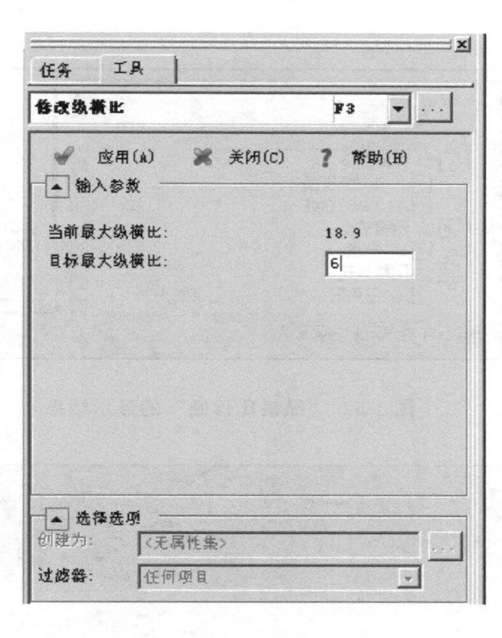

图 1-51 “修改纵横比”对话框

①“当前最大纵横比”：显示当前模型中纵横比的最大值。

②“目标最大纵横比”：自动修复以此值为开始到最大纵横比值的单元纵横比。本例修复纵横比数值在 6 以上的纵横比单元。

单击“应用”按钮，修复的结果在左下角进行提示，如图 1-52 所示。本例自动修复了 17 个单元以提高最大纵横比。

（3）合并节点

合并节点工具的作用：将一个或多个节点合并到一个指定的节点上，可以修复网格单元的纵横比，提高网格的质量，是使用频率最高的修复工具。

单击“合并节点”按钮，弹出如图 1-53 所示的对话框。

①“输入参数”有两个选项。“要合并到的节点”：表示目标节点，在合并后，此点的位置不动。“要从其合并的节点”：表示要合并的一个或多个节点，合并完成后此节点移动到目标节点上。如果合并多个节点，按住“Ctrl”键，依次选择要合并的节点。本例中目标节点是 N7760，要合并的节点分别为 N7828、N7745、N7630，如图 1-54 所示。

②“仅沿着某个单元边合并节点”复选框：表示节点合并到相同的单元类型，只有节点形成一条单元边时才允许合并，可以提高网格的质量。建议勾选此项。

③“选择完成时自动应用”复选框：表示当选择完“要从其合并的节点”选项后，会自动执行“应用”。勾选此项，可以提高修复的效率。本例合并节点后的结果如图 1-55 所示。

④“过滤器”有三个选择项，分别为“任何项目”“最近的节点”“节点”。过滤器的主要功能是提高选择的准确性和效率。在此命令中默认的过滤器是“节点”。

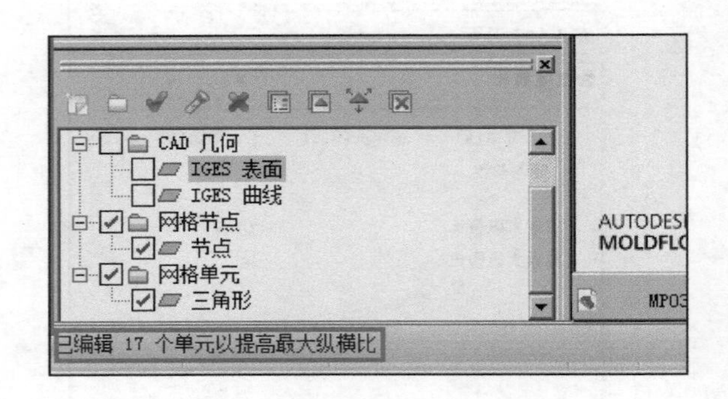

图 1-52 “纵横比诊断”的显示结果

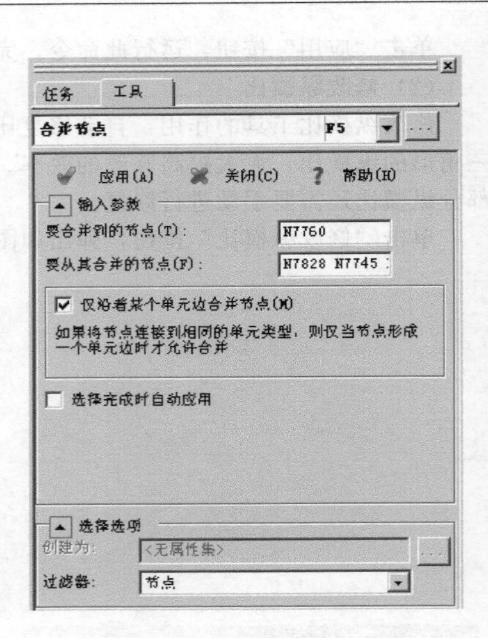

图 1-53 “合并节点”对话框

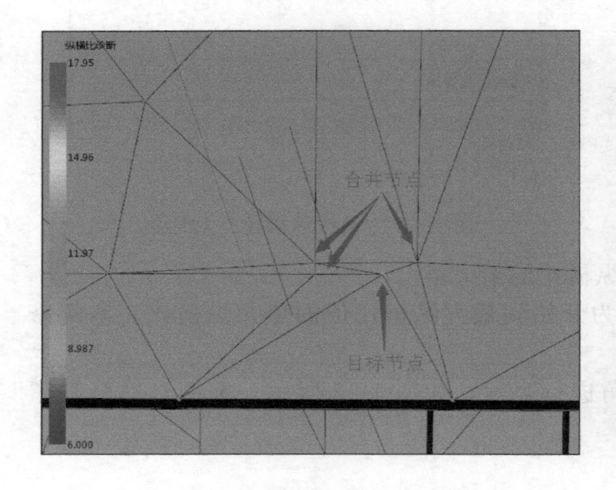

图 1-54 选择将要合并的节点

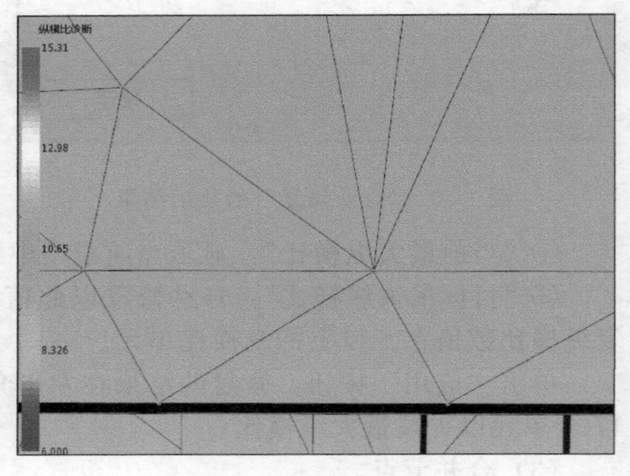

图 1-55 合并节点后的结果

（4）插入节点

插入节点工具的作用：在两个节点之间插入一个新的节点，同时分割两侧的三角形单元。选择的两个节点必须是同一个三角形上的同一条边上的节点。

单击“插入节点”按钮，弹出如图 1-56 所示的对话框。

①“创建新节点的位置”有三个单选项，分别为“三角形边的中点”“三角形的中心”和“四面体单元的中心”。“三角形边的中点”：表示在三角形边的中间新增一个节点，要求选择“节点 1”和“节点 2”，其他选项为灰色，不可用。本例选择的“节点 1”为 N7614，“节点 2”为 N7637，如图 1-57 所示。单击“应用”后如图 1-58 所示（图中的文字及箭头为笔者添加）。如果选择“三角形的中心”，表示在三角形的正中间新增一个节点，需要选择“节点 1”“节点 2”和“节点 3”。如果选择“四面体单元的中心”，表示在四面体的中心新增一个节点，此选项适用于实体（3D）网格，需选择

“要拆的四面体”选项。

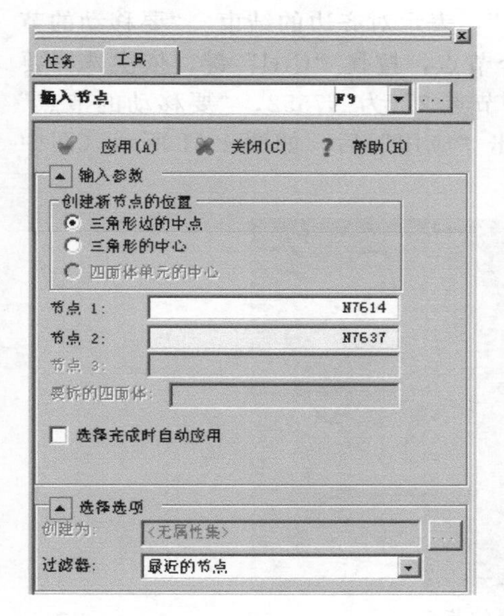

图 1-56　“插入节点”对话框

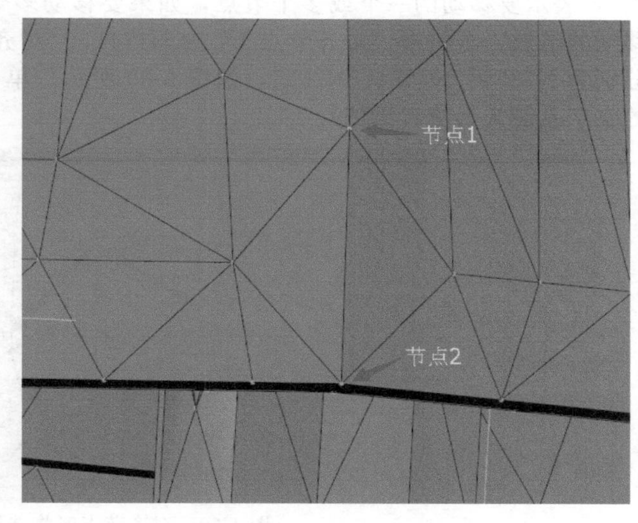

图 1-57　插入节点时选择的节点

②“选择完成时自动应用”复选框：表示当选择完最后一个选项后，会自动执行“应用”。勾选此项，可以提高修复的效率。

③“过滤器”有三个选择项，分别为“任何项目”“最近的节点”“节点”。过滤器的主要功能是提高选择的准确性和效率。在此命令中默认的过滤器是“最近的节点”。

(5) 对齐节点

对齐节点工具的作用：对节点重新排列，使节点对齐在一条直线上。首先选定两个节点以确定一条直线，再选择需要对齐的一个节点或多个节点。

单击“对齐节点”按钮，弹出如图 1-59 所示的对话框。

图 1-58　插入节点后的显示结果

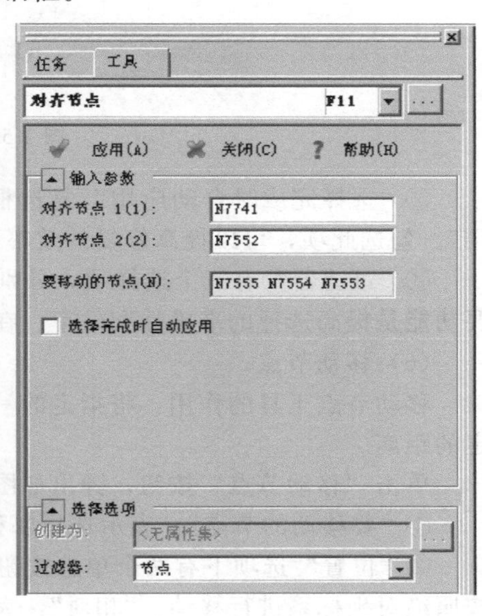

图 1-59　“对齐节点”对话框

①“输入参数”中有三个选项，分别为“对齐节点 1”“对齐节点 2”和“要移动的节点”。“对齐节点 1”：表示对齐边的开始。“对齐节点 2”：表示对齐边的结束。“要移动的节点”：表示要移动的一个或多个节点，如果要移动多个节点，按住“Ctrl”键，依次选择要移动的节点。本例中“对齐节点 1”为 N7741，“对齐节点 2”为 N7552，“要移动的节点”分别为 N7555、N7554、N7553，如图 1-60 所示。单击“应用”后，如图 1-61 所示（图中的文字及箭头为笔者添加）。

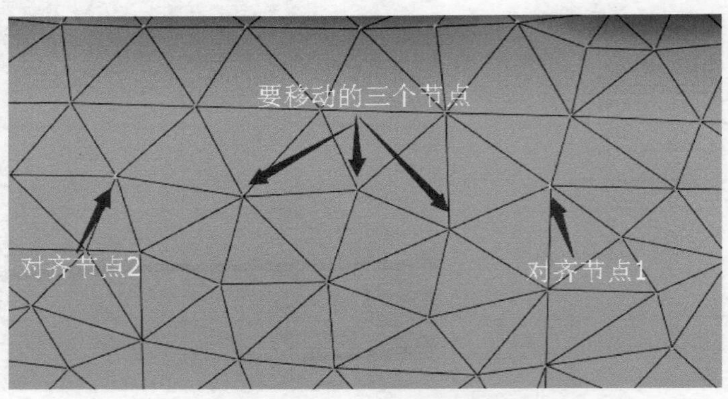

图 1-60 对齐节点时将选择的节点

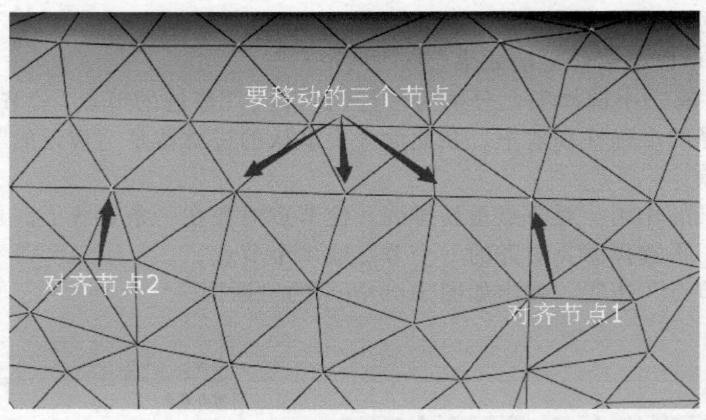

图 1-61 对齐节点后显示结果

②“选择完成时自动应用”复选框：表示当选择完最后一个选项后，会自动执行“应用”。勾选此项，可以提高修复的效率。

③“过滤器”有三个选择项，分别为“任何项目”“最近的节点”“节点”。过滤器的主要功能是提高选择的准确性和效率。在此命令中默认的过滤器是“节点”。

（6）移动节点

移动节点工具的作用：将指定的一个或多个节点按照在坐标上的绝对或相对坐标移动一定的距离。

单击“移动节点”按钮，弹出如图 1-62 所示的对话框。

①“要移动的节点”：表示选择要移动的节点，本例“要移动的节点”为 N7828。

②“位置”选项下有两个单选按钮，分别为“绝对”和“相对”单选项。“绝对”：表示按照绝对坐标系进行移动。“相对”：表示按照相对坐标系进行移动。本例按照绝对坐标系进行移动，文本框中的原始坐标值为“9.71　47.3　0.66”，如图 1-63 所示，更改为“9.71　47.0　0.66”。点击“应用”后如图 1-64 所示。原来的网格单元存在着纵横比过大的问题，

通过移动节点工具，纵横比过大的问题得以解决。如果选择“相对”坐标系，在“位置”选项后的文件框中输入相对坐标系“0 －0.3 0”即可。除了在“位置”后面的文本框中输入坐标值外，更为常见的是直接把节点拖动到目标位置，移动节点工具也适用于柱体单元。

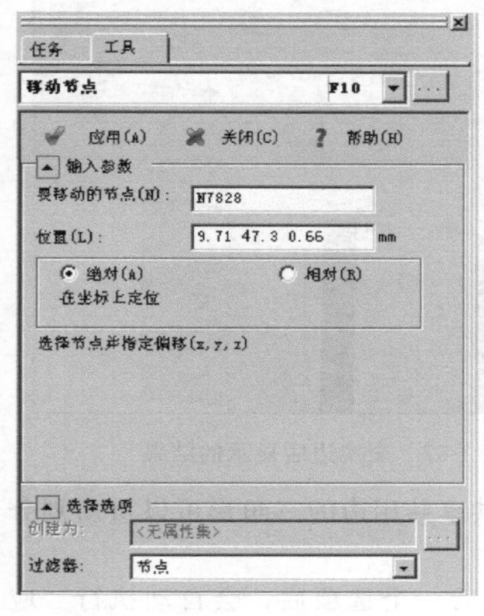

图 1-62 “移动节点”对话框

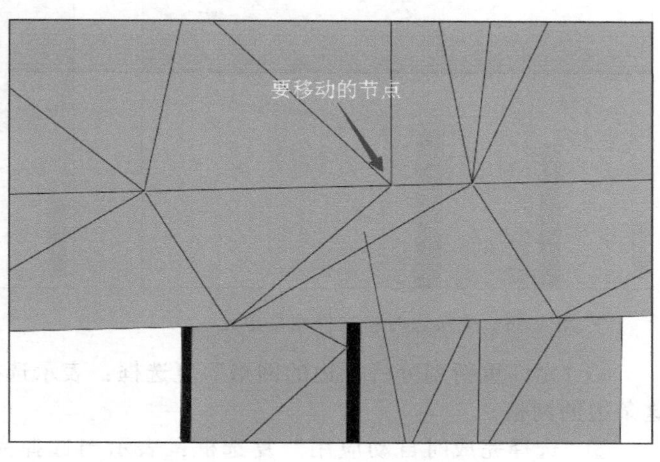

图 1-63 移动节点时将选择的节点

③“过滤器”有三个选择项，分别为“任何项目”“最近的节点”“节点”。过滤器的主要功能是提高选择的准确性和效率。在此命令中默认的过滤器是“节点”。

(7) 交换边

交换边工具的作用：交换两个相邻三角形单元的共用边，来改善网格单元的纵横比。

单击“交换边”按钮，弹出如图 1-65 所示的对话框。

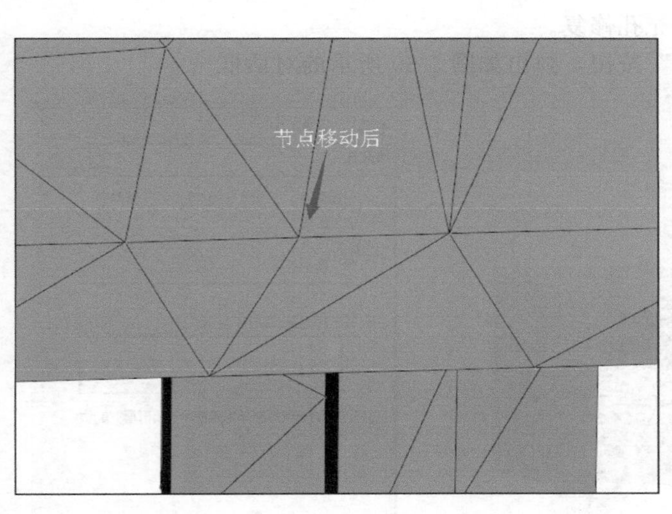

图 1-64 移动节点后的显示结果

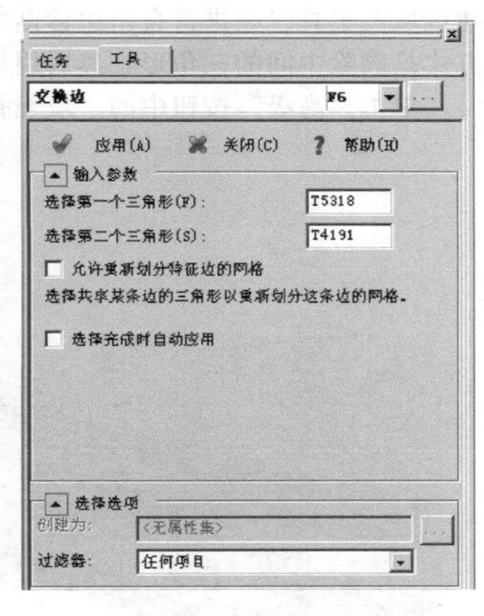

图 1-65 “交换边”对话框

①“输入参数”下有两个选项，分别为“选择第一个三角形”和“选择第二个三角形”。提示要选择两个三角形单元。本例选择的第一个三角形单元为 T5318，第二个三角形单元为 T4191，其中三角形单元 T5318 存在着纵横比过大的问题，如图 1-66 所示。单击“应用”后，纵横比问题得以解决，如图 1-67 所示。

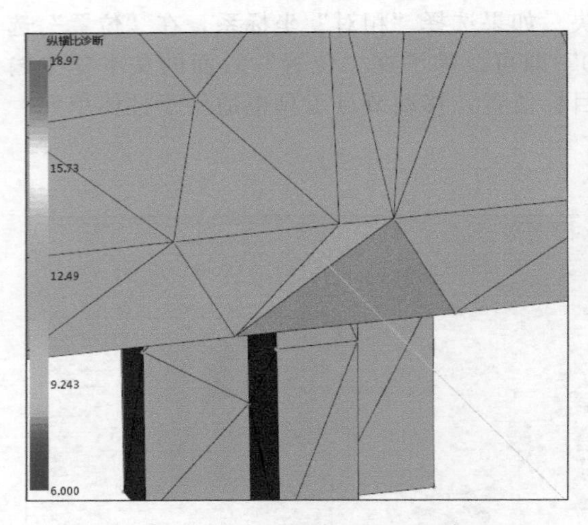

图 1-66 交换边时将选择网格单元

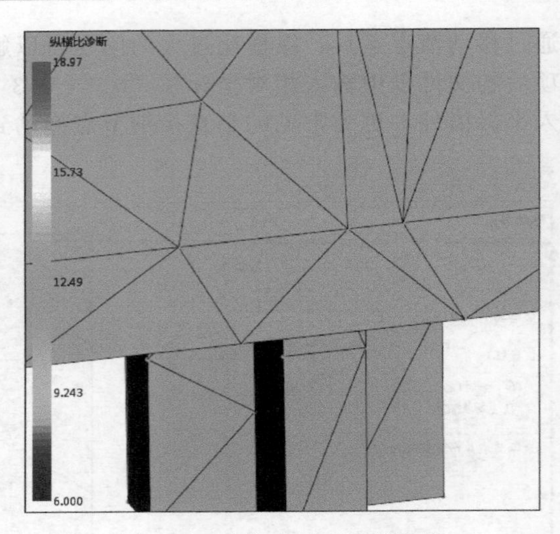

图 1-67 交换边后显示的结果

②“允许重新划分特征边的网格”复选框：表示选择共享共用边的三角形可以重新划分这条边的网格。

③“选择完成时自动应用”复选框：表示当选择完最后一个选项后，会自动执行“应用”。勾选此项，可以提高修复的效率。

④“过滤器”有两个选择项，分别为“任何项目”“三角形”。过滤器的主要功能是提高选择的准确性和效率。在此命令中默认的过滤器是“任何项目”。

（8）填充孔

填充孔工具的作用：创建三角形单元来修补模型网格上存在的孔洞或者缝隙缺陷，主要用于修复自由边及出现孔洞的区域。此工具功能十分强大，有此工具，基本上可以不用“创建区域”工具。在进行自由边诊断时如图 1-68 所示的位置出现自由边，此处最快捷的修复方式是删除中间的三角形，然后用填充孔修复。

单击“高级”按钮中的“填充孔”按钮，弹出如图 1-69 所示的对话框。

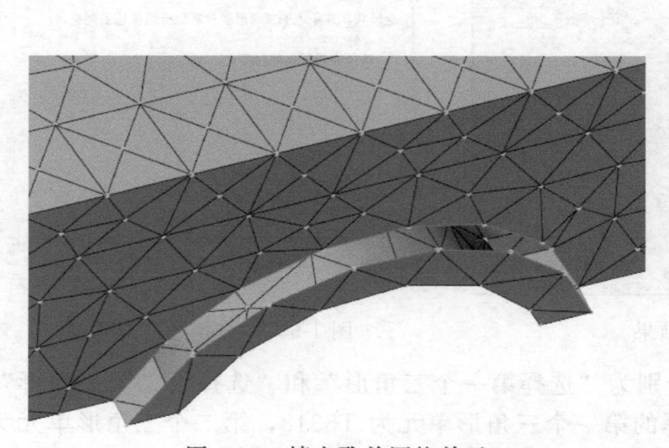

图 1-68 填充孔前网格单元

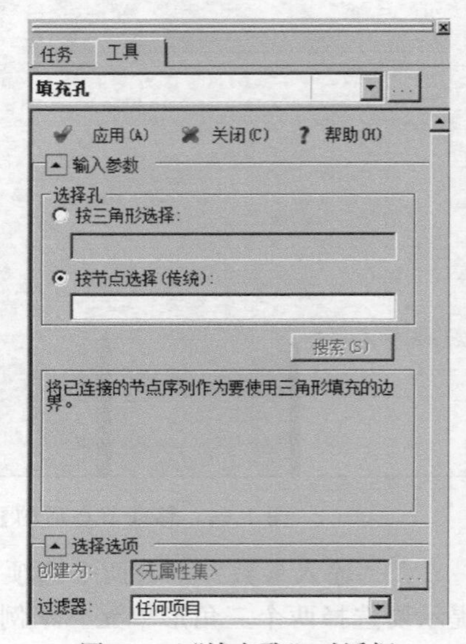

图 1-69 “填充孔”对话框

①“按三角形选择”：提示选择需要填充的孔洞的一组三角形。有两种方式选择三角形，一种

方式是依次选择每一个三角形，选择第二个或多个三角形时需要按住“Ctrl”键不放。第二种方式是选择一个三角形后，点击“搜索”按钮，系统自动搜索孔洞边界的三角形，如图 1-70 所示。点击“应用”后，自动填充孔洞。

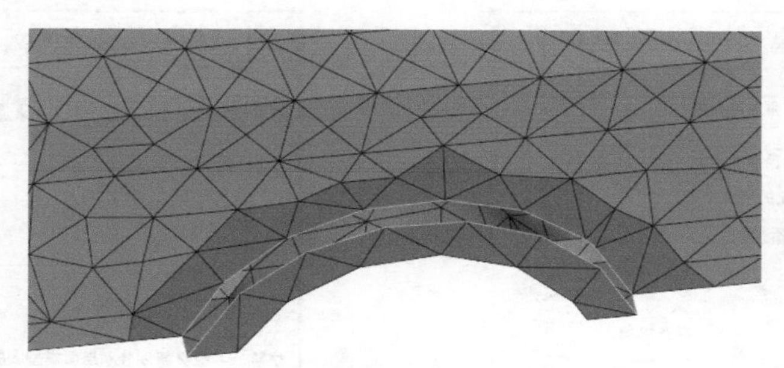

图 1-70　三角形选择的孔洞网格

②“按节点选择（传统）”：提示选择需要填充的孔洞的一组节点。节点的数量最少要有 3 个。有两种方式选择节点：一种方式是依次选择每一个节点，选择第二个或多个节点时需要按住“Ctrl”键不放；第二种方式是选择一个节点后，点击“搜索”按钮，系统自动搜索孔洞的边界。点击“应用”后，如图 1-71 所示。

图 1-71　填充孔后的网格单元

③“过滤器”有三个选择项，分别为“任何项目”“最近的节点”“节点”。过滤器的主要功能是提高选择的准确性和效率。在此命令中默认的过滤器是“任何项目”。

（9）单元取向

单元取向工具的作用：将取向不正确的单元重新取向，用于修复网格单元取向错误的缺陷。不过，在修复工具中有一个更好用的修复单元取向错误命令，叫“全部取向”，没有什么选项，直接按“确定”即可以修复所有的网格取向错误的单元。

单击“单元取向”按钮，弹出如图 1-72 所示的对话框。

①“要编辑的单元”：选择要取向的网格单元

②“参考”：选取参考的取向单元。

③“过滤器”有两个选择项，分别为“任何项目”“三角形”。过滤器的主要功能是提高选择的准确性和效率。在此命令中默认的过滤器是“任何项目”。

（10）重新划分网格

重新划分网格工具的作用：对已经划分好的网格模型的局部区域，根据所指定的目标网格的大小，重新进行网格划分，用于获得更加合理的网格。可以用来在形状简单或形状复杂的模型局部区域进行网格局部加密或局部稀疏。

单击“高级”按钮中的“重新划分网格”按钮，弹出如图 1-73 所示的对话框。

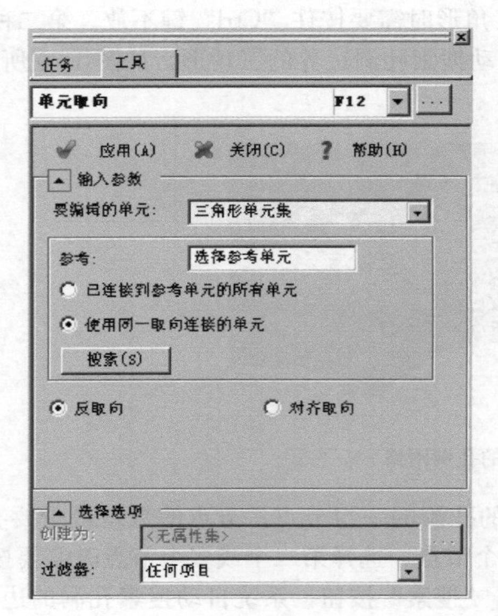

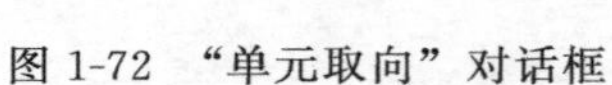
图 1-72 “单元取向”对话框

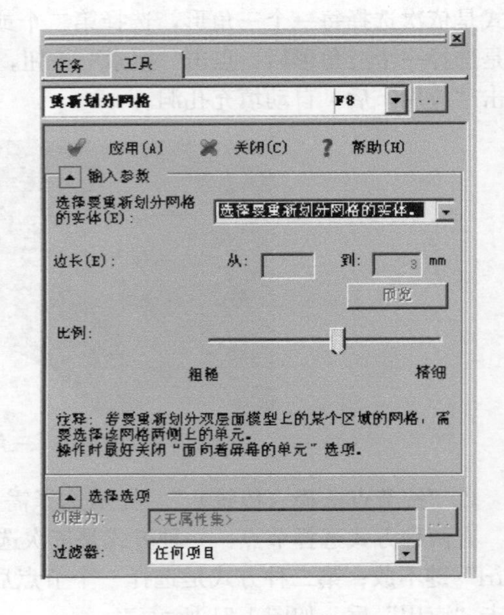

图 1-73 “重新划分网格”对话框

①“选择要重新划分网格的实体”：选择要重新划分的区域，在对双层面网格单元进行重新划分时，就将所划分区域的上、下表面网格同时选中以避免重新划分区域后影响网格的匹配率。

②“边长”：重新划分网格单元的边长，此数值的大小影响重新划分后的网格密度。值越小，密度就越大。

③“过滤器”有两个选择项，分别为“任何项目”“三角形”。过滤器的主要功能是提高选择的准确性和效率。在此命令中默认的过滤器是“任何项目”。

（11）网格修复向导

网格修复向导工具可以修复多种网格缺陷，包括“缝合自由边”“填充孔”“突出单元”“退化单元”“反向法线”“修复重叠”“折叠面”“纵横比”。可以按顺序进行修复，也可以跳过此项，进入下一项进行修复。

单击“网格修复向导”按钮，弹出如图 1-74 所示的对话框。

①“修复”：自动修复此项的网格缺陷。该功能不能解决此项网格中存在的所有问题，有些网格缺陷需要手工才能修复。

②“上一步”：返回上一项，重新进行修复。

③“前进”：进入下一项进行修复。

④“跳过”：跳过此项的修复，进入下一项。

⑤“关闭”：关闭“网格修复向导”对话框。

⑥“完成”：自动修复所有的选项。

（12）整体合并

整体合并工具自动合并所有的间距小于合并公差值的节点，主要用于修复较大的纵横比和零面积区域。但是，如果公差值太大，可能会引起网格模型的变形。

单击“整体合并”按钮，弹出如图 1-75 所示的对话框。

①“合并公差”：使用默认或者输入合并公差的值。

②“仅沿着某个单元边合并节点”复选框：表示当节点形成一条单元边时才允许合并。

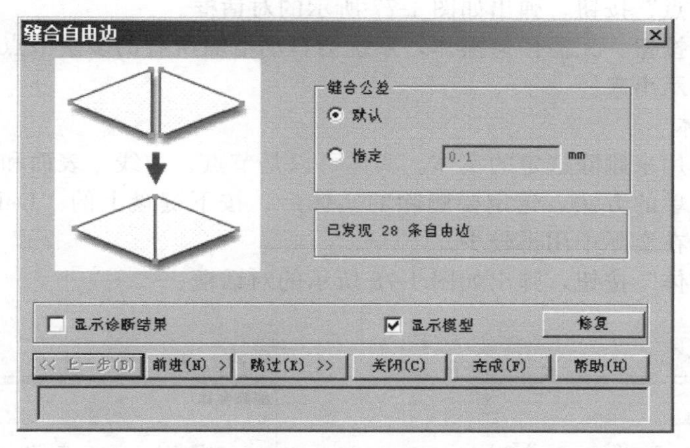

图 1-74　“网格修复向导”对话框

（13）缝合自由边

缝合自由边工具可以合并两个相邻三角形单元的自由边，用于修复网格单元的自由边。单击“缝合自由边”按钮，弹出如图 1-76 所示的对话框。

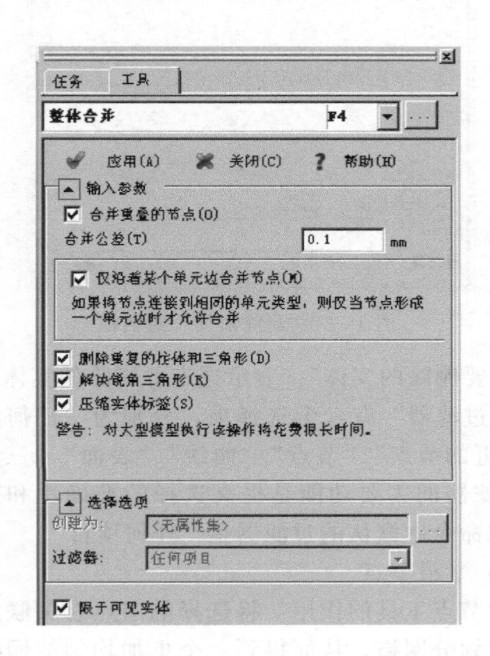

图 1-75　“整体合并”对话框

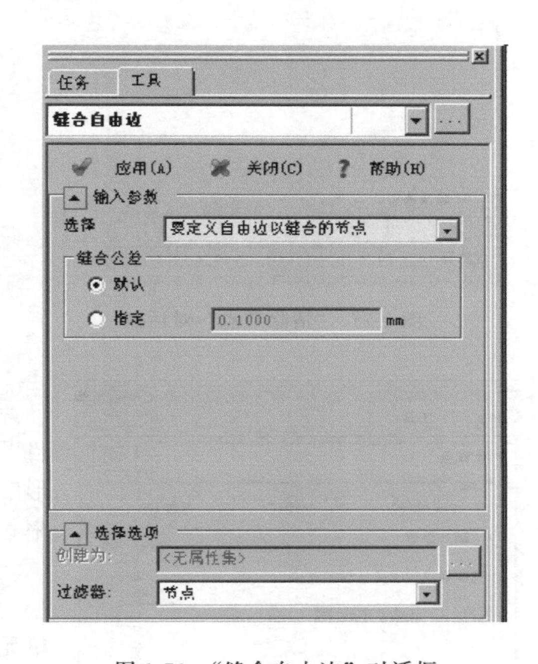

图 1-76　“缝合自由边”对话框

①“选择”：表示选择要缝合自由边的节点。

②“缝合公差”：有两个选项，分别为“默认”和“指定”。一般情况下，选择“指定”选项，则要输入缝合公差值。

③“过滤器”有三个选择项，分别为“任何项目”“最近的节点”“节点”。过滤器的主要功能是提高选择的准确性和效率。在此命令中默认的过滤器是“节点”。

（14）清除节点

清除节点工具用来清除网格模型中与其他单元没有任何联系的节点。当网格处理完成及创建完浇注系统与冷却系统后，用此工具清除多余的节点。

单击“清除节点”按钮，弹出如图 1-77 所示的对话框。

单击“应用”按钮，无需任何操作，系统会自动清除所有的多余节点。其结果可以在最左底部的状态栏显示出来。

（15）删除实体

删除实体工具用来删除选定的实体。实体可以是节点、曲线、表面和三角形，在实际操作中有一种更为简单的方法，选定要删除的实体后，按下键盘上的“Delete”键进行删除。所以删除实体工具在实际中用得较少。

单击“删除实体”按钮，弹出如图 1-78 所示的对话框。

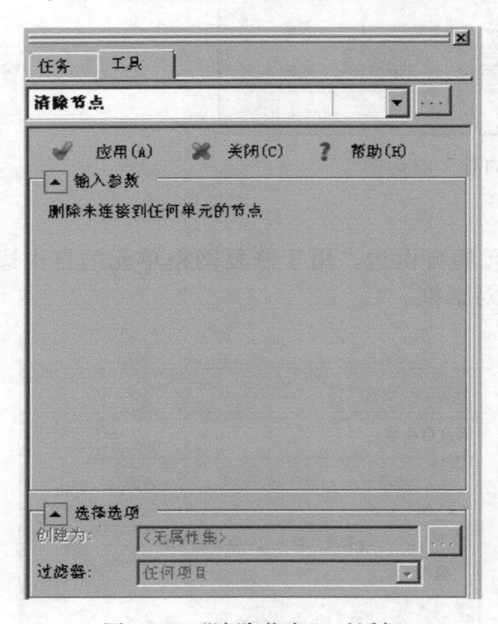

图 1-77 “清除节点”对话框

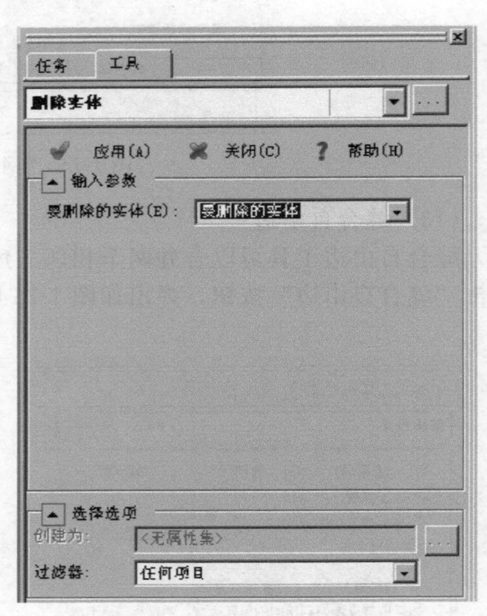

图 1-78 “删除实体”对话框

①“要删除的实体”：表示选定要删除的实体。

②“过滤器”有六个选择项，分别为“任何项目”“最近的节点”“节点”“曲线”“表面”“三角形”。过滤器的主要功能是提高选择的准确性和效率。在此命令中默认的过滤器是“任何项目”。

（16）平滑节点

平滑节点工具的作用：将选择的节点有关联的单元重新划分网格，从而得到一个更加均匀的网格分布，此工具可以改善网格的质量。

单击“平滑节点”按钮，弹出如图 1-79 所示的对话框。

①“节点”：选择要进行平滑处理的节点。

②“保留特征边”复选框：选择此选项便意味着在对节点进行平滑处理时，特征边上的任何节点都不会移动，否则节点会沿特征边移动。拐角处的节点永远不会移动。

③“过滤器”有三个选择项，分别为“任何项

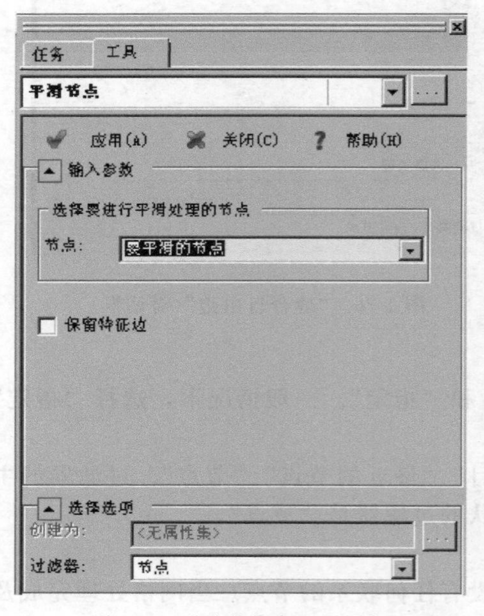

图 1-79 “平滑节点”对话框

目”“最近的节点”“节点”。过滤器的主要功能是提高选择的准确性和效率。在此命令中默认的过滤器是“节点”。

1.5　成型窗口分析

成型窗口分析

1.5.1　浇口位置指定

本产品的外壳是外观面，因此不能有任何进浇口从产品的正表面进胶，Moldflow 浇口位置分析的浇口一般位于产品的正中间，因此浇口位置分析对于本产品没有太大的意义。根据以往的经验，选择浇口位置如图 1-80 所示，同时也借助于 Moldflow 来验证此位置浇口的选择是否合理。

点击“主页”→“成型工艺设置”→“注射位置”按钮，当鼠标变成十字架上有一个圆锥形时，在浇口位置处的节点上点击设置浇口位置，如图 1-80 所示。

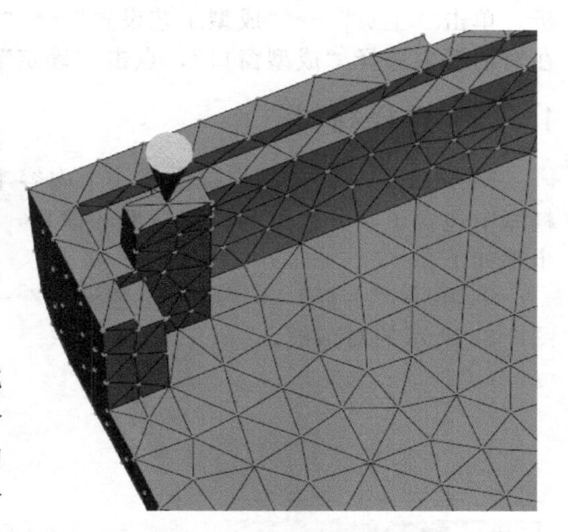

图 1-80　浇口位置设置

1.5.2　设置分析序列

设置分析序列就是设置分析的类型，以确定此分析是进行填充分析还是流动分析，或者是冷却分析还是翘曲分析，或者是一起进行分析。在实际的模流分析中一般首先进行快速填充分析，以确定分析中的一些基本数据，然后进行全面分析。

（1）浇口位置分析

主要作用是获得制品最佳浇口的具体位置。通常在分析中 Moldflow 认为最佳浇口位置在制品的最中央，即注塑压力最大处，但对于多数制品，此处是制品的外观面，不允许有浇口存在。因此在实际的应用中，首先找到一浇口位置，再分析此位置是否合适。浇口位置分析对于多浇口的位置分析十分有用。

（2）成型窗口分析

主要作用是获得制品最佳的初步工艺设置，可以快速提供注射时间、模具温度和熔体温度的推荐值及其允许变化的范围，为后续的分析提供参考。

（3）填充分析

模拟塑料熔体从浇注系统进入模具型腔及充满模具型腔的填充过程。其主要作用是获得最佳浇注系统，用于查看制品的填充行为是否合理，是否平衡，有无短射及结合线和气穴分布，有助于选择最佳浇口位置、浇口数量和最佳浇注系统布局。

（4）填充＋保压分析

填充＋保压分析：以前版本都叫流动分析，它模拟塑料熔体从浇注系统到模具型腔的充模和保压过程。其主要作用是获得最佳保压阶段设置，从而尽可能降低由保压引起的制品收缩和翘曲等质量缺陷。

（5）冷却分析

模拟塑料在模具内的热量传递情况。判断制品的冷却效果的优劣，根据冷却效果计算出冷却时间的长短，确定成型周期所用的时间，帮助优化冷系统布局，缩短制品成型周期，消除冷却因素造成的翘曲。

（6）翘曲分析

预测制品成型过程中所发生的收缩和翘曲情况，也可预测由于不均匀压力分布而导致的模具型芯偏移。明确翘曲原因，查看翘曲将会分布的区域，并可优化设计、材料和工艺参数。在模具制造之前控制制品变形。

（7）流道平衡分析

帮助判断流道系统是否平衡，并且给出平衡方案。平衡浇注系统可以保证各型腔的填充在时间上保持一致，保证均衡的保压，从而保证良好的制品质量，同时也可使成型过程保持一个合理的型腔压力，并优化流道管道的面积，从而节省塑料材料。

本例在进行填充分析之前，首先要知道初步的成型工艺参数，因此首先进入成型窗口分析。单击“主页”→“成型工艺设置”→“分析序列”命令，弹出如图 1-81 所示的对话框，在对话框中选择“成型窗口”，点击“确定”按钮。

1.5.3 选择材料

Moldflow 软件为用户提供了一个内容丰富的材料数据库，供用户选择需要的材料。材料库中包含了十分详细的材料特性的信息，为用户确定成型工艺提供参考。选择材料的具体步骤如下。

① 单击“主页”→“成型工艺设置”→“选择材料”→“选择材料 A”命令，弹出如图 1-82 所示的对话框。

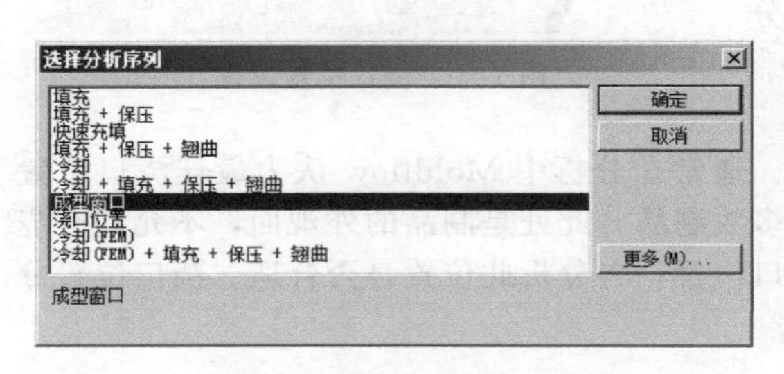

图 1-81 “选择分析序列”对话框

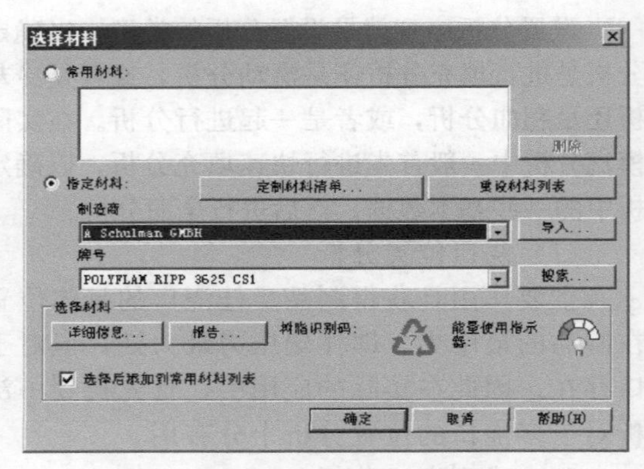

图 1-82 “选择材料”对话框

② 首先在“常用材料”的文本框中查看有无所需要的材料，如果有，选中后单击“确定”按钮；如果没有，单击“搜索”按钮，弹出如图 1-83 所示的对话框。

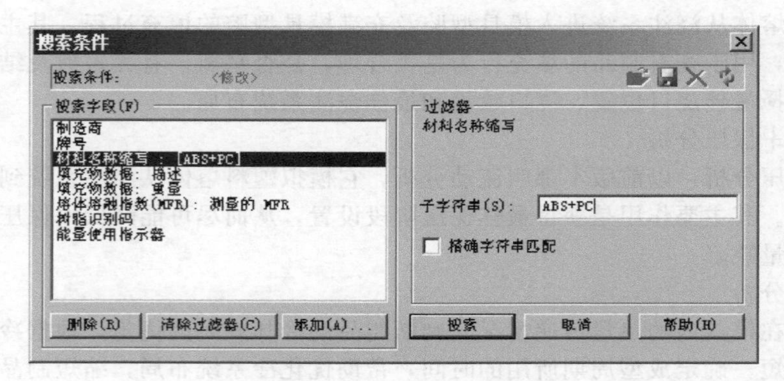

图 1-83 “搜索条件”对话框

③ 在“搜索条件”对话框中，“搜索字段”有多种形式，最主要的有两种，一种是按“牌号”搜索，另一种是按“材料名称缩写”搜索。本例按“材料名称缩写”搜索，在“子字符串”文本框中输入“ABS＋PC”，单击“搜索”按钮。弹出如图 1-84 所示对话框。

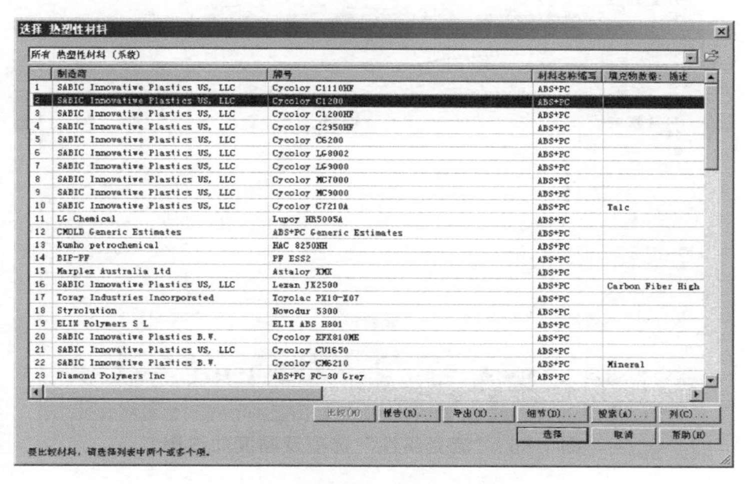

图 1-84　“选择热塑性材料”对话框

④ 在“选择热塑性材料”对话框中。选择牌号为“Cycoloy　C1200”材料，单击“细节”按钮，选择“推荐工艺”选项，弹出如图 1-85 所示的对话框。此项为推荐的成型工艺条件信息，为成型工艺的选择提供参考。选择“流变属性”选项，并单击“绘制黏度曲线”按钮，弹出如图 1-86 所示的对话框。其中黏度曲线图描述的是熔体流动时的抵抗力（黏度）与温度和剪切速率的关系，即黏度会随着剪切速率或者温度的提高而降低。选择“pvT 属性”选项并点击“绘制 pvT 数据”按钮，弹出如图 1-87 所示的对话框。pvT 属性是指材料的压力、体积、温度属性，其中 pvT 数据曲线图描述的是塑料随着温度和压力的变化，比体积（体积比容）发生的变化。

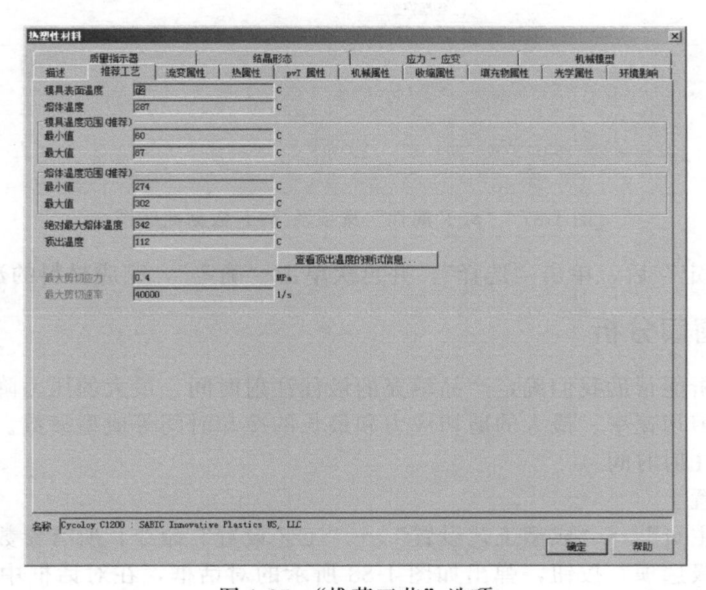

图 1-85　“推荐工艺”选项

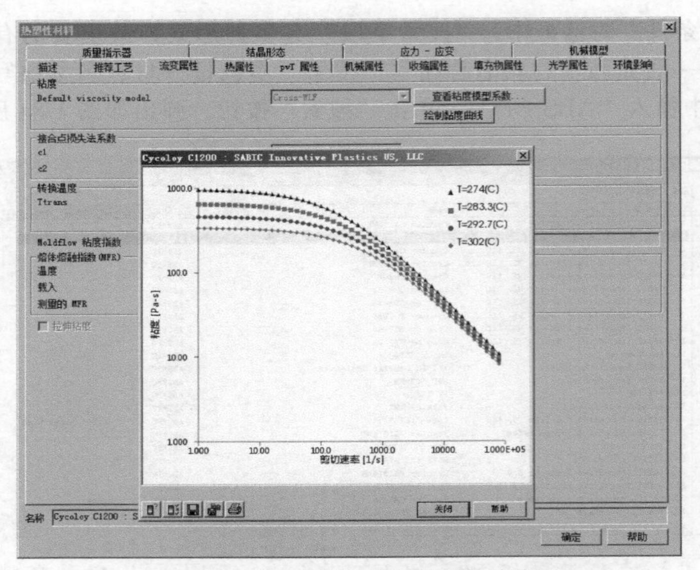

图 1-86 “流变属性”选项及黏度曲线图

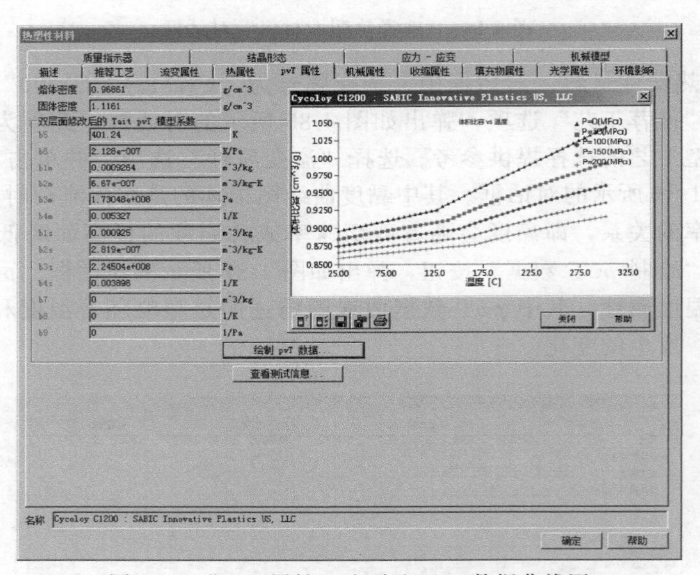

图 1-87 “pvT 属性”选项及 pvT 数据曲线图

⑤ 单击“确定”后，单击“选择”，并再次单击“确定”，完成材料的选择。

1.5.4 成型窗口分析

成型窗口分析能帮助我们确定产品填充的最佳注射时间、最大的压力降、最低的流动前沿温度、最大的剪切速率、最大的剪切应力和最长的冷却时间等成型参数。接下来分析产品成型质量最佳的注射时间。

（1）工艺设置

单击菜单“主页”→“成型工艺设置”→“工艺设置”命令，所有参数均采用默认参数设置，单击“高级选项”按钮，弹出如图 1-88 所示的对话框，在对话框中“计算可行性成型窗口限制”选项下的“注射压力限制”选项选择“开”，后面的“因子”选项的文本框中输入 1，其他选项采用默认设置，单击“确定”按钮。

成型窗口高级选项

计算可行性成型窗口限制

剪切速率限制	关			
剪切应力限制	关			
流动前沿温度下降限制	关			
流动前沿温度上升限制	关			
注射压力限制	开	因子	1	[0.1:10]
锁模力限制	关			

计算首选成型窗口的限制

剪切速率限制	开	因子	1	[0.1:10]
剪切应力限制	开	因子	1	[0.1:10]
流动前沿温度下降限制	开	最大下降	10	C (0:100)
流动前沿温度上升限制	开	最大上升	10	C (-20:100)
注射压力限制	开	因子	0.8	[0.1:10]
锁模力限制	开	因子	0.8	[0.1:10]

确定　取消　帮助

图 1-88　“成型窗口高级选项”对话框

(2) 开始分析

单击菜单“主页”→“分析”→“开始分析”命令，点击“确定”按钮。

(3) 分析结果

在任务视窗中的成型窗口优化结果如图 1-89 所示。下面对成型窗口分析结果进行解读。

① 质量（成型窗口）：XY 图。质量（成型窗口）结果能够呈现出制品的总体质量在推荐模具温度和推荐熔体温度时随注射时间的变化而变化。首先在材料的推荐工艺中查明推荐的模具温度是 72℃，推荐的熔体温度是 287℃，接着在分析结果“质量（成型窗口）：XY 图”前打钩，单击菜单“结果”→“属性”→“图形属性”命令，弹出如图 1-90 所示的对话框，在对话框中的单选项“注射时间”前打钩，模具温度调整到 72℃左右，熔体温度调整到 287℃左右，点击“关闭”按钮。“质量（成型窗口）：XY 图”结果如图 1-91 所示。经查询当模具温度在 72℃，熔体温度在 286.9℃，注射时间为 0.3241s 时，质量最好。

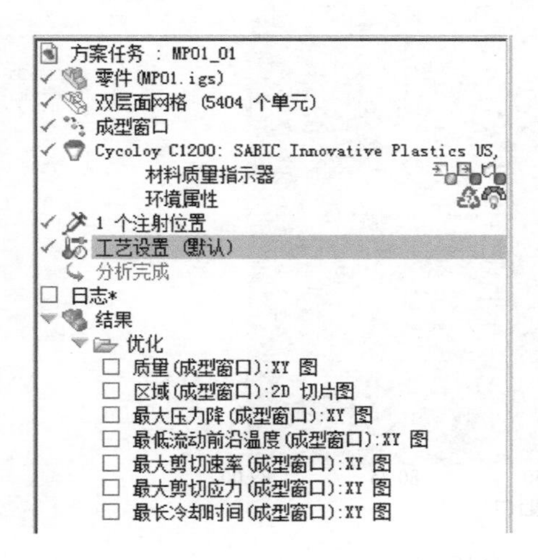

图 1-89　成型窗口优化结果

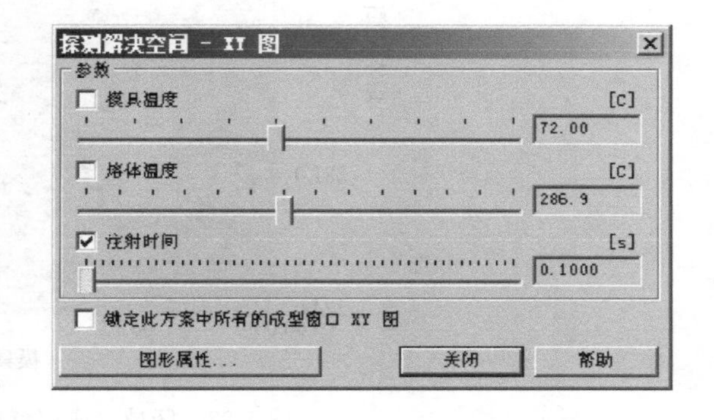

图 1-90　“探测解决空间-XY 图”对话框

② 区域（成型窗口）：2D 切片图。区域（成型窗口）结果显示了对于在模具设计约束下的特定材料而言，生产合格制品所需的最佳模具温度、熔体温度和注射时间。如图 1-92 所示，从图中可知，首选的注射时间是 0.25～0.4s 之间，可行的模具温度在 60～87℃之间，可行的熔体温度在 274～302℃之间。

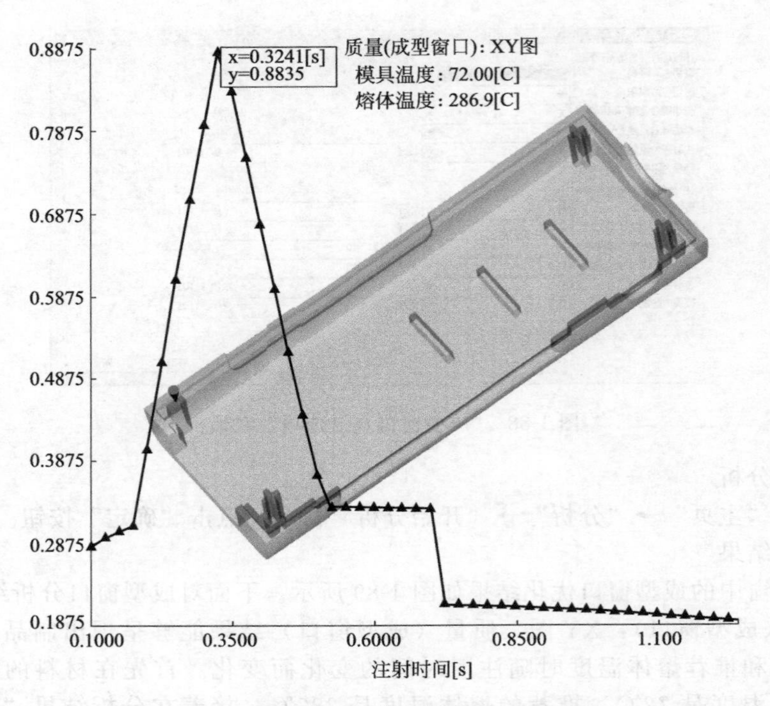

图 1-91　质量（成型窗口）：XY 图

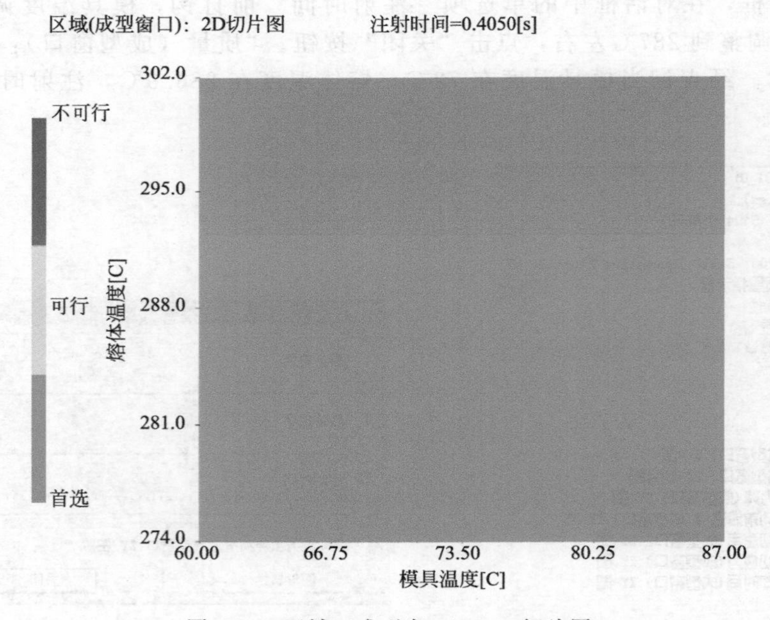

图 1-92　区域（成型窗口）：2D 切片图

③ 最大压力降（成型窗口）：XY 图。最大压力降（成型窗口）结果可显示注射压力在推荐模具温度和推荐熔体温度时随注射时间的变化而变化。首先在材料的推荐工艺中查明推荐的模具温度是 72℃，推荐的熔体温度是 287℃，接着在分析结果“最大压力降（成型窗口）：XY 图”前打钩，单击菜单“结果”→“属性”→“图形属性”命令，弹出如图 1-93

所示的对话框，在对话框中的单选项“注射时间”前打钩，模具温度调整到 72℃左右，熔体温度调整到 287℃左右，点击“关闭”按钮。“最大压力降（成型窗口）：XY 图”结果如图 1-94 所示。经查询当模具温度在 72℃，熔体温度在 286.9℃，注射时间为 0.3235s 时，压力为 36.93MPa。

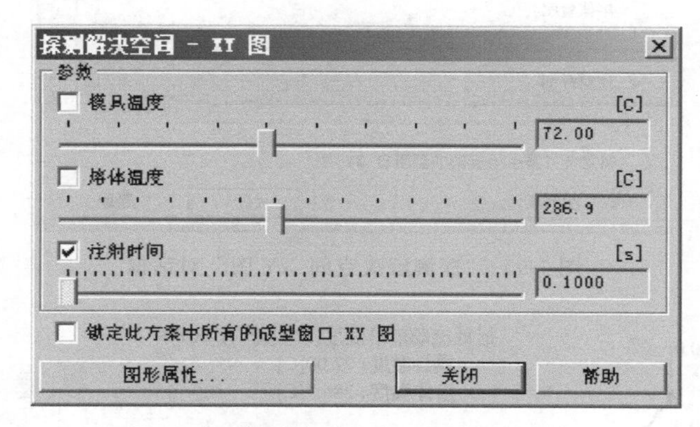

图 1-93 “探测解决空间-XY 图”对话框

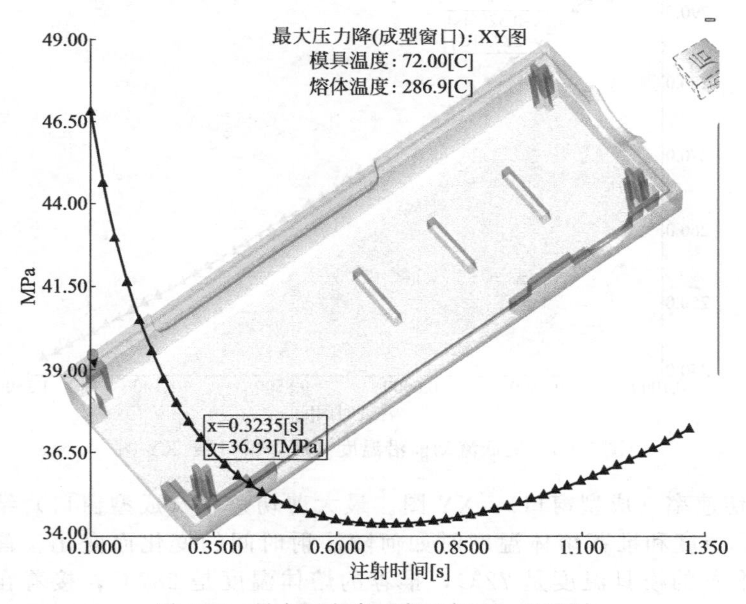

图 1-94 最大压力降（成型窗口）：XY 图

④ 最低流动前沿温度（成型窗口）：XY 图。最低流动前沿温度（成型窗口）结果可显示流动前沿温度在推荐模具温度和推荐熔体温度时如何随注射时间的变化而变化。首先在材料的推荐工艺中查明推荐的模具温度是 72℃，推荐的熔体温度是 287℃，接着在分析结果“最低流动前沿温度（成型窗口）：XY 图”前打钩，单击菜单“结果”→“属性”→“图形属性”命令，弹出如图 1-95 所示的对话框，在对话框中的单选项“注射时间”前打钩，模具温度调整到 72℃左右，熔体温度调整到 287℃左右，点击“关闭”按钮。“最低流动前沿温度（成型窗口）：XY 图”结果如图 1-96 所示。经查询当模具温度在 72℃，熔体温度在 286.9℃，注射时间为 0.3209s 时，流动前沿温度为 287.4℃，与推荐的熔体温度接近。

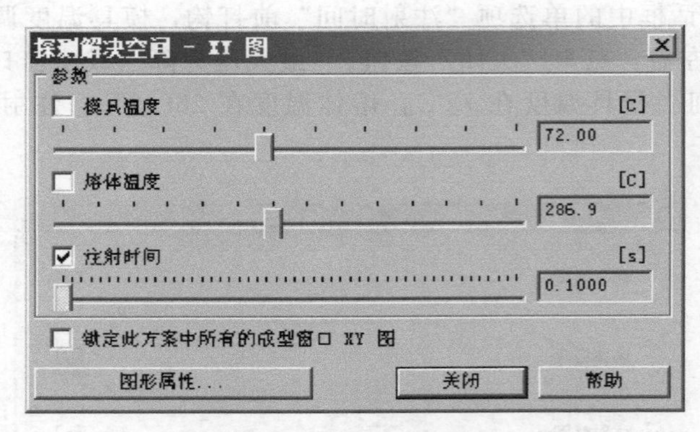

图 1-95 “探测解决空间-XY 图”对话框

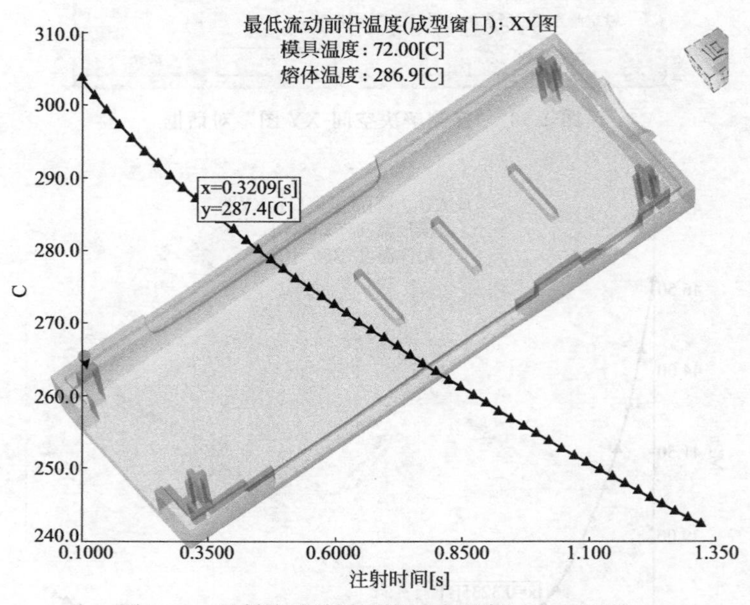

图 1-96 最低流动前沿温度（成型窗口）：XY 图

⑤ 最大剪切速率（成型窗口）：XY 图。最大剪切速率（成型窗口）结果可显示剪切速率在推荐模具温度和推荐熔体温度时如何随注射时间的变化而变化。首先在材料的推荐工艺中查明推荐的模具温度是 72℃，推荐的熔体温度是 287℃，接着在分析结果“最大剪切速率（成型窗口）：XY 图”前打钩，单击菜单“结果”→“属性”→“图形属性”命令，弹出如图 1-97 所示的对话框，在对话框中的单选项“注射时间”前打钩，模具温度调整到 72℃左右，熔体温度调整到 287℃左右，点击“关闭”按钮。“最大剪切速率（成型窗口）：XY 图”结果如图 1-98 所示。经查询当模具温度在 72℃，熔体温度在 286.9℃，注射时间为 0.3254s 时，最大剪切速率为 1306.3s^{-1}，远小于材料推荐工艺中的最大剪切速率 40000s^{-1}。

⑥ 最大剪切应力（成型窗口）：XY 图。最大剪切应力（成型窗口）结果可显示剪切应力在推荐模具温度和推荐熔体温度时如何随注射时间的变化而变化。首先在材料的推荐工艺中查明推荐的模具温度是 72℃，推荐的熔体温度是 287℃，接着在分析结果“最大剪切应力（成型窗口）：XY 图”前打钩，单击菜单“结果”→“属性”→“图形属性”命令，弹出如图 1-99 所示的对话框，在对话框中的单选项“注射时间”前打钩，模具温度调整到 72℃左

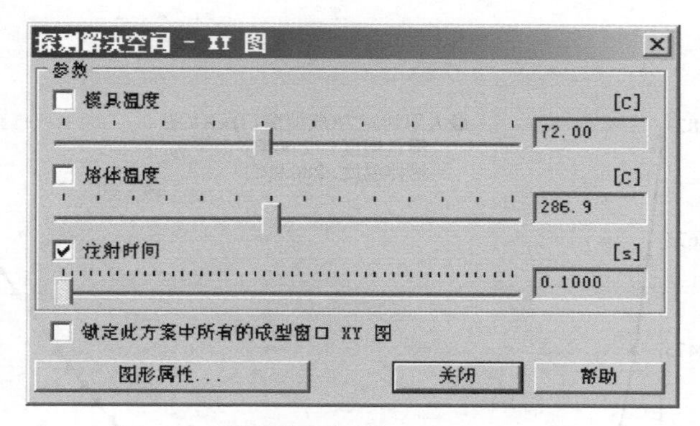

图 1-97 “探测解决空间-XY 图”对话框

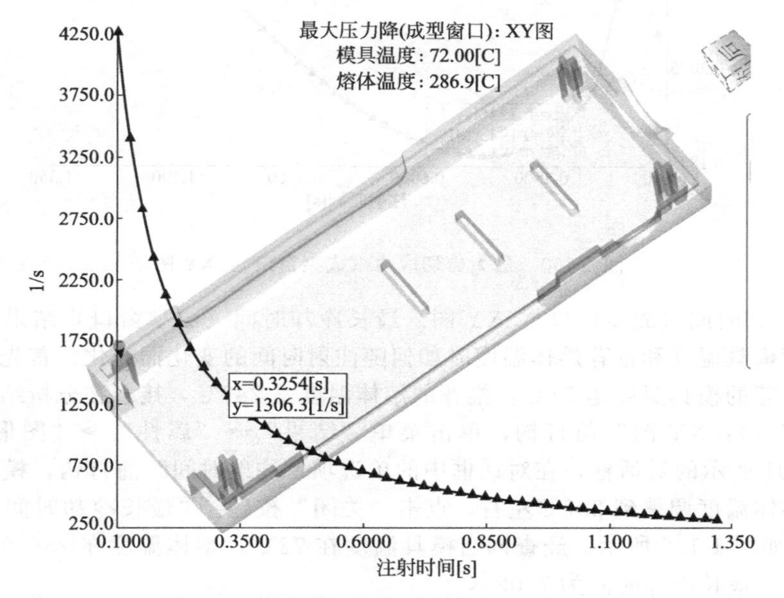

图 1-98 最大剪切速率（成型窗口）：XY 图

右，熔体温度调整到 287℃左右，点击“关闭”按钮。“最大剪切应力（成型窗口）：XY 图”结果如图 1-100 所示。经查询当模具温度在 72℃，熔体温度在 286.9℃，注射时间为 0.3254s 时，最大剪切应力为 0.1943MPa，小于材料推荐工艺中的最大剪切应力 0.4MPa。

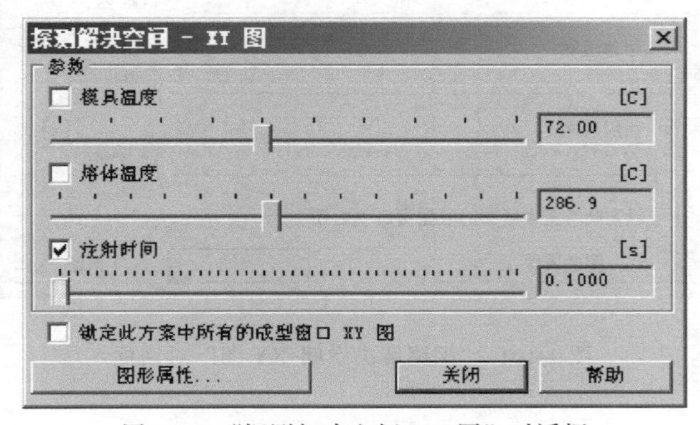

图 1-99 “探测解决空间-XY 图”对话框

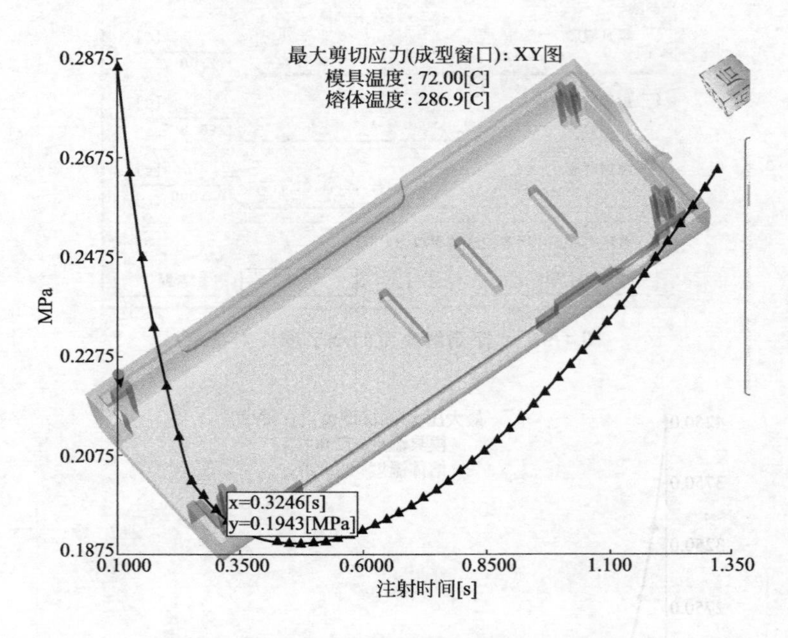

图 1-100 最大剪切应力（成型窗口）：XY 图

⑦ 最长冷却时间（成型窗口）：XY 图。最长冷却时间（成型窗口）结果可显示最长冷却时间在推荐模具温度和推荐熔体温度时如何随注射时间的变化而变化。首先在材料的推荐工艺中查明推荐的模具温度是 72℃，推荐的熔体温度是 287℃，接着在分析结果“最长冷却时间（成型窗口）：XY 图”前打钩，单击菜单“结果”→“属性”→“图形属性”命令，弹出如图 1-101 所示的对话框，在对话框中的单选项“注射时间”前打钩，模具温度调整到 72℃左右，熔体温度调整到 287℃左右，点击“关闭”按钮。“最长冷却时间（成型窗口）：XY 图”结果如图 1-102 所示。经查询当模具温度在 72℃，熔体温度在 286.9℃，注射时间为 0.3262s 时，最长冷却时间为 7.024s。

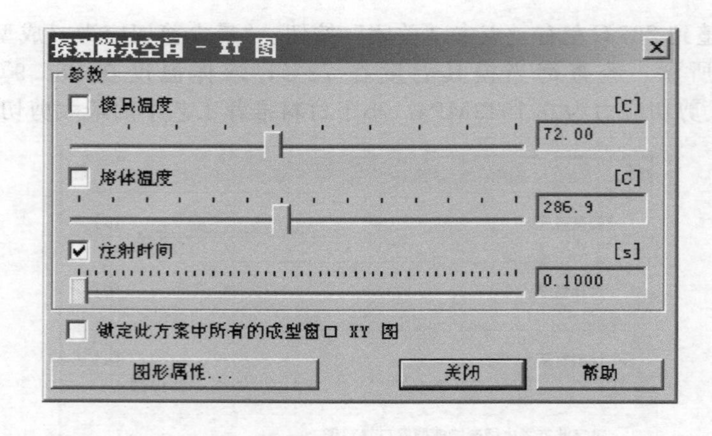

图 1-101 “探测解决空间-XY 图”对话框

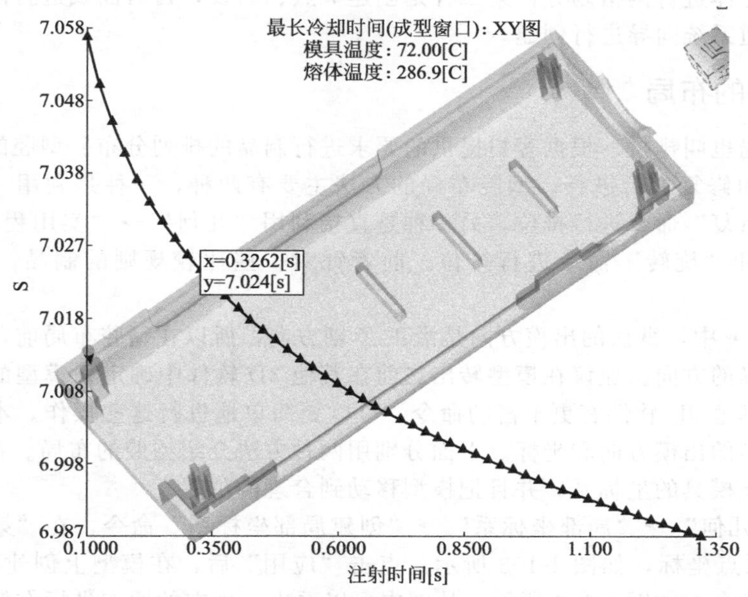

图 1-102　最长冷却时间（成型窗口）：XY 图

1.6　创建浇注系统

创建浇注系统

模具的浇注系统是指从注塑机喷嘴开始到型腔入口为止的流动通道，可以分为普通流道浇注系统（冷流道）和无流道浇注系统（热流道）两大类型。普通流道浇注系统包括主流道、分流道、冷料井和浇口。

浇注系统设计时应遵循如下原则：

① 结合型腔的排位，应注意以下三点：

a. 尽可能采用平衡式布置，以便熔融塑料能平衡地填充各型腔；

b. 型腔的布置和浇口的开设部位尽可能使模具在注塑过程中受力均匀；

c. 型腔的排列尽可能紧凑，减小模具外形尺寸。

② 热量损失和压力损失要小。

a. 选择恰当的流道截面；

b. 确定合理的流道尺寸；

c. 尽量减少弯折，表面粗糙度要低。

③ 浇注系统应设置冷料井，防止其进入型腔，影响塑件质量。

④ 浇注系统应能顺利地引导熔融塑料充满型腔各个角落，使型腔内气体能顺利排出。

⑤ 浇注系统设计时应防止制品出现缺陷；避免出现填充不足、缩痕、飞边、熔接痕位置不理想、残余应力、翘曲变形、收缩不匀等缺陷。

⑥ 浇口的设置力求获得最好的制品外观质量，浇口的设置应避免在制品外观形成烘印、蛇纹、缩孔等缺陷。

⑦ 浇口应设置在制品较隐蔽的位置，且方便去除，确保浇口位置不影响外观及与装配零件发生干涉。

⑧ 不影响自动化生产。若模具要采用自动化生产，则浇注系统与制品应自动脱落。

Moldflow 的浇注系统的创建有三种方式：第一种是创建节点、柱体单元，再用“重新划分网格”对柱体进行网格划分；第二种是创建节点、曲线，再对曲线进行网格划分；第三种是直接用流道系统向导进行创建。

1.6.1　型腔的布局

型腔的布局也叫排位，根据客户提供的要求进行制品的排列分布。型腔的布局在完成模型的网格划分和修复之后进行。型腔布局的方法主要有两种，一种是利用“几何”→“修改”→“型腔重复”命令进行排位，另一种是直接利用“几何”→“实用程序”→“移动”中的“平移”和“旋转”命令进行排位。前者针对一些比较规则的制品，后者更加灵活方便。

在 Moldflow 中，默认的出模方向是沿正 Z 轴方向，所以在型腔布局前，要把修复好的模型旋转到正确的方向。建议在模型转出之前在其他 3D 软件中确定好模型的出模方向及模型坐标，因为其他 3D 软件有更丰富的命令，可以更简单地进行这些操作。本例在转出之前就已确定好模型的出模方向和坐标。下面分别用两种方法介绍型腔的布局。在进行模型布局之前，应先建立模具的坐标系，并且把模型移动到合理的位置。

① 点击“几何”→“局部坐标系”→“创建局部坐标系”命令，在“第一”文本框中输入 0，创建原点坐标，如图 1-103 所示。点击“应用”后，在模型上创建出局部坐标系，点击“激活”命令，如图 1-104 所示。从图中可以看出，现在的原点坐标在模型的两个原柱之间，在分析中注塑点与原点尽量保持一致，所以需要对模型进行移动。

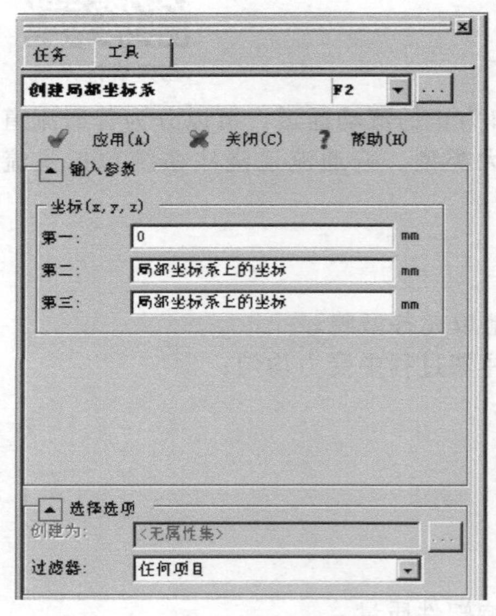

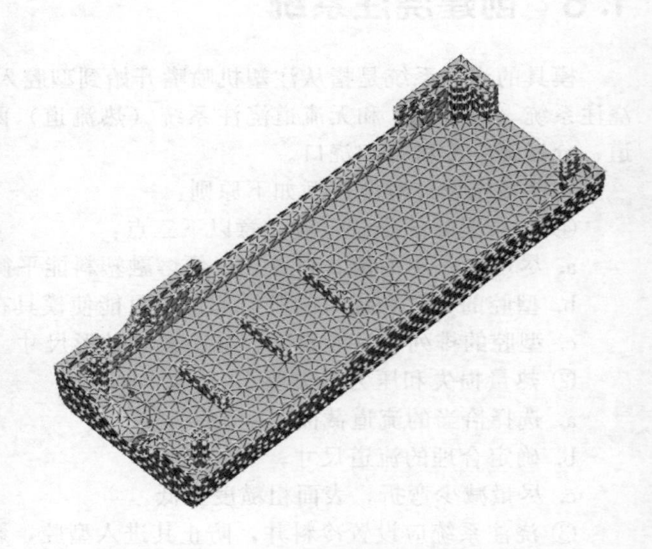

图 1-103　“创建局部坐标系”对话框　　　　图 1-104　创建并激活的局部坐标系

② 点击“几何”→“移动”→“平移”命令，如图 1-105 所示，图中在坐标 Y 方向输入−70，这是因为坐标点距进胶口边的距离是 49.39，可以取整到 50，模型与模型之间由于模型不大取 30，但因为是牛角进胶，为了给牛角足够的弹出空间，模型与模型之间应取 40，那么模型距离中心点就是 20。所以 Y 方向平移距离就是 70。在“层”项目中选择“移动但不更改层”单选项，另外在进行平移之前要把所有的图层都打开。平移后如图 1-106 所示。

③“型腔重复”命令进行型腔布局。点击“型腔重复向导”命令，如图 1-107 所示。客户要求“型腔数”为 2，因为两侧有行位，所以选择“行”单选项，行间距为 93，列间距可以不填，不勾选“偏移型腔以对齐浇口”复选框。可以单击“预览”按钮，查看模型的布

局。如果认为参数不合理，则重新设置参数。单击“完成”按钮，自动进行布局，完成后的显示结果如图 1-108 所示。

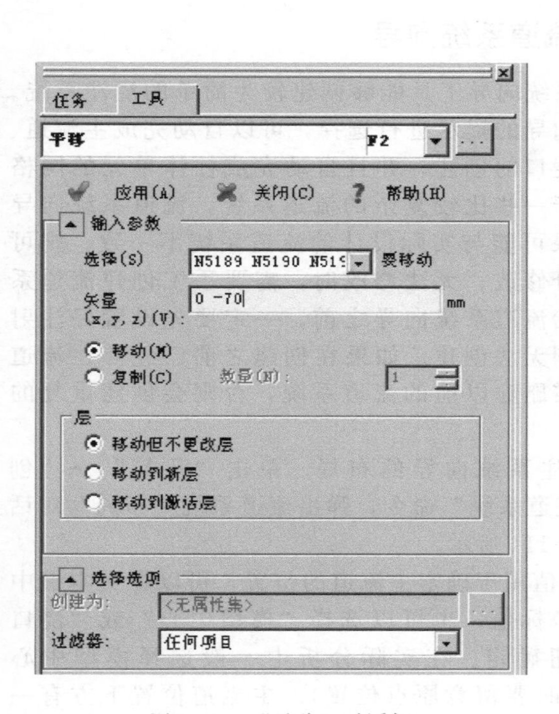

图 1-105　“平移”对话框

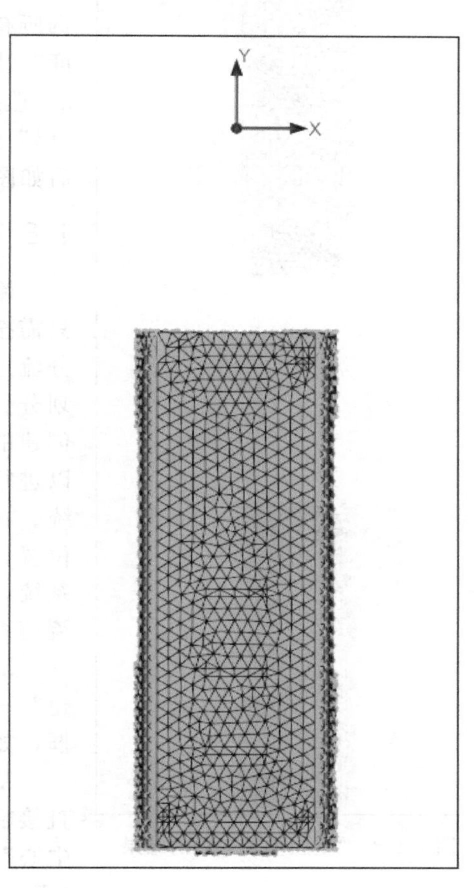

图 1-106　平移后的模型

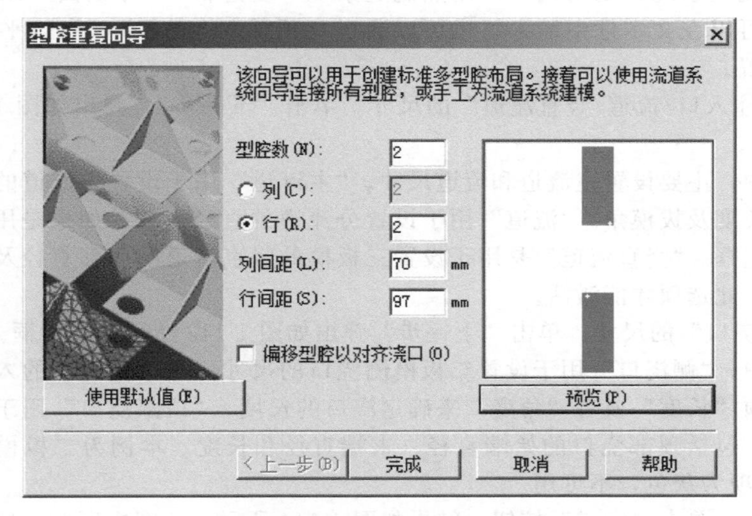

图 1-107　“型腔重复向导”对话框

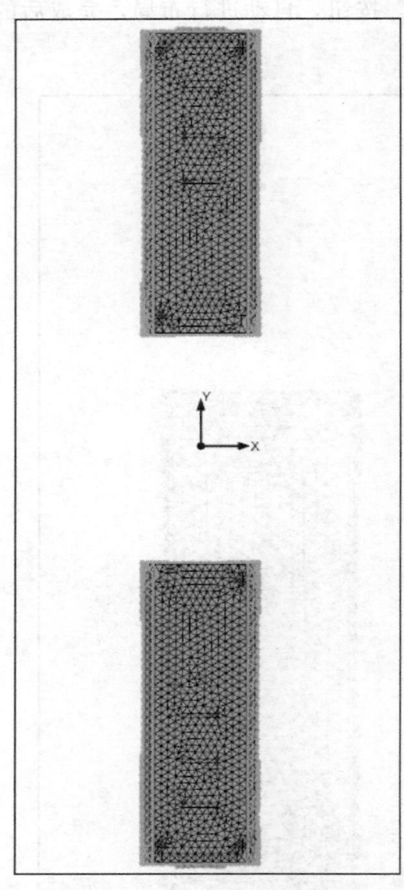

图 1-108 “型腔重复”后的结果

④“旋转”命令进行型腔布局。单击“旋转”命令，弹出如图 1-109 所示的对话框。“选择”项目中用鼠标框选所有的三角形、节点。“轴”选项中选择 Z 轴。“角度”选项文本框输入 180℃。“参考点”选项文本框输入 0。选择单选项“复制”。“数量”选项文本框输入 1。在“层”选项中选择单选项“复制到现有层”。选择“应用”后如图 1-110 所示。

1.6.2 流道系统向导

流道系统向导工具能够创建较为简单的浇注系统。只需按照向导的提示进行选择，可以自动完成主流道、分流道、浇口的创建，并且自动完成柱体单元的网格划分。对于一些比较复杂的流道系统，流道系统向导创建的结果可能与实际设计的流道系统不一致，则可以进行部分修改；无法修改时，需要手工创建流道系统。在开始流道系统向导之前，一定要先设置好注射位置，否则无法创建。如果在创建之前已经存在流道系统，则需删除以前的流道系统，否则会创建重复的流道系统。

① 浇注系统向导的布局。单击“几何”→“创建”→“流道系统”命令，弹出流道系统“布局”对话框，如图 1-111 所示。

X、Y 值用于确定主流道的位置，可以在文本框中直接输入坐标值，也可以选择“模型中心”或“浇口中心”按钮确定。在实际分析中一般选择模型中心（模型布局时要留意原点位置）。主流道位置下方有一个提示“零件具有 2 个侧浇口和 0 个顶部浇口”，描述了当前模型中浇口的类型和数量。如果要使用热流道系统，则勾选“使用热流道系统”复选框。“分型面”用于指定模具分型面的位置，可以在文本框中输入，也可以通过“顶部”“底部”“浇口平面”按钮自动计算分型面位置。

② 设置“注入口/流道/竖直流道”的尺寸。单击“下一步”，弹出如图 1-112 所示的对话框。

在对话框中，主要设置主流道和流道尺寸。“主流道”用于设置主流道的注入口直径大小、主流道的长度及拔模角。“流道”用于设置分流道的直径尺寸，如果是用梯形流道，勾选“梯形”复选框。“竖直流道”是用于设置三板模的竖直流道的底部直径及拔模角。采用三板模结构时，此选项才能激活。

③ 设置“浇口”的尺寸。单击“下一步”弹出如图 1-113 所示的对话框。

在对话框中，“侧浇口”用于设置二板模侧浇口的尺寸，包括侧浇口的入口直径及拔模角，两个单选项“长度”或者“角度”来确定浇口的长度。“顶部浇口”用于设置三板模顶部浇口的尺寸，包括顶部浇口的始端直径、末端直径和长度。本例为二板模侧浇口，所以“顶部浇口”选项为灰色，不可用。

设置完成后，单击“完成”按钮，结果如图 1-114 所示。从图中所知，所有的柱体单元都自动进行了网格划分，另外生成的浇注系统并没有达到想要的结果，这样的牛角浇口是无法顶出的，或者在顶出时会断在模具中，所以要对浇注系统进行局部修改。

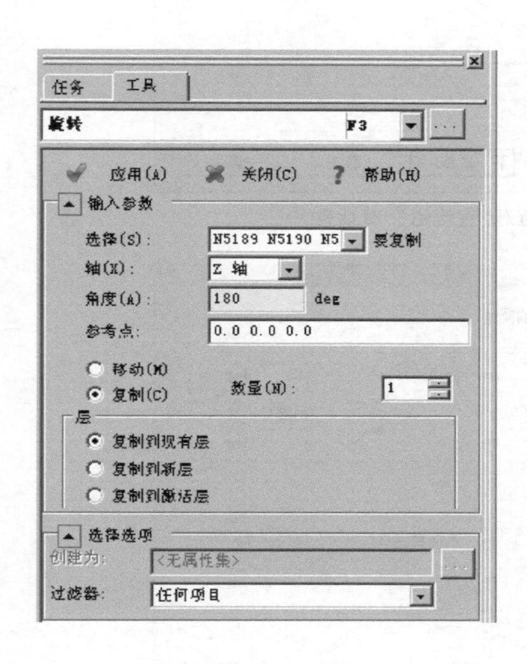

图 1-109　“旋转”对话框

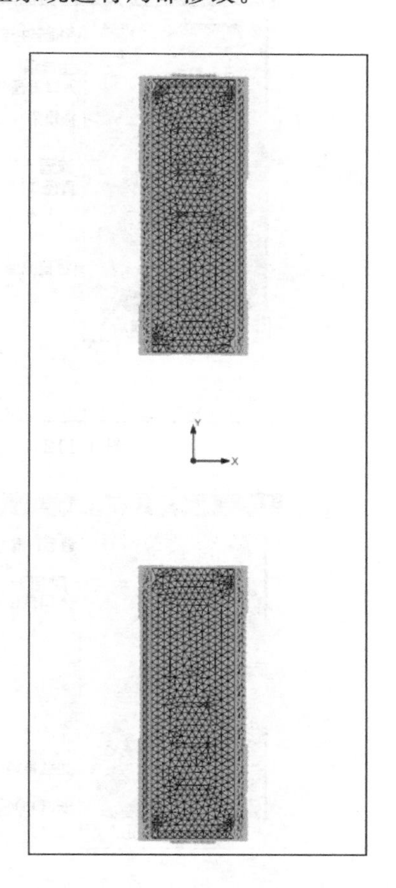

图 1-110　模型旋转复制后的结果

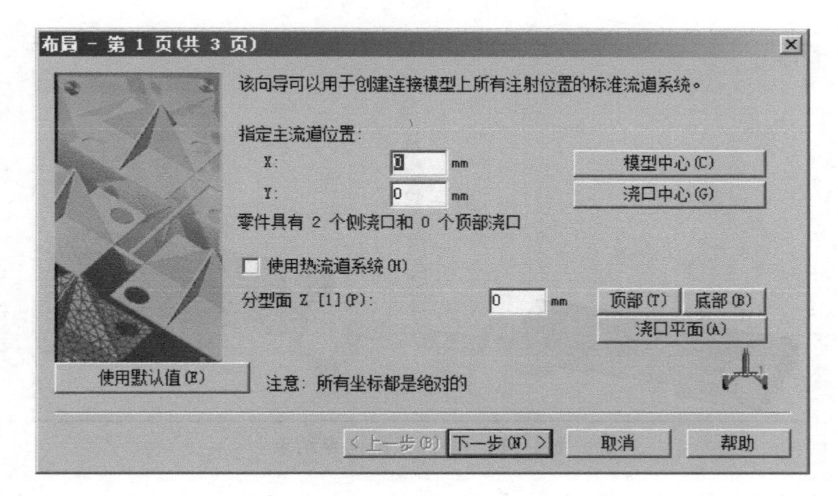

图 1-111　“布局”对话框

④ 删除要修改的浇注系统单元。首先选择如图 1-115 所示的柱体单元及曲线，然后单击“几何”→“实用程序”→“删除”命令。

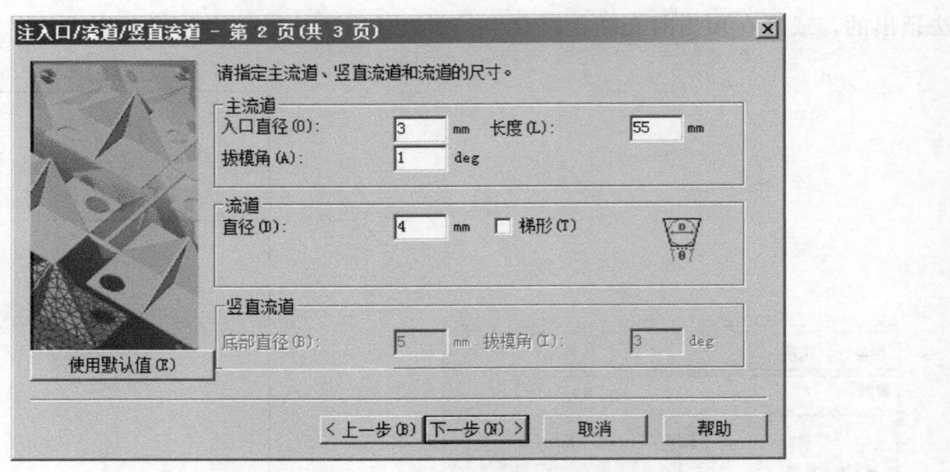

图 1-112　“注入口/流道/竖直流道”对话框

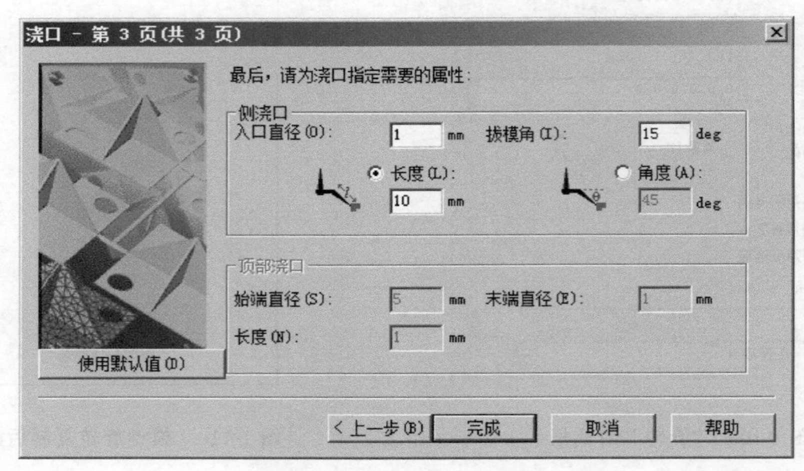

图 1-113　“浇口”对话框

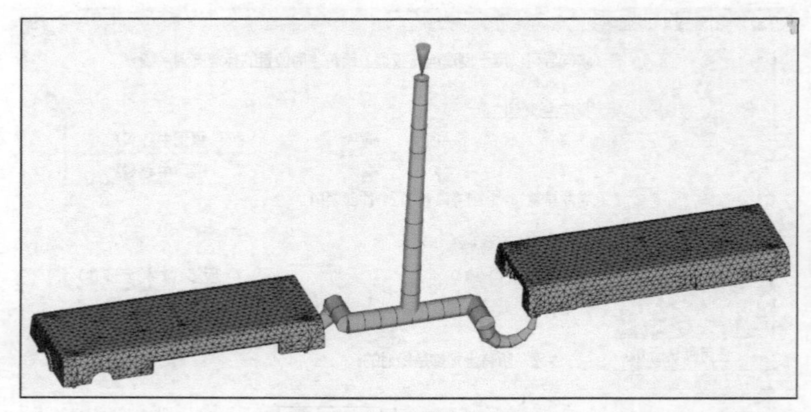

图 1-114　浇注系统向导结果

⑤ 创建流道曲线。单击“几何”→“创建”→“曲线”→“创建直线”命令。弹出如图 1-116 所示的对话框。在对话框中“第一”文本框中输入 0，0，0，“第二”文本框中输入 7.27，0，0，并在“自动在曲线末端创建节点”选项前打钩。“创建为”选项点击后面的“选择选项”（三点框）按钮，弹出“指定属性”对话框，如图 1-117 所示。点击“新建”按

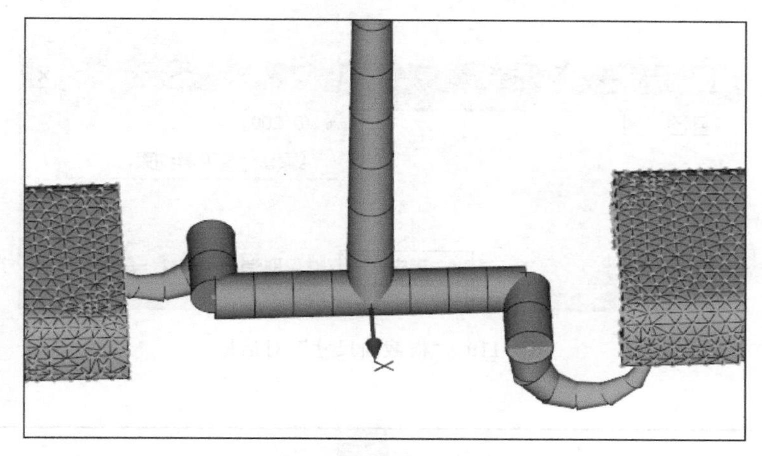

图 1-115　要删除的浇注系统单元

钮，选择“冷流道”选项，弹出“冷流道”对话框，如图 1-118 所示。在对话框中“截面形状是”选项选择“圆形”，“形状是”选项选择“非锥体”，点击“编辑尺寸”按钮，弹出“横截面尺寸”对话框，如图 1-119 所示。在对话框中“直径”文本框中输入 4。连续点击“确定”按钮。其流道曲线用同样方法创建。结果如图 1-120 所示。

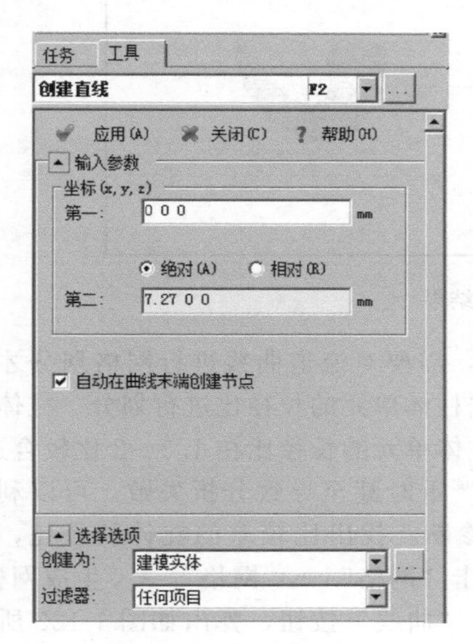

图 1-116　“创建直线”对话框

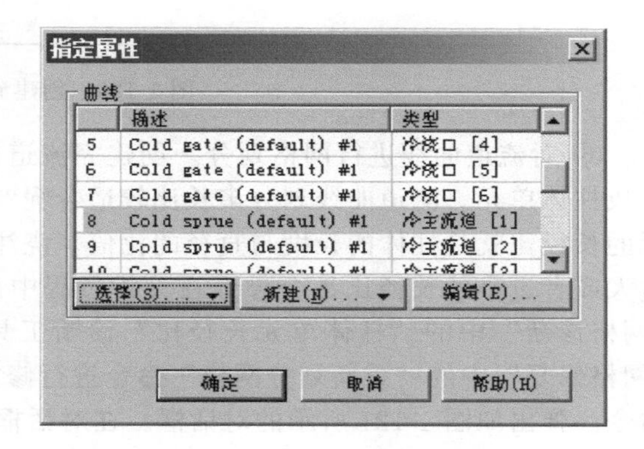

图 1-117　“指定属性”对话框

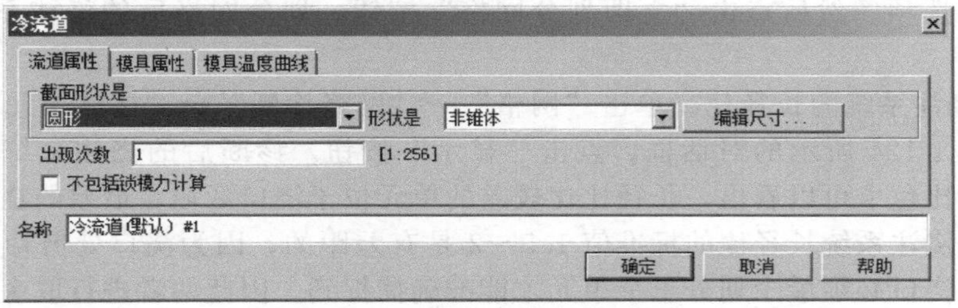

图 1-118　“冷流道”对话框

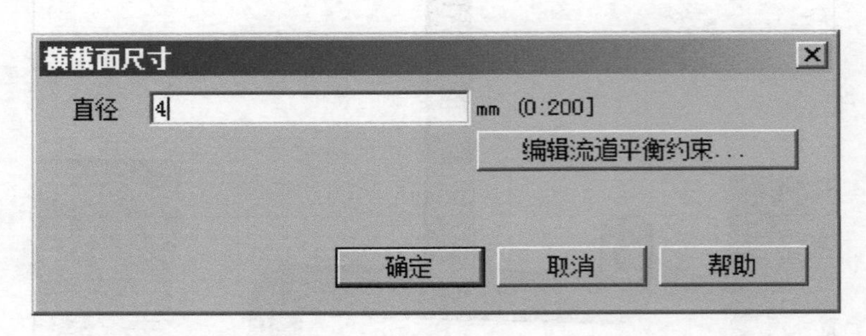

图 1-119 “横截面尺寸”对话框

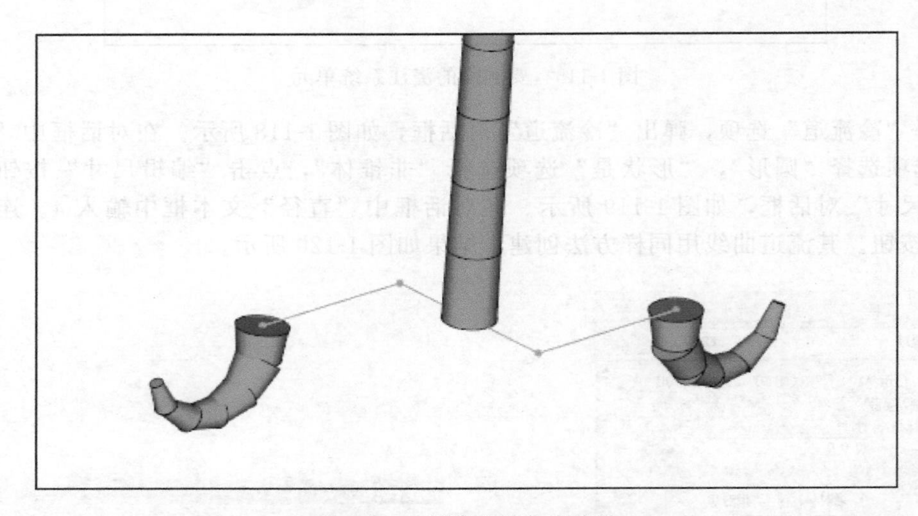

图 1-120 创建流道曲线结果

⑥ 对流道曲线进行网格划分。创建完流道曲线后，需要对流道曲线进行网格划分才能生成柱体单元。流道曲线划分多长比较适合呢？要根据柱体单元的长径比进行划分。柱体单元的长径比就是柱体的长度与直径的比值，浇注系统柱体单元的长径比在 1.5～2 比较合适，过大或者过小的长径比都会导致在分析过程中出错，严重时甚至导致分析失败。可以利用“网格诊断”中的“柱体单元长径比”诊断工具进行诊断。找出比较差的柱体长径比，用“网格修复”中的“重新划分网格”命令进行修复。单击“网格”→“网格”→“生成网格”命令。弹出如图 1-121 所示的对话框。在对话框中点击“曲线”按钮，弹出如图 1-122 所示的对话框。在对话框选项中“浇注系统的边长与直径之比”的文本框中输入 2。另外如果对浇口曲线划分时选项“浇口的每条曲线上的最小单元数”文本框中输入 3。勾选“将网格置于激活层中”选项。然后点击“立即划分网格”按钮。划分网格后的浇注系统如图 1-123 所示。

⑦ 诊断浇注系统的长径比。单击“网格”→“网格诊断”→“柱体单元的长径比”命令，弹出如图 1-124 所示的对话框。点击“显示”按钮。诊断后的浇注系统如图 1-125 所示。从图中的比色卡可以看出，长径比比较差的单元位于浇口区域，最差的浇口长径比只有 0.7166，这与浇注系统长径比的标准值 1.5～2 是有差距的，因为浇口处剪切速率、剪切应力变化剧烈，浇口必须最少划分三个单元才能准确捕捉到。因此两者进行取舍首先保证能够捕捉到浇口的变化。

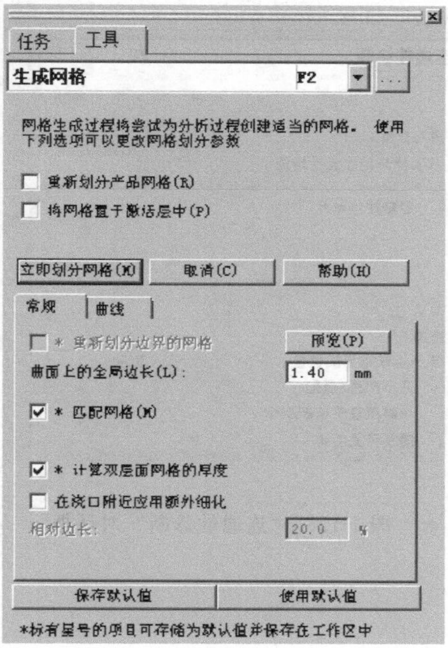

图 1-121　“生成网格”对话框

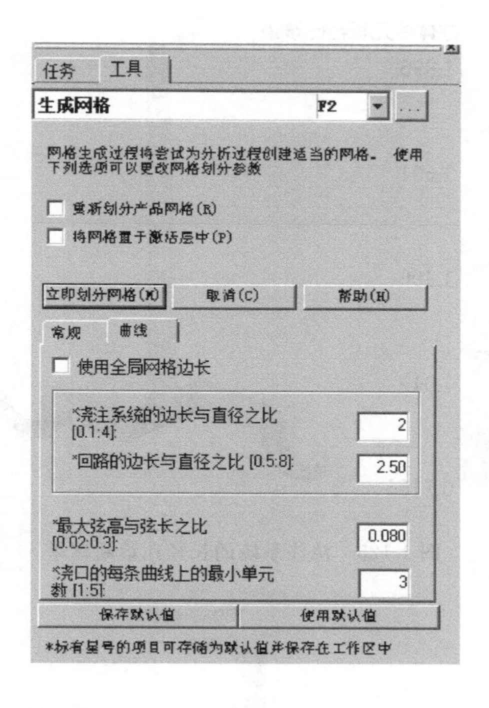

图 1-122　“生成网格”中的“曲线”对话框

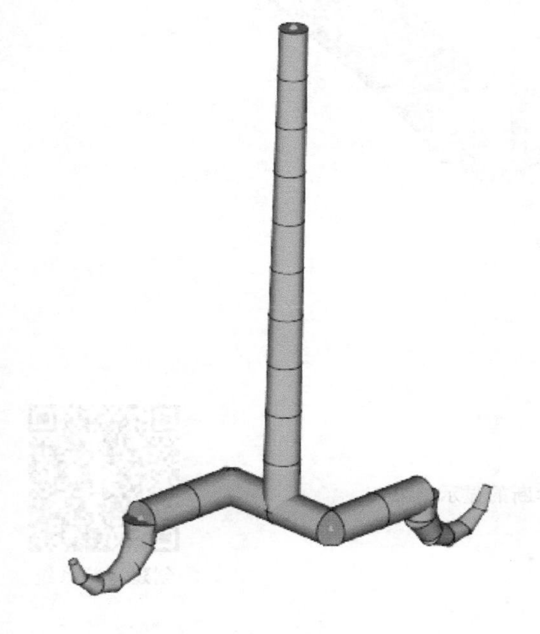

图 1-123　划分网格后的浇注系统

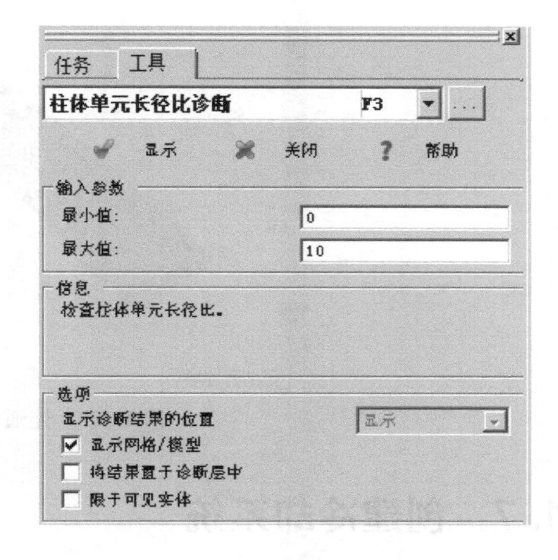

图 1-124　“柱体单元长径比诊断”对话框

⑧ 浇注系统的连通性诊断。单击“网格”→“网格诊断”→“连通性”命令。弹出如图 1-126 所示的对话框。选择浇注系统上任何一个柱体单元，点击“显示”按钮。诊断后的浇注系统和模型如图 1-127 所示。从图中可以看出，浇注系统和模型是连通的。

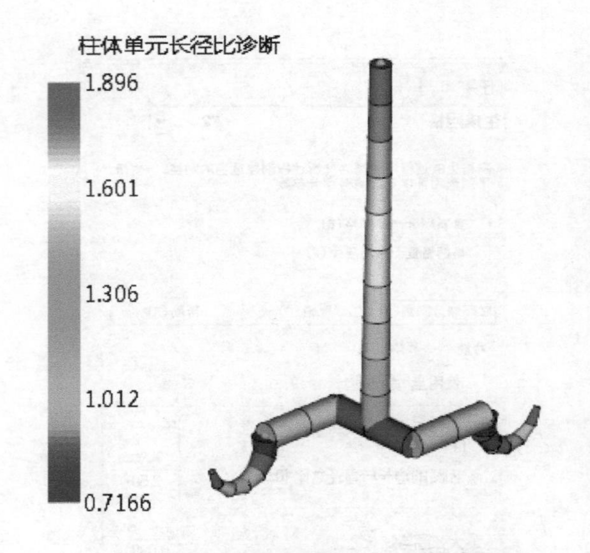

图 1-125 浇注系统的长径比诊断结果

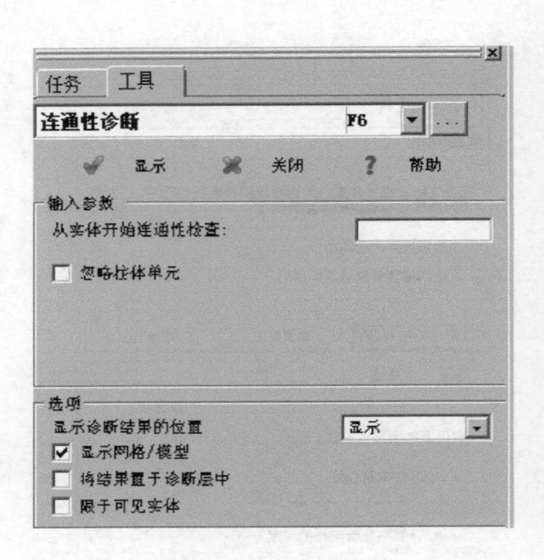

图 1-126 “连通性诊断”对话框

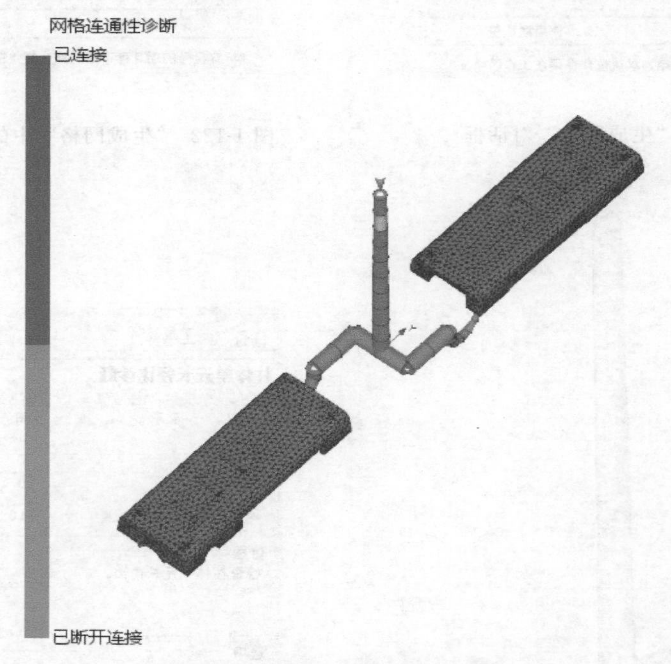

图 1-127 连通性诊断的显示结果

1.7 创建冷却系统

模具的冷却系统利用冷却液源源不断地把高温塑料传递给模具的热量带走，从而将模具的温度保持在一定的范围之内，加快制品的冷却速度，降低成型周期的时间，提高模具的工作效率。一般情况下，冷却时间约占整个成型周期的 80%，因此加快模具的冷却对于提高生产效率十分重要。

冷却系统的创建有三种方式：第一种是用冷却回路向导创建一些较简单的冷却系统；第二种是用创建曲线并定义其属性，再进行网格划分的方式，可以创建复杂的冷却系统，但是操作麻烦；第三种是在其他 3D 软件中生成冷却系统曲线，然后导入 Moldflow 中，对其定义属性，再进行网格划分，此种方式对于复杂的冷却系统最为快捷。

本案例因采用牛角浇口，需要做镶件，因此用创建曲线并定义其属性，再进行网格划分的方式要方便一些，因为在其他 3D 软件中创建曲线命令更丰富，更方便，更快捷；然后转出 IGS 档的文件，导入到 Moldflow 中，对其指定属性，最后划分网格。其操作步骤如下。

① 单击“主页”→“导入”→“添加”命令。选择目录：源文件\第 1 章\MP01-cool. igs（MP01-cool. igs 是在 UG 中已创建好的 IGS 档文件），单击“打开”按钮。导入后的结果如图 1-128 所示。

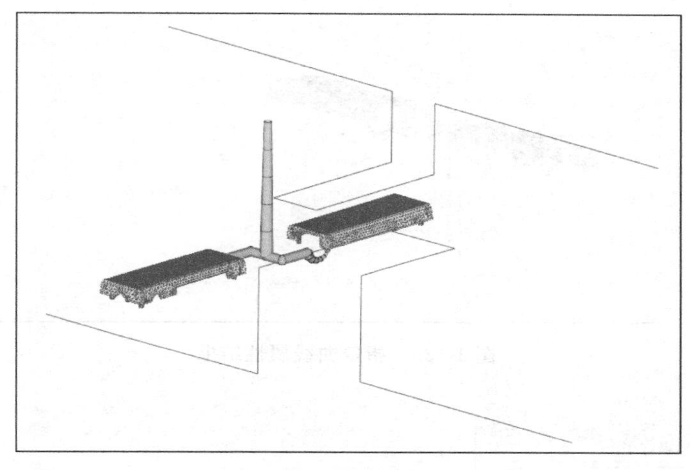

图 1-128　导入曲线结果

② 选择所有曲线，单击“几何”→“属性”→“指定”命令，弹出“指定属性”对话框，如图 1-129 所示。点击“新建”按钮，选择“管道”。在“管道”对话框中“截面形状是”选择“圆形”，“直径”文本框输入 6。结果如图 1-130 所示。由图中所知，指定属性后，曲线并没有生成柱体，只有在划分网格后才能生成柱体单元。

③ 在图层管理器中，把曲线的图层作为激活层，其他图层关闭。单击“网格”→“网格”→“生成曲线”命令。弹出如图 1-131 所示的对话框。在“曲线”选项中“回路的边长与直径之比”的文本框中输入 2.5。勾选单选项“将网格置于激活层中”。最后点击“立即划分网格”按钮。结果如图 1-132 所示。

④ 在图层管理器中单击“新建层”按钮，新建一图层，并把图层命名为“冷却系统”，把冷却系统中的柱体、节点及曲线全部指定到冷却系统图层中。并点击“清除层”按钮，清除不用的图层。

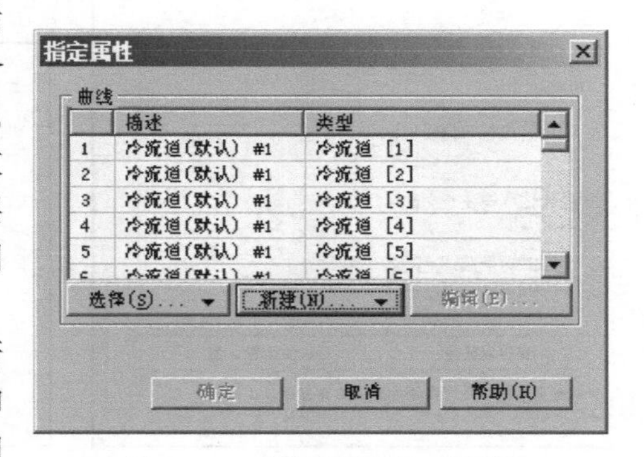

图 1-129　“指定属性”对话框

⑤ 旋转复制另外一穴的冷却管道。单击“几何”→“实用程序”→“移动”→“旋转”命令。对话框如图 1-133 所示。在“选择”文本框中选择所有的冷却管道、曲线及节点，“轴”选项选择“*Z* 轴”，“角度”文本框输入“180”，“参考点”文本框输入 0.0，0.0，

0.0。选择单选项“复制”，“数量”选项选 1，在“层”选项中选择单选项“复制到现有层”，最后单击“应用”按钮。在模具设计中，冷却系统的布局一般为小模冷内模，大模冷胶位，所以对于比较小的模具，在内模的四周走一圈，通过冷却内模钢材从而冷却模型。而大模仅仅冷却内模是不够的，还需要冷却里面的胶位，所以大模除了四周运水之外，还要在不易冷却的部位加水井进行冷却。冷却系统在布局时不能与顶针、螺钉、镶件、斜顶等相干涉。冷却系统的截面形状一般为圆形，直径一般为 6、8、10、12 几个尺寸，冷水道的数量尽可能多，直径尽可能大，这样才能带走更多的热量。

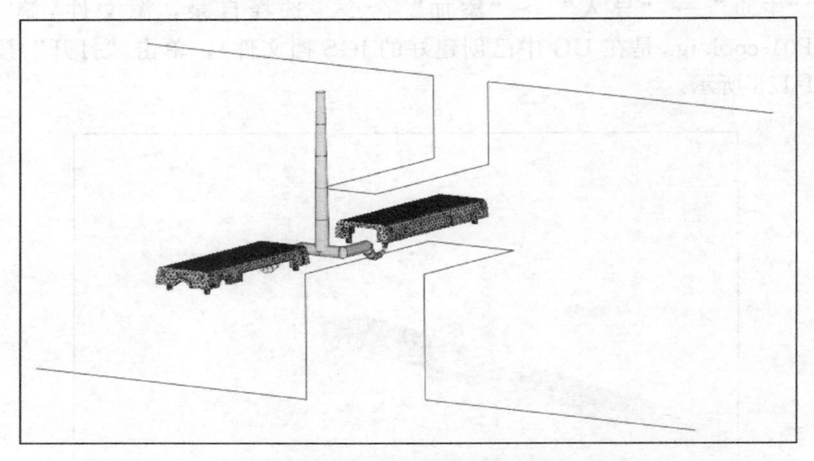

图 1-130　指定曲线属性结果

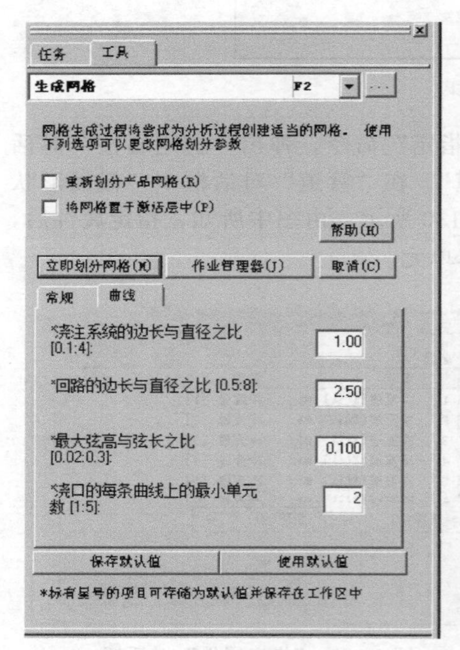

图 1-131　“生成网格”对话框

图 1-132　“生成网格”的结果

⑥ 为冷却系统设置冷却液入口。设计完冷却系统后，必须对冷却系统设置冷却液入口。否则设计出的冷却系统是无效的。单击“边界条件”→“冷却”→“冷却液入口”命令，弹出如图 1-134 所示的对话框。如果要对现有的冷却液的参数进行修改，单击“编辑”按钮，

弹出如图 1-135 所示的对话框。在“冷却液入口”对话框中，单击“编辑”按钮，弹出“冷却介质”对话框，在对话框中选择“属性”选项，如图 1-136 所示。修改完成后，点击“确定”按钮。如果要更换冷却介质，在“冷却液入口”对话框中，单击“选择”按钮。弹出“选择冷却介质”对话框。如图 1-137 所示。在对话框中可以选择所需要的准却介质及查看冷却介质的相关参数。在实际的模具生产中一般多数选择的是水或者油。“冷却液入口”对话框中，“冷却介质入口温度”选项确定冷却介质入口的温度。如果选择冷却介质是水，一般分为常温水、冻水或者热水。如果选择冷却介质是油，一般为高温油。本案例选择热水，从材料的推荐工艺可知，模具的温度为 72℃，一般情况下，冷却水要比模温低 10～30℃，因此本案例先选择 25℃的常温水，分析完成后再进行优化。设置完成后，返回“设置冷却液入口”对话框，在图形编辑窗口中，鼠标光标变为十字形，点击冷却管道的各个入口节点，设置完成冷却液入口，结果如图 1-138 所示，设置好后有一个箭头标志。

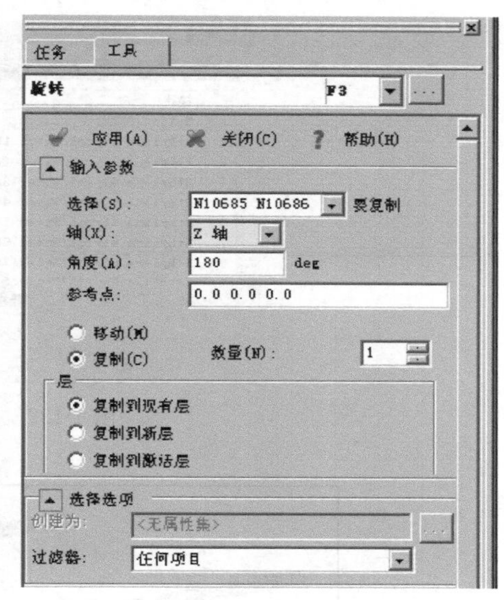

图 1-133 “旋转”对话框

图 1-134 “设置冷却液入口”对话框

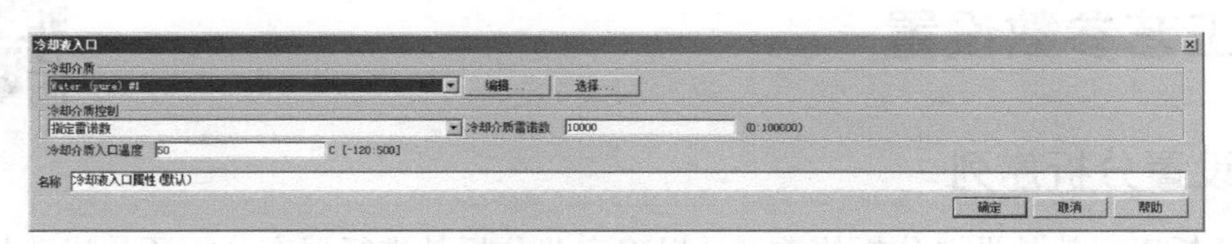

图 1-135 “冷却液入口”对话框

图 1-136 “冷却介质”对话框

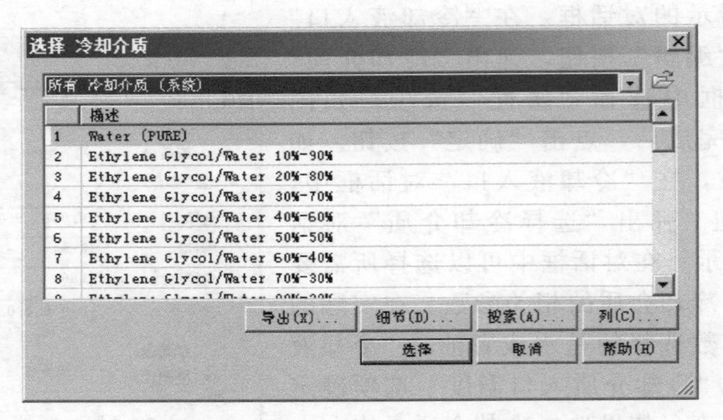

图 1-137 “选择冷却介质”对话框

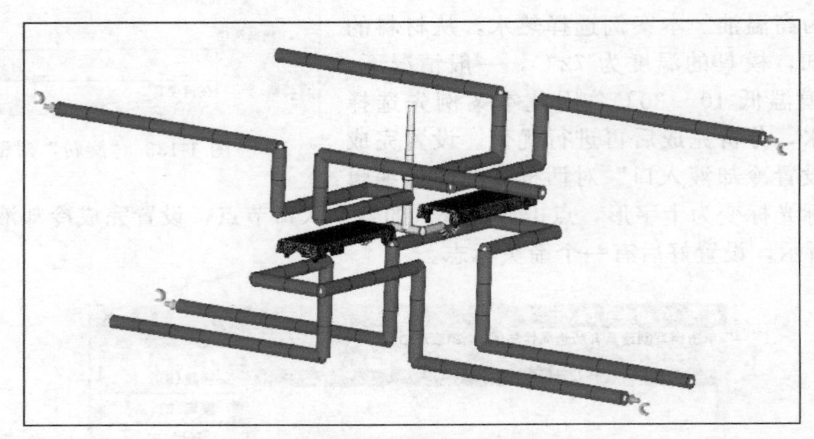

图 1-138 设置冷却液入口的冷却系统

工艺参数设置

1.8 工艺参数设置

1.8.1 设置分析序列

设置分析序列就是设置分析的类型，以确定此分析是进行填充分析还是流动分析，或者是冷却分析还是翘曲分析，或者是一起进行分析。在实际的模流分析中，一般首先进行快速填充分析，以确定分析中的一些基本数据，然后进行全面分析。

（1）浇口位置分析

主要作用是获得制品最佳浇口的具体位置。通常在分析中 Moldflow 认为最佳浇口位置在制品的最中央，即注塑压力最大处，但对于多数制品，此处是制品的外观面，不允许有浇口存在。因此在实际的应用中，首先找到一浇口位置，再分析此位置是否合适。浇口位置分析对于多浇口的位置分析十分有用。

（2）成型窗口分析

主要作用是获得制品最佳的初步工艺设置，可以快速提供注射时间、模具温度和熔体温度的推荐值及其允许变化的范围，为后续的分析提供参考。

（3）填充分析

模拟塑料熔体从浇注系统进入模具型腔及充满模具型腔的填充过程。其主要作用是获得最佳浇注系统，用于查看制品的填充行为是否合理，是否平衡，有无短射及结合线和气穴分布，有助于选择最佳浇口位置、浇口数量和最佳浇注系统布局。

（4）填充＋保压分析

以前版本都叫流动分析，它模拟塑料熔体从浇注系统到模具型腔的充模和保压过程。其主要作用是获得最佳保压阶段设置，从而尽可能降低由保压引起的制品收缩和翘曲等质量缺陷。

（5）冷却分析

模拟塑料在模具内的热量传递情况。判断制品的冷却效果的优劣，根据冷却效果计算出冷却时间的长短，确定成型周期所用的时间，帮助优化冷系统布局，缩短制品成型周期，消除冷却因素造成的翘曲。

（6）翘曲分析

预测制品成型过程中所发生的收缩和翘曲情况，也可预测由于不均匀压力分布而导致的模具型芯偏移。明确翘曲原因，查看翘曲将会分布的区域，并可优化设计、材料和工艺参数。在模具制造之前控制制品变形。

（7）流道平衡分析

帮助判断流道系统是否平衡，并且给出平衡方案。平衡浇注系统可以保证各型腔的填充在时间上保持一致，保证均衡的保压，从而保证良好的制品质量，同时也可使成型过程保持一个合理的型腔压力，并优化流道管道的面积，从而节省塑料材料。

本案例要让读者先了解模流分析的基本流程，因此设置“冷却＋填充＋保压＋翘曲”的序列进行全面分析，每种分析类型在后面的章节中再进行详细的讲解。

1.8.2　工艺参数设置

（1）工艺设置向导—冷却设置

单击“主页”→“成型工艺设置”→“工艺设置”命令。弹出如图 1-139 所示的对话框。

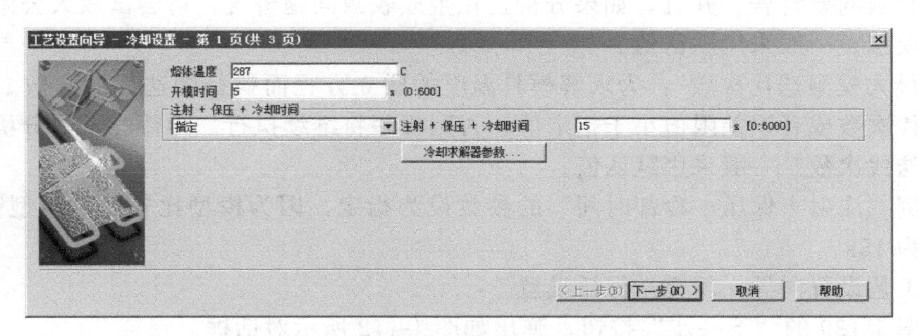

图 1-139　“工艺设置向导—冷却设置”对话框

① 熔体温度　熔体温度一般选用材料推荐的熔体温度。

② 开模时间　开模时间指模具打开、顶出制品、合模一起所用的时间，一般采用默认值。

③ 注射＋保压＋冷却时间　注射＋保压＋冷却时间为冷却分析最重要的参数设置，共有两个选项，分别如下：

a. 指定：在右侧的文本框中设定时间值，在冷却分析中使用此值来定义模具和塑料熔体的接触时间。

b. 自动：单击右侧的“目标零件顶出条件”按钮，弹出如图 1-140 所示对话框。在对话框中共有“模具表面温度”“顶出温度”和“顶出温度下的最小零件冻结百分比”三个选项，可以在右侧的文本框中对相应的参数进行设置。一般情况下制品冻结到80%，流道系统冻结到60%就可以进行顶出。

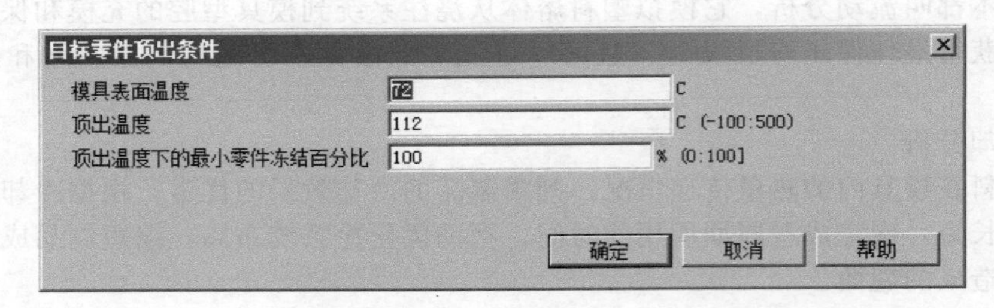

图 1-140 “目标零件顶出条件”对话框

④ 冷却求解器参数 单击“冷却求解器参数”按钮，弹出如图 1-141 所示的对话框。

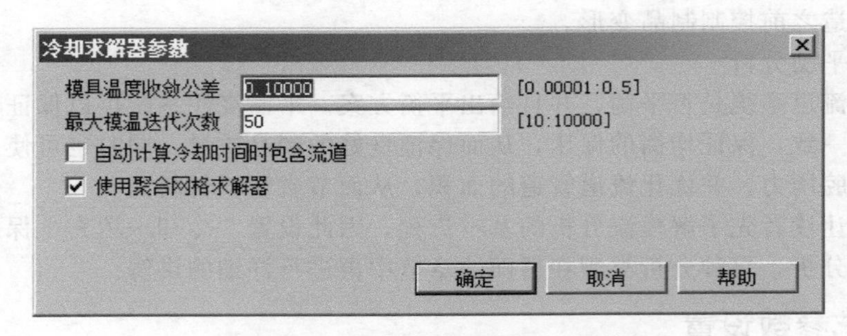

图 1-141 “冷却求解器参数”对话框

a. “模具温度收敛公差”：是指从一个迭代到另一个迭代之间的函数值变化的百分比，也可用于确定解的收敛时间。缩小收敛公差可以提高解的精度，但会增加分析时间并可能会导致出现收敛问题警告。并且，如果分析正在生成收敛问题警告，请尝试放大公差以协助求解器完成模拟。一般采用默认值。

b. “最大模温迭代次数”：为求解模具温度的联立方程而执行的迭代的次数。除非超过此最大迭代次数或者误差限值小于指定值，否则程序将继续执行。为待尝试的分析选择最大模具温度迭代次数。一般采用默认值。

本案例“注射+保压+冷却时间”的参数设为指定，因为模型比较小，模型壁厚较薄，指定时间为 15s。

(2) 工艺设置向导—填充+保压设置

单击图 1-139 的“下一步”按钮，弹出如图 1-142 所示对话框。

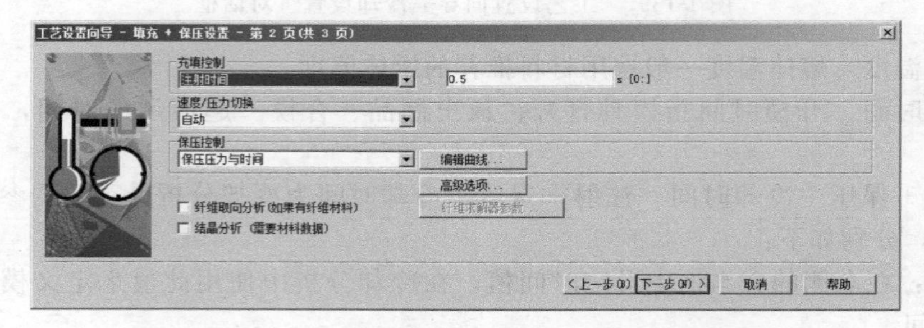

图 1-142 “工艺设置向导—填充+保压设置”对话框

① 充填控制　充填控制用于设置熔体从浇注系统进入型腔及充满型腔过程的控制方式，共有 4 种方式，下面进行详细讲解。

a. 自动：系统自动计算一个合适的填充速度，并以此速度完成全部填充，直到进行 v/p 转换。初次分析时选择此项，能得到一个大概值。

b. 注射时间：系统在设定的注射时间内完成全部填充，直到进行 V/P 转换。当确定注射时间后，可以直接在此项指定。

c. 流动速率：系统在设定的流动速率下完成全部填充，直到进行 V/P 转换。

d. 螺杆速度曲线：螺杆前进时的速度变化曲线，又分为相对螺杆速度曲线、绝对螺杆速度曲线和原有螺杆速度曲线。一般设置多段填充速度，控制方式可以是位置与时间。

本案例填充控制选用“注射时间”的控制方式，注射时间由两部分组成，第一部分是模型的充填时间，第二部分是浇注系统的充填时间。模型的充填时间可从成型窗口分析的“质量（成型窗口）”结果中查找，最佳的注射时间是 0.3241s，浇注系统的注射时间要计算，首先计算：流动速率＝模型体积（可在网格统计中查询三角形：2cm^3）/模型的注射时间（0.3241s）＝6.17cm^3/s。在网格统中查询柱体的体积（由于浇注系统是由两穴组成，可删除一边分流道及浇口，然后再查询，查询完成后一定要用“撤销”命令把刚删除的分流道及浇口恢复过来，否则分析会出错），查询的结果为：0.859cm^3，因此浇注系统的注射时间＝浇注系统的体积（0.859cm^3）/流动速率（6.17cm^3/s）＝0.14s。总的注射时间＝模型注射时间（0.3241s）＋浇注系统注射时间（0.14s）＝0.4641s≈0.5s。加入浇注系统后充填控制选项最好不要用“自动”方式，这是因为浇注系统的壁厚一般都要比模型的壁厚要厚很多，不同的壁厚会导致计算出来的注射时间不准确。

② 速度/压力切换　在填充阶段，首先是对注塑机的螺杆进行速度控制的，当型腔将到被充满时，切换到压力控制。速度/压力切换控制共有 9 个选项，分别是：自动、由%充填体积、由螺杆位置、由注射压力、由液压压力、由锁模力、由压力控制点、由注射时间、由任一条件满足时。默认选项为“自动”，当已经确定速度/压力的位置切换点后，可选“由%充填体积”。由于速度/压力切换的“自动”方式计算的结果还是比较准确的，因此初次分析一般选择“自动”方式。

③ 保压控制　保压控制：共有 4 项控制保压曲线的方式。

a. “%填充压力与时间”：由填充压力的百分比与持续时间控制保压曲线。

b. “保压压力与时间”：由保压压力与持续时间控制保压曲线。

c. “液压压力与时间”：由注塑机的液压压力与持续时间控制保压曲线。

d. “%最大注射压力与时间”：由注塑机的最大注射压力与持续时间控制保压曲线。

系统默认的保压控制方式为“%填充压力与时间”，另外，“保压压力与时间”控制方式也比较常用。初次分析时由于保压压力和保压时间都不确定，因此一般选择系统默认的保压方式“%填充压力与时间”，保压参数也选择默认的保压参数。单击“保压控制”右侧的“编辑曲线”按钮，弹出如图 1-143 所示的对话框。在对话框中“持续时间”表示为保压时间，默认设置为 10s，具体的持续时间可以根据分析完成后胶口凝固时间-填充时间计算出来，“%填充压力”表示填充压力的百分比，一般情况下为填充压力的 80%。单击“绘制曲线”按钮，弹出如图 1-144 所示的对话框。曲线图表示在保压初始时间 0s，保压压力为填充压力的 80%，在以后持续的 10s 时间内，保压压力仍然维持在填充压力的 80%。

④ 高级选项　单击“高级选项”按钮，弹出如图 1-145 所示的对话框。高级选项包含以下 5 个方面的内容。

a. 成型材料：单击右侧的“编辑”按钮，弹出“热塑性材料”对话框，可以对选定材料的属性进行编辑。如果单击“选择”按钮，弹出“选择热塑性材料”对话框，可以选择另外一种材料。

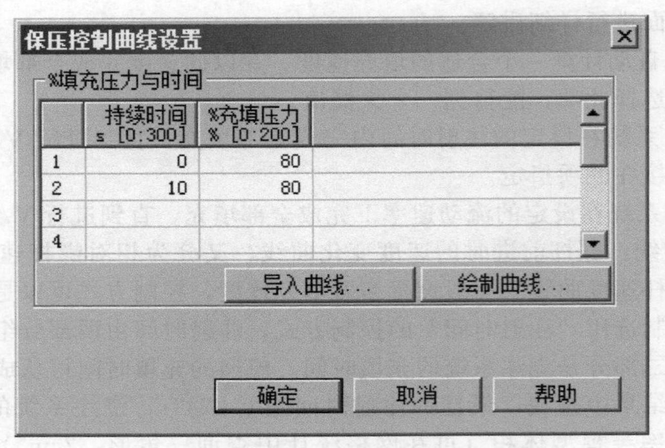

图 1-143 “保压控制曲线设置”对话框

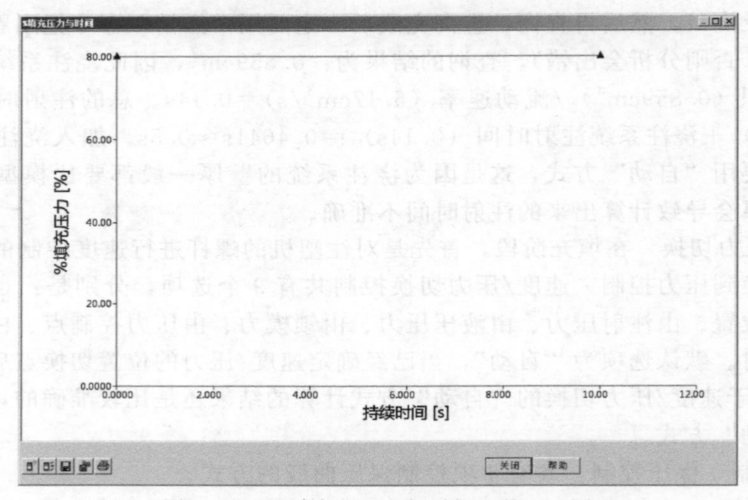

图 1-144 “%填充压力与时间”的 XY 图

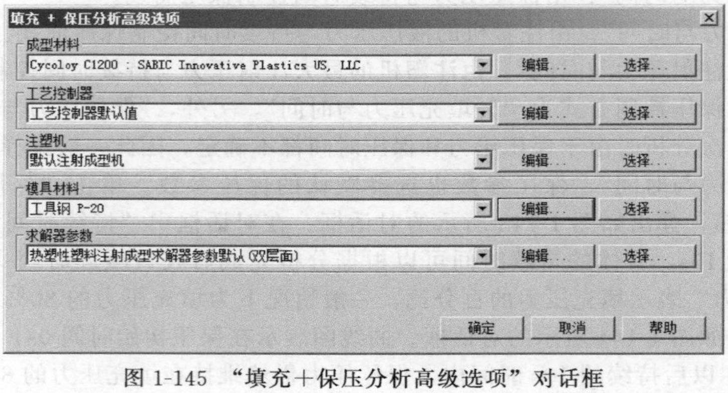

图 1-145 “填充+保压分析高级选项”对话框

b. 工艺控制器：单击右侧的“编辑”按钮，弹出“工艺控制器”对话框，如图 1-146 所示。可以重新修改工艺控制参数。在“温度控制”选项中“模具温度控制”选项用于指定模具的温度。“均匀”选项表示型腔与型芯温度相同，“型腔与型芯不同”选项表示型腔与型芯温度不同。

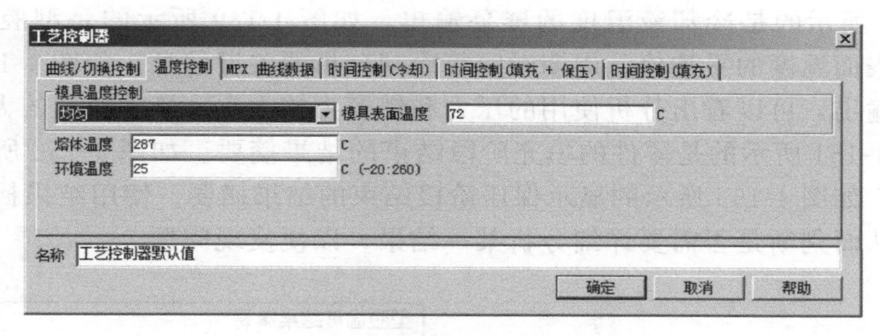

图 1-146 “工艺控制器”对话框

c. 注塑机：单击右侧的“编辑”按钮，弹出“注塑机”对话框，可以对选定注塑机参数进行编辑。如果单击“选择”按钮，弹出“选择注塑机”对话框，可以选择另外一种注塑机。

d. 模具材料：单击右侧的“编辑”按钮，弹出“模具材料”对话框，可以对选定的模具材料参数进行编辑。如果单击“选择”按钮，弹出“选择模具材料”对话框，可以选择另外一种模具材料。

e. 求解器参数：单击右侧的“编辑”按钮，弹出“热塑性塑料注射成型求解器参数”对话框，可以对选定参数进行编辑。

（3）工艺设置向导-翘曲设置

单击图 1-142 的“下一步”按钮，弹出如图 1-147 所示对话框。在对话框中共有三个选项，分别为：

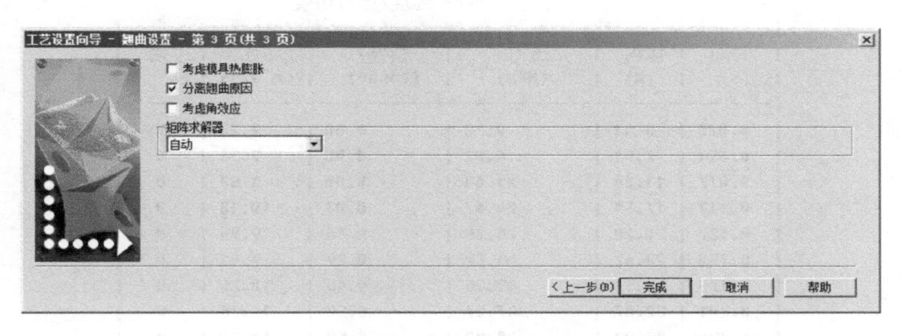

图 1-147 “工艺设置向导-翘曲设置”对话框

①“考虑模具热膨胀”：考虑模具热膨胀对翘曲分析结果的影响，在注射成型过程中，模具温度会随着熔体温度的升高而升高，因此模具会发生热膨胀，致使制品翘曲变形。

②“分离翘曲原因”：如果勾选此项，在分析结果中会详细分析冷却、收缩、分子取向三方面造成的翘曲值。本案例勾选此项。

③“考虑角效应”：考虑边角效应对翘曲分析结果的影响。边角收缩不均是指在边角区域，由于模具结构的限制，制品在厚度方向上的收缩要大于平面方向的收缩，从而导致额外的变形。

1.8.3 开始分析

点击“主页”→“分析”→“开始分析”命令，弹出“选择分析类型”对话框。单击“确定”按钮后开始分析。

在分析的过程显示分析日志，分析日志记录了分析的关键结果的总结性信息和分析摘要。如图 1-148 所示的是冷却液温度的屏幕输出，如图 1-149 所示的是型腔温度的结果摘要，记录型腔表面温度的平均值、周期时间等冷却分析的关键信息。如图 1-150 所示的是填充阶段的屏幕输出，可以看出分析使用的压力和锁模力的大小、流动速率的大小和使用的控制类型。如图 1-151 所示的是零件的填充阶段结束的结果摘要。如图 1-152 所示的是保压阶段的屏幕输出，如图 1-153 所示的显示保压阶段结束的结果摘要。使用结果摘要可以快速查看这些变量，从而判断是否需要详细分析某一结果，以便发现问题。

冷却液温度

入口节点	冷却液温度范围	冷却液温度升高通过回路	热量排除通过回路
5760	25.0 - 25.2	0.2 C	0.035 kW
5702	25.0 - 25.2	0.2 C	0.035 kW
5736	25.0 - 25.2	0.2 C	0.034 kW
5678	25.0 - 25.2	0.2 C	0.034 kW

最后的回路温度残余： 6.33942E-06

图 1-148 冷却液温度的屏幕输出

型腔温度结果摘要

==

零件表面温度 - 最大值	= 51.7248 C
零件表面温度 - 最小值	= 33.0834 C
零件表面温度 - 平均值	= 39.7132 C
型腔表面温度 - 最大值	= 45.5561 C
型腔表面温度 - 最小值	= 28.8626 C
型腔表面温度 - 平均值	= 32.9855 C
平均模具外部温度	= 25.4189 C
通过外边界的热量排除	= 0.0053 kW
周期时间	= 20.0000 s
最高温度	= 287.0000 C
最低温度	= 25.0000 C

图 1-149 型腔温度的结果摘要

填充阶段： 状态： V = 速度控制
P = 压力控制
V/P= 速度/压力切换

时间 (s)	体积 (%)	压力 (MPa)	锁模力 (tonne)	流动速率 (cm^3/s)	状态
0.027	3.41	9.22	0.00	9.23	V
0.054	7.51	16.82	0.00	9.56	V
0.077	11.36	21.64	0.00	9.83	V
0.112	17.51	24.67	0.03	10.13	V
0.127	20.28	26.08	0.06	9.95	V
0.150	23.62	41.82	0.39	9.41	V
0.175	28.10	45.36	0.46	10.25	V
0.201	32.87	47.27	0.52	10.28	V
0.225	37.32	48.93	0.58	10.30	V
0.251	42.08	50.56	0.64	10.34	V
0.275	46.56	51.94	0.70	10.35	V
0.301	51.26	53.58	0.80	10.31	V
0.325	55.67	55.87	0.99	10.33	V
0.350	60.16	57.89	1.16	10.37	V
0.375	64.76	59.84	1.36	10.38	V
0.400	69.25	61.87	1.59	10.39	V
0.426	73.88	63.88	1.85	10.41	V
0.450	78.29	65.81	2.10	10.42	V
0.476	82.93	67.83	2.40	10.44	V
0.501	87.45	69.97	2.75	10.45	V
0.526	91.95	72.07	3.12	10.45	V
0.551	96.52	74.03	3.46	10.45	V
0.561	98.25	74.79	3.63	10.39	V/P
0.571	99.62	59.83	3.33	4.66	P
0.575	99.90	59.83	3.46	4.86	P
0.575	100.00	59.83	3.49	4.81	已填充

图 1-150 填充阶段的屏幕输出

零件的填充阶段结束的结果摘要 :

零件总重量(不包括流道)	=	3.9360 g
总体温度 - 最大值	=	300.9171 C
总体温度 - 第 95 个百分数	=	298.2279 C
总体温度 - 第 5 个百分数	=	266.9461 C
总体温度 - 最小值	=	199.3882 C
总体温度 - 平均值	=	287.5583 C
总体温度 - 标准差	=	11.7376 C
剪切应力 - 最大值	=	0.8548 MPa
剪切应力 - 第 95 个百分数	=	0.2717 MPa
剪切应力 - 平均值	=	0.1915 MPa
剪切应力 - 标准差	=	0.0776 MPa
冻结层因子 - 最大值	=	0.3855
冻结层因子 - 第 95 个百分数	=	0.1972
冻结层因子 - 第 5 个百分数	=	0.0192
冻结层因子 - 最小值	=	0.0000
冻结层因子 - 平均值	=	0.1142
冻结层因子 - 标准差	=	0.0543
剪切速率 - 最大值	=	2.4724E+04 1/s
剪切速率 - 第 95 个百分数	=	592.4885 1/s
剪切速率 - 平均值	=	274.8448 1/s
剪切速率 - 标准差	=	641.6101 1/s

图 1-151 零件的填充阶段结束的结果摘要

保压阶段:

时间 (s)	保压 (%)	压力 (MPa)	锁模力 (tonne)	状态
0.780	1.52	59.83	8.97	P
1.485	6.40	59.83	3.42	P
2.235	11.59	59.83	1.16	P
2.985	16.79	59.83	0.97	P
3.735	21.98	59.83	0.65	P
4.235	25.45	59.83	0.43	P
4.985	30.64	59.83	0.13	P
5.735	35.83	59.83	0.00	P
6.485	41.03	59.83	0.00	P
7.235	46.22	59.83	0.00	P
7.735	49.68	59.83	0.00	P
8.485	54.88	59.83	0.00	P
9.235	60.07	59.83	0.00	P
9.985	65.27	59.83	0.00	P
10.561	69.26	59.83	0.00	P
10.561			压力已释放	
10.573	69.34	0.00	0.00	P
11.720	77.29	0.00	0.00	P
14.470	96.33	0.00	0.00	P
15.000	100.00	0.00	0.00	P

图 1-152 保压阶段的屏幕输出

零件的保压阶段结束的结果摘要 :

零件总重量(不包括流道)	=	4.1303 g
总体温度 - 最大值	=	61.9618 C
总体温度 - 第 95 个百分数	=	36.3475 C
总体温度 - 第 5 个百分数	=	32.3345 C
总体温度 - 最小值	=	29.9151 C
总体温度 - 平均值	=	35.2470 C
总体温度 - 标准差	=	2.0860 C
冻结层因子 - 最大值	=	1.0000
冻结层因子 - 第 95 个百分数	=	1.0000
冻结层因子 - 第 5 个百分数	=	1.0000
冻结层因子 - 最小值	=	1.0000
冻结层因子 - 平均值	=	1.0000
冻结层因子 - 标准差	=	0.0000
体积收缩率 - 最大值	=	6.8654 %
体积收缩率 - 第 95 个百分数	=	6.6474 %
体积收缩率 - 第 5 个百分数	=	2.7189 %
体积收缩率 - 最小值	=	1.0760 %
体积收缩率 - 平均值	=	5.1697 %
体积收缩率 - 标准差	=	1.1331 %
缩痕指数 - 最大值	=	4.0241 %
缩痕指数 - 第 95 个百分数	=	3.8086 %
缩痕指数 - 最小值	=	2.4426 %
缩痕指数 - 标准差	=	1.0044 %

图 1-153 保压阶段结束的结果摘要

1.9　分析结果解读

分析完成后，在任务视窗的结果中会显示流动、冷却、翘曲三大结果，分别如图1-154～图1-156所示，下面介绍三大结果中的重要结果。

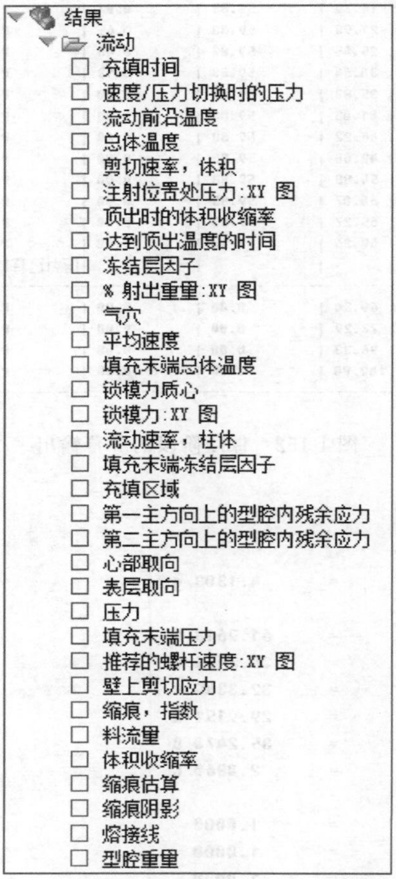

结果
流动
- 充填时间
- 速度/压力切换时的压力
- 流动前沿温度
- 总体温度
- 剪切速率，体积
- 注射位置处压力:XY 图
- 顶出时的体积收缩率
- 达到顶出温度的时间
- 冻结层因子
- % 射出重量:XY 图
- 气穴
- 平均速度
- 填充末端总体温度
- 锁模力质心
- 锁模力:XY 图
- 流动速率，柱体
- 填充末端冻结层因子
- 充填区域
- 第一主方向上的型腔内残余应力
- 第二主方向上的型腔内残余应力
- 心部取向
- 表层取向
- 压力
- 填充末端压力
- 推荐的螺杆速度:XY 图
- 壁上剪切应力
- 缩痕，指数
- 料流量
- 体积收缩率
- 缩痕估算
- 缩痕阴影
- 熔接线
- 型腔重量

图1-154　流动分析结果

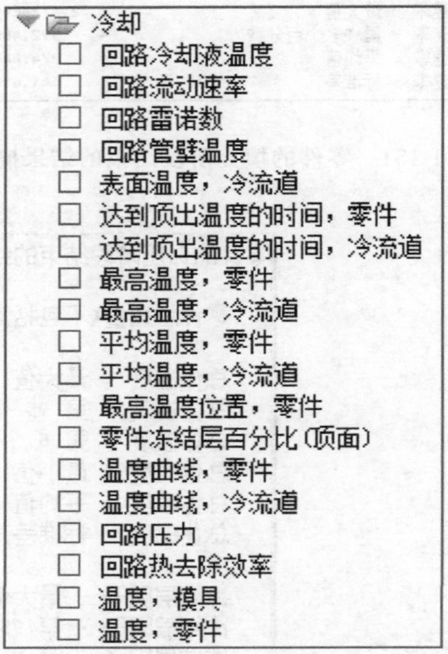

冷却
- 回路冷却液温度
- 回路流动速率
- 回路雷诺数
- 回路管壁温度
- 表面温度，冷流道
- 达到顶出温度的时间，零件
- 达到顶出温度的时间，冷流道
- 最高温度，零件
- 最高温度，冷流道
- 平均温度，零件
- 平均温度，冷流道
- 最高温度位置，零件
- 零件冻结层百分比(顶面)
- 温度曲线，零件
- 温度曲线，冷流道
- 回路压力
- 回路热去除效率
- 温度，模具
- 温度，零件

图1-155　冷却分析结果

1.9.1　流动分析结果解读

（1）填充时间

填充时间显示的熔体流动前沿的扩展情况（或者可以理解为填充模腔时每隔一定间隔的料流前锋位置），可用于观察制品整体填充情况、填充时间及查看制品有无短射、迟滞等情况。填充应平衡，不平衡时可通过改变浇口位置来改善。制品出现短射、迟滞时可通过增大浇注系统尺寸、改变浇口位置、增加浇口数量、提高料温模温等措施来改善。填充时间是一个非常重要关键的结果。

填充时间结果图默认的是阴影图，也可用等值线图显示。单击“结果”→“属性”→“图形属性”命令，弹出如图1-157所示对话框。选择单选按钮“等值线”，单击“确定”按钮，填充时间结果图会以等值线图显示。等值线的间距相同，表明熔体流动前沿的速度相等。宽的等值线表示快速的流动，而窄的等值线表示了缓慢的填充。

翘曲
- 变形，所有效应:变形
- 变形，所有效应:X 方向
- 变形，所有效应:Y 方向
- 变形，所有效应:Z 方向
- 变形，冷却不均:变形
- 变形，冷却不均:X 方向
- 变形，冷却不均:Y 方向
- 变形，冷却不均:Z 方向
- 变形，收缩不均:变形
- 变形，收缩不均:X 方向
- 变形，收缩不均:Y 方向
- 变形，收缩不均:Z 方向
- 变形，取向效应:变形
- 变形，取向效应:X 方向
- 变形，取向效应:Y 方向
- 变形，取向效应:Z 方向

图 1-156　翘曲分析结果

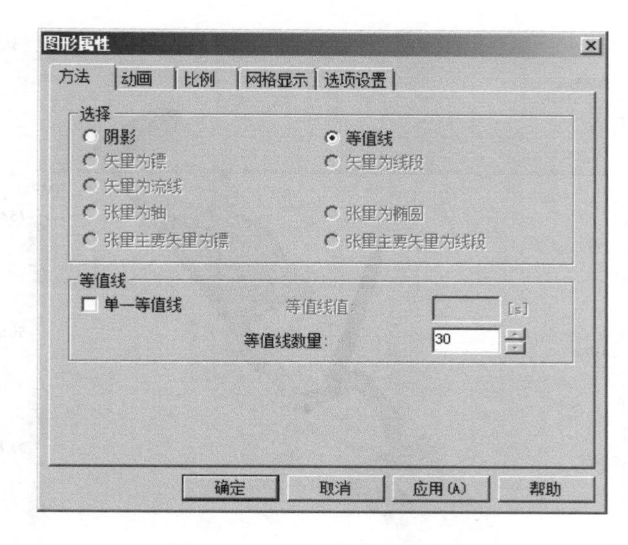

图 1-157　“图形属性”对话框

如图 1-158 所示为填充时间的显示结果，从图中所知模型没有短射的情况，填充时间为 0.5733s，比色卡上最大值显示区域（一般显示为红色）为模型的最后填充区域，也是模型的末端，填充基本平衡。点击“结果”→“动画”→“播放”命令，可以动态播放填充时间的动画，查看模型填充的整个过程。填充时间也可用等值线显示的方式进行查看。

(2) 速度/压力切换时的压力

速度/压力切换时的压力显示了通过模型内的流程在从速度到压力控制切换点的压力分布。此图是观察制品的压力分布是否平衡的有效工具。通常，速度/压力切换时的压力在整个注塑成型周期中是最高的，此时压力的大小和分布可通过该压力图进行观察。同时也可查看制品体积填充的百分比，未填充部分以灰色表示。

如图 1-159 所示为速度/压力切换时的压力的显示结果，从图中所知速度/压力切换时的压力为 75.48MPa，在模型的末端有灰色区域显示，表示此区域在速度/压力切换时仍未填充，通过日志中填充分析的屏幕输出可知，在模型填充体积的 98.18%进行速度与压力切换。可通过动画查看速度/压力切换时的压力在模型中的分布情况。

(3) 流动前沿温度

流动前沿温度是熔料流动经过节点时的结果，显示了在流动前沿到达某个节点时的熔料温度，代表的是熔体前沿截面中心的温度，如果与料温接近，说明制品填充较好，如果流动前沿温度在制品的薄区域很低，可能发生迟滞或者短射。某个区域的流动前沿温度很高，可能发生材料降解和表面缺陷。应确保流动前沿温度总是在聚合物使用的推荐范围之内。当某区域温度过低时，可检查此处壁厚及从浇注系统到此区域的流动长度。如果是因为制品壁厚太薄而影响填充流动，应增加制品的壁厚来改善，如果因为流动长度过长，可以更改浇口位置、增加浇口数目等进行改善。

如图 1-160 所示为流动前沿温度的显示结果，从图中所知模型的绝大部分区域的温度为 290℃左右，与料温比较接近。最低温度在进胶口对面的深骨位处温度为 276.3℃，重叠填充时间分析，用动画播放，可知此处发生了轻微的迟滞，查看材料的推荐工艺可知，熔体温度的最小值是 274℃，最低温度仍在材料的推荐温度范围之内。再用气穴分析，此位置存在困气，在分析报告中要指出此处存在困气，模具设计时注意排气。

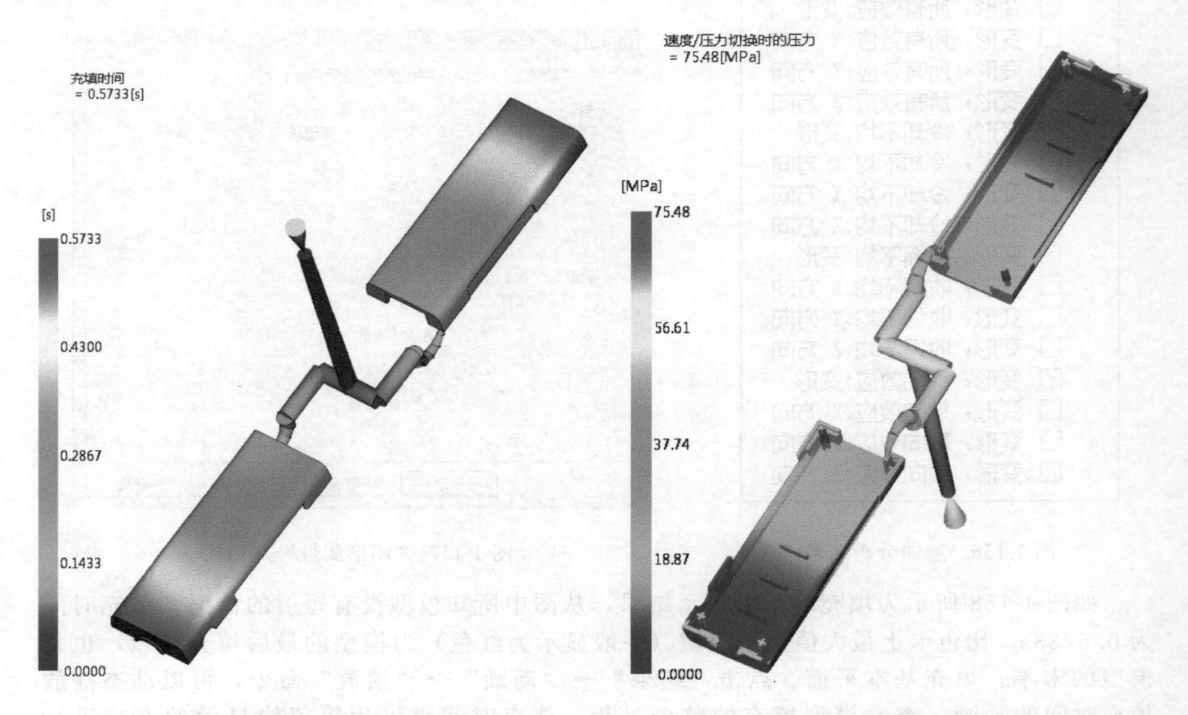

图 1-158　填充时间的显示结果　　图 1-159　速度/压力切换时的压力的显示结果

（4）总体温度

在填充的过程中熔体温度不仅随时间和位置而变化，还随整个注射成型周期中的厚度而变化，因此很难在单一显示中说明所有这些变化。为此，使用总体温度来反映聚合物内部能量的传递。它还表示通过特定位置的能量。总体温度结果是中间结果，通过它可以看到温度随时间变化的情况。聚合物流动时，总体温度指速度加权平均温度，流动停止时则指简单的平均温度。在冲模阶段，总体温度图应非常均匀，其变化以不超过 5～10℃为宜。实际应用时允许有较大的温度降，通常高至 20～35℃的温降都是可以接受的。如果有区域产生了过保压，总体温度将显著下降，可以通过缩短保压时间方式来改善。如果总体温度范围过大，可以用缩短注射时间的方式来改善。

如图 1-161 所示为总体温度的显示结果，从动画可知，总体温度在冲模阶段还比较均匀。

（5）剪切速率，体积

体积剪切速率代表的是整个截面的剪切速率，由截面内材料的流速和剪切应力计算所得。首先，根据流动性和制品厚度计算出典型黏度。然后，根据壁上剪切应力和典型黏度计算出剪切速率、体积。可以把它直接与材料数据库中的材料极限值进行比较，过大时可能产生裂解、变色、机械性能下降等问题，故不应超过材料极限，如果超过可通过延长填充时间、增大浇口尺寸改善。

在显示该结果图时，可能有一些小单元具有很高的剪切速率，因此，关掉节点平均值可以使我们看得更清楚。制品内的剪切速率很少过高。通常，剪切速率过高的地方都是浇注系统，特别是浇口。

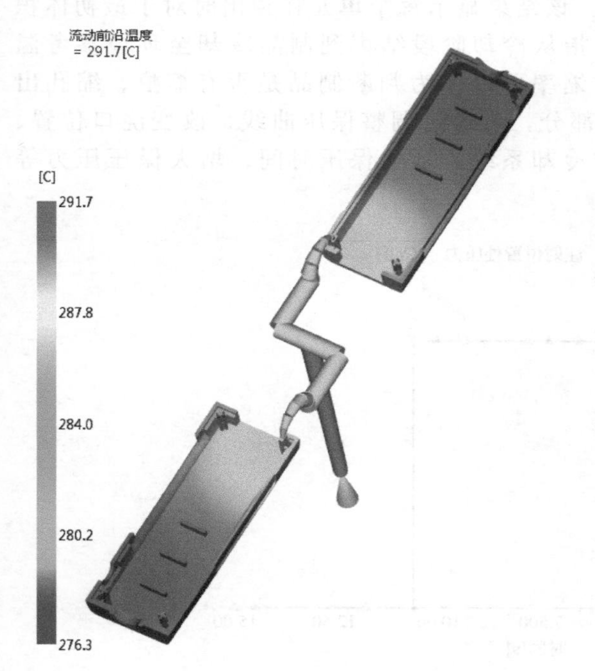

图 1-160　流动前沿温度的显示结果

图 1-161　总体温度的显示结果

如图 1-162 所示为体积剪切速率的显示结果，从图中可知，体积剪切速率的最大值已经超过了材料的极限值。其中剪切速率的最大区域位于浇口位置。可以采用分段注射在浇口区域把流动速度降低，缓慢通过浇口区域。

(6) 注射位置处压力：XY 图

注射位置处压力 XY 图可以用于查看注塑所需的最大注射压力。注射节点是观察二维 XY 图的常用节点。通过注射位置压力的 XY 图可以容易地看到压力的变化情况。注射位置处压力结果对于检查是否存在压力峰值非常有用，压力峰值通常是压力不平衡的标志。压力峰值可能出现在零件内部或两个零件之间。通常可通过更改浇口位置来进行修复。当所需的最大注射压力高于注射机额定的最大注射压力时，可考虑更换注射机，还可通过改变浇口位置、增加浇口数目、增大浇注系统尺寸、延长填充时间来改善。

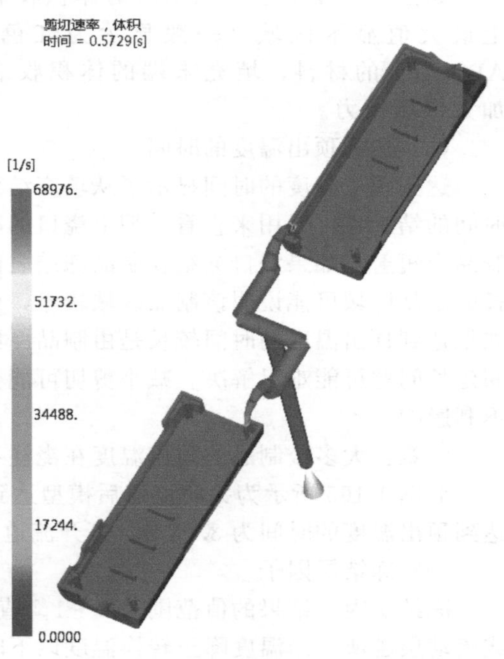

图 1-162　体积剪切速率的显示结果

如图 1-163 所示为注射位置处压力：XY 图的显示结果，从图中所知，最大的注射压力值没有超过 80MPa。也可以选择菜单“结果”→“检查”→“检查”命令，单击曲线尖峰位置，可显示最大注射压力及时间。

(7) 顶出时的体积收缩率

顶出时的体积收缩率是单组数据结果，该结果显示每个单元在顶出时对于最初体积的体积收缩百分比。顶出时的体积收缩是指从冷却阶段结束到制品冷却至环境参考温度时局部体积的减小量。顶出时的体积收缩率可以作为判断制品是否有缩痕、缩孔出现的参照，如果某一小部分远远高于其他部分，可通过调整保压曲线、改变浇口位置、增加浇口数量、增大浇注系统尺寸、优化冷却系统、延长保压时间、增大保压压力等方式来改善。

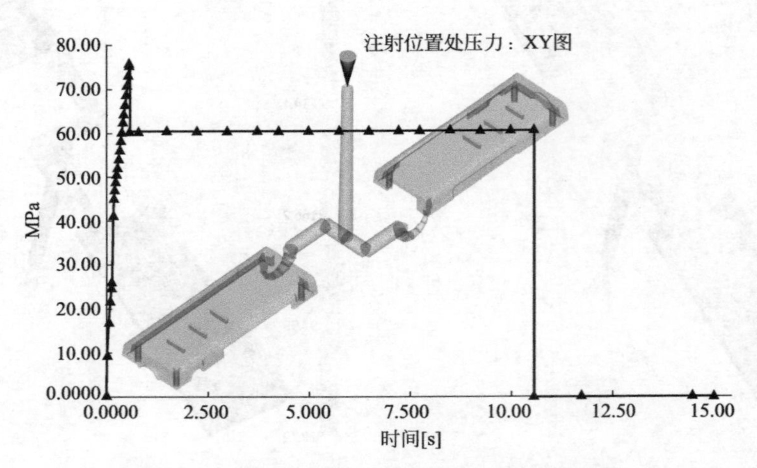

图 1-163 注射位置处压力：XY 图的显示结果

如图 1-164 所示为顶出时的体积收缩率的显示结果，从图中所知，模型的中比色卡上最大值显示区域（一般显示为红色）为顶出时的体积收缩率最大的区域。对于 ABS＋PC 的材料，填充末端的体积收缩率应在 4％以内。改善方式：调整保压曲线，加大保压压力。

（8）达到顶出温度的时间

达到顶出温度的时间显示了从填充结束到达到顶出温度时所需的时间。达到顶出温度的时间的结果也可以用来查看模型上浇口的冻结时间，如果浇口冻结在制品完全填充满之前，制品会短射。如果浇口冻结在制品冻结之前，会出现低保压。制品应均匀冻结。冻结时间更长的制品区域可能说明该制品区域较厚，或者在填充和/或保压过程中该区域会出现剪切热。如果达到顶出温度的时间较长是由制品厚区域引起的，考虑重新设计制品。由剪切引起的时间延长问题可能难以解决。减小剪切可能会使达到顶出温度的时间对体积收缩率和翘曲产生不利影响。

注意：大多数制品的顶出温度在浇注系统冻结 50％、制品冻结 80％时才可以顶出。

如图 1-165 所示为关闭流道后模型达到顶出温度的时间的显示结果，从图中可知，模型达到顶出温度的时间为 3.983s，打开流道后的达到顶出温度时间为 9.233s。

（9）冻结层因子

冻结层因子结果的值范围为 0～1。值越高表示冻结层越厚、流阻越大以及聚合物熔体或流动层越薄。当温度降至转换温度以下时，即认为聚合物已冻结。在填充期间，冻结层应该保持一个常量厚度使这些区域连续地流动。因为模具壁的热损失通过来自前面的热熔体得到平衡。一旦流动停止，通过厚度的热损失占优势，从而快速增加冻结层厚度。冻结层厚度对流动阻抗影响很大。黏度指数随着温度降低而升高。流动层厚度也会随着冻结层厚度的增加而减小。冻结层因子可判断哪些区域先冷却，为冷却水路提供参考，也可通过优化浇注系统、改善制品厚度、提高射速等方式来改善。冻结层因子可以查看浇口冻结的时间，为保压时间的设置提供参考。

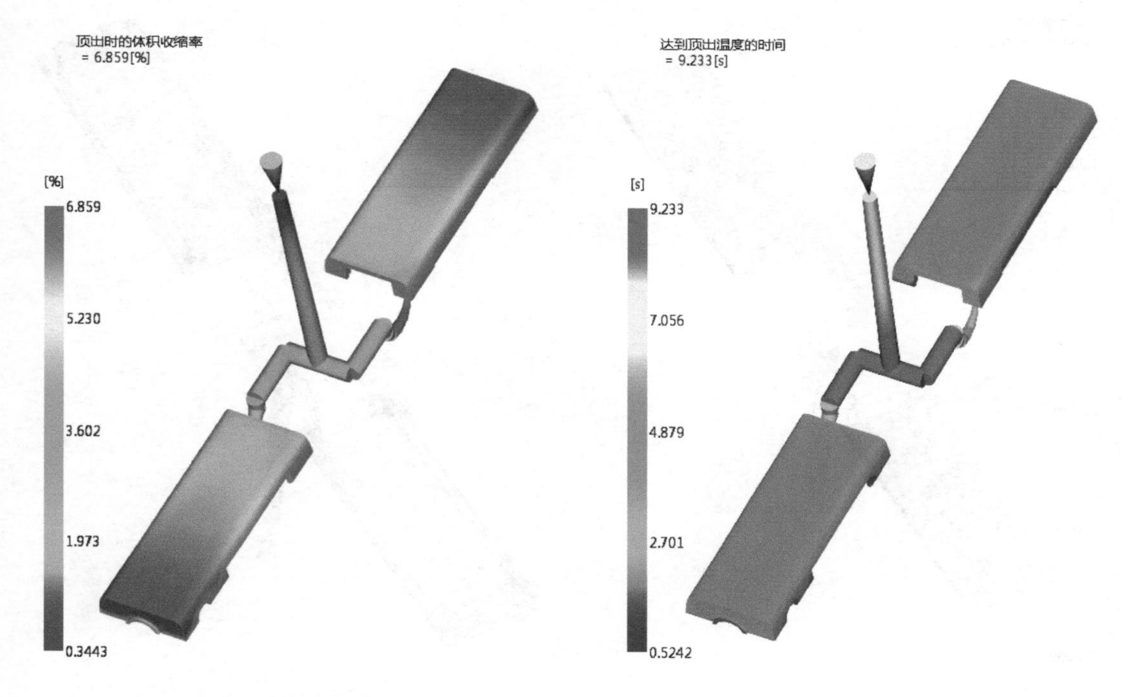

图 1-164 顶出时的体积收缩率的显示结果　　图 1-165 达到顶出温度的时间的显示结果

如图 1-166 所示为冻结层因子的显示结果，可以单击“动画”中的“播放”按钮，以动画的形式模拟模型和浇口中的冷凝层随时间变化的过程，从中找出浇口的冻结时间，为修改保压时间提供参考。从图中可知浇口在 2.983s 时已冻结。

（10）气穴

气穴是熔体在两个或多个合流流动前沿之间，或在流动前沿与型腔壁之间形成漩涡并挤压出气泡时便会生成，会在制品的表面形成小孔等瑕疵。在极端情况下，这种挤压将使温度升高到引起塑料降解或燃烧的水平。气穴的结果显示了气穴在制品中的位置及气穴的严重程度。气穴的结果与填充时间的结果重叠，可以确认填充行为以及评估产生气穴的可能性。气穴对网格密度很敏感。制品上的气穴可以通过改变制品的壁厚、浇口位置和注射时间而消除。

如图 1-167 所示为气穴的显示结果，可以重叠填充时间结果，判断气穴的显示位置，为模具设计的排气提供参考。

（11）锁模力：XY 图

锁模力是一个时间序列结果，显示了锁模压力随着时间的变化。锁模力是压力分布在整个制品上的结果值，它是对从填充和保压到开模的压力记录。锁模力是注射压力和制品投影面积的函数。锁模吨位不应超过注射机最大锁模吨位的 80%。锁模力 XY 图用于查看最大的锁模力，为注射机的选择提供参考。锁模力对充模是否平衡、保压压力和速度/压力控制转换时间等非常敏感。对这些参数稍加调整，就会使锁模力发生较大的变化。

如图 1-168 所示为锁模力：XY 图的显示结果，从图中所知，锁模力的最大值不到 10t。也可以选择菜单“结果”→“检查”→“检查”命令，单击曲线尖峰位置，可显示最大锁模力及时间。

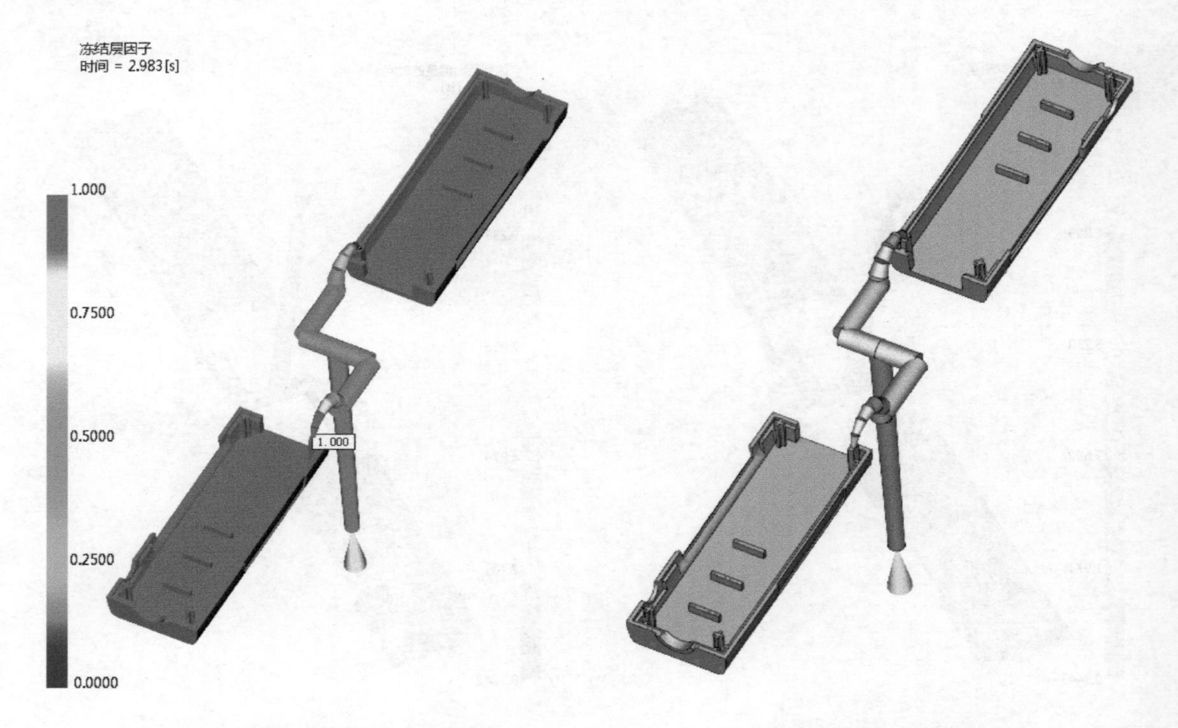

图 1-166　冻结层因子的显示结果　　　　图 1-167　气穴的显示结果

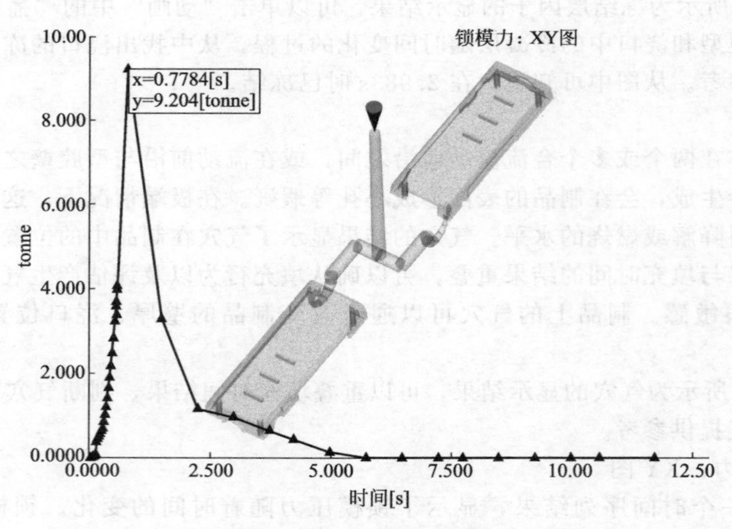

图 1-168　锁模力：XY 图的显示结果

（12）压力

压力的结果是填充分析生成的，显示的是压力在模具中沿流动路径的分布情况。在填充开始前，模腔内各处的压力为零。熔料前沿到达的位置压力才会增加，当熔料前沿向前移动填充后面的区域时压力继续增加，各个位置的压力不同促使熔料的填充流动，熔体总是朝着负压力梯度方向移动，从高压力到低压力。因而，最大压力总是发生在注射位置处，最小压力发生在填充过程中的熔料前沿。压力大小取决于熔料在模腔中的阻抗；高黏性的熔体要求更多的压力来填充模腔。模型中的受限制区域如薄部分、小的流道、长的流动长度也要求大的压力梯度高压力来填充。压力结果是一个中间结果，其动画随时间而变化。压力分布应该平衡，如果不平衡时可通过缩短填充时间来改善。

如图 1-169 所示为压力的显示结果，从图中可知，模型的最大注射压力为 75.48MPa。

(13) 壁上剪切应力

型腔壁上剪切应力结果显示的是塑料的冻结/熔化界面处的剪切应力。壁上剪切应力应小于材料数据库中为该材料所推荐的最大值。超过此限制的区域可能因应力而出现在顶出或工作时开裂等问题。壁上剪切应力如果超过材料数据库中为该材料所推荐的最大值时，可以通过提高料温、模温或延长填充时间来改善。壁上剪切应力也直接指示分子或纤维的取向程度。较高的剪切应力会导致较高的取向，尤其在制品表面的附近。通过纤维分析，可以获得对纤维取向的更精确预测。

如图 1-170 所示为壁上剪切应力的显示结果，从图中所知，壁上剪切应力的最大值已经远远超过了材料的极限值。其中壁上剪切应力的最大区域位于浇口位置。可以通过提高模温、料温或者延长填充时间的方式来改善。

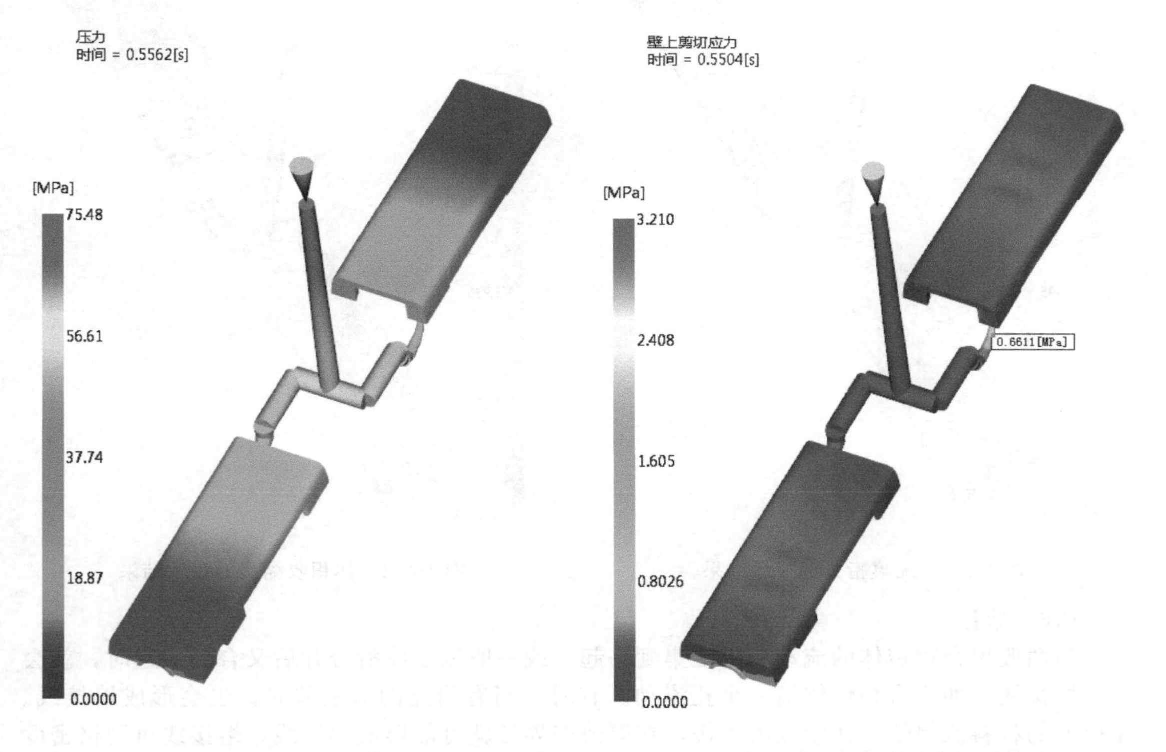

图 1-169　压力的显示结果　　图 1-170　壁上剪切应力的显示结果

(14) 缩痕指数

缩痕指数结果显示了制品可能出现的缩痕及位置。缩痕是由于一个热心导致潜在的收缩迹象。在保压阶段中局部压力衰减为零的瞬间会为每个单元计算此结果，此结果反映还有多少材料仍是熔体并且尚未保压。缩痕指数值越大表示潜在的收缩可能性越高。然而，收缩是否会导致缩痕取决于几何特征。缩痕指数主要用来显示制品产生缩痕的可能性，指数较高时，可通过改变浇口位置、增加浇口数量、改善制品设计、优化冷却系统、延长保压时间、增大保压压力等方式来改善。

如图1-171所示为缩痕指数的显示结果，从图中可知，模型中比色卡上最大值显示区域（一般显示为红色）为缩痕指数最大的区域。

（15）体积收缩率

体积收缩率显示每个单元的体积对于最初的体积收缩的百分比。体积收缩率是指从保压阶段结束到零件冷却至环境参考温度（默认值为25℃/77℉）时局部密度的百分比增量。体积收缩是中间结果，其动画默认随着时间变化，默认比例是整个结果范围从最小到最大。体积收缩结果也可以用来检测模型的缩痕。体积收缩必须均匀地分布于整个制品来减小翘曲，并且尽量小于材料的推荐最大值。体积收缩可以通过保压曲线进行控制。

如图1-172所示为体积收缩率的显示结果，可以单击“动画”中的“播放”按钮，以动画的形式模拟模型和浇口中的体积收缩率随时间变化的过程，从图中可知，当时间在0.78s左右时，制品填充末端的区域体积收缩率最大。

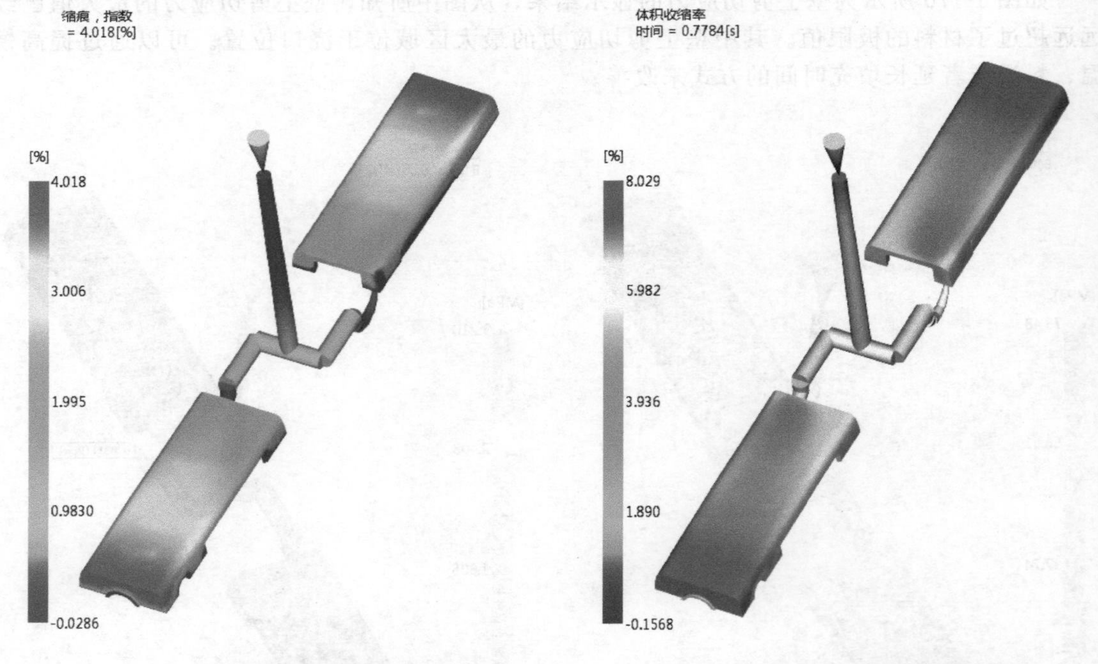

图1-171 缩痕指数的显示结果　　图1-172 体积收缩率的显示结果

（16）熔接线

当两股聚合物熔体的流动前沿汇集到一起，或一股流动前沿分开后又合到一起时，就会产生熔接线，如聚合物熔体沿一个孔流动。有时，当有明显的流速差时，也会形成熔接线。厚壁处的材料流得快，薄壁处流得慢，在厚薄交界处就可能形成熔接线。熔接线对网格密度非常敏感。由于网格划分的原因，有时熔接线可能显现在并不存在的地方，或有时在真正有熔接线的地方没有显示。为确定熔接线是否存在，可与冲模时间重叠显示。同时熔接线也可与温度图和压力图重叠显示，以判断它们的相对质量。减少浇口的数量可以消除掉一些接线，改变浇口位置或改变制件的壁厚可以改变熔接线的位置。

如图1-173所示为熔接线的显示结果，从图中可知，模型的熔接线主要出现在填充末端。

1.9.2　冷却分析结果解读

（1）回路冷却液温度

回路冷却液温度显示了在冷却回路中从冷却液入口到冷却液出口的温度。在并联回路中，即使冷却液从流入到流出的最终温升很小，但冷却液在冷却管道的某些部分可能已达到很高的温度。当冷却液通过某条线路流动时会发生以下情况：冷却液温度增加，与低温冷却液混合，回路残留冷却液。出现此情况时，最终温度不是最高冷却液温度，因此，应始终观察并联回路中回路冷却液温度结果。冷却液入口到出口的温差不能大于 2～3℃。如果大于 2～3℃，可以增加冷却系统进行改善。

如图 1-174 所示为回路冷却液温度的显示结果，从图中可知，冷却液入口与出口的温差为 0.2℃，符合要求。

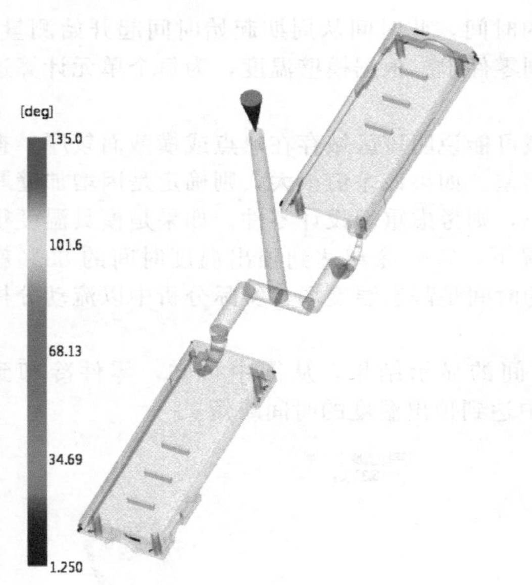

图 1-173　熔接线的显示结果

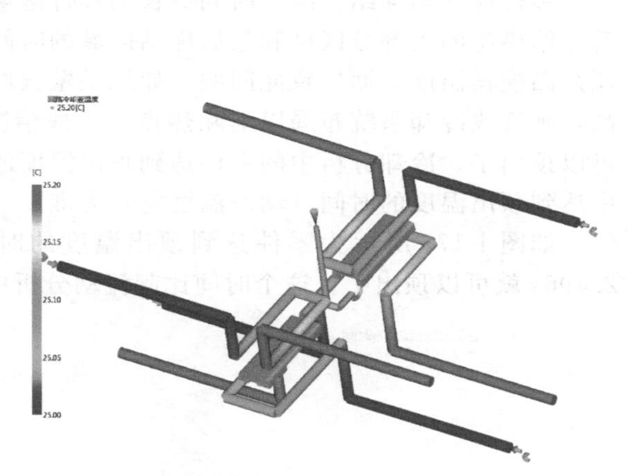

图 1-174　回路冷却液温度的显示结果

（2）回路雷诺数

回路雷诺数显示了冷却回路的冷却液雷诺数。雷诺数是用来表征流体流动情况的无量纲数。当雷诺数大于 2200 时，流体开始处于过渡流状态，雷诺数大于 4000 时处于湍流状态。流动状态为湍流时传热效率最高。冷却分析时的默认值为 10000。当各条管道流动速率不一致或采用并联管道时，这个结果很有用。

如图 1-175 所示为回路雷诺数的显示结果，从图中可知，所有冷却管道的回路雷诺数为 10000。

（3）回路管壁温度

回路管壁温度是在周期上的平均基本结果，显示了管壁冷却回路的温度。温度分布应该在冷却回路上平衡地分布。靠近制品的回路温度会增加，这些热区域也会使冷却液加热。温度不能大于入口温度的 5℃。如果回路温度在这些区域太热，可以加大冷却回路、增加冷却液流动速率、在管壁温度过热的区域中增加冷却管道方式进行改善。

如图 1-176 所示为回路管壁温度的显示结果，从图中可知，回路管壁的最高温度比冷却液入口温度高 1.42℃，符合要求。

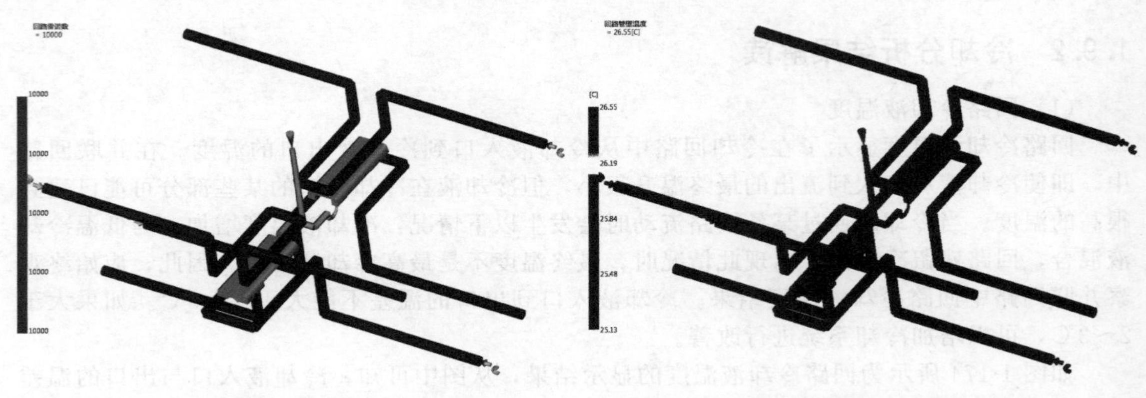

图 1-175 回路雷诺数的显示结果

图 1-176 回路管壁温度的显示结果

（4）达到顶出温度的时间，零件

通过冷却分析显示零件达到顶出温度所需的时间，此时间从周期起始时间起开始测量。在测量开始时，假设材料在其熔体温度下填充到零件中。根据模壁温度，为每个单元计算达到顶出温度所需的时间。

零件应均匀冻结。冻结时间更长的零件区域可能说明该区域存在热点或横截面较厚。查看冻结模型的大部分区域和最后冻结区域的时间差。如果该差值很大，则确定是因增加壁厚还是因模具温度高而导致此问题。如果是壁很厚，则考虑重新设计零件。如果是模具温度很高，则修改冷却系统布局以消除热点。一般情况下，零件冷却达到顶出温度时间的 80% 就可以顶出了。冷却分析中的零件达到顶出温度的时间是静态温度场，实际分析中以流动分析中达到顶出温度的时间（动态温度场）为准。

如图 1-177 所示为零件达到顶出温度的时间的显示结果，从图中可知，零件冷却到 2.496s 就可以顶出了。这个时间比起流动分析中达到顶出温度的时间略短。

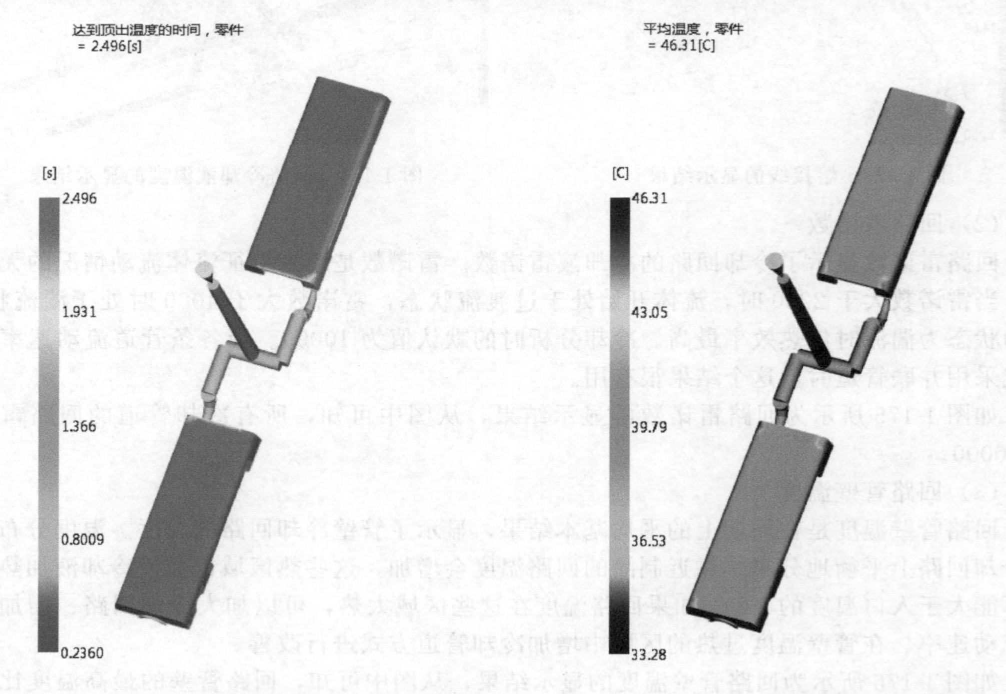

图 1-177 零件达到顶出温度的时间的显示结果

图 1-178 零件平均温度的显示结果

（5）平均温度，零件

零件的平均温度显示了在冷却时间结束时计算的温度曲线在整个零件厚度中的平均温度。平均温度应该大约为优化模具的目标模具温度和顶出温度的一半。零件不同区域的平均温度的变化应很小。平均温度高的区域可能为零件的较厚区域或冷却效果不佳的区域，可在这些区域附近添加冷却管道进行改善。平均温度要远低于材料的顶出温度，只有这样零件才能被成功顶出。

如图 1-178 所示为零件平均温度的显示结果，从图中可知，零件的平均温度最高区域位于进胶口附近，温度为 46.31℃。此区域应该加强冷却。

（6）回路热去除效率

回路热去除效率显示模具周期内每个冷却管道截面从模具吸收热量的效率。具有最高效率的截面值为 1。其他热去除效率都表示为小于 1 的分数。如果冷却管道对模具进行加热，其值为负数。提供最多热量的截面被分配值－1，其他热量输入效率都表示为大于－1 的分数。回路热去除效率可确定每条冷却管道带走热量的效率，对于热去除效率接近 0 的冷却管道，可以删除此组冷却管道。

如图 1-179 所示为回路热去除效率的显示结果，从图中可知，回路热去除效率最高的区域位于冷竖直流道附近，而且前模回路热去除效率明显高于后模。

（7）温度，模具

模具温度的结果显示了整个周期内零件单元的模具/零件界面的模具侧的平均温度。利用该结果可找出局部的热点或冷点，以及确定它们是否会影响周期时间和零件翘曲。如果有热点或冷点，则可能需要调整冷却管道或冷却液温度。最低和最高模具温度应该在目标温度的 10℃以内（对于非结晶材料）或 5℃以内（对于半结晶材料）。单侧模面温度差异应在 10℃以内，模具温度与冷却介质温度差异不超过 5℃。该准则对于大部分模具可能都难以实现，但应该作为冷却分析的目标。模具表面上的温度变化范围越窄，模具温度变化引起翘曲和延长周期时间的可能性就越小。

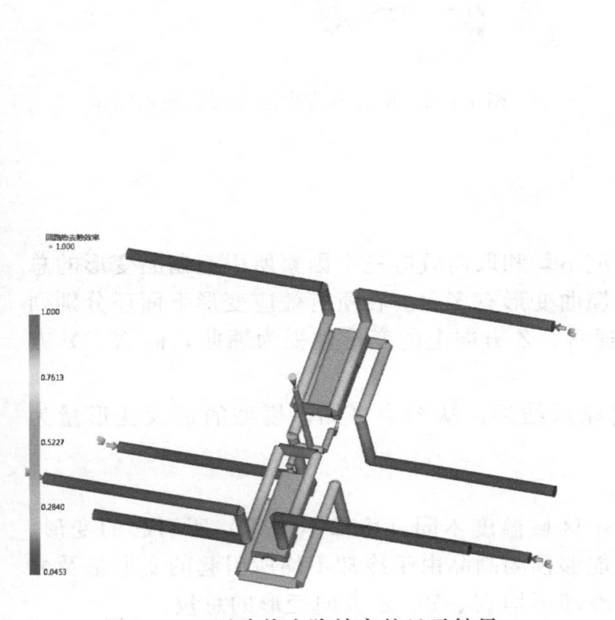

图 1-179　回路热去除效率的显示结果

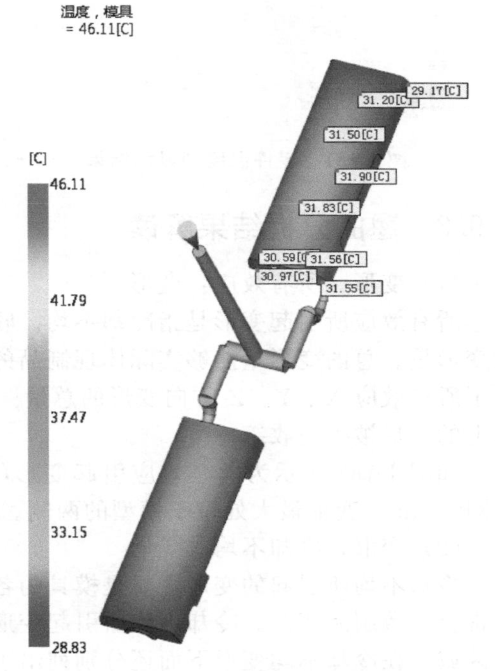

图 1-180　模具温度的显示结果

如图 1-180 所示为模具温度的显示结果，从图中可知，模具的最高与最低温度在±10℃以内，单侧模面温度差异也在10℃以内。

（8）温度，零件

零件温度的结果显示整个周期内零件边界（零件/模具界面的零件侧）的平均温度。利用该结果可找出局部的热点或冷点，以及确定它们是否会影响周期时间和零件翘曲。如果有热点或冷点，则可能需要调整冷却管道。零件整个顶面或底面与目标模具之间的温差不应超过±10℃。零件表面单侧的温度差异应在10℃以内。零件（顶面）温度结果值不应大于入口温度10～20℃。

如图 1-181 所示为零件温度的显示结果，从图中可知，零件的最高与最低温度在±10℃以内，单侧零件表面温度差异也在10℃以内。

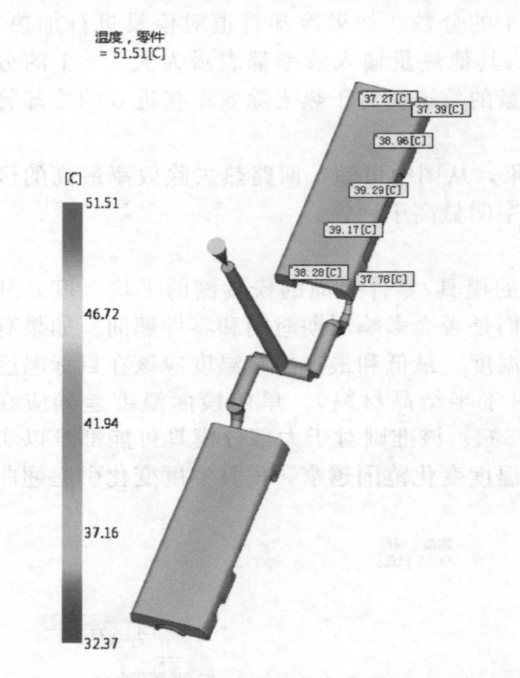

图 1-181　零件温度的显示结果

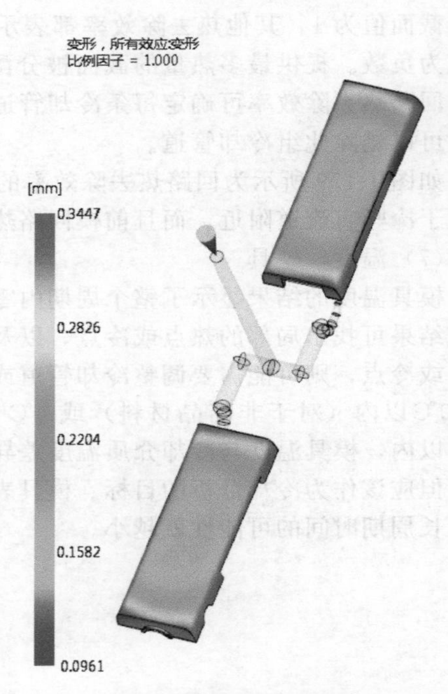

图 1-182　所有效应引起变形的显示结果

1.9.3　翘曲分析结果解读

（1）变形，所有效应：变形

所有效应所引起变形是指冷却不均。收缩不均和取向效应三个因素所引起制品变形的总的变形量。总的变形量能够实际体现制品的翘曲变形有多大。在所有效应变形下面还分别列出了所有效应 X、Y、Z 方向变形的总量。通常，Z 方向上的变形被视为翘曲，而 X、Y 方向上的变形被视为收缩。

如图 1-182 所示为所有效应引起变形的显示结果，从图中可知，模型的最大变形量为0.3447mm，变形最大处位于模型的两侧。

（2）变形，冷却不均：变形

冷却不均所引起的变形主要是模具的各个区域温度不同（冷却不均匀）所引起的变形，通常会导致制品弯曲。冷却不均所引起变形能够预测制品由于冷却不均所引起的变形量及分布区域。在冷却不均变形下面还分别列出了冷却不均 X、Y、Z 方向变形的总量。

如图 1-183 所示为冷却不均引起变形的显示结果，从图中可知，模型的最大变形量为

0.0106mm，变形最大处位于模型的两侧，位于模型最厚处。这表明冷却不均对模型的变形影响不大。

(3) 变形，收缩不均：变形

收缩不均所引起的变形主要是模具的区域与区域收缩率变化（收缩不均匀）所引起的变形。收缩不均所引起的变形能够预测制品由于收缩不均所引起的变形量及分布区域。在收缩不均变形下面还分别列出了收缩不均 X、Y、Z 方向变形的总量。

如图 1-184 所示为收缩不均引起变形的显示结果，从图中可知，模型的最大变形量为 0.3469mm，变形最大处位于模型的两侧。收缩不均引起变形与所有效应引用变形基本一样，由此可判断模型的变形是由收缩不均所引起的。

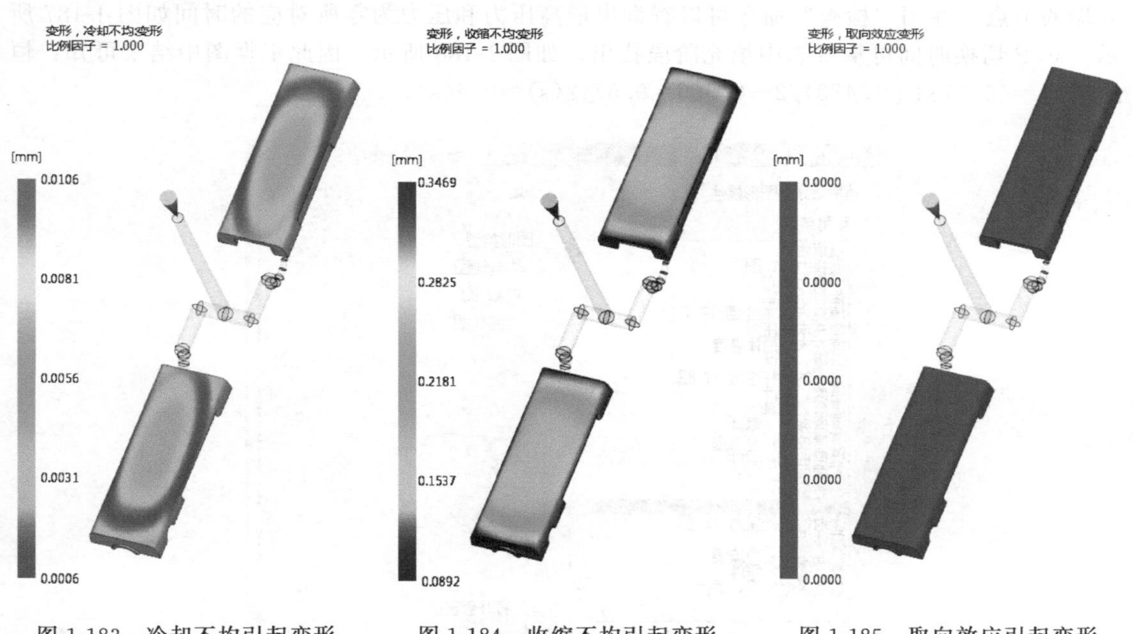

图 1-183　冷却不均引起变形的显示结果

图 1-184　收缩不均引起变形的显示结果

图 1-185　取向效应引起变形的显示结果

(4) 变形，取向效应：变形

取向效应所引起的变形主要是材料取向方向的平行方向与垂直方向上的收缩量变化（取向效应）所引起的变形。取向效应所引起变形能够预测制品由于取向效应所引起的变形量及分布区域。在取向效应变形下面还分别列出了取向效应 X、Y、Z 方向变形的总量。

如图 1-185 所示为取向效应引起变形的显示结果，从图中可知，模型的最大变形量为 0mm。这是因为材料的收缩属性中选择的是未修正的残余应力的模型。

1.10　分析优化

分析优化

通过“冷却＋填充＋保压＋翘曲”全面地开析，从分析结果中可知，有一些结果还不理想，特别是保压分析用默认成型工艺，通过“冻结层因子”结果可知，保压时间过长。通过“顶出时体积收缩率”结果可知，保压压力稍小。通过调整保压曲线来进一步优化分析方案。

(1) 复制方案并改名

在任务栏首先选中“MP01_02”方案，然后右击，在弹出的快捷菜单中选择“复制”

命令，复制方案并改名为“MP01_03”。

（2）保压时间

保压时间是指在填充/保压切换后施加压力的时间。对于壁厚比较均匀的产品一般采用衰减的保压时间。衰减的保压时间一般分为两段，一段为恒压时间，一段为衰减时间。

恒压时间=（填充末端最大压力对应时间+填充末端压力为零对应时间）/2-日志中V/P切换时间。填充末端最大压力对应时间和填充末端压力为零对应时间需要新建压力：XY图。具体方法如下：先在“填充时间”结果中找到填充末端区域，接着单击菜单“结果”→“图形”→“新建图形”→“图形”命令，弹出如图1-186所示的对话框，可用结果选择“压力”，图形类型选择“XY图”，单击“确定”按钮。在结果“压力：XY图”中点击填充末端的节点，并用“检查”命令可以查询出最高压力和压力为零所对应的时间如图1-187所示。V/P切换时间可从日志中填充阶段找出，如图1-188所示。因此根据图中结果可知：恒压时间=(0.7784+1.482)/2−0.556=0.5742(s)≈0.6(s)。

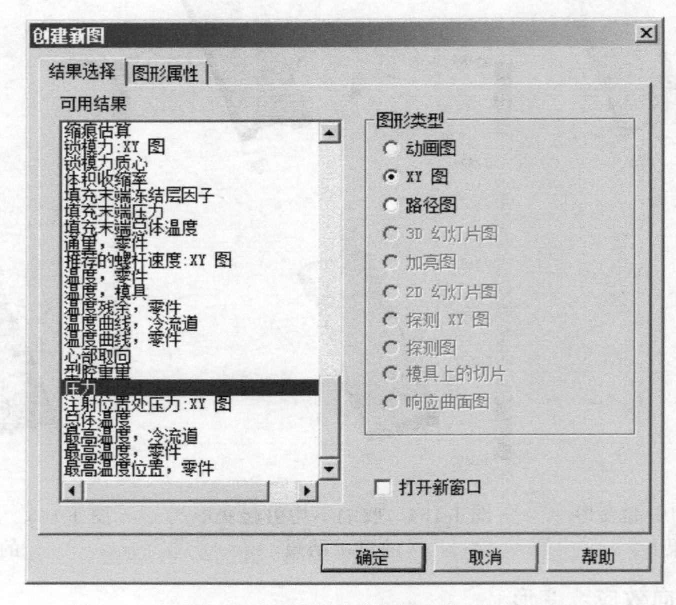

图1-186 “创建新图”对话框

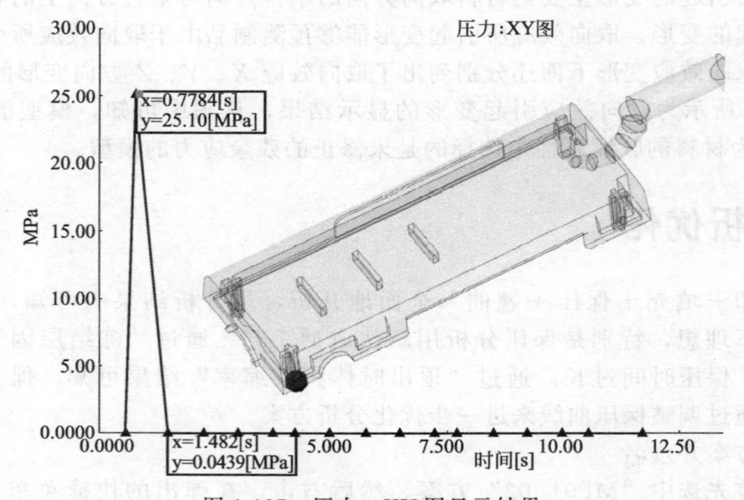

图1-187 压力：XY图显示结果

时间 (s)	体积 (%)	压力 (MPa)	锁模力 (tonne)	流动速率 (cm^3/s)	状态
0.027	3.46	9.21	0.00	9.17	V
0.054	7.62	16.79	0.00	9.51	V
0.078	11.53	21.60	0.00	9.77	V
0.112	17.78	24.63	0.03	10.06	V
0.127	20.60	26.05	0.06	9.88	V
0.150	23.93	40.90	0.38	9.13	V
0.175	28.44	45.15	0.46	10.15	V
0.201	33.13	47.10	0.52	10.20	V
0.225	37.70	48.86	0.58	10.23	V
0.250	42.39	50.49	0.64	10.25	V
0.275	47.00	51.97	0.71	10.27	V
0.300	51.55	53.96	0.85	10.21	V
0.326	56.23	56.23	1.02	10.27	V
0.351	60.77	58.28	1.21	10.29	V
0.376	65.38	60.33	1.42	10.30	V
0.401	69.89	62.42	1.66	10.32	V
0.425	74.42	64.48	1.92	10.33	V
0.451	79.02	66.53	2.19	10.35	V
0.475	83.53	68.59	2.49	10.36	V
0.500	88.01	70.80	2.85	10.38	V
0.525	92.58	73.01	3.23	10.38	V
0.550	97.17	75.06	3.59	10.38	V
0.556	98.18	75.48	3.69	10.32	V/P
0.567	99.60	60.38	3.38	4.85	P
0.573	99.92	60.38	3.98	4.43	P
0.574	100.00	60.38	4.07	4.32	已填充

图 1-188　日志填充阶段屏幕显示

衰减保压时间＝浇口凝固时间－日志中 v/p 切换时间－恒压时间。浇口凝固时间可从结果“冻结层因子”中查找，如图 1-189 所示，从结果中可知浇口凝固时间为 2.983s，因此衰减保压时间＝2.983－0.556－0.5742＝1.8528≈1.9（s）。

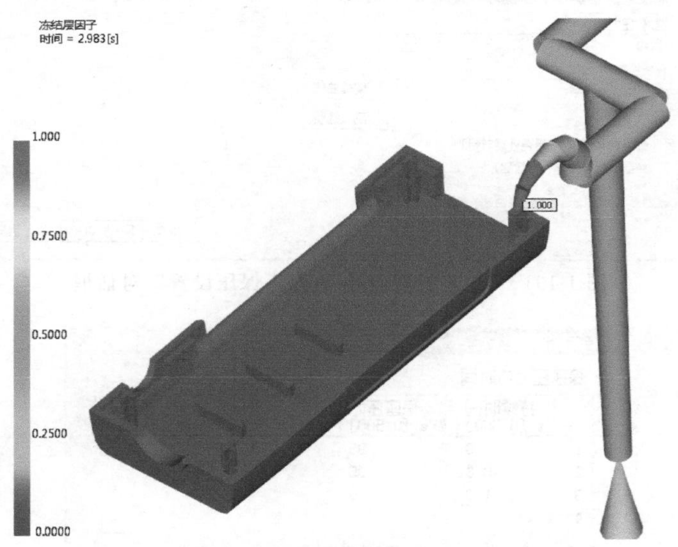

图 1-189　冻结层因子的显示结果

（3）保压压力

保压压力是指在填充/保压切换后施加压力的大小。默认的保压压力为填充压力的 80%，一般情况下保压压力为填充压力的 20%～200%之间。本案例采用牛角浇口，而牛角浇口需要较大的保压压力，在初次分析中默认的保压压力为填充压力的 80%，从分析日志的保压阶段的屏幕显示可知，保压压力为 60.38MPa，在初次分析的结果“顶出时的体积收缩率”中可知最大的体积收缩率为 6.859%。对于 ABS+PC 材料，顶出时的体积收缩率一般在 4%以下，可以判断保压压力稍小，因此本次方案的保压压力调整为 95MPa。保压压力需要多次的调整才能达到最佳结果。

（4）保压曲线

单击菜单“主页”→“成型工艺设置”→“工艺设置”命令，弹出如图 1-190 所示的对话框，单击“下一步”按钮，弹出如图 1-191 所示对话框，在对话框中“保压控制”选项选择“保压压力与时间”，单击“编辑曲线”按钮，保压曲线设置如图 1-192 所示。保压时间和保压压力的二维图如图 1-193 所示。点击“下一步”按钮，在“分离翘曲原因”单选项前打钩，单击“完成”按钮。

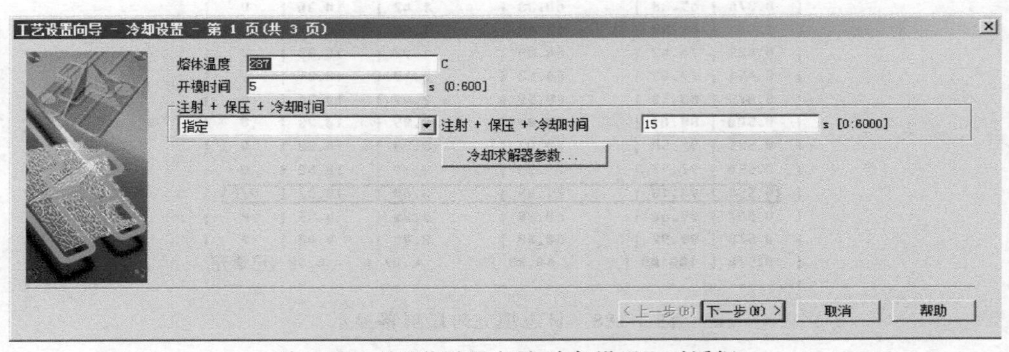

图 1-190　“工艺设置向导-冷却设置”对话框

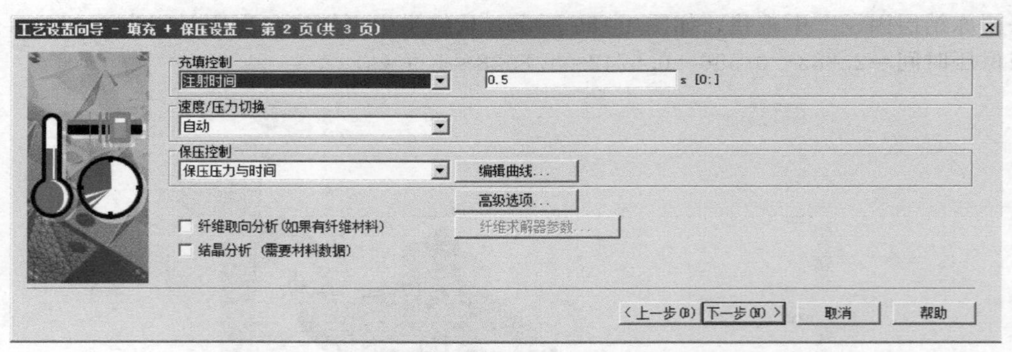

图 1-191　“工艺设置向导-填充+保压设置”对话框

保压控制曲线设置

保压压力与时间

	持续时间 s [0:300]	保压压力 MPa [0:500]
1	0	95
2	0.6	95
3	1.9	0
4		

导入曲线...　绘制曲线...

确定　取消　帮助

图 1-192　“保压控制曲线设置”对话框

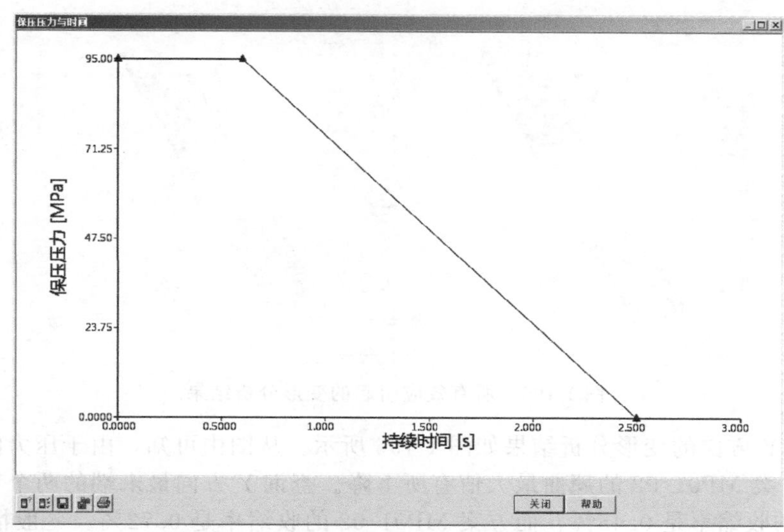

图 1-193　“保压压力与时间”的二维图

（5）分析计算

单击菜单“主页”→“分析”→“开始分析”命令，点击“确定”按钮进行分析。

1.11　优化结果

优化结果

由于只是优化保压设置，现只需把优化保压后的分析结果与初始方案作比较，以确认保压设置的优劣。

（1）顶出时体积收缩率

顶出时体积收缩率的显示结果如图 1-194 所示。从图中可知，由于压力的加大，方案 MP01_03 比方案 MP01_02 的体积收缩率下降明显。顶出时的体积收缩率对翘曲变形的影响很大。顶出时的体积收缩率在合理的范围内，翘曲变形就会在合理的范围之内。因此，顶出时体积收缩率是衡量翘曲变形的重要标准。

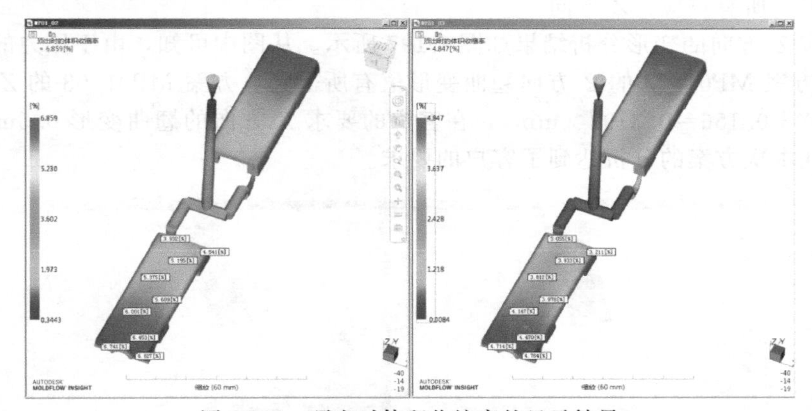

图 1-194　顶出时体积收缩率的显示结果

（2）变形，所有效应：变形

所有效应引起的变形分析结果如图 1-195 所示。从图中可知，由于压力的加大，方案 MP01_03 比方案 MP01_02 的翘曲最大值明显下降。

（3）变形，所有效应：Y 方向

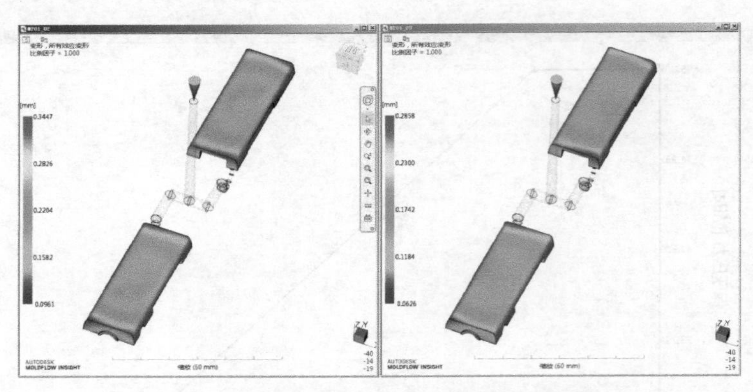

图 1-195　所有效应引起的变形分析结果

所有效应 Y 方向的变形分析结果如图 1-196 所示。从图中可知，由于压力的加大，方案 MP01_03 比方案 MP01_02 的翘曲最大值有所下降。查询 Y 方向最末端的两个节点，可知方案 MP01_03 的收缩率是 0.45%，而方案 MP01_02 的收缩率是 0.72%。一般情况下 ABS+PC 材料的收缩率在 4%～7%之间。说明方案 MP01_03 的压力已经不能再向高调整。

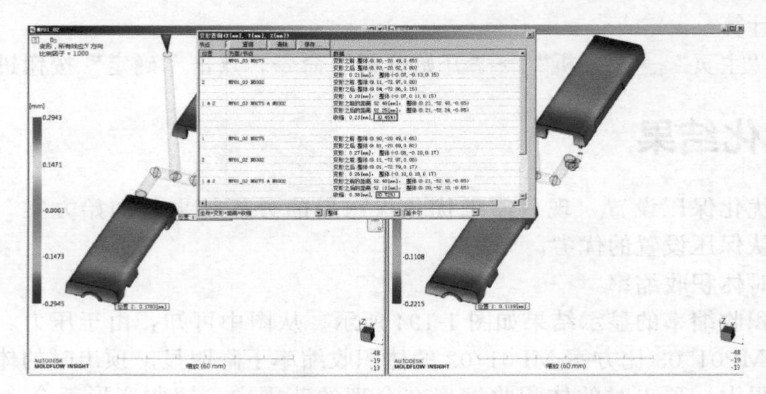

图 1-196　所有效应 Y 方向的变形的显示结果

（4）变形，所有效应：Z 方向

所有效应 Z 方向的变形分析结果如图 1-197 所示。从图中可知，由于压力的加大，方案 MP01_03 比方案 MP01_02 的 Z 方向翘曲变形值有所下降。方案 MP01_03 的 Z 方向翘曲变形值＝0.2237＋0.156＝0.3797（mm），在客户的要求 Z 方向的翘曲变形 0.5mm 以下的范围之内。因此本次方案的分析达到了客户的要求。

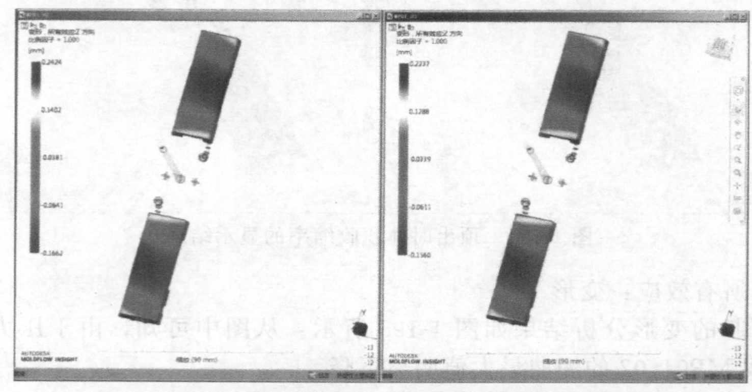

图 1-197　所有效应 Z 方向的变形的显示结果

第 2 章 手机中壳——填充分析

2.1 概述

概述

2.1.1 填充分析的目的

填充分析是计算从注射位置到零件逐渐增加的流动前沿，并一直持续到达到速度压力切换点。模拟塑料熔体从浇注系统进入模具型腔及充满模具型腔的填充过程。其主要作用是获得最佳浇注系统，用于查看产品的填充行为是否合理、是否平衡，有无短射、迟滞、过保压及熔接线和气穴的分布，有助于选择最佳浇口位置、浇口数量和最佳浇注系统布局。

2.1.2 填充分析的流程

填充分析流程图见图 2-1。

2.1.3 分析说明

本案例是常见的手机中壳，是某公司生产的一款产品。本章通过手机中壳的实例分析，学习填充分析的基本流程。通过本章的学习，可对填充分析的浇口位置选择、填充平衡、填充平衡的评估标准有深刻的认识。手机中壳的分析任务说明如图 2-2 所示。

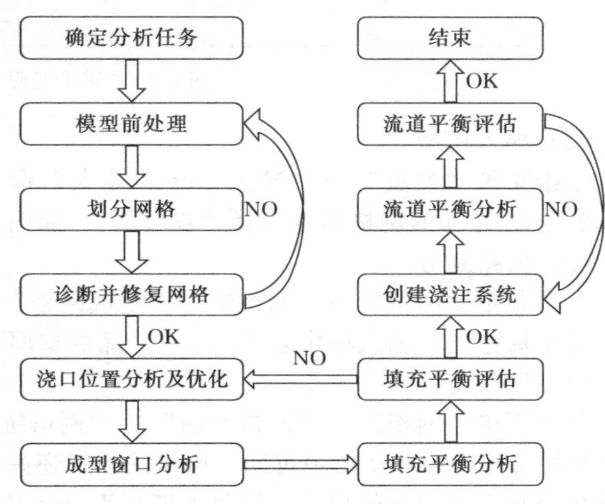

图 2-1 填充分析流程图

分析任务说明书：
①材料：ABS+PC
②穴数：1×1
③确认分析任务
· 浇口的数量
· 浇口的位置
· 流动平衡
· 熔接线的位置
· 气穴的位置

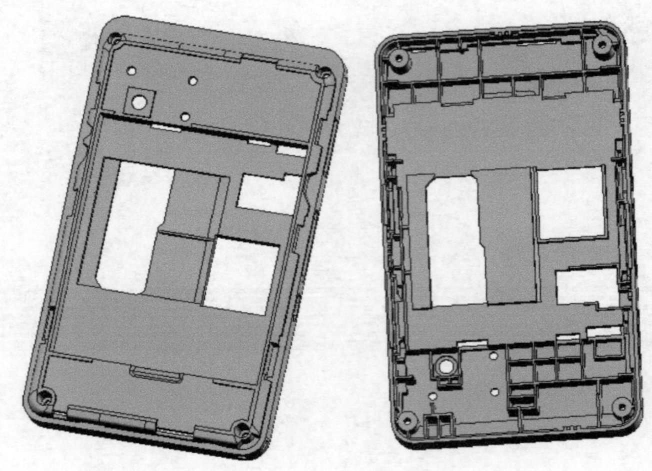

图 2-2 手机中壳的分析任务说明

2.2 网格划分及修复

产品在网格划分之前已作过产品的前期处理，主要是去除产品一些小的圆角面。这样进行网格划分时，网格的质量更好，同时网格的修复工作大大地减少，对于复杂的产品，在进行分析之前都要进行产品的前期处理。模型的前处理在上一章已经详细讲解过，本章不再赘述。

（1）新建工程

打开软件后，单击菜单“开始并学习”→“启动”→“新建工程”命令，创建一个工程名称为MP02的工程，如图2-3所示。最后单击“确定”按钮。

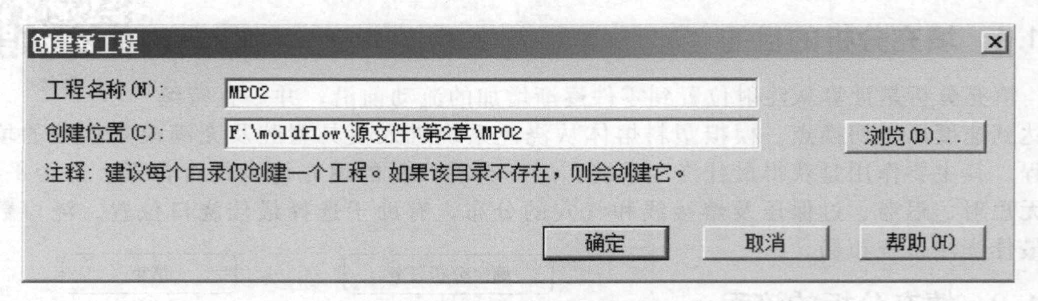

图 2-3 “新建工程”对话框

（2）导入模型

单击菜单“主页”→“导入”→“导入”命令，选择文件目录：源文件\第2章\MP02.igs。导入的网格类型选择“双层面”，如图2-4所示。然后单击“确定”按钮。

（3）网格划分

单击菜单“网格”→“网格”→“生成网格”命令，弹出如图2-5所示对话框，在“曲面上的全局边长”输入框中输入1.1（产品的壁厚），单击“立即划分网格”按钮。

（4）网格统计

单击菜单“网格”→“网格诊断”→“网格统计”命令，单击“显示”按钮。网格统计结果如图2-6所示，从图中可知，网格的质量还好，没有自由边、多重边、配向不正确的单元及相交和完全重叠的单元，网格的匹配百分比达到91.5%，最大纵横比为19.42，最大纵

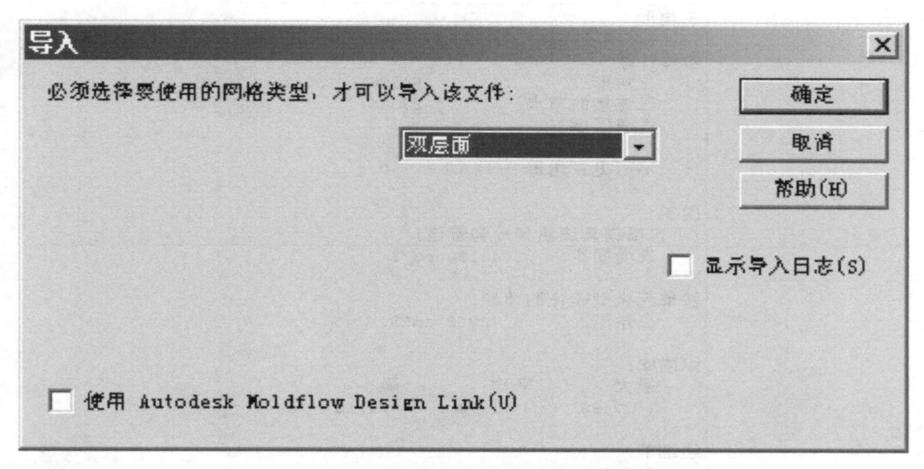

图 2-4　导入网格类型对话框

横比最好在 8 以下，因此需要对纵横比进行诊断并修复，纵横比修复方法在前面已经讲解过，此处就不再赘述。网格的纵横比修复后如图 2-7 所示。网格质量已完全达到模流分析要求。

图 2-5　“生成网格”对话框

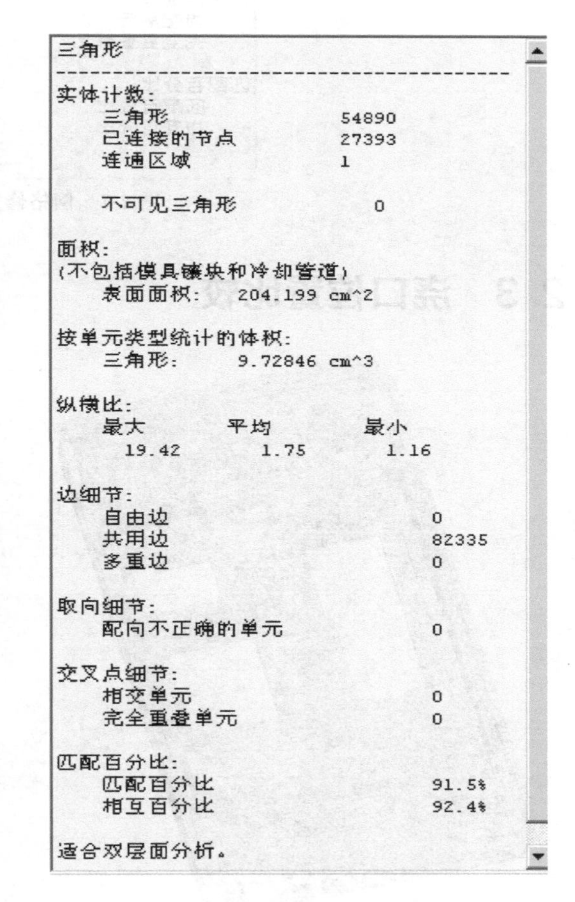
三角形

实体计数：
- 三角形　54890
- 已连接的节点　27393
- 连通区域　1
- 不可见三角形　0

面积：
(不包括模具镶块和冷却管道)
- 表面面积：204.199 cm^2

按单元类型统计的体积：
- 三角形：9.72846 cm^3

纵横比：

最大	平均	最小
19.42	1.75	1.16

边细节：
- 自由边　0
- 共用边　82335
- 多重边　0

取向细节：
- 配向不正确的单元　0

交叉点细节：
- 相交单元　0
- 完全重叠单元　0

匹配百分比：
- 匹配百分比　91.5%
- 相互百分比　92.4%

适合双层面分析。

图 2-6　修复前网格统计结果

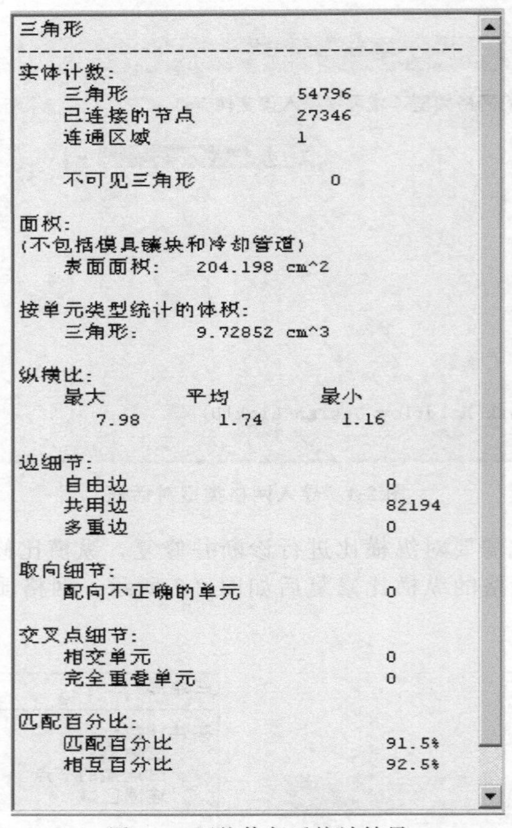

图 2-7 网格修复后统计结果

2.3 浇口位置比较

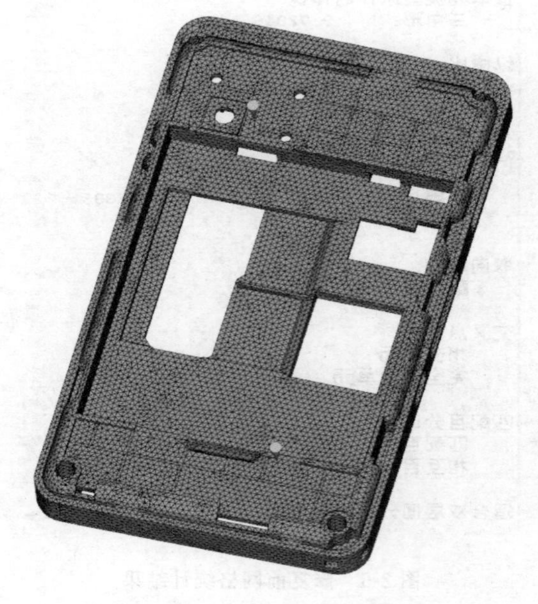

图 2-8 2点浇口位置

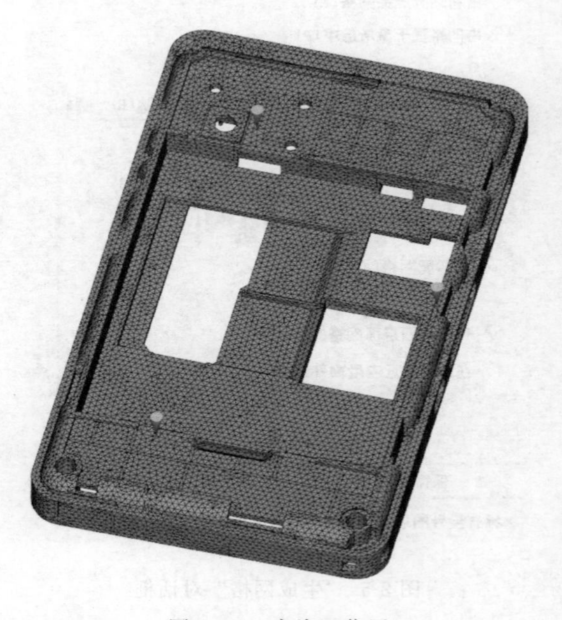

图 2-9 3点浇口位置

手机中壳产品的平均壁厚较薄，而且骨位较多，虽然产品的尺寸不大，但是根据以往的经验，分析时应采用多点式点浇口形式。本产品分别采用 2 点、3 点和 4 点点浇口进胶形式进行比较，找出最佳浇口位置。点浇口位置不能影响产品的外观和装配。现在复制三个方案，方案名称分别为“MP02_2 点”“MP02_3 点”“MP02_4 点”，根据以往的经验，2 点浇口位置大概位于产品的两个对角点，浇口位置如图 2-8 所示。3 点浇口位置在产品上交错排列，一侧两端两个点另一侧中间一个点，浇口位置如图 2-9 所示。4 点浇口位置大概位于产品的四角区域，浇口位置如图 2-10 所示。对三个方案进行填充分析，对其分析结果进行比较，其操作步骤如下。

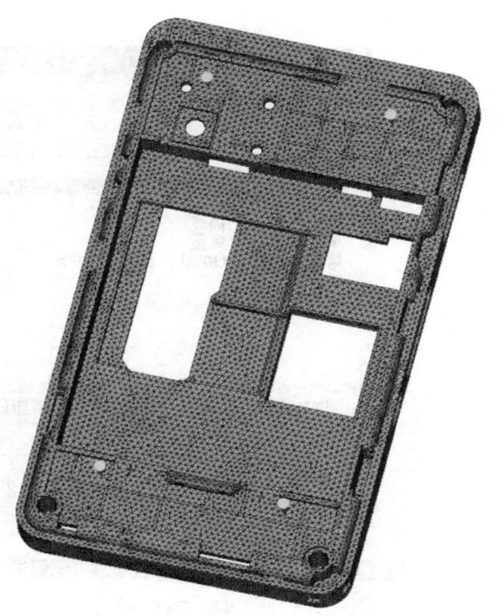

图 2-10 4 点浇口位置

(1) 选择分析类型

单击菜单“主页”→“成型工艺设置”→“分析序列”命令，选择“填充”选项，如图 2-11 所示。单击“确定”按钮。

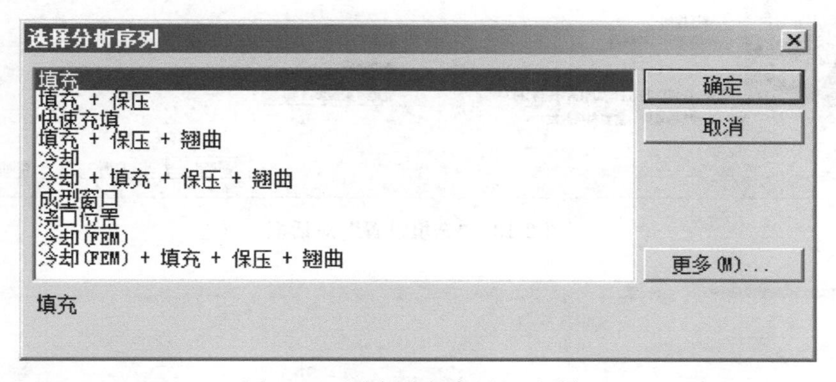

图 2-11 “选择分析序列”对话框

(2) 选择材料

单击菜单“主页”→“成型工艺设置”→“选择材料”→“选择材料 A”命令，选择“指定材料”单选项，单击“搜索”按钮，弹出如图 2-12 所示对话框，在对话框中“搜索字段”选择“牌号”，在“子字符串”的文件框中输入“Cycoloy C1200HF”。单击“搜索”按钮。最后选择该牌号的材料，并点击“确定”按钮。

(3) 工艺设置

单击菜单“主页”→“成型工艺设置”→“工艺设置”命令，弹出如图 2-13 所示的对话框，在对话框中所有的设置均采用默认设置。最后点击“确定”按钮。

(4) 开始分析

单击菜单“主页”→“分析”→“开始分析”命令，点击“确定”按钮。

(5) 填充时间分析结果

如图 2-14 所示是三个方案填充时间的比较结果，从图中可知，2 点浇口的填充时间稍长一些，3 点浇口和 4 点浇口的填充时间基本一致。填充时无短射情况。

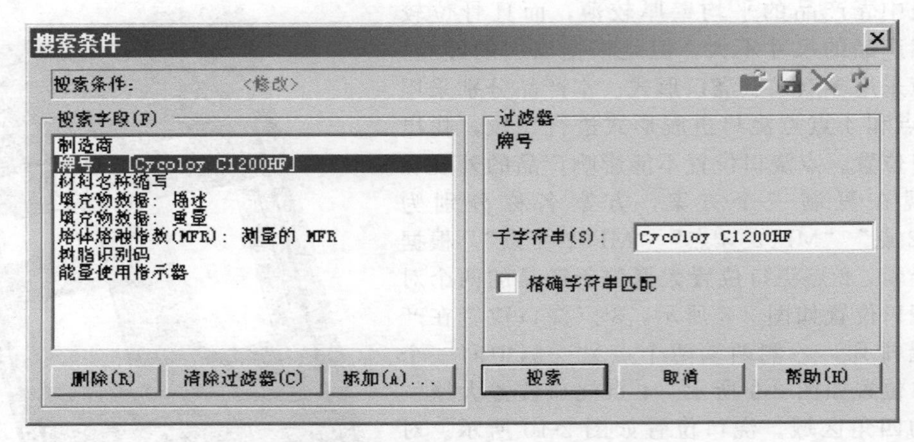

图 2-12　“搜索条件”对话框

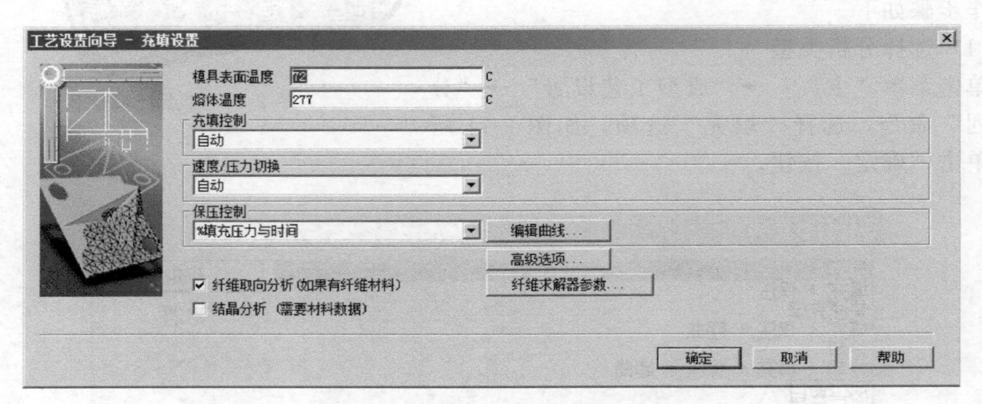

图 2-13　“充填设置”对话框

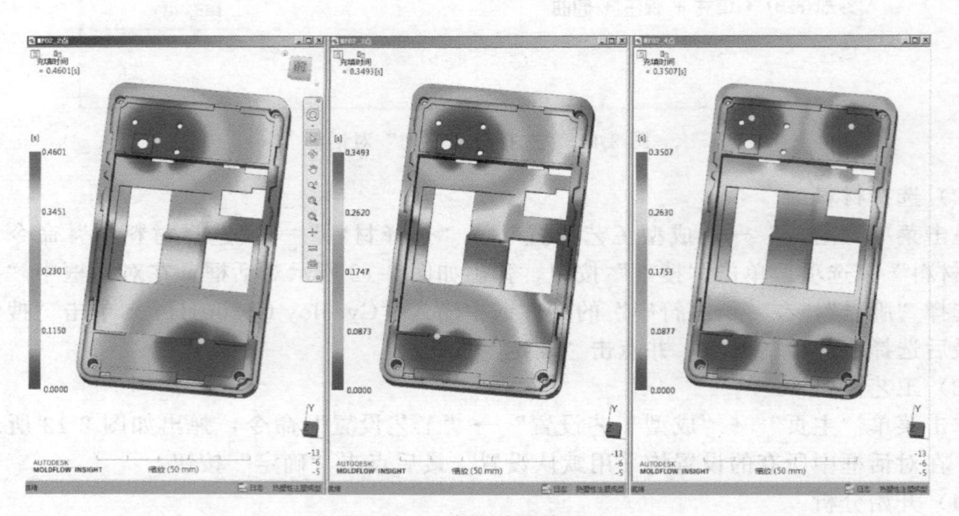

图 2-14　填充时间结果图

（6）速度/压力切换时的压力分析结果

如图 2-15 所示是三个方案速度/压力切换时的压力的比较结果，从图中可知，2 点浇口的压力最高，达到了 52.97MPa，3 点浇口的压力最低，4 点浇口的压力比 3 点浇口的压力还高，常规情况下 4 点浇口的压力应该比 3 点浇口的压力要低，本结果说明 3 点浇口比 4 点浇口的效果要好。

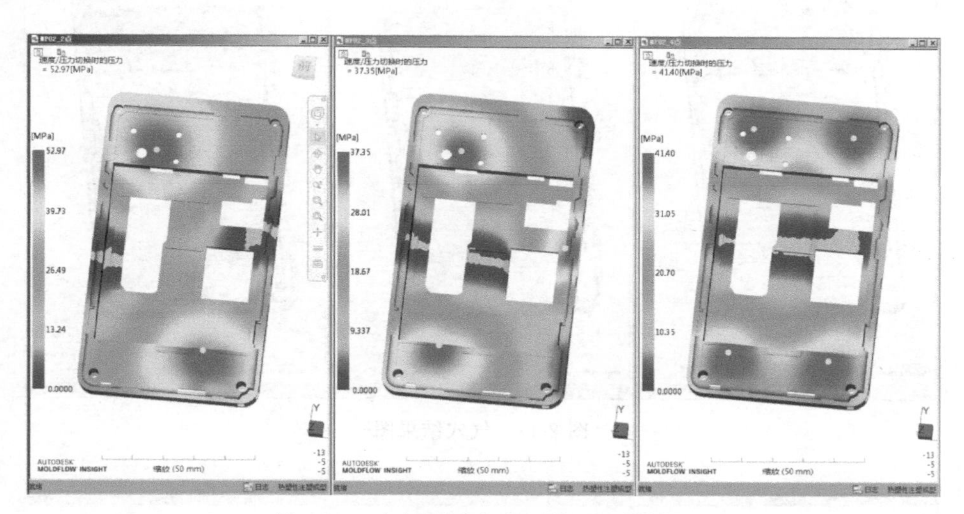

图 2-15　速度/压力切换时的压力结果图

（7）流动前沿处温度分析结果

如图 2-16 所示是三个方案流动前沿处温度的比较结果，从图中可知，三个方案的流动前沿温度最高温度相差不大，但最低温度就相差很多，从分析结果上看，3 点浇口的效果最好。

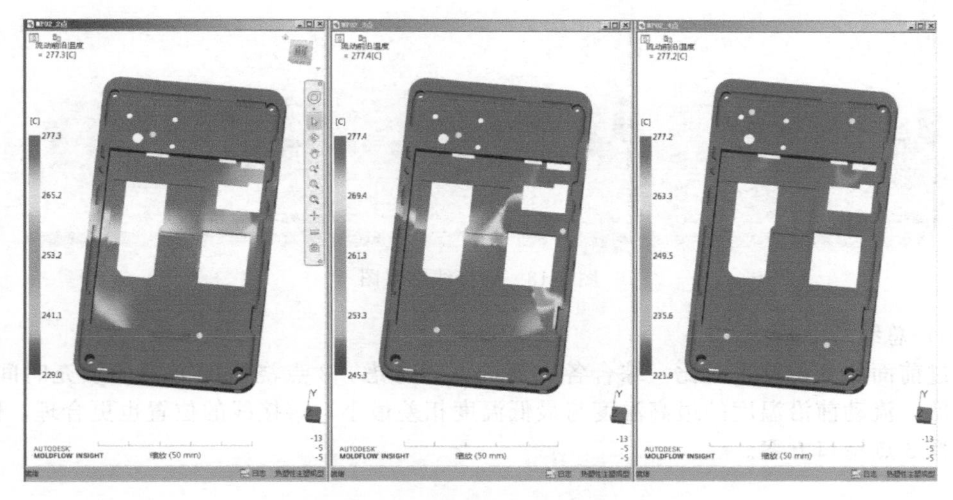

图 2-16　流动前沿处温度结果图

（8）气穴分析结果

如图 2-17 所示是三个方案气穴的比较结果，从图中可知，三个方案中 2 点浇口方案的气穴最少，其次是 3 点浇口方案，4 点浇口方案的气穴最多。

（9）熔接线分析结果

如图 2-18 所示是三个方案熔接线的比较结果，从图中可知，三个方案中 2 点浇口方案的熔接线最少，其次是 3 点浇口方案，4 点浇口方案的熔接线最多。但是 2 点浇口的方案和 4 点浇口的方案都在产品中间较薄区域有对碰的熔接线，这样的熔接线会影响到产品的强度。

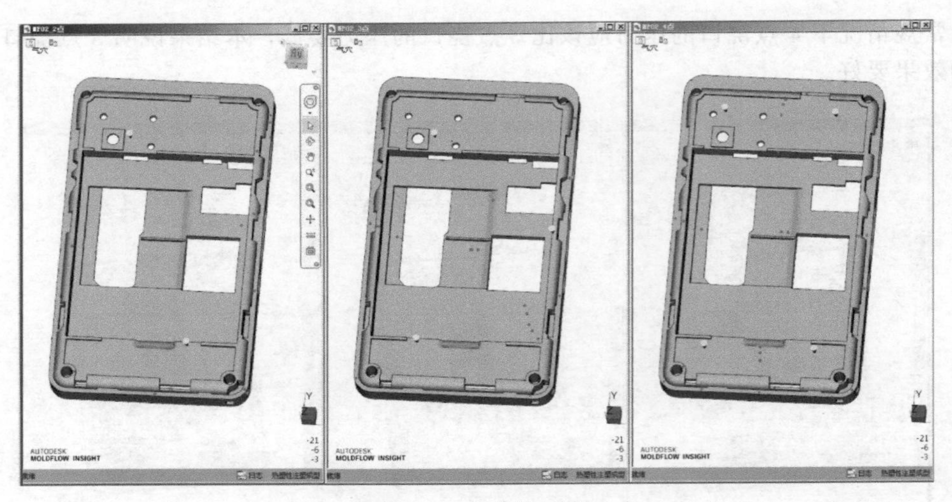

图 2-17　气穴结果图

图 2-18　熔接线结果图

（10）总结

通过前面的分析结果对比，综合各方面的因素考虑，3 点浇口的方案的填充时间最短，压力最低，流动前沿温度的最高温度与最低温度相差最小，熔接线的位置也更合理，因此本产品选择 3 点浇口方案。

2.4　成型窗口分析

为了确定填充分析时最佳注射时间，因此进行成型窗口分析。

（1）复制方案并改名

在任务栏首先选中“MP02_3 点”方案，然后右击，在弹出的快捷菜单中选择“复制”命令，复制方案并改名为“MP02_3 点（成型窗口）”。

（2）设置分析序列

单击菜单“主页”→“成型工艺设置”→“分析序列”命令，选择“成型窗口”选项，单击“确定”按钮。

(3) 工艺设置

单击菜单“主页”→“成型工艺设置”→“工艺设置”命令，所有参数均采用默认参数设置。

(4) 开始分析

单击菜单“主页”→“分析”→“开始分析”命令，点击“确定”按钮。

(5) 质量（成型窗口）：XY 图的分析结果

首先在材料的推荐工艺中查明推荐的模具温度是 72℃，推荐的熔体温度是 277℃，接着在分析结果“质量（成型窗口）：XY 图”前打钩，单击菜单“结果”→“属性”→“图形属性”命令，在弹出的对话框中在单选项“注射时间”前打钩，模具温度调整到 72℃左右，熔体温度调整到 277℃左右，点击“关闭”按钮。质量（成型窗口）：XY 图结果如图 2-19 所示。经查询当模具温度在 72℃，熔体温度在 276.3℃，注射时间为 0.2321s 时，质量最好。

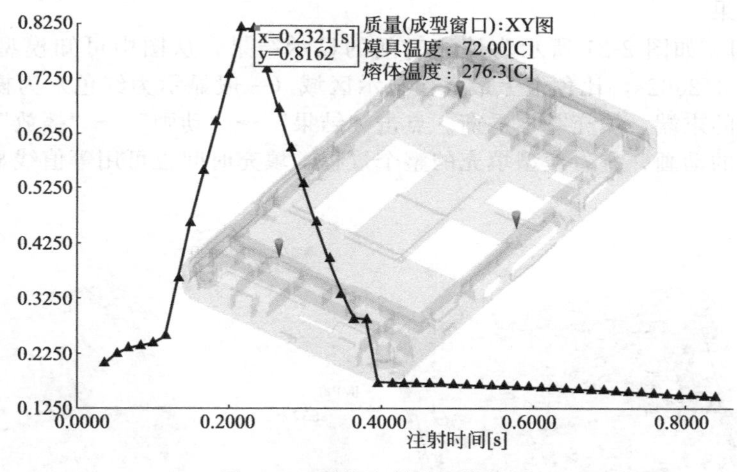

图 2-19　最佳注射时间结果图

2.5　填充平衡分析

填充平衡分析的目的就是为了检验浇口的位置是否合适，在填充的末端，压力是否平衡。填充平衡分析实际就是填充分析，从分析结果检验分析是否平衡。

(1) 复制方案并改名

在任务栏首先选中“MP02_3 点”方案，然后右击，在弹出的快捷菜单中选择“复制”命令，复制方案并改名为“MP02_3 点（填充平衡）”。

(2) 设置分析序列

单击菜单“主页”→“成型工艺设置”→“分析序列”命令，选择“填充”选项，单击“确定”按钮。

(3) 工艺设置

单击菜单“主页”→“成型工艺设置”→“工艺设置”命令，弹出如图 2-20 所示“工艺设置向导”对话框。在对话框中“充填控制”选项选择“注射时间”后面的文本框中输入 0.232s，采用成型窗口中推荐的最佳注射时间。单击“确定”按钮。

(4) 开始分析

单击菜单“主页”→“分析”→“开始分析”命令，点击“确定”按钮。

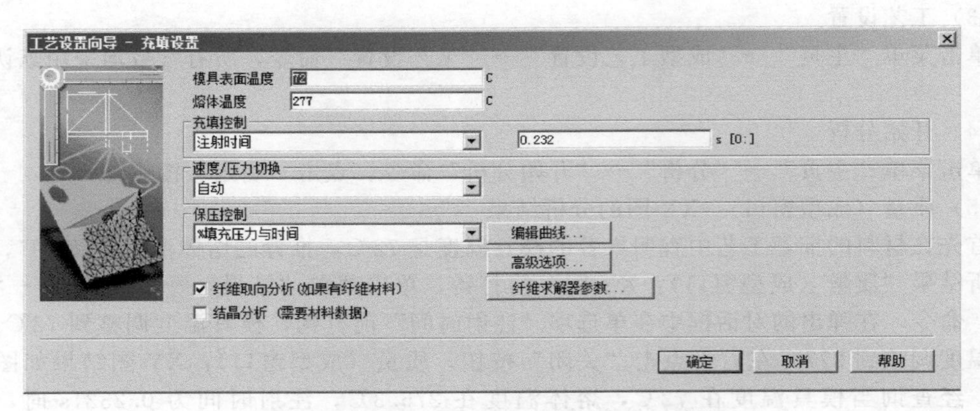

图 2-20 “工艺设置向导-充填设置”对话框

（5）分析结果

① 填充时间 如图 2-21 所示为填充时间的显示结果，从图中可知模型没有短射的情况，填充时间为 0.2662s，比色卡上最大值显示区域（一般显示为红色）为模型的最后填充区域，也是模型的末端，填充基本平衡。点击“结果”→“动画”→“播放”命令，可以动态播放填充时间的动画，查看模型填充的整个过程。填充时间也可用等值线显示的方式进行查看。

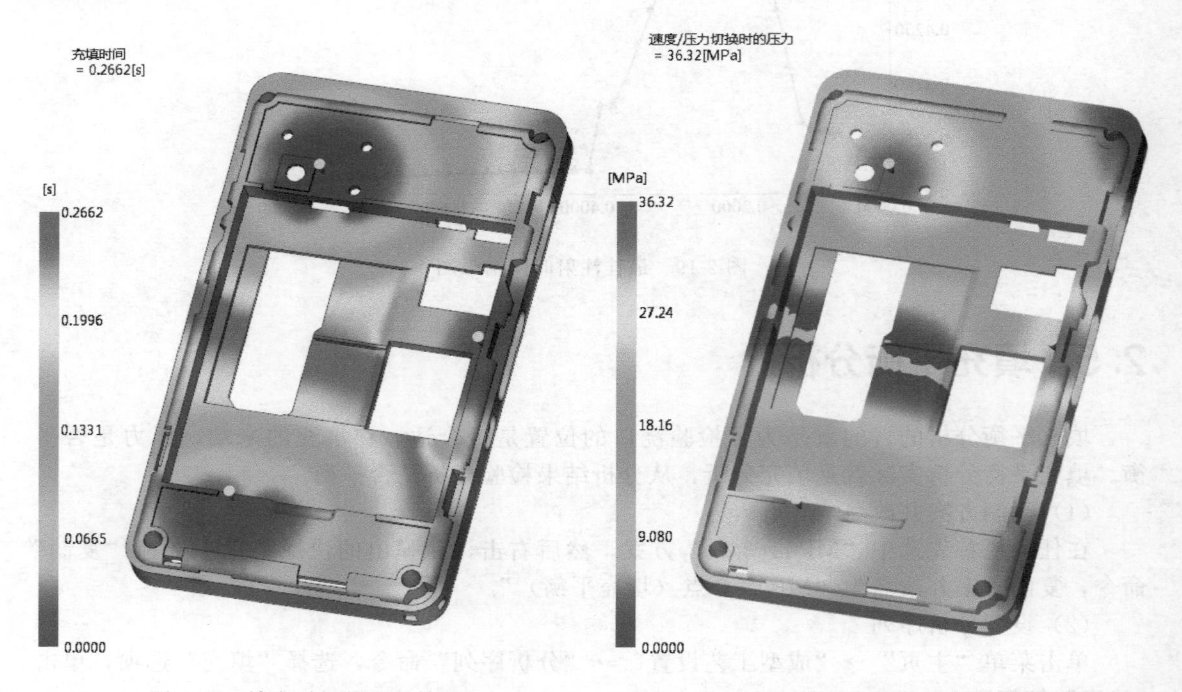

图 2-21 填充时间的显示结果

图 2-22 速度/压力切换时的压力的显示结果

② 速度/压力切换时的压力 如图 2-22 所示为速度/压力切换时的压力的显示结果，从图中可知速度/压力切换时的压力为 36.32MPa，在模型的末端有灰色区域显示，表示此区域在速度/压力切换时仍未填充，通过日志中填充分析的屏幕输出可知，在模型填充体积的 98.53%进行速度与压力切换。可通过动画查看速度/压力切换时的压力在模型中的分布情况。

③ 流动前沿温度　如图 2-23 所示为流动前沿温度的显示结果，从图中可知模型的绝大部分区域的温度为 277.7℃，与料温比较接近。最低温度在骨位底部，温度为 256℃，重叠填充时间分析，用动画播放，可知此处发生了轻微的迟滞，再用气穴分析，此位置存在困气，在分析报告中要指出此处存在困气，模具设计时注意排气。

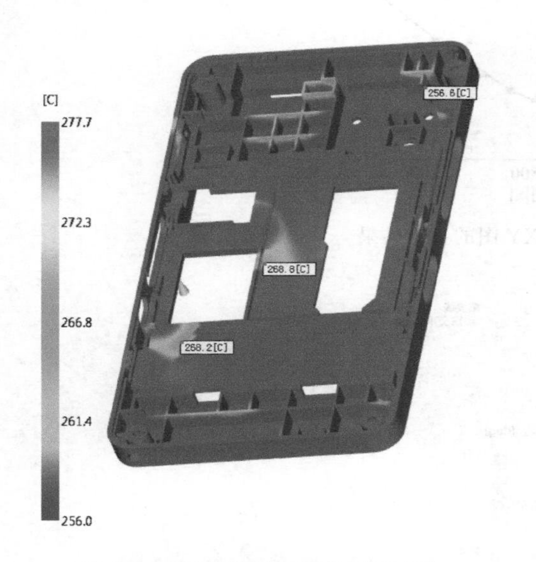

图 2-23　流动前沿温度的显示结果

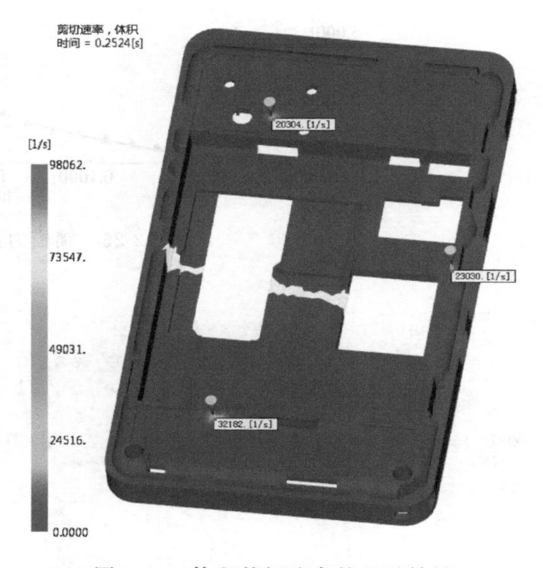

图 2-24　体积剪切速率的显示结果

④ 剪切速率，体积　如图 2-24 所示为体积剪切速率的显示结果，从图中可知，体积剪切速率的最大值已经超过了材料的极限值。其中剪切速率的最大区域位于浇口位置。可以通过增大浇口的尺寸或者延长填充时间的方式来改善。

⑤ 壁上剪切应力　如图 2-25 所示为壁上剪切应力的显示结果，从图中可知，壁上剪切应力的最大值已经超过了材料的极限值。其中壁上剪切应力的最大区域位于浇口位置。可以通过提高模温、料温或者延长填充时间的方式来改善。

⑥ 锁模力：XY 图　如图 2-26 所示为锁模力：XY 图的显示结果，从图中可知，锁模力的最大值为 11.41。也可以选择菜单“结果”→“检查”→“检查”命令，单击曲线尖峰位置，可显示最大锁模力及时间。

⑦ 填充末端压力　如图 2-27 所示为填充末端压力的显示结果，从图中可知，模型的填充末端的压力并不平衡，相差 13.542MPa。

⑧ 熔接线　如图 2-28 所示为熔接线的显示结果，从图中可知，模型的熔接线主要出现在填充末端。

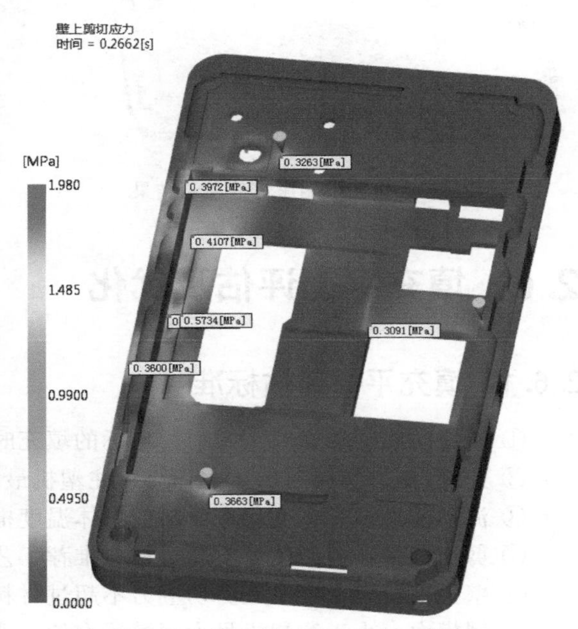

图 2-25　壁上剪切应力的显示结果

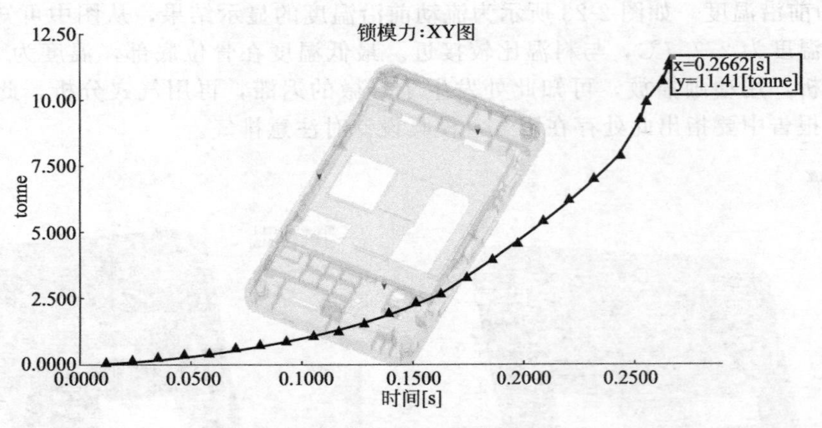

图 2-26　锁模力：XY 图的显示结果

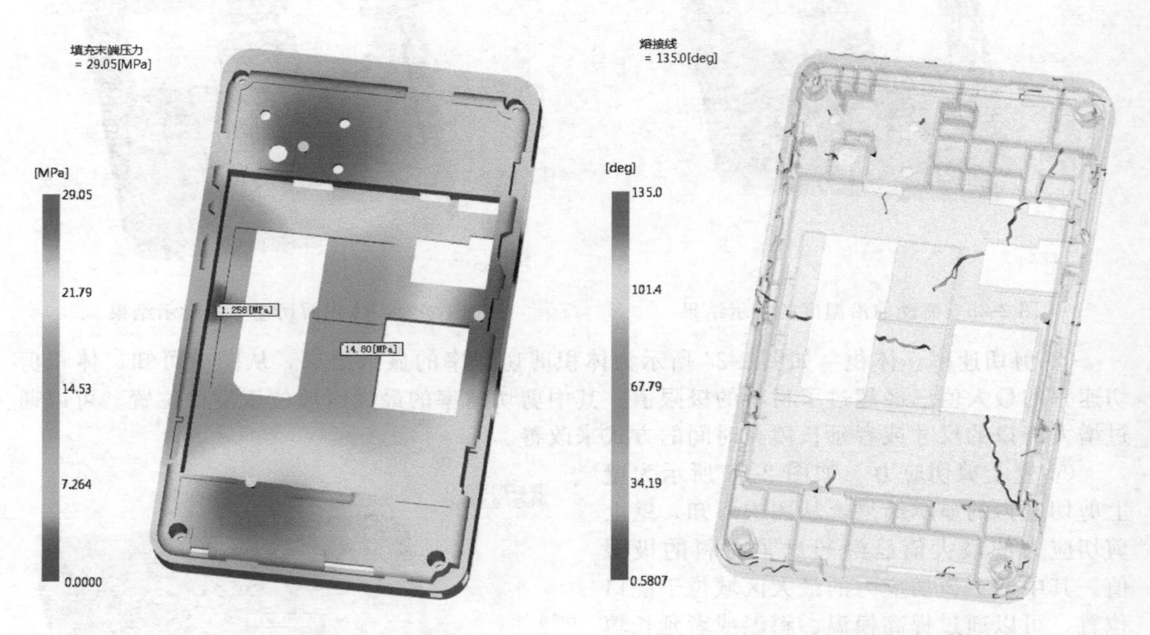

图 2-27　填充末端压力的显示结果　　　　图 2-28　熔接线的显示结果

2.6　填充平衡评估及优化

2.6.1　填充平衡评估标准

① 填充时间：填充时无短射，实际的填充时间与设定的注射时间相差在 0.5s 以内。

② 速度/压力切换时的压力：小于注塑机最大注塑压力的 80%。

③ 流动前沿温度：变化在材料的熔体温度推荐的范围之内，建议不超过 20℃。

④ 剪切速率：剪切速率不超过材料推荐工艺中的最大剪切速率。

⑤ 壁上剪切应力：壁上剪切应力不超过材料推荐工艺中的最大剪切应力。

⑥ 锁模力：小于注塑机最大锁模压力的 80%。

⑦ 填充末端压力：对于精密产品，填充末端压力相差在 10MPa 以内。

⑧ 熔接线：熔接线不能位于产品的外观区域或受力区域。

填充评估标准与前面填充分析结果进行对比，结果如表 2-1 所示。

表 2-1 对比结果

评估项目	评估标准	实际结果	改善措施
填充时间	无短射，时间相差在 0.5s 以内	无短射，时间相差在 0.02s	OK
速度/压力切换时的压力	160MPa	36.32MPa	OK
流动前沿温度	不超过 20℃	相差 21.7℃	基本 OK
剪切速率	$40000s^{-1}$	$98062s^{-1}$	增大浇口的尺寸或延长填充时间
壁上剪切应力	0.4MPa	1.98MPa	提高模温、料温或延长填充时间
锁模力	90t	11.41t	OK
填充末端压力	末端压力相差在 10MPa 以内	末端压力相差 13.544MPa	调整浇口位置
熔接线	不能在外观或受力区域	产品喷涂	OK

从对比结果中可以看出，除剪切速率、壁上剪切应力、填充末端压力三个结果不合格外，其他分析结果都 OK，对于点浇口来讲，一般情况下产品的点浇口都存在剪切速率和壁上剪切应力超标的情况，这是点浇口的结构决定的。因此在本案例中我们要调整的是浇口的位置，使填充末端的压力相差在 10MPa 以内。

2.6.2 填充平衡优化

从上面的填充末端压力的显示结果可以看出，两点浇口这侧的填充末端的压力较低，现在把一侧两个浇口的位置稍微向外移动，移动后再次进行填充分析。另外在浇口位置微调时，成型窗口里面的产品的注射时间相差不大，因此不再进行成型窗口分析。

(1) 复制方案并改名

在任务栏首先选中“MP02_3 点（填充平衡）”方案，然后右击，在弹出的快捷菜单中选择“复制”命令，复制方案并改名为“MP02_3 点（填充平衡优化）”。

(2) 设置分析序列

单击菜单“主页”→“成型工艺设置”→“分析序列”命令，选择“填充”选项，单击“确定”按钮。

(3) 工艺设置

单击菜单“主页”→“成型工艺设置”→“工艺设置”命令，“充填控制”选项选择“注射时间”，后面的文本框中输入 0.232s，单击“确定”按钮。

(4) 开始分析

单击菜单“主页”→“分析”→“开始分析”命令，点击“确定”按钮。

(5) 填充末端压力分析结果

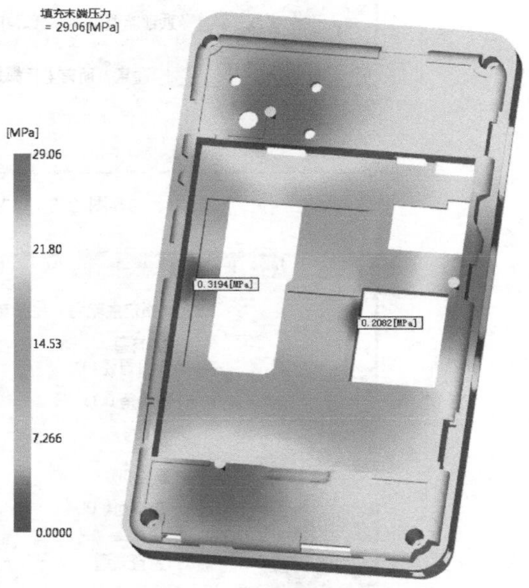

图 2-29 填充末端压力的显示结果

如图 2-29 所示为填充末端压力的显示结果，从图中可知，模型的填充末端的压力已经平衡，相差约 0.1MPa。在评估标准的范围之内。

2.7　创建浇注系统

本案例用流道系统向导工具创建浇注系统会更快捷。对于流道系统向导创建的部分结果与实际设计的流道系统不一致，则可以进行局部修改，其操作步骤如下：

(1) 复制方案并改名

在任务栏首先选中“MP02_3点（填充平衡优化）”方案，然后右击，在弹出的快捷菜单中选择“复制”命令，复制方案并改名为“MP02_3点（流道平衡）”。

(2) 向导创建浇注系统

单击菜单“几何”→“创建”→“流道系统”命令，弹出如图2-30所示的对话框。在对话框中“指定主流道位置”选项选择“模型中心”按钮。“顶部流道平面Z”文本框中输入50，单击“下一步”按钮，弹出如图2-31所示的对话框，主流道、流道及竖直流道尺寸如图所示，单击“下一步”按钮，弹出如图2-32所示的对话框，顶部浇口尺寸如图中所示，最后单击“完成”按钮，向导创建流道系统如图2-33所示。

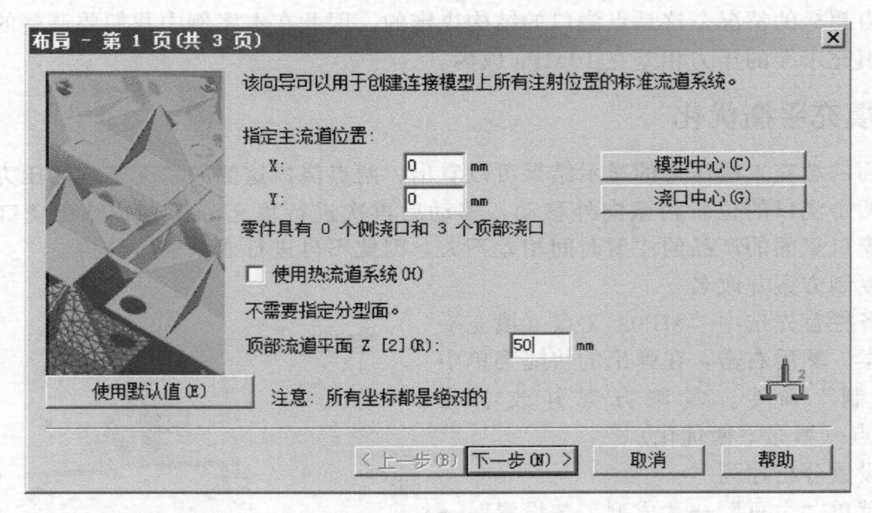

图2-30　“布局”对话框

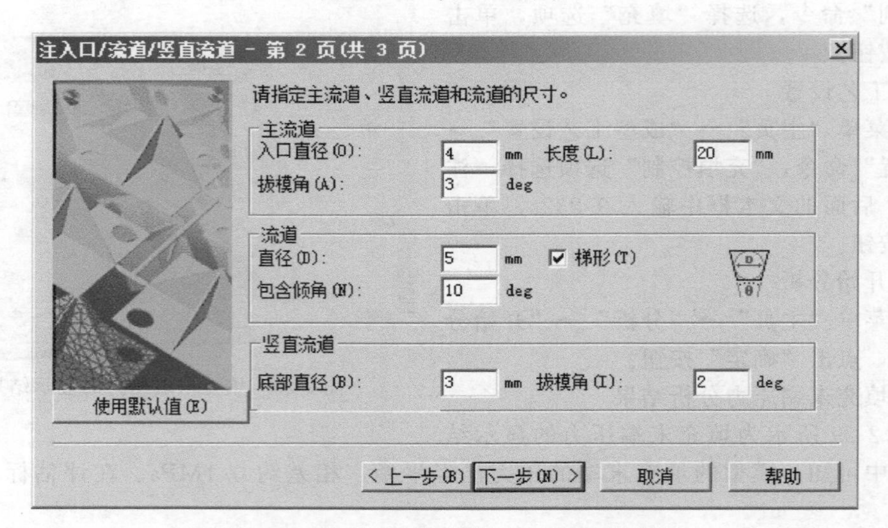

图2-31　“注入口/流道/竖直流道”对话框

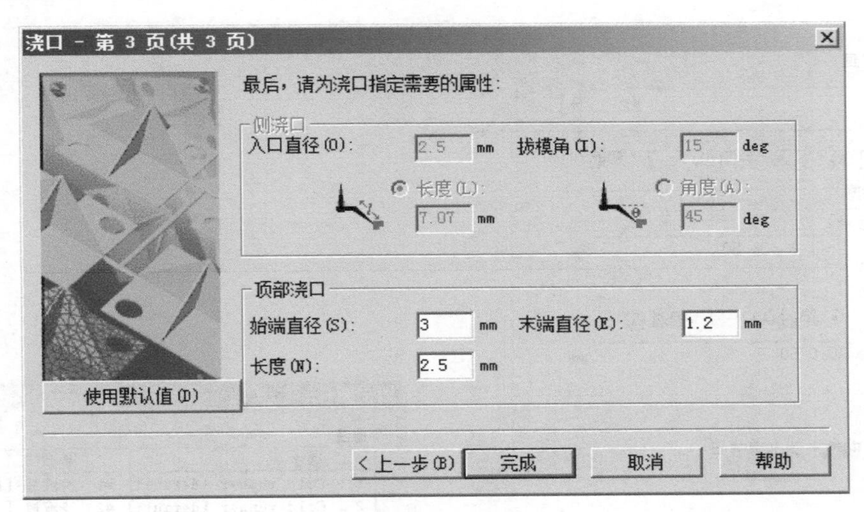

图 2-32 “浇口”对话框

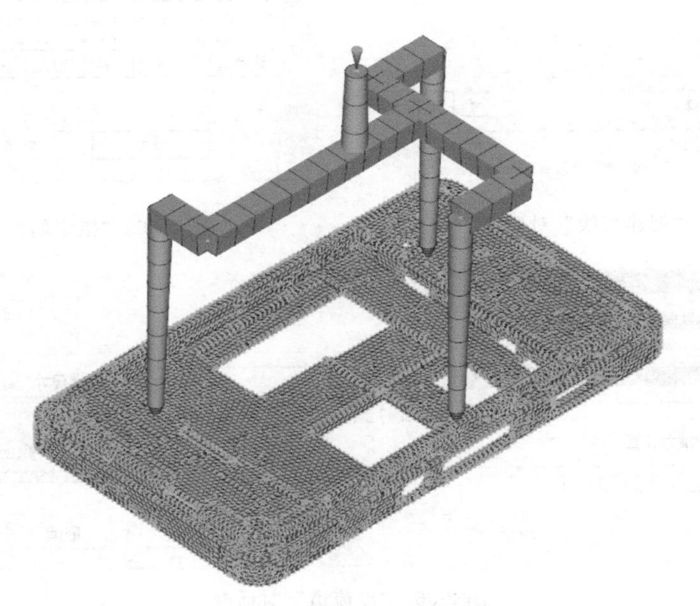

图 2-33 向导创建浇注系统

(3) 修改浇注系统

在实际的模具设计中流道一般都是从主流道直接到每一组竖直流道的，所以向导创建的流道不合适。首先删除流道，选择不合适的流道，然后单击菜单“几何”→“实用程序”→“删除”命令，或者按键盘上“Delete”键，进行删除。接着单击菜单“创建”→“曲线”→“创建直线”命令，如图 2-34 所示。分别选择主流道的端点和各个竖直流道的端点。点击“创建为”选项后面的三点按钮，弹出如图 2-35 所示对话框，在对话框中点击“新建”按钮，选择“冷流道”后弹出如图 2-36 所示的对话框，在对话框中“截面形状是”选项选择“梯形”，“形状是”选项选择“非锥体”，单击“编辑尺寸”按钮，弹出如图 2-37 所示的“横截面尺寸”对话框。最后单击“确定”直至完成。创建完成后的流道如图 2-38 所示。

(4) 流道的网格划分

本例采用直线创建流道，虽然已经指定属性，但没有进行网格划分之前，仍然显示直线，

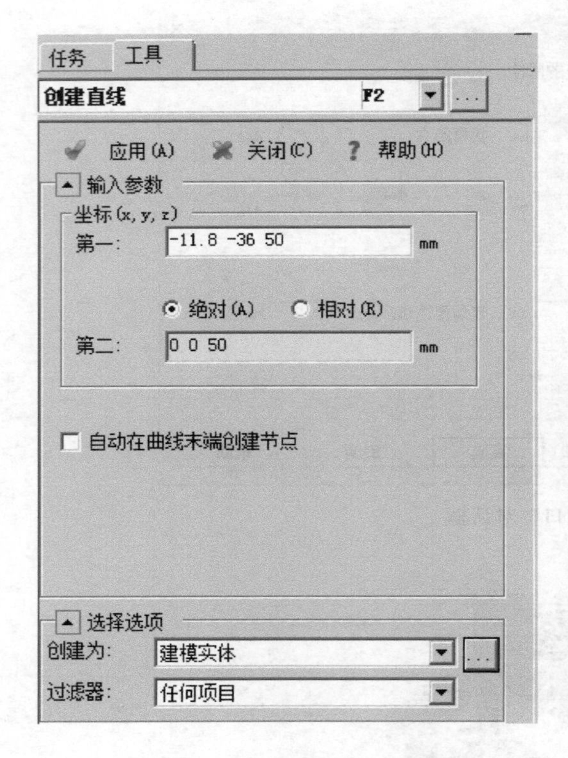

图 2-34 “创建直线”对话框

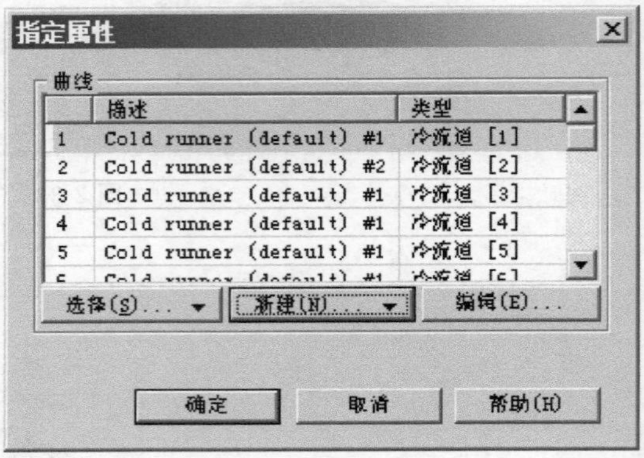

图 2-35 “指定属性”对话框

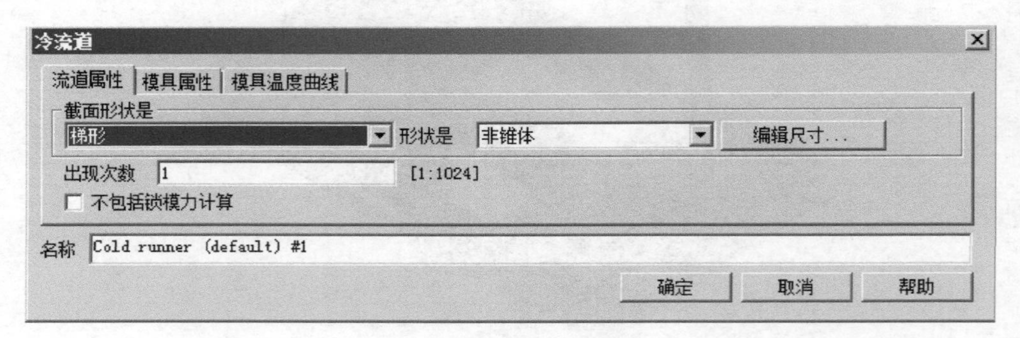

图 2-36 “冷流道”对话框

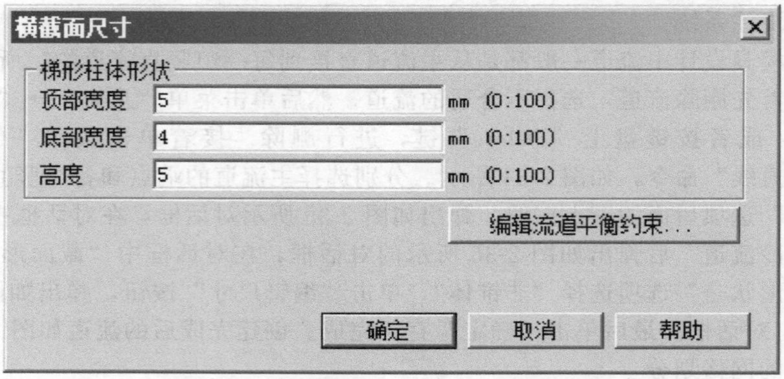

图 2-37 “横截面尺寸”对话框

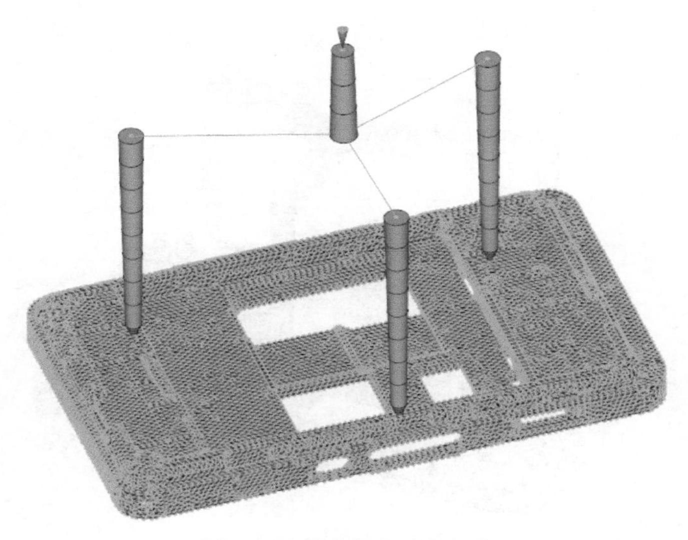

图 2-38　创建完成后的流道

划分网格后才显示柱体单元。单击菜单“网格”→“网格”→“生成网格”命令，弹出如图 2-39 所示对话框，在对话框中单击“曲线”按钮，“浇注系统的边长与直径之比”选项的默认值为 2，符合要求。在单选项“将网格置于激活层中”前打钩。单击“立即划分网格”按钮。网格划分后的流道如图 2-40 所示。

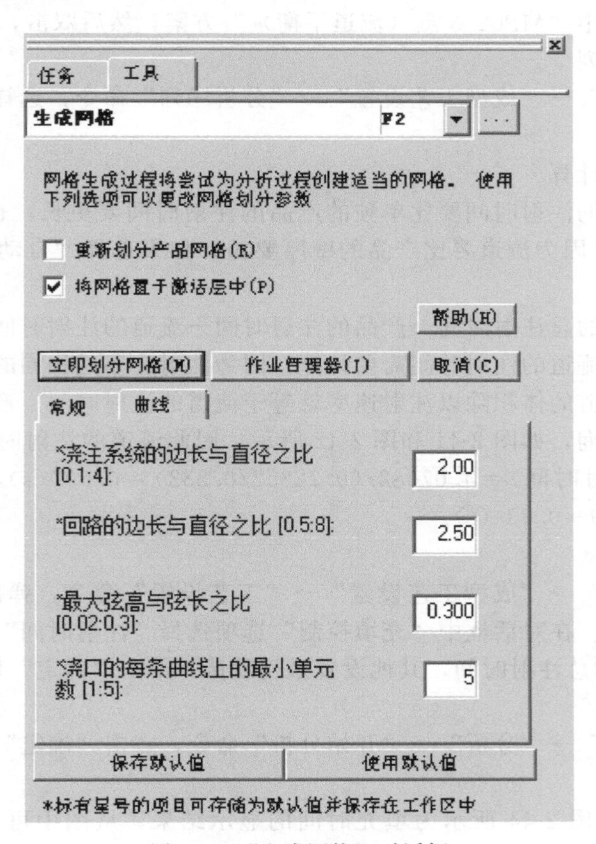

图 2-39　“生成网格”对话框

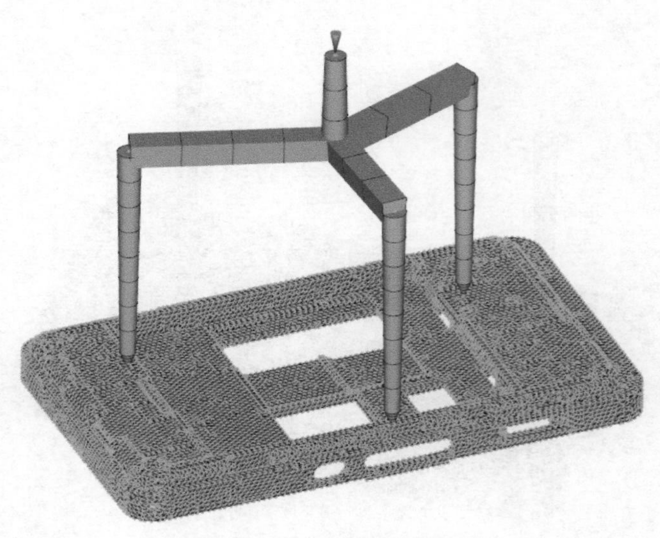

图 2-40 网格划分后的流道

2.8 流道平衡分析

(1) 选择方案

在任务栏首先选中“MP02_3 点（流道平衡）”方案，然后双击，使其成激活状态。

(2) 设置分析序列

单击菜单“主页”→“成型工艺设置”→“分析序列”命令，选择“填充”选项，单击“确定”按钮。

(3) 注射时间的计算

加了浇注系统后的注射时间要比单独的产品的注射时间要更长，也不能在“充填控制”选项中选择“自动”，因为流道要比产品的壁厚要粗，如果选择“自动”会使产品的注射时间变得更长。

加了浇注系统后的总注射时间＝产品的注射时间＋流道的注射时间，产品的注射时间在成型窗口中可查询，流道的注射时间需要计算，因为注射速率是相同的，可以先计算出产品的注射速率，再用流道的体积除以注射速率就等于流道的注射时间。产品的体积和流道的体积可在网格统计中查询，如图 2-41 和图 2-42 所示。因此流道的注射时间＝流道的体积/(产品的体积/产品的注射时间)＝4.07082/(9.72852/0.232)＝0.097(s)，最后总注射时间＝0.232＋0.097＝0.329≈0.33 (s)。

(4) 工艺设置

单击菜单“主页”→“成型工艺设置”→“工艺设置”命令，弹出如图 2-43 所示“工艺设置向导”对话框。在对话框中“充填控制”选项选择“注射时间”后面的文本框中输入 0.33s，采用刚计算的总注射时间，其他设置采用默认，单击“确定”按钮。

(5) 开始分析

单击菜单“主页”→“分析”→“开始分析”命令，点击“确定”按钮。

(6) 分析结果

① 填充时间 如图 2-44 所示为填充时间的显示结果，从图中可知模型没有短射的情况，填充时间为 0.388s，比色卡上最大值显示区域（一般显示为红色）为模型的最后填充

任务 工具
网格统计 F2
显示 关闭 帮助
输入参数
单元类型: 三角形
信息
产生关于当前网格的摘要报告
选项
显示诊断结果的位置 文本
显示网格/模型
将结果置于诊断层中
限于可见实体
三角形
实体计数:
三角形 54790
已连接的节点 27343
连通区域 1
不可见三角形 0
面积:
(不包括模具镶块和冷却管道)
表面面积: 204.198 cm^2
按单元类型统计的体积:
三角形: 9.72852 cm^3

图 2-41 网格统计中产品的体积

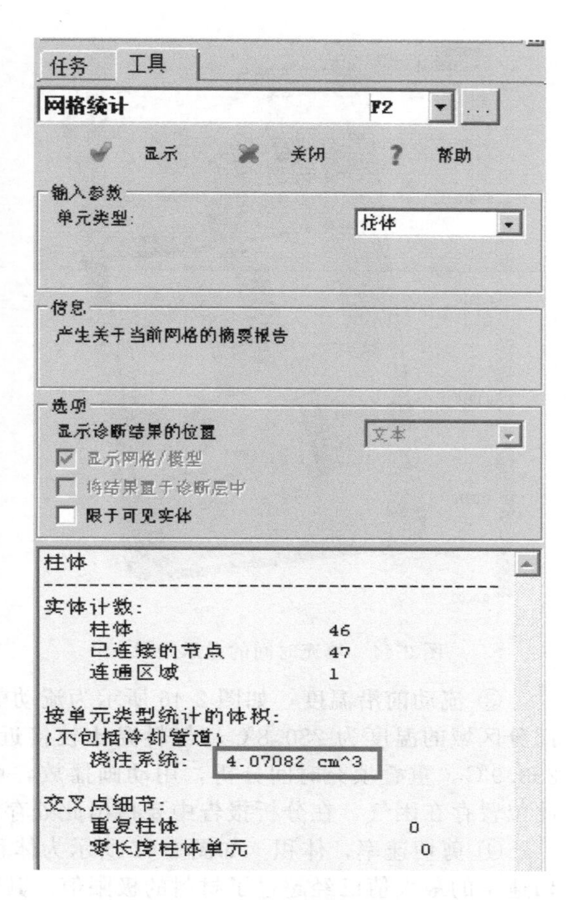

图 2-42 网格统计中流道的体积

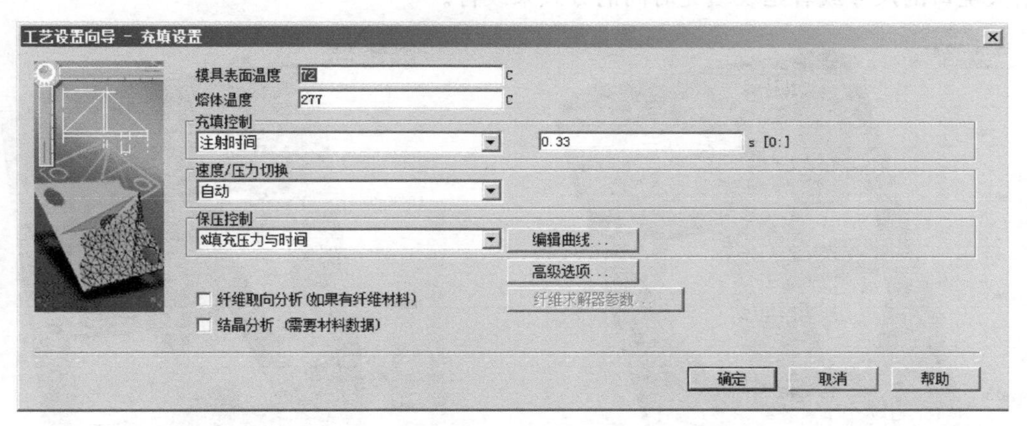

图 2-43 “工艺设置向导-充填设置”对话框

区域，也是模型的末端，填充基本平衡。点击“结果”→“动画”→“播放”命令，可以动态播放填充时间的动画，查看模型填充的整个过程。填充时间也可用等值线显示的方式进行查看。

② 速度/压力切换时的压力 如图 2-45 所示为速度/压力切换时的压力的显示结果，从图中可知速度/压力切换时的压力为 63.75MPa，在模型的末端有灰色区域显示，表示此区域在速度/压力切换时仍未填充，通过日志中填充分析的屏幕输出可知，在模型填充体积的 97.72%进行速度与压力切换。可通过动画查看速度/压力切换时的压力在模型中的分布情况。

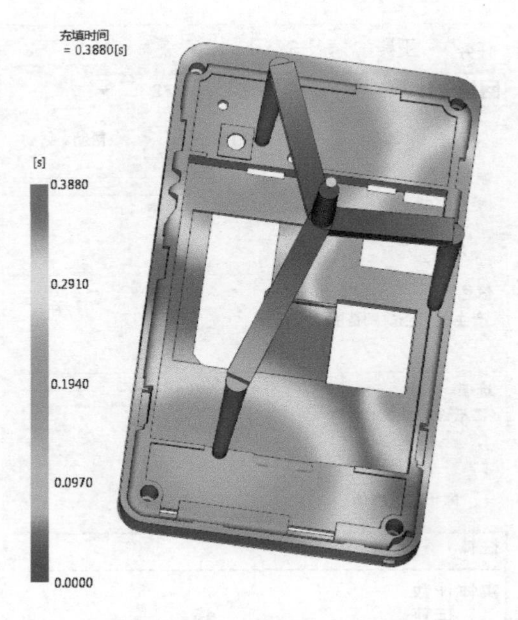

图 2-44　填充时间的显示结果

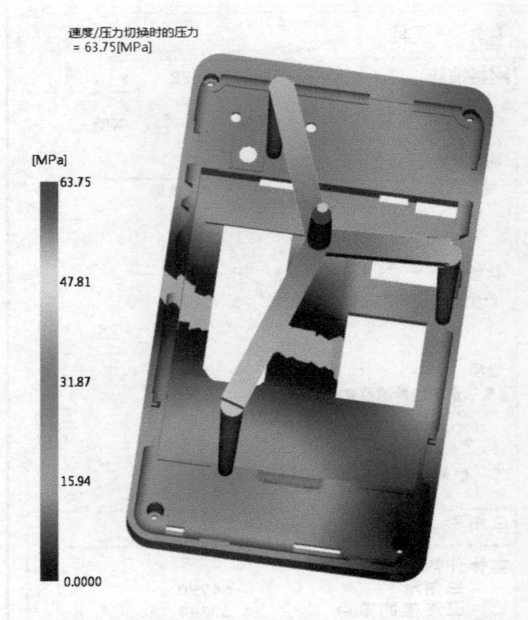

图 2-45　速度/压力切换时的压力的显示结果

③ 流动前沿温度　如图 2-46 所示为流动前沿温度的显示结果，从图中可知模型的绝大部分区域的温度为 280.8℃，与料温比较接近。最低温度在骨位底部和填充末端，温度为 253.9℃，重叠填充时间分析，用动画播放，可知此处发生了轻微的迟滞，再用气穴分析，此位置存在困气，在分析报告中要指出此处存在困气，模具设计时注意排气。

④ 剪切速率，体积　如图 2-47 所示为体积剪切速率的显示结果，从图中可知，体积剪切速率的最大值已经超过了材料的极限值。其中剪切速率的最大区域位于浇口位置。可以通过增大浇口的尺寸或者延长填充时间的方式来改善。

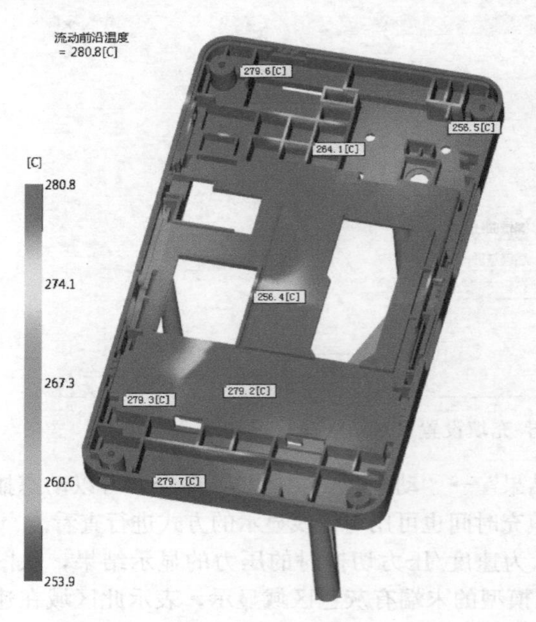

图 2-46　流动前沿温度的显示结果

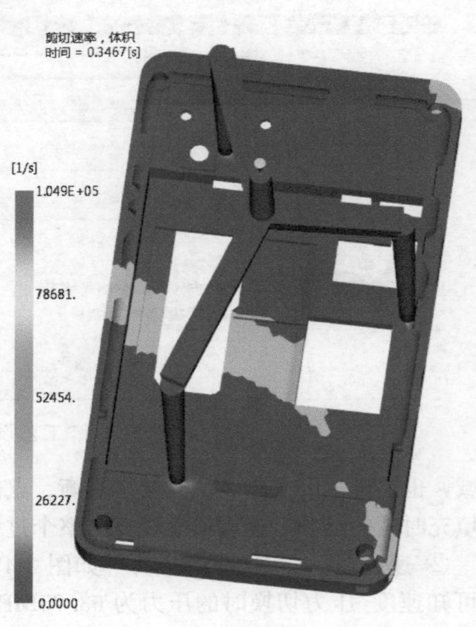

图 2-47　体积剪切速率的显示结果

⑤ 壁上剪切应力　如图 2-48 所示为壁上剪切应力的显示结果，从图中可知，壁上剪切应力的最大值已经超过了材料的极限值。其中壁上剪切应力的最大区域位于浇口位置。可以通过提高模温、料温或者延长填充时间的方式来改善。

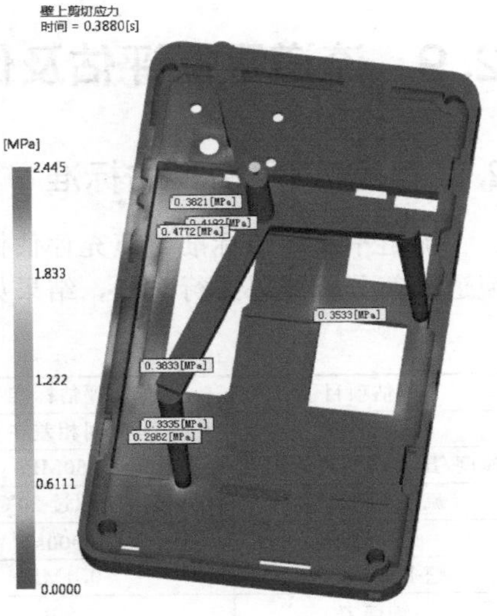

图 2-48　壁上剪切应力的显示结果

⑥ 锁模力：XY 图　如图 2-49 所示为锁模力：XY 图的显示结果，从图中可知，锁模力的最大值为 16.33t。也可以选择菜单“结果”→“检查”→“检查”命令，单击曲线尖峰位置，可显示最大锁模力及时间。

⑦ 填充末端压力　如图 2-50 所示为填充末端压力的显示结果，从图中可知，模型的填充末端的压力并不平衡，相差 18.197MPa。

⑧ 熔接线　如图 2-51 所示为熔接线的显示结果，从图中可知，模型的熔接线主要出现在填充末端。

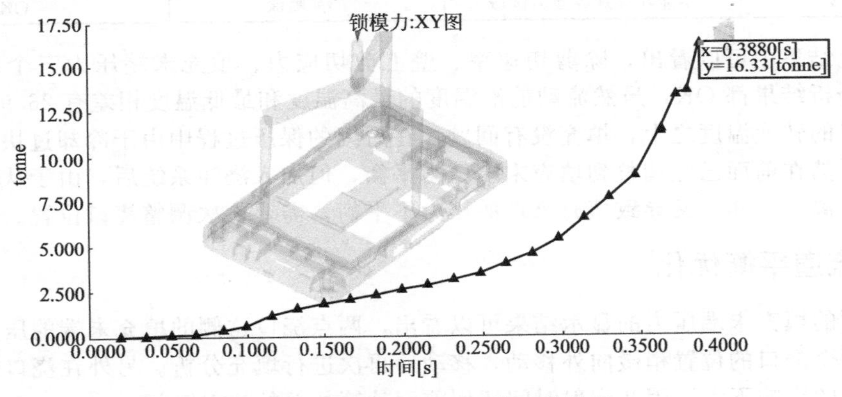

图 2-49　锁模力：XY 图的显示结果

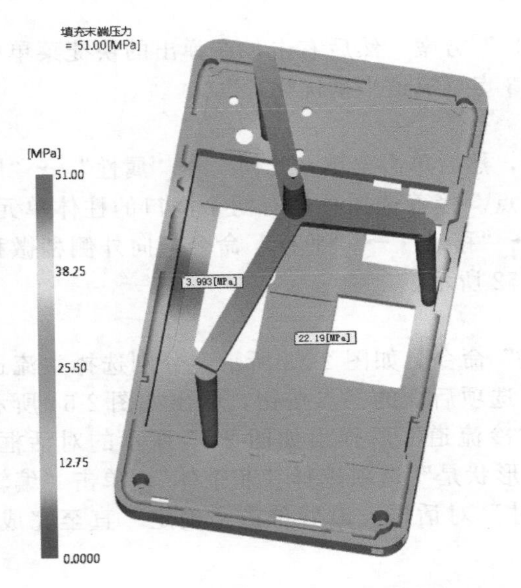

图 2-50　填充末端压力的显示结果

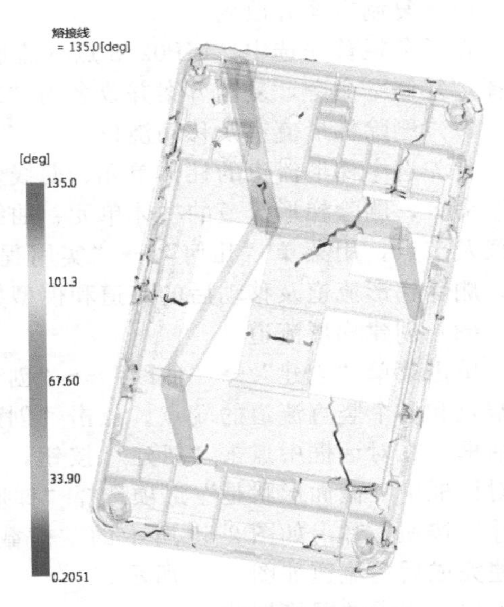

图 2-51　熔接线的显示结果

2.9 流道平衡评估及优化

2.9.1 流道平衡评估标准

流道平衡评估标准与填充评估标准是一样的，这里不再赘述。流道平衡评估标准与前面流道平衡分析结果进行对比，结果如表 2-2 所示。

表 2-2 对比结果

评估项目	评估标准	实际结果	改善措施
填充时间	无短射，时间相差在 0.5s 以内	无短射，时间相差在 0.033s	OK
速度/压力切换时的压力	160MPa	63.75MPa	OK
流动前沿温度	不超过 20℃	相差 26.9℃	材料转换温度以上
剪切速率	$40000s^{-1}$	$104900s^{-1}$	增大浇口的尺寸或延长填充时间
壁上剪切应力	0.4MPa	2.4MPa	提高模温、料温或延长填充时间
锁模力	90t	16.33t	OK
填充末端压力	末端压力相差在 10MPa 以内	末端压力相差 18.197MPa	调整浇口位置
熔接线	不能在外观或受力区域	产品喷涂	OK

从对比结果中可以看出，除剪切速率、壁上剪切应力、填充末端压力三个结果不合格外，其他分析结果都 OK，虽然流动前沿温度的最高温度和最低温度相差有 26.9℃，但最低温度在材料的转换温度之上，填充没有问题，在后续的保压过程中由于冷却过快，会导致保压困难。虽然在前面已经调整到填充末端压力平衡，但加入浇注系统后，由于从中心点到每个浇口的距离不一样，又导致填充末端的压力不平衡，需要再次调整浇口位置。

2.9.2 流道平衡优化

从上面的填充末端压力的显示结果可以看出，两点浇口这侧的填充末端的压力较低，现在把一侧两个浇口的位置稍微向外移动，移动后再次进行填充分析。另外在浇口位置微调时对注射时间的影响不大，因此注射时间还用前面计算的总的注射时间。

(1) 复制方案并改名

在任务栏首先选中“MP02_3 点（流道平衡）”方案，然后右击，在弹出的快捷菜单中选择“复制”命令，复制方案并改名为“MP02_3 点（流道平衡优化）”。

(2) 删除梯形流道及移动浇口

首先选中梯形流道的柱体单元、曲线及节点，然后单击菜单“几何”→“属性”→“删除”命令，删除梯形流道的柱体单元、曲线及节点。接着选择一侧有两个浇口的柱体单元、曲线及节点，用菜单“几何”→“实用程序”→“移动”→“平移”命令，向外侧稍微移动。删除梯形流道及移动后的流道和模型如图 2-52 所示。

(3) 创建梯形流道

单击菜单“创建”→“曲线”→“创建直线”命令，如图 2-53 所示。分别选择主流道的端点和各个竖直流道的端点。点击“创建为”选项后面的三点按钮，弹出如图 2-54 所示对话框，在对话框中点击“新建”按钮，选择“冷流道”后弹出如图 2-55 所示的对话框，在对话框中“截面形状是”选项选择“梯形”，“形状是”选项选择“非锥体”，单击“编辑尺寸”按钮，弹出如图 2-56 所示的“横截面尺寸”对话框。最后单击“确定”直至完成。创建完成后的流道如图 2-57 所示。

(4) 流道的网格划分

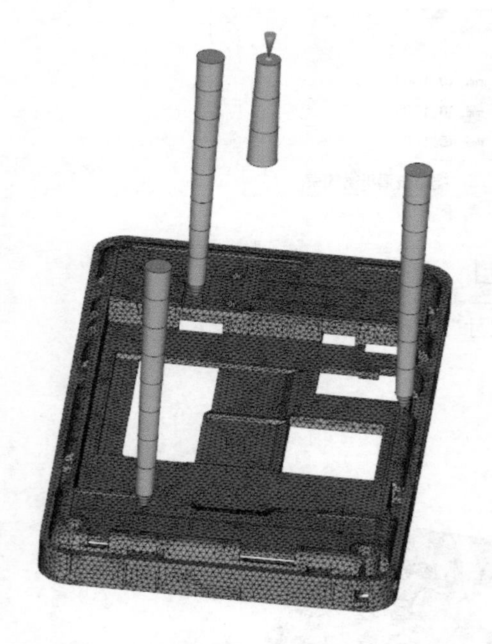

图 2-52　删除及移动后的流道和模型

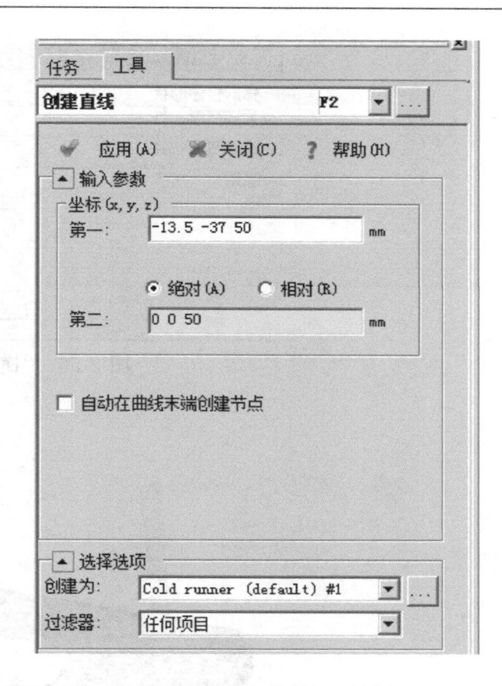

图 2-53　“创建直线”对话框

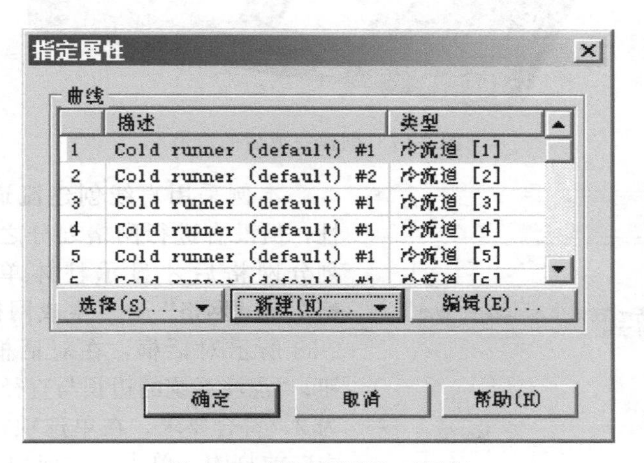

图 2-54　“指定属性”对话框

冷流道
流道属性 | 模具属性 | 模具温度曲线
截面形状是
梯形
形状是
非锥体
编辑尺寸...
出现次数
1
[1:1024]
不包括锁模力计算
名称
Cold runner (default) #1
确定
取消
帮助

图 2-55　“冷流道”对话框

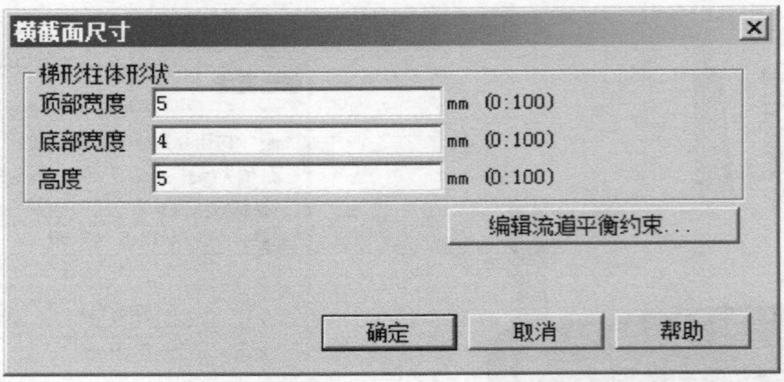

横截面尺寸

梯形柱体形状

顶部宽度 5 mm (0:100)

底部宽度 4 mm (0:100)

高度 5 mm (0:100)

编辑流道平衡约束...

确定　取消　帮助

图 2-56　“横截面尺寸”对话框

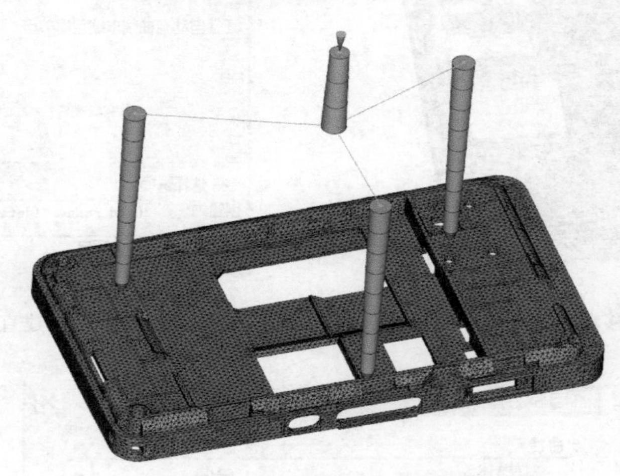

图 2-57　创建完成后的流道

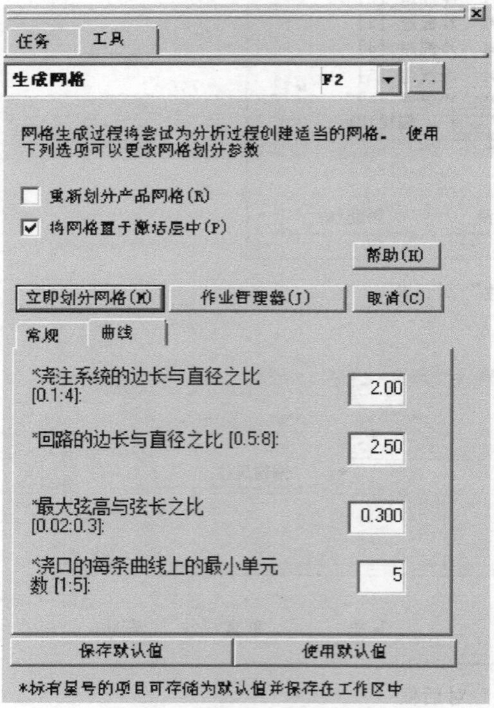

任务　工具

生成网格　F2

网格生成过程将尝试为分析过程创建适当的网格。使用下列选项可以更改网格划分参数

重新划分产品网格(R)

将网格置于激活层中(P)

帮助(H)

立即划分网格(M)　作业管理器(J)　取消(C)

常规　曲线

*浇注系统的边长与直径之比 [0.1:4]: 2.00

*回路的边长与直径之比 [0.5:8]: 2.50

*最大弦高与弦长之比 [0.02:0.3]: 0.300

*浇口的每条曲线上的最小单元数 [1:5]: 5

保存默认值　使用默认值

*标有星号的项目可存储为默认值并保存在工作区中

图 2-58　“生成网格”对话框

本例采用直线创建流道，虽然已经指定属性，但没有进行网格划分之前，仍然显示直线，划分网格后才显示柱体单元。单击菜单“网格”→“网格”→“生成网格”命令，弹出如图 2-58 所示对话框，在对话框中单击“曲线”按钮，“浇注系统的边长与直径之比”选项的默认值为 2，符合要求。在单选项“将网格置于激活层中”前打钩。单击“立即划分网格”按钮。网格划分后的流道如图 2-59 所示。

(5) 连通性诊断

因为对浇注系统进行了局部修改，因此在进行分析之前要首先检查网格是否连通。单击菜单“网格”→“网格诊断”→“连通性”命令，点击流道系统或模型上的任何一个单元，单击“显示”按钮。诊断结果如图 2-60 所示。由诊断结果可知，此模型是连通的。如果模型是不连通的，会导致分析失败或者分析结果不准确。

(6) 设置分析序列

单击菜单“主页”→“成型工艺设置”→

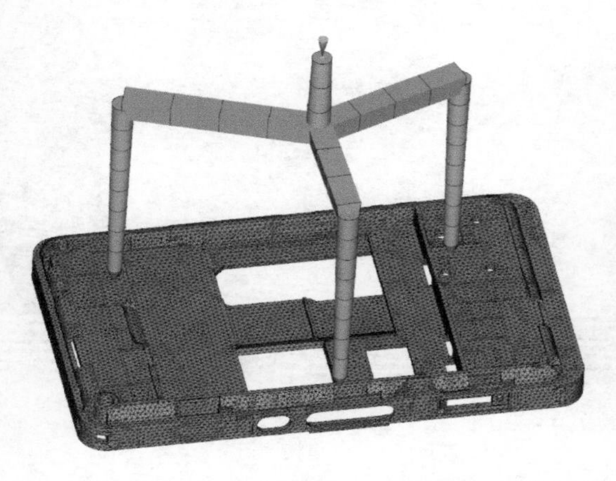

图 2-59　网格划分后的流道

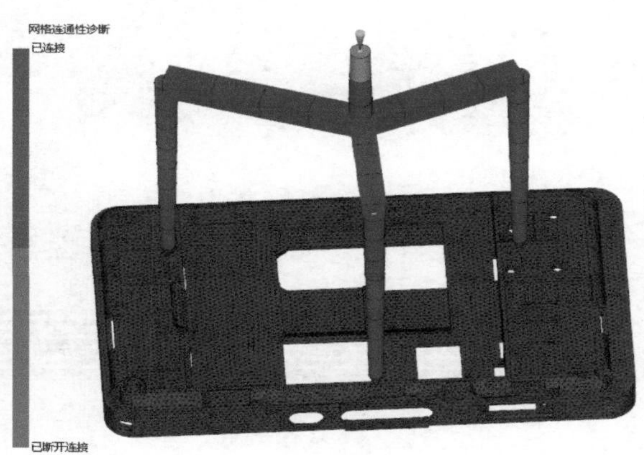

图 2-60　网格连通性诊断结果显示

“分析序列”命令，选择“填充”选项，单击“确定”按钮。

（7）工艺设置

单击菜单“主页”→“成型工艺设置”→“工艺设置”命令，“充填控制”选项选择“注射时间”后面的文本框中输入 0.33s，其他设置采用默认，单击“确定”按钮。

（8）开始分析

单击菜单“主页”→“分析”→“开始分析”命令，点击“确定”按钮。

（9）填充末端压力分析结果

如图 2-61 所示为填充末端压力的显示结果，从图中可知，模型填充末端的压力已经平衡，相差 4.6326MPa。在评估标准的范围之内。

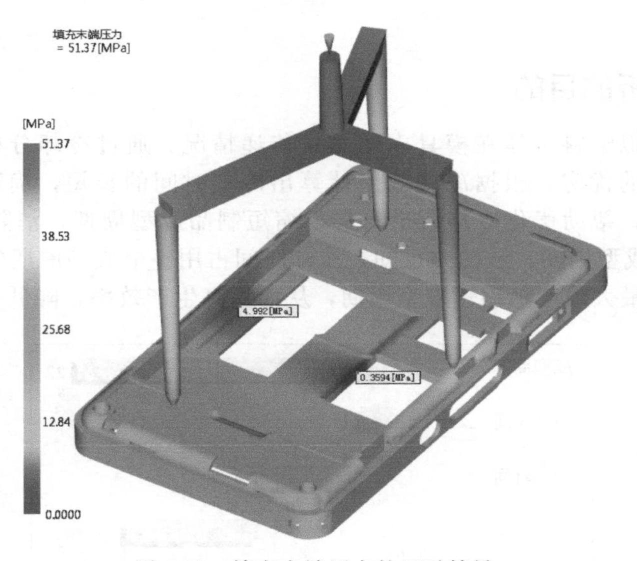

图 2-61　填充末端压力的显示结果

总结：本章以实例讲解填充分析的基本流程，填充分析是后续其他分析的基础，如果填充分析不准确会导致后续的保压分析及翘曲分析的结果不准确。填充分析中最主要的就是填充平衡分析，在进行填充平衡分析时不是一次就能确定浇口的准确位置，需要根据分析结果依次进行调整。

第3章 圆筒前壳——冷却分析

3.1 概述

概述

3.1.1 冷却分析的目的

冷却分析即模拟塑料熔体在模具内的热量传递情况。通过冷却分析可判断制品冷却效果的优劣，根据冷却效果计算出冷却时间的长短，确定成型周期所用的时间，帮助优化冷却管道布局，缩短制品成型周期，消除冷却因素造成的翘曲。图 3-1 为产品成型周期，从图中可知，冷却时间占用整个成型周期的大部分时间，因此缩短冷却时间可以最大限度地缩短成型周期，从而提高生产效率，降低生产成本。

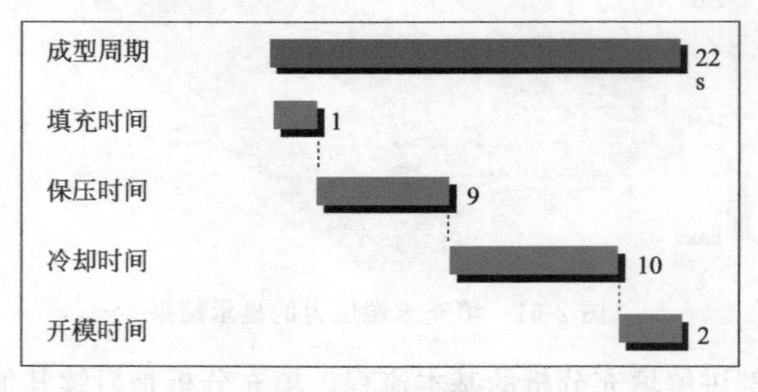

图 3-1 产品成型周期

在注塑成型中，模具的温度直接影响到制品的质量和生产效率。而模具的温度是通过冷却系统进行调节的，因此合适的冷却系统可以减小制品的变形，提高制品的外观质量，提高制品的尺寸精度，另外可以缩短成型周期，提高生产效率。

3.1.2　冷却优化分析的流程

冷却优化分析的流程如图 3-2 所示。

3.1.3　分析说明

本章以圆筒前壳实例分析，学习冷却优化分析的基本流程。通过本章的学习，可对冷却优化分析中的冷却系统的创建、冷却参数的设定、冷却评估和冷却优化的调整有深刻的认识。圆筒前壳的分析说明如图 3-3 所示。

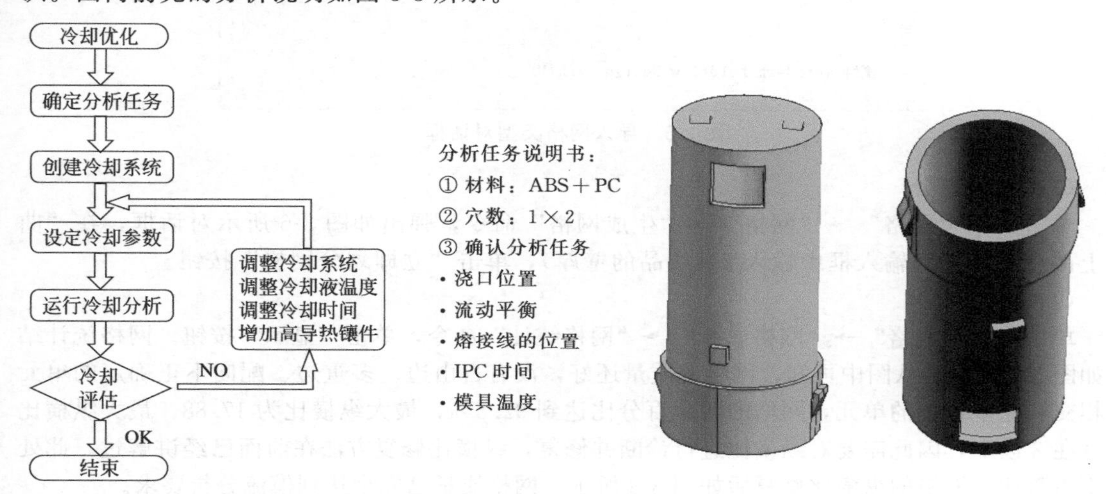

图 3-2　冷却优化分析流程图　　图 3-3　圆筒前壳的分析任务说明

3.2　网格划分及修复

网格划分及修复

产品在网格划分之前已作过产品的前期处理，主要是去除产品一些小的圆角面。这样进行网格划分时，网格的质量更好，同时网格的修复工作大大地减少，对于复杂的产品，在进行分析之前都要进行产品的前期处理。模型的前处理在第 1 章已经详细讲解过，本章不再赘述。

（1）新建工程

打开软件后，单击菜单“开始并学习”→“启动”→“新建工程”命令，创建一个工程名称为 MP03 的工程，如图 3-4 所示。最后单击“确定”按钮。

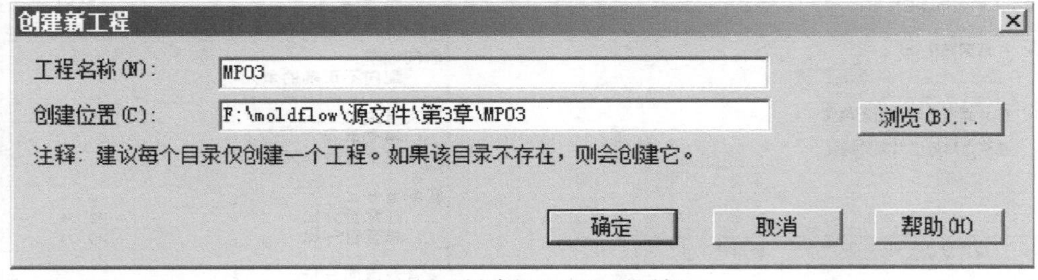

图 3-4　“创建新工程”对话框

（2）导入模型

单击菜单“主页”→“导入”→“导入”命令，选择文件目录：源文件 \ 第 3 章 \

MP03.stp。导入的网格类型选择“双层面”，如图 3-5 所示。然后单击“确定”按钮。

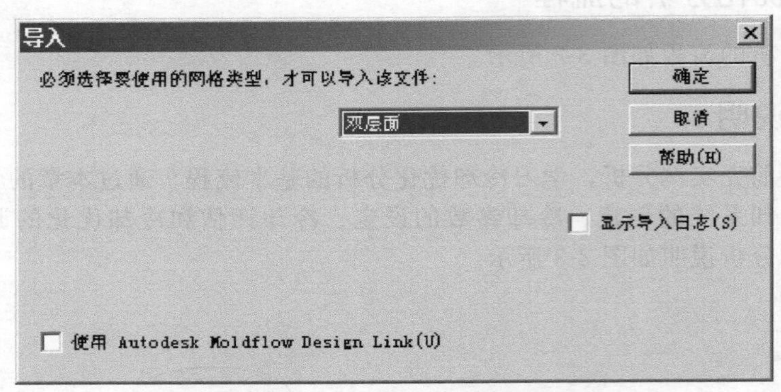

图 3-5　导入网格类型对话框

（3）网格划分

单击菜单“网格”→“网格”→“生成网格”命令，弹出如图 3-6 所示对话框，在“曲面上的全局边长”输入框中输入 2（产品的壁厚），单击“立即划分网格”按钮。

（4）网格统计

单击菜单“网格”→“网格诊断”→“网格统计”命令，单击“显示”按钮。网格统计结果如图 3-7 所示，从图中可知，网格的质量还好，没有自由边、多重边、配向不正确定的单元及相交和完全重叠的单元，网格的匹配百分比达到 92.5%，最大纵横比为 17.88，最大纵横比最好在 8 以下，因此需要对纵横比进行诊断并修复，纵横比修复方法在前面已经讲解过，此处就不再赘述。网格的纵横比修复后如图 3-8 所示。网格质量已完全达到模流分析要求。

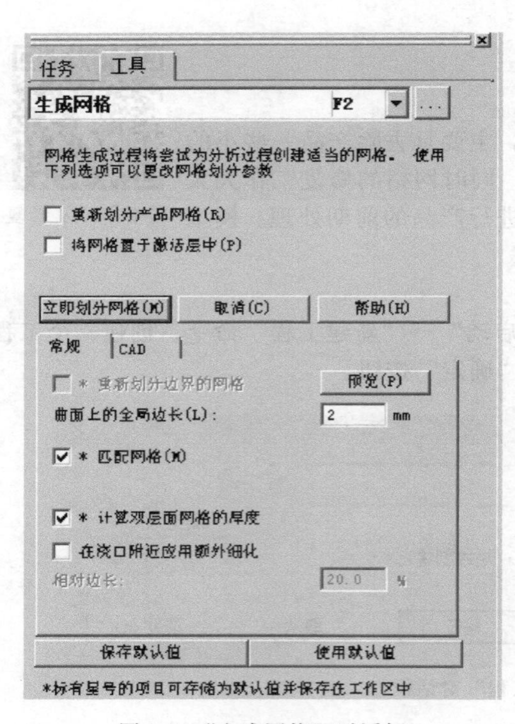

图 3-6　“生成网格”对话框

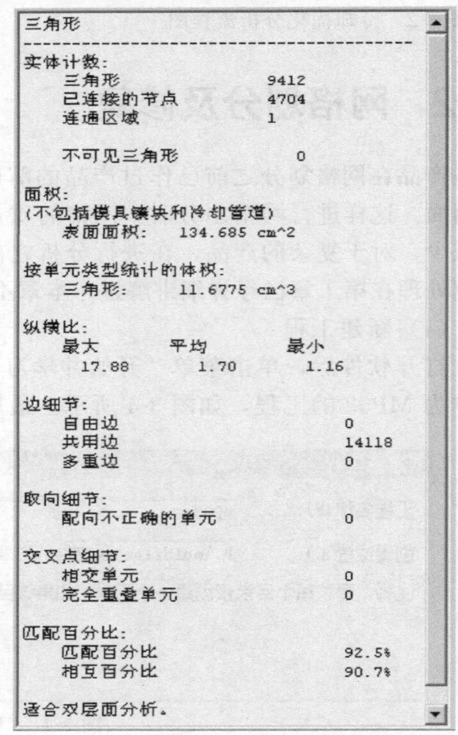

图 3-7　修复前网格统计结果

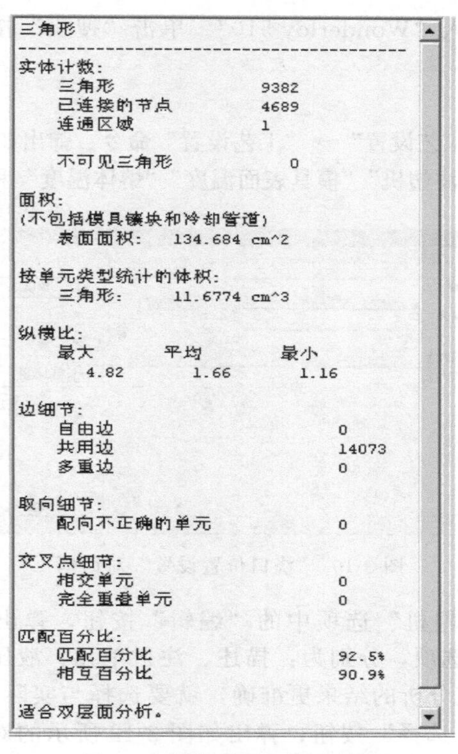

图 3-8 修复后网格统计结果

3.3 浇口位置分析

浇口位置分析：主要作用是获得制品的最佳浇口的具体位置。浇口位置分析可作为后面的填充和保压分析初步输入使用。其操作步骤如下。

(1) 选择分析类型

单击“主页”→“成型工艺设置”→“分析序列”命令。弹出如图 3-9 所示的对话框。在对话框中选择“浇口位置”选项，点击“确定”按钮。

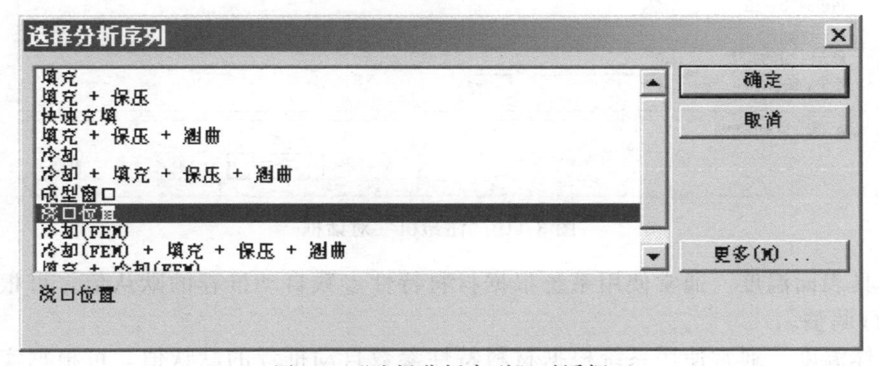

图 3-9 “选择分析序列”对话框

(2) 选择材料

单击菜单“主页”→“成型工艺设置”→“选择材料”→“选择材料 A”命令，选择“指定材料”单选项，单击“搜索”按钮。在弹出的对话框中“搜索字段”选择“牌号”，在

“子字符串”的文件框中输入“Wonderloy 510”。单击“搜索”按钮。最后选择该牌号的材料，并点击“确定”按钮。

（3）设置工艺参数

单击“主页”→“成型工艺设置”→“工艺设置”命令。弹出如图 3-10 所示的对话框。在对话框中共有四项，分别为：“注塑机”“模具表面温度”“熔体温度”和“浇口定位器算法”。

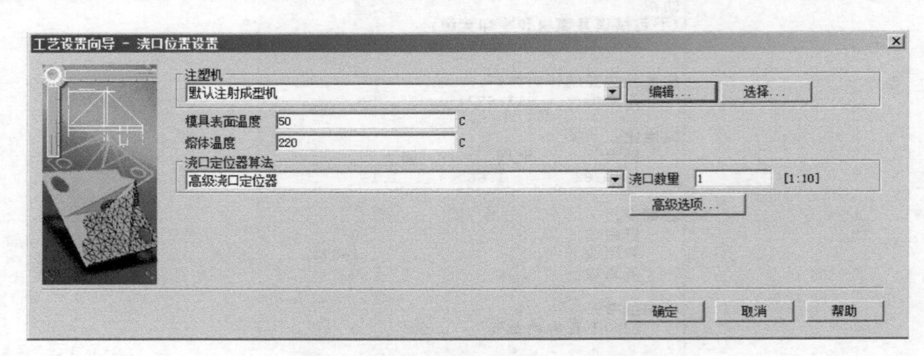

图 3-10　“浇口位置设置”对话框

① 注塑机　单击“注塑机”选项中的“编辑”按钮，弹出如图 3-11 所示的对话框。“注塑机”对话框共有四个选项，分别为：描述、注射单元、液压单元和锁模单元。可以对其参数进行设置，如果要使分析的结果更准确，就要选择与实际生产中一样的注塑机机型。单击“注塑机”选项中的“选择”按钮，弹出如图 3-12 所示的对话框。对话框中有世界各国的注塑机型号及通用型号，选择与实际生产中相对应型号的注塑机。

注塑机
描述　注射单元　液压单元　锁模单元
最大注塑机注射行程　mm (0:5000)
最大注塑机注射速率　5000　cm^3/s (0:1e+004)
注塑机螺杆直径　mm (0:1000)
充填控制
行程与螺杆速度
螺杆速度与时间
行程与时间
螺杆速度控制段
最大螺杆速度控制段数　10　[0:50]
恒定的或线性的　线性
压力控制段
最大压力控制段数　10　(0:50]
恒定的或线性的　线性
名称　默认注射成型机
确定　取消　帮助

图 3-11　“注塑机”对话框

② 模具表面温度　通常使用系统根据材料特性参数自动推荐的默认值，可根据实际工作经验进行调整。

③ 熔体温度　通常使用系统根据材料特性参数自动推荐的默认值，可根据实际工作经验进行调整。

④ 浇口定位器算法　浇口定位器算法包括两个选项：“高级浇口定位器”和“浇口区域定位器”，如果选择“高级浇口定位器”，需要设置浇口的数量，如果选择“浇口区域定位器”则不需要设置浇口的数量。浇口区域定位器算法基于零件几何、流阻、厚度及成型可行

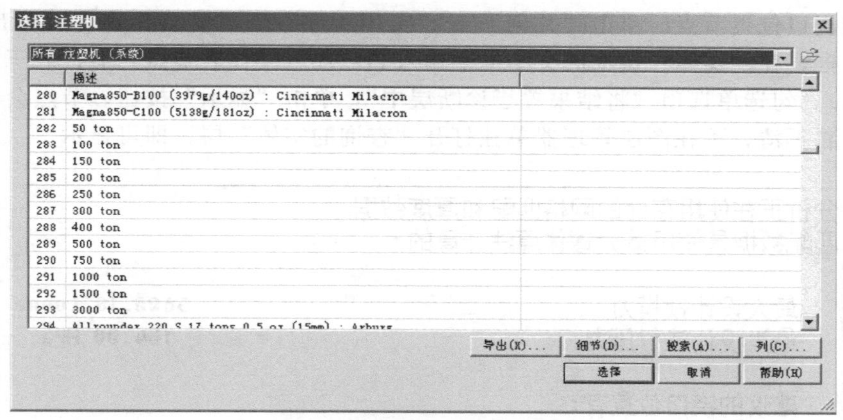

图 3-12 “选择注塑机”对话框

性等条件来确定和推荐合适的注射位置。高级浇口定位器算法基于流阻最小化来确定最佳注射位置。单击“高级选项”按钮，弹出如图 3-13 所示的对话框。“最小厚度比”选项用于设置最小厚度比例，“最大设计注射压力”选项用于设置注塑机的最大注射压力，可选择“自动”和“指定”注射压力两种方式，“最大设计锁模力”用于设置注塑机的最大锁模力，可选择“自动”和“指定”锁模力两种方式。

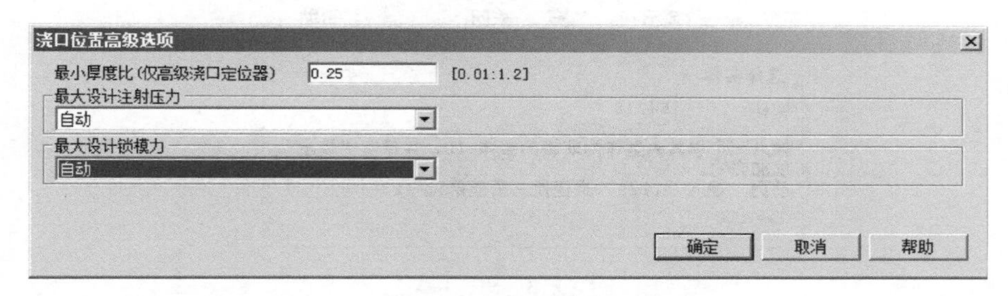

图 3-13 “浇口位置高级选项”对话框

本次分析需要确定浇口的区域位置，因此在“浇口定位器算法”选项中选择“浇口区域定位器”，其他参数选择默认参数。

(4) 分析计算

单击“主页”→“分析”→“开始分析”命令。系统自动进行分析。

(5) 浇口位置分析结果

浇口位置分析完成后，在任务栏的最下方浇口位置分析结果里会显示最佳浇口位置。浇口位置的分析结果会以文字、图形和动画等方式显示出来。

① 最佳浇口位置　通过比色卡由不同颜色从低到高代表模型各处的最佳胶口位置。如图 3-14 所示。最佳浇口位置可以通过动画的形式表达出来。单击“结果”→“动画”→“播放”按钮。最佳浇口位置的动画从最低到最高播放。

② 查找最佳浇口的节点　单击右下角的“日志”按钮。在弹出的日志栏中选择“浇口位置”选项，用文字表达最佳浇口的节点，如图 3-15 所示。图中建议的浇口位置靠近

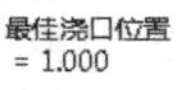

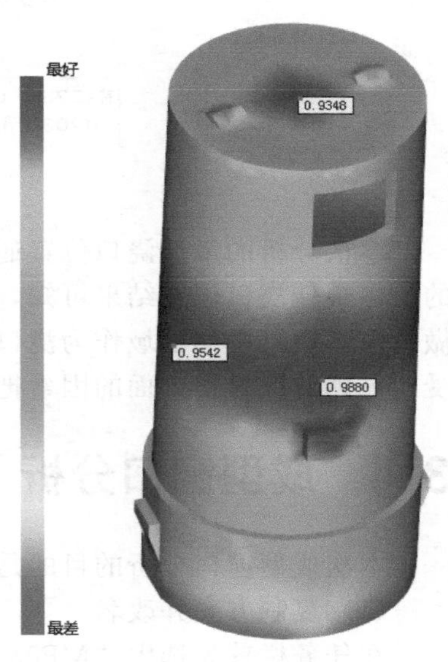

图 3-14　最佳浇口位置显示结果

节点即最佳浇口位置节点。单击“几何”→“实用程序”→“查询”命令，弹出如图 3-16 所示的对话框，在“实体”选项的文本框中输入 N4278（N 代表节点，T 代表三角形，B 代表柱体单元）。勾选单选项“将结果置于诊断层中”，单击“显示”按钮。节点会以红色显示出来，如果看不清，可在图层管理器单独打开“查询的实体”层，即可显示。

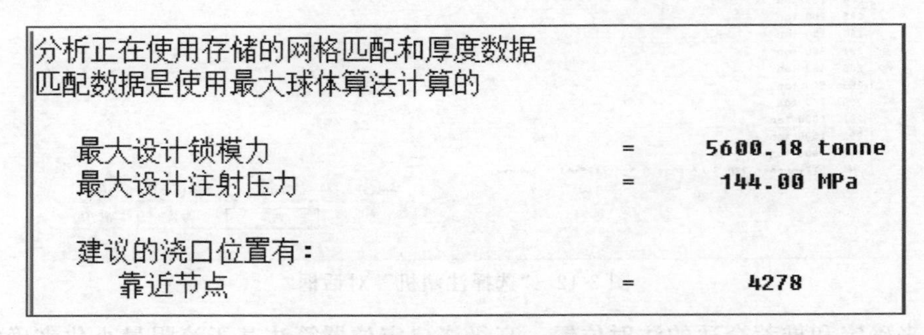

图 3-15 最佳浇口位置的日志

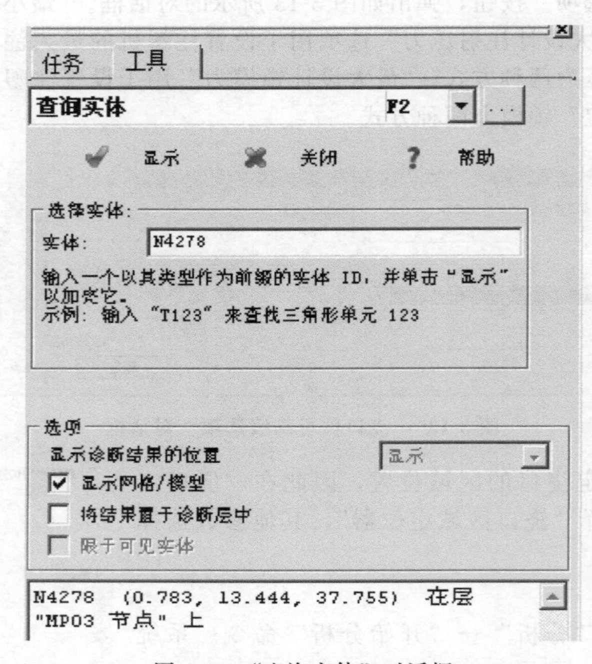

图 3-16 “查询实体”对话框

本次分析的最佳浇口位置通过查询实体可知，在产品的内侧，这个位置是不能作为浇口的，由最佳浇口位置结果可知，最佳浇口的位置位于产品的顶部和中间区域，而中间区域要做行位，而且中间区域作为浇口会在浇口的对面形成熔接线，这对受力件产品来说是不可接受的。因此综合各方面的因素把浇口设置在产品的顶面，模具采用三板模点浇口的形式。

3.4 成型窗口分析

本次成型窗口分析的目的是确定最佳的注射时间。其操作步骤如下。

(1) 复制方案并改名

在任务栏首先选中“MP03_01”方案，然后右击，在弹出的快捷菜单中选择“复制”

命令，复制方案并改名为“MP03_02”。

(2) 设置分析序列

单击菜单“主页”→“成型工艺设置”→“分析序列”命令，选择“成型窗口”选项，单击“确定”按钮。

(3) 工艺设置

单击菜单“主页”→“成型工艺设置”→“工艺设置”命令，所有参数均采用默认参数设置。

(4) 开始分析

单击菜单“主页”→“分析”→“开始分析”命令，点击“确定”按钮。

(5) 质量（成型窗口）：XY图的分析结果

首先在材料的推荐工艺中查明推荐的模具温度是50℃，推荐的熔体温度是225℃，接着在分析结果“质量（成型窗口）：XY图”前打钩，单击菜单“结果”→“属性”→“图形属性”命令，在弹出的对话框中在单选项“注射时间”前打钩，模具温度调整到50℃左右，熔体温度调整到225℃左右，点击“关闭”按钮。质量（成型窗口）：XY图结果如图3-17所示。经查询当模具温度在51.11℃，熔体温度在225℃，注射时间为0.7631s时，质量最好。

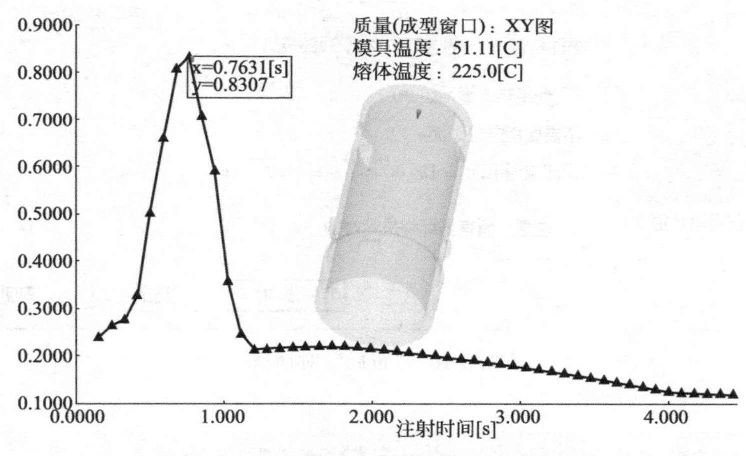

图3-17　质量（成型窗口）：XY图结果

3.5 创建浇注系统

由于是一模二穴的，因此在创建浇注系统之前先对产品进行排位，排位时用移动复制命令更简单。另外本案例用流道系统向导工具创建浇注系统会更快捷。其操作步骤如下。

(1) 复制方案并改名

在任务栏首先选中“MP03_02”方案，然后右击，在弹出的快捷菜单中选择“复制”命令，复制方案并改名为“MP03_03”。

(2) 排位

单击菜单“几何”→“实用程序”→“移动”→“平移”命令，选择所有的节点和三角形，向Y方向移动35mm，再次单击菜单“几何”→“实用程序”→“移动”→“旋转”命令，选择所有的节点和三角形，沿Z方向，原点（0，0，0），旋转180℃进行旋转复制，排位后如图3-18所示。

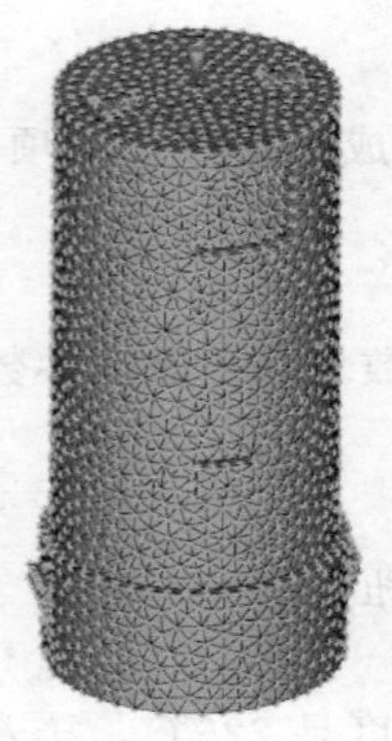
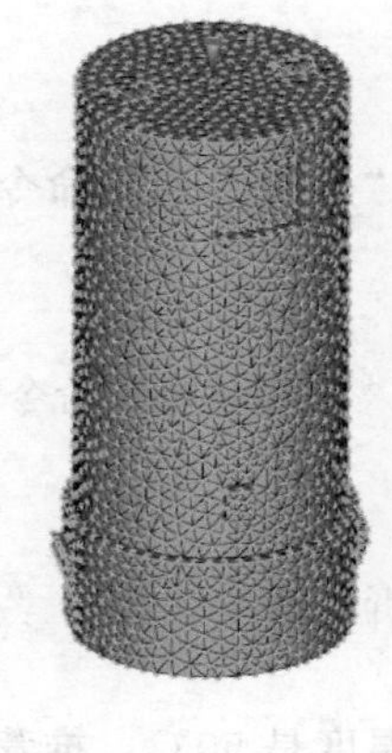

图 3-18　排位图

（3）向导创建浇注系统

单击菜单“几何”→“创建”→“流道系统”命令，弹出如图3-19所示的对话框。在对话框中“指定主流道位置”选项选择“模型中心”按钮。“顶部流道平面Z”文本框中输入120，单击“下一步”按钮，弹出如图3-20所示的对话框，主流道、流道及竖直流道尺寸如图所示，单击“下一步”按钮，弹出如图3-21所示的对话框，顶部浇口尺寸如图中所示，最后单击“完成”按钮，向导创建流道系统如图3-22所示。

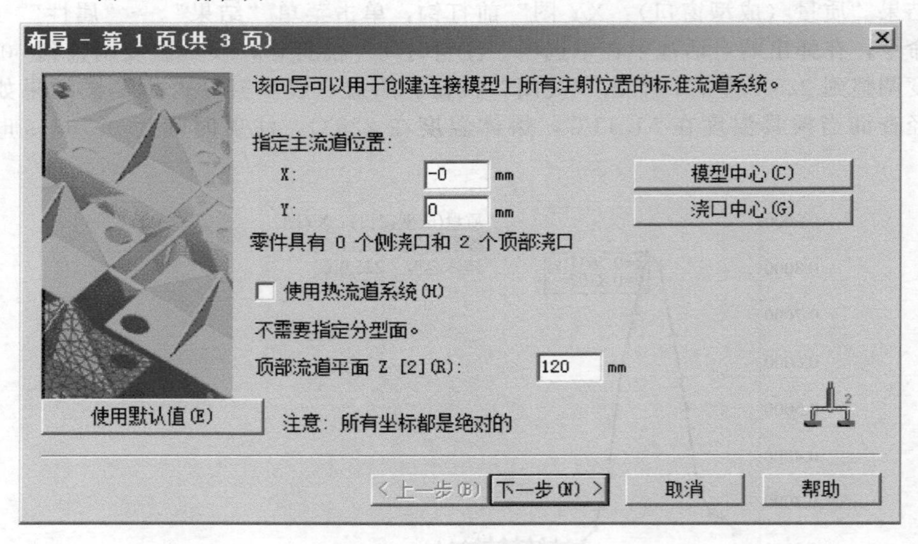

图 3-19　“布局”对话框

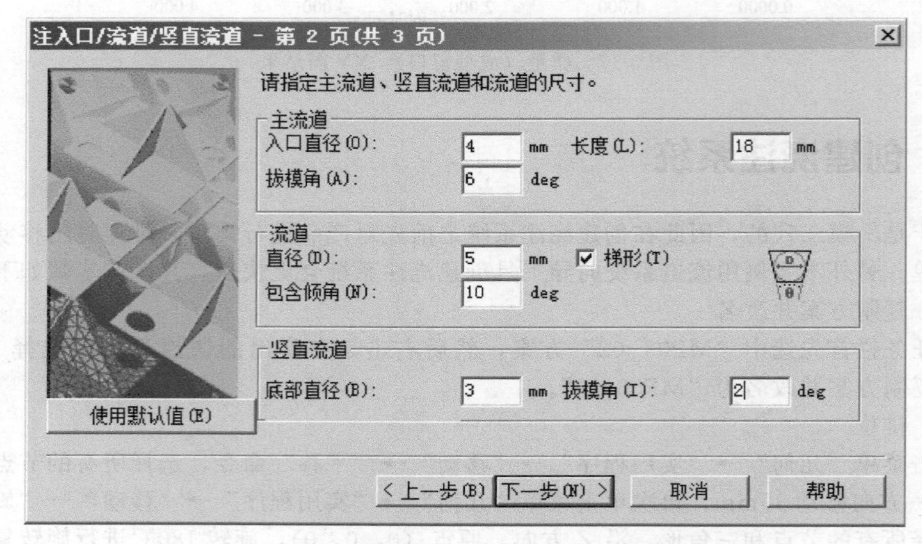

图 3-20　“注入口/流道/竖直流道”对话框

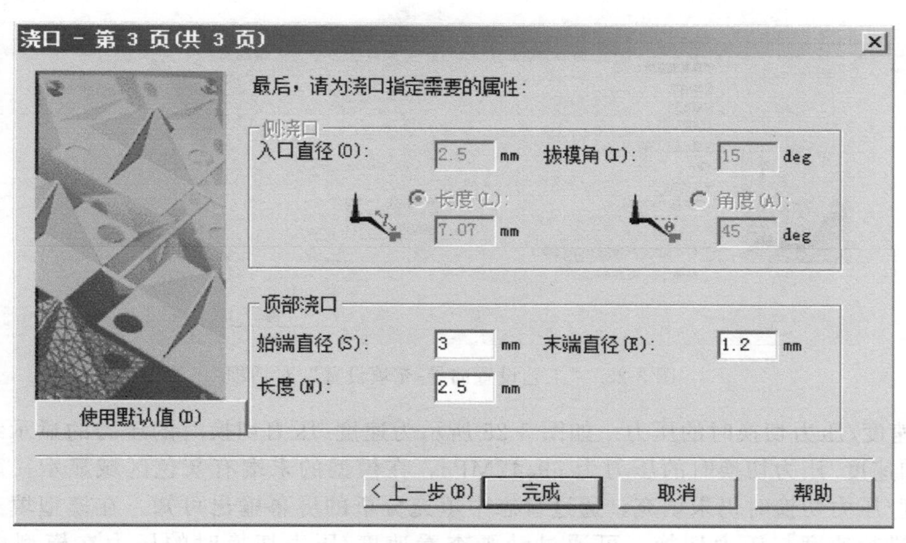

图 3-21 “浇口”对话框

3.6 填充分析

填充分析模拟塑料熔体从浇注系统进入模具型腔及充满模具型腔的填充过程，用于查看产品的填充行为是否合理，是否平衡，有无短射、迟滞、过保压及熔接线和气穴的分布。

(1) 激活方案

在任务栏首先选中“MP03_03”方案，然后双击，使方案处于激活状态。

(2) 设置分析序列

单击菜单“主页”→“成型工艺设置”→“分析序列”命令，选择“填充”选项，单击“确定”按钮。

(3) 工艺设置

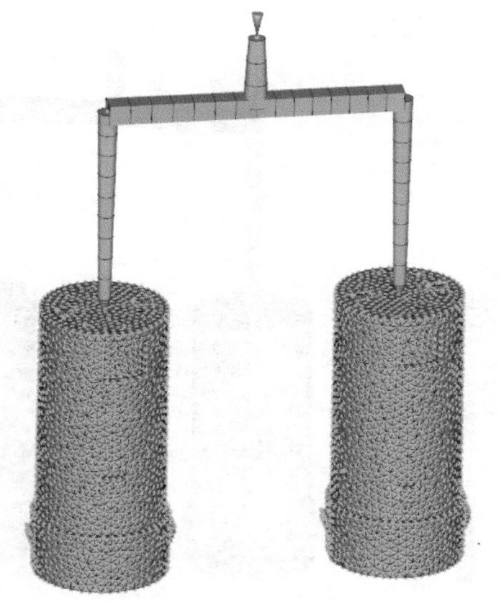

图 3-22 向导创建浇注系统

单击菜单“主页”→“成型工艺设置”→“工艺设置”命令，弹出如图 3-23 所示“工艺设置向导”对话框。在对话框中“充填控制”选项选择“注射时间”后面的文本框中输入总注射时间 0.82s，总注射时间=产品的注射时间+流道的注射时间，产品的注射时间采用成型窗口中推荐的最佳注射时间，流道的注射时间=流道体积/流动速率，此计算方法在上一章已详细讲解，此处不再赘述。其他参数采用默认，单击“确定”按钮。

(4) 开始分析

单击菜单“主页”→“分析”→“开始分析”命令，点击“确定”按钮。

(5) 分析结果

① 填充时间 如图 3-24 所示为填充时间的显示结果，从图中可知模型没有短射的情况，填充时间为 0.9034s，比色卡上最大值显示区域（一般显示为红色）为模型的最后填充区域，也是模型的末端，填充基本平衡。点击“结果”→“动画”→“播放”命令，可以动态播放填充时间的动画，查看模型填充的整个过程。填充时间也可用等值线显示的方式进行查看。

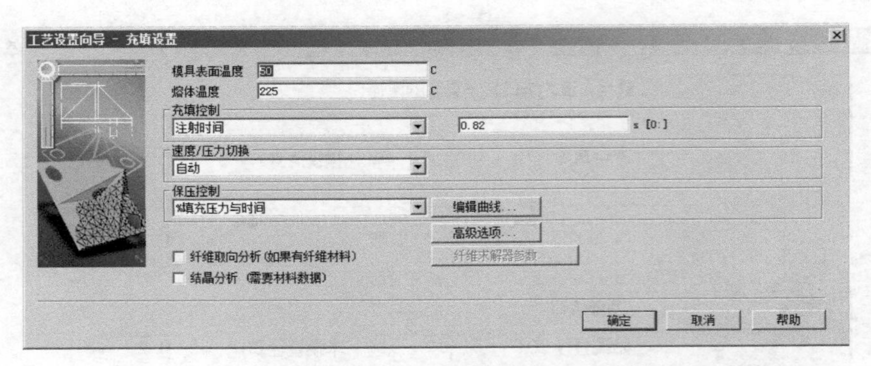

图 3-23 “工艺设置向导-充填设置”对话框

② 速度/压力切换时的压力 如图 3-25 所示为速度/压力切换时的压力的显示结果，从图中可知速度/压力切换时的压力为 69.47MPa，在模型的末端有灰色区域显示，表示此区域在速度/压力切换时仍未填充，通过日志中填充分析的屏幕输出可知，在模型填充体积的 98.67%进行速度与压力切换。可通过动画查看速度/压力切换时的压力在模型中的分布情况。

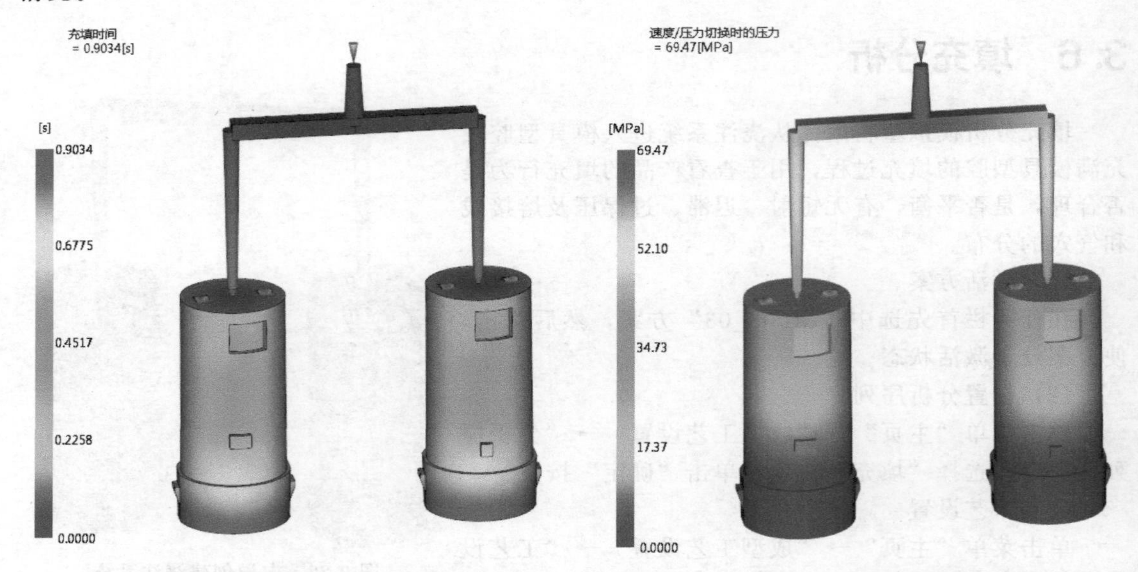

图 3-24 填充时间的显示结果　　图 3-25 速度/压力切换时的压力的显示结果

③ 流动前沿温度 如图 3-26 所示为流动前沿温度的显示结果，从图中可知模型的绝大部分区域的温度为 227.7℃，与料温比较接近。最低温度也有 224.8℃，最低温度与最高温度相差 3℃左右，相差越小说明填充越好。

④ 剪切速率，体积 如图 3-27 所示为体积剪切速率的显示结果，从图中可知，体积剪切速率的最大值略大于材料的极限值。其中剪切速率的最大区域位于浇口位置。

⑤ 壁上剪切应力 如图 3-28 所示为壁上剪切应力的显示结果，从图中可知，壁上剪切应力的最大值已经超过了材料的极限值。其中壁上剪切应力的最大区域位于浇口位置。可以通过提高模温、料温或者延长填充时间的方式来改善。

⑥ 锁模力：XY 图 如图 3-29 所示为锁模力：XY 图的显示结果，从图中可知，锁模力的最大值为 7t。也可以选择菜单“结果”→“检查”→“检查”命令，单击曲线尖峰位置，可显示最大锁模力及时间。

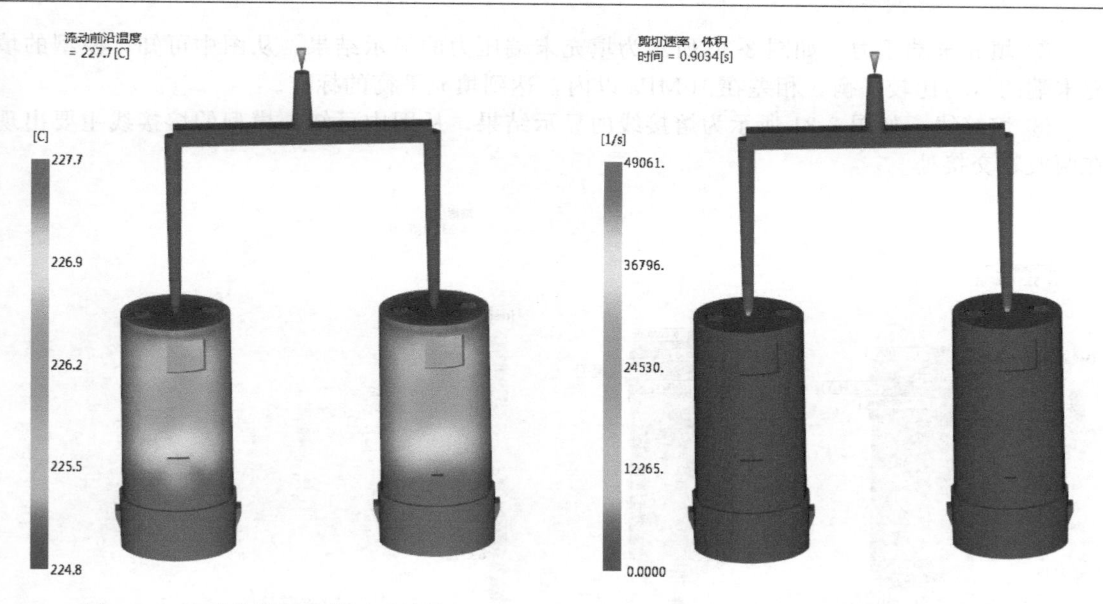

图 3-26 流动前沿温度的显示结果　　图 3-27 体积剪切速率的显示结果

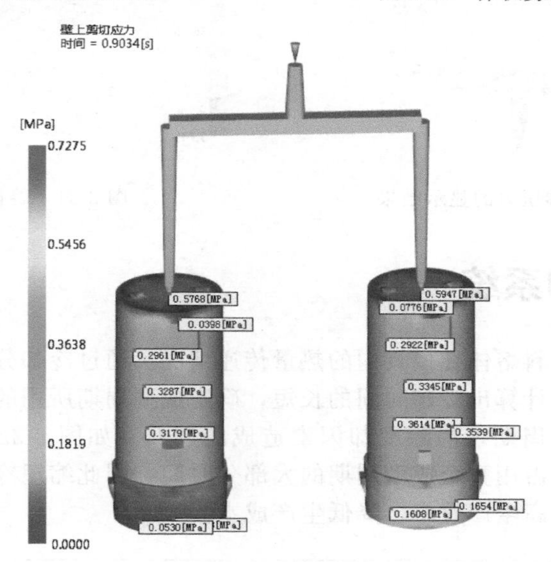

图 3-28 壁上剪切应力的显示结果

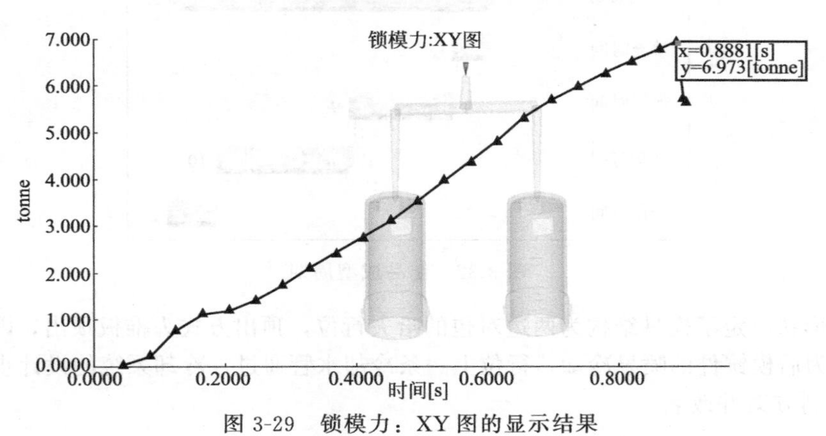

图 3-29 锁模力：XY 图的显示结果

⑦ 填充末端压力 如图 3-30 所示为填充末端压力的显示结果，从图中可知，模型的填充末端的压力比较平衡，相差在 10MPa 以内，达到填充平衡的标准。

⑧ 熔接线 如图 3-31 所示为熔接线的显示结果，从图中可知，模型的熔接线主要出现在两股料交接处。

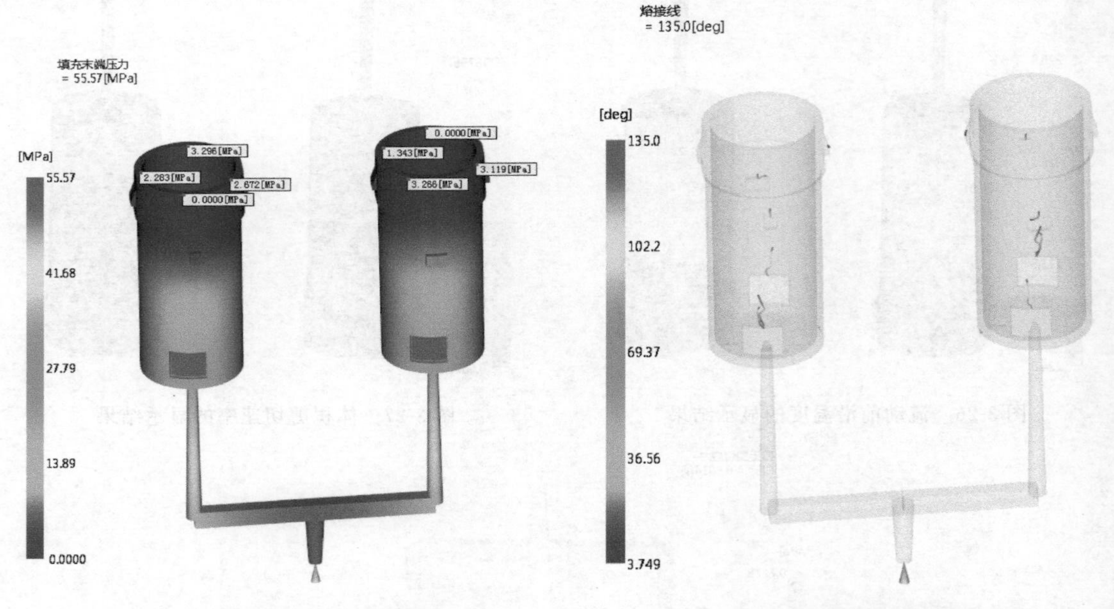

图 3-30 填充末端压力的显示结果　　图 3-31 熔接线的显示结果

3.7 创建冷却系统

冷却分析：模拟塑料熔体在模具内的热量传递情况。通过冷却分析可判断制品冷却效果的优劣，根据冷却效果计算出冷却时间的长短，确定成型周期所用的时间，帮助优化冷却管道布局，缩短制品成型周期，消除冷却因素造成的翘曲。如图 3-32 所示为制品成型周期，从图中可知，冷却时间占用整个成型周期的大部分时间，因此缩短冷却时间可以最大限度地缩短成型周期，从而提高生产效率，降低生产成本。

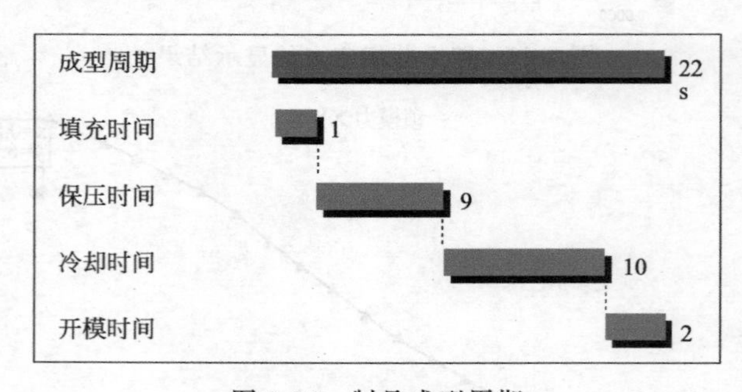

图 3-32 制品成型周期

产品的形状决定了模具结构为两边对包的哈夫行位，顶出方式为推板顶出，因此模具的冷却系统设计为后模镶件的喷泉冷却，行位上一条冷却水管通过。冷却系统的设计步骤如下。

（1）复制方案并改名

在任务栏首先选中“MP03_03”方案，然后右击，在弹出的快捷菜单中选择“复制”命令，复制方案并改名为“MP03_04”。

(2) 创建节点

① 创建后模镶件喷泉冷却水管的节点。首先新建一个图层并改名为“喷泉运水”。单击“几何”→“创建”→“节点”→“按坐标定义节点”命令。节点 1 的坐标值（0，35，55），节点 2 的坐标值（0，35，−65），节点 3 的坐标值（0，35，−75），节点 4 的坐标值（150，35，−75），节点 5 的坐标值（−150，35，−65）。

② 创建哈夫行位冷却水管的节点。首先新建一个图层并改名为“行位运水”。单击“几何”→“创建”→“节点”→“按坐标定义节点”命令。节点 6 的坐标值（26，60，35），节点 7 的坐标值（26，60，15），节点 8 的坐标值（70，60，15），节点 9 的坐标值（26，−60，35），节点 10 的坐标值（26，−60，15），节点 11 的坐标值（70，−60，15）。

(3) 创建冷却管道曲线

① 创建哈夫行位冷却水管的曲线。单击“几何”→“创建”→“曲线”→“创建直线”命令。分别选择节点 8 和节点 7，在“创建为”选项后面单击“三点”按钮，弹出如图 3-33 所示的“指定属性”对话框，在对话框中点击“选择”按钮，从中选择“管道”，弹出如图 3-34 所示的对话框，在对话框中选择“Channel（8mm）”管道，最后单击“选择”按钮。依次选择节点 6、节点 9、节点 10 和节点 11，创建冷却管道曲线。

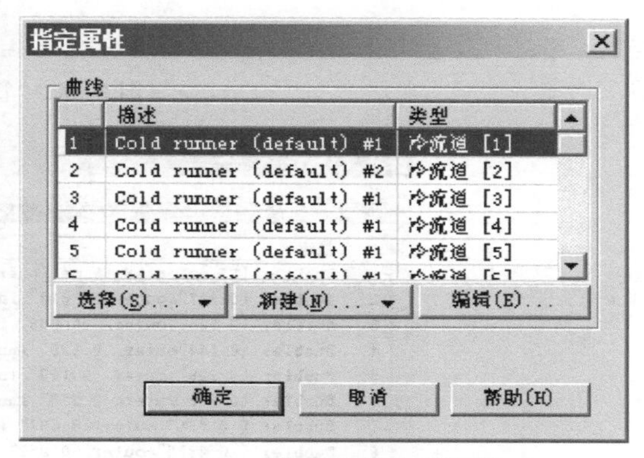

图 3-33 “指定属性”对话框

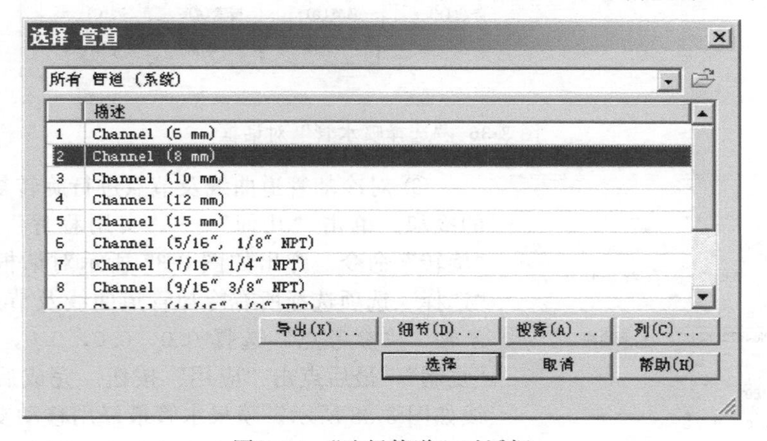

图 3-34 “选择管道”对话框

② 创建后模镶件喷泉水管的曲线。单击“几何”→“创建”→“曲线”→“创建直线”命令。分别选择节点 4 和节点 3，在“创建为”选项后面单击“三点”按钮，弹出如图 3-33 所示的“指定属性”对话框，在对话框中点击“选择”按钮，从中选择“管道”，弹出如图 3-34 所示的对话框，在对话框中选择“Channel（8mm）”管道，接着单击“选择”按钮。用同样的方法选择节点 2、节点 5 创建第二条冷却管道曲线，选择节点 1 和节点 3，在“创建为”选项后面单击“三点”按钮，弹出如图 3-33 所示的“指定属性”对话框，在对话框中点击“选择”按钮，从中选择“管道”，弹出如图 3-34 所示的对话框，在对话框中选择“Channel（8mm）”管道，接着单击“编辑”按钮，弹出如图 3-35 所示的对话框，在对话

框中“管道热传导系数”后面的文本框输入0，因为这条水管不传导热量。点击“确定”按钮，创建第三条冷却管道曲线。最后创建喷泉管道曲线，单击“几何”→“创建”→“曲线”→“创建直线”命令。分别选择节点1和节点2，在“创建为”选项后面单击“三点”按钮，弹出如图3-33所示的“指定属性”对话框，在对话框中点击“选择”按钮，从中选择“喷水管”，弹出如图3-36所示的对话框，在对话框中选择“Bubbler（12mm outer，8mm inner）”管道，接着单击“选择”按钮。

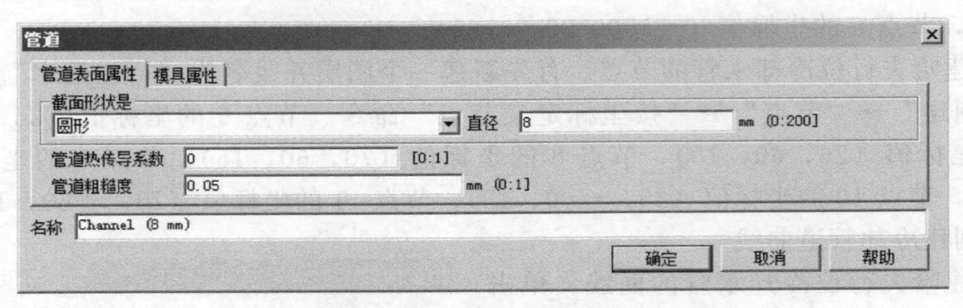

图3-35　“管道”对话框

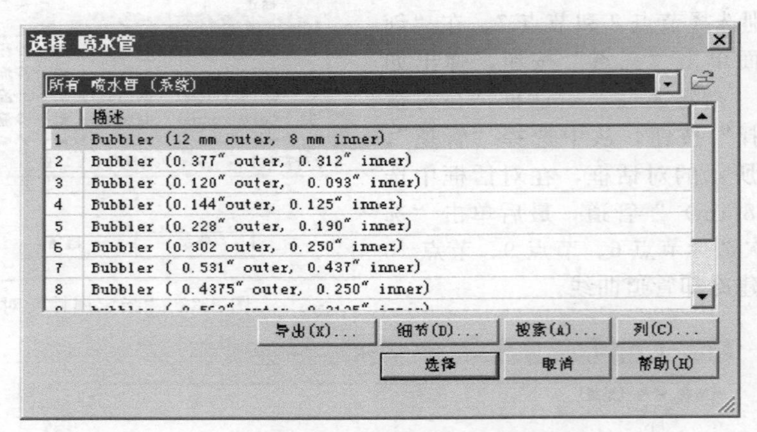

图3-36　“选择喷水管”对话框

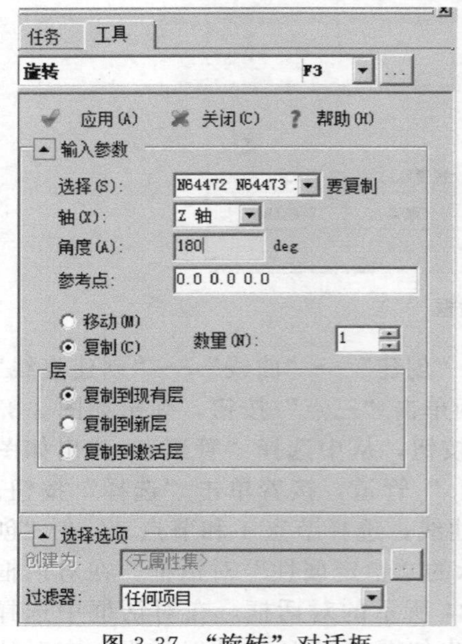

图3-37　“旋转”对话框

③ 对冷却管道曲线及节点进行旋转复制生成另一穴的冷却。单击“几何”→“实用程序”→“移动”→“旋转”命令。弹出如图3-37所示对话框，在对话框中“选择”选项选择所有冷却管道曲线及节点，“轴”选择Z轴，“参考点”选择0.0，0.0，0.0，并选择单选项“复制”，最后点击“应用”按钮。完成后的冷却管道曲线如图3-38所示。喷泉水管最好用移动复制，这样两边的水管在Z方向的位置是平齐的，便于加工。

（4）对冷却管道曲线进行网格划分

单击“网格”→“网格”→“生成网格”命令。在对话框中点击“曲线”按钮，弹出如图3-39所示的对话框。在对话框选项中“回路的边长与直径之比”的文本框中输入2.50。勾选“将网格置于激活层中”选项，然后点击“立即划分网格”按钮。划分网格后的冷却系统如图3-40所示。

（5）添加冷却液入口

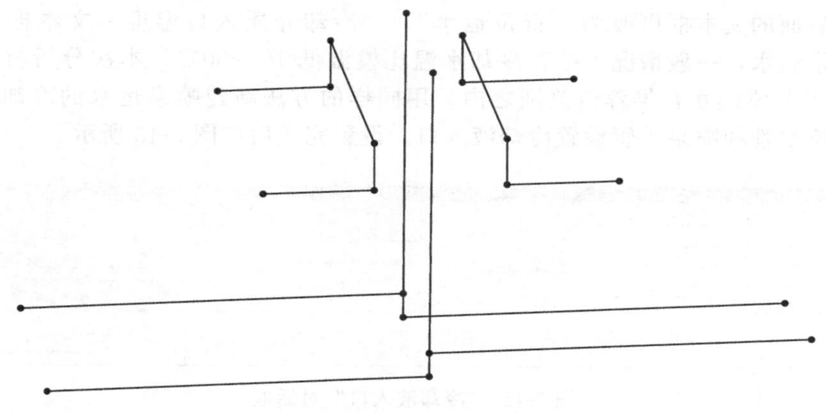

图 3-38　冷却管道曲线

任务　工具

生成网格　F2

网格生成过程将尝试为分析过程创建适当的网格。使用下列选项可以更改网格划分参数

☐ 重新划分产品网格(R)

☑ 将网格置于激活层中(P)

立即划分网格(M)　取消(C)　帮助(H)

常规　曲线

☐ 使用全局网格边长

*浇注系统的边长与直径之比 [0.1:4]:　2

*回路的边长与直径之比 [0.5:8]:　2.50

*最大弦高与弦长之比 [0.02:0.3]:　0.080

*浇口的每条曲线上的最小单元数 [1:5]:　2

保存默认值　使用默认值

*标有星号的项目可存储为默认值并保存在工作区中

图 3-39　“生成网格”中的“曲线”对话框

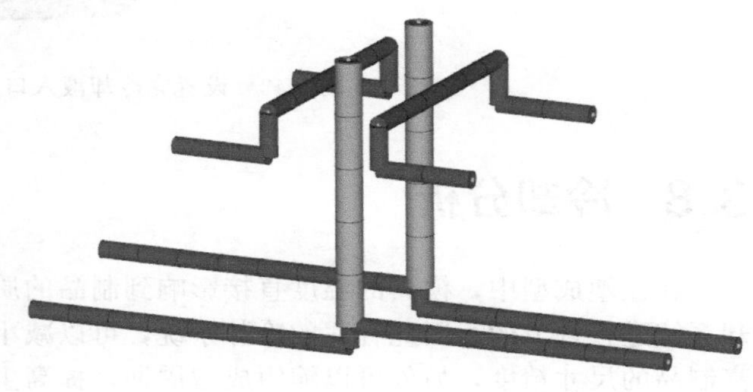

图 3-40　划分网格后的冷却系统

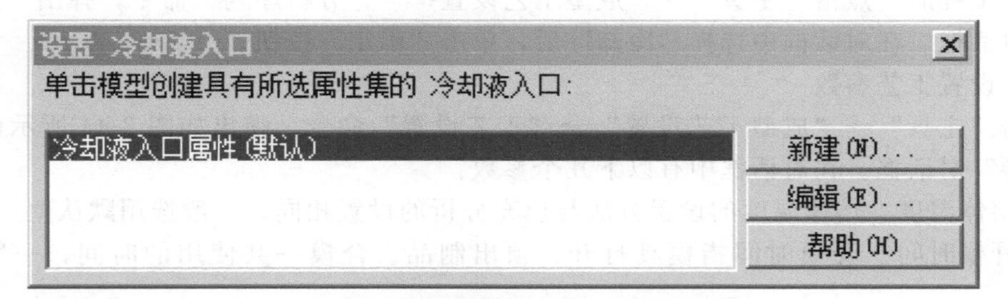

图 3-41　“设置冷却液入口”对话框

单击“边界条件”→“冷却”→“冷却液入口/出口”→“冷却液入口”命令。弹出如图 3-41 所示对话框，在对话框中点击“新建”按钮，弹出如图 3-42 所示对话框，在对话框

中“名称”后面的文本框更改为“行位运水”，“冷却介质入口温度”文本框采用默认值25℃，即用常温水，一般情况下推荐冷却水温比模温低10～30℃，本次分析材料推荐的模温是50℃，25℃常温水在推荐值范围之内。用同样的方法新建喷泉运水的冷却液入口。最后分别对行位水管和喷泉水管设置冷却液入口。设置完成后如图3-43所示。

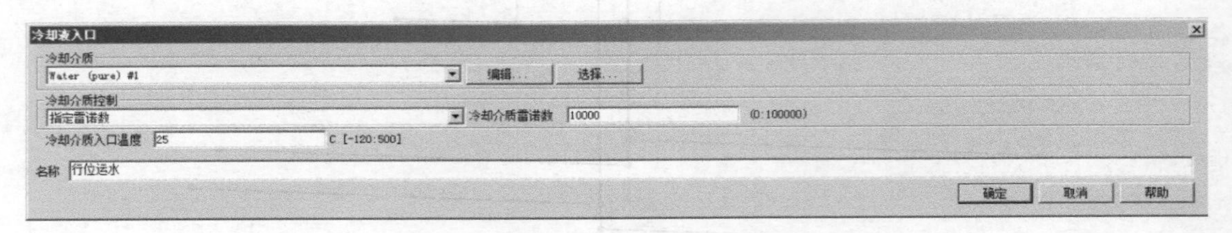

图3-42 “冷却液入口”对话框

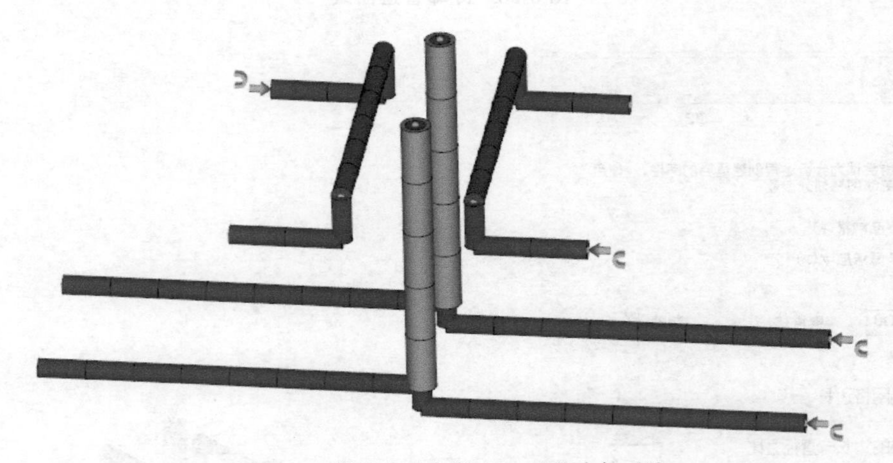

图3-43 设置完冷却液入口后的冷却系统

3.8 冷却分析

在注塑成型中，模具的温度直接影响到制品的质量和生产效率。而模具的温度是通过冷却系统进行调节的，因此合适的冷却系统，可以减小制品的变形，提高制品的外观质量，提高制品的尺寸精度，另外可以缩短成型周期，提高生产效率。

（1）设置分析类型

打开工程后，点击“主页”→“成型工艺设置”→“分析序列”命令，弹出“选择分析序列”对话框。在对话框中选择“冷却”后，单击“确定”按钮。

（2）设置工艺参数

点击“主页”→“成型工艺设置”→“工艺设置”命令，弹出如图3-44所示的“工艺设置向导”对话框。在对话框中有以下几个参数：

① 熔体温度　熔体温度的设置方法与填充分析的设置相同，一般选用默认值。

② 开模时间　开模时间指模具打开、顶出制品、合模一共使用的时间，一般采用默认值。

③ 注射＋保压＋冷却时间　注射＋保压＋冷却时间为冷却分析最重要的参数设置，共有两个选项，分别如下。

a. 指定：在右侧的文本框中设定时间值，在冷却分析中使用此值来定义模具和塑料熔

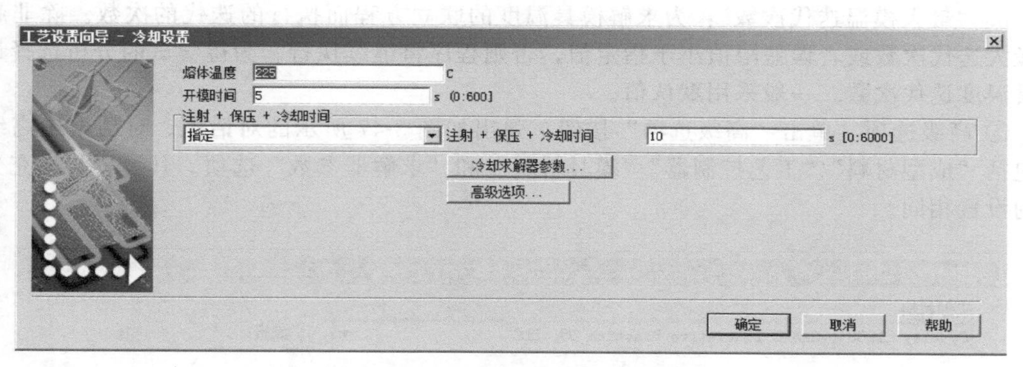

图 3-44 “工艺设置向导”对话框

体的接触时间。

b. 自动：单击右侧的“编辑顶出条件”按钮，弹出如图 3-45 所示对话框。在对话框中共有“模具表面温度”“顶出温度”和“顶出温度下的最小零件冻结百分比”三个选项，可以在右侧的文本框中对相应的参数进行设置。一般情况下制品冻结到 80%，流道系统冻结到 60%就可以进行顶出。

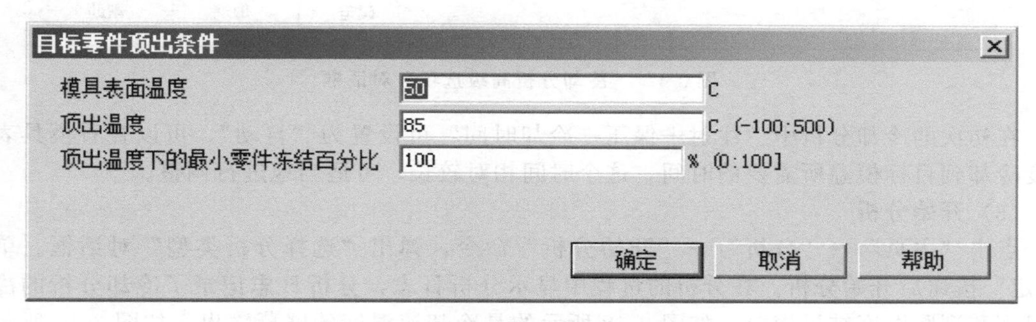

图 3-45 “目标零件顶出条件”对话框

④ 冷却求解器参数　单击“冷却求解器参数”按钮，弹出如图 3-46 所示的对话框。

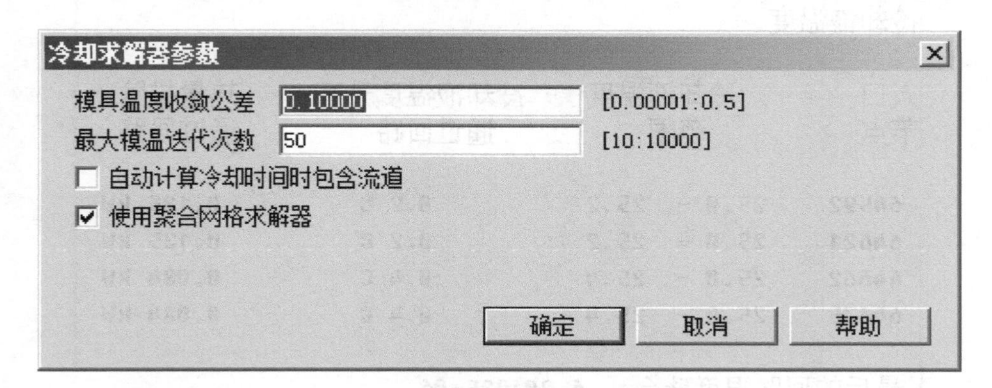

图 3-46 “冷却求解器参数”对话框

a. “模具温度收敛公差”：是指从一个迭代到另一个迭代之间的函数值变化的百分比，也可用于确定解的收敛时间。缩小收敛公差可以提高解的精度，但会增加分析时间并可能会导致出现收敛问题警告。并且，如果分析正在生成收敛问题警告，请尝试放大公差以协助求解器完成模拟。一般采用默认值。

b. “最大模温迭代次数”：为求解模具温度的联立方程而执行的迭代的次数。除非超过此最大迭代次数或者误差限值小于指定值，否则程序将继续执行。为待尝试的分析选择最大模具温度迭代次数。一般采用默认值。

⑤ 高级选项　单击“高级选项”按钮，弹出如图 3-47 所示的对话框。对话框中高级选项包括“成型材料”“工艺控制器”“模具材料”和“求解器参数”选项。其设置与填充分析中的设置相同。

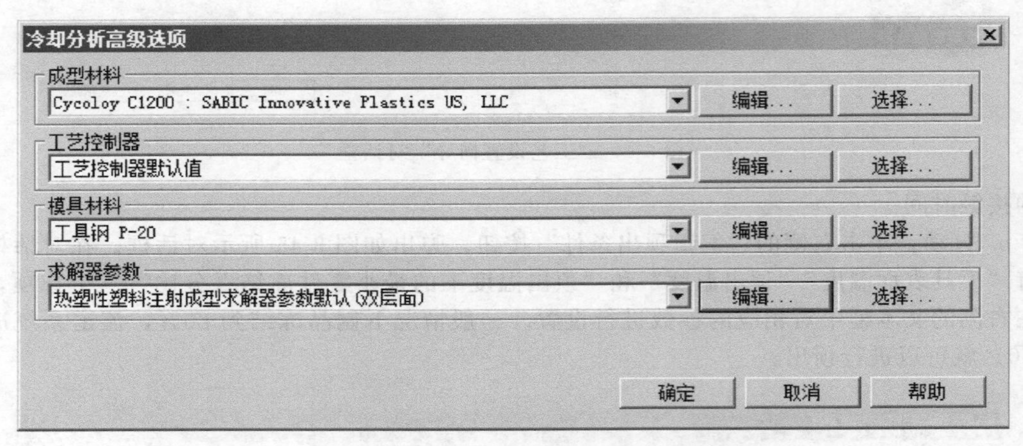

图 3-47　“冷却分析高级选项”对话框

在初次的冷却分析中“注射+保压+冷却时间”可设置为“自动”，可以查看模具表面温度冷却到目标模温所需要的时间，这个时间相对较长，可适当地进行调整。

（3）开始分析

点击“主页”→“分析”→“开始分析”命令，弹出“选择分析类型”对话框。单击“确定”按钮后开始分析。在分析的过程中显示分析日志，分析日志记录了冷却分析的冷却液温度和型腔温度结果摘要。如图 3-48 所示的是冷却液温度的屏幕输出。如图 3-49 所示的是型腔温度结果摘要。

冷却液温度

入口节点	冷却液温度范围	冷却液温度升高通过回路	热量排除通过回路
64592	25.0 - 25.2	0.2 C	0.135 kW
64621	25.0 - 25.2	0.2 C	0.135 kW
64662	25.0 - 25.4	0.4 C	0.084 kW
64675	25.0 - 25.4	0.4 C	0.084 kW

最后的回路温度残余：　6.80193E-06

图 3-48　冷却液温度的屏幕输出

（4）冷却分析结果

① 回路冷却液温度　如图 3-50 所示为回路冷却液温度的显示结果，从图中可知，冷却液入口与出口的温差为 0.35℃，符合在 3℃以内的要求。

型腔温度结果摘要

==

零件表面温度 - 最大值	=	54.4085 C
零件表面温度 - 最小值	=	36.7224 C
零件表面温度 - 平均值	=	42.2842 C
型腔表面温度 - 最大值	=	46.9832 C
型腔表面温度 - 最小值	=	31.1876 C
型腔表面温度 - 平均值	=	36.0426 C
平均模具外部温度	=	27.2455 C
通过外边界的热量排除	=	0.0485 kW
从平均零件厚度上冻结的百分比计算的周期时间		
周期时间	=	21.4267 s
最高温度	=	225.0000 C
最低温度	=	25.0000 C

图 3-49 型腔温度结果摘要

② 回路雷诺数 如图 3-51 所示为回路雷诺数的显示结果，从图中可知，冷却管道的回路雷诺数为 10000，而喷泉冷却系统的喷水管由于管径不一致导致回路雷诺数升为 25000。

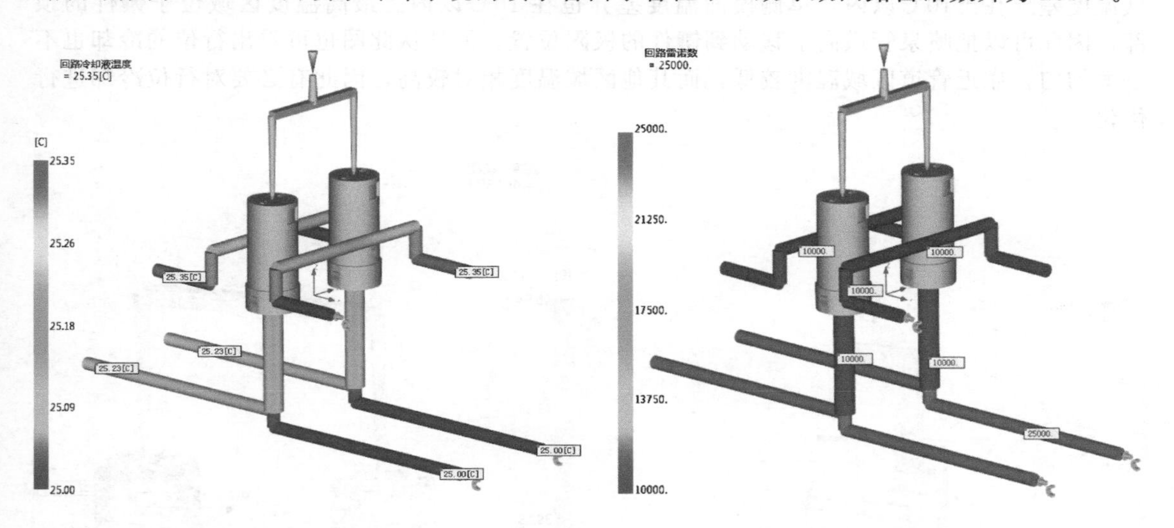

图 3-50 回路冷却液温度的显示结果　　图 3-51 回路雷诺数的显示结果

③ 回路管壁温度 如图 3-52 所示为回路管壁温度的显示结果，从图中可知，回路管壁的最高温度比冷却液入口温度高约 3.3℃，符合在 5℃之内的要求。

④ 平均温度，零件 如图 3-53 所示为零件平均温度的显示结果，从图中可知，零件的平均温度最高区域位于最厚胶厚处，温度为 78.48℃。此区域温度高是由不均匀的胶厚造成的。

⑤ 回路热去除效率 如图 3-54 所示为回路热去除效率的显示结果，从图中可知，回路热去除效率最高的区域位于喷泉水管的顶部。

⑥ 温度，模具 如图 3-55 所示为模具温度的显示结果，从图中可知，模具的最高与最

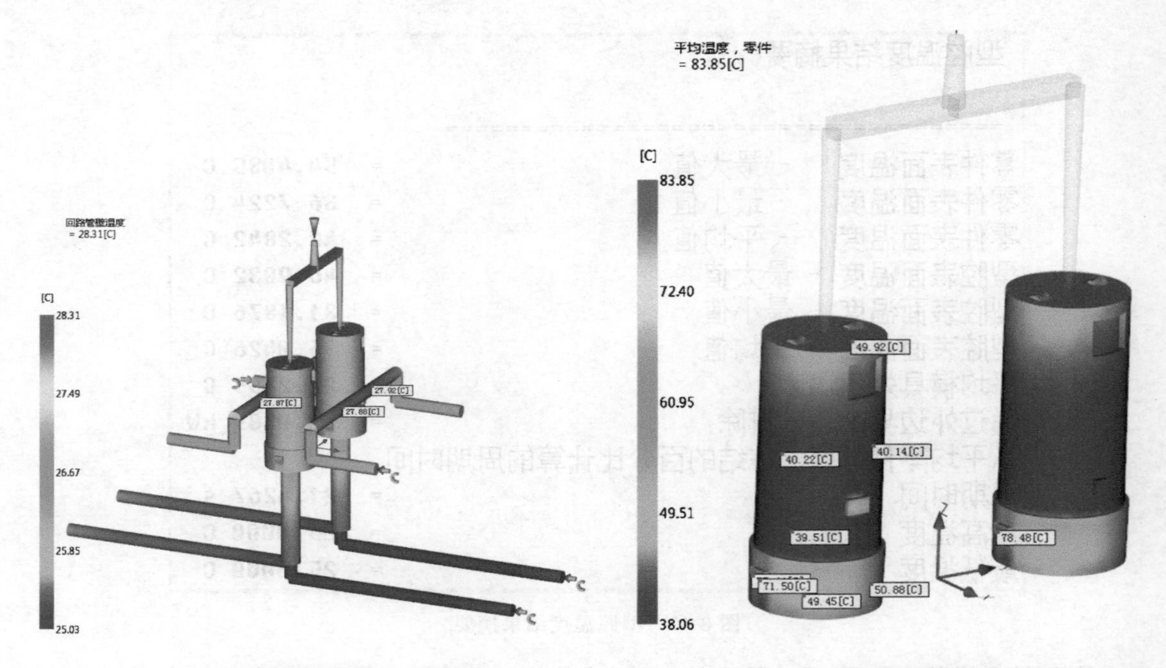

图 3-52　回路管壁温度的显示结果　　图 3-53　零件平均温度的显示结果

低温度差异在±10℃以内，单侧模面温度差异也在 10℃以内。最高温度区域位于镶件的顶部，因此可以把喷泉管道向上移动到镶件的极限位置。另外从此图也可看出行位的冷却也不是太均匀，靠近管道区域温度较低，而其他区域温度相对较高，因此有必要对行位冷却进行优化。

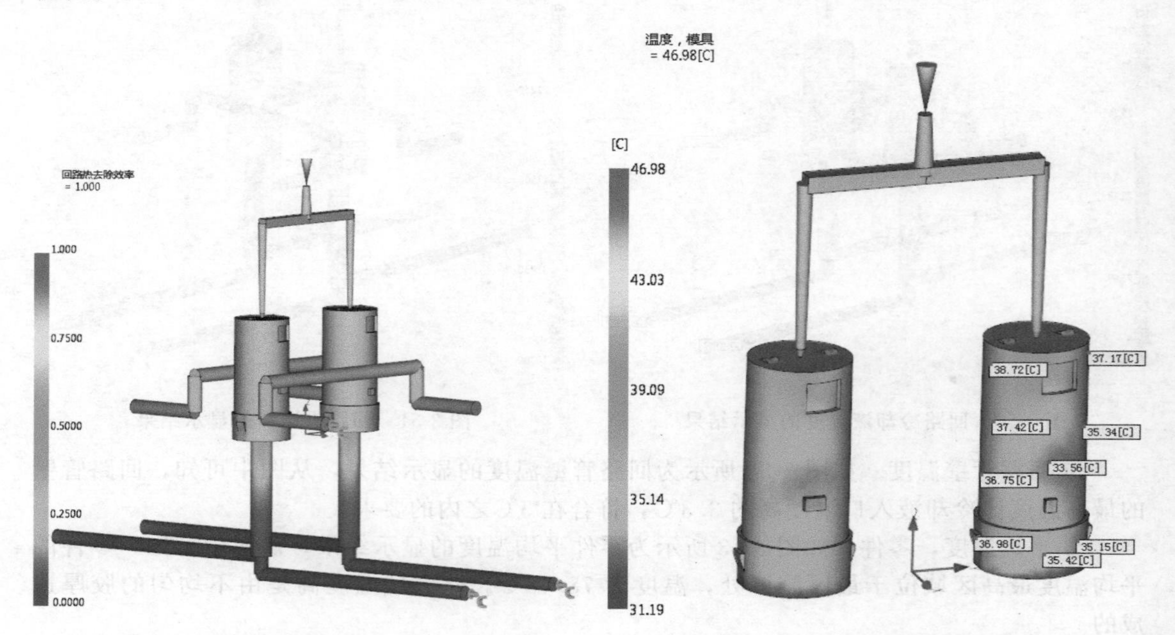

图 3-54　回路热去除效率的显示结果　　图 3-55　模具温度的显示结果

⑦ 温度，零件　如图 3-56 所示为零件温度的显示结果，从图中可知，零件的最高与最低温度差异在±10℃以内，单侧零件表面温度差异也在 10℃以内。

3.9 冷却分析结果评估标准

(1) 冷却回路介质温度

温度变化控制在 2～3℃之内。

(2) 回路管壁温度

温度变化控制在 5℃之内。

(3) 平均温度，零件

零件平均温度要远低于材料顶出温度。

(4) 温度，模具

① 模具表面温度与目标模温差异在±10℃之内（对于非结晶材料）或 5℃以内（对于半结晶材料）。

② 模具单侧模面温度差异在 10℃之内。

③ 模具表面温度与冷却液入口温度差异在 10～30℃之内。

(5) 温度，零件

① 零件表面温度与目标模温差异在± 10℃之内。

② 零件单侧表面温度差异在 10℃之内。

③ 零件表面温度不应大于入口温度 10～20℃。

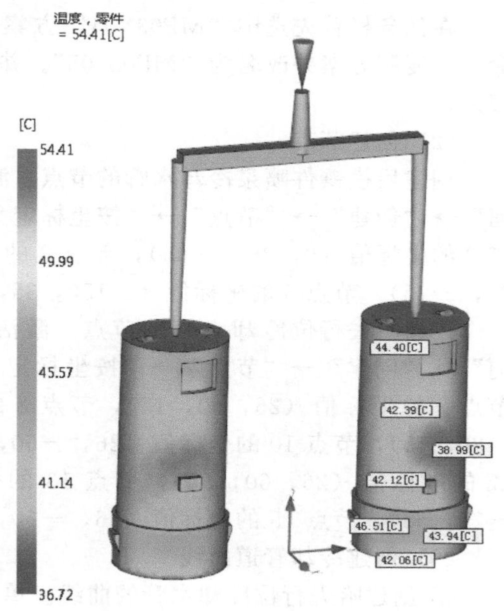

图 3-56　零件温度的显示结果

冷却评估标准与实际冷却分析结果进行对比，结果如表 3-1 所示。

表 3-1　对比结果

评估项目	评估标准	实际结果	改善措施
冷却回路介质温度	温度控制在 2～3℃之内	相差 0.35℃	OK
回路管壁温度	温度变化控制在 5℃之内	相差 3.3℃	OK
平均温度,零件	远低于材料顶出温度,顶出温度 85℃	大部分 40℃左右	OK
温度,模具	模温与目标模温差异在±10℃;模具单侧模面温度差异在 10℃之内;模温与入口温度差异在 10～30℃	目标模温 50℃;模温平均值 36.0426℃;后模侧模面温度相差在 10℃以上;模温与入水口温度相差 30℃	提高冷却液入口温度;加高喷泉水管;调整行位运水布局
温度,零件	零件表面温度与目标模温差异在±10℃;零件单侧表面温度差异在 10℃之内;零件表面温度不应大于入口温度 10～20℃	目标模温 50℃;零件表面温度平均值 42.28℃;后模侧零件表面温度相差在 10℃以上;大部分零件表面温度与入水口温度相差 20℃	提高冷却液入口温度;加高喷泉水管;调整行位运水布局

3.10 冷却系统优化

从上面的评估标准与实际分析结果对比可知，要改善的措施有三个方面：首先要提高冷却液入口的温度，冷却液入口以前是 25℃的常温水，改成 35℃的热水；其次加高喷泉水管的高度，根据测量值，喷泉水管的可以再加高 5mm；最后更改行位冷却管道的布局，更改为隔水片形式。其操作步骤如下。

(1) 复制方案并改名

在任务栏首先选中“MP03_04”方案，然后右击，在弹出的快捷菜单中选择“复制”命令，复制方案并改名为“MP03_05”。并且删除所有冷却管道的柱体、曲线、节点及冷却液入口。

(2) 创建节点

创建后模镶件喷泉冷却水管的节点。激活“喷泉运水”图层并关闭其他图层。单击“几何”→“创建”→“节点”→“按坐标定义节点”命令。节点 1 的坐标值（0，35，60），节点 2 的坐标值（0，35，－65），节点 3 的坐标值（0，35，－75），节点 4 的坐标值（150，35，－75），节点 5 的坐标值（－150，35，－65）。

创建哈夫行位冷却水管的节点。激活“行位运水”图层并关闭其他图层。单击“几何”→“创建”→“节点”→“按坐标定义节点”命令。节点 6 的坐标值（70，60，15），节点 7 的坐标值（26，60，15），节点 8 的坐标值（26，20，15），节点 9 的坐标值（26，－20，15），节点 10 的坐标值（26，－60，15），节点 11 的坐标值（70，－60，15），节点 12 的坐标值（26，60，55），节点 13 的坐标值（26，20，55），节点 14 的坐标值（26，－20，55），节点 15 的坐标值（26，－60，55）。

(3) 创建冷却管道曲线

① 创建哈夫行位冷却水管的曲线。单击“几何”→“创建”→“曲线”→“创建直线”命令。分别选择节点 6 和节点 7，在“创建为”选项后面单击“三点”按钮，弹出如图 3-33 所示的“指定属性”对话框，在对话框中点击“选择”按钮，从中选择“管道”，弹出如图 3-34 所示的对话框，在对话框中选择“Channel（8mm）”管道，最后单击“选择”按钮。依次选择节点 8、节点 9、节点 10 和节点 11，创建冷却管道曲线。

② 创建哈夫行位冷却水管隔水板的曲线。单击“几何”→“创建”→“曲线”→“创建直线”命令。分别选择节点 7 和节点 12，在“创建为”选项后面单击“三点”按钮，弹出如图 3-33 所示的“指定属性”对话框，在对话框中点击“选择”按钮，从中选择“隔水板”，弹出如图 3-57 所示的对话框，在对话框中选择“Baffle（12mm）”隔水板，最后单击“选择”按钮。依次选择节点 8 和节点 13、节点 9 和节点 14、节点 10 和节点 15，创建行位隔水板冷却管道曲线。最后隔水板的曲线再按上面的方法重复创建一次，也就是隔水板的曲线需要两组。这是因为隔水板里面的水是一上一下，所以相应的曲线也需要两条。

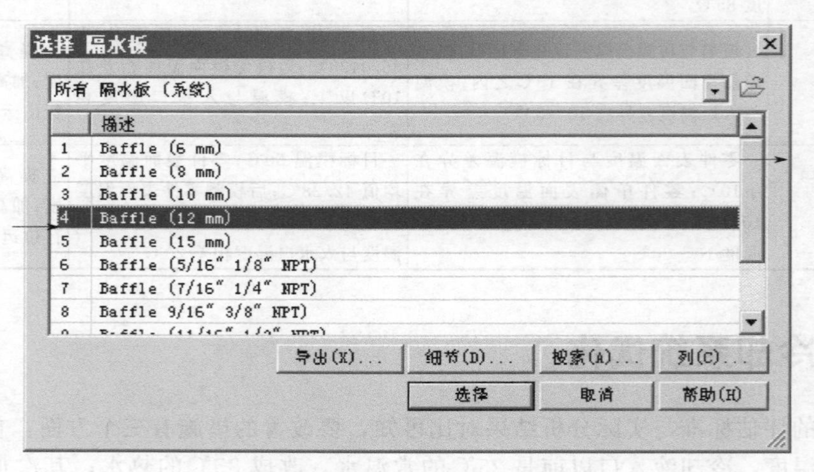

图 3-57 “选择隔水板”对话框

③ 创建后模镶件喷泉水管的曲线。单击“几何”→“创建”→“曲线”→“创建直线”命令。分别选择节点 4 和节点 3，在“创建为”选项后面单击“三点”按钮，弹出如图 3-33

所示的“指定属性”对话框，在对话框中点击“选择”按钮，从中选择“管道”，弹出如图 3-34 所示的对话框，在对话框中选择“Channel (8mm)”管道，接着单击“选择”按钮。用同样的方法选择节点 2、节点 5 创建第二条冷却管道曲线，选择节点 1 和节点 3，在“创建为”选项后面单击“三点”按钮，弹出如图 3-33 所示的“指定属性”对话框，在对话框中点击“选择”按钮，从中选择“管道”，弹出如图 3-34 所示的对话框，在对话框中选择“Channel (8mm)”管道，接着单击“编辑”按钮，弹出如图 3-35 所示的对话框，在对话框中“管道热传导系数”后面的文本框输入 0，因为这条水管不传导热量。点击“确定”按钮，创建第三条冷却管道曲线。最后创建喷泉管道曲线，单击“几何”→“创建”→“曲线”→“创建直线”命令。分别选择节点 1 和节点 2，在“创建为”选项后面单击“三点”按钮，弹出如图 3-33 所示的“指定属性”对话框，在对话框中点击“选择”按钮，从中选择“喷水管”，弹出如图 3-36 所示的对话框，在对话框中选择“Bubbler (12mm outer, 8mm inner)”管道，接着单击“选择”按钮。

(4) 对冷却管道曲线进行网格划分

单击“网格”→“网格”→“生成网格”命令。在对话框中点击“曲线”按钮，弹出如图 3-39 所示的对话框。在对话框选项中“回路的边长与直径之比”的文本框中输入 2.50。勾选“将网格置于激活层中”选项，然后点击“立即划分网格”按钮。

(5) 添加冷却液入口

单击“边界条件”→“冷却”→“冷却液入口/出口”→“冷却液入口”命令，弹出如图 3-41 所示对话框，在对话框中选择“喷泉运水”选项，点击“编辑”按钮，弹出“冷却液入口”对话框，在“冷却介质入口温度”文本框中输入 35℃，用同样的方法更改“行位运水”的冷却液入口温度。最后分别对行位水管和喷泉水管设置冷却液入口。

(6) 对冷却管道曲线及节点进行旋转复制生成另一边的冷却管道

单击“几何”→“实用程序”→“移动”→“旋转”命令。弹出如图 3-37 所示对话框，在对话框中“选择”选项选择所有冷却管道曲线、节点及柱体单元，“轴”选择 Z 轴，“参考点”选择 0.0，0.0，0.0，并选择单选项“复制”，最后点击“应用”按钮。优化后的冷却管道曲线如图 3-58 所示。喷泉水管最好用移动复制，这样两边的水管在 Z 方向的位置是平齐的，便于加工。

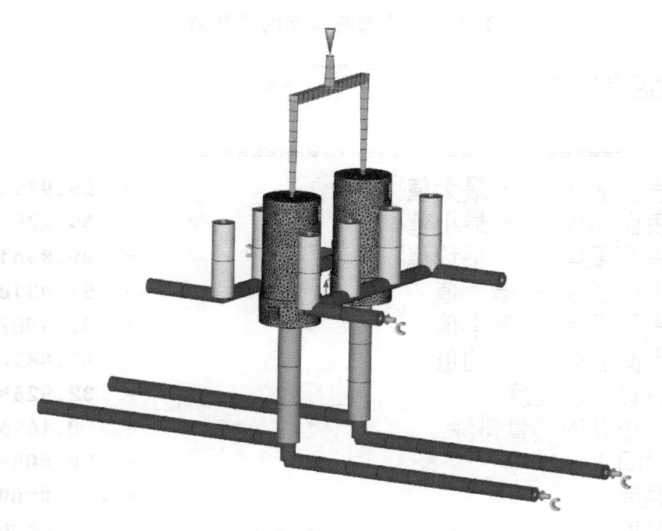

图 3-58　优化后的冷却管道

3.11 冷却优化分析及结果

（1）设置分析类型

打开工程后，点击“主页”→“成型工艺设置”→“分析序列”命令，弹出“选择分析序列”对话框。在对话框中选择“冷却”后，单击“确定”按钮。

（2）设置工艺参数

点击“主页”→“成型工艺设置”→“工艺设置”命令，弹出如图 3-44 所示的“工艺设置向导”对话框。在上一方案中“注射＋保压＋冷却时间”设置为“自动”，分析日志如图 3-49 所示，冷却的周期时间是 21.4267s，减去 5s 的开模时间，因此优化方案的“注射＋保压＋冷却时间”设置为“指定”，在文本框中输入 15s。

（3）开始分析

点击“主页”→“分析”→“开始分析”命令，弹出“选择分析类型”对话框。单击“确定”按钮后开始分析。在分析的过程中显示分析日志，分析日志记录了冷却分析的冷却液温度和型腔温度结果摘要。如图 3-59 所示的是冷却液温度的屏幕输出。如图 3-60 所示的是型腔温度结果摘要。

冷却液温度

入口节点	冷却液温度范围	冷却液温度升高通过回路	热量排除通过回路
64592	35.0 - 35.2	0.2 C	0.081 kW
64662	35.0 - 35.4	0.4 C	0.086 kW
64677	35.0 - 35.2	0.2 C	0.081 kW
64806	35.0 - 35.4	0.4 C	0.086 kW

最后的回路温度残余：　2.04710E-05

图 3-59　冷却液温度的屏幕输出

型腔温度结果摘要

====================================

项目		值
零件表面温度 - 最大值	=	58.9714 C
零件表面温度 - 最小值	=	45.0251 C
零件表面温度 - 平均值	=	49.8561 C
型腔表面温度 - 最大值	=	51.4318 C
型腔表面温度 - 最小值	=	39.6087 C
型腔表面温度 - 平均值	=	43.4850 C
平均模具外部温度	=	32.5264 C
通过外边界的热量排除	=	0.1626 kW
周期时间	=	20.0000 s
最高温度	=	225.0000 C
最低温度	=	25.0000 C

图 3-60　型腔温度结果摘要

(4) 冷却分析结果

① 回路冷却液温度　如图 3-61 所示为回路冷却液温度的显示结果，从图中可知，冷却液入口与出口的温差为 0.37℃，符合在 3℃以内的要求。

② 回路雷诺数　如图 3-62 所示为回路雷诺数的显示结果，从图中可知，冷却管道的回路雷诺数为 10000，而喷泉冷却系统的喷水管由于管径不一致导致回路雷诺数升为 25000。

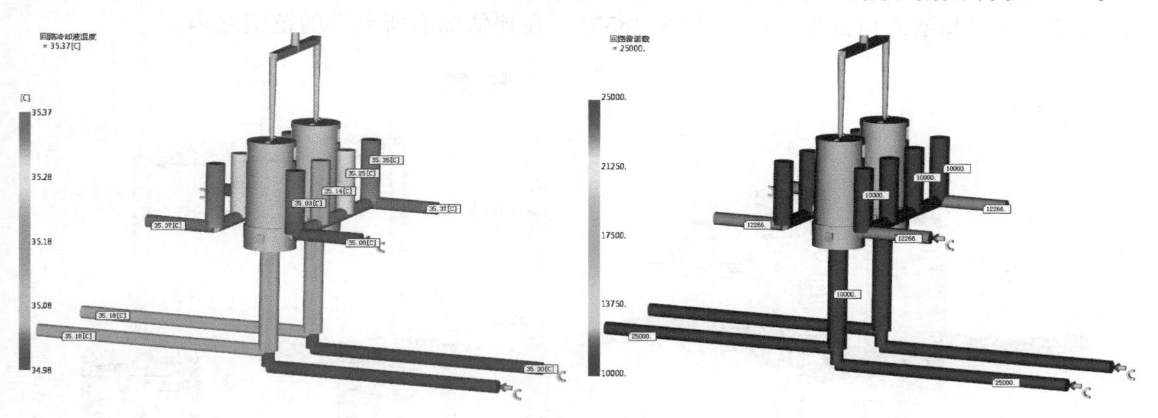

图 3-61　回路冷却液温度的显示结果　　　图 3-62　回路雷诺数的显示结果

③ 回路管壁温度　如图 3-63 所示为回路管壁温度的显示结果，从图中可知，回路管壁的最高温度比冷却液入口温度高约 3.3℃，符合在 5℃之内的要求。

④ 平均温度，零件　如图 3-64 所示为零件平均温度的显示结果，从图中可知，零件的平均温度最高区域位于最厚胶厚处，温度为 88.21℃。此区域温度高是由不均匀的胶厚造成的。

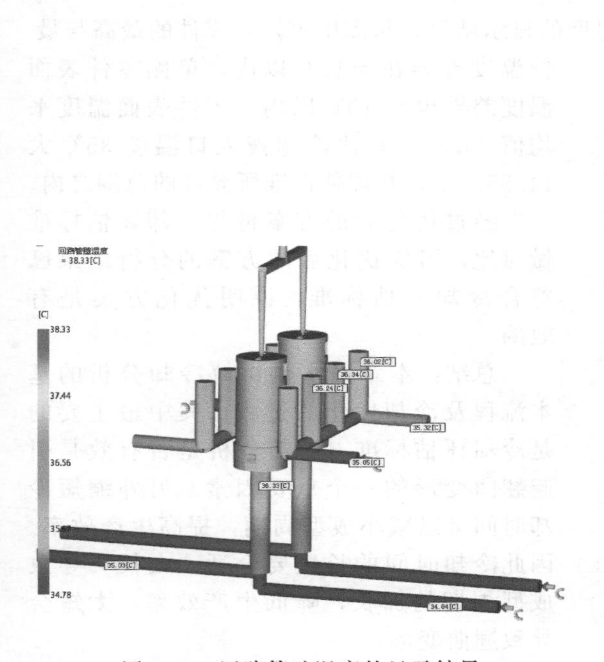

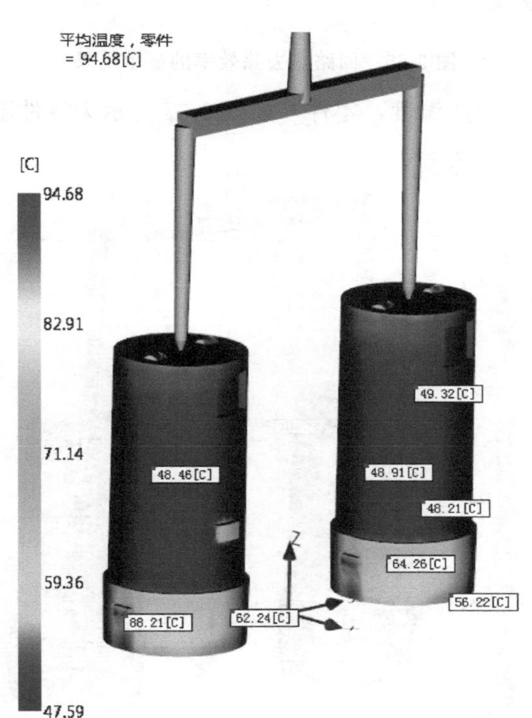

图 3-63　回路管壁温度的显示结果　　　图 3-64　零件平均温度的显示结果

⑤ 回路热去除效率　如图3-65所示为回路热去除效率的显示结果，从图中可知，回路热去除效率最高的区域位于喷泉水管的顶部。

⑥ 温度，模具　如图3-66所示为模具温度的显示结果，从图中可知，模具的最高与最低温度差异在±10℃以内，单侧模面温度差异也在10℃以内。最高温度区域位于镶件的顶部，不过后模模面温度差异也在10℃以内。从分析日志图3-60可知，型腔表面温度平均值43.485℃与冷却液入口温度35℃差异8.485℃，在评估标准所允许的范围之内。

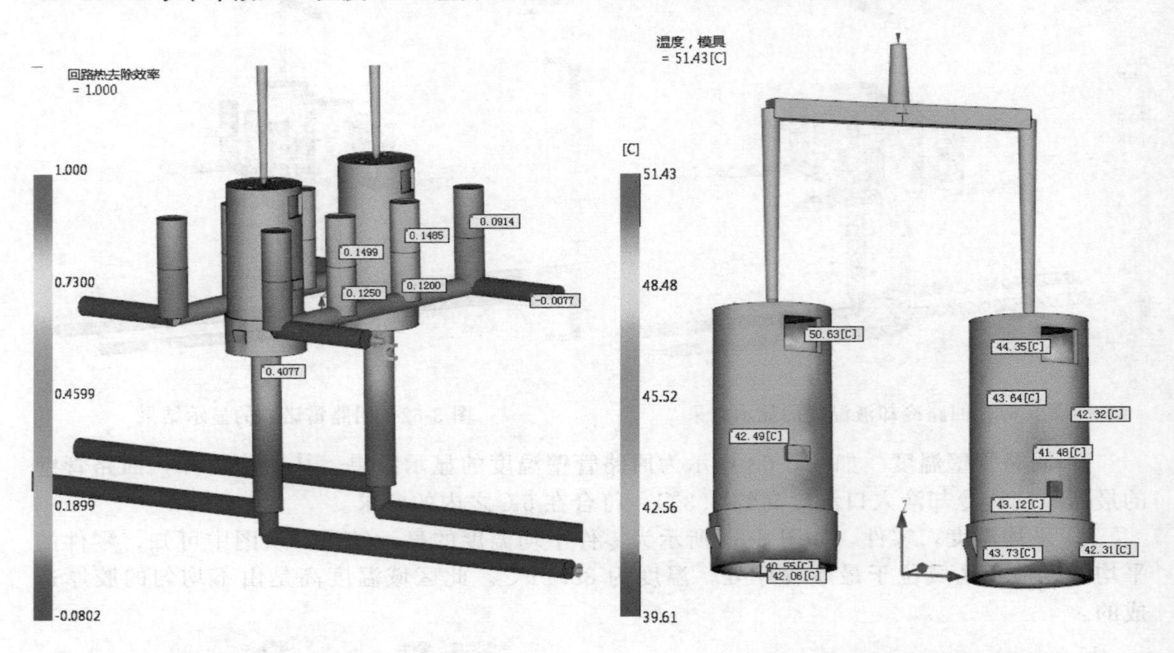

图3-65　回路热去除效率的显示结果　　　　图3-66　模具温度的显示结果

⑦ 温度，零件　如图3-67所示为零件温度的显示结果，从图中可知，零件的最高与最低温度差异在±10℃以内，单侧零件表面温度差异也在10℃以内，零件表面温度平均值49.8561℃比冷却液入口温度35℃大14.8561℃，在评估标准所允许的范围之内。

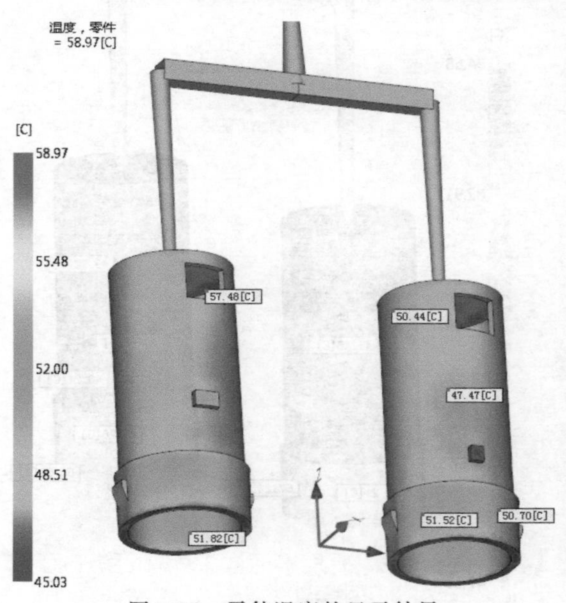

图3-67　零件温度的显示结果

经过优化后的方案再与冷却评估标准做对比，可知优化后的方案的分析结果已符合冷却评估标准，说明优化方案是有效的。

总结：本章以实例讲解冷却分析的基本流程及冷却优化的过程，其中最主要的是冷却评估标准，冷却分析是否有效是引起翘曲变形的一个重要因素。另外缩短冷却时间可以减小成型周期，提高生产效率。因此冷却时间的长短要合适，太长会导致成型周期的加长，降低生产效率，太短会导致翘曲变形。

第 4 章

数码相机外壳——保压分析

4.1 概述

概述

4.1.1 保压分析的目的

保压分析也可以叫流动分析（老版本叫法），保压分析必须在填充分析后才能进行分析，因此保压分析实际上是填充＋保压分析（新版本叫法），本书中所讲的保压分析就是填充＋保压分析。

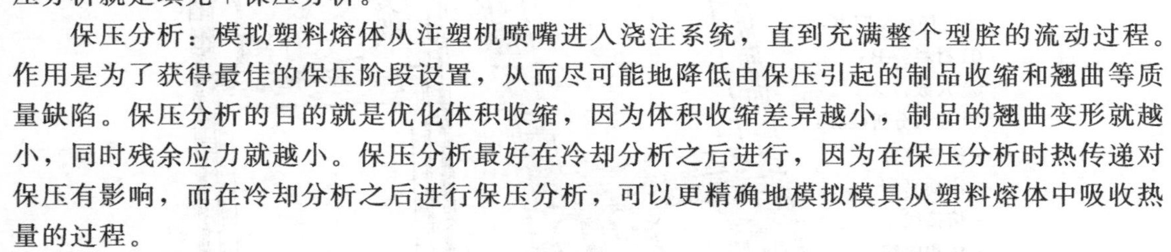

保压分析：模拟塑料熔体从注塑机喷嘴进入浇注系统，直到充满整个型腔的流动过程。作用是为了获得最佳的保压阶段设置，从而尽可能地降低由保压引起的制品收缩和翘曲等质量缺陷。保压分析的目的就是优化体积收缩，因为体积收缩差异越小，制品的翘曲变形就越小，同时残余应力就越小。保压分析最好在冷却分析之后进行，因为在保压分析时热传递对保压有影响，而在冷却分析之后进行保压分析，可以更精确地模拟模具从塑料熔体中吸收热量的过程。

在保压控制中常用的保压控制方式为保压压力与时间，初次保压压力一般为最大填充压力的 80％或者通过以下公式进行计算，保压时间要根据浇口凝固时间和凝固层百分比来决定，还要综合考虑制品外观缩水状况及制品尺寸变形要求等。

① 保压压力＝(速度/压力切换时的压力)×80％。

② 保压时间＝胶口凝固时间－填充时间。

4.1.2 优化保压分析的流程

优化保压分析的流程如图 4-1 所示。

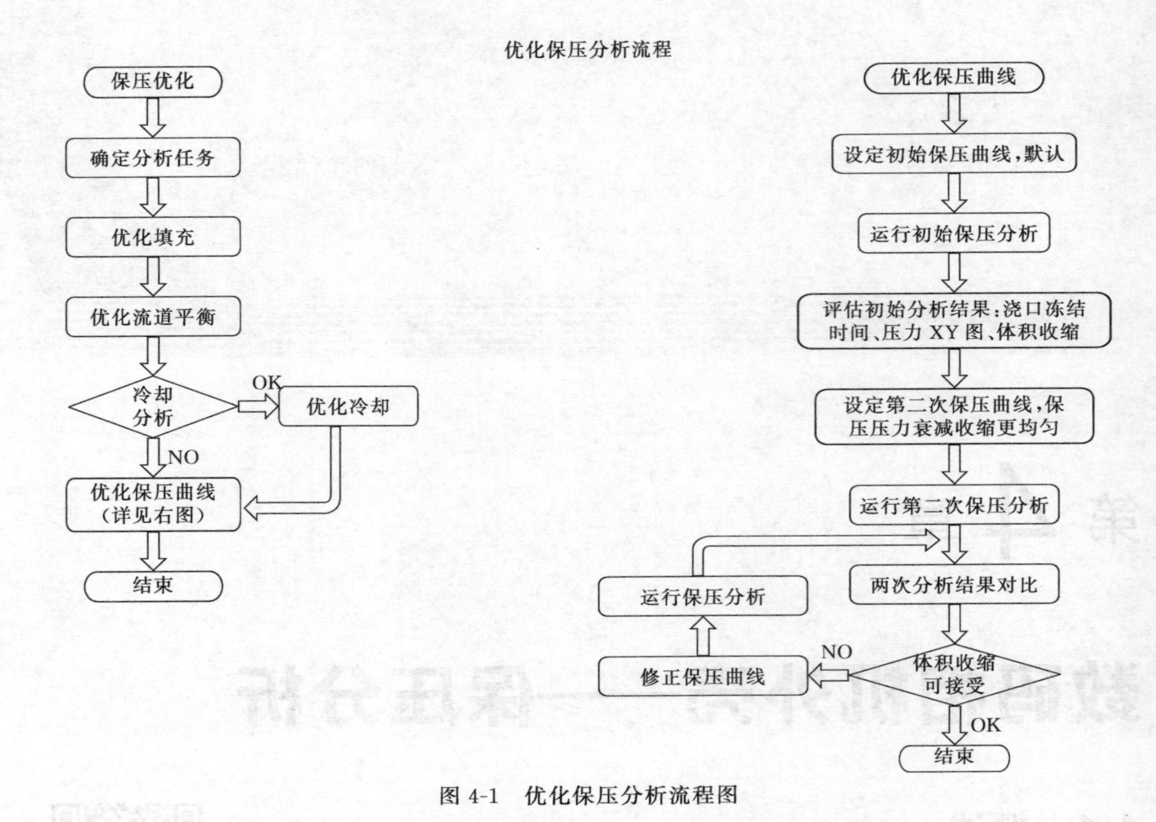

图 4-1 优化保压分析流程图

4.1.3 分析说明

本章案例是数码相机的外壳。本章以数码相机的外壳实例分析，学习优化保压分析的基本流程。通过本章的学习，可对优化保压分析中的保压曲线的设定、保压评估和保压优化的调整有深刻的认识。数码相机外壳的分析说明如图 4-2 所示。

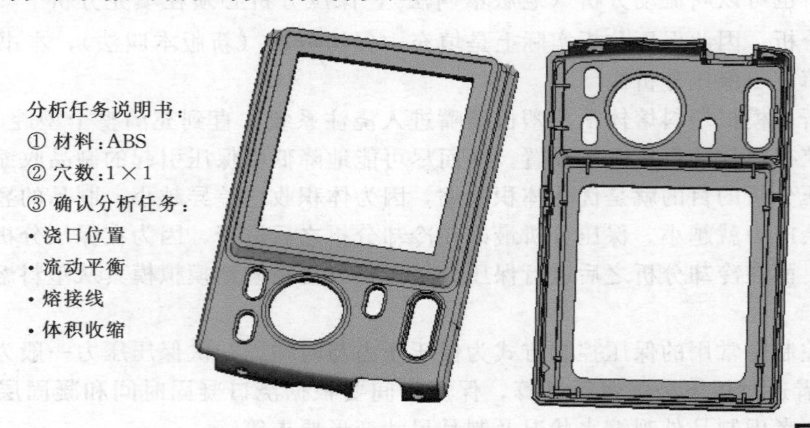

图 4-2 数码相机外壳的分析任务说明

4.2 网格划分及修复

产品在网格划分之前已作过产品的前期处理，主要是去除产品一些小

网格划分及修复

的圆角面。这样进行网格划分时，网格的质量更好，同时网格的修复工作大大地减少。对于复杂的产品，在进行分析之前都要进行产品的前期处理。模型的前处理在第 1 章已经详细讲解过，本章不再赘述。

(1) 新建工程

打开软件后，单击菜单“开始并学习”→“启动”→“新建工程”命令，创建一个工程名称为 MP04 的工程。如图 4-3 所示。最后单击“确定”按钮。

图 4-3 “创建新工程”对话框

(2) 导入模型

单击菜单“主页”→“导入”→“导入”命令，选择文件目录：源文件\第 4 章\MP04. xt。导入的网格类型选择“双层面”，如图 4-4 所示。然后单击“确定”按钮。

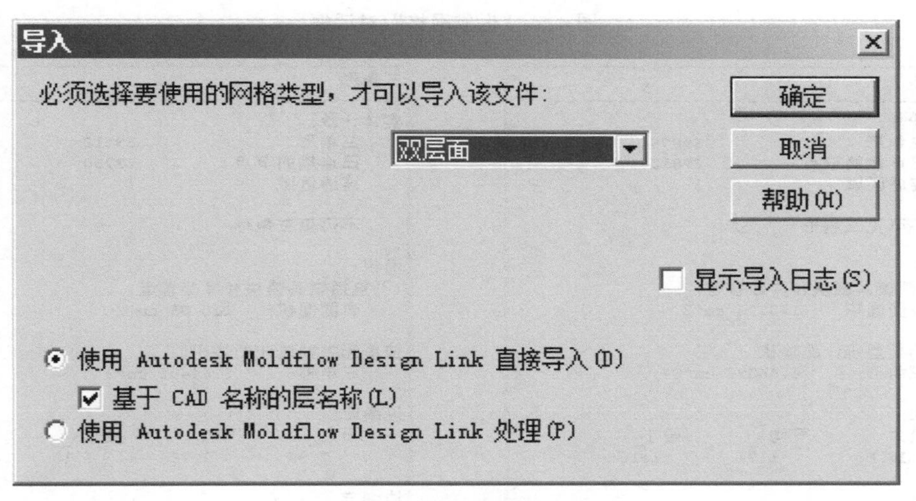

图 4-4 导入网格类型对话框

(3) 网格划分

单击菜单“网格”→“网格”→“生成网格”命令，弹出如图 4-5 所示对话框，在对话框中“曲面上的全局边长”输入框中输入 0.75（系统默认），单击“立即划分网格”按钮。

(4) 网格统计

单击菜单“网格”→“网格诊断”→“网格统计”命令，单击“显示”按钮。网格统计结果如图 4-6 所示，从图中可知，网格的质量还好，没有自由边、多重边、配向不正确的单元及相交和完全重叠的单元，网格的匹配百分比达到 88.4%，网格匹配百分比略低，但进行保压分析问题不大，最大纵横比为 16.08，最大纵横比最好在 8 以下，因此需要对纵横比进行诊断并修复，纵横比修复方法在前面已经讲解过，此处就不再赘述。网格的纵横比修复后如图 4-7 所示。网格质量已完全达到模流分析要求。

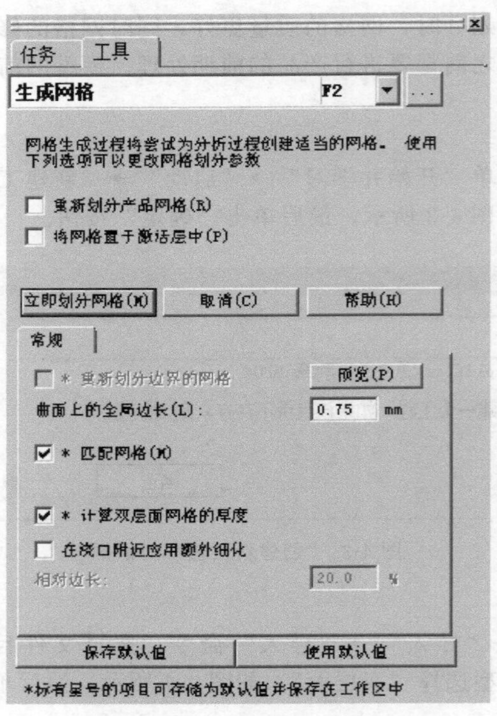

图 4-5 “生成网格”对话框

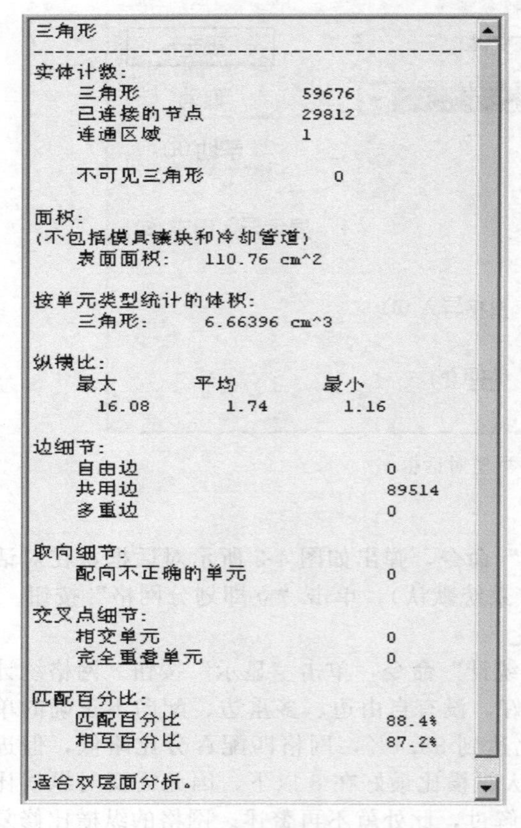

图 4-6 修复前网格统计结果

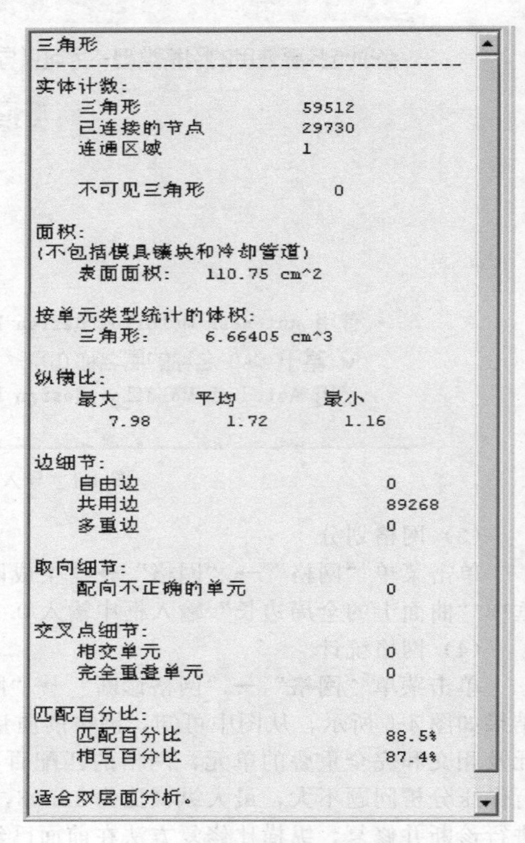

图 4-7 修复后网格统计结果

4.3 浇口位置比较

数码相机外壳产品的平均壁厚较薄，外观面要求较高，外观面不能有浇口疤痕，因此不宜采用点浇口。本产品分别采用 1 点、2 点横向和 2 点纵向侧浇口进胶形式进行比较，找出最佳浇口位置。侧浇口位置不能影响产品的外观和装配。现在复制三个方案，方案名称分别为“MP04_011 点”“MP04_012 点横向”“MP04_012 点纵向”，其浇口位置分别如图 4-8～图 4-10 所示。对三个方案进行填充分析，对其分析结果进行比较，其操作步骤如下。

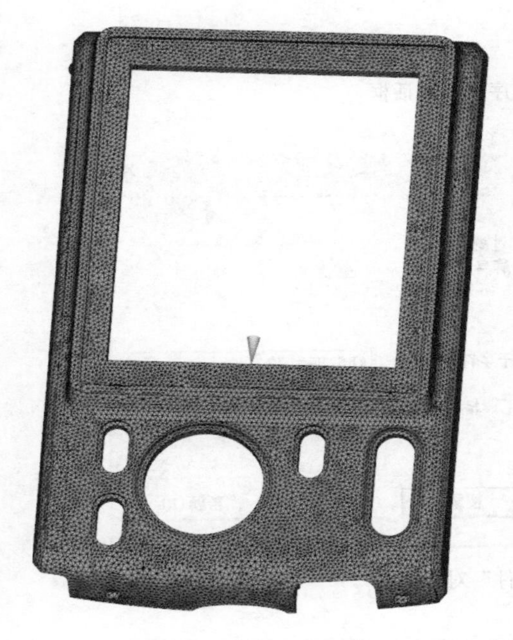

图 4-8　1 点浇口位置

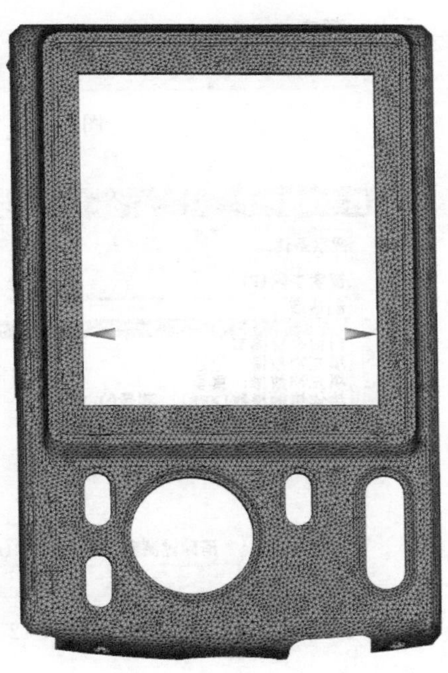

图 4-9　2 点横向浇口位置

(1) 选择分析类型

单击菜单“主页”→“成型工艺设置”→“分析序列”命令，选择“填充”选项，如图 4-11 所示。单击“确定”按钮。

(2) 选择材料

单击菜单“主页”→“成型工艺设置”→“选择材料”→“选择材料 A”命令，选择“指定材料”单选项，单击“搜索”按钮。弹出如图 4-12 所示对话框，在对话框中“搜索字段”选择“牌号”，在“子字符串”的文件框中输入“ABS HG-173”。单击“搜索”按钮。最后选择该牌号的材料，并点击“确定”按钮。

(3) 工艺设置

单击菜单“主页”→“成型工艺设置”→“工艺设置”命令，弹出如图 4-13 所示的对话框，在对话框中所有的设置均采用默认设置。最后点击“确定”按钮。

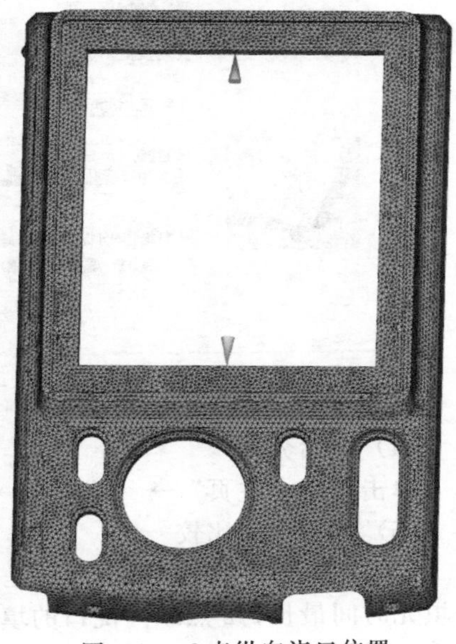

图 4-10　2 点纵向浇口位置

图 4-11 “选择分析序列”对话框

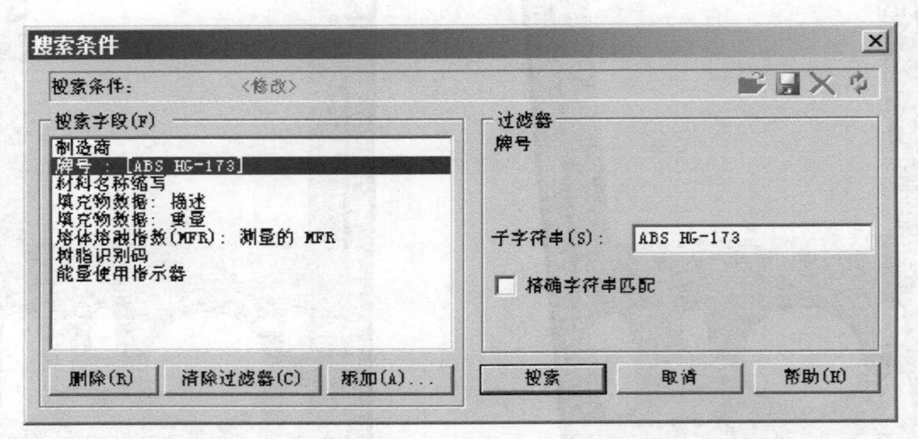

图 4-12 “搜索条件”对话框

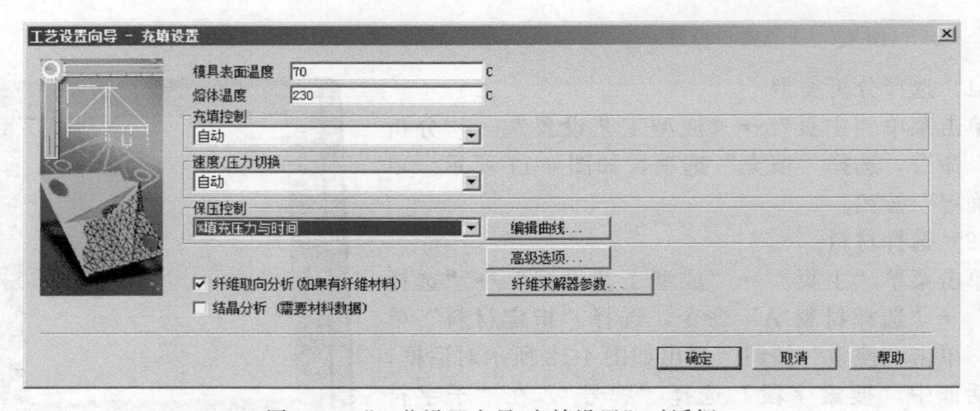

图 4-13 “工艺设置向导-充填设置”对话框

(4) 开始分析

单击菜单“主页”→“分析”→“开始分析”命令，点击“确定”按钮。

(5) 分析结果比较

① 填充时间　如图 4-14 所示是三个方案填充时间的比较结果，从图中可知，1 点浇口的填充时间最长，2 点纵向浇口的填充时间最短，2 点横向浇口的填充时间比 2 点纵向浇口的填充时间稍长一点。三种方案填充都无短射情况。

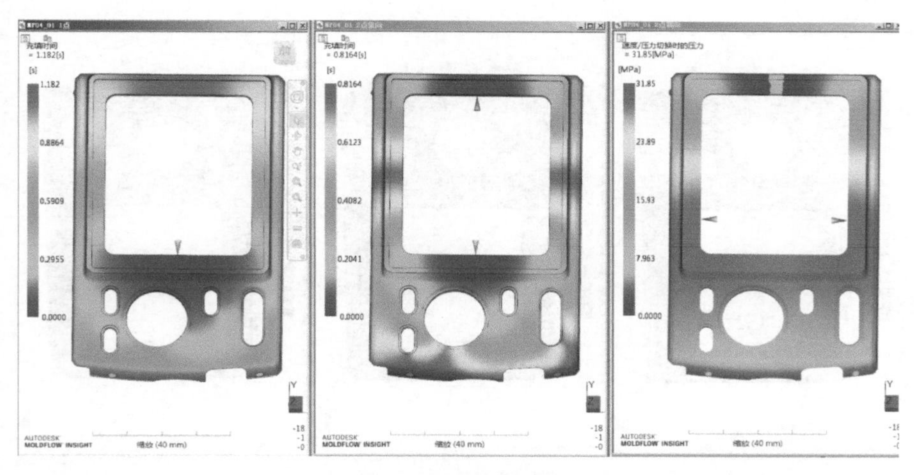

图 4-14 填充时间结果

② 速度/压力切换时的压力 如图 4-15 所示是三个方案速度/压力切换时的压力的比较结果，从图中可知，1 点浇口的压力最高，达到了 42.72MPa，2 点纵向浇口的压力最低，达到了 26.24MPa，2 点横向浇口比 2 点纵向浇口稍高，达到了 31.85MPa。

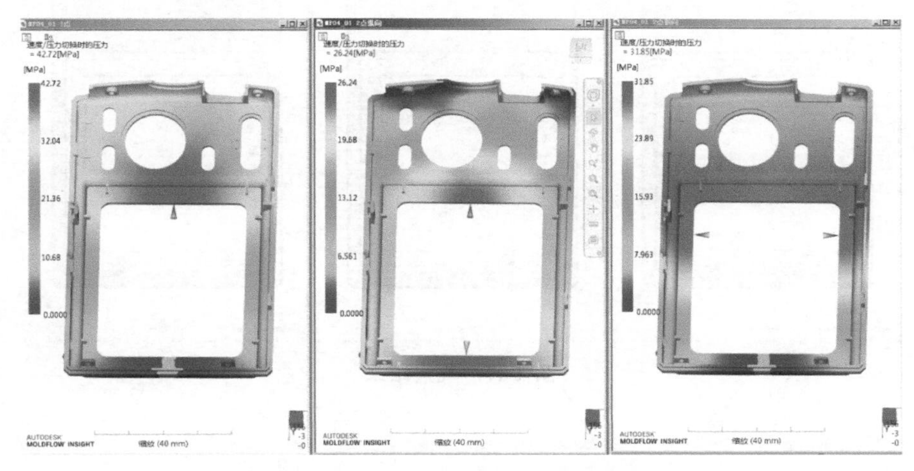

图 4-15 速度/压力切换时的压力比较结果

③ 流动前沿温度 如图 4-16 所示是三个方案流动前沿温度的比较结果，从图中可知，三个方案的流动前沿温度相差不大，从分析结果上看，1 点浇口的效果最好。

④ 气穴 如图 4-17 所示是三个方案气穴的比较结果，从图中可知，三个方案中 1 点浇口方案的气穴最少，2 点纵向浇口和 2 点横向浇口的气穴较多，区别在于气穴的位置不同。

⑤ 熔接线 如图 4-18 所示是三个方案熔接线的比较结果，从图中可知，三个方案中 1 点浇口方案的熔接线最少，2 点纵向浇口和 2 点横向浇口的熔接线较多，区别在于熔接线的位置不同，2 点纵向浇口方案的熔接线位于产品较窄区域，会导致产品的强度减弱。

(6) 总结

通过前面的分析结果对比，1 点浇口的方案的填充时间较长，压力较大，说明浇口数量少了。2 点纵向浇口方案的压力最小，但熔接线位置处于产品的窄区域，会导致产品的强度减弱，而且填充时也不平衡。因此综合各方面的因素考虑，2 点横向浇口方案更好一些。

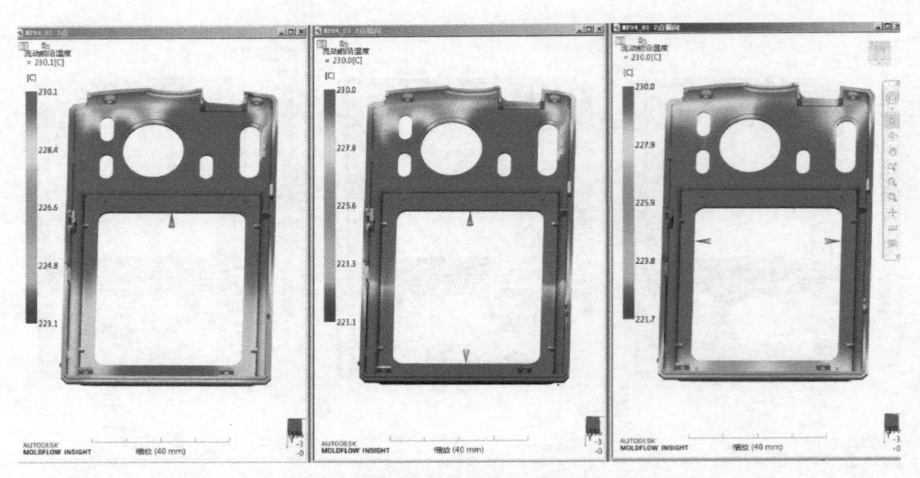

图 4-16 流动前沿温度结果

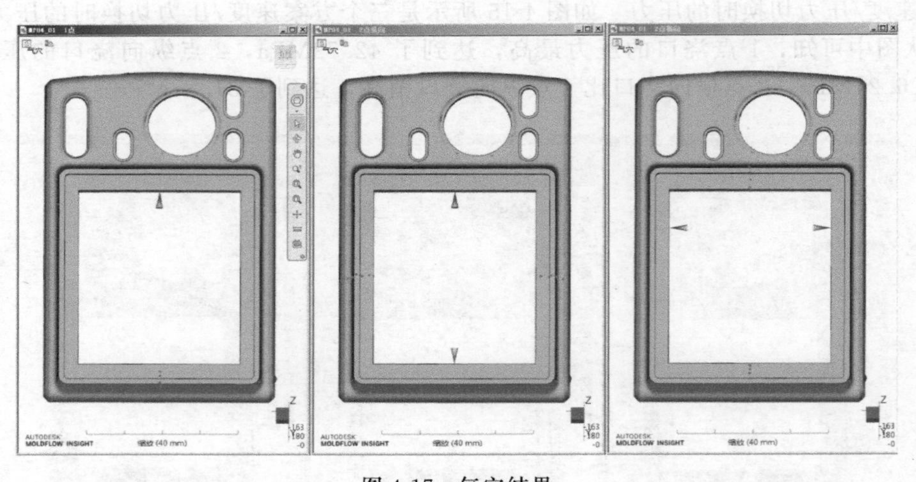

图 4-17 气穴结果

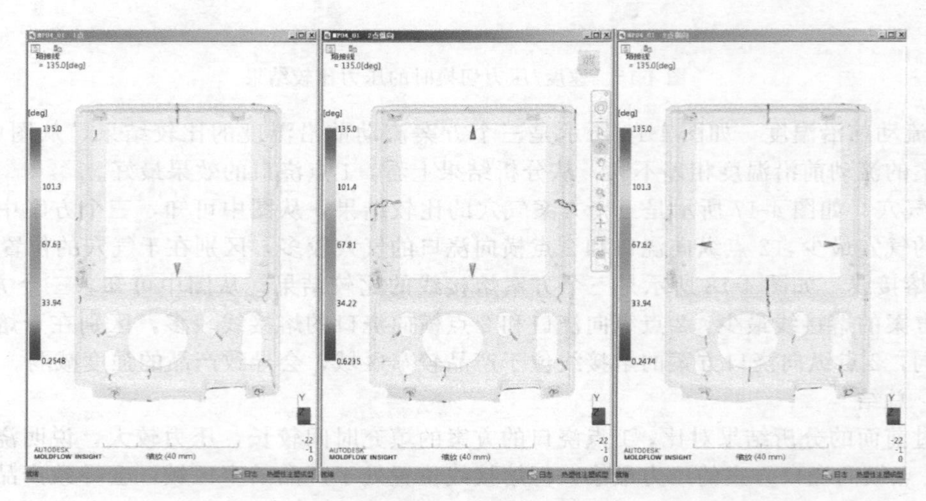

图 4-18 熔接线结果

4.4　浇口位置优化

从 2 点横向浇口方案的填充时间和填充末端压力的结果可知，此方案析填充并不平衡，因此需要对注射位置进行微调优化，把注射位置向最后填充末端的一侧移动，通过调整注射位置使填充达到平衡。

(1) 复制方案并改名

在任务栏首先选中“MP04_012 点横向”方案，然后右击，在弹出的快捷菜单中选择“复制”命令，复制方案并改名为“MP04_02”。

(2) 调整注射位置

把注射位置向填充末端的一侧移动复制 5.0mm，即向正 Y 方向移动复制 5.0mm，用合并节点把注射位置上的节点与最近节点合并，最后删除原始的注射位置。注射位置的调整不是一蹴而就的，需要多次的调整才能达到流动平衡。

(3) 设置分析序列

单击菜单“主页”→“成型工艺设置”→“分析序列”命令，选择“填充”选项，单击“确定”按钮。

(4) 工艺设置

单击菜单“主页”→“成型工艺设置”→“工艺设置”命令，弹出“工艺设置向导”对话框。在对话框中所有的设置均采用默认。单击“确定”按钮。

(5) 开始分析

单击菜单“主页”→“分析”→“开始分析”命令，点击“确定”按钮。

(6) 分析结果

① 填充时间　如图 4-19 所示为填充时间的显示结果，从图中可知模型没有短射的情况，填充时间为 0.9285s，比色卡上最大值显示区域（一般显示为红色）为模型的最后填充区域，也是模型的末端，填充非常平衡。点击“结果”→“动画”→“播放”命令，可以动态播放填充时间的动画，查看模型填充的整个过程。填充时间也可用等值线显示的方式进行查看。

② 速度/压力切换时的压力　如图 4-20 所示为速度/压力切换时的压力的显示结果，从图中可知速度/压力切换时的压力为 27.05MPa，在模型的末端有灰色区域显示，表示此区域在速度/压力切换时仍未填充，通过日志中填充分析的屏幕输出可知，在模型填充体积的 99.03%进行速度与压力切换。可通过动画查看速度/压力切换时的压力在模型中的分布情况。

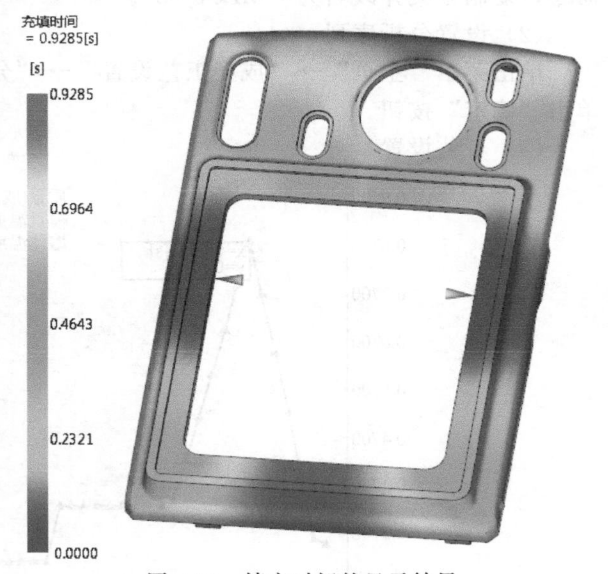

图 4-19　填充时间的显示结果

③ 填充末端压力　如图 4-21 所示为填充末端压力的显示结果，从图中可知，模型的填充末端的压力比较平衡，在填充分析评估范围 10MPa 以内。

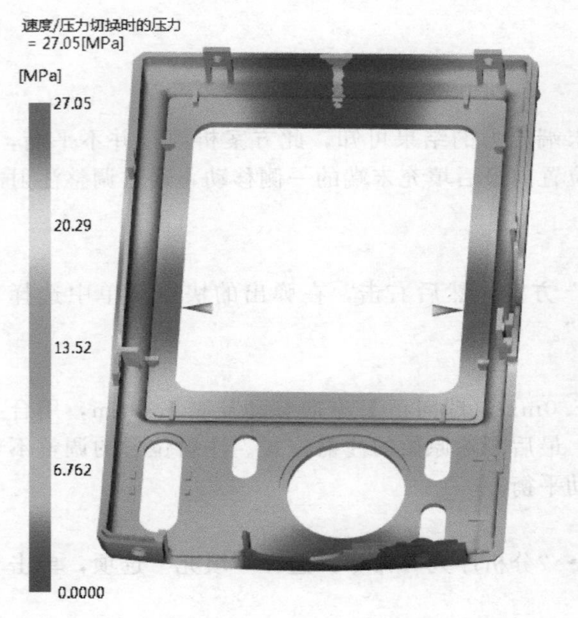

图 4-20 速度/压力切换时的压力的显示结果

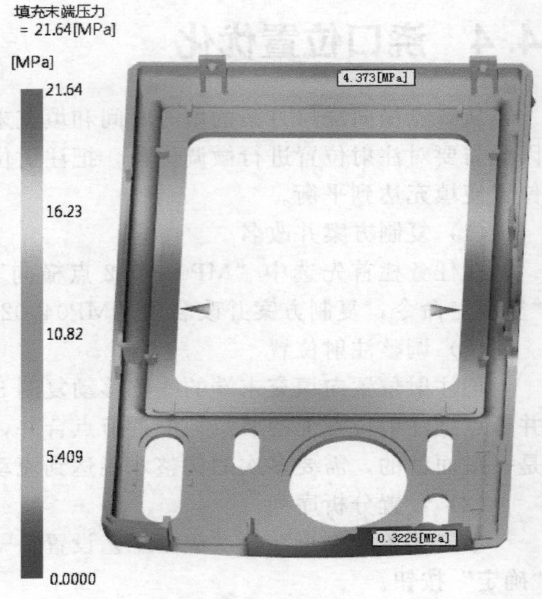

图 4-21 填充末端压力的显示结果

4.5 成型窗口分析

为了确定填充分析时最佳注射时间，故进行成型窗口分析。

（1）复制方案并改名

在任务栏首先选中“MP04_02”方案，然后右击，在弹出的快捷菜单中选择“复制”命令，复制方案并改名为“MP04_03”。

（2）设置分析序列

单击菜单“主页”→“成型工艺设置”→“分析序列”命令，选择“成型窗口”选项，单击“确定”按钮。

（3）工艺设置

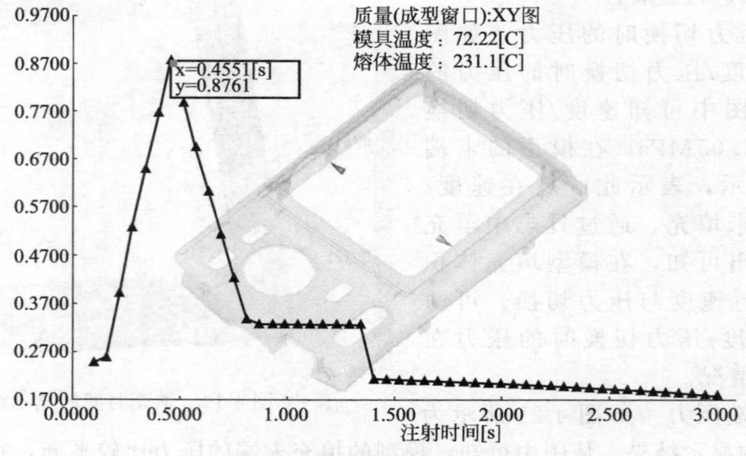

图 4-22 最佳注射时间结果图

单击菜单“主页”→“成型工艺设置”→“工艺设置”命令，所有参数均采用默认参数设置。

(4) 开始分析

单击菜单“主页”→“分析”→“开始分析”命令，点击“确定”按钮。

(5) 质量（成型窗口）：XY 图的分析结果

首先在材料的推荐工艺中查明推荐的模具温度是 70℃，推荐的熔体温度是 230℃，接着在分析结果“质量（成型窗口）：XY 图”前打钩，单击菜单“结果”→“属性”→“图形属性”命令，在弹出的对话框中在单选项“注射时间”前打钩，模具温度调整到 70℃左右，熔体温度调整到 230℃左右，点击“关闭”按钮。质量（成型窗口）：XY 图结果即最佳注射时间结果如图 4-22 所示。经查询当模具温度在 72.22℃，熔体温度在 231.1℃，注射时间为 0.4551s 时，质量最好。

4.6 创建浇注系统

本案使用流道系统向导工具创建浇注系统会更快捷。对于流道系统向导创建的部分结果与实际设计的流道系统不一致，则可以进行局部修改，其操作步骤如下。

(1) 复制方案并改名

在任务栏首先选中“MP04_03”方案，然后右击，在弹出的快捷菜单中选择“复制”命令，复制方案并改名为“MP04_04”。

(2) 向导创建浇注系统

单击菜单“几何”→“创建”→“流道系统”命令，弹出如图 4-23 所示的对话框。在对话框中“指定主流道位置”选项选择“浇口中心”按钮。“分型面 Z”文本框中输入 7.29，单击“下一步”按钮，弹出如图 4-24 所示的对话框，主流道、流道尺寸如图所示，单击“下一步”按钮，弹出如图 4-25 所示的对话框，侧浇口尺寸如图中所示，最后单击“完成”按钮，向导创建浇注系统如图 4-26 所示。

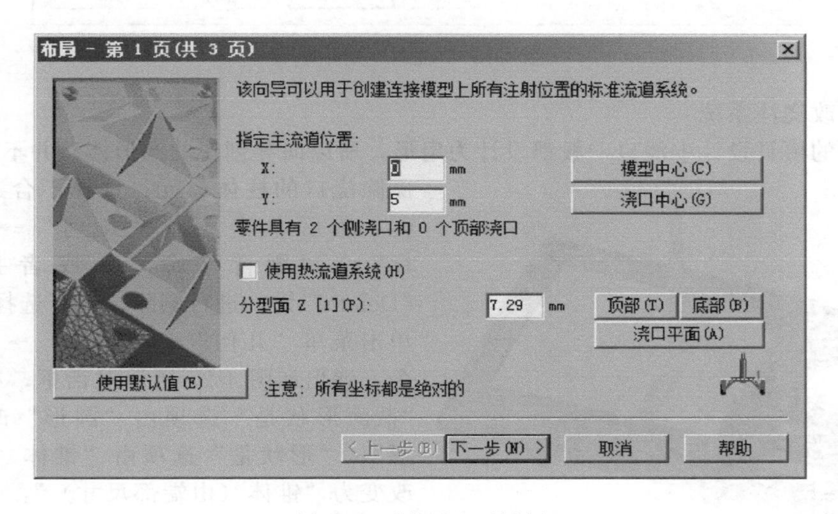

图 4-23 “布局”对话框

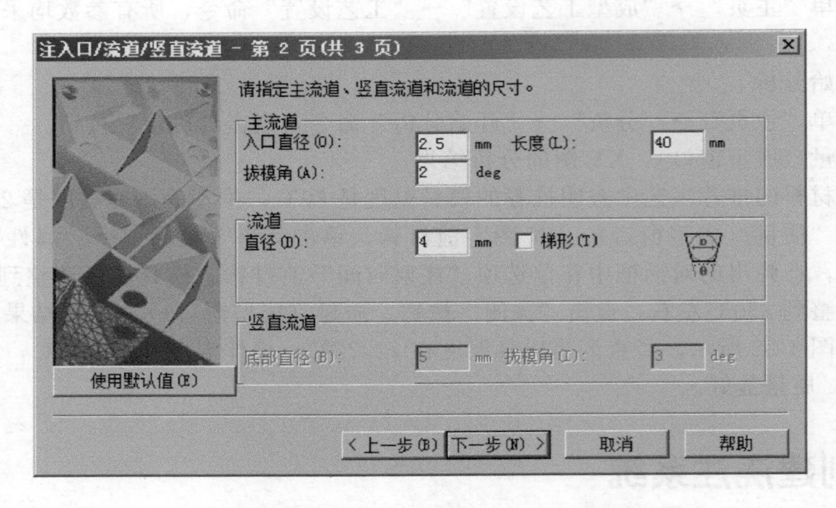

图 4-24 “注入口/流道/竖直流道”对话框

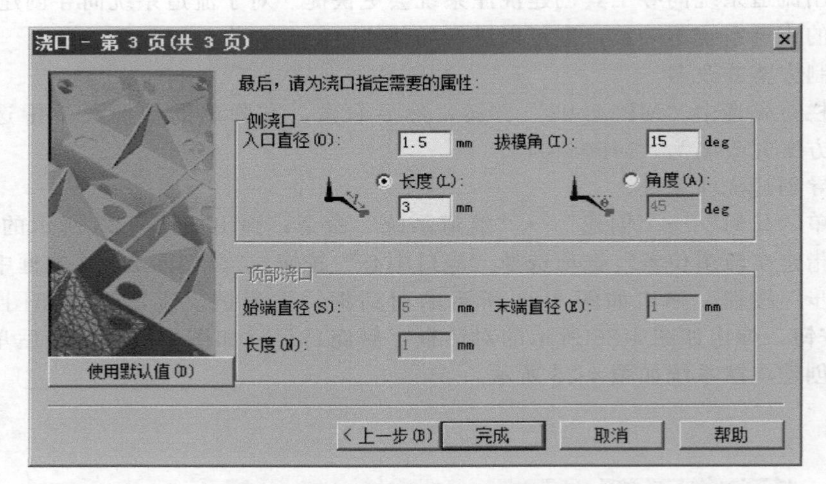

图 4-25 “浇口”对话框

(3) 修改浇注系统

在实际的模具设计中浇口一般都设计为扇形，所以向导创建的圆形浇口并不合适。首先删除浇口的柱体单元，选择不合适的浇口单元，然后单击菜单“几何”→“实用程序”→“删除”命令，或者按键盘上“Delete”键，进行删除。接着选择浇口曲线，单击菜单“几何”→“属性”→“编辑”命令，弹出如图 4-27 所示对话框，在对话框中“截面形状是”选项由“圆形”改变为“矩形”，“形状是”选项由“锥体（由角度）”改变为“锥体（由端部尺寸）”，单击“编辑尺寸”按钮，弹出如图 4-28 所示的“横截面尺寸”对话框。最后单击“确定”直至完成。

图 4-26 向导创建浇注系统

冷浇口

浇口属性 | 模具属性 | 模具温度曲线

截面形状是

矩形 形状是 锥体(由角度) 编辑尺寸...

出现次数 1 [1:1024]

不包括锁模力计算

名称 Cold gate (default) #1

确定 取消 帮助

图 4-27 “冷浇口”对话框

横截面尺寸

由端部尺寸定矩形锥体形状

始端宽度	5	mm	(0:200]
始端高度	1	mm	(0:200]
末端宽度	4	mm	(0:200]
末端高度	2	mm	(0:200]

确定 取消 帮助

图 4-28 “横截面尺寸”对话框

（4）流道的网格划分

单击菜单“网格”→“网格”→“生成网格”命令，弹出如图 4-29 所示对话框，在对话框中单击“曲线”按钮，“浇口的每条曲线上的最小单元数”选项后的文本框输入 3，在单选项“将网格置于激活层中”前打钩。单击“立即划分网格”按钮。网格划分后的流道如图 4-30 所示。

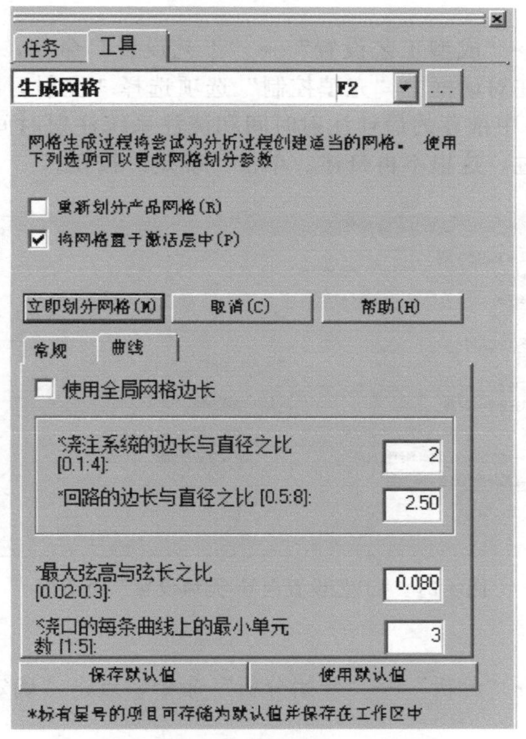

图 4-29 “生成网格”对话框

图 4-30 网格划分后的流道

4.7 流道平衡分析及优化

加入浇注系统后可能会再次导致填充不平衡，再次进行填充分析的目的是检验在填充的末端压力是否平衡，如果填充不平衡需要再次调整浇口位置。

(1) 激活方案

在任务栏选中“MP04 _ 04”方案，然后双击，使此方案处于激活状态。

(2) 设置分析序列

单击菜单“主页”→“成型工艺设置”→“分析序列”命令，选择“填充”选项，单击“确定”按钮。

(3) 工艺设置

单击菜单“主页”→“成型工艺设置”→“工艺设置”命令，弹出如图 4-31 所示“工艺设置向导”对话框。在对话框中“充填控制”选项选择“注射时间”，后面的文本框中输入 0.52s，采用成型窗口中推荐的最佳注射时间和浇注系统注射时间之和，浇注系统注射时间的计算在前面已经讲过，这里不再赘述。单击“确定”按钮。

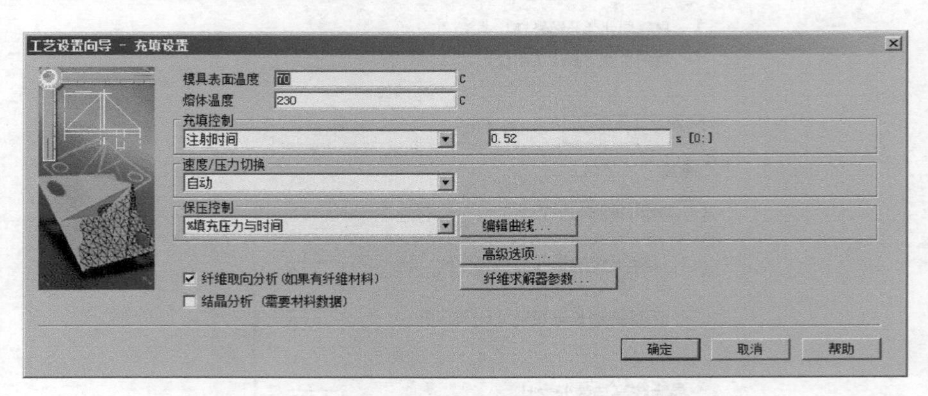

图 4-31 “工艺设置向导-充填设置”对话框

(4) 开始分析

单击菜单“主页”→“分析”→“开始分析”命令，点击“确定”按钮。

(5) 分析结果

① 填充时间 如图 4-32 所示为填充时间的显示结果，从图中可知模型没有短射的情况，

填充时间为 0.6087s，比色卡上最大值显示区域（一般显示为红色）为模型的最后填充区域，也是模型的末端，填充基本平衡。点击“结果”→“动画”→“播放”命令，可以动态播放填充时间的动画，查看模型填充的整个过程。填充时间也可用等值线显示的方式进行查看。

② 速度/压力切换时的压力　如图 4-33 所示为速度/压力切换时的压力的显示结果，从图中可知速度/压力切换时的压力为 47.45MPa，在模型的末端有灰色区域显示，表示此区域在速度/压力切换时仍未填充，通过日志中填充分析的屏幕输出可知，在模型填充体积的 99.03%进行速度与压力切换。可通过动画查看速度/压力切换时的压力在模型中的分布情况。

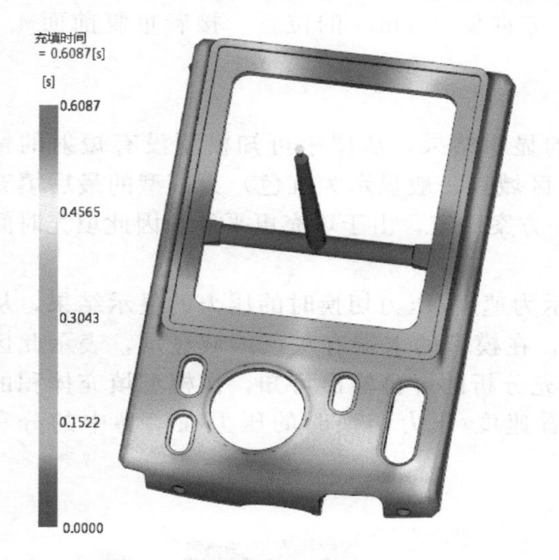

图 4-32　填充时间的显示结果

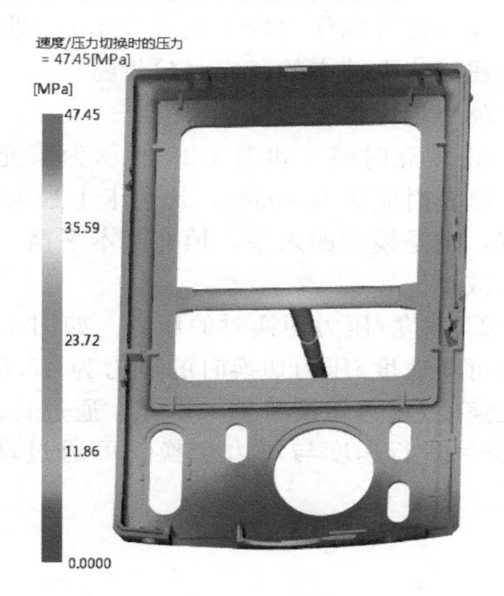

图 4-33　速度/压力切换时的压力的显示结果

③ 流动前沿温度　如图 4-34 所示为流动前沿温度的显示结果，从图中可知模型的绝大部分区域的温度为 230℃，与料温比较接近。最低温度与最高温度相差较小，说明填充非常好。

④ 填充末端压力　如图 4-35 所示为填充末端压力的显示结果，从图中可知，模型的填充末端的压力并不平衡，相差约 15MPa，需要再次调整浇口位置。

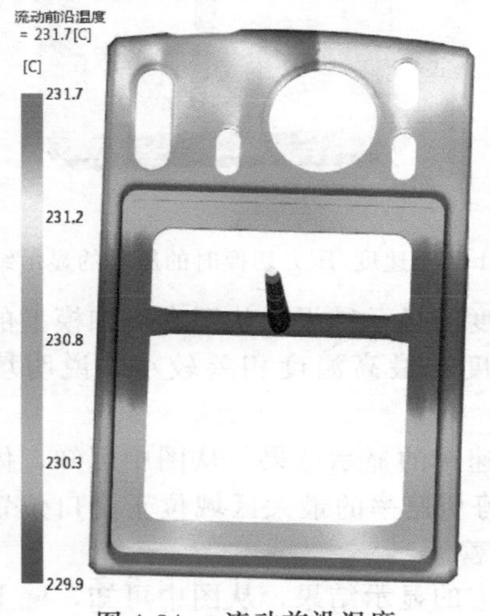

图 4-34　流动前沿温度的显示结果

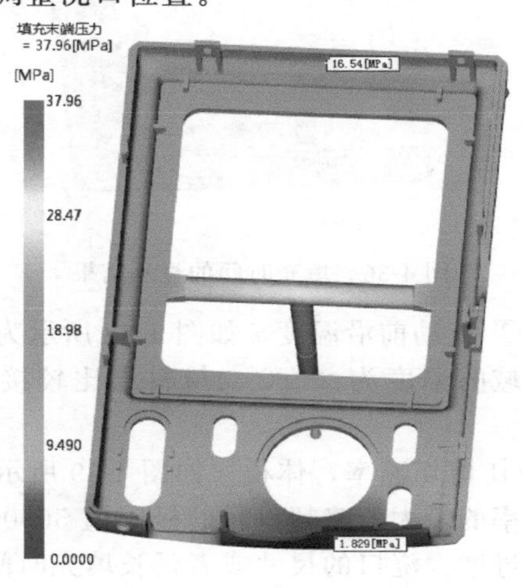

图 4-35　填充末端压力的显示结果

(6) 总结

通过上面的分析结果，特别是填充末端压力的结果可知，产品两侧末端压力已超出评估标准（填充末端压力相差不能超过 10MPa），现在需要对整个浇注系统进行调整优化。

(7) 填充优化

首先在任务栏首先选中“MP04_04”方案，然后右击，在弹出的快捷菜单中选择“复制”命令，复制方案并改名为“MP04_05”。接着删除整个浇注系统，把浇口位置设置在原来浇口位置偏压力较小侧 0.7mm，即向负 Y 方向偏 0.7mm 的位置。接着重复前面 4.6 节创建浇注系统中的(2)～(4)步骤。

(8) 填充优化结果

① 填充时间　如图 4-36 所示为填充时间的显示结果，从图中可知模型没有短射的情况，填充时间为 0.6034s，比色卡上最大值显示区域（一般显示为红色）为模型的最后填充区域，也是模型的末端，填充基本平衡。与上一方案比较，由于填充更平衡，因此填充时间略有减小。

② 速度/压力切换时的压力　如图 4-37 所示为速度/压力切换时的压力的显示结果，从图中可知速度/压力切换时的压力为 47.65MPa，在模型的末端有灰色区域显示，表示此区域在速度/压力切换时仍未填充，通过日志中填充分析的屏幕输出可知，在模型填充体积的 99.05%进行速度与压力切换。可通过动画查看速度/压力切换时的压力在模型中的分布情况。

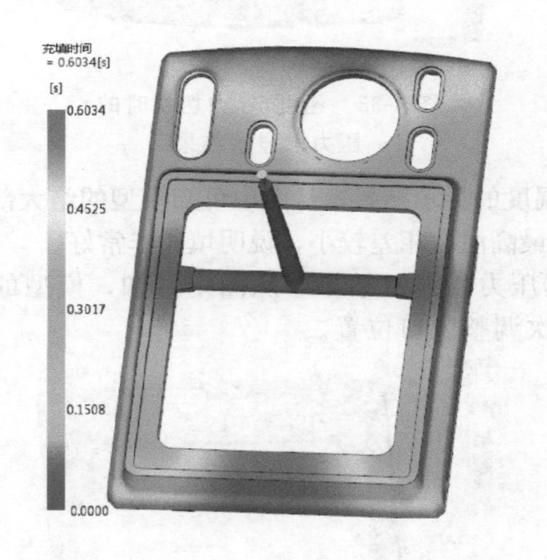

图 4-36　填充时间的显示结果

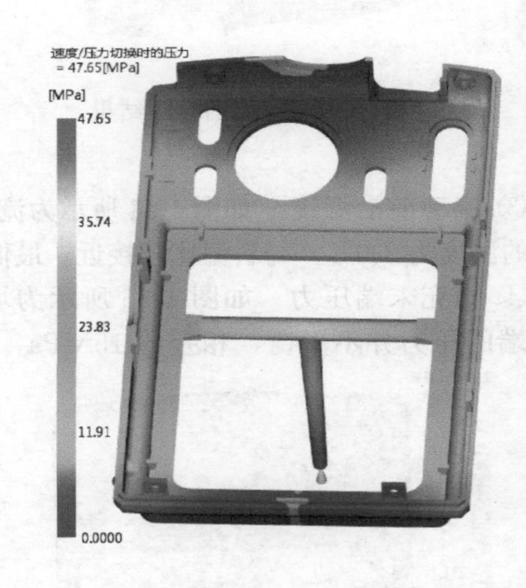

图 4-37　速度/压力切换时的压力的显示结果

③ 流动前沿温度　如图 4-38 所示为流动前沿温度的显示结果，从图中可知模型的绝大部区域的温度为 230℃，与料温比较接近。最低温度与最高温度相差较小，说明填充非常好。

④ 剪切速率，体积　如图 4-39 所示为体积剪切速率的显示结果，从图中可知，体积剪切速率的最大值略超材料的极限值 50000s^{-1}。其中剪切速率的最大区域位于浇口位置。可以通过增大浇口的尺寸或者延长填充时间的方式来改善。

⑤ 壁上剪切应力　如图 4-40 所示为壁上剪切应力的显示结果，从图中可知，壁上剪切应力的最大值已经超过了材料的极限值。其中壁上剪切应力的最大区域位于浇口位置。可以通过提高模温、料温或者延长填充时间的方式来改善。

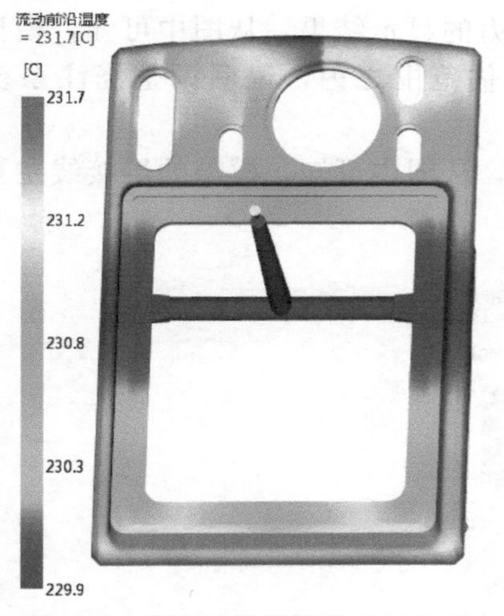

图 4-38　流动前沿温度的显示结果

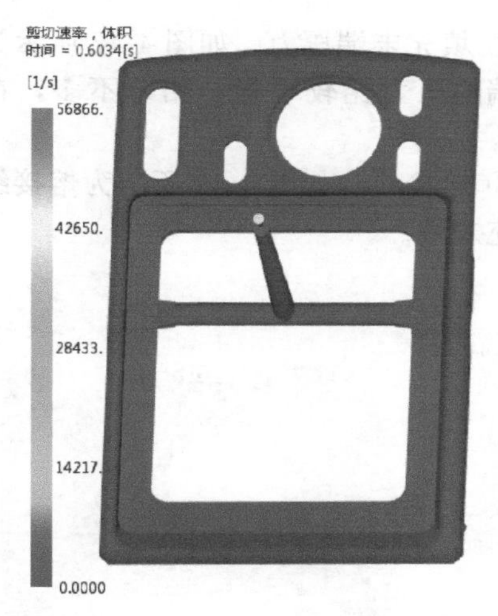

图 4-39　体积剪切速率的显示结果

⑥ 锁模力：XY 图　如图 4-41 所示为锁模力：XY 图的显示结果，从图中可知，锁模力的最大值为 4.3t。也可以选择菜单“结果”→“检查”→“检查”命令，单击曲线尖峰位置，可显示最大锁模力及时间。

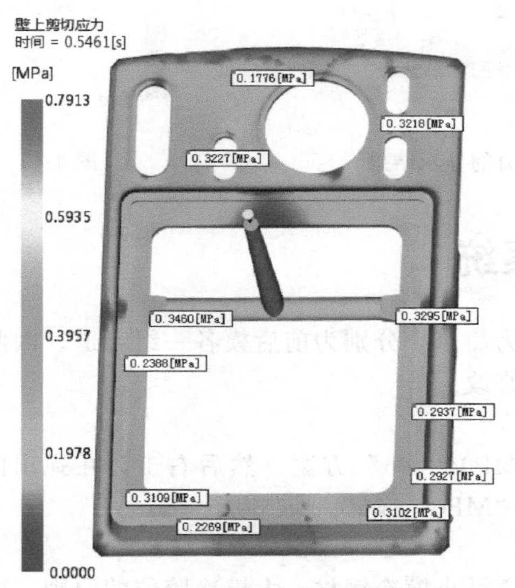

图 4-40　壁上剪切应力的显示结果

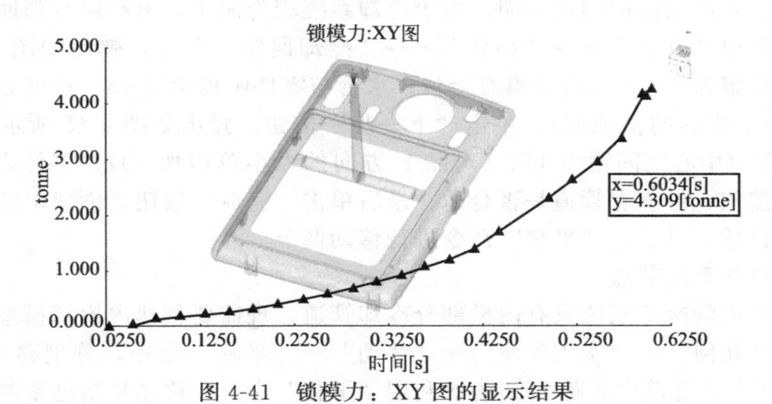

图 4-41　锁模力：XY 图的显示结果

⑦ 填充末端压力　如图4-42所示为填充末端压力的显示结果，从图中可知，模型的填充末端的压力比较平衡，相差不多，在填充分析评估范围之内，说明调整浇注系统非常成功。

⑧ 熔接线　如图4-43所示为熔接线的显示结果，从图中可知，模型的熔接线主要出现在填充末端。

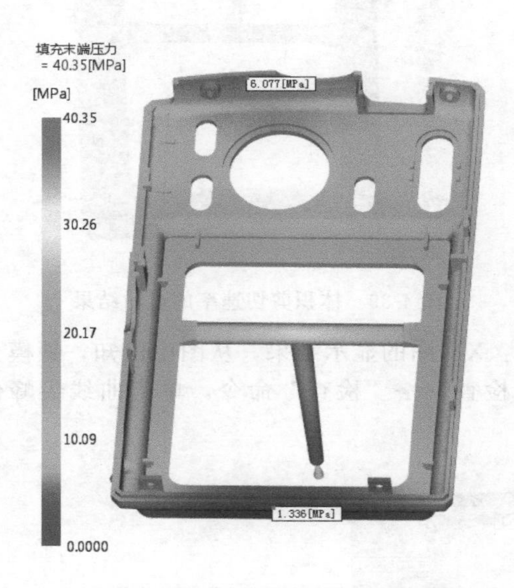

图4-42　填充末端压力的显示结果

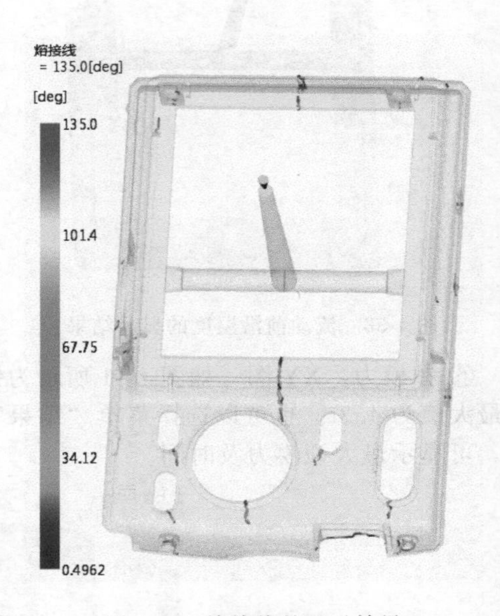

图4-43　熔接线的显示结果

4.8　创建冷却系统

本模具的冷却系统较为简单，分别为前后模各一组管道。因此可以用冷却回路向导创建冷却管道，局部可以手工修改。

（1）复制方案并改名

在任务栏首先选中“MP04_05”方案，然后右击，在弹出的快捷菜单中选择“复制”命令，复制方案并改名为“MP04_06”。

（2）冷却回路向导

因为模具不大，可以遵循小模冷钢材、大模冷胶位的原则，冷却系统冷却模仁即可。也就是冷却系统沿着产品的周围走一圈。由于冷却系统较为简单，可利用冷却回路向导创建冷却系统。单击菜单“几何”⟶“创建”⟶“冷却回路”命令，弹出如图4-44所示对话框。水管直径指定为8，因为有后模有行位，水管与零件距离给到15，排列方式为单选项X（出水口一般位于模具的基准侧）。单击“下一步”按钮，弹出如图4-45所示的对话框，管道数量为2，管道中心之间距为115（产品Y方向的大小单边加10），零件之外距离为10。单击“预览”按钮，可查看管道是否合适。最后单击“完成”按钮。创建出的冷却回路在高度方向可能不合适，可通过“平移”命令进行移动调节。

（3）创建冷却系统节点

向导创建完成的冷却系统只有内模部分冷却管道，现需要创建内模到模架部分的冷却管道。单击菜单“几何”→“实用程序”→“移动”→“平移”命令，分别移动复制管道＃1和管道＃2的端点，管道中心距25。再次利用“平移”命令，移动复制已复制的节点，管道

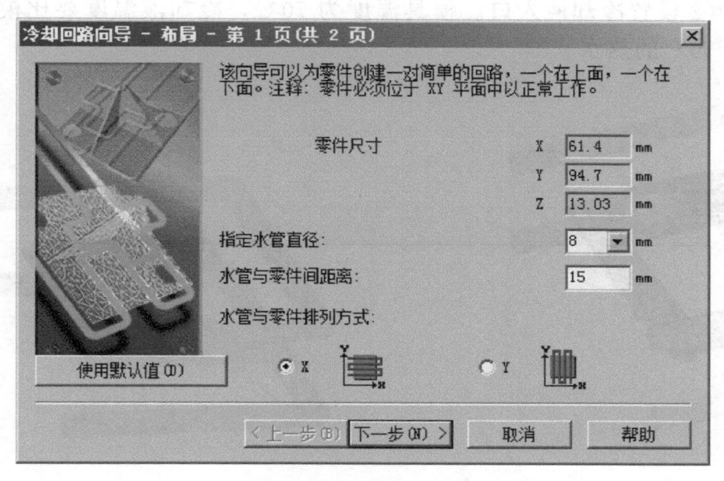

图 4-44 “冷却回路向导-布局”对话框

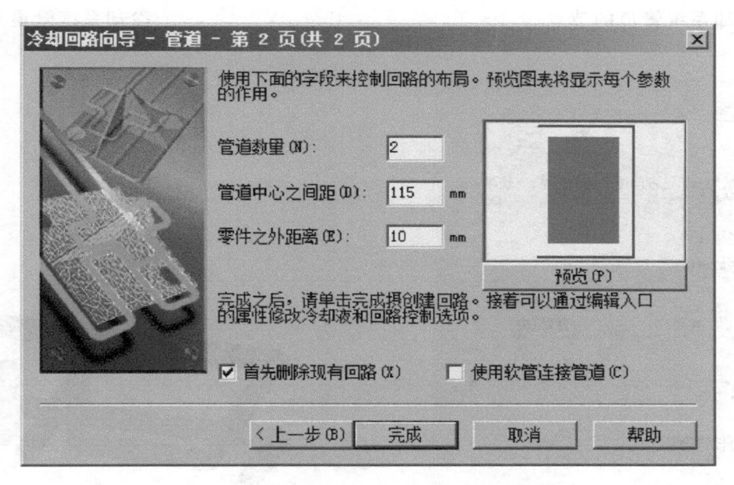

图 4-45 “冷却回路向导-管道”对话框

＃1 正 Z 轴方向移动复制 25，管道＃2 负 Z 轴方向移动复制 30，最后把刚才复制的四个节点向负 X 方向移动复制 60。创建完成的冷却系统管道的节点如图 4-46 所示。

（4）创建冷却系统管道

单击菜单“几何”→“创建”→“曲线”→“创建直线”命令，依次创建道＃1 和管道＃2 的直线。点击“创建为”选项后面的三点按钮，弹出“指定属性”对话框，在对话框中前模选择“管道【1】”类型，后模选择“管道【2】”类型，创建完成冷却系统管道如图 4-47 所示。

（5）冷却系统管道的网格划分

单击菜单“网格”→“网格”→“生成网格”命令，弹出如图 4-48 所示的对话框，在“回路的边长与直径之比”的文本框中默认数字为 2.5，符合冷却管道长径比的要求。在单选项“将网格置于激活层中”前打钩。然后点击“立即划分网格”按钮。网格划分后的冷却管道如图 4-49 所示。

（6）设置冷却液入口

单击菜单“边界条件”→“冷却”→“冷却液入口/出口”→“冷却液入口”命令，对管道＃1和管道＃2设置冷却液入口。模具温度为70℃，冷却液温度要比模温低10～30℃，因此本案例选择50℃的热水。

图4-46 创建完成后的冷却系统管道的节点

图4-47 创建完成后的冷却系统管道

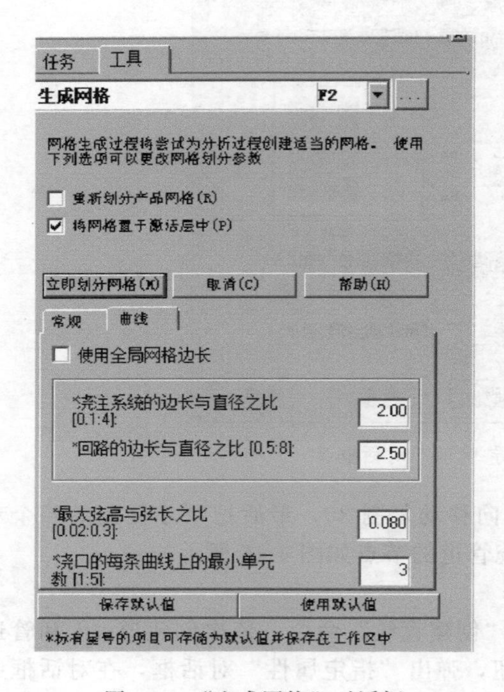

图4-48 “生成网格”对话框

图4-49 网格划分后的冷却管道

4.9 冷却分析及优化

冷却分析的初始参数可以根据经验值来设置，根据分析结果再次进行优化。

(1) 激活方案

在任务栏选中“MP04_06”方案，然后双击，使此方案处于激活状态。

(2) 设置分析序列

单击菜单“主页”→“成型工艺设置”→“分析序列”命令，选择“冷却”选项，单击

“确定”按钮。

(3) 工艺设置

单击菜单“主页”→“成型工艺设置”→“工艺设置”命令，弹出如图 4-50 所示“工艺设置向导”对话框。在对话框中“注射+保压+冷却时间”选项选择“指定”，后面的文本框中时间输入 15s，其他参数采用默认。单击“确定”按钮。

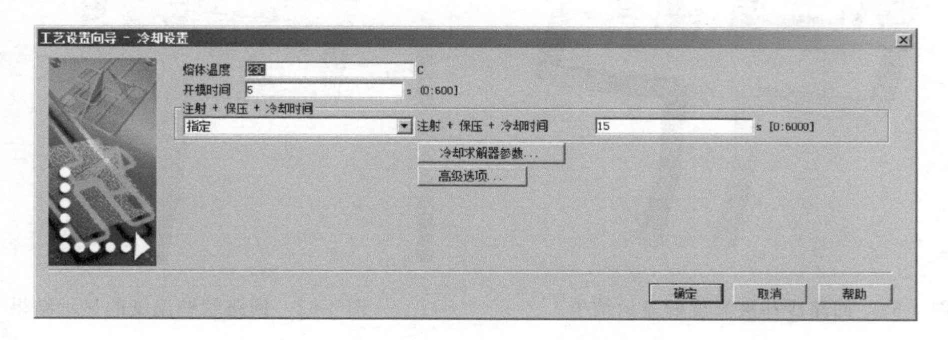

图 4-50　“工艺设置向导-冷却设置”对话框

(4) 开始分析

单击菜单“主页”→“分析”→“开始分析”命令，点击“确定”按钮。

(5) 分析结果

① 型腔温度结果摘要　如图 4-51 所示为日志中的型腔温度结果摘要。从图中可知，型腔表面温度平均值是 57.4184℃，而模具温度是 70℃，根据冷却分析评估标准，型腔表面温度与模具温度相差在±10℃之内，所以冷却时间可以进一步缩短。

型腔温度结果摘要

==

零件表面温度 - 最大值	= 72.2851 C
零件表面温度 - 最小值	= 53.2405 C
零件表面温度 - 平均值	= 62.0818 C
型腔表面温度 - 最大值	= 65.8877 C
型腔表面温度 - 最小值	= 48.4747 C
型腔表面温度 - 平均值	= 57.4184 C
平均模具外部温度	= 47.1095 C
通过外边界的热量排除	= 0.1061 kW
周期时间	= 20.0000 s
最高温度	= 230.0000 C
最低温度	= 25.0000 C

图 4-51　型腔温度结果摘要

② 回路冷却液温度　如图 4-52 所示为回路冷却液温度的显示结果，从图中可知，冷却液入口与出口的温差为 0.2℃，符合在 3℃以内的要求。

③ 回路管壁温度　如图 4-53 所示为回路管壁温度的显示结果，从图中可知，回路管壁的最高温度比冷却液入口温度高 1.03℃，符合在 5℃之内的要求。

④ 平均温度，零件　如图 4-54 所示为零件平均温度的显示结果，从图中可知，零件的平均温度为 63℃左右。目标模温为 70℃，说明冷却时间还有缩短的空间。

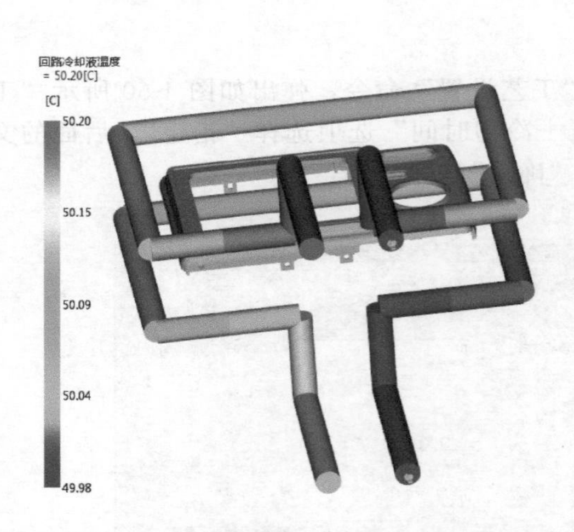

图 4-52 回路冷却液温度的显示结果

图 4-53 回路管壁温度的显示结果

⑤ 温度，模具 如图 4-55 所示为模具温度的显示结果，从图中可知，模具的最高与最低温度差异在±10℃以内，单侧模面温度差异也在 10℃以内。与目标模温为 70℃相比，模具温度相对偏低，说明冷却时间可以进一步缩短。

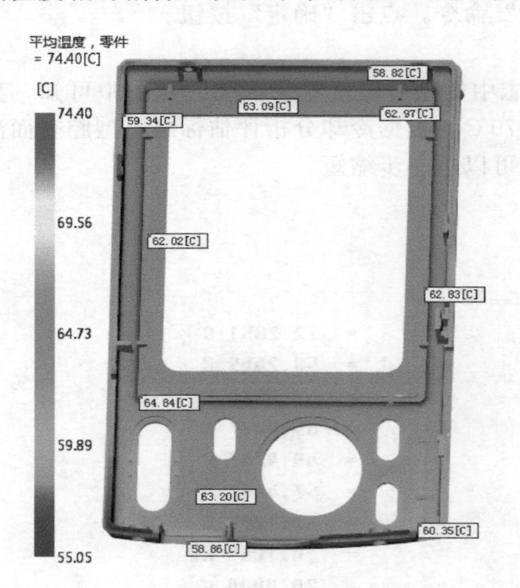

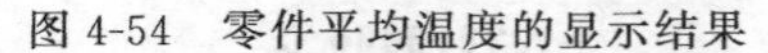
图 4-54 零件平均温度的显示结果

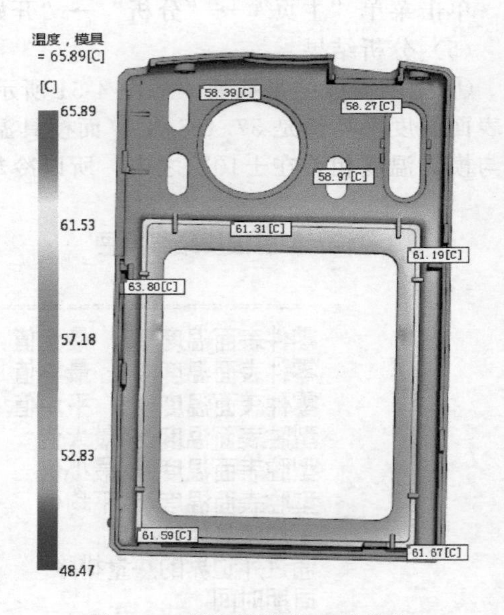

图 4-55 模具温度的显示结果

⑥ 温度，零件 如图 4-56 所示为零件温度的显示结果，从图中可知，零件的最高与最低温度差异在±10℃以内，单侧零件表面温度差异也在 10℃以内。

（6）总结

通过将上面的分析结果与冷却评估标准相比较，可得出以下结论：冷却时间过长，可以通过缩短冷却时间来缩短模具的整个成型周期。

（7）冷却优化

首先在任务栏选中“MP04_06”方案，然后右击，在弹出的快捷菜单中选择“复制”命令，复制方案并改名为“MP04_07”。接着在“工艺设置向导-冷却设置”对话框中“注射＋保压＋冷却时间”选项选择“指定”，后面文本框输入 10s。

(8) 冷却优化结果

① 型腔温度结果摘要　如图 4-57 所示为日志中的型腔温度结果摘要。从图中可知，型腔表面温度平均值是 59.6556℃，冷却时间缩短后，型腔表面温度平均值与上一个方案比较上升了 2℃，在评估标准之内，周期时间 15s，周期时间等于工艺设置中注射＋保压＋冷却时间和工艺设置中开模时间之和。

② 回路冷却液温度　如图 4-58 所示为回路冷却液温度的显示结果，从图中可知，冷却液入口与出口的温差为 0.34℃，符合在 3℃以内的要求。

③ 回路管壁温度　如图 4-59 所示为回路管壁温度的显示结果，从图中可知，回路管壁的最高温度比冷却液入口温度高 1.5℃，符合在 5℃之内的要求。

图 4-56　零件温度的显示结果

④ 平均温度，零件　如图 4-60 所示为零件平均温度的显示结果，从图中可知，零件的平均温度为 70℃左右。目标模温为 70℃，说明冷却时间调整非常合适。

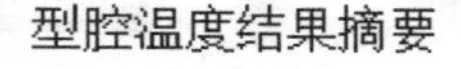
型腔温度结果摘要

零件表面温度　- 最大值	= 76.8587 C
零件表面温度　- 最小值	= 55.3137 C
零件表面温度　- 平均值	= 65.5711 C
型腔表面温度 - 最大值	= 69.0963 C
型腔表面温度 - 最小值	= 50.1862 C
型腔表面温度 - 平均值	= 59.6556 C
平均模具外部温度	= 47.4760 C
通过外边界的热量排除	= 0.1078 kW
周期时间	= 15.0000 s
最高温度	= 230.0000 C
最低温度	= 25.0000 C

图 4-57　型腔温度结果摘要

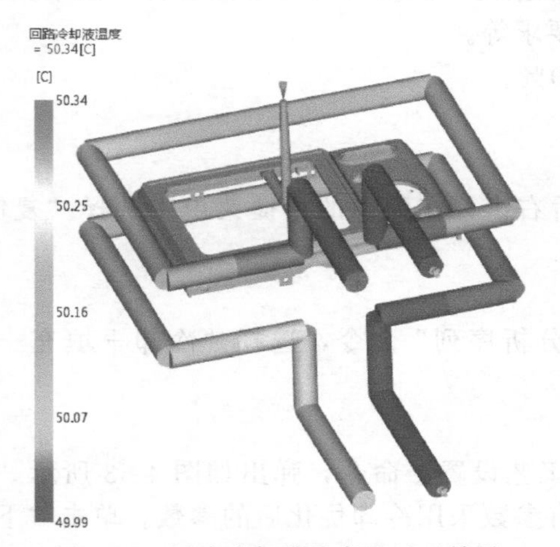

图 4-58　回路冷却液温度的显示结果

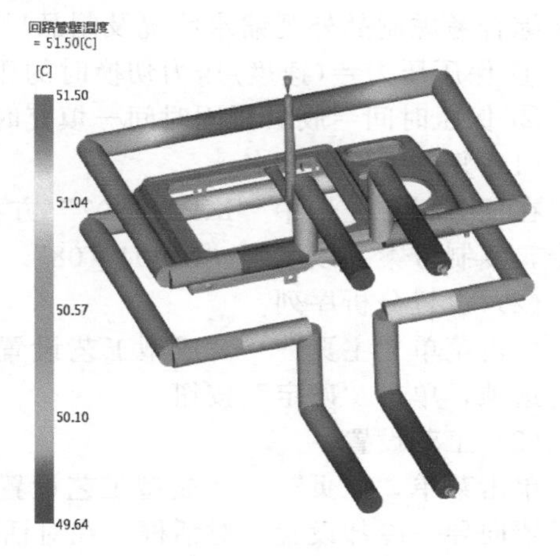

图 4-59　回路管壁温度的显示结果

⑤ 温度，模具　如图 4-61 所示为模具温度的显示结果，从图中可知，模具的最高与最低温度差异在±10℃以内，单侧模面温度差异也在 10℃以内。

⑥ 温度，零件　如图 4-62 所示为零件温度的显示结果，从图中可知，零件的最高温度与最低温度差异在±10℃以内，单侧零件表面温度差异也在 10℃以内。

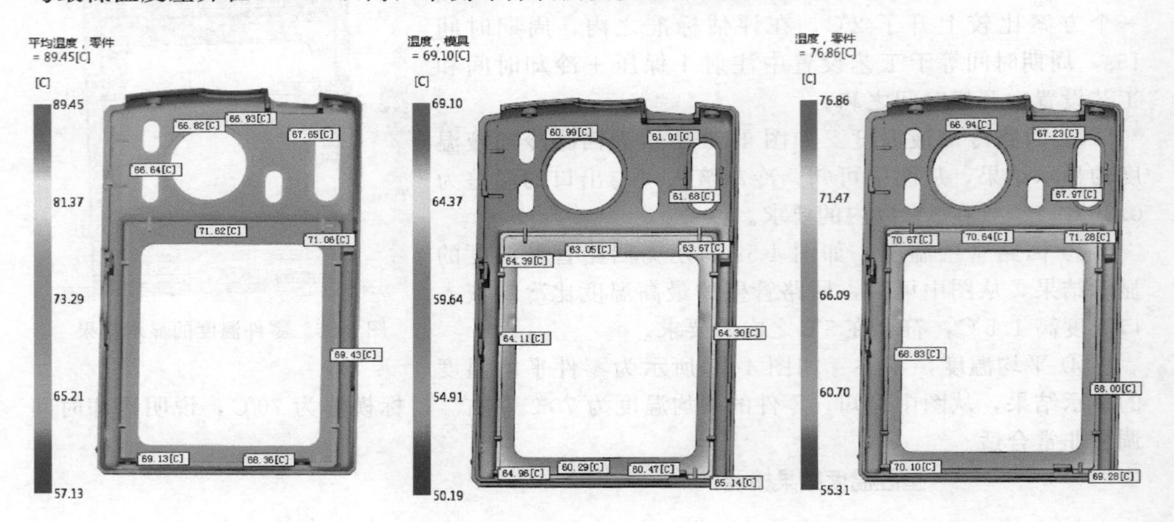

图 4-60　零件平均温度的显示结果　　图 4-61　模具温度的显示结果　　图 4-62　零件温度的显示结果

4.10　保压分析

在以前的老版本中只有流动分析，现在的新版本称为填充＋保压分析。填充＋保压分析包括两个阶段，分别为注射成型过程中的填充和保压阶段。

填充＋保压分析：模拟塑料熔体从注塑机喷嘴进入浇注系统，直到充满整个型腔的流动过程。作用是为了获得最佳的保压阶段设置，从而尽可能地降低由保压引起的制品收缩和翘曲等质量缺陷。

在保压控制中常用的保压控制方式为保压压力与时间，初始的保压压力一般为填充压力的 80%或者通过以下公式进行计算，保压时间要根据浇口凝固时间和凝固层百分比来决定，还要综合考虑制品外观缩水状况及制品尺寸变形要求等。

① 保压压力＝(速度/压力切换时的压力)×80%。

② 保压时间＝胶口凝固时间－填充时间。

(1) 复制方案并改名

在任务栏首先选中“MP04_07”方案，然后右击，在弹出的快捷菜单中选择“复制”命令，复制方案并改名为“MP04_08”。

(2) 设置分析序列

单击菜单“主页”→“成型工艺设置”→“分析序列”命令，选择“冷却＋填充＋保压”选项，单击“确定”按钮。

(3) 工艺设置

单击菜单“主页”→“成型工艺设置”→“工艺设置”命令，弹出如图 4-63 所示“工艺设置向导—冷却设置”对话框。在对话框中所有参数采用冷却优化后的参数。单击“下一步”按钮，弹出如图 4-64 所示“工艺设置向导-填充＋保压设置”对话框。在对话框中“充填控制”选项选择“注射时间”，其后的文本框中输入填充优化分析后的时间 0.52s，“速度

/压力切换”选项选择“自动”。“保压控制”选项共有四项，分别为：

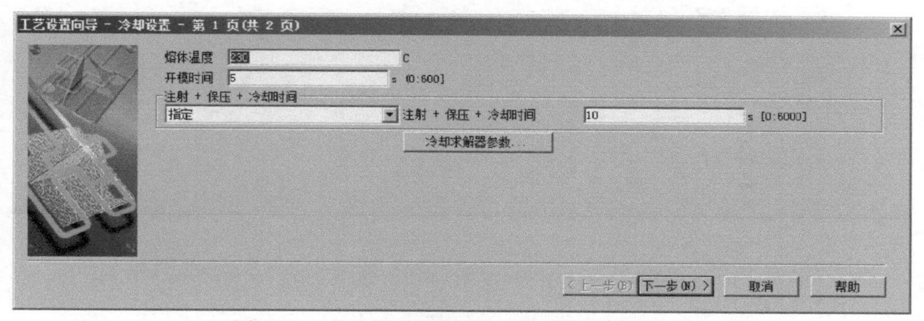

图 4-63　“工艺设置向导-冷却设置”对话框

①“%填充压力与时间”：由填充压力的百分比与持续时间控制保压曲线。

②“保压压力与时间”：由保压压力与持续时间控制保压曲线。

③“液压压力与时间”：由注塑机的液压压力与持续时间控制保压曲线。

④“%最大注射压力与时间”：由注塑机的最大注射压力与持续时间控制保压曲线。

系统默认的保压控制方式为“%填充压力与时间”，另外，“保压压力与时间”控制方式也比较常用。初次进行保压分析时可选择“%填充压力与时间”，单击右侧的“编辑曲线”按钮，弹出如图 4-65 所示的对话框。在对话框中“持续时间”表示为保压时间，默认设置为 10s，具体的持续时间可以根据分析完成后胶口“凝固时间-填充时间”计算出来，“%填充压力”表示填充压力的百分比，一般情况下为填充压力的 80%。单击“绘制曲线”按钮，弹出如图 4-66 所示的对话框。曲线图表示在保压初始时间 0s，保压压力为填充压力的 80%，在以后持续的 10s 时间内，保压压力仍然维持在填充压力的 80%。

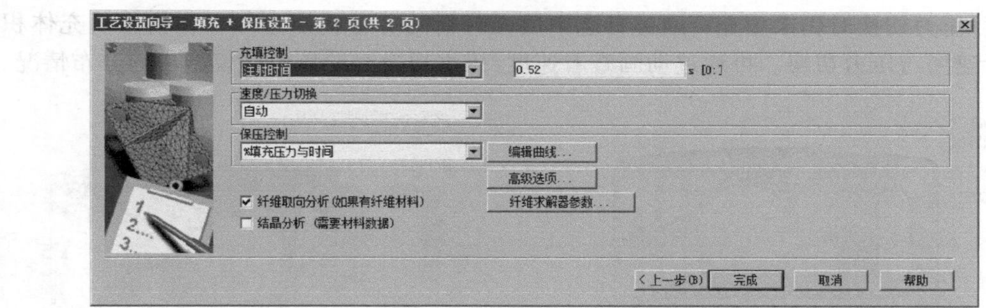

图 4-64　“工艺设置向导-填充+保压设置”对话框

保压控制曲线设置

%填充压力与时间

	持续时间 s [0:300]	%充填压力 % [0:200]
1	0	80
2	10	80
3		
4		

导入曲线...　绘制曲线...

确定　取消　帮助

图 4-65　“保压控制曲线设置”对话框

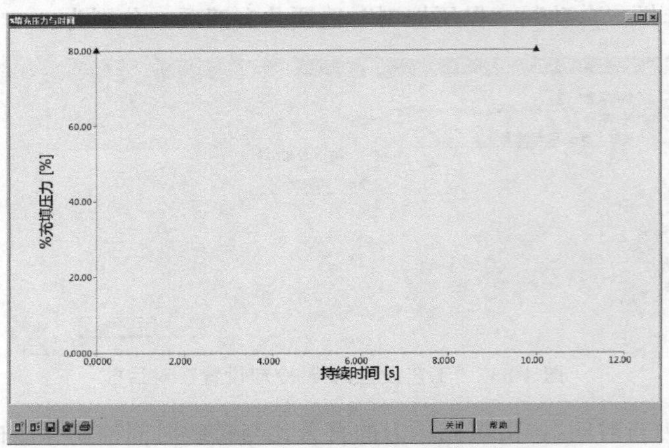

图 4-66　%填充压力与时间曲线

（4）开始分析

单击菜单“主页”→“分析”→“开始分析”命令，点击“确定”按钮。

（5）分析结果

① 填充时间　如图 4-67 所示为填充时间的显示结果，从图中可知模型没有短射的情况，填充时间为 0.6053s，比色卡上最大值显示区域（一般显示为红色）为模型的最后填充区域，也是模型的末端，填充基本平衡。点击“结果”→“动画”→“播放”命令，可以动态播放填充时间的动画，查看模型填充的整个过程。填充时间也可用等值线显示的方式进行查看。

② 速度/压力切换时的压力　如图 4-68 所示为速度/压力切换时的压力的显示结果，从图中可知速度/压力切换时的压力为 48.42MPa，在模型的末端有灰色区域显示，表示此区域在速度/压力切换时仍未填充，通过日志中填充分析的屏幕输出可知，在模型填充体积的 99%进行速度与压力切换。可通过动画查看速度/压力切换时的压力在模型中的分布情况。

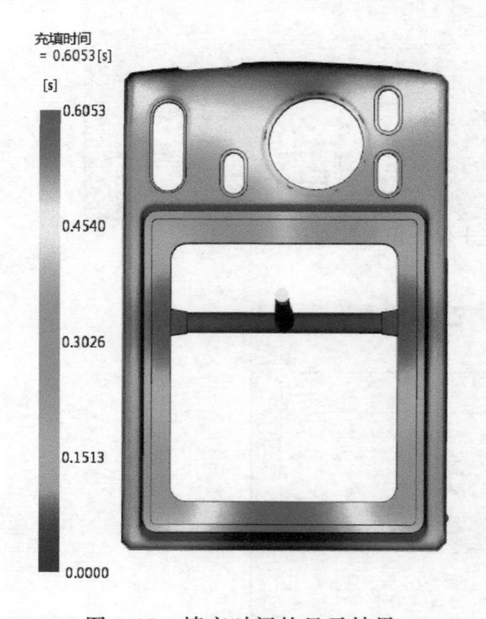

图 4-67　填充时间的显示结果

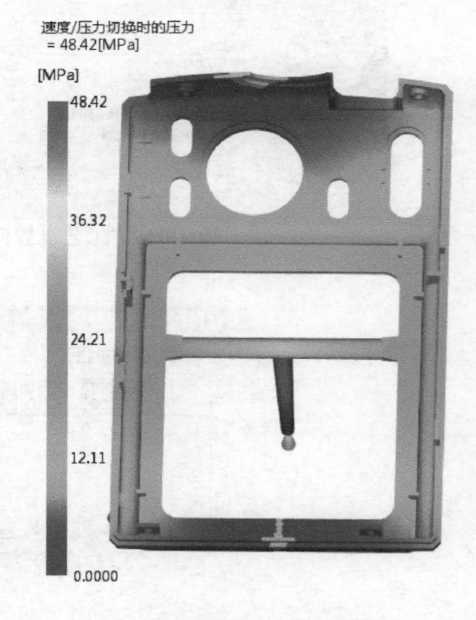

图 4-68　速度/压力切换时的压力的显示结果

③ 流动前沿温度　如图 4-69 所示为流动前沿温度的显示结果，从图中可知模型的绝大部分区域的温度为 230℃左右，与料温比较接近，说明填充很好。

④ 总体温度　如图 4-70 所示为总体温度的显示结果，从图中可知模型中绝大部分的温度为 230℃左右，没有超过材料的最大降解温度。

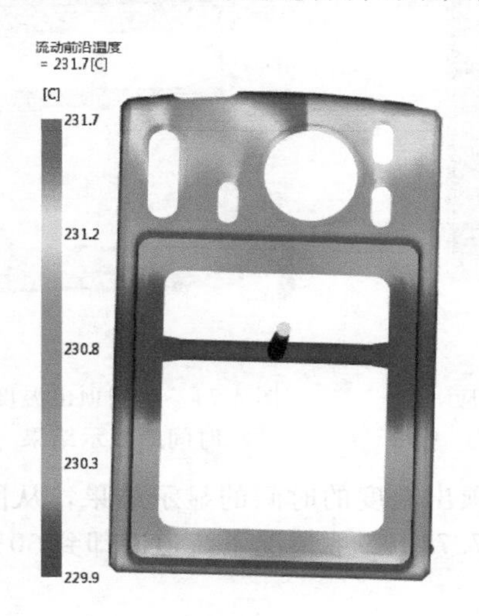

图 4-69　流动前沿温度的显示结果

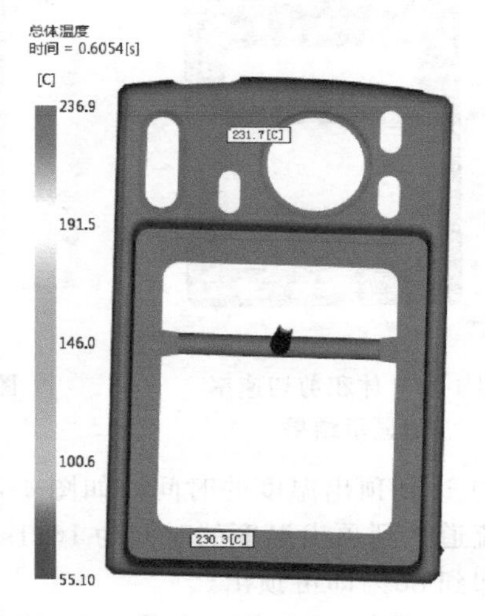

图 4-70　总体温度的显示结果

⑤ 注射位置处压力：XY 图　如图 4-71 所示为注射位置处压力：XY 图的显示结果，从图中可知，最大的注射压力值没有超过 50MPa。也可以选择菜单“结果”→“检查”→“检查”命令，单击曲线尖峰位置，可显示最大注射压力及时间。

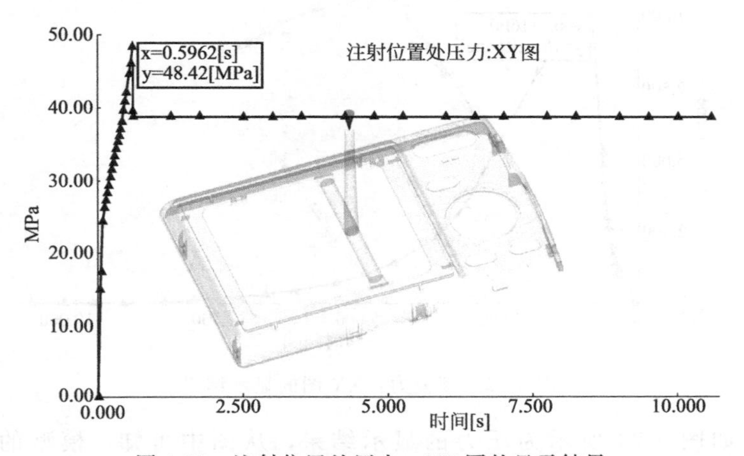

图 4-71　注射位置处压力：XY 图的显示结果

⑥ 剪切速率，体积　如图 4-72 所示为体积剪切速率的显示结果，从图中可知，体积剪切速率最大值超过了材料的极限值。其中剪切速率的最大区域位于浇口位置。可以通过增大浇口尺寸的方式来改善。

⑦ 壁上剪切应力　如图 4-73 所示为壁上剪切应力的显示结果，从图中可知，壁上剪切应力的最大值已经远远超过了材料的极限值。其中壁上剪切应力的最大区域位于产品的薄骨位区域，说明恒定的保压有较大的残余应力，可以用衰减的保压压力的方式来改善。

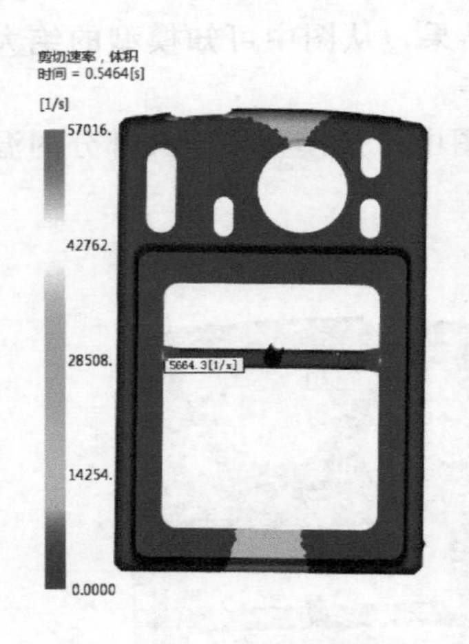

图 4-72　体积剪切速率的显示结果

图 4-73　壁上剪切应力的显示结果

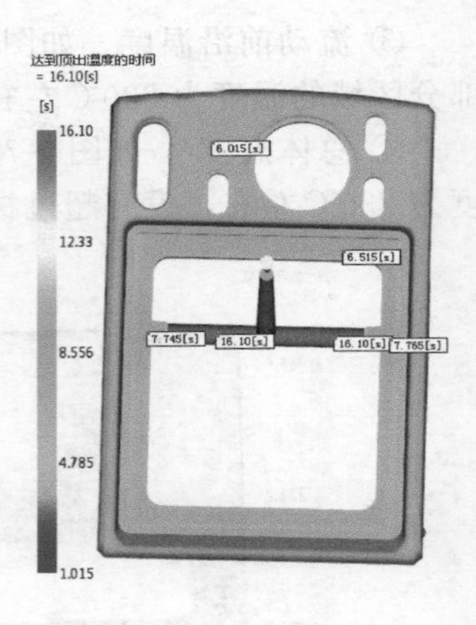

图 4-74　达到顶出温度的时间的显示结果

⑧ 达到顶出温度的时间　如图 4-74 所示为达到顶出温度的时间的显示结果，从图中可知，流道达到顶出温度的时间为 16.1s，产品大概要 7.7s，一般情况下流道冷却到 50%，产品冷却到 80%即可顶出。

⑨ 锁模力：XY 图　如图 4-75 所示为锁模力：XY 图的显示结果，从图中可知，锁模力的最大值为 10.12t。也可以选择菜单"结果"→"检查"→"检查"命令，单击曲线尖峰位置，可显示最大锁模力及时间。

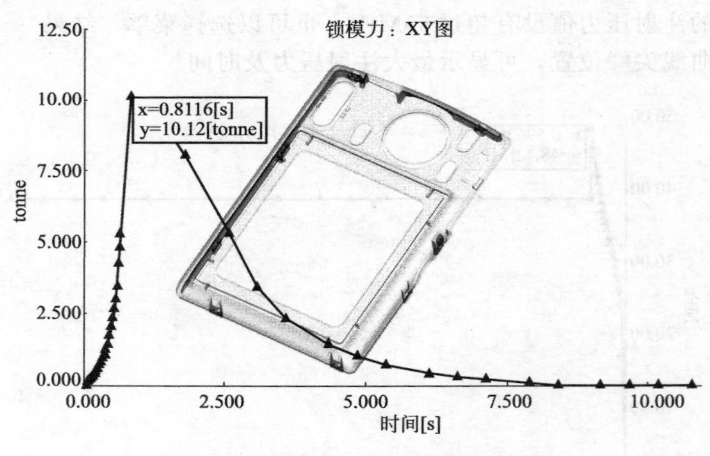

图 4-75　锁模力：XY 图的显示结果

⑩ 压力　如图 4-76 所示为压力的显示结果，从图中可知，模型的最大注射压力为 48.42MPa。

⑪ 气穴　如图 4-77 所示为气穴的显示结果，可以重叠填充时间结果，判断气穴的显示位置，为模具设计的排气提供参考。

⑫ 熔接线　如图 4-78 所示为熔接线的显示结果，从图中可知，模型的熔接线主要出现在两股料交接处。

⑬ 顶出时的体积收缩率　如图 4-79 所示为顶出时的体积收缩率的显示结果，从图中可知，模型中比色卡上最大值显示区域（一般显示为红色）为顶出时的体积收缩率最大的区域。

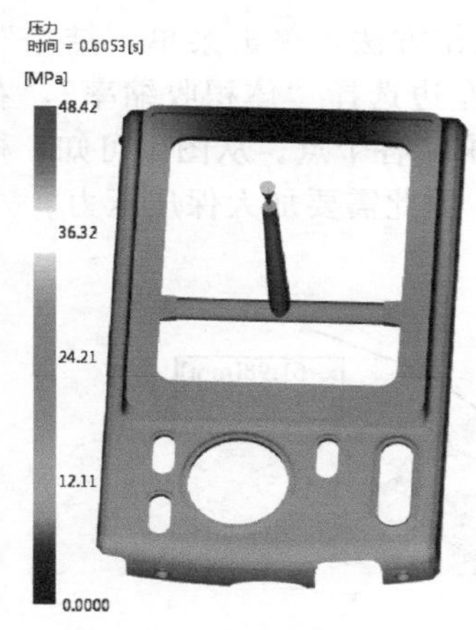

图 4-76　压力的显示结果

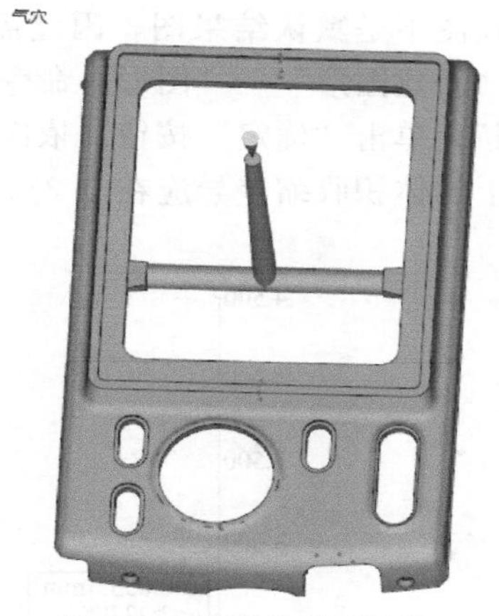

图 4-77　气穴的显示结果

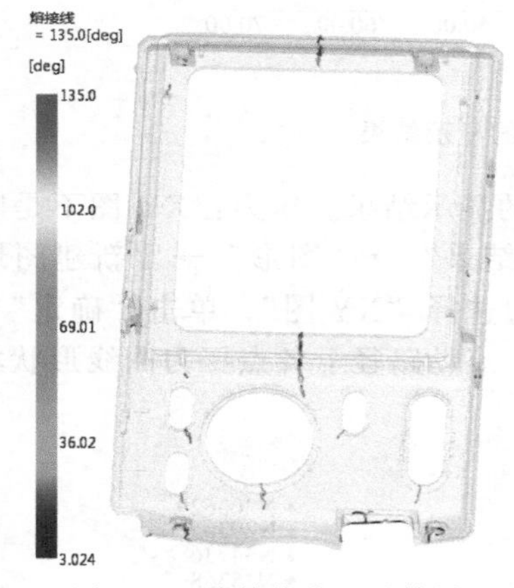

图 4-78　熔接线的显示结果

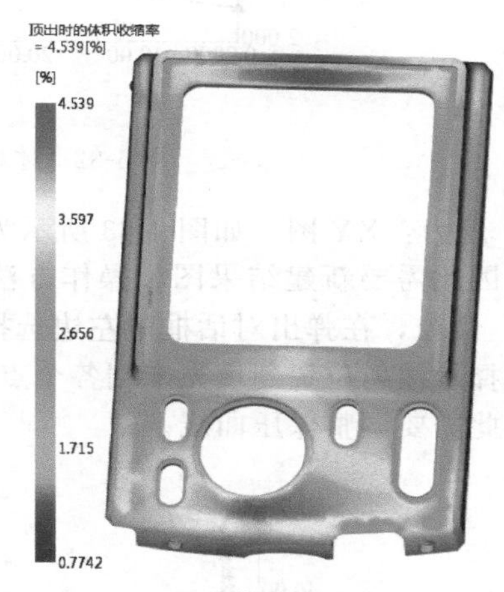

图 4-79　顶出时的体积收缩率的显示结果

⑭ 冻结层因子　如图 4-80 所示为冻结层因子的显示结果，可以单击“动画”中的“播放”按钮，以动画的形式模拟模型和浇口中的冷凝层随时间变化的过程，从中找出浇口的冻结时间，为修改保压时间提供参考。从图中可知浇口在 7.765s 时已冻结。

⑮ 缩痕，指数　如图 4-81 所示为缩痕指数的显示结果，从图中可知，模型中比色卡上最大值显示区域（一般显示为红色）为缩痕指数最大的区域。

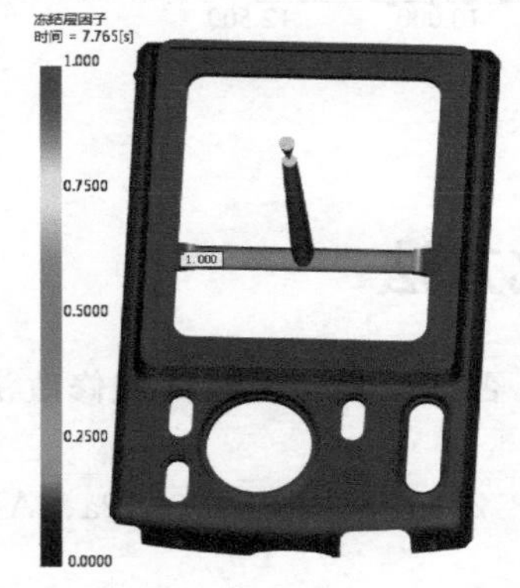

图 4-80　冻结层因子的显示结果

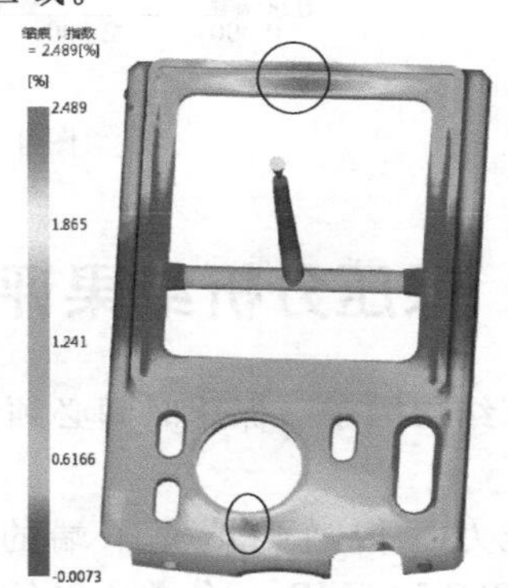

图 4-81　缩痕指数的显示结果

⑯ 体积收缩率：路径图　如图 4-82 所示为体积收缩率：路径图的显示结果。体积收缩

率：路径图不是默认结果图，因此需要新建结果图，操作方法：单击菜单“结果”→“图形”→“新建图形”→“图形”命令，在弹出对话框中左边选择“体积收缩率”，右边选择“路径图”，单击“确定”按钮。依次选择从浇口到填充末端各个点。从图中可知，模型沿流动路径上的体积收缩差异应在 2.2%，已超过评估标准，因此需要加大保压压力。

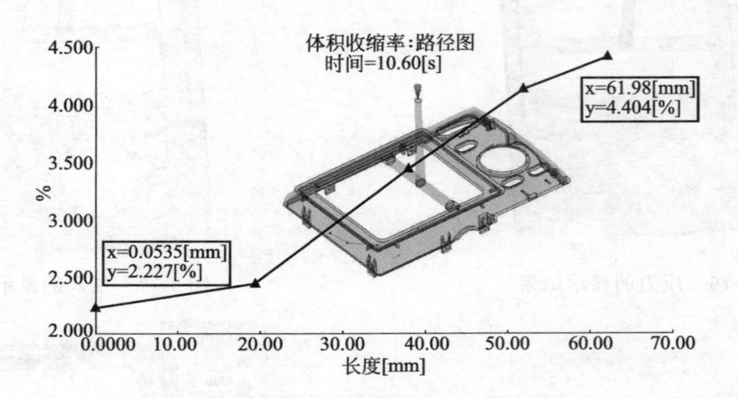

图 4-82 体积收缩率：路径图的显示结果

⑰ 压力：XY 图 如图 4-83 所示为压力：XY 图的显示结果。压力：XY 图不是默认结果图，因此需要新建结果图，操作方法：单击菜单“结果”→“图形”→“新建图形”→“图形”命令，在弹出对话框中左边选择“压力”，右边选择“XY 图”，单击“确定”按钮。依次选择从注射位置到填充末端各个点。从图中可知，流动路径上各点压力曲线形状相差较大，因此需要调整保压曲线。

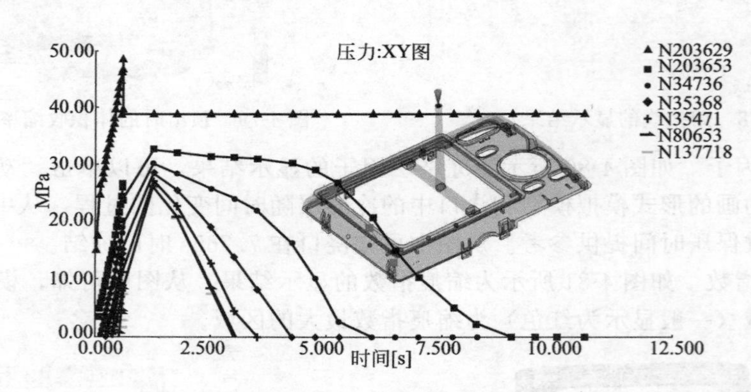

图 4-83 压力：XY 图的显示结果

4.11 保压分析结果评估标准及优化方法

① 冻结层因子 保压时间必须大于浇口冻结时间，否则延长保压时间或修改浇口截面尺寸。

② 压力 传递到填充末端的压力值应达到：PP 25MPa、ABS 30MPa、ABS＋PC 35MPa、POM 25MPa（公差±2MPa）。

③ 顶出时的体积收缩率 不带收缩模型的材料填充末端顶出时刻的体积收缩率应小于经验数值：PP 6%、ABS 3%、POM 6%、ABS+PC 4%、PMMA 4%、PA6 6%。

④ 体积收缩率路径图　沿流动路径上的体积收缩差异应在 2%之内。

⑤ 保压压力　型腔内保压压力差异应不超过 25MPa。

⑥ 压力曲线图　流动路径上各点压力曲线形状应尽可能接近。

⑦ 缩痕，指数　局部区域缩痕指数差异应在 1%之内。

⑧ 锁模力　低于注塑机最大锁模力。

保压评估标准与实际保压分析结果进行对比，结果如表 4-1 所示。

表 4-1　对比结果

评估项目	评估标准	实际结果	改善措施
冻结层因子	保压时间必须大于浇口冻结时间，默认 10s	浇口实际冻结时间为 7.765s	减少保压时间
压力	ABS 材料传递到填充末端的压力值应达到 30MPa	填充末端压力值 26MPa	增大保压压力
顶出时的体积收缩率	ABS 材料填充末端顶出时刻的体积收缩率应小于 3%	顶出时的体积收缩率最大值为 4.539%	调整保压曲线
体积收缩率路径图	沿流动路径上的体积收缩差异应在 2%之内	沿流动路径上的体积收缩差异 2.2%	增大保压压力
保压压力	型腔内保压压力差异应不超过 25MPa	型腔内保压压力差异 6.6MPa	OK
压力曲线图	流动路径上各点压力曲线形状应尽可能接近	流动路径上各点压力曲线形状差异较大	调整保压曲线
缩痕，指数	局部区域缩痕指数差异应在 1%之内	缩痕指数差异在 2.489%	增大保压压力
锁模力	低于注塑机最大锁模力	最大锁模力 10.12t	OK

4.12　保压分析优化及结果

从上面的评估标准与实际分析结果对比可知，要改善的措施是调整保压曲线和增大保压压力，具体步骤如下。

(1) 复制方案并改名

图 4-84　冻结层因子的显示结果

在任务栏首先选中“MP04 _ 08”方案，然后右击，在弹出的快捷菜单中选择“复制”命令，复制方案并改名为“MP04 _ 09”。

(2) 保压时间

保压时间：在填充/保压切换后施加压力的时间。一般情况下浇口冻结后，产品已无法再保压了，因此可以利用冻结层因子结果来确认浇口的冻结时间，即保压时间。如图 4-84 所示为冻结层因子的显示结果，从图中可知浇口在 7.765s 时已冻结。因为 v/p 转换之前是填充时间，因此保压时间＝浇口冻结时间－v/p 时间＝7.765-0.596＝7.169(s)≈7.2(s)。

(3) 衰减式保压曲线

一般情况下，壁厚比较均匀的产品采用衰减式保压曲线可以使体积收缩更均匀，而体积收缩是评估保压分析是否合格的重要选项之一。如图 4-85 所示为衰减式保压曲线，衰减式保压曲线中的保压时间分为恒压时间和衰减时间。

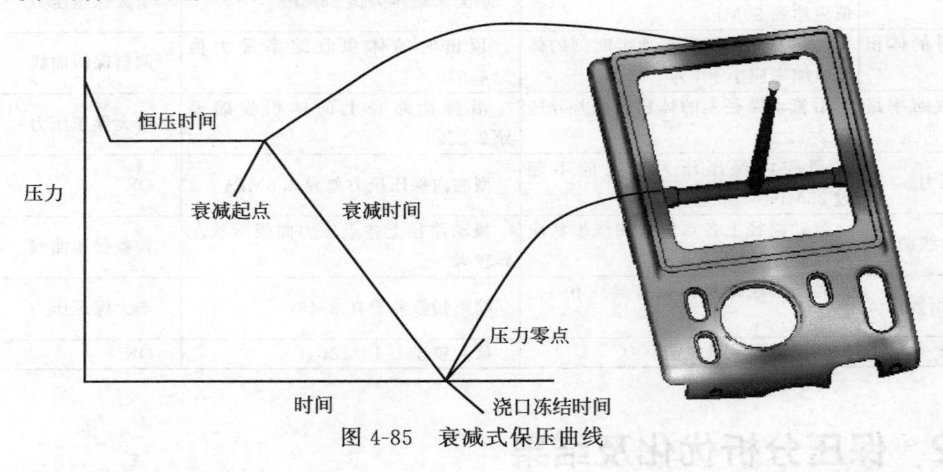

图 4-85 衰减式保压曲线

(4) 恒压时间

恒压时间的计算首先查询填充末端的压力曲线，如图 4-86 所示，计算时间的中间点，即恒压时间的结束点也是衰减时间的起点。计算方法：查询图中压力最高点对应时间与压力为零对应时间之和的平均值。(1.265＋3.015)/2＝2.14(s)，恒压时间＝中间点时间－v/p 时间＝2.14－0.596＝1.544≈1.6(s)。

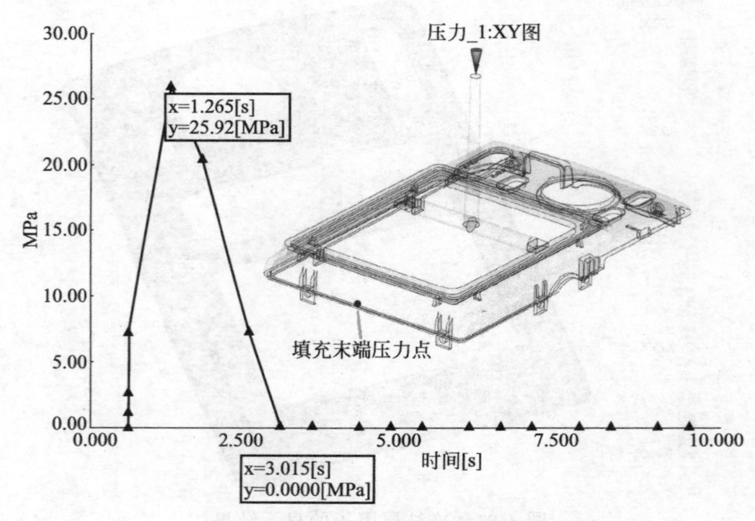

图 4-86 压力：XY 图的显示结果

（5）衰减时间

衰减时间的起始时间为恒压时间的结束时间，衰减时间的结束时间为浇口的冷却时间，因此衰减时间＝保压时间－恒压时间＝7.2－1.6＝5.6(s)。

（6）保压压力

初始分析方案中默认的保压压力设定为最高填充压力的 80%，最高填充压力即为 v/p 转换压力可在日志中查找，保压压力＝48.42×80%＝38.736(MPa)，根据评估标准，ABS 材料传递到填充末端的压力值应达到 30MPa，但是在图 4-86 中，填充末端的压力值才达到 26MPa，与评估标准相差 4MPa，因此优化方案中保压压力＝38.436＋4＝42.436≈43(MPa)。

（7）工艺设置

单击菜单“主页”→“成型工艺设置”→“工艺设置”命令，弹出“工艺设置向导”对话框。在对话框中“保压控制”选项选择“保压压力与时间”，然后单击“编辑曲线”按钮，弹出如图 4-87 所示的对话框，在对话框中依次输入保压时间与保压压力，单击“绘制曲线”按钮，弹出如图 4-88 所示的对话框，曲线图表示在保压初始时间 0s，保压压力为 43MPa，在以后持续的 1.6s 时间内，保压压力仍然维持在 43MPa，在最后的 5.6s 时间中，保压压力由 43MPa 降低至 0MPa。其他所有的设置均采用默认。单击“确定”按钮。

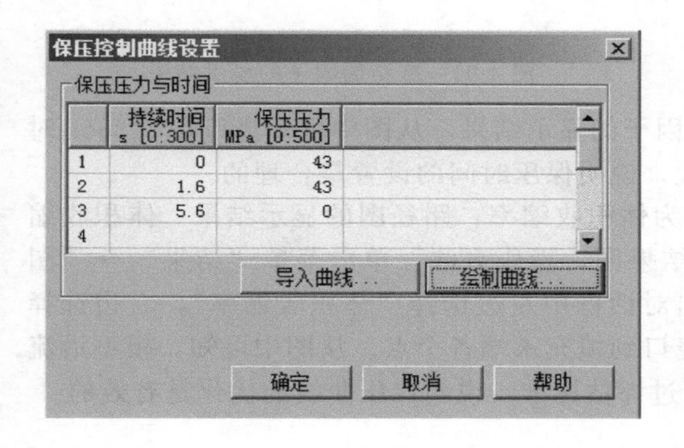

图 4-87　“保压控制曲线设置”对话框

图 4-88　保压压力与时间曲线图

（8）开始分析

单击菜单“主页”→“分析”→“开始分析”命令，点击“确定”按钮。

（9）分析结果

① 填充时间　如图 4-89 所示为填充时间的显示结果，从图中可知模型没有短射的情况，填充时间为 0.6044s，比色卡上最大值显示区域（一般显示为红色）为模型的最后填充区域，也是模型的末端，填充基本平衡。与初始方案相比较，填充时间相差不大。

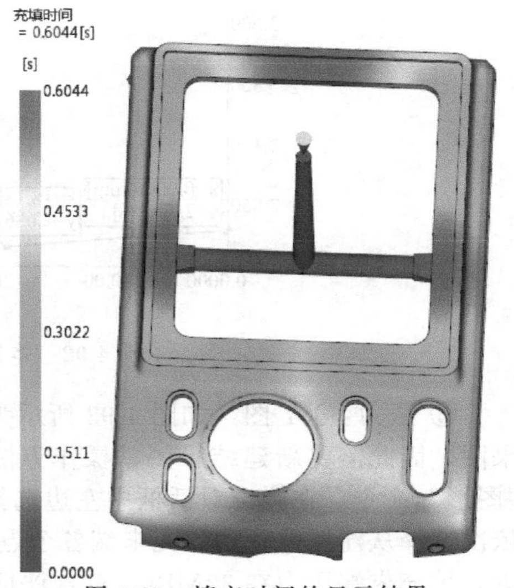

图 4-89　填充时间的显示结果

② 顶出时的体积收缩率　如图 4-90 所示为顶出时的体积收缩率的显示结果，从图中可知，模型中比色卡上最大值显示区域（一般显示为红色）为顶出时的体积收缩率最大的区域，最大的体积收缩率达到 4.381%，根据评估标准，ABS 材料的体积收缩率为 3%，而加大保压压力是减小体积收缩的有效

措施之一，因此，还需要继续优化保压曲线。

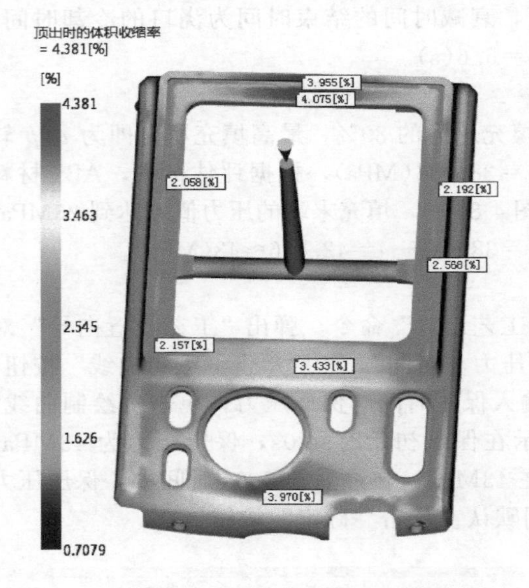

图 4-90　顶出时的体积收缩率的显示结果

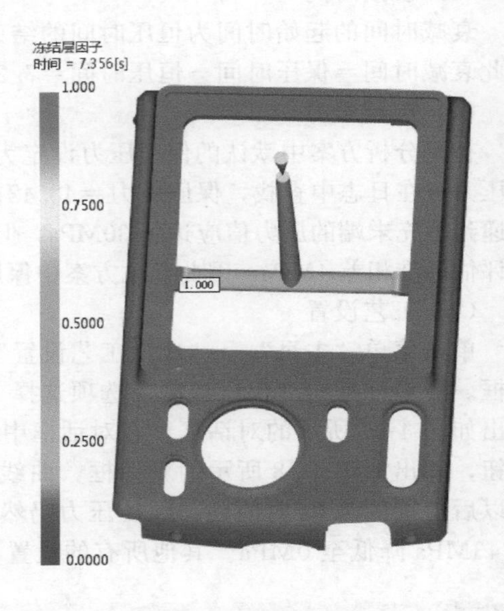

图 4-91　冻结层因子的显示结果

③ 冻结层因子　如图 4-91 所示为冻结层因子的显示结果，从图中可知浇口在 7.356s 时已冻结，与初始方案的浇口冻结时间相差不大，说明保压时间的设置是合理的。

④ 体积收缩率：路径图　如图 4-92 所示为体积收缩率：路径图的显示结果。体积收缩率：路径图不是默认结果图，因此需要新建结果图，操作方法：单击菜单“结果”→“图形”→“新建图形”→“图形”命令，在弹出对话框中左边选择“体积收缩率”，右边选择“路径图”，单击“确定”按钮。依次选择从浇口到填充末端各个点。从图中可知，模型沿流动路径上的体积收缩差异应在 1.414%，未超过评估标准，说明保压曲线的优化是有效的。

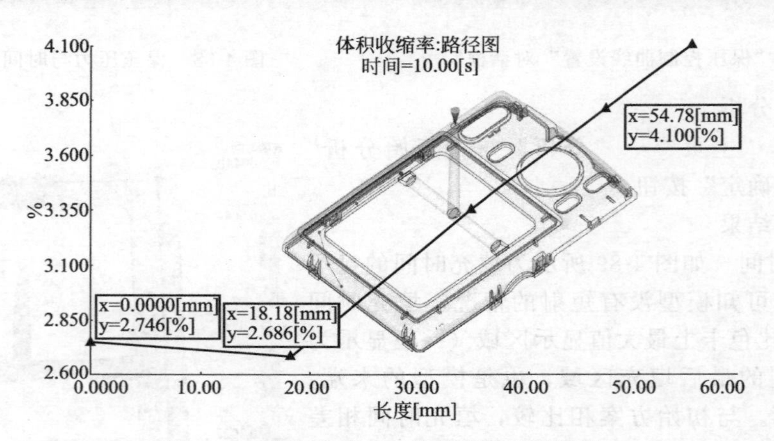

图 4-92　体积收缩率：路径图的显示结果

⑤ 压力：XY 图　如图 4-93 所示为压力：XY 图的显示结果。压力：XY 图不是默认结果图，因此需要新建结果图，操作方法：单击菜单“结果”→“图形”→“新建图形”→“图形”命令，在弹出对话框中左边选择“压力”，右边选择“XY 图”，单击“确定”按钮。依次选择从注射位置到填充末端各个点。从图中可知，流动路径上各点压力曲线形状基本接近，填充末端压力在 32MPa，符合评估标准，型腔内的保压压力差异在 4MPa，也符合评估

标准。

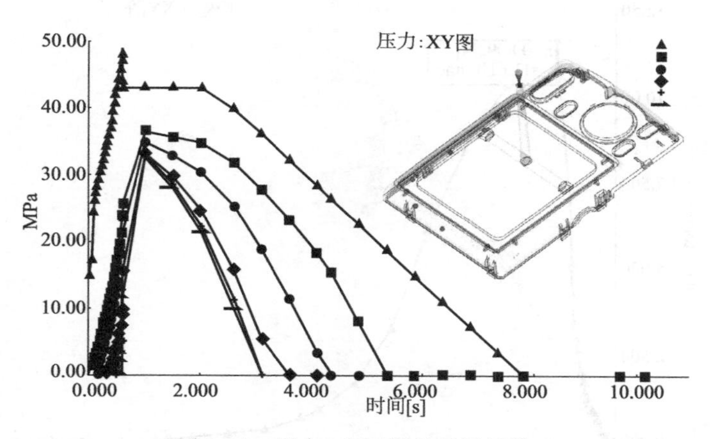

图 4-93　压力：XY 图的显示结果

⑥ 缩痕，指数　如图 4-94 所示为缩痕指数的显示结果，从图中可知，模型中比色卡上最大值显示区域（一般显示为红色）为缩痕指数最大的区域，已超出评估标准，需要加大保压压力进行改善。

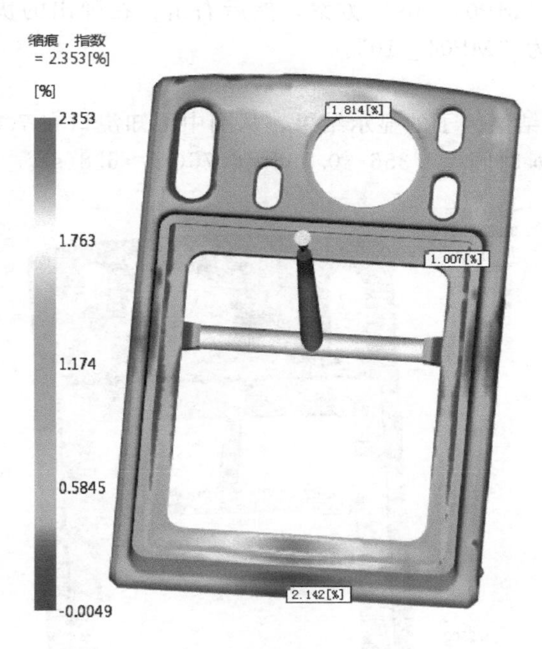

图 4-94　缩痕指数的显示结果

⑦ 锁模力：XY 图　如图 4-95 所示为锁模力：XY 图的显示结果，从图中可知，锁模力的最大值为 11.61t，符合注射机的锁模力要求。

4.13　保压分析再次优化及结果

从评估标准与优化方案的分析结果对比可知，顶出时的体积收缩率超出评估标准，改善措施是调整保压曲线并增大保压压力，具体步骤如下。

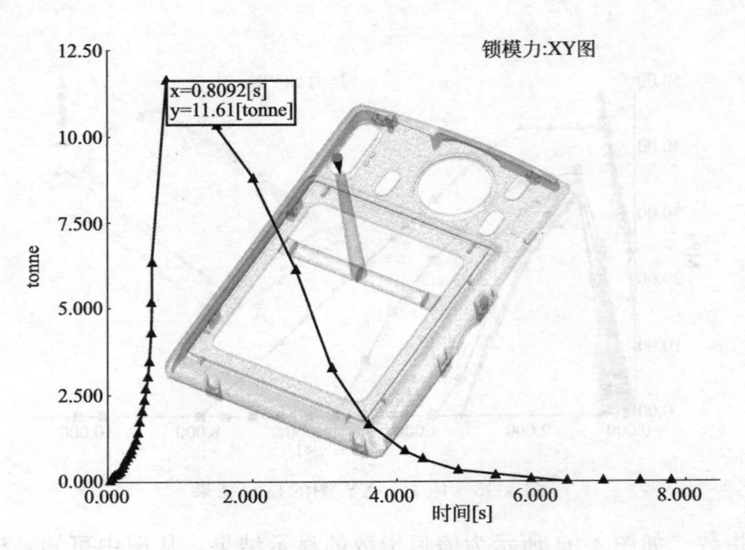

图 4-95　锁模力：XY 图的显示结果

(1) 复制方案并改名

在任务栏首先选中“MP04 _ 09”方案，然后右击，在弹出的快捷菜单中选择“复制”命令，复制方案并改名为“MP04 _ 10”。

(2) 保压时间

如图 4-96 所示为冻结层因子的显示结果，从图中可知浇口在 7.356s 时已冻结。保压时间＝浇口冻结时间－v/p 时间＝7.356－0.596＝6.76(s)≈6.8(s)。

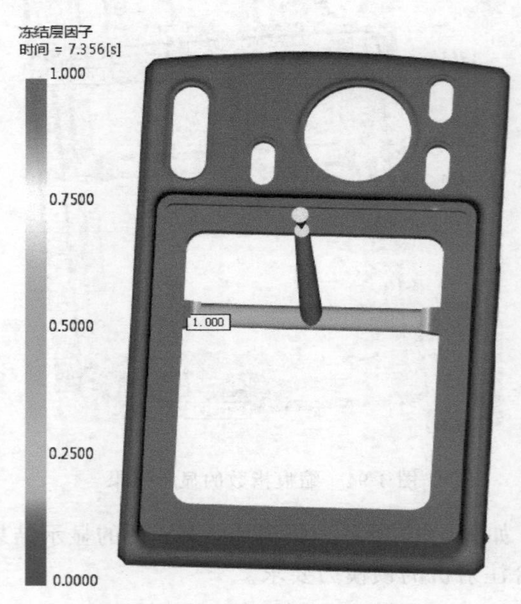

图 4-96　冻结层因子的显示结果

(3) 恒压时间

恒压时间的计算首先查询填充末端的压力曲线，如图 4-97 所示，计算时间的中间点，计算方法：查询图中压力最高点对应时间与压力为零对应时间之和的平均值。(1.014＋3.103)/2＝2.0585(s)，恒压时间＝中间点时间－v/p 时间＝2.0585－0.596＝1.4625≈

1.5(s)。

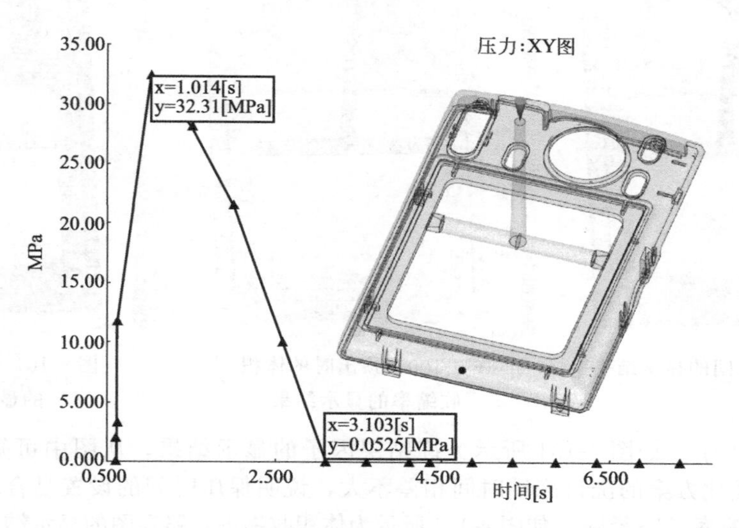

图 4-97　压力：XY 图的显示结果

(4) 衰减时间

衰减时间的起始时间为恒压时间的结束时间，衰减时间的结束时间为浇口的冷却时间，因此衰减时间＝保压时间－恒压时间＝6.8－1.5＝5.3(s)。

(5) 保压压力

优化方案中保压压力是 43MPa，但是在分析结果中顶出时的体积收缩率最大达到 4.381%，已超出评估标准，而增大保压压力是调整体积收缩的有效措施之一，因此在再次优化方案中，保压压力增大到 65MPa。保压压力的调整要依靠经验多次地调整才能达到一个最佳的值。

(6) 工艺设置

单击菜单“主页”→“成型工艺设置”→“工艺设置”命令，弹出“工艺设置向导”对话框。在对话框中“保压控制”选项选择“保压压力与时间”，然后单击“编辑曲线”按钮，输入如图 4-98 所示的保压曲线。其他所有的设置均采用默认。单击“确定”按钮。

(7) 开始分析

单击菜单“主页”→“分析”→“开始分析”命令，点击“确定”按钮。

(8) 分析结果

① 填充时间　如图 4-99 所示为填充时间的显示结果，从图中可知模型没有短射的情况，填充时间为 0.6022s，比色卡上最大值显示区域（一般显示为红色）为模型的最后填充区域，也是模型的末端，填充基本平衡。与前面两个方案相比较，填充时间相差不大。

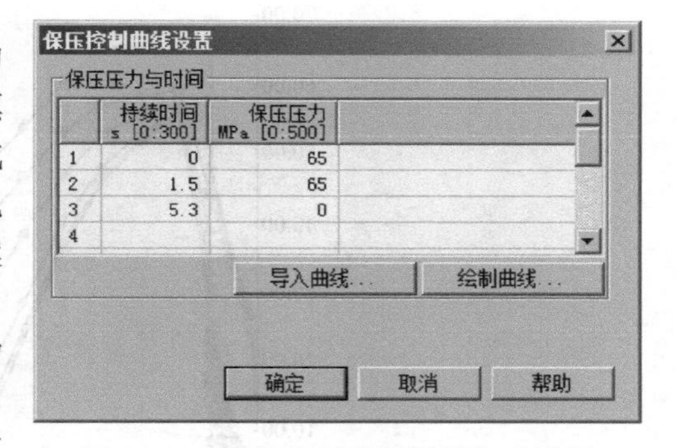

图 4-98　“保压控制曲线设置”对话框

② 顶出时的体积收缩率　如图 4-100 所示为顶出时的体积收缩率的显示结果，从图中可知，模型中比色卡上最大值显示区域（一般显示为红色）为顶出时的体积收缩率最大的区域，最大的体积收缩率达到 3%左右，符合 ABS 材料的体积收缩率为 3%的评估标准。

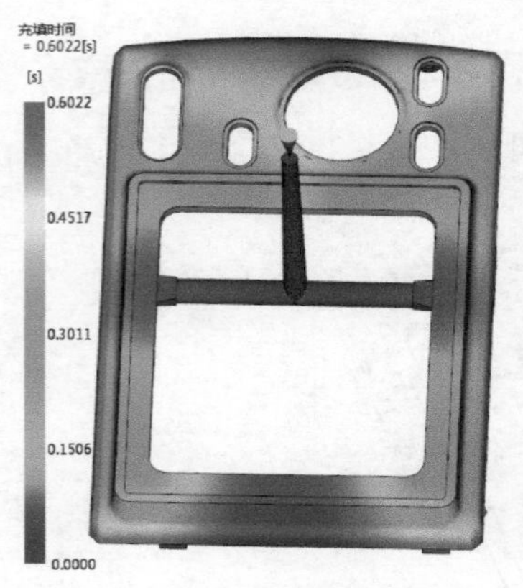

图 4-99　填充时间的显示结果

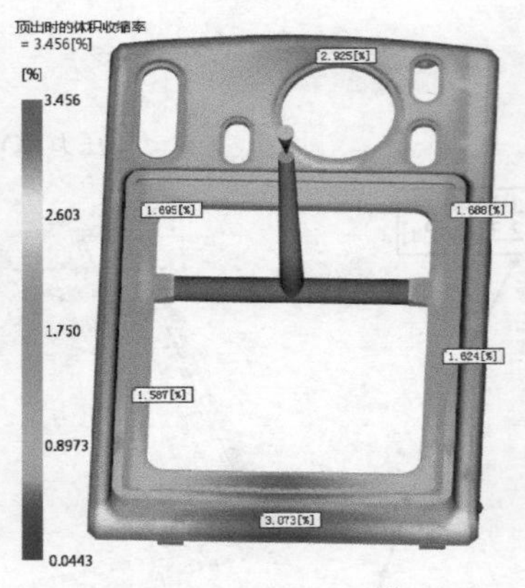

图 4-100　顶出时的体积收缩率的显示结果

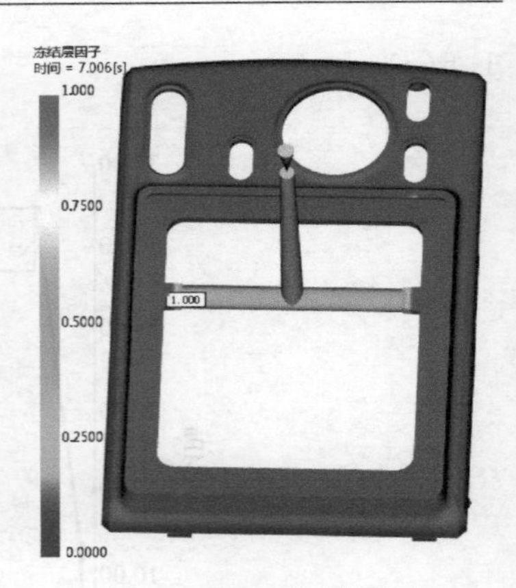

图 4-101　冻结层因子的显示结果

③ 冻结层因子　如图 4-101 所示为冻结层因子的显示结果，从图中可知浇口在 7.006s 时已冻结，与优化方案的浇口冻结时间相差不大，说明保压时间的设置是合理的。

④ 体积收缩率：路径图　如图 4-102 所示为体积收缩率：路径图的显示结果。从图中可知，模型沿流动路径上的体积收缩差异应在 1.082%，未超过评估标准，说明保压曲线的优化是有效的。

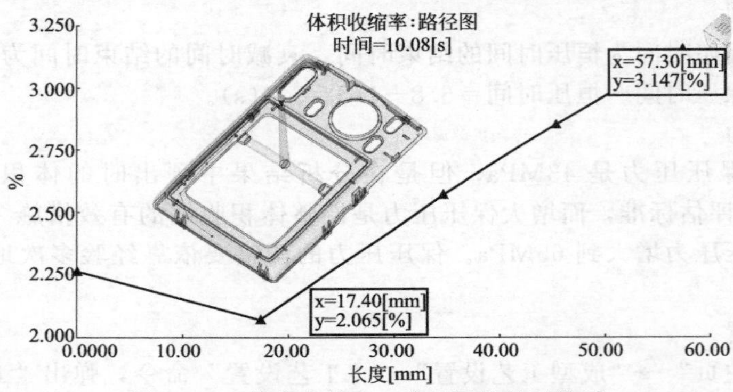

图 4-102　体积收缩率：路径图的显示结果

⑤ 压力：XY 图　如图 4-103 所示为压力：XY 图的显示结果。从图中可知，流动路径上各点压力曲线形状非常接近，填充末端压力在 55MPa，这是增大保压压力所造成的，型腔内的保压压力差异在 3.6MPa，符合评估标准。

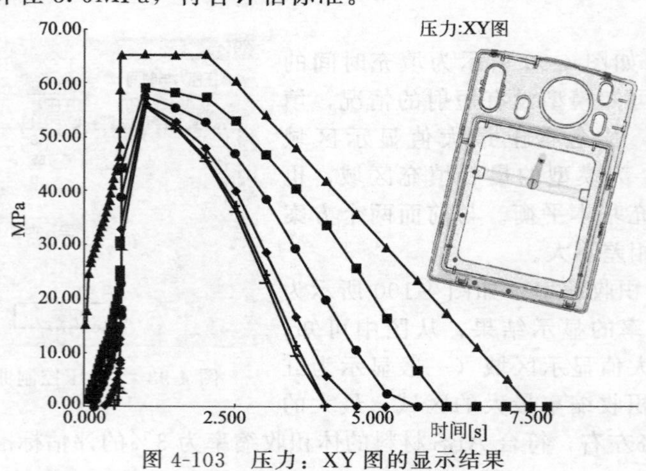

图 4-103　压力：XY 图的显示结果

⑥ 缩痕，指数　如图 4-104 所示为缩痕指数的显示结果，从图中可知，模型中比色卡上最大值显示区域（一般显示为红色）为缩痕指数最大的区域，通过保压优化缩痕指数已达到评估标准。

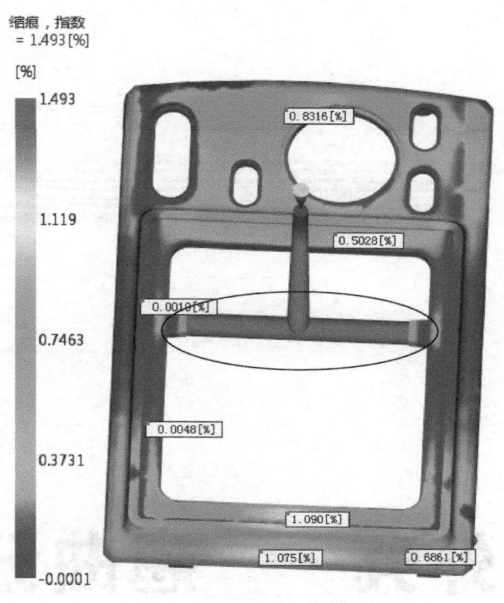

图 4-104　缩痕指数的显示结果

⑦ 锁模力：XY 图　如图 4-105 所示为锁模力：XY 图的显示结果，从图中可知，锁模力的最大值为 19.34t，符合注射机的锁模力要求。

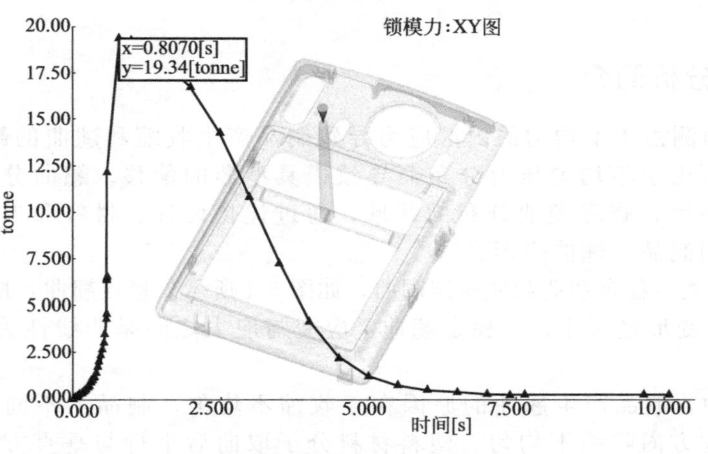

图 4-105　锁模力：XY 图的显示结果

第 5 章

液晶电视外壳——翘曲分析

5.1 概述

概述

5.1.1 翘曲分析简介

翘曲就是预测由于不均匀的内部应力导致制品产生收缩和翘曲的缺陷，也可以预测由于不均匀压力分布而导致模具型芯的偏移。翘曲分析的目的就是明确翘曲发生的原因，查看翘曲分布的区域，通过优化设计、材料和工艺参数，以在模具制造之前控制制品的翘曲变形。

翘曲分为两类：稳定翘曲和非稳定翘曲，如图 5-1 所示。稳定翘曲：应变与应力之间是线性关系，通常变形量很小。非稳定翘曲：应变与应力之间是非线性关系，通常变形量很大。

注塑成型中，制品产生翘曲的原因在于收缩不均匀。制品上不同部位的收缩不均匀、沿制品厚度方向收缩不均匀、塑料材料分子取向后平行与垂直方向上收缩不均匀都会引起翘曲。而 Moldflow 中的翘曲分析产生翘曲的主要原因有：冷却不均、收缩不均和取向因素。

在进行翘曲分析之前，要完成对填充、保压和冷却的优化，在得到了合格的填充、保压和冷却分析之后，再对制品进行翘曲分析。

5.1.2 优化翘曲分析的流程

优化和减小翘曲分析的流程分别如图 5-2 和图 5-3 所示。

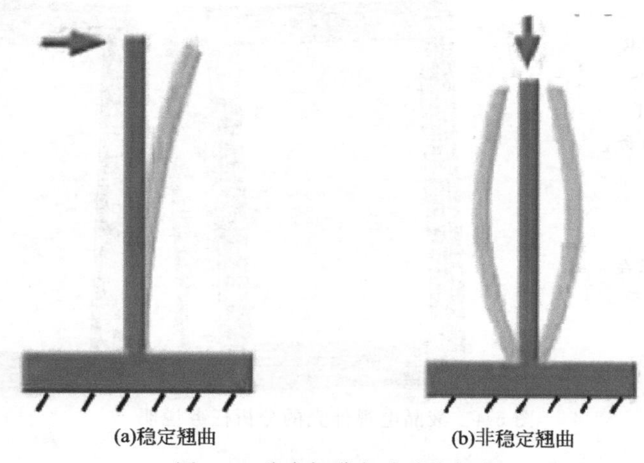

图 5-1　稳定翘曲与非稳定翘曲

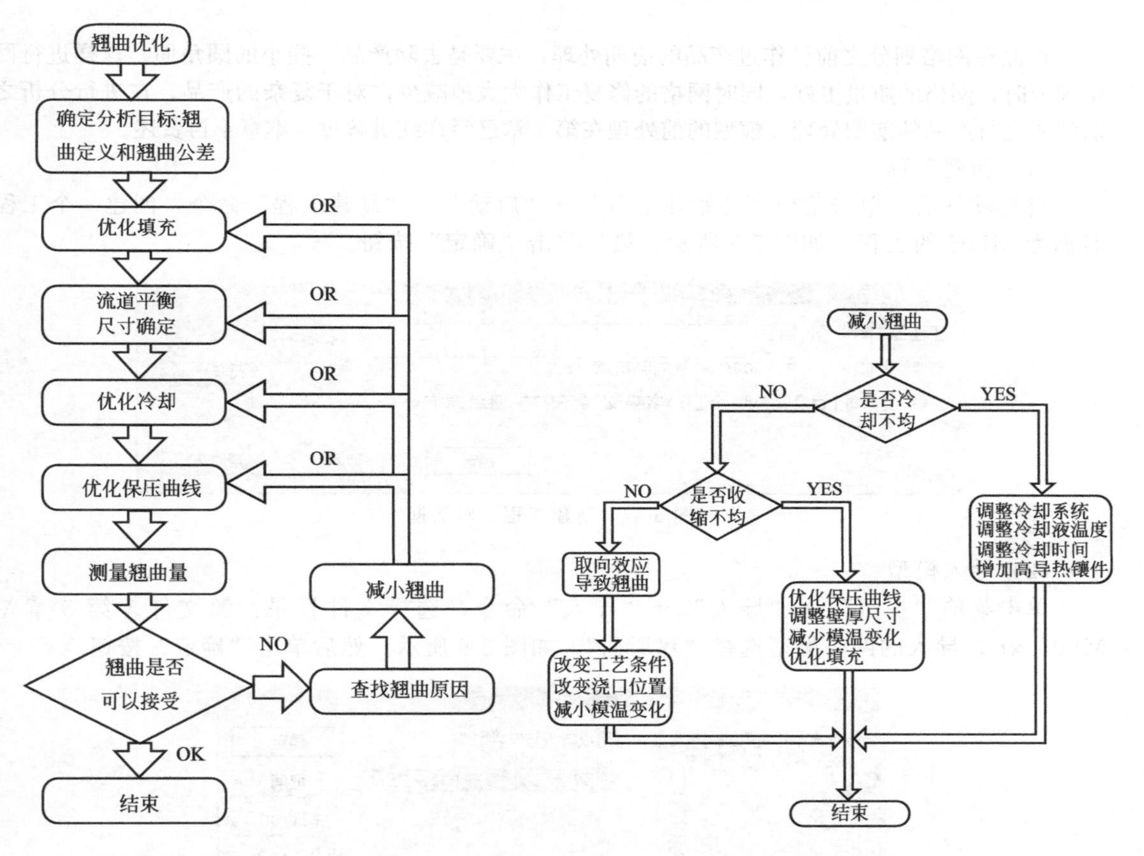

图 5-2　优化翘曲分析流程　　　　图 5-3　减小翘曲分析流程

5.1.3　分析说明

本章案例是液晶电视的外壳。本章以液晶电视的外壳实例分析，学习优化翘曲分析的基本流程。通过本章的学习，能够准确判断翘曲产生的原因以及解决翘曲所采用的典型方法。液晶电视的外壳的分析说明如图 5-4 所示。

分析任务说明书
① 材料：HIPS
② 穴数：1×1
③ 确认分析任务：
- 浇口位置
- 流动平衡
- 熔接线
- 平面度公差在0.5mm以下

图 5-4 液晶电视外壳的分析任务说明

5.2 网格划分及修复

产品在网格划分之前已作过产品的前期处理，主要是去除产品一些小的圆角面。这样进行网格划分时，网格的质量更好，同时网格的修复工作大大地减少，对于复杂的产品，在进行分析之前都要进行产品的前期处理。模型的前处理在第1章已经详细讲解过，本章不再赘述。

(1) 新建工程

打开软件后，单击菜单“开始并学习”→“启动”→“新建工程”命令，创建一个工程名称为MP05的工程，如图5-5所示。最后单击“确定”按钮。

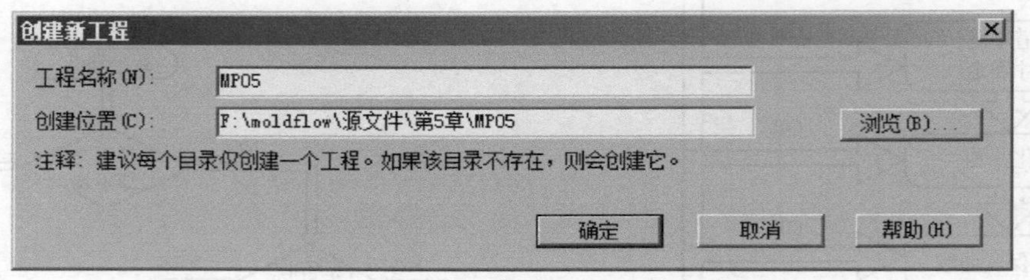

图 5-5 “新建工程”对话框

(2) 导入模型

单击菜单“主页”→“导入”→“导入”命令，选择文件目录：源文件\第5章\MP05.xt。导入的网格类型选择“双层面”，如图5-6所示。然后单击“确定”按钮。

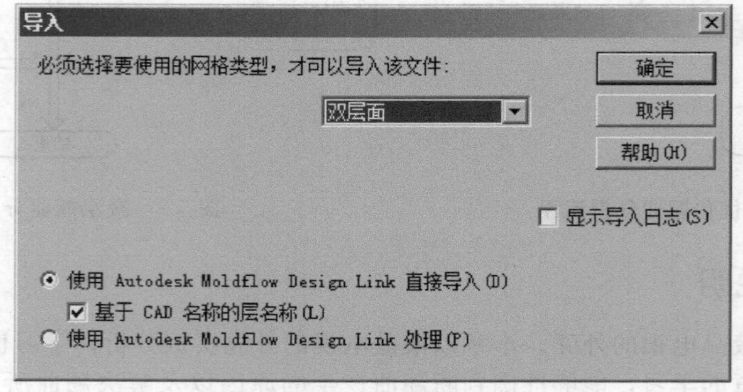

图 5-6 导入网格类型对话框

（3）网格划分

单击菜单“网格”→“网格”→“生成网格”命令，弹出如图 5-7 所示对话框，在对话框中“曲面上的全局边长”输入框中输入 3.75（产品壁厚 1.5 倍），单击“立即划分网格”按钮。

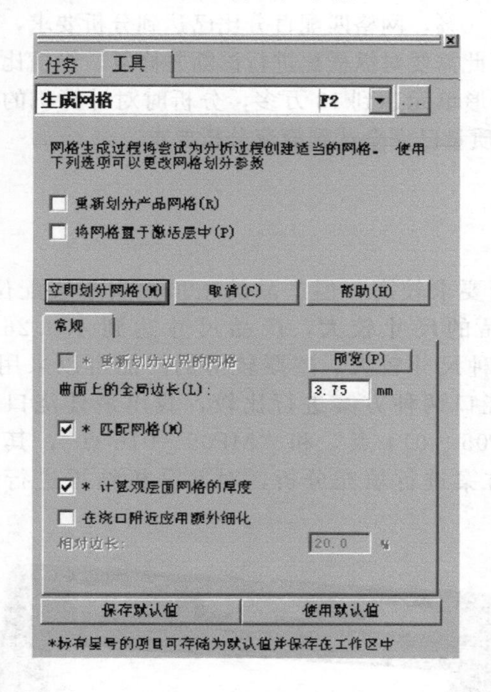

图 5-7　“生成网格”对话框

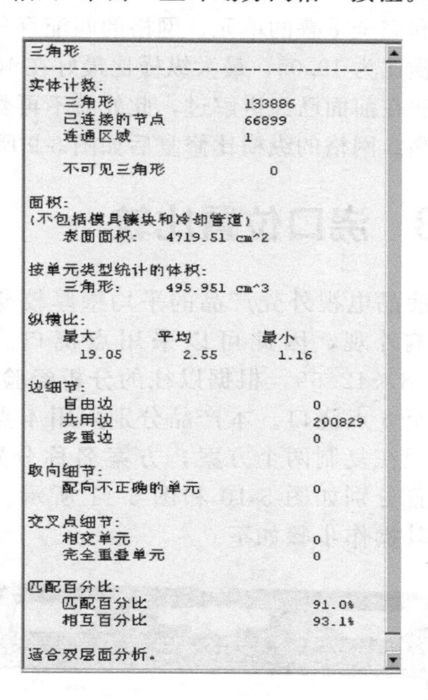

图 5-8　修复前网格统计结果

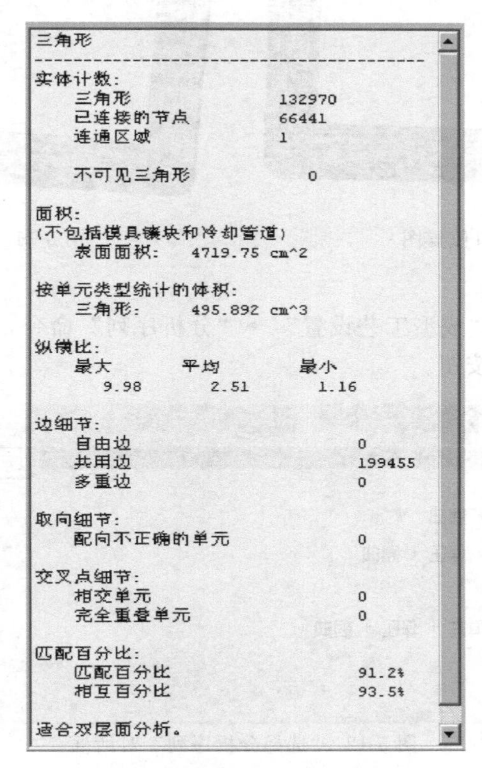

图 5-9　修复后网格统计结果

（4）网格统计

单击菜单“网格”→“网格诊断”→“网格统计”命令，单击“显示”按钮。网格统计结果如图 5-8 所示。从图中可知，网格的质量还好，没有自由边、多重边、配向不正确的单元及相交和完全重叠的单元，网格的匹配百分比达到 91.0%，网格匹配百分比已达到分析要求，最大纵横比为 19.05，最大纵横比最好在 10 以下，因此需要对纵横比进行诊断并修复。纵横比修复方法在前面已经讲解过，此处就不再赘述。三角形单元达到 13 万多，分析时对计算机的要求较高。网格的纵横比修复后如图 5-9 所示。网格质量已完全达到模流分析要求。

5.3 浇口位置比较

液晶电视外壳产品的平均壁厚较薄，外观面要求较高，但产品的正顶面属于装配位，不影响外观，因此可以采用点浇口。由于产品的尺寸较大，产品尺寸达到 400.26×561.88×42.69，根据以往的分析经验，对于这种尺寸较大、壁厚较薄的产品可以采用 4 点甚至 6 点浇口。本产品分别采用 4 点和 6 点浇口两种方案进行比较，找出最佳浇口方案。现在复制两个方案，方案名称分别为“MP05 _ 014 点”和“MP05 _ 016 点”，其浇口位置分别如图 5-10 和图 5-11 所示。对两个方案进行填充分析，对其分析结果进行比较，其操作步骤如下。

图 5-10　4 点浇口位置图

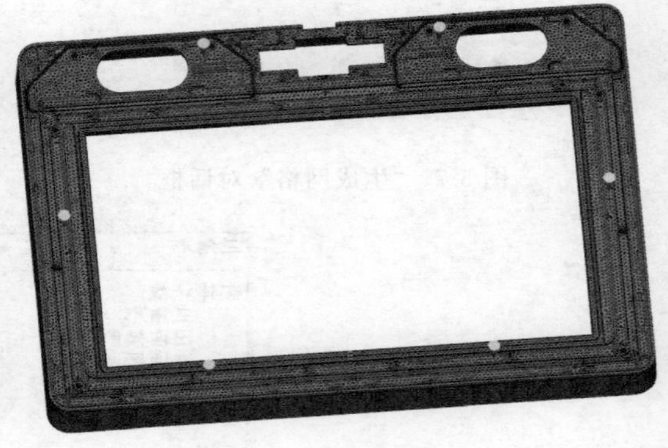

图 5-11　6 点浇口位置图

（1）选择分析类型

单击菜单“主页”→“成型工艺设置”→“分析序列”命令，选择“填充”选项，如图 5-12 所示。单击“确定”按钮。

图 5-12　“选择分析序列”对话框

(2) 选择材料

单击菜单“主页”→“成型工艺设置”→“选择材料”→“选择材料 A”命令，选择“指定材料”单选项，单击“搜索”按钮。弹出如图 5-13 所示对话框，在对话框中“搜索字段”选择“牌号”，在“子字符串”的文件框中输入“HIPS 40AFT”。单击“搜索”按钮。最后选择该牌号的材料，并点击“确定”按钮。

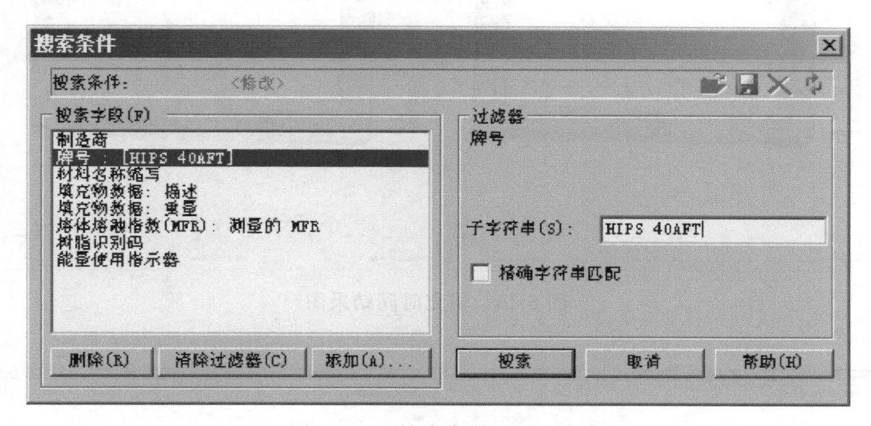

图 5-13　“搜索条件”对话框

(3) 工艺设置

单击菜单“主页”→“成型工艺设置”→“工艺设置”命令，弹出如图 5-14 所示的对话框，在对话框中所有的设置均采用默认设置。最后点击“确定”按钮。

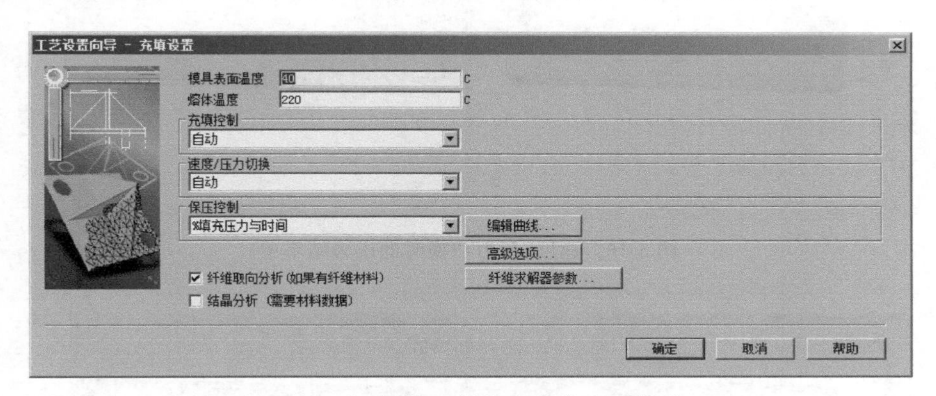

图 5-14　“工艺设置向导-充填设置”对话框

(4) 开始分析

单击菜单“主页”→“分析”→“开始分析”命令，点击“确定”按钮。

(5) 分析结果比较

① 填充时间　如图 5-15 所示是两个方案填充时间的比较结果，从图中可知，4 点浇口的方案填充时间最长，6 点浇口的方案填充时间最短。两种方案填充都无短射情况。

② 速度/压力切换时的压力　如图 5-16 所示是两个方案速度/压力切换时的压力的比较结果，从图中可知，4 点浇口方案的压力稍高一些，达到了 29.93MPa，6 点浇口方案的压力稍低，达到了 28.96MPa，两个方案的最高压力相差不大。

③ 流动前沿温度　如图 5-17 所示是两个方案流动前沿温度的比较结果，从图中可知，两个方案的流动前沿最高温度相差不大，但流动前沿的最低温度相差较大，从分析结果上看，4 点浇口方案的效果更好一些。

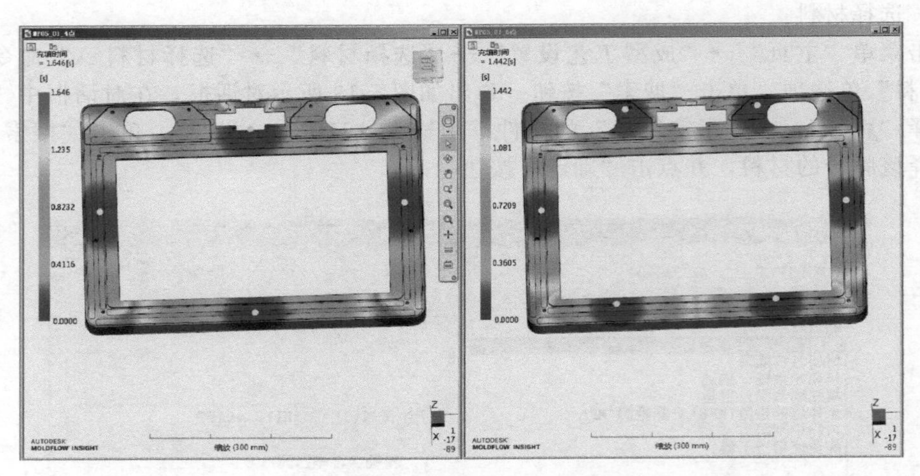

图 5-15 填充时间结果图

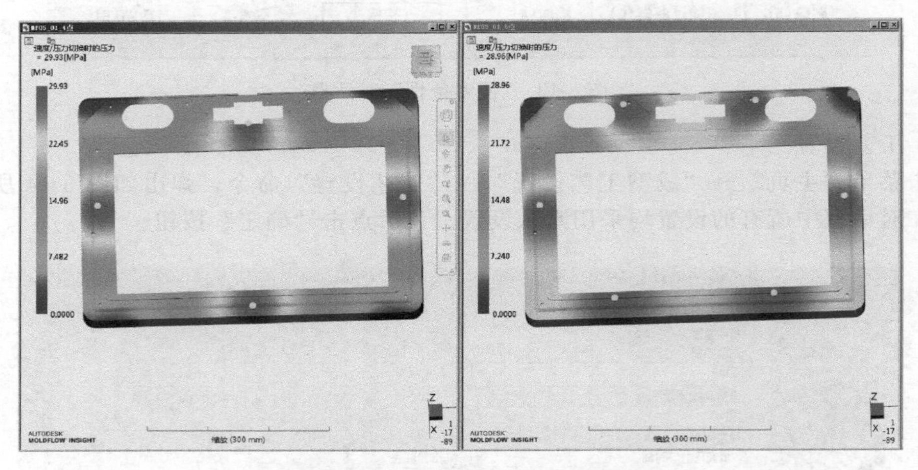

图 5-16 速度/压力切换时的压力结果图

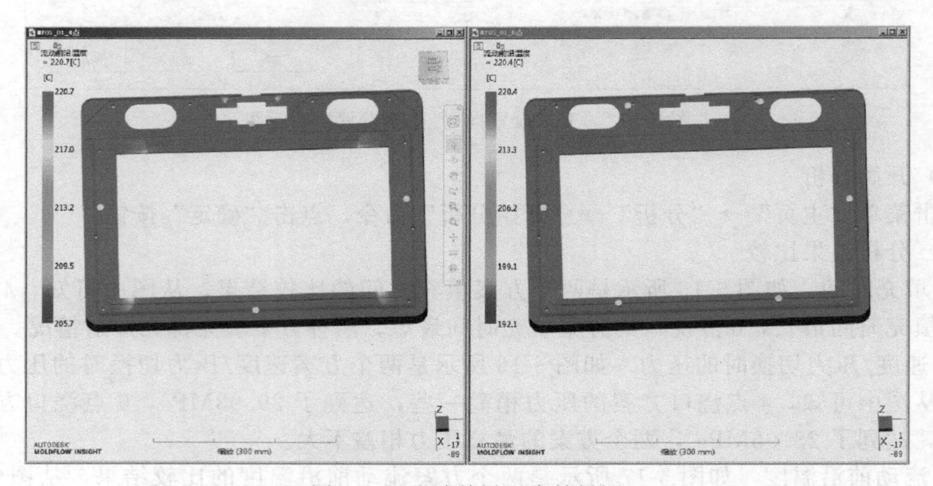

图 5-17 流动前沿温度结果图

④ 气穴　如图 5-18 所示是两个方案气穴的比较结果，从图中可知，两个方案中 4 点浇口方案的气穴较少，而 6 点浇口方案的气穴较多一些。

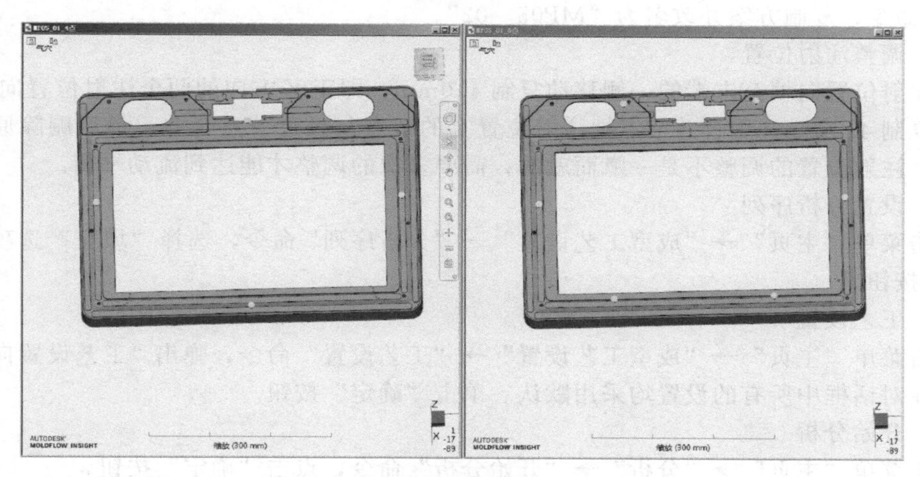

图 5-18　气穴结果图

⑤ 熔接线　如图 5-19 所示是两个方案熔接线的比较结果，从图中可知，两个方案 4 点浇口方案的熔接线较少，而 6 点浇口方案的熔接线较多。

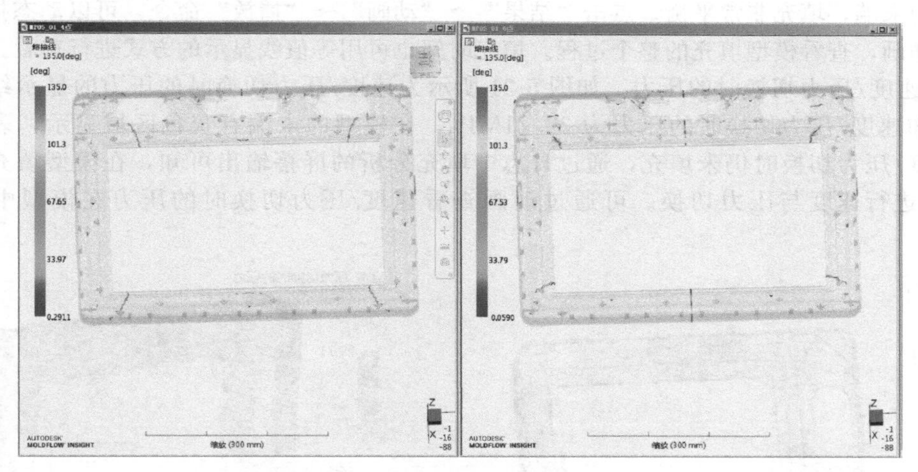

图 5-19　熔接线结果图

（6）总结

通过前面的分析结果对比，4 点浇口方案的填充时间比 6 点浇口方案的填充时间稍长一些，但是两个方案速度/压力切换时的压力相差不大，说明 6 点浇口方案的浇口数量并不占优势。另外从流动前沿温度、气穴和熔接线的位置比较，4 点浇口方案的效果要更好一些。因此综合各方面的因素考虑，4 点浇口方案更好一些。

5.4 浇口位置优化

从 4 点浇口方案的填充时间和填充末端压力的结果可知，此方案填充并不平衡，因此需要对注射位置进行微调优化，把 Y 方向两个注射位置向 $-Y$ 方向移动，通过调整注射位置使填充达到平衡。

(1) 复制方案并改名

在任务栏首先选中“MP05 _ 01 4 点”方案，然后右击，在弹出的快捷菜单中选择“复制”命令，复制方案并改名为“MP05 _ 02”。

(2) 调整注射位置

把注射位置向填充末端的一侧移动复制 4.0mm，即正 Y 方向的两个注射位置向负 X 方向移动复制 4.0mm，用合并节点把注射位置上的节点与最近节点合并，最后删除原始的注射位置。注射位置的调整不是一蹴而就的，需要多次的调整才能达到流动平衡。

(3) 设置分析序列

单击菜单“主页”→“成型工艺设置”→“分析序列”命令，选择“填充”选项，单击“确定”按钮。

(4) 工艺设置

单击菜单“主页”→“成型工艺设置”→“工艺设置”命令，弹出“工艺设置向导”对话框。在对话框中所有的设置均采用默认。单击“确定”按钮。

(5) 开始分析

单击菜单“主页”→“分析”→“开始分析”命令，点击“确定”按钮。

(6) 分析结果

① 填充时间 如图 5-20 所示为填充时间的显示结果，从图中可知模型没有短射的情况，填充时间为 1.63s，比色卡上最大值显示区域（一般显示为红色）为模型的最后填充区域，也是模型的末端，填充非常平衡。点击“结果”→“动画”→“播放”命令，可以动态播放填充时间的动画，查看模型填充的整个过程。填充时间也可用等值线显示的方式进行查看。

② 速度/压力切换时的压力 如图 5-21 所示为速度/压力切换时的压力的显示结果，从图中可知速度/压力切换时的压力为 29.71MPa，在模型的末端有灰色区域显示，表示此区域在速度/压力切换时仍未填充，通过日志中填充分析的屏幕输出可知，在模型填充体积的 98.91%进行速度与压力切换。可通过动画查看速度/压力切换时的压力在模型中的分布情况。

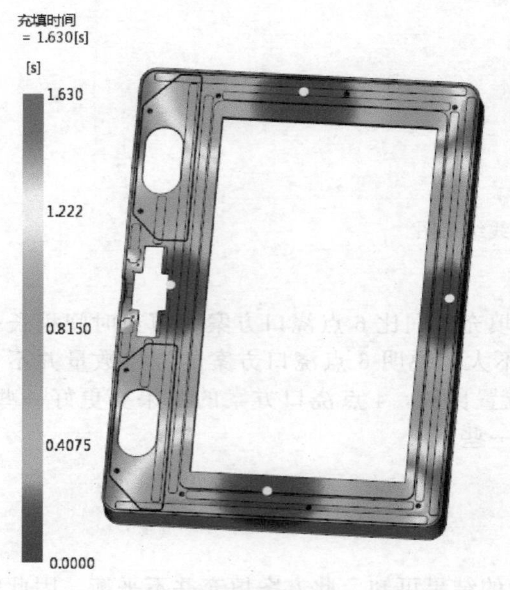

图 5-20 填充时间的显示结果

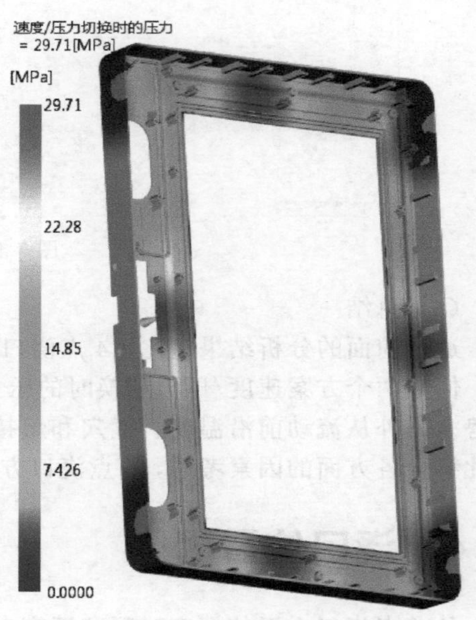

图 5-21 速度/压力切换时的压力的显示结果

③ 填充末端压力　如图 5-22 所示为填充末端压力的显示结果，从图中可知，模型的填充末端的压力比较平衡，在填充分析评估范围 10MPa 以内。

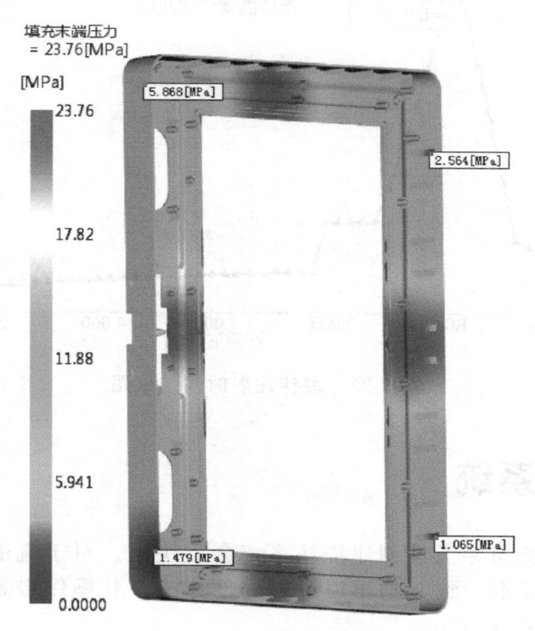

图 5-22　填充末端压力的显示结果

5.5　成型窗口分析

为了确定填充分析时最佳注射时间，因此进行成型窗口分析。

(1) 复制方案并改名

在任务栏首先选中“MP05 _ 02”方案，然后右击，在弹出的快捷菜单中选择“复制”命令，复制方案并改名为“MP05 _ 03”。

(2) 设置分析序列

单击菜单“主页”→“成型工艺设置”→“分析序列”命令，选择“成型窗口”选项，单击“确定”按钮。

(3) 工艺设置

单击菜单“主页”→“成型工艺设置”→“工艺设置”命令，所有参数均采用默认参数设置。

(4) 开始分析

单击菜单“主页”→“分析”→“开始分析”命令，点击“确定”按钮。

(5) 质量（成型窗口）：XY 图的分析结果

首先在材料的推荐工艺中查明推荐的模具温度是 40℃，推荐的熔体温度是 220℃，接着在分析结果“质量（成型窗口）：XY 图”前打钩，单击菜单“结果”→“属性”→“图形属性”命令，在弹出的对话框中在单选项“注射时间”前打钩，模具温度调整到 40℃左右，熔体温度调整到 220℃左右，点击“关闭”按钮。质量（成型窗口）：XY 图结果即最佳注射时间结果如图 5-23 所示。经查询当模具温度在 41.11℃，熔体温度在 218.9℃，注射时间为 0.9196s 时，质量最好。

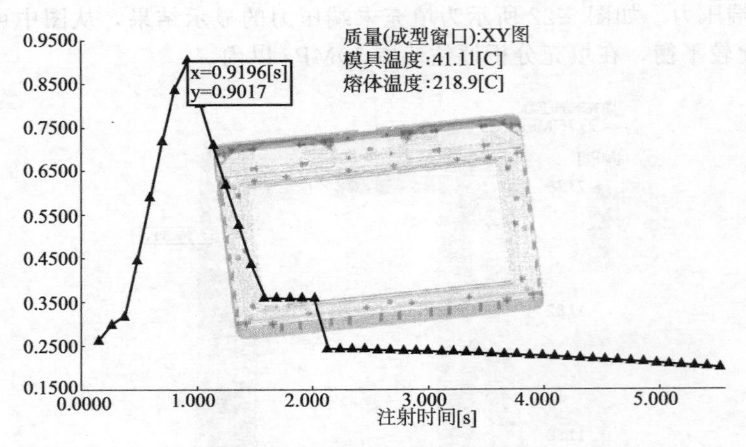

图 5-23 最佳注射时间结果图

5.6 创建浇注系统

本案例使用流道系统向导工具创建浇注系统会更快捷。对于流道系统向导创建的部分结果与实际设计的流道系统不一致，则可以进行局部修改，其操作步骤如下。

(1) 复制方案并改名

在任务栏首先选中“MP05 _ 03”方案，然后右击，在弹出的快捷菜单中选择“复制”命令，复制方案并改名为“MP05 _ 04”。

(2) 向导创建浇注系统

单击菜单“几何”→“创建”→“流道系统”命令，弹出如图 5-24 所示的对话框。在对话框中“指定主流道位置”选项选择“浇口中心”按钮。“顶部流道平面 Z”文本框中输入 100，单击“下一步”按钮，弹出如图 5-25 所示的对话框，主流道、流道尺寸如图中所示，单击“下一步”按钮，弹出如图 5-26 所示的对话框，侧浇口尺寸如图中所示，最后单击“完成”按钮，向导创建浇注系统如图 5-27 所示。

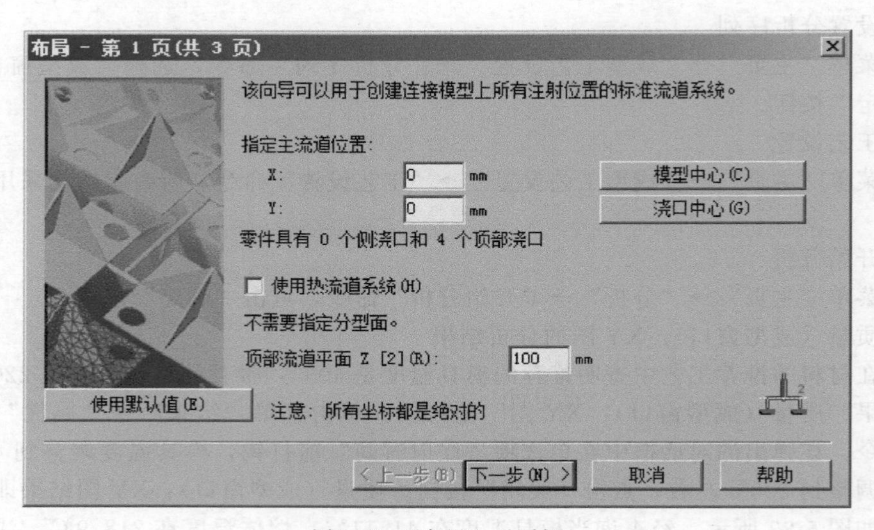

图 5-24 “布局”对话框

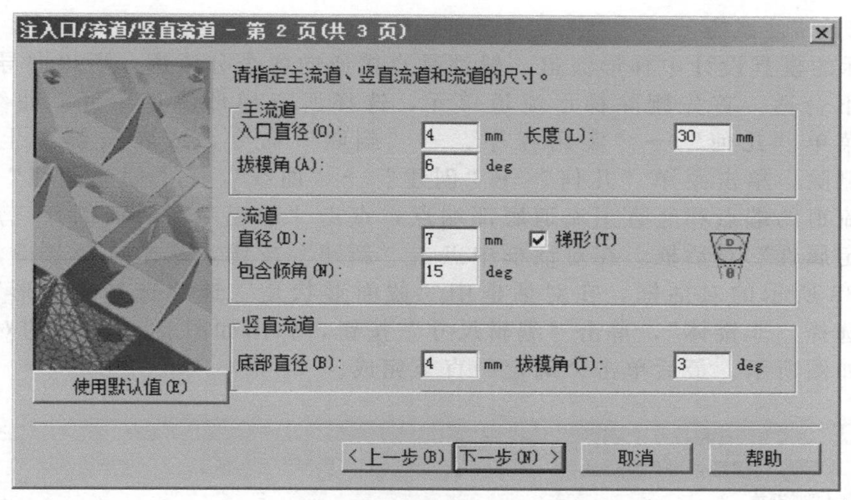

图 5-25 “注入口/流道/竖直流道”对话框

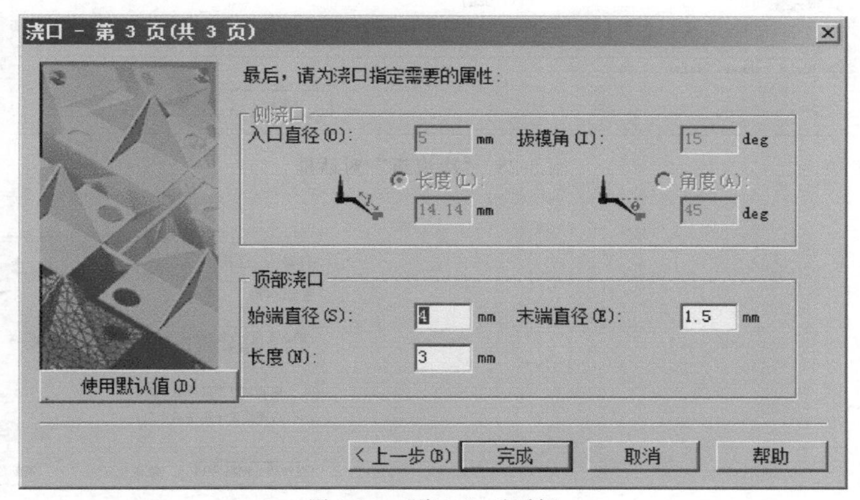

图 5-26 “浇口”对话框

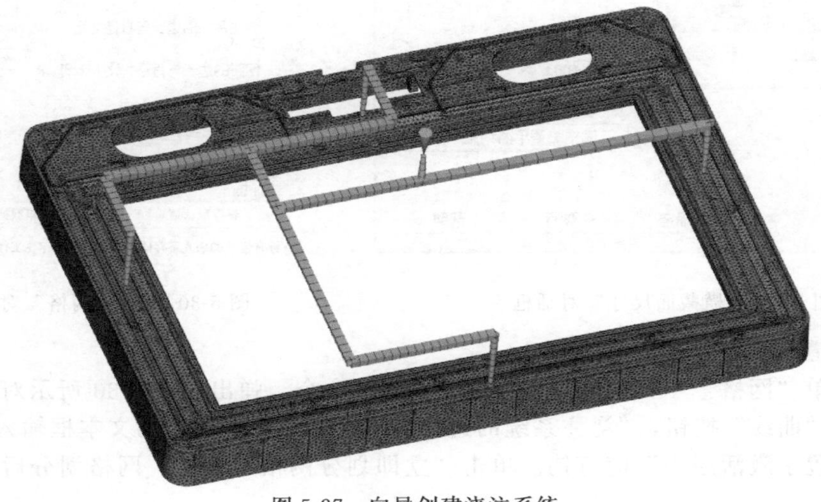

图 5-27 向导创建浇注系统

(3) 修改浇注系统

在实际的模具设计中梯形流道一般都是直接通向各个分流道，所以向导创建的梯形流道并不合适。首先删除梯形流道单元，选择所有梯形流道单元、曲线及节点，然后单击菜单“几何”→“实用程序”→“删除”命令，或者按键盘上“Delete”键，进行删除。单击菜单“几何”→“创建”→“曲线”→“创建曲线”命令，分别选择分流道的端点和竖直主流道底部端点，点击“创建为”后面的“三点”按钮，弹出“指定属性”对话框，在对话框中点击“新建”按钮，从中选择“冷流道”，弹出如图 5-28 所示的对话框，在对话框中“截面形状是”选项选择“梯形”，“形状是”选项选择“非锥体”，单击“编辑尺寸”按钮，弹出如图 5-29 所示的对话框，横截面尺寸如图所示。最后单击“确定”直至完成。

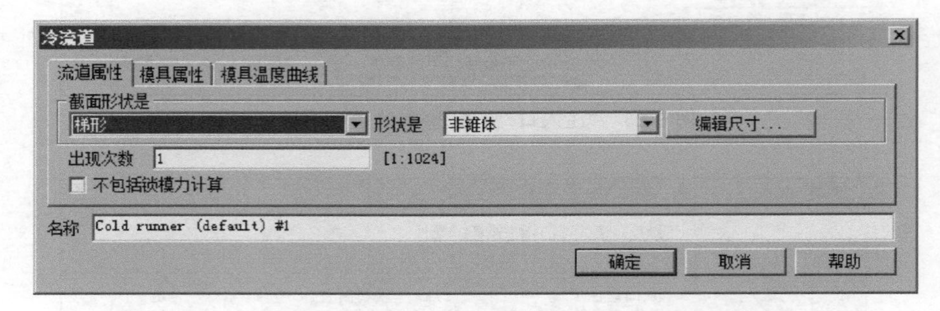

图 5-28 “冷流道”对话框

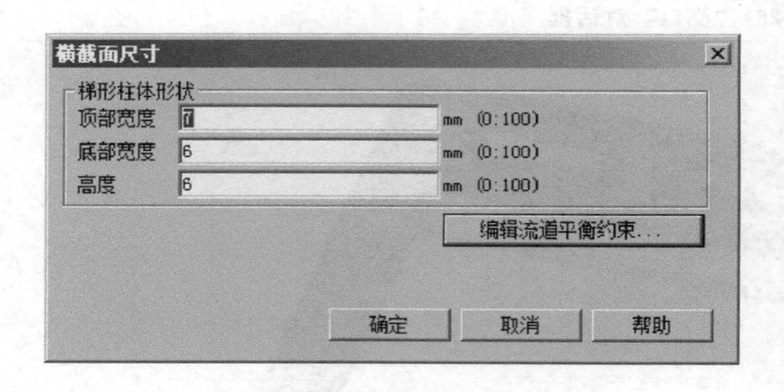

图 5-29 “横截面尺寸”对话框

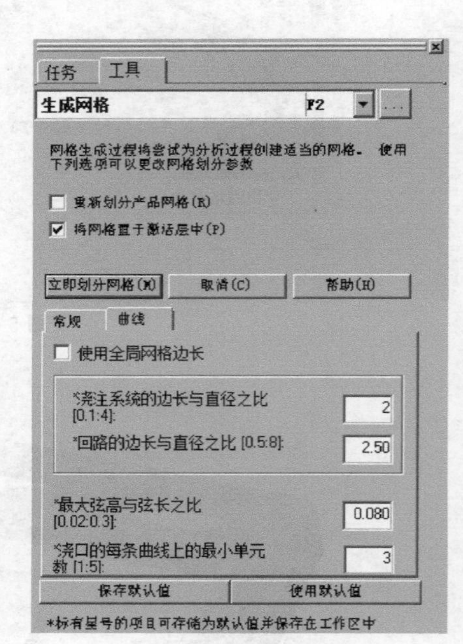

图 5-30 “生成网格”对话框

(4) 流道的网格划分

单击菜单“网格”→“网格”→“生成网格”命令，弹出如图 5-30 所示对话框，在对话框中单击“曲线”按钮，“浇注系统的边长与直径之比”选项后的文本框输入 2，在单选项“将网格置于激活层中”前打钩。单击“立即划分网格”按钮。网格划分后的流道如图 5-31 所示。

图 5-31 网格划分后的流道

5.7 流道平衡分析及优化

加入浇注系统后可能会再次导致填充不平衡。再次进行填充分析的目的是检验在填充的末端压力是否平衡，如果填充不平衡需要再次调整浇口位置。

(1) 激活方案

在任务栏选中“MP05 _ 04”方案，然后双击，使此方案处于激活状态。

(2) 设置分析序列

单击菜单“主页”→“成型工艺设置”→“分析序列”命令，选择“填充”选项，单击“确定”按钮。

(3) 工艺设置

单击菜单“主页”→“成型工艺设置”→“工艺设置”命令，弹出如图 5-32 所示“工艺设置向导”对话框。在对话框中“充填控制”选项选择“注射时间”，后面的文本框中输入 1s，采用成型窗口中推荐的最佳注射时间和浇注系统注射时间之和，浇注系统的注射时间的计算在前面已经讲过，这里不再赘述。单击“确定”按钮。

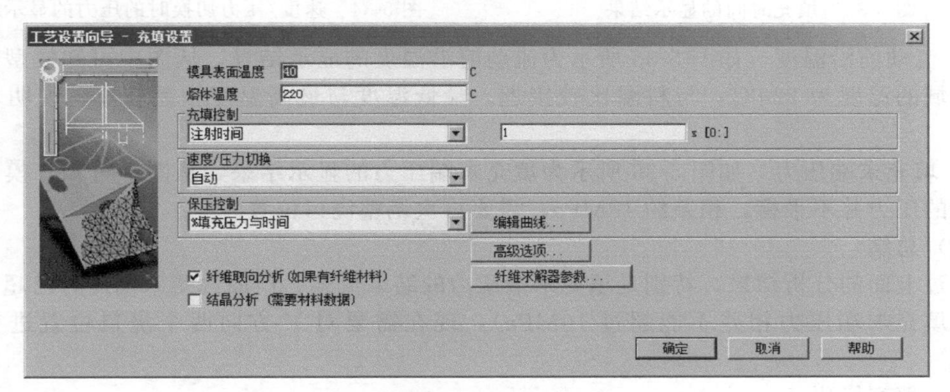

图 5-32 “工艺设置向导-充填设置”对话框

（4）开始分析

单击菜单“主页”→“分析”→“开始分析”命令，点击“确定”按钮。

（5）分析结果

① 填充时间　如图5-33所示为填充时间的显示结果，从图中可知模型没有短射的情况，填充时间为1.13s，比色卡上最大值显示区域（一般显示为红色）为模型的最后填充区域，也是模型的末端，填充基本平衡。点击“结果”→“动画”→“播放”命令，可以动态播放填充时间的动画，查看模型填充的整个过程。填充时间也可用等值线显示的方式进行查看。

② 速度/压力切换时的压力　如图5-34所示为速度/压力切换时的压力的显示结果，从图中可知速度/压力切换时的压力为67.46MPa，在模型的末端有灰色区域显示，表示此区域在速度/压力切换时仍未填充，通过日志中填充分析的屏幕输出可知，在模型填充体积的98.71%进行速度与压力切换。可通过动画查看速度/压力切换时的压力在模型中的分布情况。

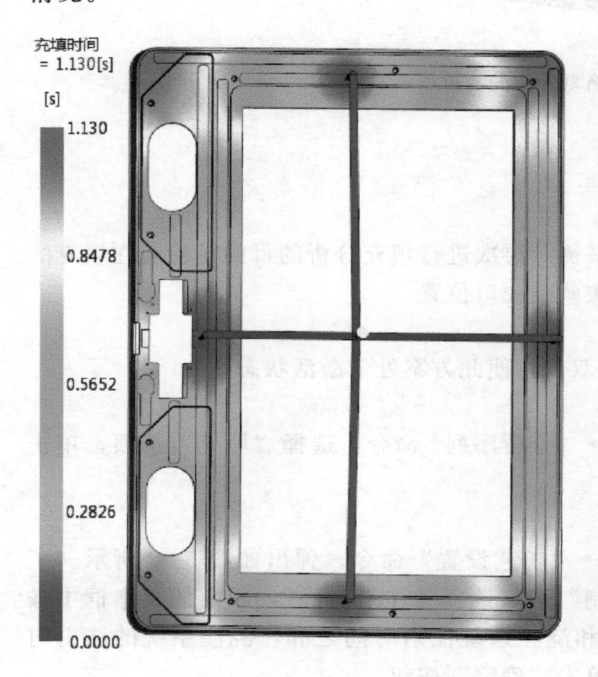

图5-33　填充时间的显示结果

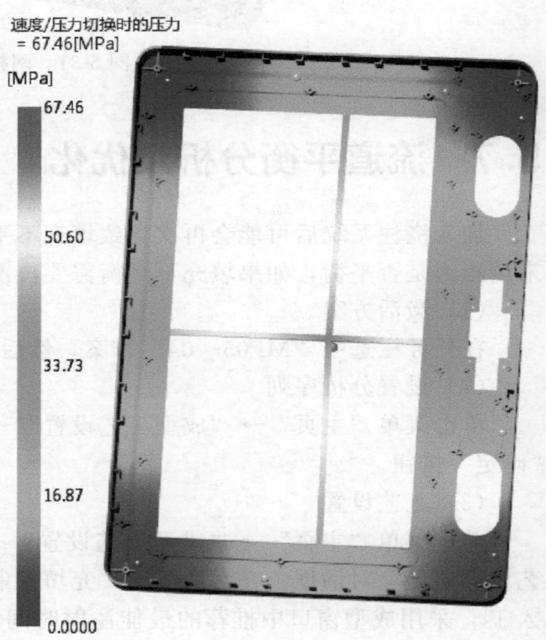

图5-34　速度/压力切换时的压力的显示结果

③ 流动前沿温度　如图5-35所示为流动前沿温度的显示结果，从图中可知模型的绝大部分区域的温度为220℃，与料温比较接近。最低温度与最高温度相差较小，说明填充非常好。

④ 填充末端压力　如图5-36所示为填充末端压力的显示结果，从图中可知，模型的填充末端的压力并不平衡，相差约18MPa，需要再次调整浇口位置。

（6）总结

通过上面的分析结果，特别是填充末端压力的结果可知，产品两侧末端压力已超出评估标准（填充末端压力相差不能超过10MPa），现在需要对Y方向两个浇口位置进行调整优化。

（7）填充优化

首先在任务栏选中“MP05_04”方案，然后右击，在弹出的快捷菜单中选择“复制”

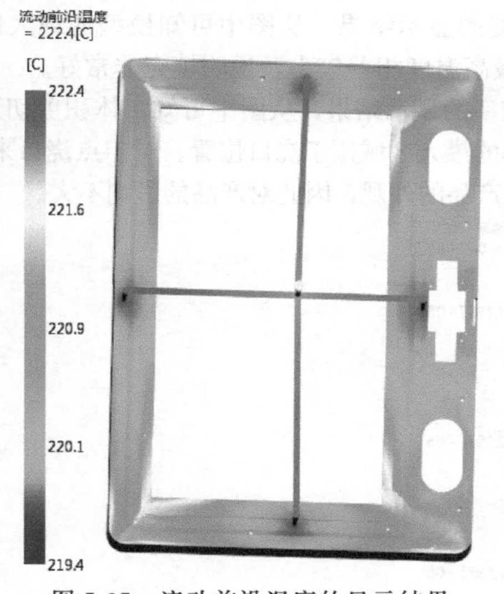

图 5-35　流动前沿温度的显示结果

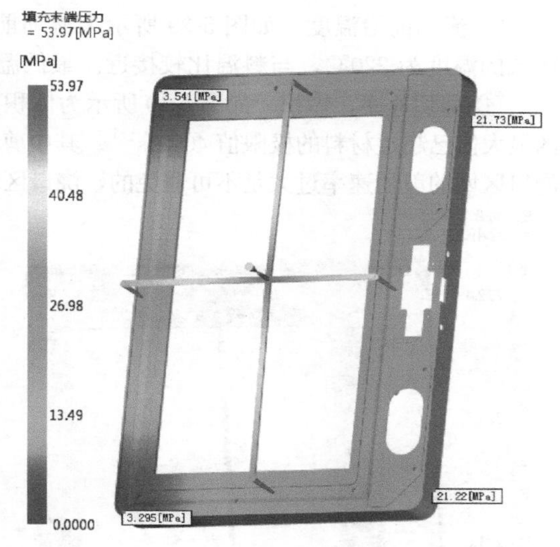

图 5-36　填充末端压力的显示结果

命令，复制方案并改名为“MP05 _ 05”。接着删除整个梯形单元、曲线及节点，把竖直分流道和浇口的单元、曲线及节点向压力较小侧移动 7mm，即向正 X 方向移动 7mm。接着重复前面 5.6 节创建浇注系统中的（3）、（4）步骤。

（8）填充优化结果

① 填充时间　如图 5-37 所示为填充时间的显示结果，从图中可知模型没有短射的情况，填充时间为 1.118s，比色卡上最大值显示区域（一般显示为红色）为模型的最后填充区域，也是模型的末端，填充基本平衡。与上一方案比较由于填充更平衡，因此填充时间略有减少。

② 速度/压力切换时的压力　如图 5-38 所示为速度/压力切换时的压力的显示结果，从图中可知速度/压力切换时的压力为 67.31MPa，在模型的末端有灰色区域显示，表示此区域在速度/压力切换时仍未填充，通过日志中填充分析的屏幕输出可知，在模型填充体积的 98.75%进行速度与压力切换。可通过动画查看速度/压力切换时的压力在模型中的分布情况。

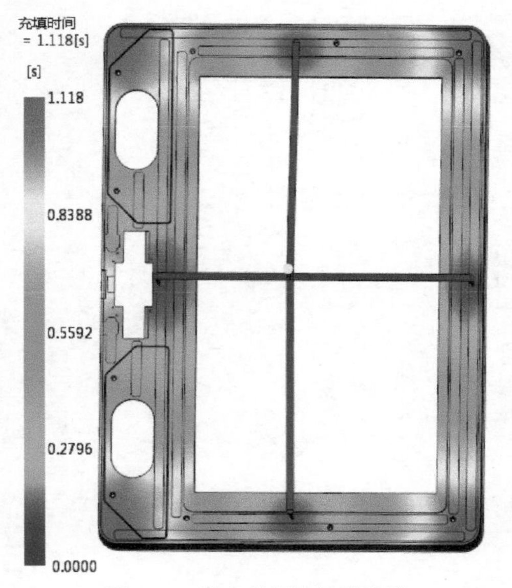

图 5-37　填充时间的显示结果

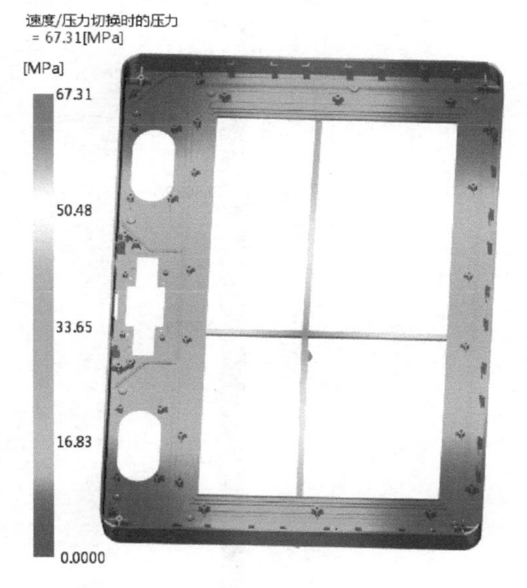

图 5-38　速度/压力切换时的压力的显示结果

③ 流动前沿温度　如图5-39所示为流动前沿温度的显示结果，从图中可知模型的绝大部分区域的温度为220℃，与料温比较接近。最低温度与最高温度相差较小，说明填充非常好。

④ 剪切速率，体积　如图5-40所示为体积剪切速率的显示结果，从图中可知，体积剪切速率的最大值已超过材料的极限值40000s^{-1}。其中剪切速率的最大区域位于浇口位置。对于点浇口来说，浇口区域的剪切速率过大是不可避免的，浇口区域不是产品的外观，因此对产品的影响不大。

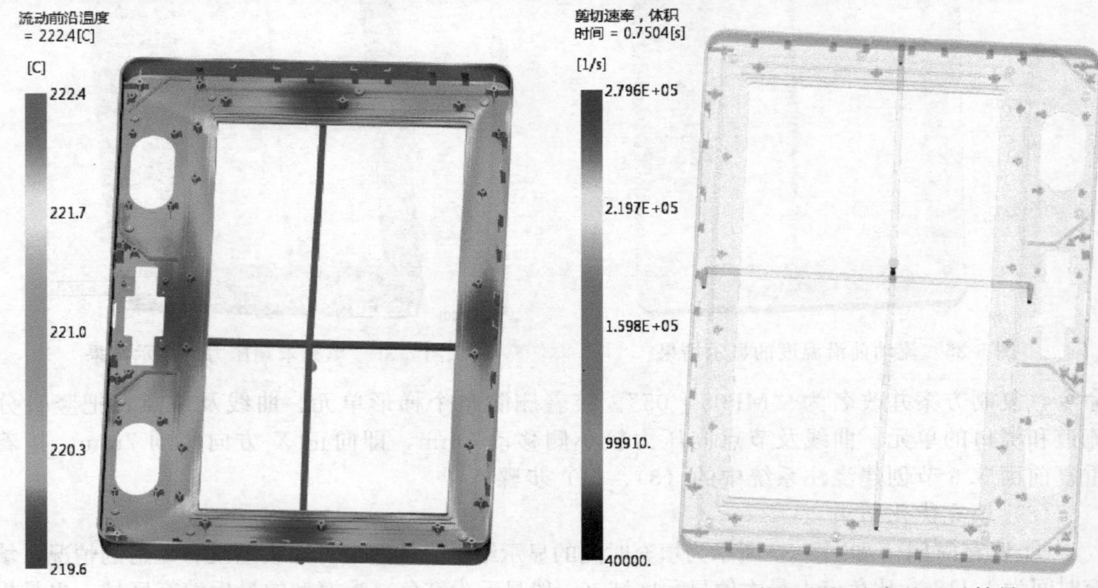

图5-39　流动前沿温度的显示结果　　图5-40　体积剪切速率的显示结果

⑤ 壁上剪切应力　如图5-41所示为壁上剪切应力的显示结果，从图中可知，壁上剪切应力的最大值已经超过了材料的极限值。其中壁上剪切应力的最大区域位于浇口位置。可以通过提高模温、料温或者延长填充时间的方式来改善。

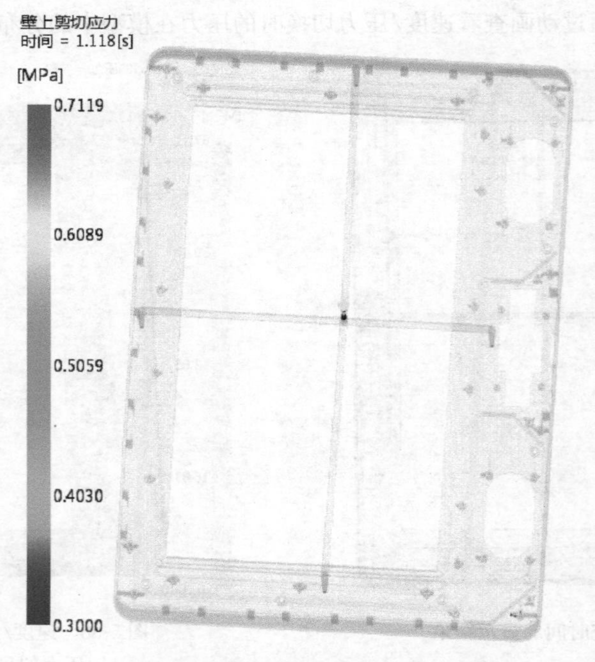

图5-41　壁上剪切应力的显示结果

⑥ 锁模力：XY 图　如图 5-42 所示为锁模力：XY 图的显示结果，从图中可知，锁模力的最大值为 175.1t。也可以选择菜单“结果”→“检查”→“检查”命令，单击曲线尖峰位置，可显示最大锁模力及时间。

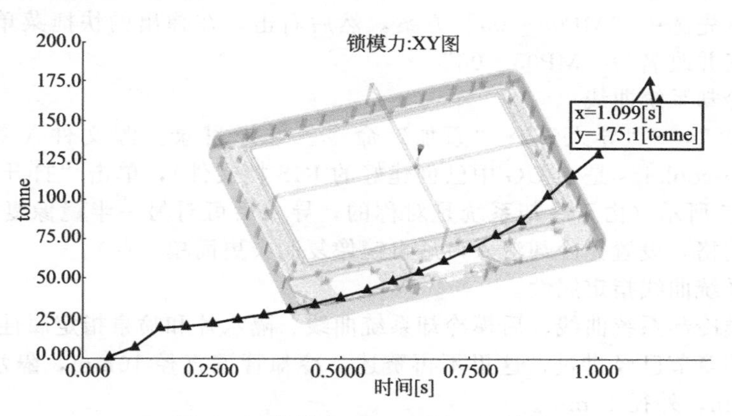

图 5-42　锁模力：XY 图的显示结果

⑦ 填充末端压力　如图 5-43 所示为填充末端压力的显示结果，从图中可知，模型的填充末端的压力比较平衡，相差不多，在填充分析评估范围之内，说明调整浇注系统非常成功。

⑧ 熔接线　如图 5-44 所示为熔接线的显示结果，从图中可知，模型的熔接线主要出现在填充末端。

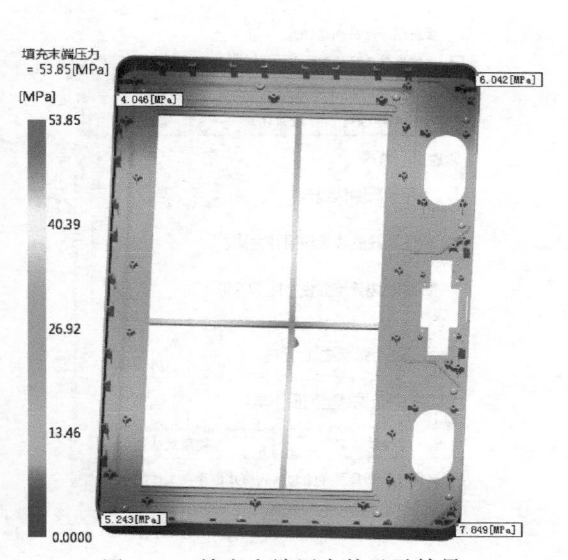

图 5-43　填充末端压力的显示结果

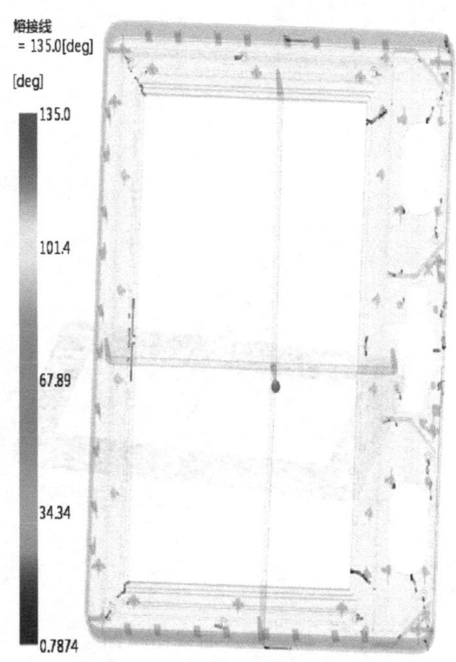

图 5-44　熔接线的显示结果

5.8　创建冷却系统

本模具的冷却系统较为复杂，前后模各有多组管道，而且在后模还有隔水片和喷泉管道。因此冷却系统管道曲线可在3D软件中设计，然后导出IGS格式档案，再导入Moldflow中定义属性，再对其进行网格划分。

（1）复制方案并改名

在任务栏首先选中“MP05_05”方案，然后右击，在弹出的快捷菜单中选择“复制”命令，复制方案并改名为“MP05_06”。

（2）导入冷却系统曲线

单击“主页”→“导入”→“添加”命令。选择目录：源文件\第5章\MP05-cool.igs（MP05-cool.igs是在UG中已创建好的IGS档文件），单击“打开”按钮。导入后的结果如图5-45所示（由于冷却系统是对称的，导入后可对另一半镜像复制。也可以在对冷却管道划分网格，设置完冷却液入口后再镜像复制会更简单一些）。

（3）冷却系统曲线指定属性

分别对前模冷却系统曲线、后模冷却系统曲线、隔水片和喷泉指定属性，对冷却管道指定属性在前面的章节已经讲过，这里不再赘述。冷却管道直径10mm，隔水片直径16mm，喷水管内径8mm，外径12mm。

（4）冷却系统的网格划分

单击菜单“网格”→“网格”→“生成网格”命令，弹出如图5-46所示的对话框，在“回路的边长与直径之比”的文本框中默认数字为2.5，符合冷却管道长径比的要求。在单选项“将网格置于激活层中”前打钩。然后点击“立即划分网格”按钮。网格划分后的冷却管道如图5-47所示。

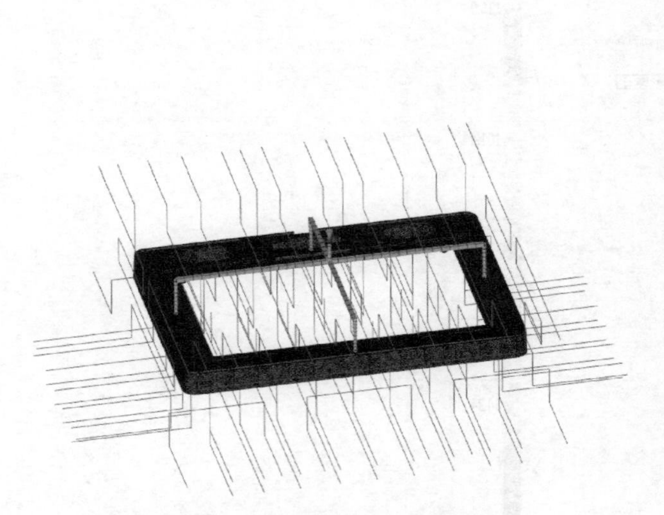

图5-45 导入曲线结果图

任务 工具
生成网格 F2
网格生成过程将尝试为分析过程创建适当的网格。使用下列选项可以更改网格划分参数
☐ 重新划分产品网格(R)
☑ 将网格置于激活层中(P)
立即划分网格(M) 取消(C) 帮助(H)
常规 曲线
☐ 使用全局网格边长
*浇注系统的边长与直径之比 [0.1:4]: 2.00
*回路的边长与直径之比 [0.5:8]: 2.50
*最大弦高与弦长之比 [0.02:0.3]: 0.080
*浇口的每条曲线上的最小单元数 [1:5]: 3
保存默认值 使用默认值
*标有星号的项目可存储为默认值并保存在工作区中

图5-46 “生成网格”对话框

（5）设置冷却液入口

单击菜单“边界条件”→“冷却”→“冷却液入口/出口”→“冷却液入口”命令，冷却液入口分别创建后模冷却液入口和前模冷却液入口。然后分别对前模冷却管道和后模冷却管道设置冷却液入口。模具温度为40℃，冷却液温度要比模温低10～30℃，因此本案例选择25℃的常温水是合适的。设置完冷却液入口后的冷却系统如图5-48所示。

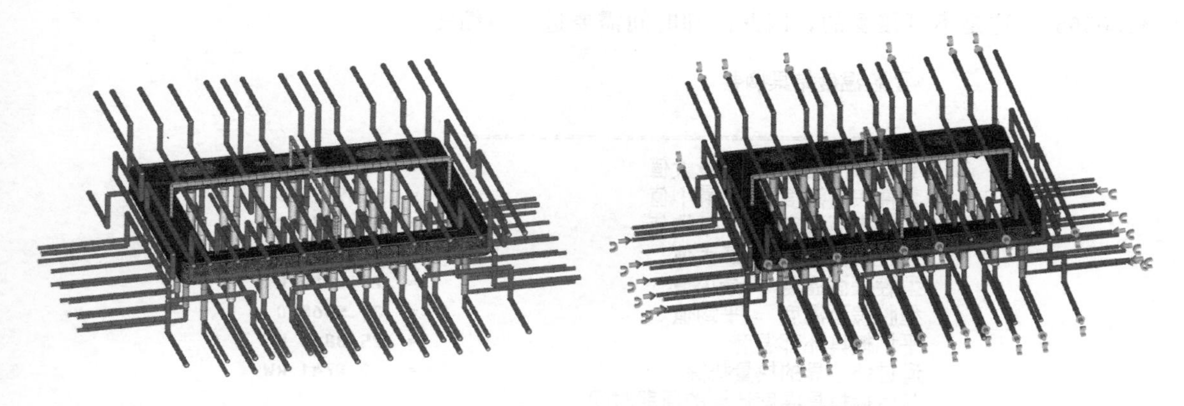

图 5-47　网格划分后的冷却管道　　　　图 5-48　设置完冷却液入口后的冷却系统

5.9　冷却分析及优化

冷却分析的初始参数可以根据经验值来设置，根据分析结果再次进行优化。

(1) 激活方案

在任务栏选中“MP05_06”方案，然后双击，使此方案处于激活状态。

(2) 设置分析序列

单击菜单“主页”→“成型工艺设置”→“分析序列”命令，选择“冷却”选项，单击“确定”按钮。

(3) 工艺设置

单击菜单“主页”→“成型工艺设置”→“工艺设置”命令，弹出如图 5-49 所示“工艺设置向导”对话框。在对话框中“注射＋保压＋冷却时间”选项选择“自动”，其他参数采用默认值。单击“确定”按钮。

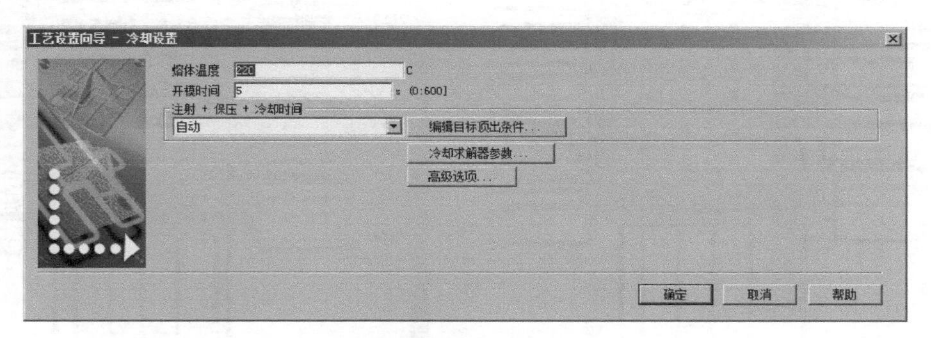

图 5-49　“工艺设置向导-冷却设置”对话框

(4) 开始分析

单击菜单“主页”→“分析”→“开始分析”命令，点击“确定”按钮。

(5) 分析结果

① 型腔温度结果摘要　如图 5-50 所示为日志中的型腔温度结果摘要。从图中可知，型腔表面温度平均值是 39.5568℃，而模具温度是 40℃，根据冷却分析评估标准，型腔表面温度与模具温度相差在±10℃之内，而实际分析中型腔表面温度平均值与模具温度相等，这是因为在“注射＋保压＋冷却时间”选项选择“自动”，而代价是冷却周期时间过长，达到

42.0366s，这是不可接受的，因此冷却时间需要进一步缩短。

型腔温度结果摘要

====================================

零件表面温度　- 最大值	=	99.9898 C
零件表面温度　- 最小值	=	26.9395 C
零件表面温度　- 平均值	=	42.6378 C
型腔表面温度 - 最大值	=	97.9911 C
型腔表面温度 - 最小值	=	25.0000 C
型腔表面温度 - 平均值	=	39.5568 C
平均模具外部温度	=	25.3814 C
通过外边界的热量排除	=	0.0741 kW
从目标模具温度计算的周期时间		
周期时间	=	42.0366 s
最高温度	=	220.0000 C
最低温度	=	25.0000 C

图 5-50　型腔温度结果摘要

② 回路冷却液温度　如图 5-51 所示为回路冷却液温度的显示结果，从图中可知，冷却液入口与出口的温差为 0.8℃，符合在 3℃以内的要求。

③ 回路管壁温度　如图 5-52 所示为回路管壁温度的显示结果，从图中可知，回路管壁的最高温度比冷却液入口温度高 3.46℃，符合在 5℃之内的要求。

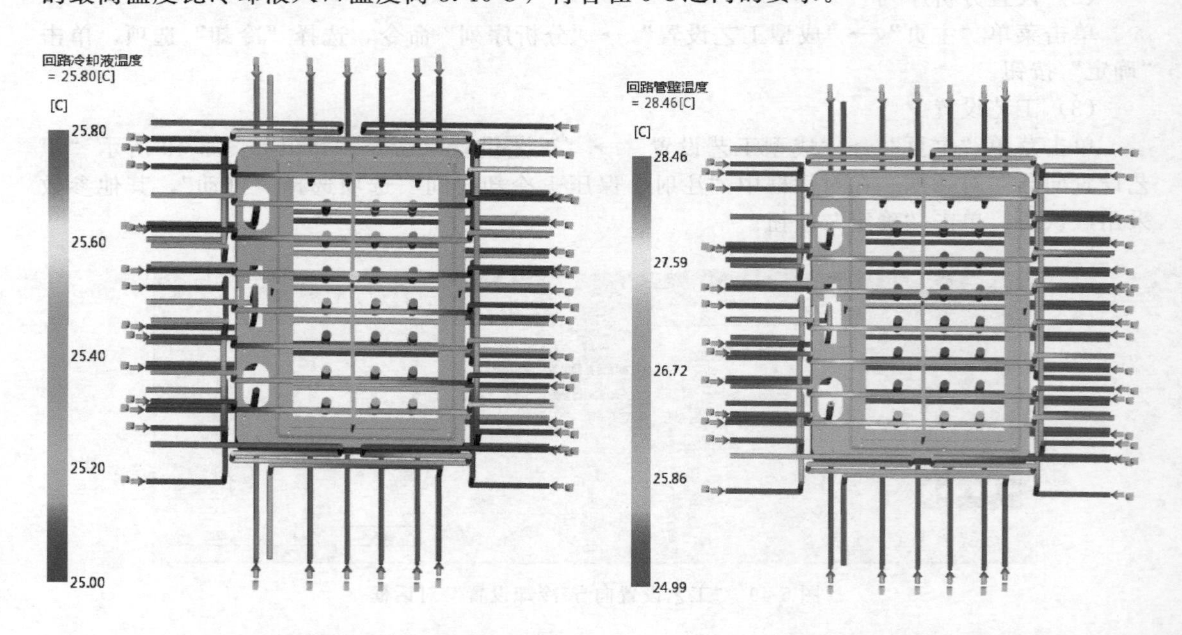

图 5-51　回路冷却液温度的显示结果　　　　图 5-52　回路管壁温度的显示结果

④ 平均温度，零件　如图 5-53 所示为零件平均温度的显示结果，从图中可知，零件的平均温度为 40℃左右。目标模温为 40℃，说明冷却时间还有缩短的空间。

⑤ 温度，模具　如图 5-54 所示为模具温度的显示结果，从图中可知，模具的最高与最低温度差异在±10℃以内，单侧模面温度差异也在 10℃以内。与目标模温为 40℃相比，模具温度相对偏低，说明冷却时间可以进一步缩短。对于图中温度过高区域，经查询是柱体区域，这是由网格划分不均匀而引起的。

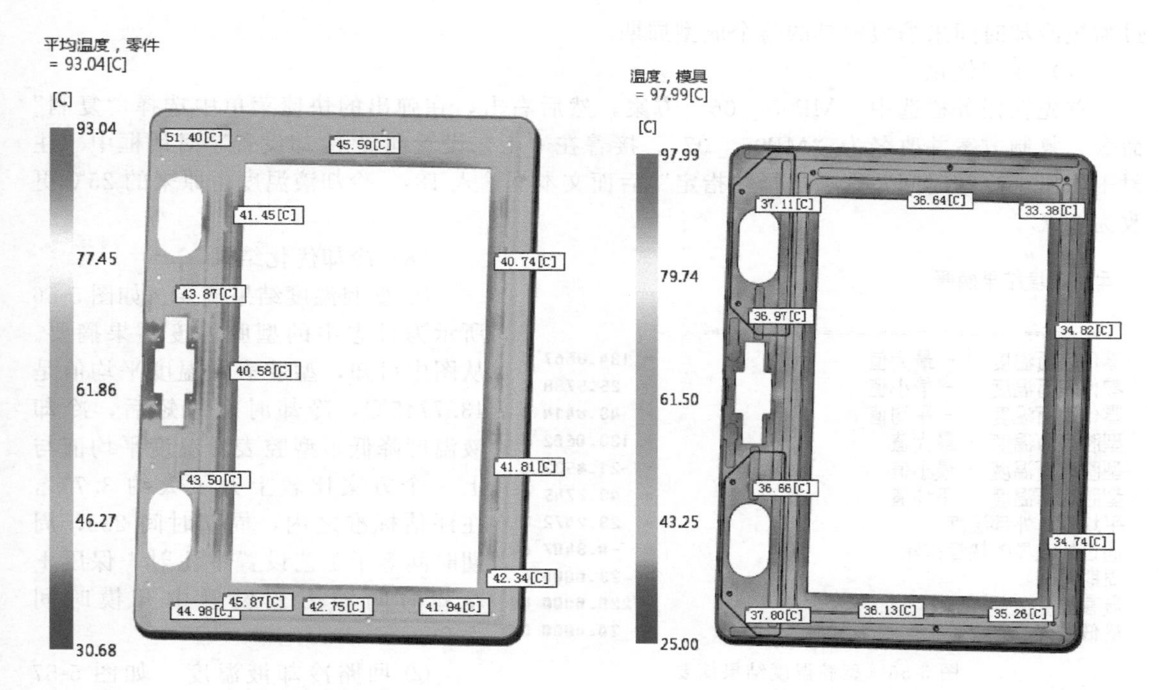

图 5-53 零件平均温度的显示结果　　图 5-54 模具温度的显示结果

⑥ 温度，零件　如图 5-55 所示为零件温度的显示结果，从图中可知，零件的最高与最低温度差异在±10℃以内，单侧零件表面温度差异也在 10℃以内。

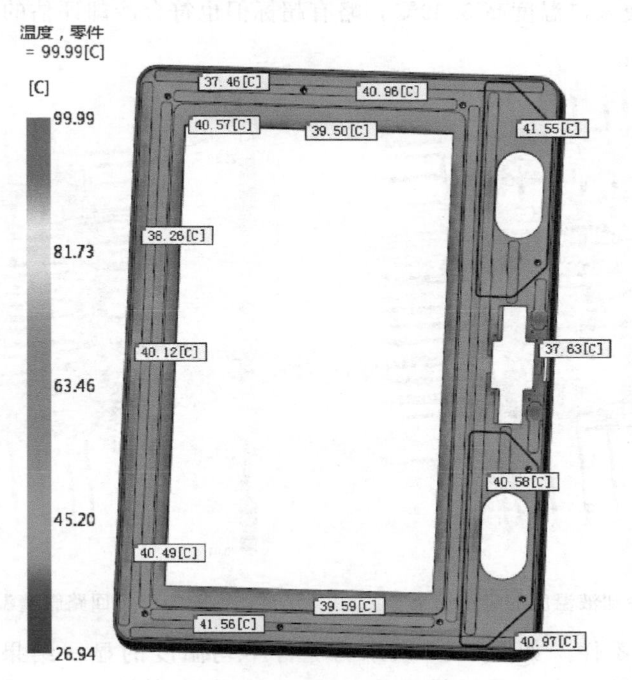

图 5-55 零件温度的显示结果

（6）总结

通过上面的分析结果与冷却评估标准相比较，可得出以下结论：冷却时间过长，可以通过缩短冷却时间来缩短模具的整个成型周期。

（7）冷却优化

首先在任务栏选中“MP05＿06”方案，然后右击，在弹出的快捷菜单中选择“复制”命令，复制方案并改名为“MP05＿07”。接着在“工艺设置向导-冷却设置”对话框中“注射＋保压＋冷却时间”选项选择“指定”后面文本框输入 18s。冷却液温度由原来的 25℃更改为 20℃。

```
型腔温度结果摘要

=====================================
零件表面温度    - 最大值            = 134.8667 C
零件表面温度    - 最小值            =  25.5788 C
零件表面温度    - 平均值            =  48.8414 C
型腔表面温度 - 最大值               = 133.0602 C
型腔表面温度 - 最小值               =  21.4533 C
型腔表面温度 - 平均值               =  43.7745 C
平均模具外部温度                    =  23.2472 C
通过外边界的热量排除                =  -0.3407 kW
周期时间                            =  23.0000 s
最高温度                            = 220.0000 C
最低温度                            =  20.0000 C
```

图 5-56　型腔温度结果摘要

（8）冷却优化结果

① 型腔温度结果摘要　如图 5-56 所示为日志中的型腔温度结果摘要。从图中可知，型腔表面温度平均值是 43.7745℃，冷却时间缩短后，冷却液温度降低，型腔表面温度平均值与上一个方案比较上升了大约 3.7℃，在评估标准之内，周期时间 23s，周期时间等于工艺设置中注射＋保压＋冷却时间和工艺设置中开模时间之和。

② 回路冷却液温度　如图 5-57 所示为回路冷却液温度的显示结果，从图中可知，冷却液入口与出口的温差为 1.23℃，符合在 3℃以内的要求。

③ 回路管壁温度　如图 5-58 所示为回路管壁温度的显示结果，从图中可知，回路管壁的最高温度比冷却液入口温度高 5.39℃，略有超标但也符合冷却评估的要求。

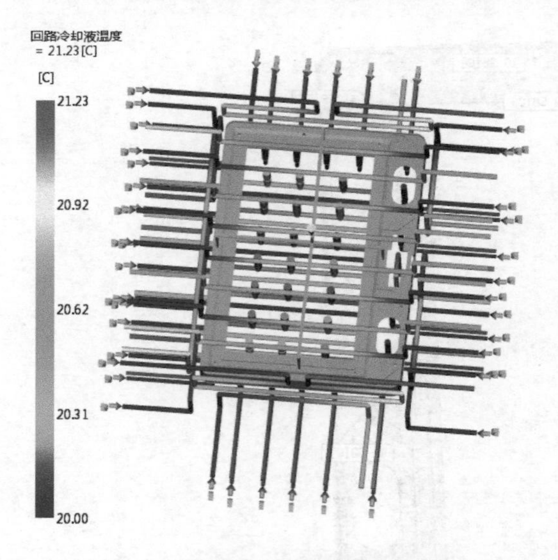

图 5-57　回路冷却液温度的显示结果

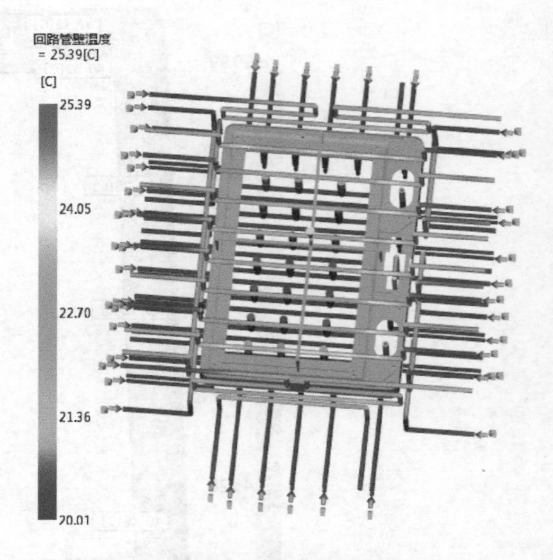

图 5-58　回路管壁温度的显示结果

④ 平均温度，零件　如图 5-59 所示为零件平均温度的显示结果，从图中可知，零件的平均温度为 55℃左右。目标模温为 40℃，比目标模温要高，但远远小于材料的顶出温度。

⑤ 温度，模具　如图 5-60 所示为前模模具温度的显示结果，从图中可知，前模模具的温度在 40℃左右，与目标模温 40℃很接近，符合评估标准。如图 5-61 所示为后模模具温度

的显示结果，从图中可知，后模模具的温度在 45℃左右，比目标模温 40℃略高，但是在有些角的区域温度较高，已经超出评估标准，这是因为这些区域有司筒针与冷却水管有干涉，但这些区域很小，对整个冷却的影响不大。

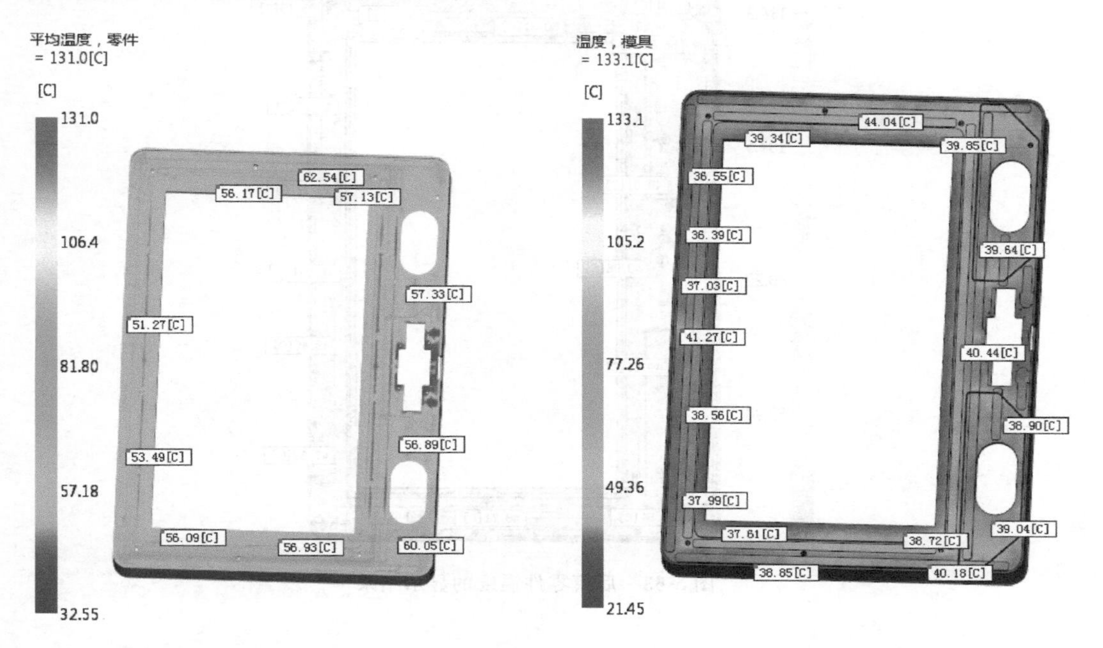

图 5-59 零件平均温度的显示结果　　图 5-60 前模模具温度的显示结果

⑥ 温度，零件　如图 5-62 所示为前模零件温度的显示结果，从图中可知，前模单侧零件表面温度差异也在 10℃以内。如图 5-63 所示为后模零件温度的显示结果，从图中可知，后模单侧零件绝大部分表面温度差异也在 10℃以内，某些小区域受产品结构限制，无法冷却，温度较高。

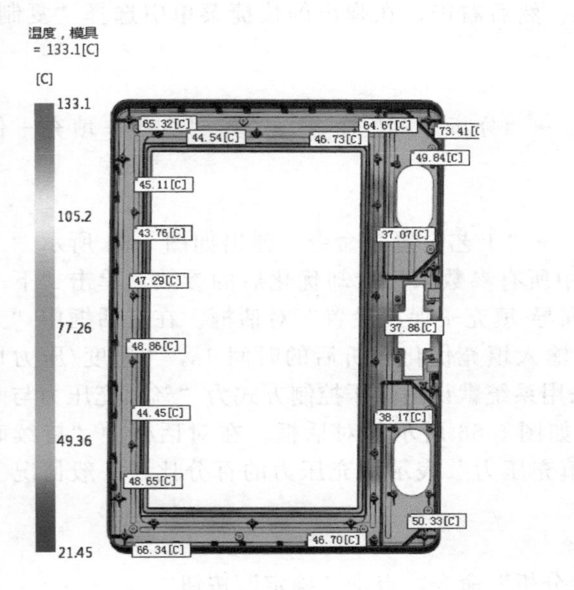

图 5-61 后模模具温度的显示结果

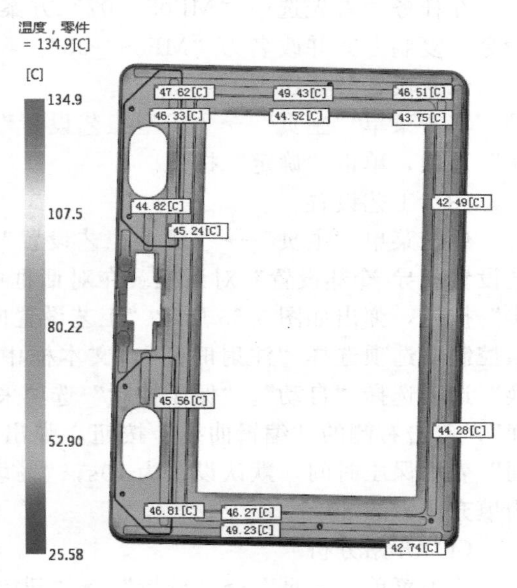

图 5-62 前模零件温度的显示结果

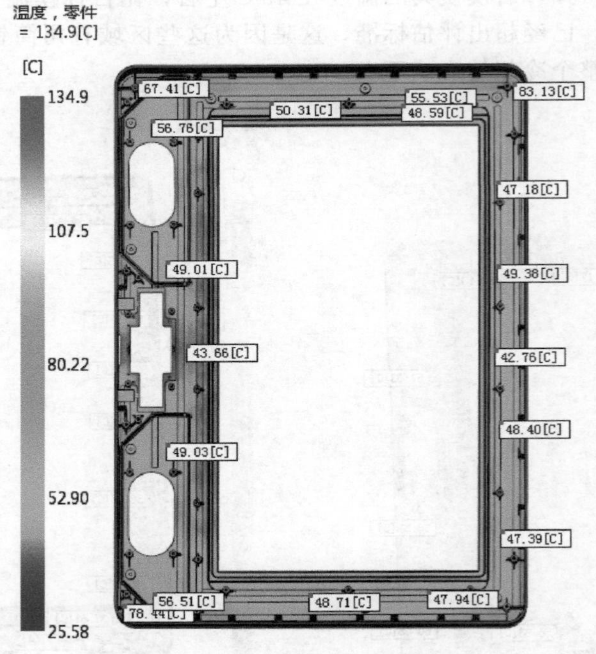

图 5-63 后模零件温度的显示结果

5.10 保压分析及优化

保压分析的初次分析一般采用默认的保压曲线，即10s的保压时间和最大填充压力的80%，根据初次保压分析结果再进行优化保压曲线。

（1）复制方案并改名

在任务栏首先选中“MP05 _ 07”方案，然后右击，在弹出的快捷菜单中选择“复制”命令，复制方案并改名为“MP05 _ 08”。

（2）设置分析序列

单击菜单“主页”→“成型工艺设置”→“分析序列”命令，选择“冷却＋填充＋保压”选项，单击“确定”按钮。

（3）工艺设置

单击菜单“主页”→“成型工艺设置”→“工艺设置”命令，弹出如图5-64所示“工艺设置向导-冷却设置”对话框。在对话框中所有参数采用冷却优化后的参数。单击“下一步”按钮，弹出如图5-65所示“工艺设置向导-填充＋保压设置”对话框。在对话框中“充填控制”选项选择“注射时间”，文本框中输入填充优化分析后的时间1s，“速度/压力切换”选项选择“自动”。“保压控制”选项采用系统默认的保压控制方式为“%填充压力与时间”，单击右侧的“编辑曲线”按钮，弹出如图5-66所示的对话框。在对话框中“持续时间”表示保压时间，默认设置为10s，“%填充压力”表示填充压力的百分比，一般情况下为填充压力的80%。

（4）开始分析

单击菜单“主页”→“分析”→“开始分析”命令，点击“确定”按钮。

（5）保压分析结果

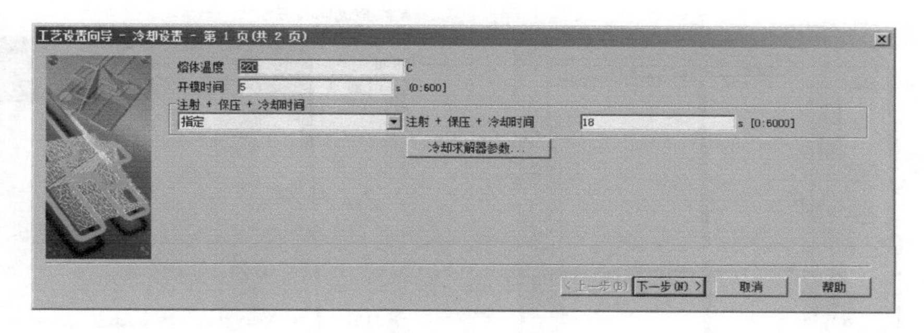

图 5-64　“工艺设置向导-冷却设置”对话框

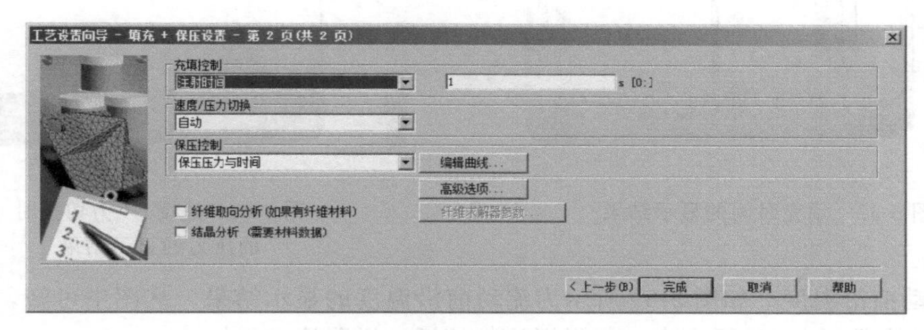

图 5-65　“工艺设置向导-填充+保压设置”对话框

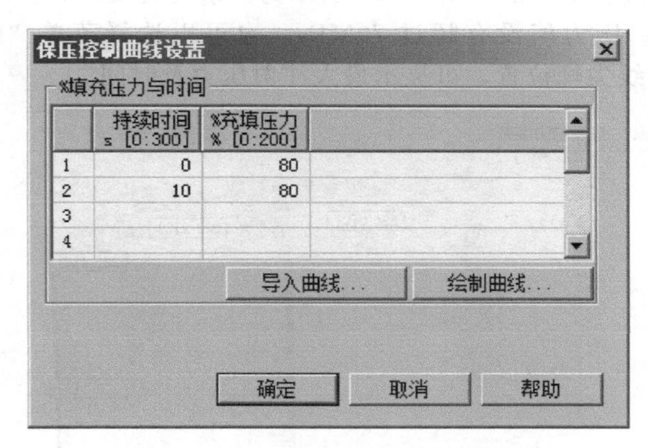

图 5-66　“保压控制曲线设置”对话框

① 填充时间　如图 5-67 所示为填充时间的显示结果，从图中可知模型没有短射的情况，填充时间为 1.126s，比色卡上最大值显示区域（一般显示为红色）为模型的最后填充区域，也是模型的末端，填充基本平衡。点击“结果”→“动画”→“播放”命令，可以动态播放填充时间的动画，查看模型填充的整个过程。填充时间也可用等值线显示的方式进行查看。

② 速度/压力切换时的压力　如图 5-68 所示为速度/压力切换时的压力的显示结果，从图中可知速度/压力切换时的压力为 67.85MPa，在模型的末端有灰色区域显示，表示此区域在速度/压力切换时仍未填充，通过日志中填充分析的屏幕输出可知，在模型填充体积的 98.73%进行速度与压力切换。可通过动画查看速度/压力切换时的压力在模型中的分布情况。

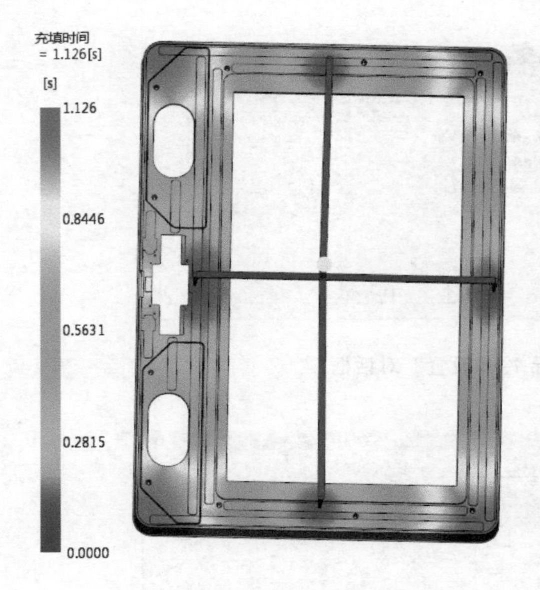

图 5-67 填充时间的显示结果

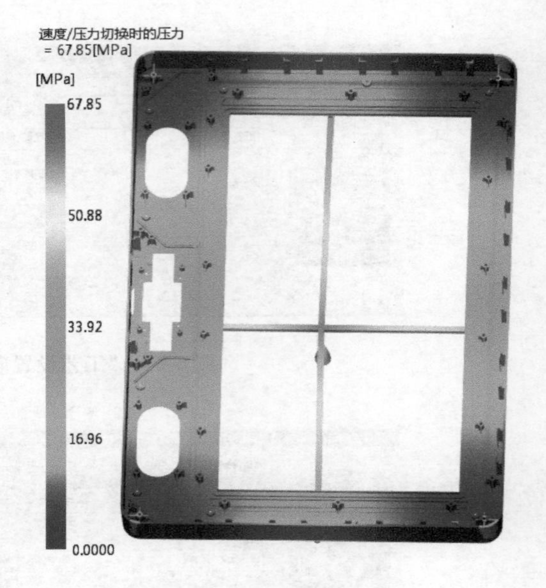

图 5-68 速度/压力切换时的压力的显示结果

③ 流动前沿温度 如图 5-69 所示为流动前沿温度的显示结果，从图中可知，模型的绝大部分区域的温度为 220℃左右，与料温比较接近，说明填充很好。

④ 注射位置处压力：XY 图 如图 5-70 所示为注射位置处压力：XY 图的显示结果，从图中可知，最大的注射压力值没有超过 70MPa。也可以选择菜单“结果”→“检查”→“检查”命令，单击曲线尖峰位置，可显示最大注射压力及时间。

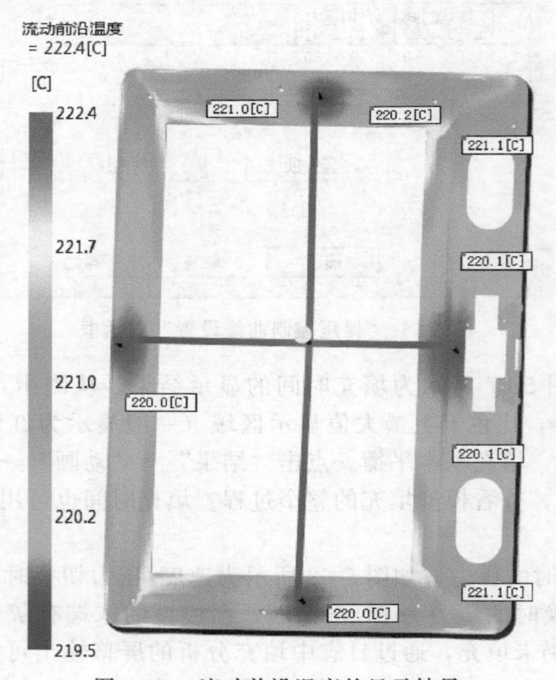

图 5-69 流动前沿温度的显示结果

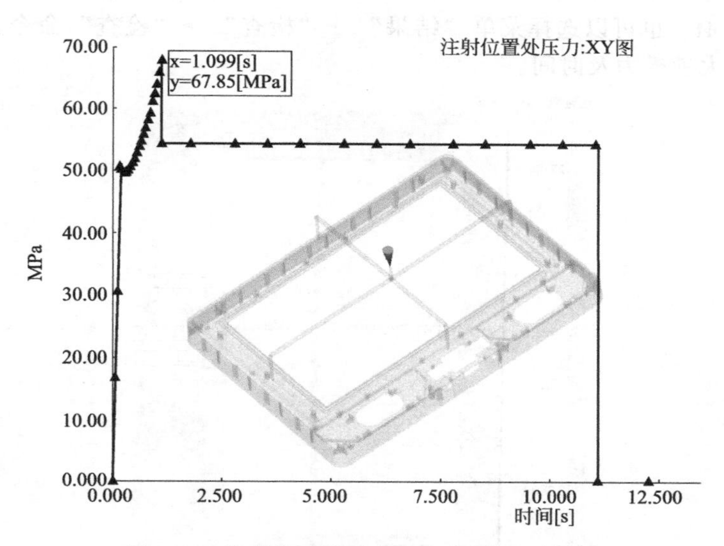

图 5-70　注射位置处压力：XY 图的显示结果

⑤ 剪切速率，体积　如图 5-71 所示为体积剪切速率的显示结果，从图中可知，体积剪切速率最大值超过了材料的极限值。其中剪切速率的超标区域位于浇口位置。可以通过增大浇口尺寸的方式来改善。

⑥ 壁上剪切应力　如图 5-72 所示为壁上剪切应力的显示结果，从图中可知，壁上剪切应力的最大值已经超过了材料的极限值。其中壁上剪切应力的最大时间是在保压阶段。说明恒定的保压有较大的残余应力，可以用衰减的保压压力的方式来改善。

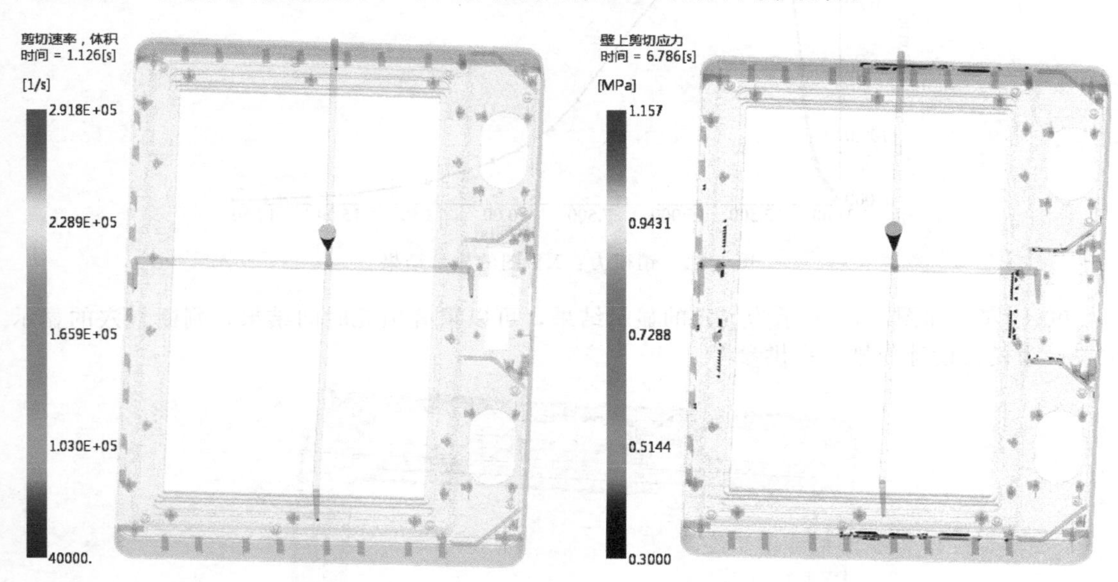

图 5-71　体积剪切速率的显示结果　　图 5-72　壁上剪切应力的显示结果

⑦ 达到顶出温度的时间　如图 5-73 所示为达到顶出温度的时间的显示结果，从图中可知，流道达到顶出温度的时间为 25s，产品大概要 12s，一般情况下流道冷却到 50%，产品冷却到 80%即可顶出。

⑧ 锁模力：XY 图　如图 5-74 所示为锁模力：XY 图的显示结果，从图中可知，锁模力

的最大值为 447.4t。也可以选择菜单“结果”→“检查”→“检查”命令，单击曲线尖峰位置，可显示最大锁模力及时间。

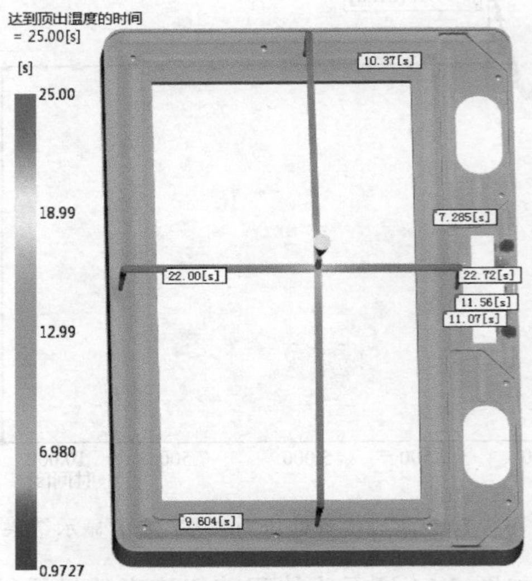

图 5-73　达到顶出温度的时间的显示结果

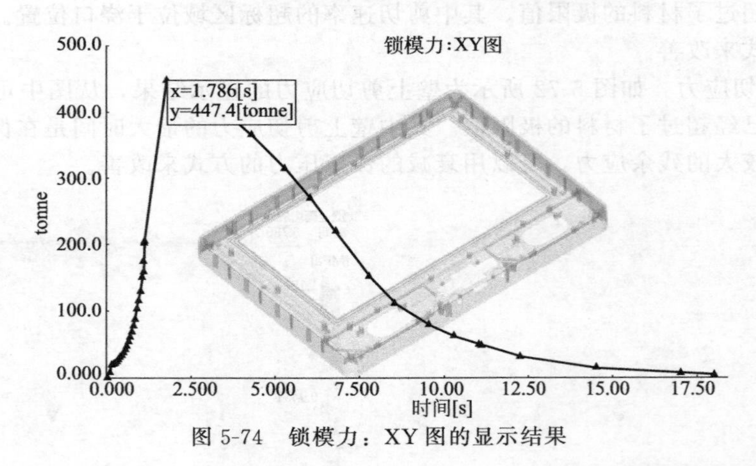

图 5-74　锁模力：XY 图的显示结果

⑨ 气穴　如图 5-75 所示为气穴的显示结果，可以重叠填充时间结果，判断气穴的显示位置，为模具设计的排气提供参考。

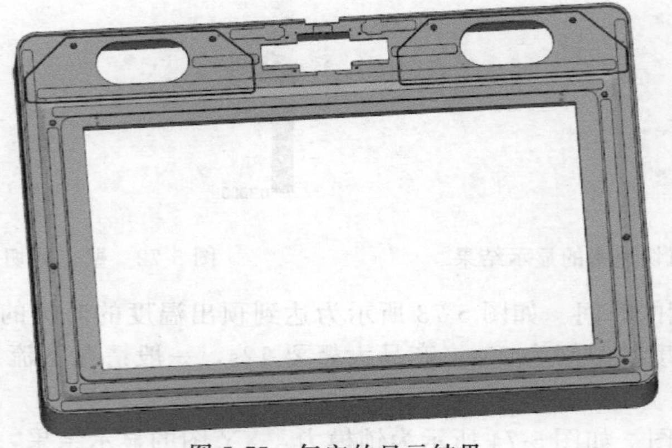

图 5-75　气穴的显示结果

⑩ 熔接线　如图 5-76 所示为熔接线的显示结果，从图中可知，模型的熔接线主要出现在两股料交接处。

⑪ 顶出时的体积收缩率　如图 5-77 所示为顶出时的体积收缩率的显示结果，从图中可知，模型中比色卡上最大值显示区域（一般显示为红色）为顶出时的体积收缩率最大的区域。

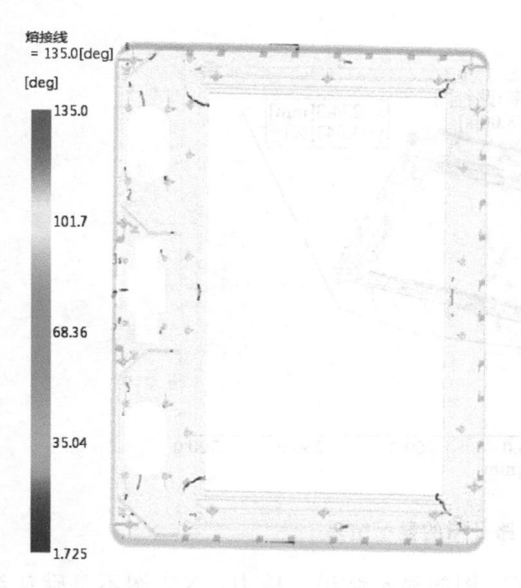

图 5-76　熔接线的显示结果

图 5-77　顶出时的体积收缩率的显示结果

⑫ 冻结层因子　如图 5-78 所示为冻结层因子的显示结果，可以单击“动画”中的“播放”按钮，以动画的形式模拟模型和浇口中的冷凝层随时间变化的过程，从中找出浇口的冻结时间，为修改保压时间提供参考。从图中可知浇口在 12.26s 时已冻结。

⑬ 缩痕，指数　如图 5-79 所示为缩痕指数的显示结果，从图中可知，模型中比色卡上最大显示区域（一般显示为红色）为缩痕指数最大的区域。

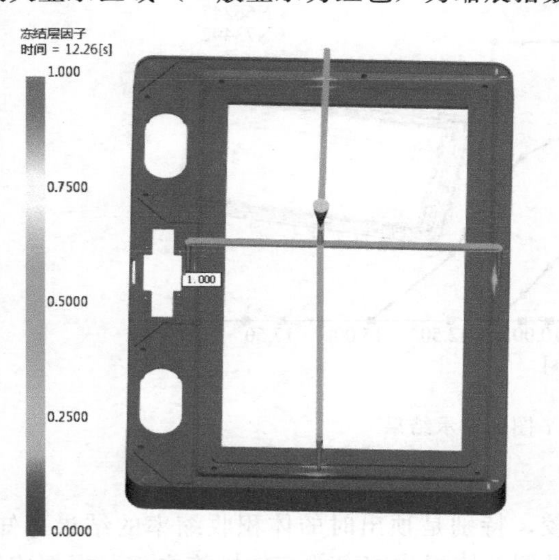

图 5-78　冻结层因子的显示结果

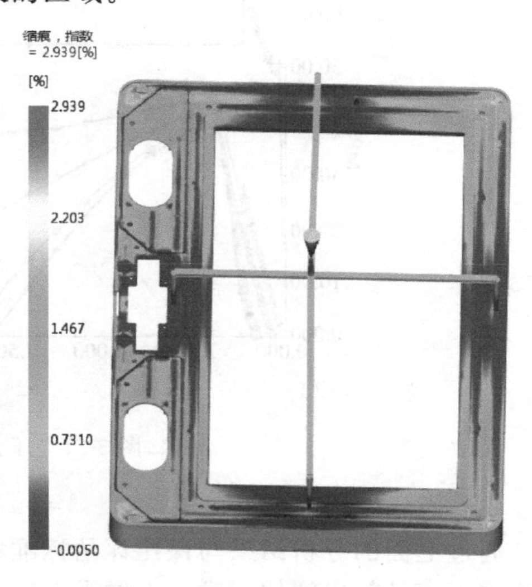

图 5-79　缩痕指数的显示结果

⑭ 体积收缩率：路径图 如图 5-80 所示为体积收缩率：路径图的显示结果。体积收缩率：路径图不是默认结果图，因此需要新建结果图，操作方法：单击菜单“结果”→“图形”→“新建图形”→“图形”命令，在弹出的对话框中左边选择“体积收缩率”，右边选择“路径图”，单击“确定”按钮。依次选择从浇口到填充末端各个点。从图中可知，模型沿流动路径上的体积收缩差异应在 2.7%，已超过评估标准，因此需要加大保压压力。

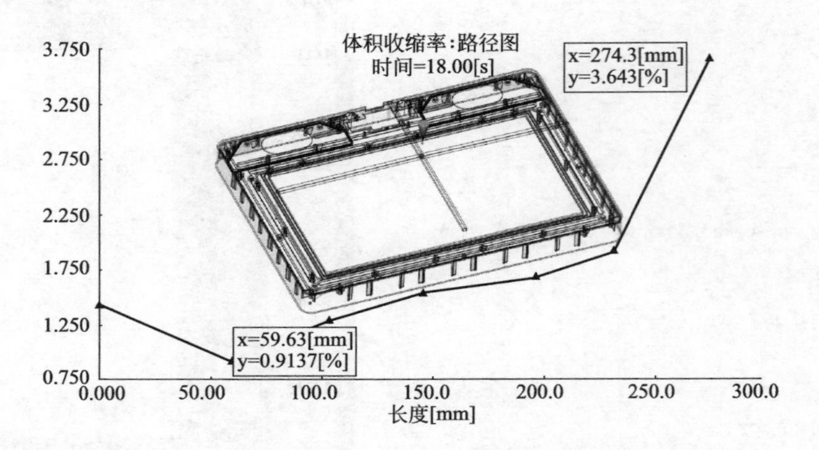

图 5-80 体积收缩率：路径图的显示结果

⑮ 压力：XY 图 如图 5-81 所示为压力：XY 图的显示结果。压力：XY 图不是默认结果图，因此需要新建结果图，操作方法：单击菜单“结果”→“图形”→“新建图形”→“图形”命令，在弹出的对话框中左边选择“压力”，右边选择“XY 图”，单击“确定”按钮。依次选择从注射位置到填充末端各个点。从图中可知，流动路径上各点压力曲线形状相差较大，因此需要调整保压曲线。

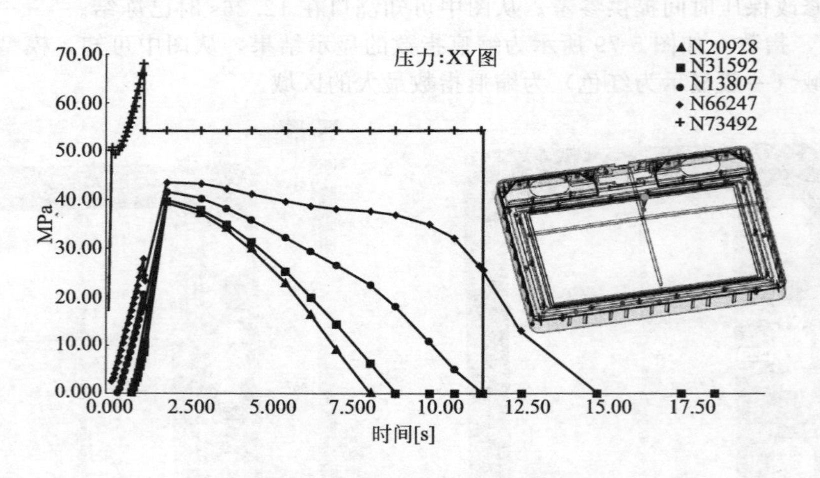

图 5-81 压力：XY 图的显示结果

（6）总结

通过上面的分析结果与保压评估标准相比较，特别是顶出时的体积收缩率的结果可知，体积收缩率已超出评估标准，而增大保压压力是调整体积收缩率的有效措施之一。根据冻结层因子和压力：XY 图结果可以优化保压曲线。

(7) 保压曲线优化

首先在任务栏选中“MP05 _ 08”方案，然后右击，在弹出的快捷菜单中选择“复制”命令，复制方案并改名为“MP05 _ 09”。然后单击菜单“主页”→“成型工艺设置”→“工艺设置”命令，弹出“工艺设置向导—冷却设置”对话框。在对话框中所有参数采用冷却优化后的参数。单击“下一步”按钮，弹出“工艺设置向导—填充+保压设置”对话框。在对话框中“充填控制”选项选择“注射时间”，文本框中输入填充优化分析后的时间 1s，“速度/压力切换”选项选择“自动”。“保压控制”选项选择保压控制方式为“保压压力与时间”，单击右侧的“编辑曲线”按钮，弹出“保压控制曲线设置”对话框。在对话框中保压时间和保压压力如图 5-82 所示。保压曲线的优化在上一章中详细讲解过，这里不再赘述。

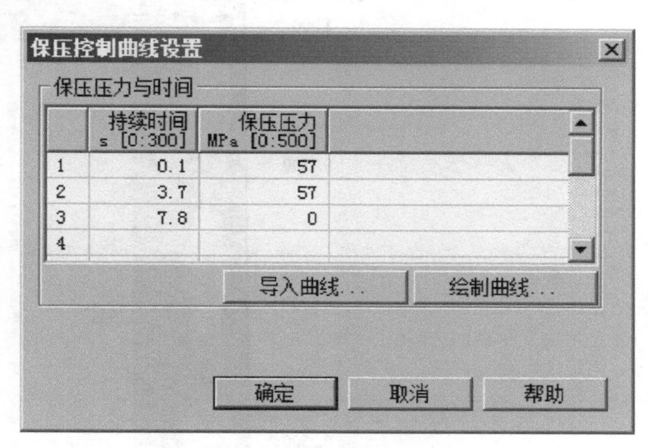

图 5-82 “保压控制曲线设置”对话框

(8) 保压优化结果

① 填充时间　如图 5-83 所示为填充时间的显示结果，从图中可知模型没有短射的情况，填充时间为 1.11s，比色卡上最大值显示区域（一般显示为红色）为模型的最后填充区域，也是模型的末端，填充非常平衡。与前面一个方案相比较，填充时间相差不大。

② 顶出时的体积收缩率　如图 5-84 所示为顶出时的体积收缩率的显示结果，从图中可知，模型中的大部分区域的体积收缩率在 3%以内，符合 ABS 材料的体积收缩率的评估标准。

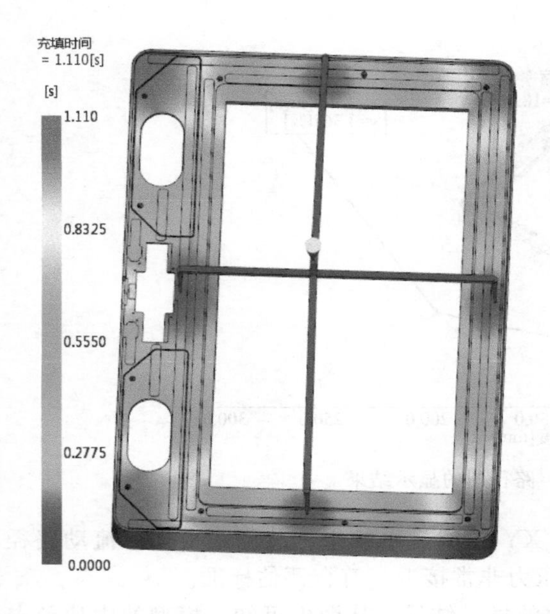

图 5-83 填充时间的显示结果

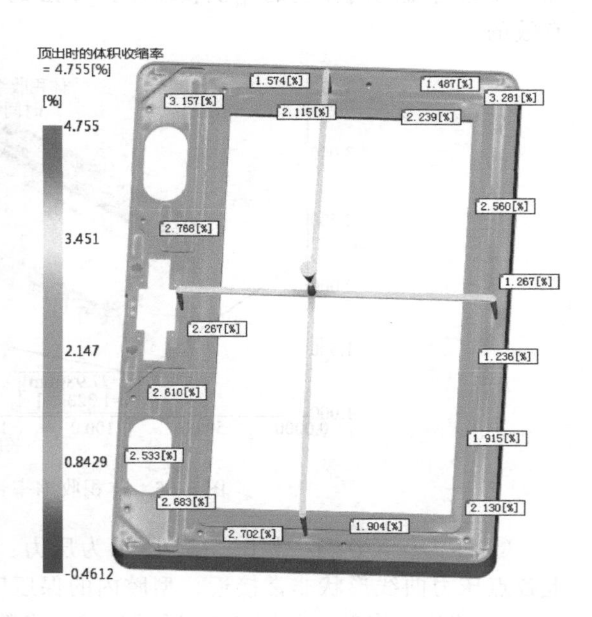

图 5-84 顶出时的体积收缩率的显示结果

③ 冻结层因子　如图 5-85 所示为冻结层因子的显示结果，从图中可知浇口在 11.8s 时已冻结，与优化方案的浇口冻结时间相差不大，说明保压时间的设置是合理的。

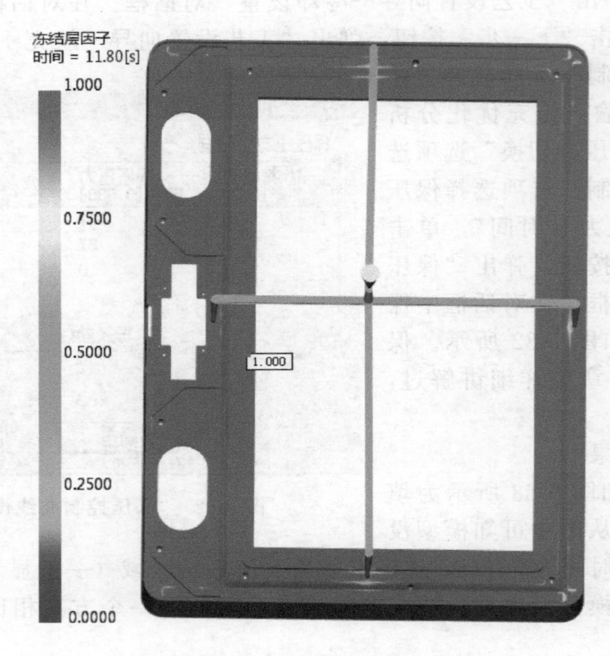

图 5-85　冻结层因子的显示结果

④ 体积收缩率：路径图　如图 5-86 所示为体积收缩率：路径图的显示结果。从图中可知，模型沿流动路径上的体积收缩差异应在 2%，未超过评估标准，说明保压曲线的优化是有效的。

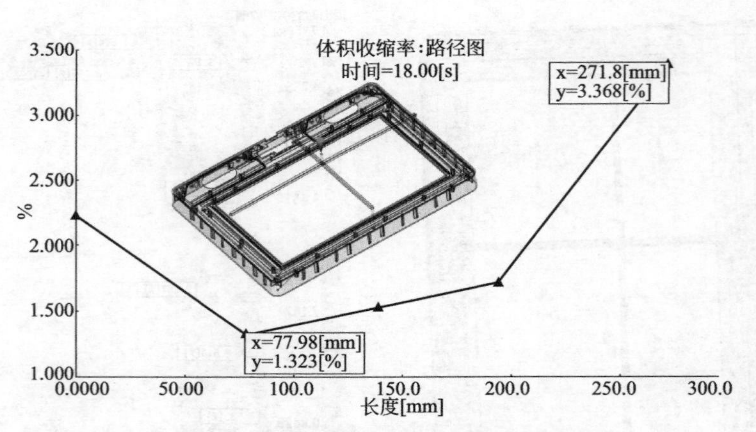

图 5-86　体积收缩率：路径图的显示结果

⑤ 压力：XY 图　如图 5-87 所示为压力：XY 图的显示结果。从图中可知，流动路径上各点压力曲线形状非常接近，型腔内的保压压力非常接近，符合评估标准。

⑥ 缩痕，指数　如图 5-88 所示为缩痕指数的显示结果，从图中可知，模型的中比色卡上最大值显示区域（一般显示为红色）为缩痕指数最大的区域，通过保压优化缩痕指数已有所改善。

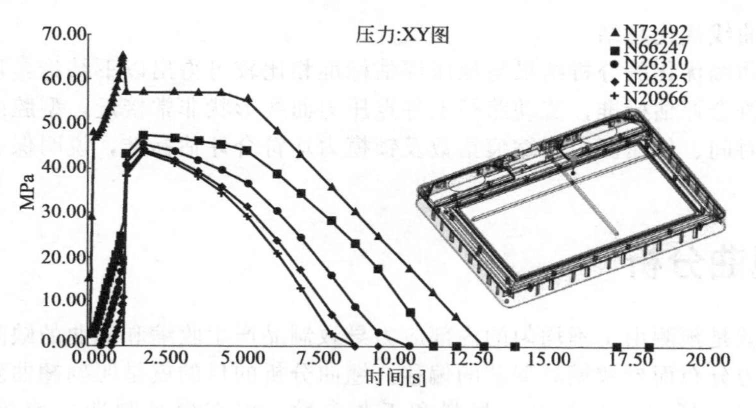

图 5-87　压力：XY 图的显示结果

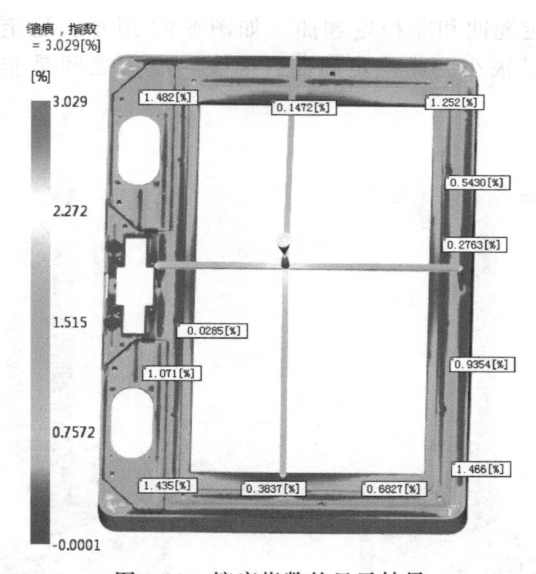

图 5-88　缩痕指数的显示结果

⑦ 锁模力：XY 图　如图 5-89 所示为锁模力：XY 图的显示结果，从图中可知，锁模力的最大值约为 494t，符合注射机的锁模力要求。

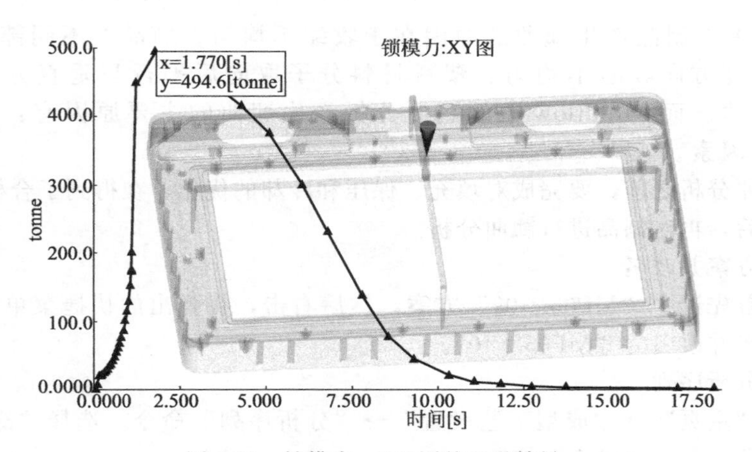

图 5-89　锁模力：XY 图的显示结果

（9）保压曲线优化总结

通过保压曲线优化的分析结果与保压评估标准相比较可得出以下结论：顶出时的体积收缩率的结果已符合评估标准；流动路径上各点压力曲线形状非常接近，型腔内的保压压力非常接近；保压时间、保压压力、缩痕指数及锁模力均符合评估标准，说明保压曲线的优化是非常有效的。

5.11　翘曲分析

翘曲分析就是预测由于不均匀的内部应力导致制品产生收缩和翘曲的缺陷，也可以预测由于不均匀压力分布而导致模具型芯的偏移。翘曲分析的目的就是明确翘曲发生原因，查看翘曲分布的区域，通过优化设计、材料和工艺参数，以在模具制造之前控制制品的翘曲变形。

翘曲分为两类：稳定翘曲和非稳定翘曲。如图5-90所示。稳定翘曲：应变与应力之间是线性关系，通常变形量很小。非稳定翘曲：应变与应力之间是非线性关系，通常变形量很大。

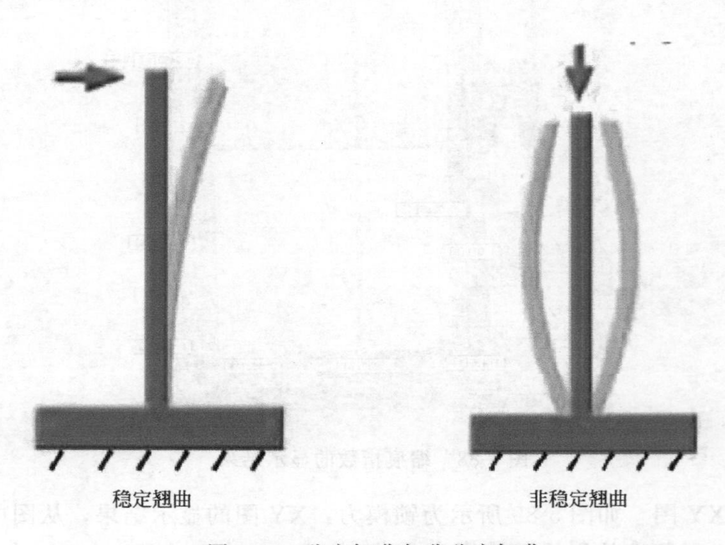

图5-90　稳定翘曲与非稳定翘曲

注塑成型中，制品产生翘曲的原因在于收缩不均匀。制品上不同部位的收缩不均匀、沿制品厚度方向收缩不均匀、塑料材料分子取向后平行与垂直方向上收缩不均匀都会引起翘曲。而Moldflow中的翘曲分析产生翘曲的主要原因有：冷却不均、收缩不均和取向因素。

在进行翘曲分析之前，要完成对填充、保压和冷却的优化，在得到了合格的填充、保压和冷却分析之后，再对制品进行翘曲分析。

（1）复制方案并改名

在任务栏首先选中“MP05_09”方案，然后右击，在弹出的快捷菜单中选择“复制”命令，复制方案并改名为“MP05_10”。

（2）设置分析序列

单击菜单“主页”→“成型工艺设置”→“分析序列”命令，选择“冷却＋填充＋保压＋翘曲”选项，单击“确定”按钮。

(3) 工艺设置

单击菜单“主页”→“成型工艺设置”→“工艺设置”命令，弹出“工艺设置向导—冷却设置”对话框。在对话框中所有参数采用冷却优化后的参数。单击“下一步”按钮，弹出“工艺设置向导—填充+保压设置”对话框。在对话框中“充填控制”选项选择“注射时间”，文本框中输入填充优化分析后的时间1s，“速度/压力切换”选项选择“自动”。“保压控制”选项采用保压优化后的保压曲线。单击“下一步”按钮，弹出如图5-91所示的“工艺设置向导—翘曲设置”对话框。在对话框中共有三个选项，分别为：

①“考虑模具热膨胀” 考虑模具热膨胀对翘曲分析结果的影响，在注射成型过程中，模具温度会随着熔体温度的升高而升高，因此模具会发生热膨胀，致使制品翘曲变形。

②“分离翘曲原因” 如果勾选此项，在分析结果中会详细分析冷却、收缩、分子取向三方面造成的翘曲值。

③“考虑角效应” 考虑边角效应对翘曲分析结果的影响。边角收缩不均是指在边角区域，由于模具结构的限制，制品在厚度方向上的收缩要大于平面方向的收缩，从而导致额外的变形。

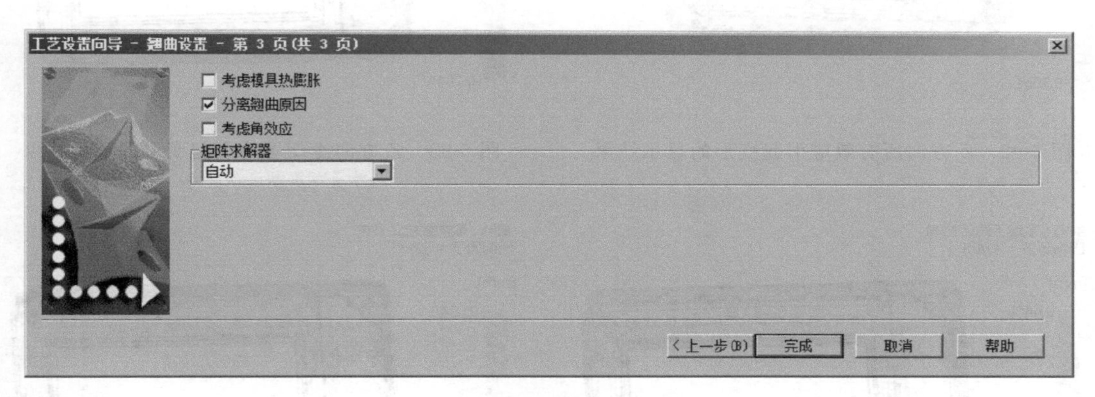

图5-91 “工艺设置向导-翘曲设置”对话框

(4) 开始分析

单击菜单“主页”→“分析”→“开始分析”命令，点击“确定”按钮。

(5) 翘曲分析结果

① 变形，所有效应：*Z*方向 如图5-92所示为*Z*方向所有效应引起变形的显示结果，从图中可知，模型的最大变形量为0.4328～－0.3061mm。

② 变形，冷却不均：*Z*方向 如图5-93所示为*Z*方向冷却不均引起变形的显示结果，从图中可知，模型的最大变形量为0.0544～－0.1044mm，冷却不均对模型的变形影响不大。

③ 变形，收缩不均：*Z*方向 如图5-94所示为*Z*方向收缩不均引起变形的显示结果，从图中可知，模型的最大变形量为0.4408～－0.3445mm。*Z*方向收缩不均引起变形与*Z*方向所有效应引起变形基本一样，由此可判断模型的变形是由收缩不均所引起的。

④ 变形，取向效应：*Z*方向 如图5-95所示为*Z*方向取向效应引起变形的显示结果，从图中可知，模型的最大变形量为0.014～－0.0188mm。这表明取向效应对模型的变形产生影响不大。

⑤ 变形，所有效应：*Z*方向路径图（模型底面） 如图5-96所示为模型底面所有效应

引起 Z 方向变形的路径图显示结果，从图中可知，模型的最大变形量为 0.4301～－0.0645mm。变形量在 0.5mm 的公差范围之内。

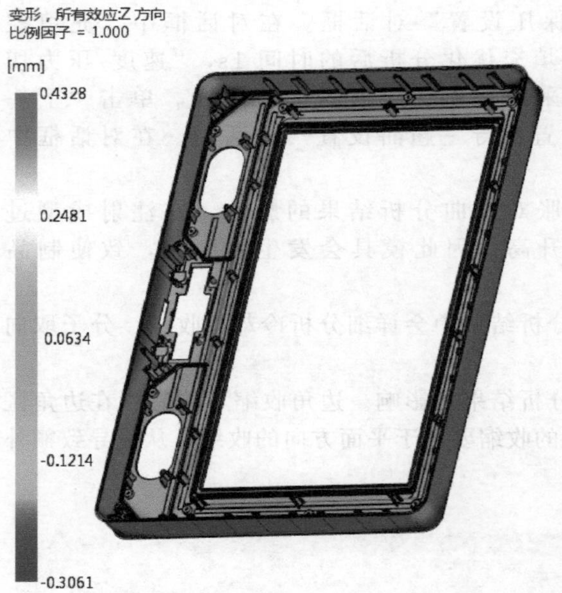
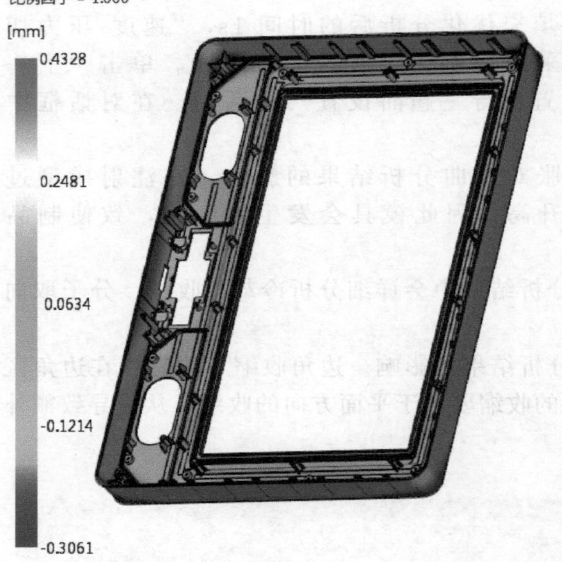

图 5-92 Z 方向所有效应引起变形的显示结果

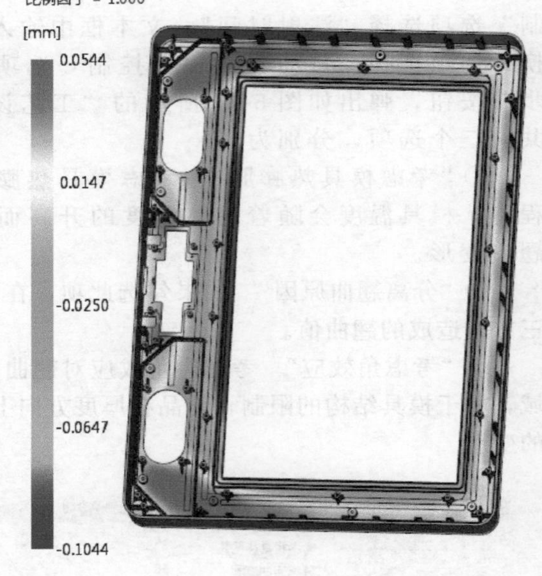

图 5-93 Z 方向冷却不均引起变形的显示结果

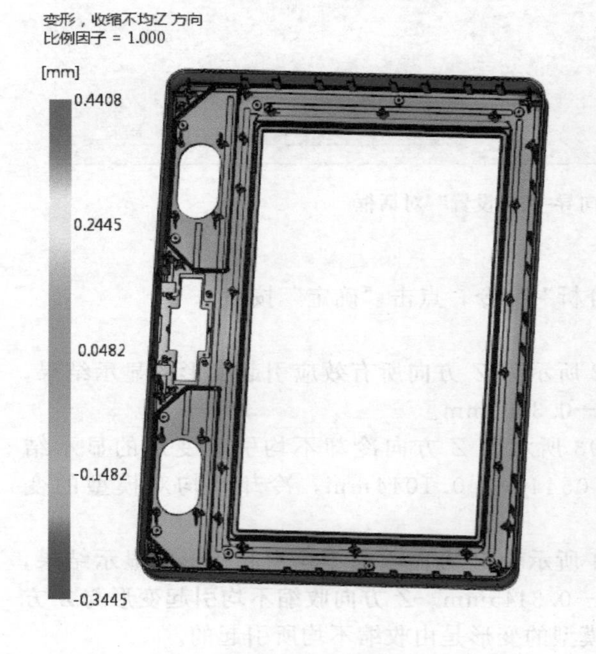

图 5-94 Z 方向收缩不均引起变形的显示结果

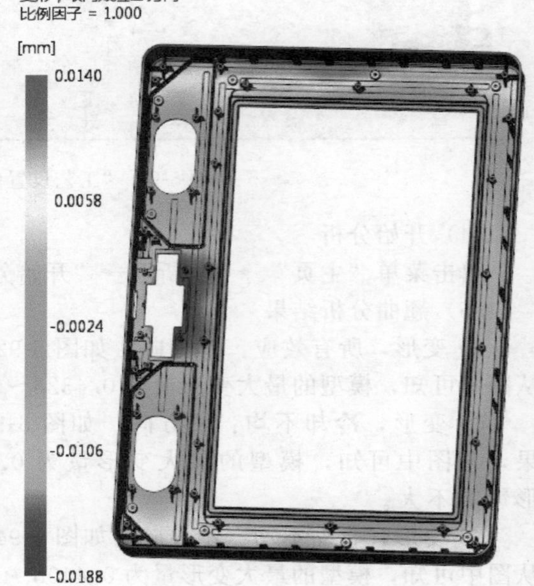

图 5-95 Z 方向取向效应引起变形的显示结果

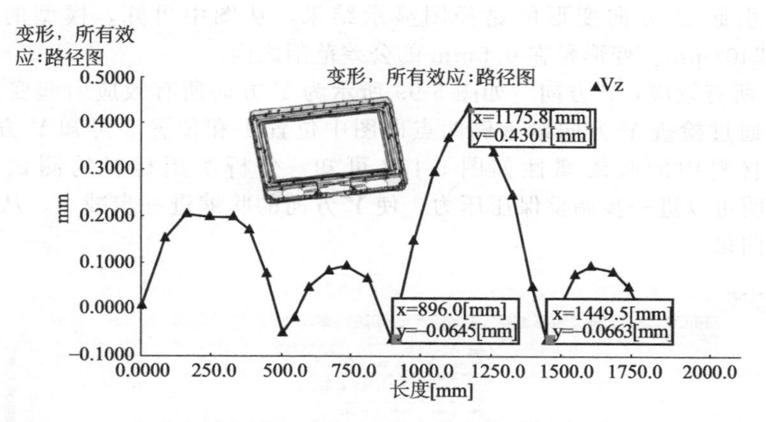

图5-96 变形，所有效应：Z方向路径图（模型底面）的显示结果

⑥ 变形，所有效应：Z方向路径图（模型顶面内平面） 如图5-97所示为模型顶面内平面所有效应引起Z方向变形的路径图显示结果，从图中可知，模型的最大变形量为0.4301～－0.0645mm。变形量在0.5mm的公差范围之内。

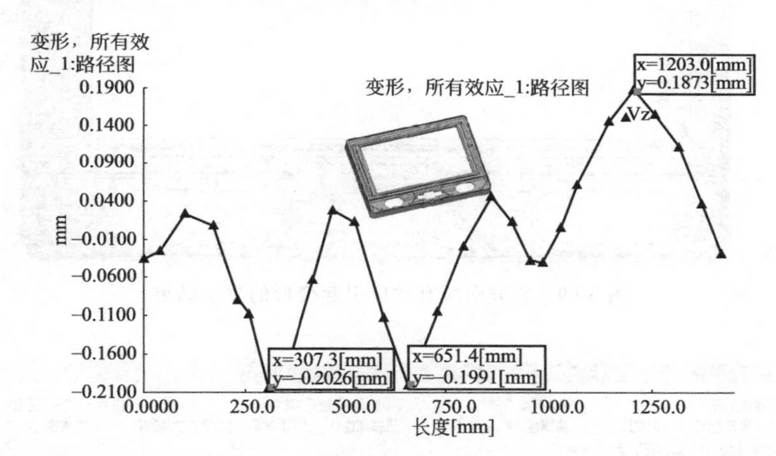

图5-97 变形，所有效应：Z方向路径图（模型顶面内平面）的显示结果

⑦ 变形，所有效应：Z方向路径图（模型顶面外平面） 如图5-98所示为模型顶面外

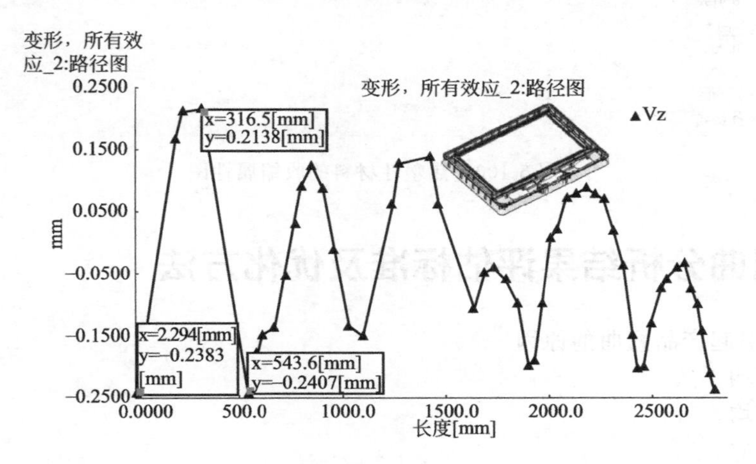

图5-98 变形，所有效应：Z方向路径图（模型顶面外平面）的显示结果

平面所有效应引起 Z 方向变形的路径图显示结果，从图中可知，模型的最大变形量为 0.2138～－0.2407mm。变形量在 0.5mm 的公差范围之内。

⑧ 变形，所有效应：Y 方向　如图 5-99 所示为 Y 方向所有效应引起变形的显示结果，从图中可知，通过检查 Y 方向最远侧两点即图中位置 1 和位置 2 可知 Y 方向的收缩率为 0.51%，查找材料中的收缩属性如图 5-100 可知，分析所用材料的测试平均收缩率为 0.4199%，说明可以进一步调整保压压力，使 Y 方向的收缩进一步减小，从而缩小 Z 方向装配平面的翘曲量。

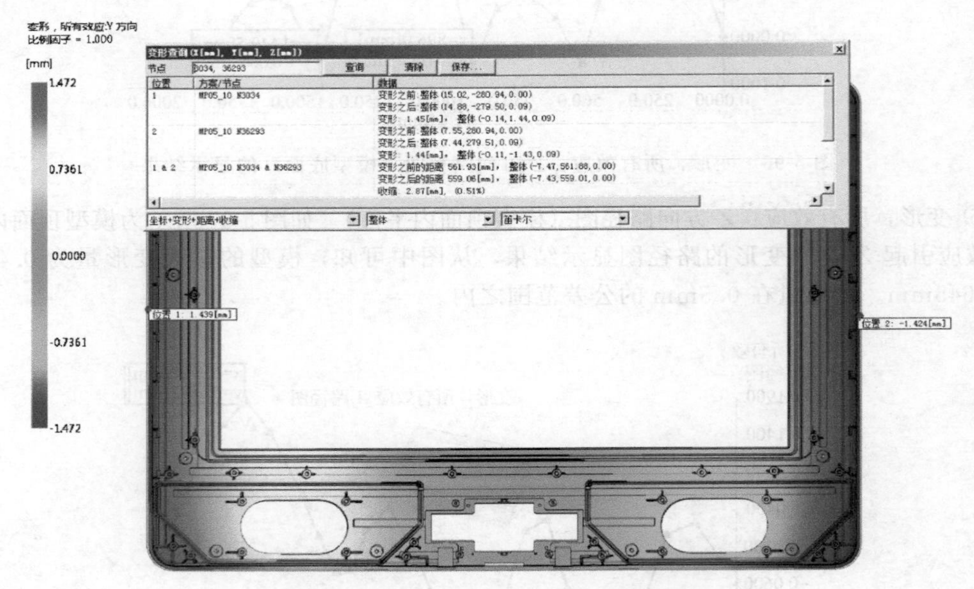

图 5-99　Y 方向所有效应引起变形的显示结果

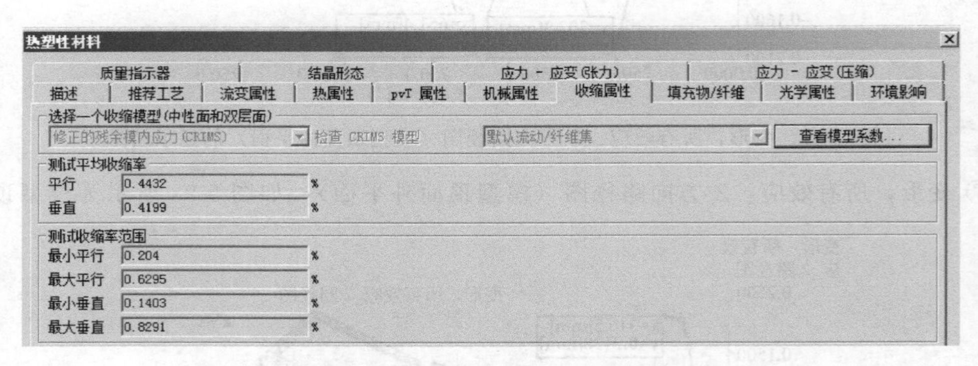

图 5-100　热塑性材料的收缩属性图

5.12　翘曲分析结果评估标准及优化方法

（1）明确引起产品翘曲的原因

① 冷却不均。

② 收缩不均。

③ 取向效应。

④ 转角效应。

（2）减小冷却不均引起产品翘曲的方法

① 原因：产品厚度方向温度差异即前后模温差异。

② 调整冷却系统措施：调整冷却系统、调整冷却液温度、调整冷却时间、增加高导热镶件。

③ 减小翘曲需注意以下分析结果："模具温度""温度曲线""弯曲曲率"。

（3）减小收缩不均引起产品翘曲的方法

① 原因：产品的局部收缩不均匀。

② 改善收缩分布：

a. 改善同等方向收缩分布；

b. 改善体积收缩分布。

③ 减小收缩差异方法：

a. 减小产品厚度变化。

b. 优化保压曲线。

c. 移走模具内积热和低温区域。

（4）减小取向效应引起产品翘曲的方法

① 原因：

a. 平行和垂直流动方向收缩差异的大小。

b. 流动取向分布。

c. 产品内应力、对称均匀的填充模式、玻纤排列方向和分布。

② 解决方法：

a. 用较高的模温、料温。

b. 改变填充速度。

c. 改变浇口位置。

（5）减小转角效应引起产品翘曲的方法

① 原因：角内收缩与厚度方向收缩之间的差异。

② 通过减小体积收缩减小转角效应。

5.13 翘曲分析优化及结果

从图 5-96～图 5-98 产品的三个装配平面翘曲的实际结果与分析任务说明书中的平面度公差在 0.5mm 以下对比可知，三个装配平面的翘曲值均达到分析任务说明书的要求，说明分析的结果是合格的。从图 5-93～图 5-95 分析结果可知冷却不均导致 Z 方向的翘曲最大变形量为 0.0544～－0.1044mm，收缩不均导致 Z 方向的翘曲最大变形量为 0.4408～－0.3445mm，取向效应导致 Z 方向的翘曲最大变形量为 0.014～－0.0188mm，由此可判断模型的变形是由收缩不均所引起的。而解决收缩不均而导致翘曲最有效的方法是调整保压曲线，从图 5-99 的结果可知的 Y 方向实际收缩率为 0.51%，查找材料中的收缩属性中测试平均收缩率为 0.4199%，说明可以进一步调整保压压力，使 Y 方向的收缩进一步减小，从而缩小 Z 方向装配平面的翘曲量。要改善的措施是调整保压曲线和增大保压压力，使装配平面的翘曲量进一步地降低，具体步骤如下。

（1）复制方案并改名

在任务栏首先选中"MP05_10"方案，然后右击，在弹出的快捷菜单中选择"复制"命令，复制方案并改名为"MP05_11"。

（2）调整保压曲线

单击菜单"主页"→"成型工艺设置"→"工艺设置"命令，在弹出的"工艺设置向导—填

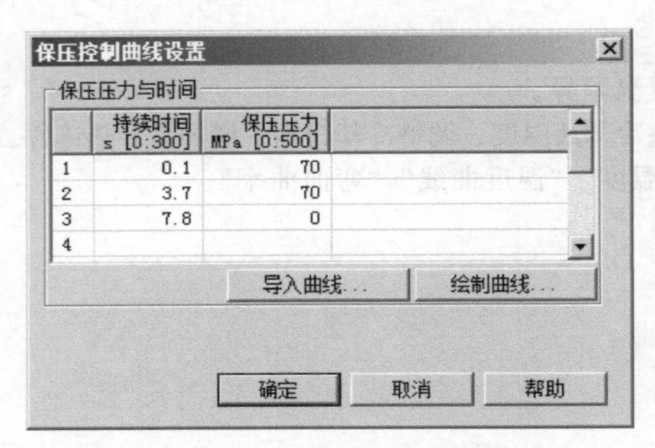
保压控制曲线设置
保压压力与时间

	持续时间 s [0:300]	保压压力 MPa [0:500]
1	0.1	70
2	3.7	70
3	7.8	0
4		

导入曲线...　绘制曲线...
确定　取消　帮助

图 5-101 “保压控制曲线设置”对话框

充+保压设置”对话框中“保压控制”选项选择“保压压力与时间”，然后单击“编辑曲线”按钮，输入如图 5-101 所示的保压曲线。其他所有的设置均采用上一方案的设置。单击“确定”按钮。

（3）开始分析

单击菜单“主页”→“分析”→“开始分析”命令，点击“确定”按钮。

（4）优化分析结果

① 变形，所有效应：*Z* 方向　如图 5-102 所示为 *Z* 方向所有效应引起变形的显示结果，从图中可知，模型的最大变形量为 0.3922～−0.2845mm。

② 变形，冷却不均：*Z* 方向　如图 5-103 所示为 *Z* 方向冷却不均引起变形的显示结果，从图中可知，模型的最大变形量为 0.0595～−0.1033mm，。冷却不均对模型的变形影响不大。

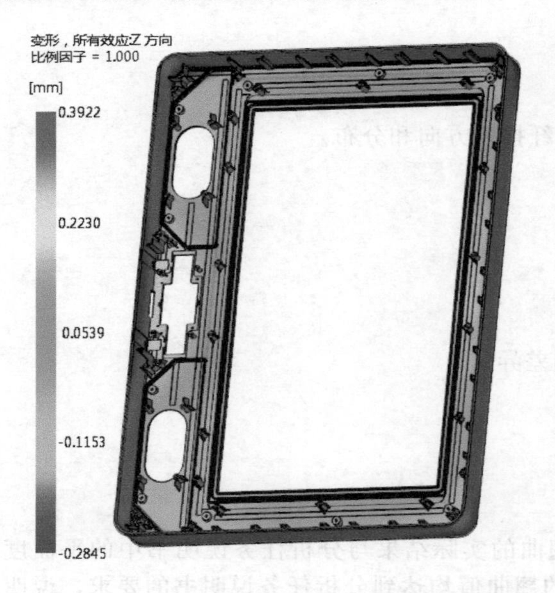

图 5-102　*Z* 方向所有效应引起变形的显示结果

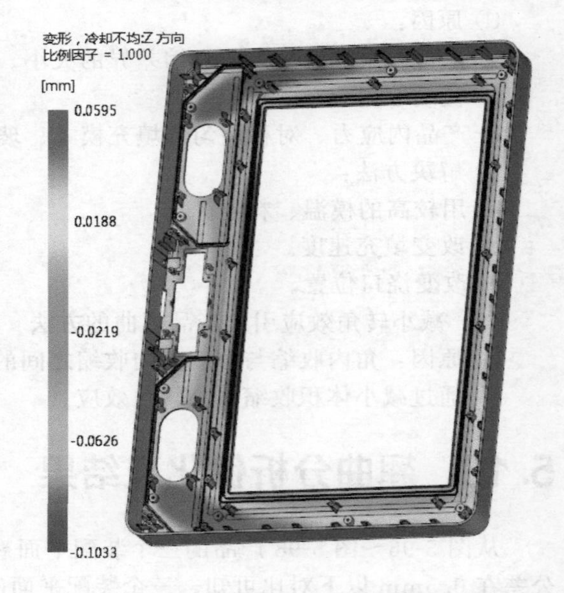

图 5-103　*Z* 方向冷却不均引起变形的显示结果

③ 变形，收缩不均：*Z* 方向　如图 5-104 所示为 *Z* 方向收缩不均引起变形的显示结果，从图中可知，模型的最大变形量为 0.4042～−0.3245mm。*Z* 方向收缩不均引起变形与 *Z* 方向所有效应引起变形基本一样，由此可判断模型的变形是由收缩不均所引起的。

④ 变形，取向效应：*Z* 方向　如图 5-105 所示为 *Z* 方向取向效应引起变形的显示结果，从图中可知，模型的最大变形量为 0.0189～−0.0273mm。这表明取向效应对模型的变形产生影响不大。

⑤ 变形，所有效应：*Z* 方向路径图（模型底面）　如图 5-106 所示为模型底面所有效应引起 *Z* 方向变形的路径图显示结果，从图中可知，模型的最大变形量为 0.3774～−0.0629mm。变形量在 0.5mm 的公差范围之内，而且变形量比上一方案有所改善。

⑥ 变形，所有效应：*Z* 方向路径图（模型顶面内平面）　如图 5-107 所示为模型顶面内平面所有效应引起 *Z* 方向变形的路径图显示结果，从图中可知，模型的最大变形量为 0.1965～−0.1868mm。变形量在 0.5mm 的公差范围之内，而且变形量比上一方案有所改善。

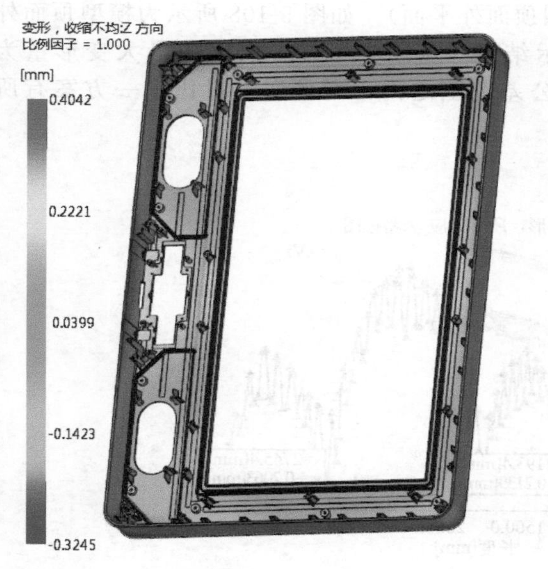

图 5-104　Z 方向收缩不均引起变形的显示结果

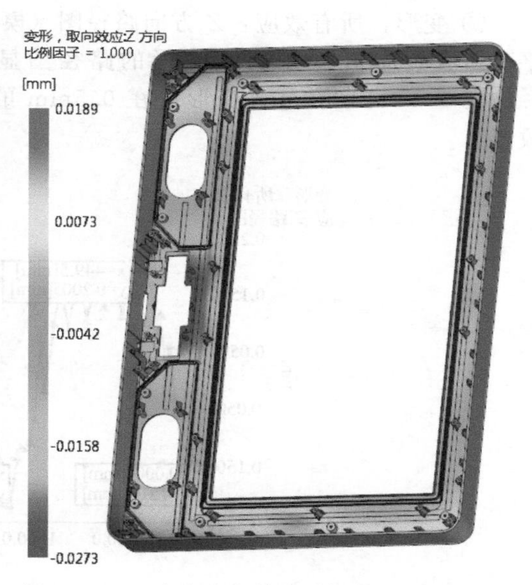

图 5-105　Z 方向取向效应引起变形的显示结果

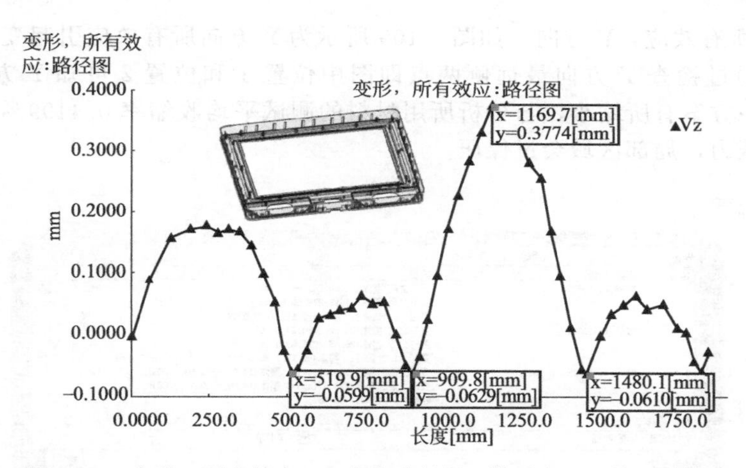

图 5-106　变形，所有效应：Z 方向路径图（模型底面）的显示结果

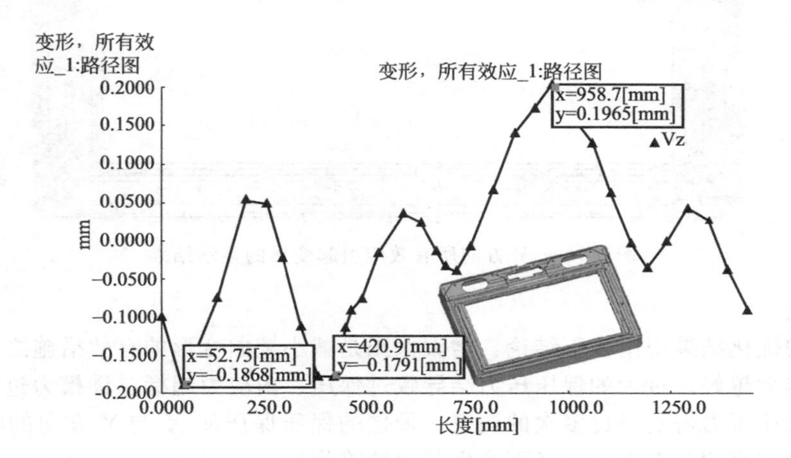

图 5-107　变形，所有效应：Z 方向路径图（模型顶面内平面）的显示结果

⑦ 变形，所有效应：Z 方向路径图（模型顶面外平面）　如图 5-108 所示为模型顶面外平面所有效应引起 Z 方向变形的路径图显示结果，从图中可知，模型的最大变形量为 0.2005～－0.2165mm。变形量在 0.5mm 的公差范围之内，而且变形量比上一方案有所改善。

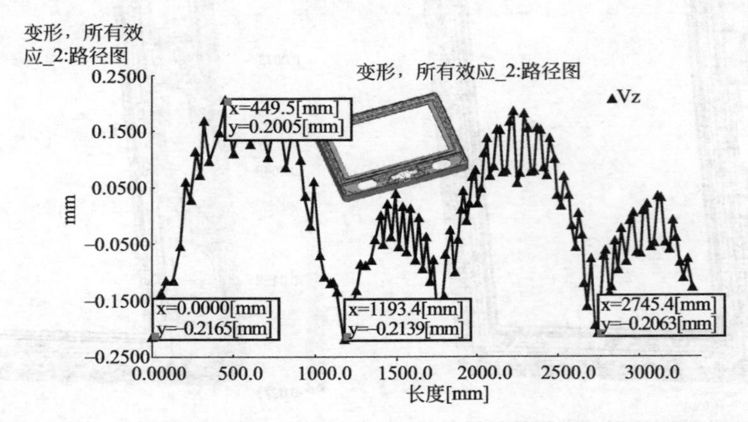

图 5-108　变形，所有效应：Z 方向路径图（模型顶面外平面）的显示结果

⑧ 变形，所有效应：Y 方向　如图 5-109 所示为 Y 方向所有效应引起变形的显示结果，从图中可知，通过检查 Y 方向最远侧两点即图中位置 1 和位置 2 可知 Y 方向的收缩率为 0.48%，比上一方案有所缩小，与分析所用材料的测试平均收缩率 0.4199%相比还有差距，但再增大保压压力，局部区域会过保压。

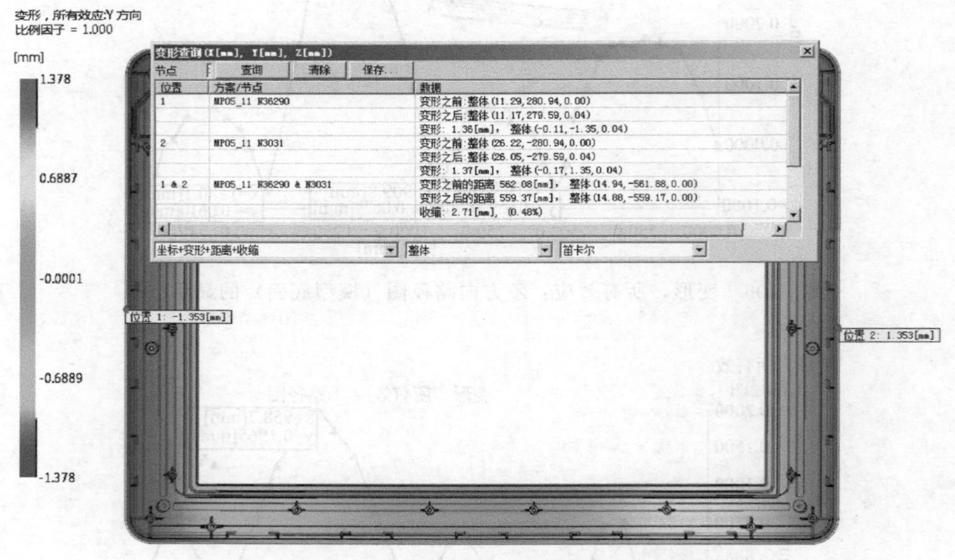

图 5-109　Y 方向所有效应引起变形的显示结果

（5）总结

从上面的优化结果得出以下结论：增大保压是减小翘曲变形的有效措施之一，但是也不是保压压力越大越好，过大的保压压力会导致过保压、内应力超标、锁模力过大等一系列的缺陷，因此保压压力需要经过多次的调整，最佳的保压保压使 X 与 Y 方向的收缩变形在材料测试平均收缩率的范围之内，又不产生其他缺陷为好。

第6章 电气产品分线盒——优化产品

6.1 概述

本案例是电气产品分线盒，是广东东莞某大型模具厂生产的一套模具。在模具设计之前，客户要求用Moldflow验证产品的成型缺陷和改善措施，确认浇口的位置及数量，确认注塑机的最大注塑压力和锁模力，确认最佳的浇注系统和冷却系统，确认产品外观面上的熔接线和气穴位置，确认产品装配平面的公差范围。明确工艺参数、产品的成型周期，进而提高生产效率，降低生产成本。分析任务说明书如图6-1所示。

概述

分析任务说明书：
①材料：PBT
②穴数：1×1
③确认分析任务：
· 浇口位置及数量
· 注塑压力、锁模力
· 最佳浇注系统
· 最佳冷却系统
· 熔接线、气穴
· 装配平面公差在0.5mm以内

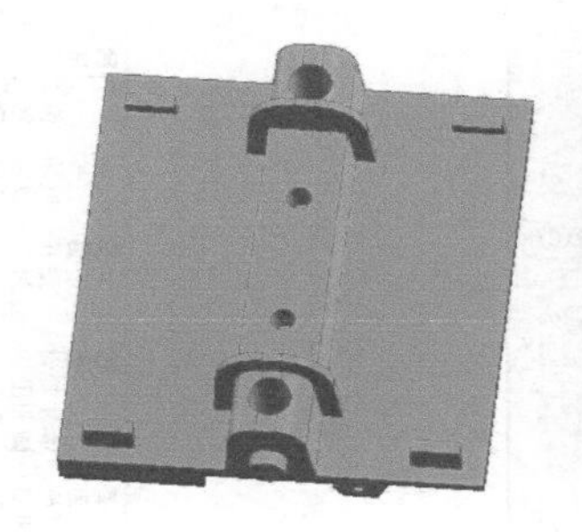
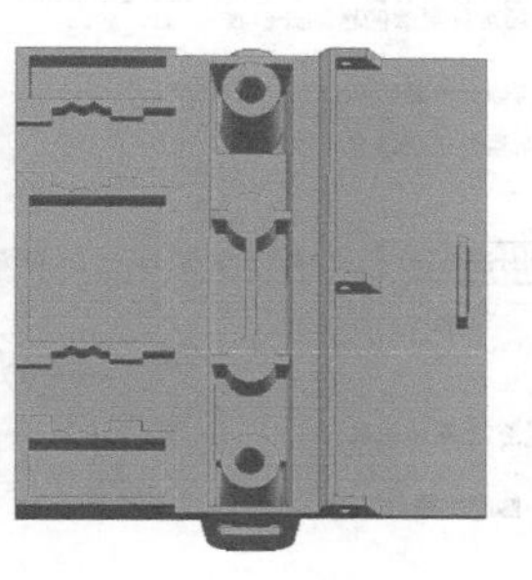

图6-1 分析任务说明书

6.2 网格划分及修复

网格划分及修复

产品在网格划分之前已作过前期处理，主要是去除一些小的圆角面。

这样进行网格划分时，网格的质量更好，同时网格的修复工作大大地减少。对于复杂的产品，在进行分析之前都要进行前期处理。

（1）新建工程

打开软件后，单击菜单“开始并学习”→“启动”→“新建工程”命令，创建一个工程名称为 MP06 的工程，如图 6-2 所示。最后单击“确定”按钮。

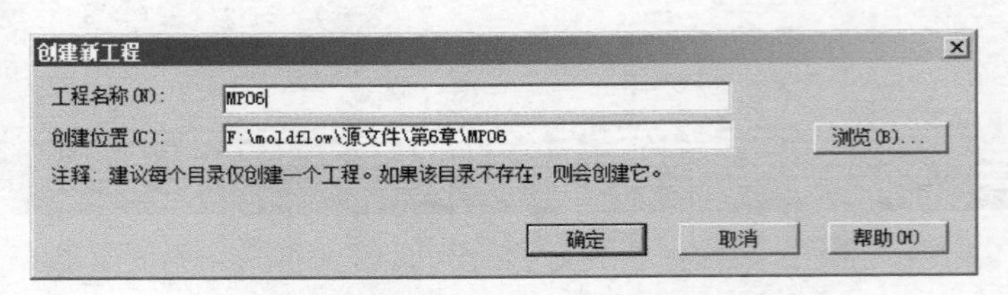

图 6-2 “新建工程”对话框

（2）导入模型

单击菜单“主页”→“导入”→“导入”命令，选择文件目录：源文件\第 6 章\MP06.igs。导入的网格类型选择“双层面”，如图 6-3 所示。然后单击“确定”按钮。

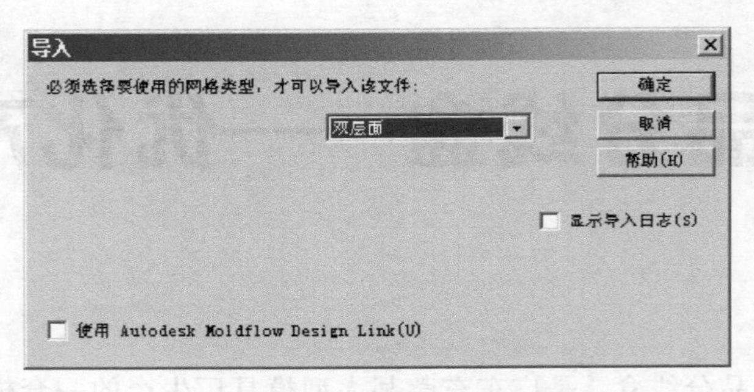

图 6-3 导入网格类型对话框

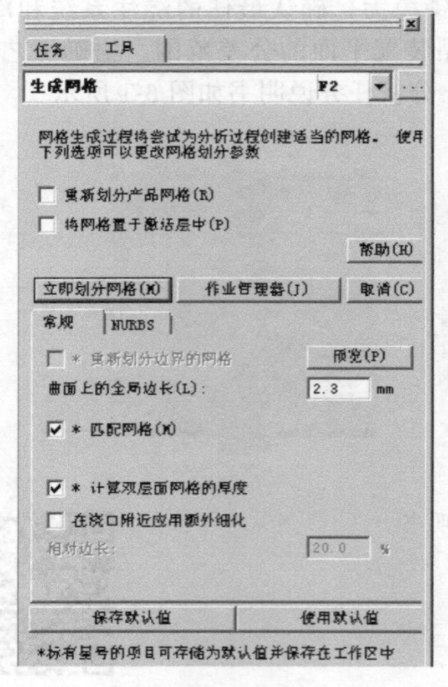

图 6-4 “生成网格”对话框

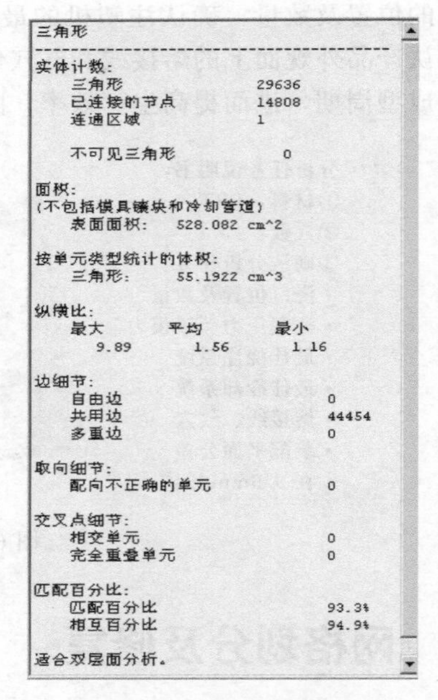

图 6-5 网格统计结果

（3）网格划分

单击菜单“网格”→“网格”→“生成网格”命令，弹出如图 6-4 所示对话框，在对话框中“曲面上的全局边长”的输入框输入 2.3（产品的壁厚），单击“立即划分网格”按钮。

（4）网格统计

单击菜单“网格”→“网格诊断”→“网格统计”命令，单击“显示”按钮。网格统计结果如图 6-5 所示，从图中可知，网格的质量非常不错，没有自由边、多重边、配向不正确的单元及相交和完全重叠的单元，最大纵横比 9.89，可以修复到 7 以下，网格的匹配百分比达到 93.3%。网格的质量非常好，除纵横比之外，无须进行网格诊断和网格修复，可见对产品进行前期处理可以大大地提高网格的质量并节省网格的修复时间。

6.3 浇口位置分析

产品的尺寸不大，只有 110.38×121.57×36.98，产品的质量 65.25g，一个浇口基本可以满足注塑的要求，由于产品的中间区域不属于外观面，因此可以考虑在产品的正中间设置点浇口，用浇口位置分析找出最佳的浇口位置。其操作步骤如下。

（1）方案改名

在任务栏首先选中初始分析的方案，然后右击，在弹出的快捷菜单中选择“重命名”命令，方案改名为“MP06_01”。

（2）选择分析类型

单击菜单“主页”→“成型工艺设置”→“分析序列”命令，选择“浇口位置”选项，如图 6-6 所示。单击“确定”按钮。

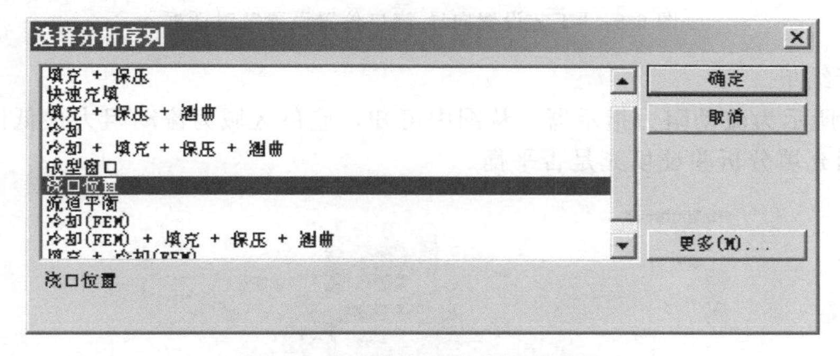

图 6-6　“选择分析序列”对话框

（3）选择材料

单击菜单“主页”→“成型工艺设置”→“选择材料”→“选择材料 A”命令，选择“指定材料”单选项，单击“搜索”按钮。弹出如图 6-7 所示对话框，在对话框中“搜索字段”选择“牌号”，在“子字符串”的文件框中输入“Lupox GP-1000D”。单击“搜索”按钮。最后选择该牌号的材料，并点击“确定”按钮。

（4）工艺设置

单击菜单“主页”→“成型工艺设置”→“工艺设置”命令，弹出如图 6-8 所示的对话框，在对话框中点击“注塑机”中的“编辑”按钮。在“注射单元”下面的“注塑机螺杆直径”输入框中输入 40。其他选项均用默认设置。最后点击“确定”按钮。

（5）开始分析

单击菜单“主页”→“分析”→“开始分析”命令，点击“确定”按钮。

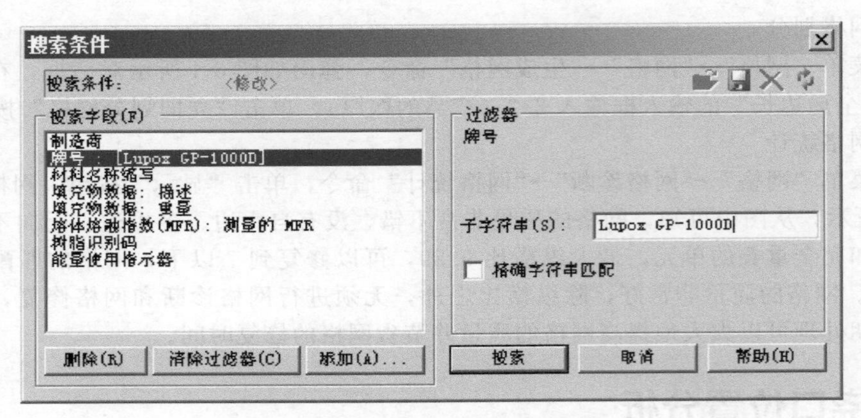

图 6-7 “搜索条件”对话框

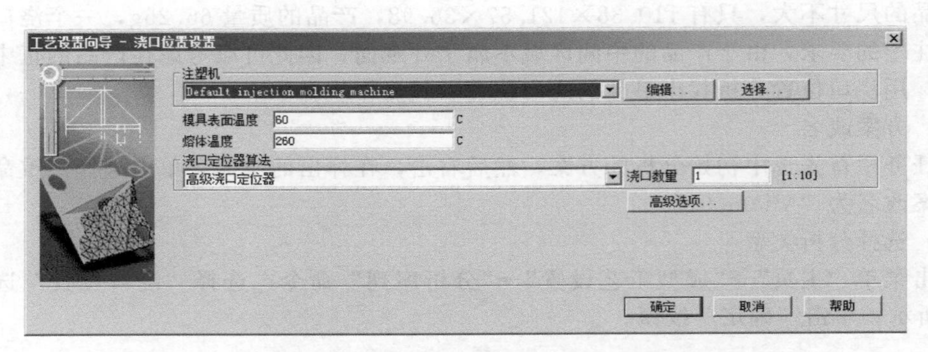

图 6-8 “工艺设置向导-浇口位置设置”对话框

（6）分析结果

如图 6-9 所示为流动阻力指示器，从图中可知，蓝色区域为流动阻力最低区域，即最佳浇口位置。用充填分析验证填充是否平衡。

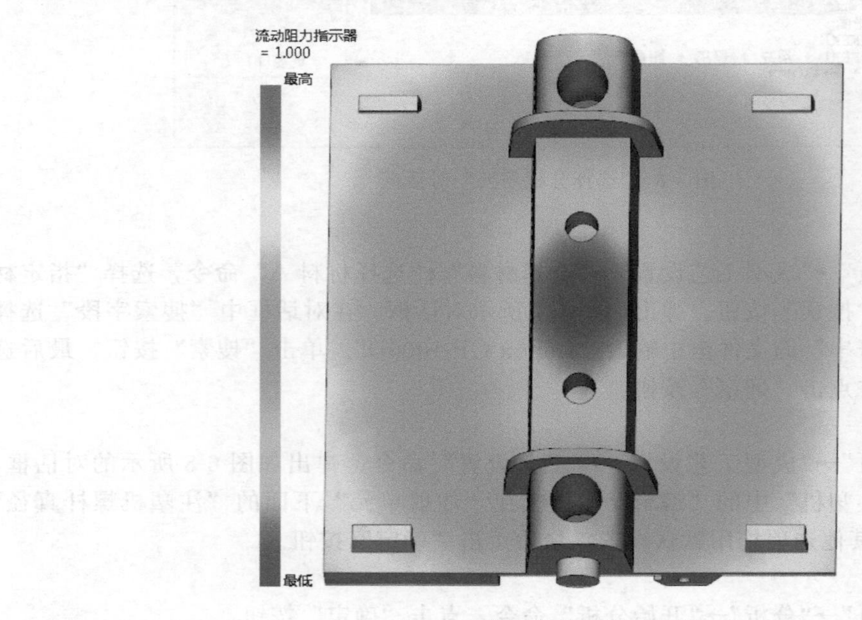

图 6-9 浇口匹配性显示结果

6.4 填充分析及优化

填充分析的目的是验证设置的浇口位置是否会流动平衡，如果不平衡，需要重新优化浇口位置并再次进行填充验证。

(1) 方案改名

在任务栏首先选中浇口位置分析时复制的方案，然后右击，在弹出的快捷菜单中选择“重命名”命令，方案改名为“MP06_02”。

(2) 设置浇口位置

如图 6-10 所示是进行浇口位置分析时 Moldflow 推荐的浇口位置，由于此区域是后模内观面，不能有三板模的浇口，因此浇口设置在顶面推荐流动阻力最低区域，即产品的正中间位置。

单击菜单“主页”→“成型工艺设置”→“注射位置”命令，在坐标为（0，1.11，14.66）的节点上设置浇口位置。

(3) 选择分析类型

单击菜单“主页”→“成型工艺设置”→“分析序列”命令，选择“填充”选项。单击“确定”按钮。

(4) 开始分析

单击菜单“主页”→“分析”→“开始分析”命令，点击“确定”按钮。

图 6-10　Moldflow 推荐的浇口位置图

图 6-11　填充时间的显示结果

(5) 分析结果

① 填充时间　如图 6-11 所示为填充时间的显示结果，从图中可知模型没有短射的情况，填充时间为 1.189s，比色卡上最大值显示区域（一般显示为红色）为模型的最后填充区域，也是模型的末端，填充比较平衡。点击“结果”→“动画”→“播放”命令，可以动态播放填充时间的动画，在模型的四个角，填充时间基本一致，说明在四个角填充比较平衡。

② 速度/压力切换时的压力　如图 6-12 所示为速度/压力切换时的压力的显示结果，从图中可知速度/压力切换时的压力为 30.14MPa，在模型的末端有灰色区域显示，表示此区域在速度/压力切换时仍未填充，通过日志中填充分析的屏幕输出可知，在模型填充体积的

99.03%进行速度与压力切换。可通过动画查看速度/压力切换时的压力在模型中的分布情况。压力较小说明选择一个浇口是正确的。

③ 填充末端压力　如图 6-13 所示为填充末端压力的显示结果，从图中可知，模型的填充末端的压力非常平衡，在填充分析的评估范围之内。

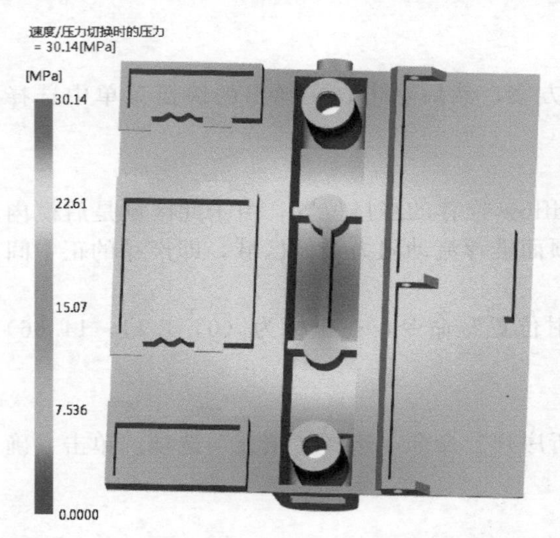

图 6-12　速度/压力切换时的压力的显示结果

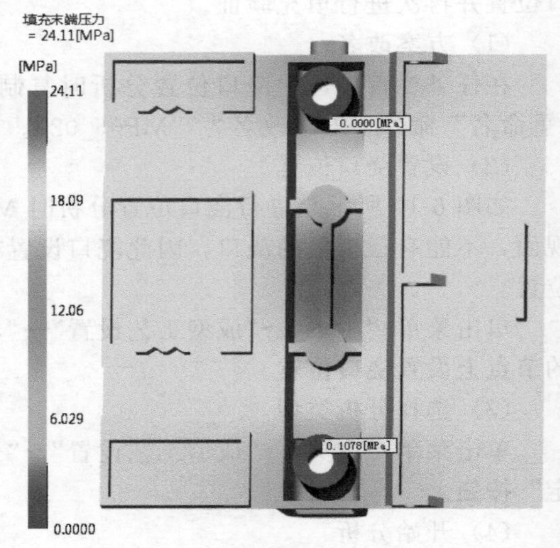

图 6-13　填充末端压力的显示结果

(6) 总结

通过填充分析的结果可知，浇口的设置已达到填充时流动平衡的效果，从填充时间的动画可知，在模型的四个角基本达到流动平衡，从填充末端的压力结果可知，填充末端的压力基本符合填充分析评估范围标准。因此无需再调整浇口位置，也没有必要再进行填充优化分析。

6.5　成型窗口分析

为了确定填充分析时最佳注射时间，因此进行成型窗口分析。

(1) 复制方案并改名

在任务栏首先选中“MP06_02”方案，然后右击，在弹出的快捷菜单中选择“复制”命令，复制方案并改名为“MP06_03”。

(2) 设置分析序列

单击菜单“主页”→“成型工艺设置”→“分析序列”命令，选择“成型窗口”选项，单击“确定”按钮。

(3) 工艺设置

单击菜单“主页”→“成型工艺设置”→“工艺设置”命令，所有参数均采用默认参数设置。

(4) 开始分析

单击菜单“主页”→“分析”→“开始分析”命令，点击“确定”按钮。

(5) 质量（成型窗口）：XY 图的分析结果

首先在材料的推荐工艺中查明推荐的模具温度是 60℃，推荐的熔体温度是 260℃，接着在分析结果“质量（成型窗口）：XY 图”前打钩，单击菜单“结果”→“属性”→“图形属性”命令，在弹出的对话框中在单选项“注射时间”前打钩，模具温度调整到 60℃左右，熔体温度调整到 260℃左右，点击“关闭”按钮。质量（成型窗口）：XY 图结果如图 6-14 所示。经查询当模具温度在 62.22℃，熔体温度在 261.1℃，注射时间为 0.4943s 时，质量最好。

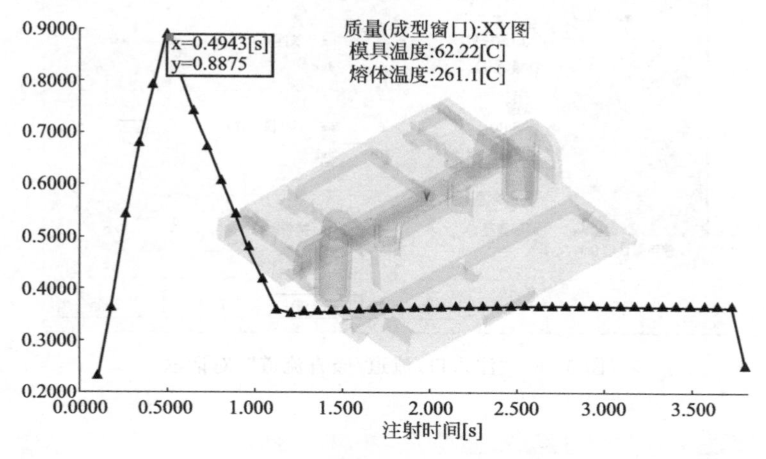

图 6-14　质量（成型窗口）：XY 图结果

6.6　创建浇注系统

本案例使用流道系统向导工具创建浇注系统会更快捷，其操作步骤如下。

（1）复制方案并改名

在任务栏首先选中“MP06_03”方案，然后右击，在弹出的快捷菜单中选择“复制”命令，复制方案并改名为“MP06_04”。

（2）向导创建浇注系统

单击菜单“几何”→“创建”→“流道系统”命令，弹出如图 6-15 所示的对话框。在对话框中“指定主流道位置”选项“X”后面文本框均输入 0，选项“Y”后面文本框均输入 10。“顶部流道平面 Z”文本框中输入 100，单击“下一步”按钮，弹出如图 6-16 所示的对话框，主流道、流道尺寸如图中所示，单击“下一步”按钮，弹出如图 6-17 所示的对话框，侧浇口尺寸如图中所示，最后单击“完成”按钮，向导创建浇注系统如图 6-18 所示。主流道位置向 Y 方向偏置 10，作用是为了使流动前端的冷料不直接进入产品中。

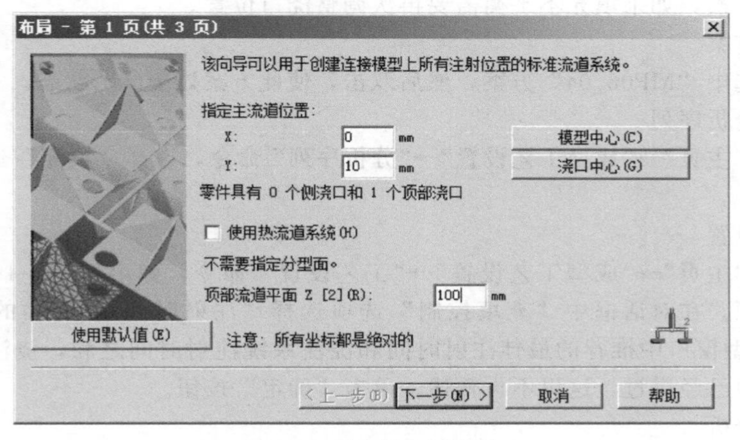

图 6-15　“布局”对话框

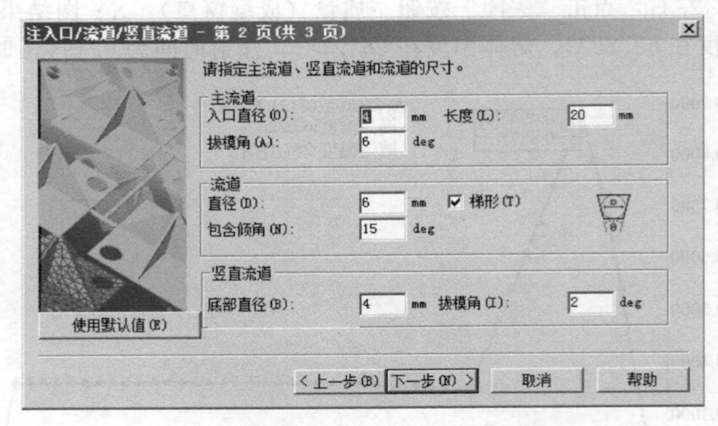

图 6-16 “注入口/流道/竖直流道”对话框

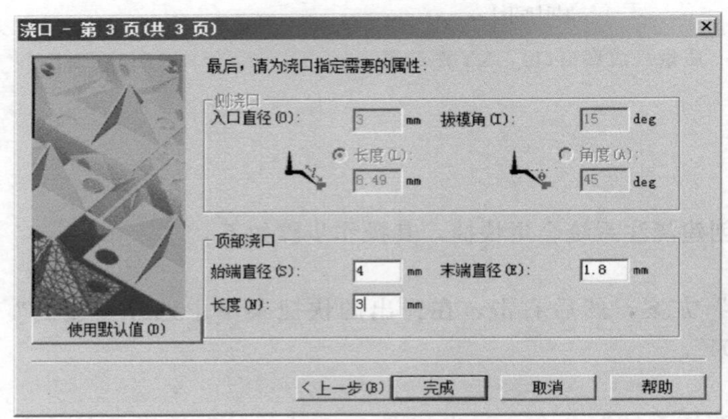

图 6-17 “浇口”对话框

图 6-18 向导创建浇注系统

6.7 流道平衡分析及优化

加入浇注系统后可能会再次导致填充不平衡。再次进行填充分析的目的是检验在填充的末端压力是否平衡，如果填充不平衡需要再次调整浇口位置。

(1) 激活方案

在任务栏选中“MP06_04”方案，然后双击，使此方案处于激活状态。

(2) 设置分析序列

单击菜单“主页”→“成型工艺设置”→“分析序列”命令，选择“填充”选项，单击“确定”按钮。

(3) 工艺设置

单击菜单“主页”→“成型工艺设置”→“工艺设置”命令，弹出如图 6-19 所示“工艺设置向导”对话框。在对话框中“充填控制”选项选择“注射时间”，后面的文本框中输入 0.52s，采用成型窗口中推荐的最佳注射时间和浇注系统注射时间之和，浇注系统的注射时间的计算在前面已经讲过，这里不再赘述。单击“确定”按钮。

(4) 开始分析

单击菜单“主页”→“分析”→“开始分析”命令，点击“确定”按钮。

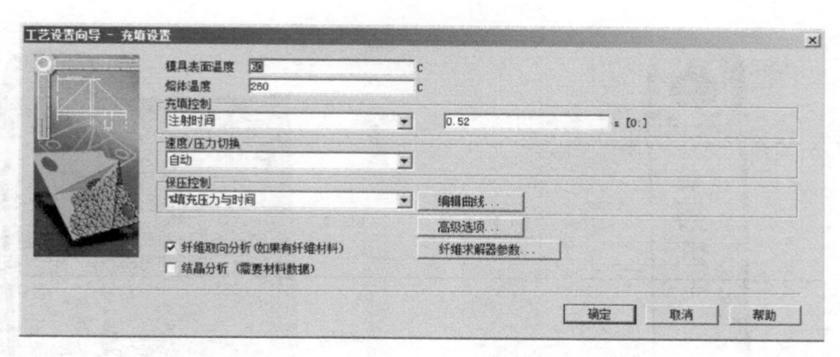

图 6-19　“工艺设置向导-充填设置”对话框

(5) 分析结果

① 填充时间　如图 6-20 所示为填充时间的显示结果，从图中可知模型没有短射的情况，填充时间为 0.5614s，比色卡上最大值显示区域（一般显示为红色）为模型的最后填充区域，也是模型的末端，填充基本平衡。从图中可知，四个角的填充时间基本一致，说明四角填充平衡。

② 速度/压力切换时的压力　如图 6-21 所示为速度/压力切换时的压力的显示结果，从图中可知速度/压力切换时的压力为 59.47MPa，在模型的末端有灰色区域显示，表示此区域在速度/压力切换时仍未填充，通过日志中填充分析的屏幕输出可知，在模型填充体积的 98.5%进行速度与压力切换。可通过动画查看速度/压力切换时的压力在模型中的分布情况。

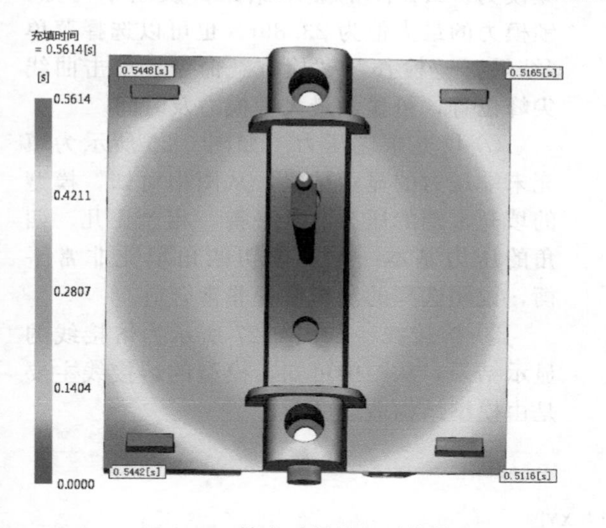

图 6-20　填充时间的显示结果

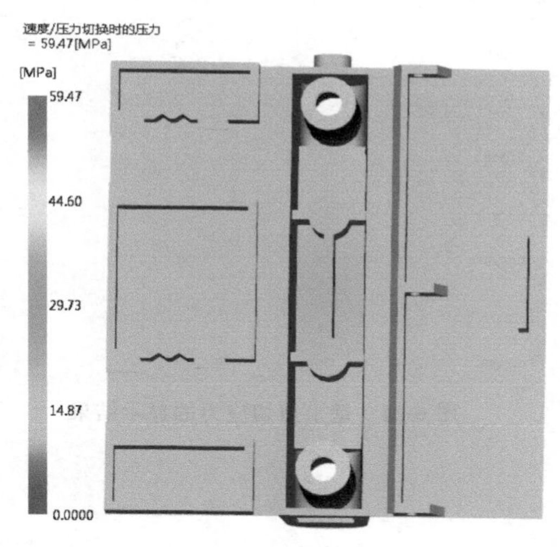

图 6-21　速度/压力切换时的压力的显示结果

③ 流动前沿温度　如图 6-22 所示为流动前沿温度的显示结果，从图中可知模型的绝大部分区域的温度为 260℃，与料温比较接近。最低温度与最高温度相差较小，说明填充非常好。

④ 剪切速率，体积　如图 6-23 所示为体积剪切速率的显示结果，从图中可知，体积剪切速率的最大值已超材料的极限值 $50000s^{-1}$。其中剪切速率的最大区域位于浇口位置。对于点浇口来说，浇口区域的剪切速率过大是不可避免的，浇口区域不是产品的外观，因此对产品的影响不大。

⑤ 壁上剪切应力　如图 6-24 所示为壁上剪切应力的显示结果，从图中可知，壁上剪切应力的最大值已经超过了材料的极限值。其中壁上剪切应力的超标区域是浇口区域和由极少

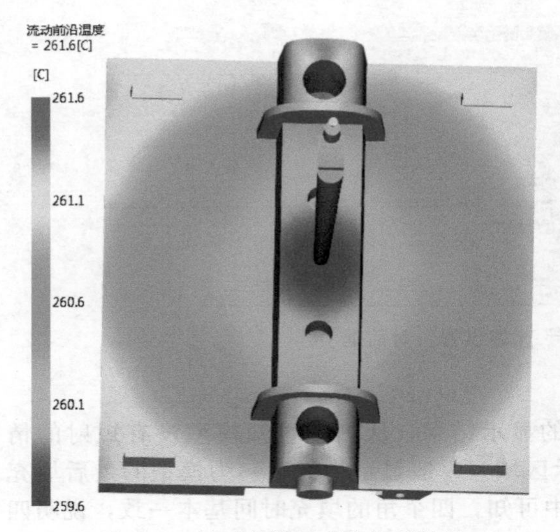

图 6-22 流动前沿温度的显示结果

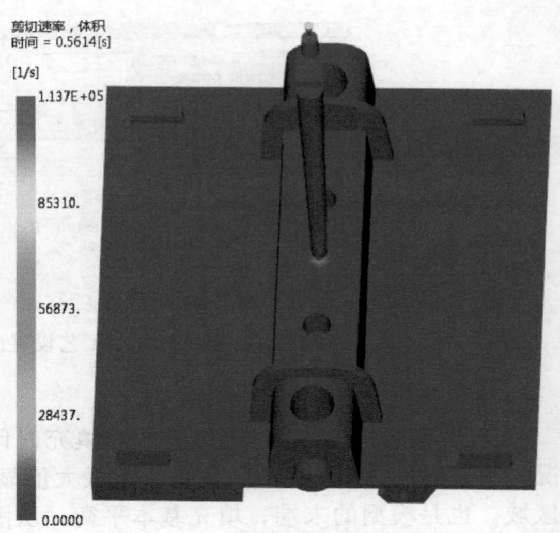

图 6-23 体积剪切速率的显示结果

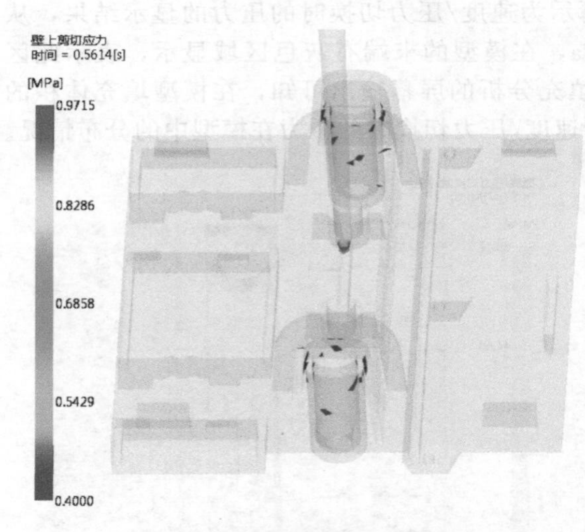

图 6-24 壁上剪切应力的显示结果

数不相连的网格组成，由此可判断应该是网格的问题，对整个分析剪切应力影响不大。

⑥ 锁模力：XY 图 如图 6-25 所示为锁模力：XY 图的显示结果，从图中可知，锁模力的最大值为 23.89t。也可以选择菜单“结果”→“检查”→“检查” 命令，单击曲线尖峰位置，可显示最大锁模力及时间。

⑦ 填充末端压力 如图 6-26 所示为填充末端压力的显示结果，从图中可知，模型的填充末端的压力非常平衡，相差无几，四角的压力基本一样，说明四角填充非常平衡，说明选择的浇口位置非常合适。

⑧ 熔接线 如图 6-27 所示为熔接线的显示结果，从图中可知，模型的熔接线主要是由模型结构造成的。

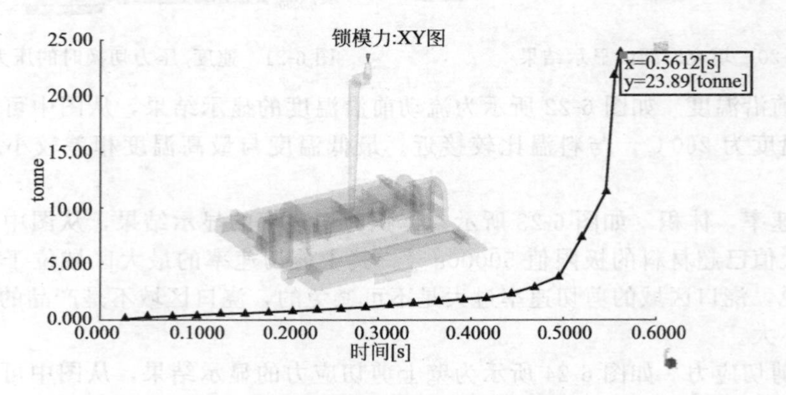

图 6-25 锁模力：XY 图的显示结果

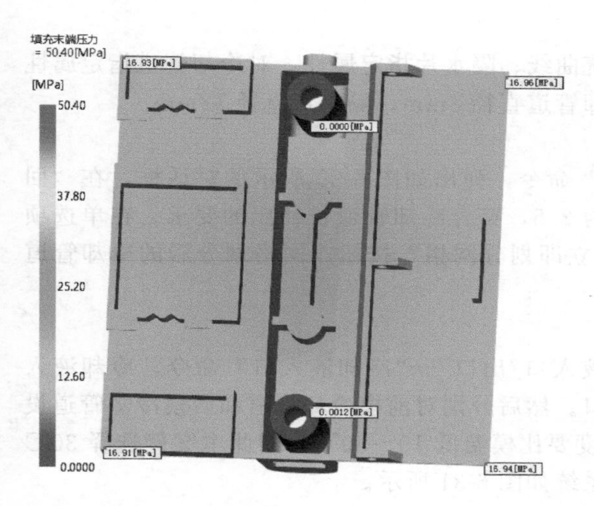

图 6-26　填充末端压力的显示结果

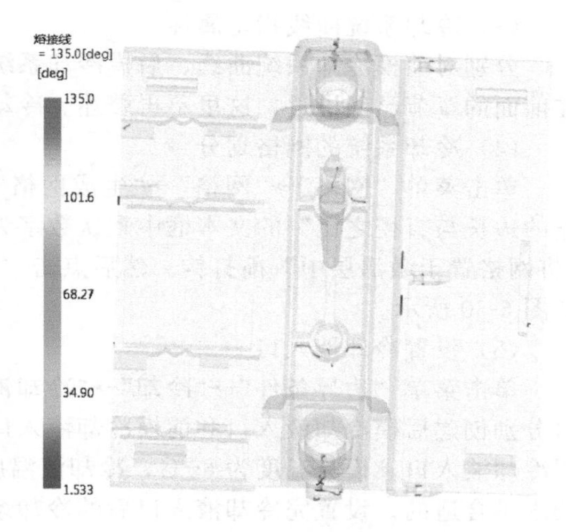

图 6-27　熔接线的显示结果

6.8　创建冷却系统

本模具的冷却系统分为前后模各一组管道，后模镶件一组管道，而且在后模镶件还有隔水片管道。冷却系统管道曲线可在 3D 软件中设计，然后导出 IGS 格式文件，再导入 Moldflow 中定义属性，再对其进行网格划分。

（1）复制方案并改名

在任务栏首先选中“MP06_04”方案，然后右击，在弹出的快捷菜单中选择“复制”命令，复制方案并改名为“MP06_05”。

（2）导入冷却系统曲线

单击“主页”→“导入”→“添加”命令。选择目录：源文件\第 6 章\MP06-cool. igs（MP06-cool. igs 是在 UG 中已创建好的 IGS 文件），单击“打开”按钮。导入后的结果如图 6-28 所示。

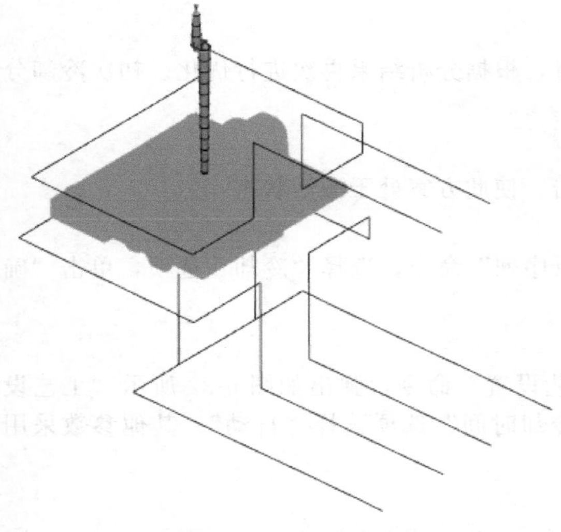

图 6-28　导入曲线结果图

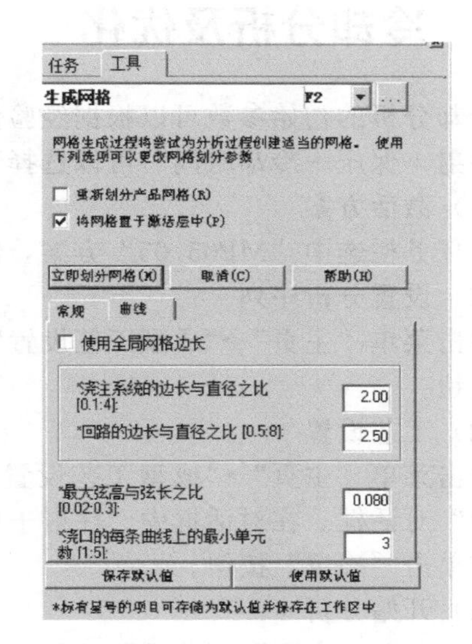

图 6-29　“生成网格”对话框

(3) 冷却系统曲线指定属性

分别对前模冷却系统曲线、后模冷却系统曲线、隔水片指定属性，对冷却管道指定属性在前面的章节已经讲过，这里不再赘述。冷却管道直径 8mm，隔水片直径 12mm。

(4) 冷却系统的网格划分

单击菜单“网格”→“网格”→“生成网格”命令，弹出如图 6-29 所示的对话框，在“回路的边长与直径之比”的文本框中默认数字为 2.5，符合冷却管道长径比的要求。在单选项“将网格置于激活层中”前打钩。然后点击“立即划分网格”按钮。网格划分后的冷却管道如图 6-30 所示。

(5) 设置冷却液入口

单击菜单“边界条件”→“冷却”→“冷却液入口/出口”→“冷却液入口”命令，冷却液入口分别创建后模冷却液入口和前模冷却液入口。然后分别对前模冷却管道和后模冷却管道设置冷却液入口。模具温度为 60℃，冷却液温度要比模温低 10～30℃，因此本案例选择 30℃的水是合适的。设置完冷却液入口后的冷却系统如图 6-31 所示。

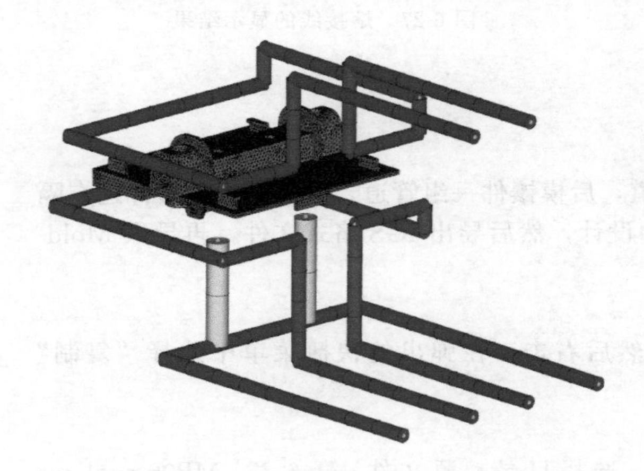

图 6-30 网格划分后的冷却管道

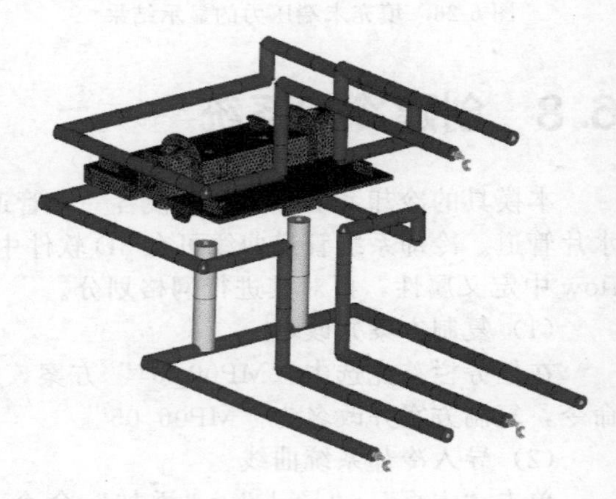

图 6-31 设置完冷却液入口后的冷却系统

6.9 冷却分析及优化

冷却分析的初始参数可以根据经验值来设置，根据分析结果再次进行优化。初次冷却分析“注射＋保压＋冷却时间”可以选择“自动”。

(1) 激活方案

在任务栏选中“MP05_05”方案，然后双击，使此方案处于激活状态。

(2) 设置分析序列

单击菜单“主页”→“成型工艺设置”→“分析序列”命令，选择“冷却”选项，单击“确定”按钮。

(3) 工艺设置

单击菜单“主页”→“成型工艺设置”→“工艺设置”命令，弹出如图 6-32 所示“工艺设置向导”对话框。在对话框中“注射＋保压＋冷却时间”选项选择“自动”，其他参数采用默认。单击“确定”按钮。

(4) 开始分析

单击菜单“主页”→“分析”→“开始分析”命令，点击“确定”按钮。

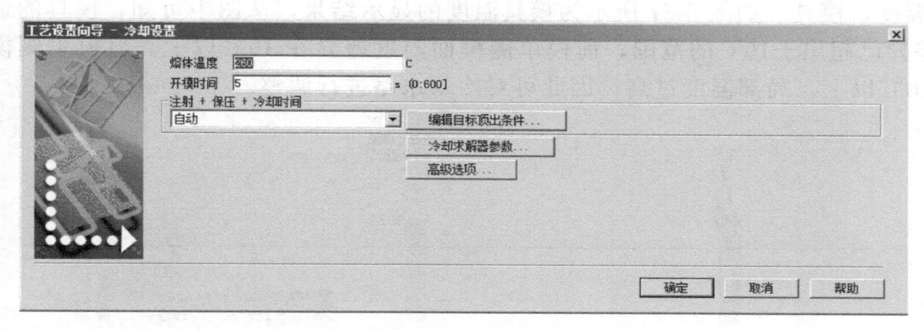

图 6-32　“工艺设置向导-冷却设置”对话框

（5）分析结果

① 型腔温度结果摘要　如图 6-33 所示为日志中的型腔温度结果摘要。从图中可知，型腔表面温度平均值是 60.0024℃，而模具温度是 60℃，根据冷却分析评估标准，型腔表面温度与模具温度相差在 ±10℃之内，冷却周期时间达到的 36.0183s，冷却时间过长，从此分析结果可以得出以下结论：产品的局部区域壁厚过厚导致冷却时间过长，因为过长的冷却时间导致型腔表面温度平均值与模具温度相同。因此修改产品的壁厚是缩短冷却时间的重要措施。

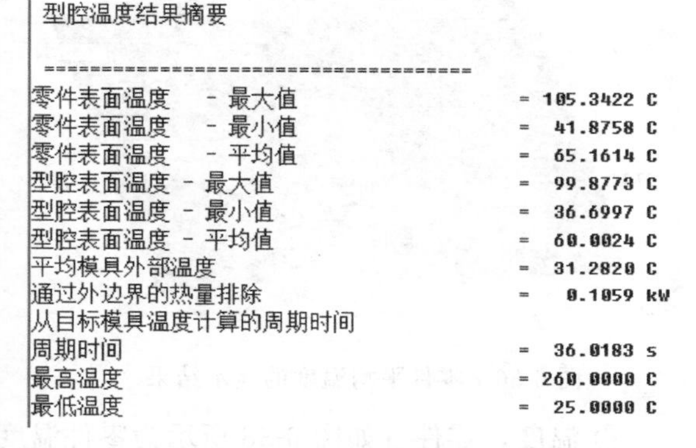
型腔温度结果摘要

====================================

零件表面温度　- 最大值	= 105.3422 C
零件表面温度　- 最小值	= 41.8758 C
零件表面温度　- 平均值	= 65.1614 C
型腔表面温度 - 最大值	= 99.8773 C
型腔表面温度 - 最小值	= 36.6997 C
型腔表面温度 - 平均值	= 60.0024 C
平均模具外部温度	= 31.2820 C
通过外边界的热量排除	= 0.1059 kW
从目标模具温度计算的周期时间	
周期时间	= 36.0183 s
最高温度	= 260.0000 C
最低温度	= 25.0000 C

图 6-33　型腔温度结果摘要

② 回路冷却液温度　如图 6-34 所示为回路冷却液温度的显示结果，从图中可知，冷却液入口与出口的温差为 1.3℃，符合在 3℃以内的要求。

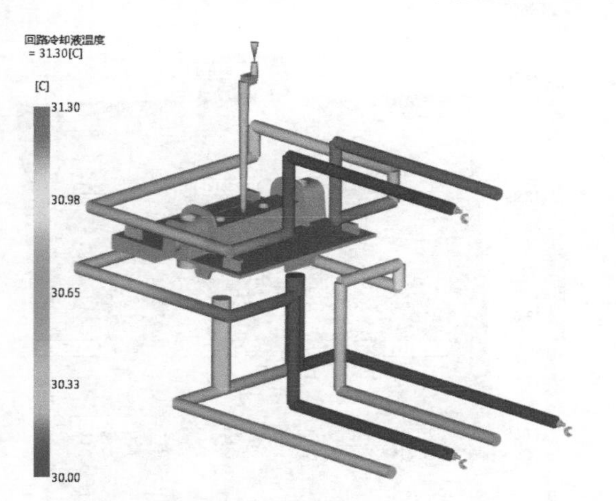

图 6-34　回路冷却液温度的显示结果

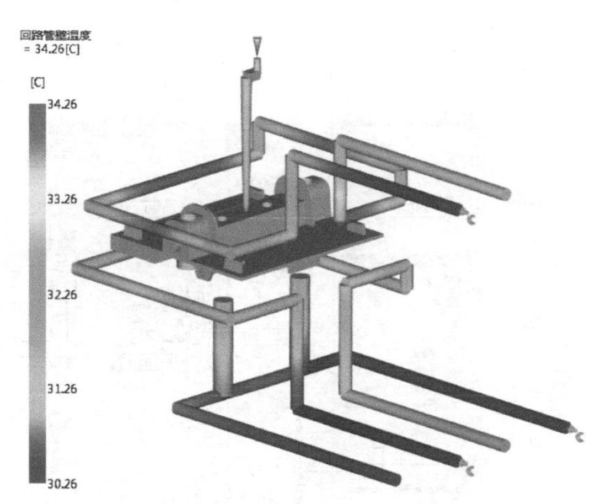

图 6-35　回路管壁温度的显示结果

③ 回路管壁温度　如图 6-35 所示为回路管壁温度的显示结果，从图中可知，回路管壁的最高温度比冷却液入口温度高 4℃，符合在 5℃之内的要求。

④ 平均温度，零件　如图 6-36 所示为零件平均温度的显示结果，从图中可知，零件的平均温度在 51～76℃左右。而温度最高区域在圆柱区域，可用厚度诊断工具诊断此区域壁厚是否过厚。

⑤ 温度，模具　如图 6-37 所示为模具温度的显示结果，从图中可知，模具的最高与最低温度差异已超出±10℃的范围，前模单侧模面温度差异在 10℃以上。后模单侧模面温度差异在 10℃以上，局部温度过高，因此可对冷却水路进行调整。

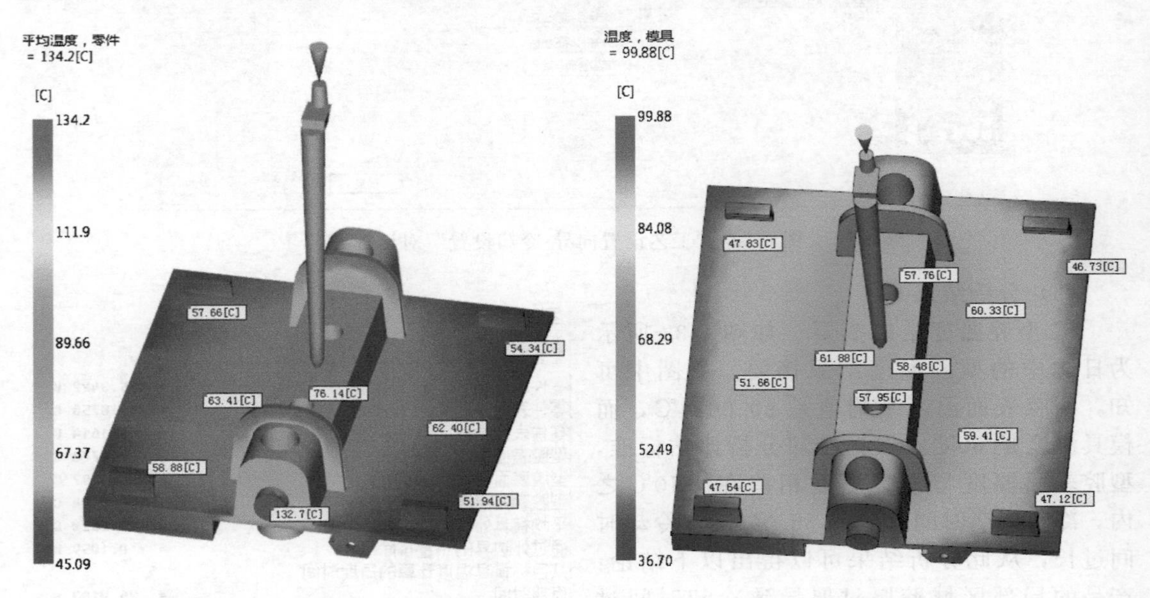

图 6-36　零件平均温度的显示结果　　图 6-37　模具温度的显示结果

⑥ 温度，零件　如图 6-38 所示为零件温度的显示结果，从图中可知，零件的最高与最低温度差异已超出±10℃的范围，后模单侧零件表面温度差异在 10℃以上。局部温度过高，因此可对冷却水路进行调整。

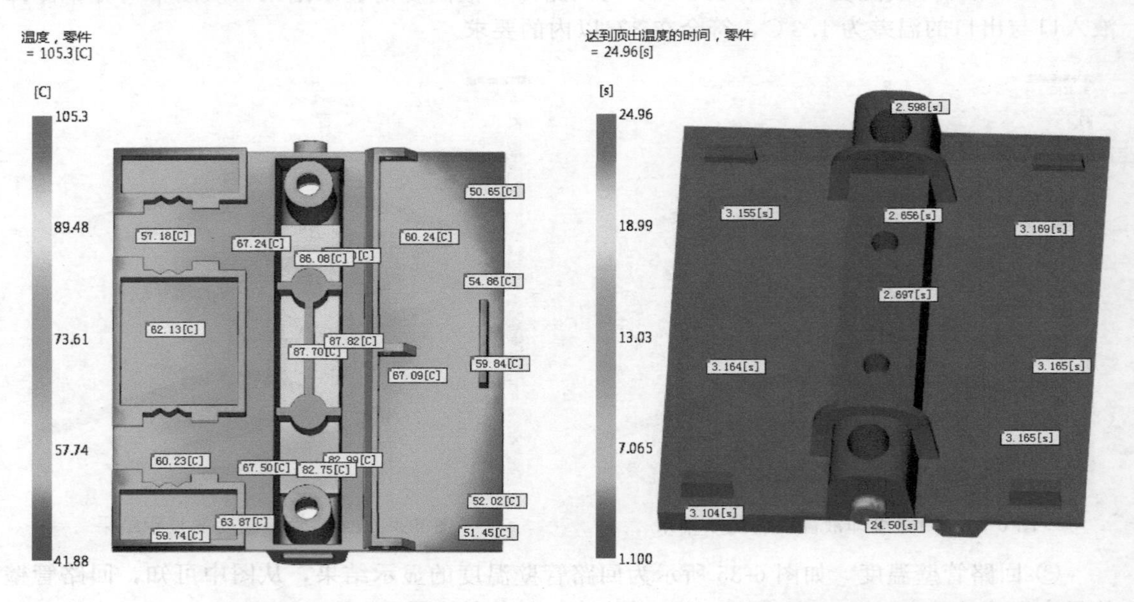

图 6-38　零件温度的显示结果　　图 6-39　零件达到顶出温度时间的显示结果

⑦ 达到顶出温度时间，零件　如图 6-39 所示为零件达到顶出温度时间的显示结果，从图中可知，零件绝大部分区域达到顶出温度的时间为 3s 左右，只有圆柱区域达到顶出温度的时间为 24.5s。圆柱区域的冷却时间是其他区域冷却时间的 8 倍，大大延长了整体的冷却

时间，可用厚度诊断圆柱区域的厚度是否过厚，导致冷却时间过长。因此修改零件的壁厚是缩短冷却时间的重要措施。

⑧ 厚度诊断　如图 6-40 所示为零件厚度诊断的显示结果，从图中可知，零件的厚度分布并不均匀，最厚区域圆柱的厚度达到 6.158mm，这是冷却时间过长的重要原因，因此对圆柱区域进行减胶修改是缩短冷却时间的重要措施。

(6) 总结

通过上面的分析结果与冷却评估标准相比较，可得出以下结论：冷却时间过长，冷却不均匀。解决方法：冷却时间过长通过对产品减胶修改缩短冷却时间，冷却不均匀通过调整冷却水路布局来改善。

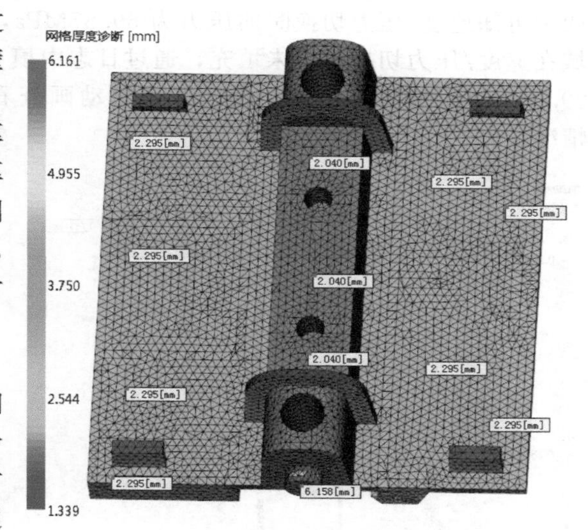

图 6-40　零件厚度诊断的显示结果

6.10　优化产品及分析

对于产品减胶方案要经过客户的同意，经过与客户反复沟通协商，客户同意对壁厚区域进行减胶，减胶后图形如图 6-41 所示。减胶后的文件名为 MP06-new.igs。

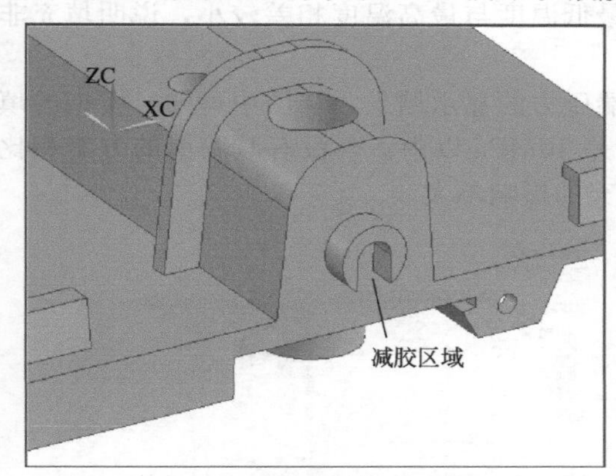

图 6-41　模型的减胶区域

(1) 再次导入模型

因为模型已改变，需要重新导入修改后的模型，单击菜单“主页”→“导入”→“导入”命令，选择文件目录：源文件\第 6 章\MP06-new.igs。导入的网格类型选择“双层面”。然后单击“确定”按钮。导入模型后和原始方案一样进行网格划分、网格统计，如果出现问题要进行网格诊断并修复网格。修复完成后，要进行保存。方案名更改为“MP06_06”。

(2) 创建浇注系统

创建浇注系统之前，首先指定浇口的位置，浇口位置坐标用方案“MP06_05”浇口坐标位置即（0，1.65，14.66），浇注系统创建的方法和 6.6 节浇注系统创建方法一样。

(3) 填充分析工艺参数设置

填充分析工艺参数设置与方案“MP06_05”方案设置一样，“充填控制”中的“注射时间”设置为 0.52s，其他参数采用默认设置。

(4) 填充分析结果

① 填充时间　如图 6-42 所示为填充时间的显示结果，从图中可知模型没有短射的情况，填充时间为 0.561s，比色卡上最大值显示区域（一般显示为红色）为模型的最后填充区域，也是模型的末端，填充基本平衡。点击“结果”→“动画”→“播放”命令，可以动态播放填充时间的动画，查看模型填充的整个过程。通过动画可发现在模型的四个角填充时间非常接近，说明四个角的填充比较平衡。

② 速度/压力切换时的压力　如图 6-43 所示为速度/压力切换时的压力的显示结果，从

图中可知速度/压力切换时的压力为 59.87MPa，在模型的末端有灰色区域显示，表示此区域在速度/压力切换时仍未填充，通过日志中填充分析的屏幕输出可知，在模型填充体积的 99.03%进行速度与压力切换。可通过动画查看速度/压力切换时的压力在模型中的分布情况。

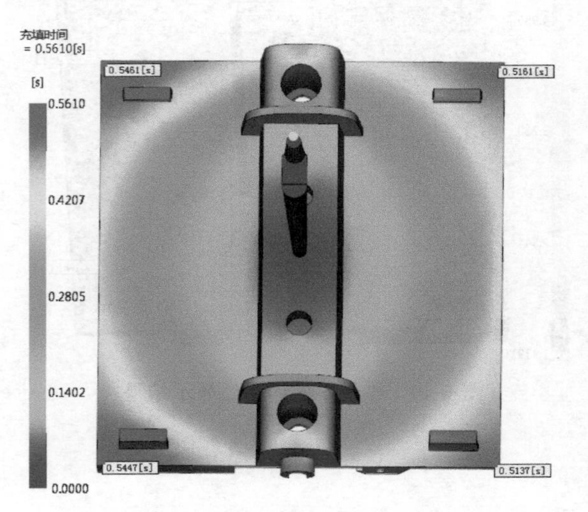

图 6-42 填充时间的显示结果

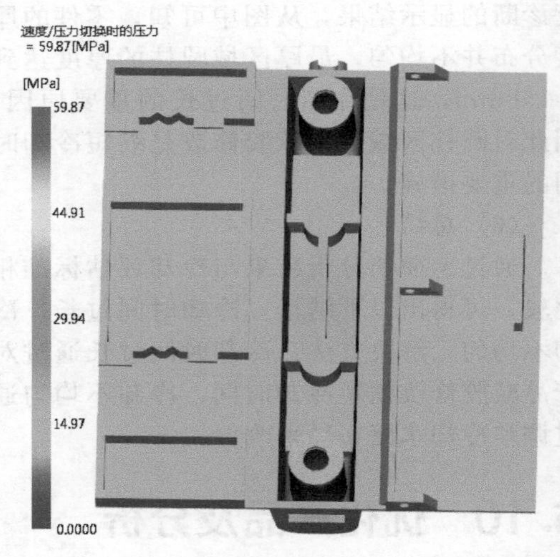

图 6-43 速度/压力切换时的压力的显示结果

③ 流动前沿温度 如图 6-44 所示为流动前沿温度的显示结果，从图中可知模型的绝大部分区域的温度为 261.7℃，与料温比较接近。最低温度与最高温度相差较小，说明填充非常好。

④ 填充末端压力 如图 6-45 所示为填充末端压力的显示结果，从图中可知，模型的填充末端的压力非常平衡，与填充评估标准压力相差 10MPa 以内。与没有减胶前的方案相比较，填充末端的压力相差不大，说明减胶后对填充的影响不大。

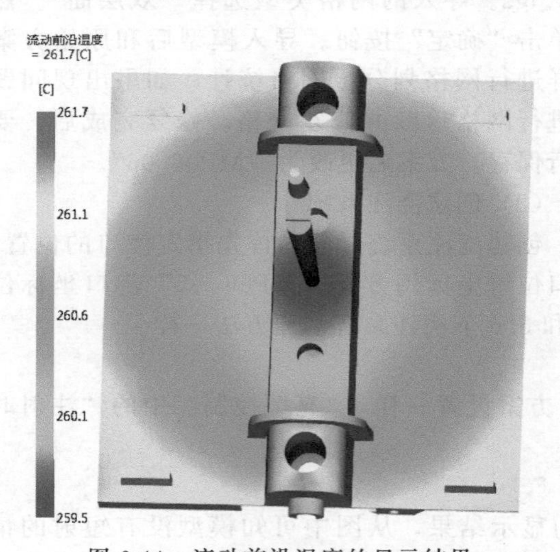

图 6-44 流动前沿温度的显示结果

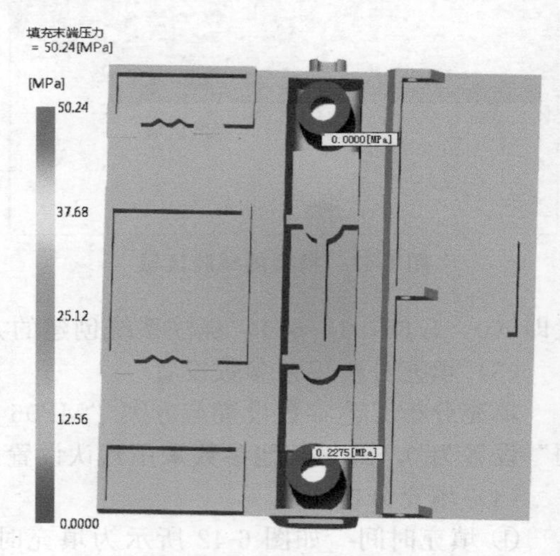

图 6-45 填充末端压力的显示结果

(5) 导入新的冷却系统

首先在任务栏选中“MP06_06”方案，然后右击，在弹出的快捷菜单中选择“复制”命令，复制方案并改名为“MP06_07”。单击菜单“主页”→“成型工艺设置”→“分析序列”命令，选择“冷却”选项，单击“确定”按钮。单击菜单“主页”→“成型工艺设置”→“工艺设置”命令，在对话框中“注射＋保压＋冷却时间”选项选择“指定”，文本框输入 30s，其他参数采用默认。单击“确定”按钮。单击“主页”→“导入”→“添加”命令。选择目录：源文件\第 6 章\MP06-cool-new. igs（MP06-cool-new. igs 是在 UG 中已创建好的 IGS 文件），单击“打开”按钮。对曲线指定属性，网格划分及设置冷却液入口的方法与 6.8 节一样。

(6) 冷却优化分析结果

① 型腔温度结果摘要　如图 6-46 所示为日志中的型腔温度结果摘要。从图中可知，型腔表面温度平均值是 56.9657℃，而模具温度是 60℃，根据冷却分析评估标准，型腔表面温度与模具温度相差在±10℃之内，而实际分析中型腔表面温度平均值比模具温度低 3.1℃，符合冷却分析评估标准。冷却周期时间达到 32s，比原始方案冷却时间略有减少，但零件的冷却效果非常好。

```
型腔温度结果摘要

========================================
零件表面温度     - 最大值                    = 100.0025 C
零件表面温度     - 最小值                    =  46.6179 C
零件表面温度     - 平均值                    =  62.7929 C
型腔表面温度 - 最大值                        =  96.8365 C
型腔表面温度 - 最小值                        =  41.0189 C
型腔表面温度 - 平均值                        =  56.9657 C
平均模具外部温度                             =  31.6876 C
通过外边界的热量排除                         =   0.2568 kW
周期时间                                     =  32.0000 s
最高温度                                     = 260.0000 C
最低温度                                     =  25.0000 C
```

图 6-46　型腔温度结果摘要

② 回路冷却液温度　如图 6-47 所示为回路冷却液温度的显示结果，从图中可知，冷却液入口与出口的温差为 0.87℃，符合在 3℃以内的要求。

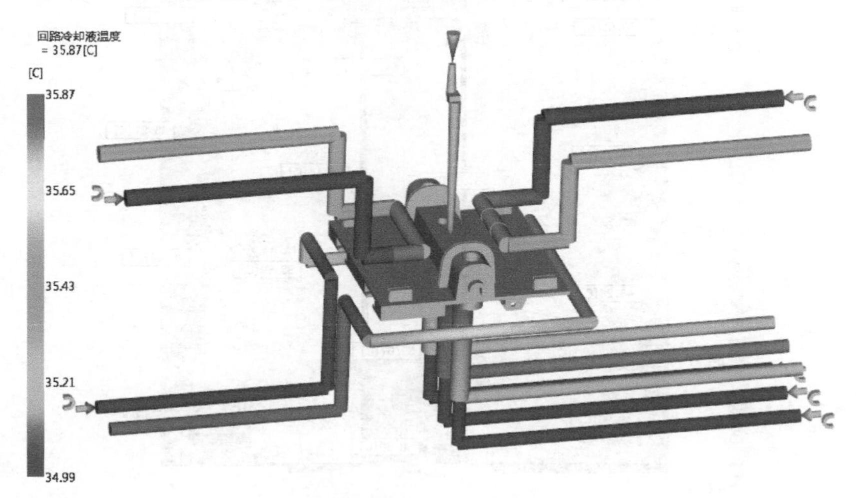

图 6-47　回路冷却液温度的显示结果

③ 回路管壁温度　如图 6-48 所示为回路管壁温度的显示结果，从图中可知，回路管壁的最高温度比冷却液入口温度高 5.82℃，略微超过评估标准 5℃之内的要求。但冷却水路的布局已经最佳化，要降低温度的差异只有加长冷却时间，冷却时间的加长会导致整个成型周

期的加长。冷却分析的评估准则对于大部分模具可能都难以实现，但应该作为冷却分析的目标。

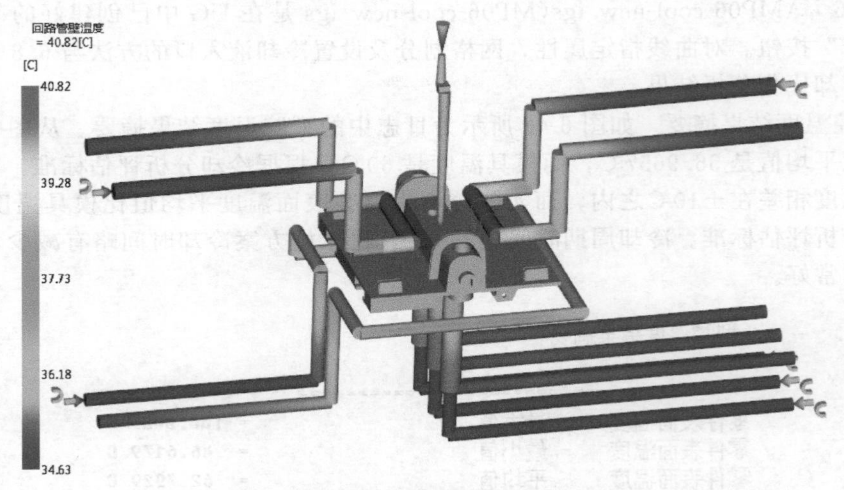

图 6-48 回路管壁温度的显示结果

④ 温度，模具 如图 6-49 所示为前模模具温度的显示结果，从图中可知，前模模具的最高与最低温度差异在 10℃的范围之内，如图 6-50 所示为后模模具温度的显示结果，从图中可知，后模模具的最高与最低温度差异已超出 10℃的范围。后模最高温度为比色卡上最大值显示区域（一般显示为红色），由于结构限制，此区域无法增加冷却系统，如果在后续的分析中冷却对翘曲有影响，则再次进行调整冷却系统。

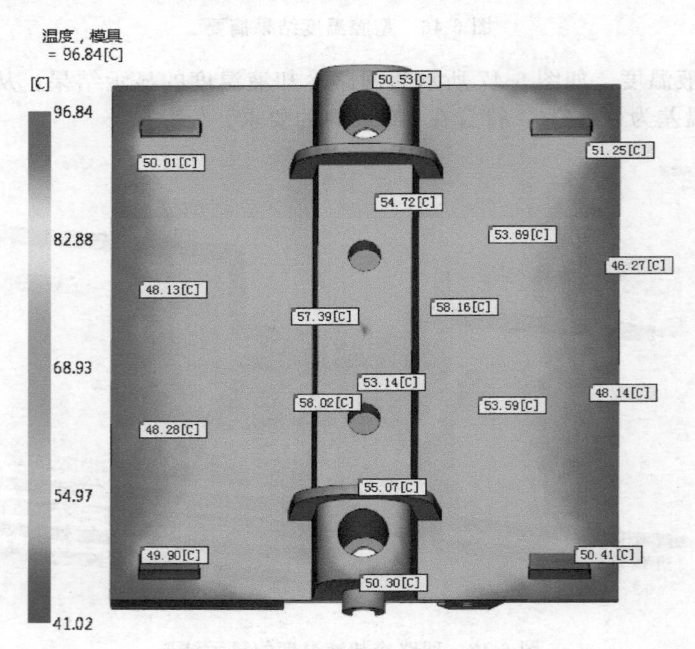

图 6-49 前模模具温度的显示结果

⑤ 温度，零件 如图 6-51 所示为零件温度的显示结果，从图中可知，零件的最高与最低温度差异已超出±10℃，后模单侧零件表面温度差异在 10℃以上。局部温度过高，但温度过高区域的面积不大，而且此区域不是装配位，因此对装配的影响不大。

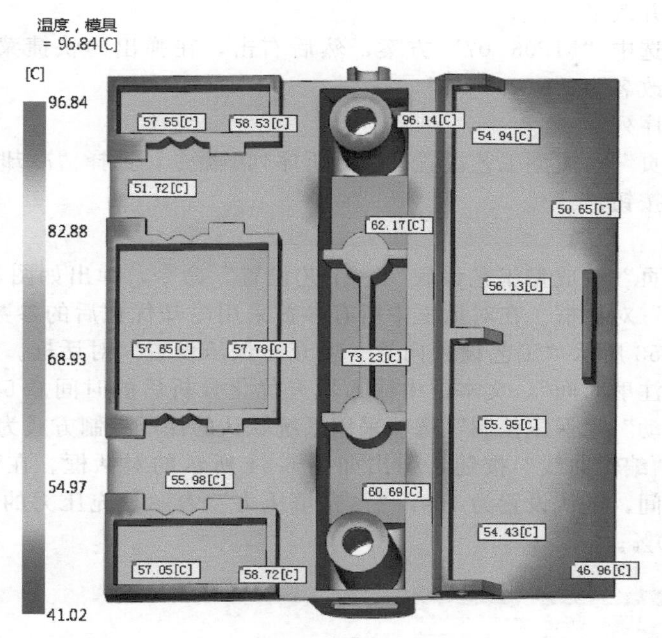

图 6-50　后模模具温度的显示结果

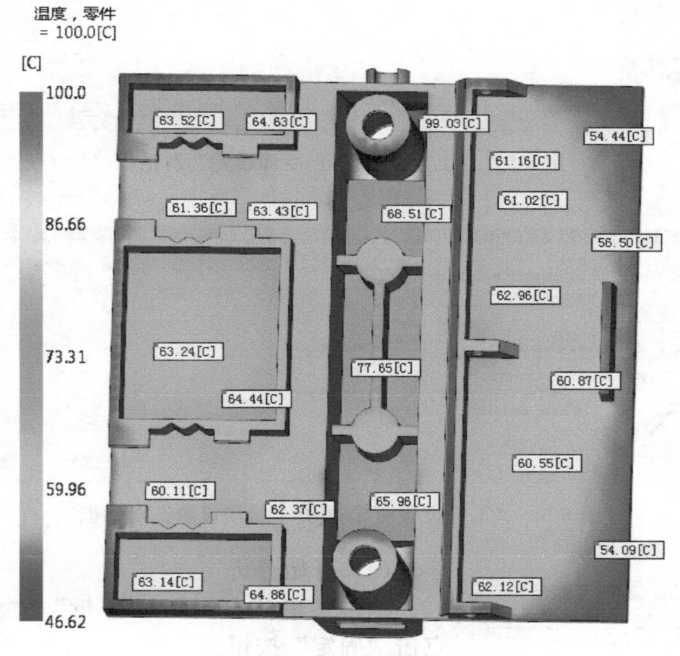

图 6-51　零件温度的显示结果

6.11　保压分析及优化

保压分析的初次分析一般采用默认的保压曲线，即 10s 的保压时间和最大填充压力的 80%，根据初次保压分析结果再进行优化保压曲线。

(1) 复制方案并改名

在任务栏首先选中“MP06_07”方案，然后右击，在弹出的快捷菜单中选择“复制”命令，复制方案并改名为“MP06_08”。

(2) 设置分析序列

单击菜单“主页”→“成型工艺设置”→“分析序列”命令，选择“冷却＋填充＋保压”选项，单击“确定”按钮。

(3) 工艺设置

单击菜单“主页”→“成型工艺设置”→“工艺设置”命令，弹出如图6-52所示“工艺设置向导—冷却设置”对话框。在对话框中所有参数采用冷却优化后的参数。单击“下一步”按钮，弹出如图6-53所示“工艺设置向导—填充＋保压设置”对话框。在对话框中“充填控制”选项选择“注射时间”，文本框中输入填充优化分析后的时间0.52s，“速度/压力切换”选项选择“自动”。“保压控制”选项采用系统默认的保压控制方式为“%填充压力与时间”，单击右侧的“编辑曲线”按钮，弹出如图6-54所示的对话框。在对话框中“持续时间”表示为保压时间，默认设置为10s，“%充填压力”表示填充压力的百分比，一般情况下为填充压力的80%。

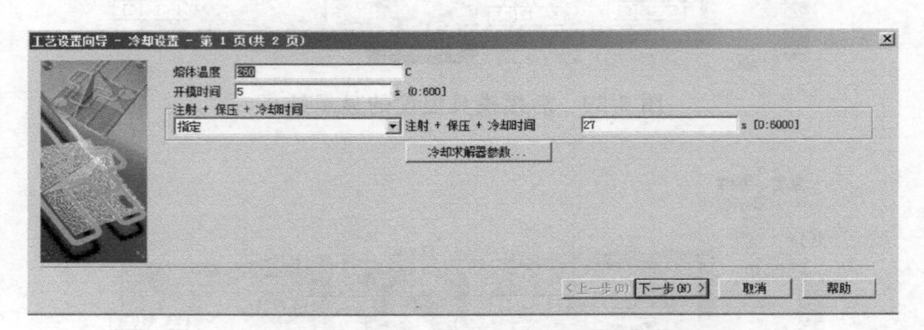

图6-52 “工艺设置向导-冷却设置”对话框

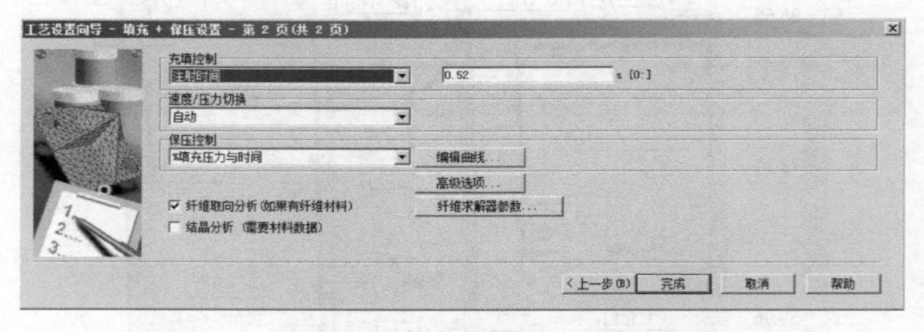

图6-53 “工艺设置向导-填充＋保压设置”对话框

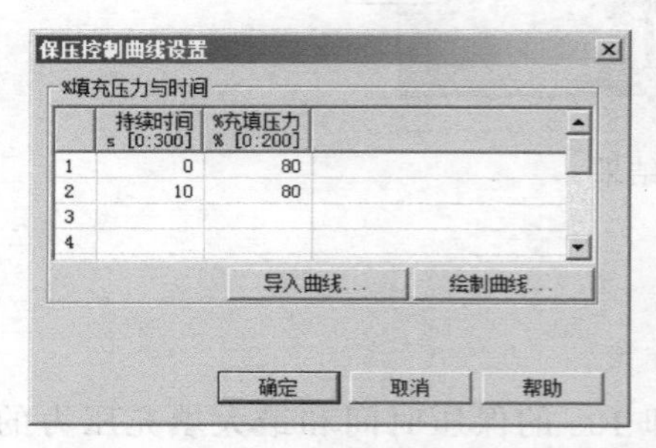

图6-54 “保压控制曲线设置”对话框

(4) 开始分析

单击菜单“主页”→“分析”→“开始分析”命令，点击“确定”按钮。

(5) 保压分析结果

① 填充时间　如图6-55所示为填充时间的显示结果，从图中可知模型没有短射的情况，填充时间为0.5613s，比色卡上最大值显示区域（一般显示为红色）为模型的最后填充区域，也是模型的末端，填充基本平衡。点击“结果”→“动画”→“播放”命令，可

以动态播放填充时间的动画，查看模型填充的整个过程。填充时间也可用等值线显示的方式进行查看。

② 速度/压力切换时的压力　如图 6-56 所示为速度/压力切换时的压力的显示结果，从图中可知速度/压力切换时的压力为 57.62MPa，在模型的末端有灰色区域显示，表示此区域在速度/压力切换时仍未填充，通过日志中填充分析的屏幕输出可知，在模型填充体积的 99.02%进行速度与压力切换。可通过动画查看速度/压力切换时的压力在模型中的分布情况。

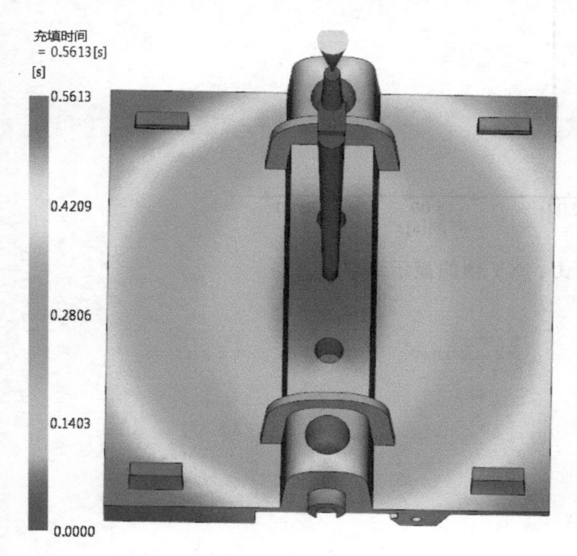

图 6-55　填充时间的显示结果

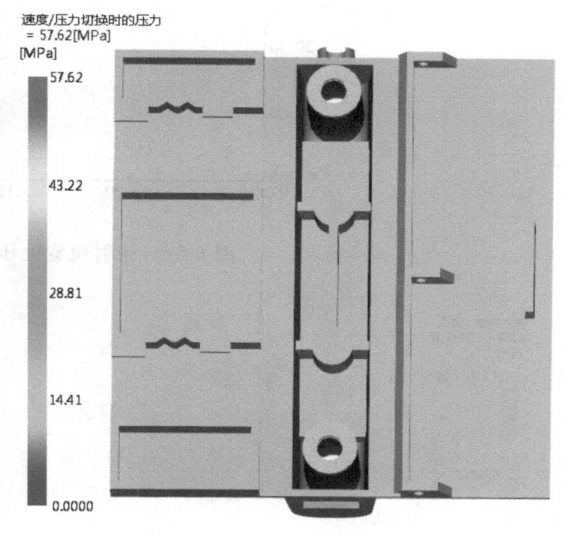

图 6-56　速度/压力切换时的压力的显示结果

③ 流动前沿温度　如图 6-57 所示为流动前沿温度的显示结果，从图中可知模型的绝大部分区域的温度为 260℃左右，与料温比较接近，说明填充很好。

④ 注射位置处压力：XY 图　如图 6-58 所示为注射位置处压力：XY 图的显示结果，从图中可知，最大的注射压力值没有超过 60MPa。也可以选择菜单“结果”→“检查”→“检查”命令，单击曲线尖峰位置，可显示最大注射压力及时间。

⑤ 剪切速率，体积　如图 6-59 所示为体积剪切速率的显示结果，从图中可知，体积剪切速率最大值超过了材料的极限值。其中剪切速率的超标区域位于浇口位置，可以通过增大浇口尺寸的方式来改善。

⑥ 壁上剪切应力　如图 6-60 所示为壁上剪切应力的显示结果，从图中可知，壁上剪切应力的最大值已经超过了材料的极限值。其中壁上剪切应力的超标区域位于流道及浇口位置，对整个零件的影响很小。

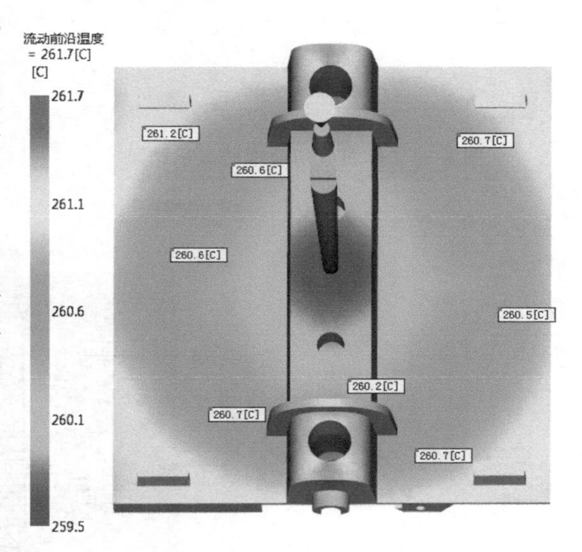

图 6-57　流动前沿温度的显示结果

⑦ 达到顶出温度的时间　如图 6-61 所示为达到顶出温度的时间的显示结果，从图中可知，流道达到顶出温度的时间为 17.21s，产品大概要 8s，一般情况下流道冷却到 50%，产品冷却到 80%即可顶出。

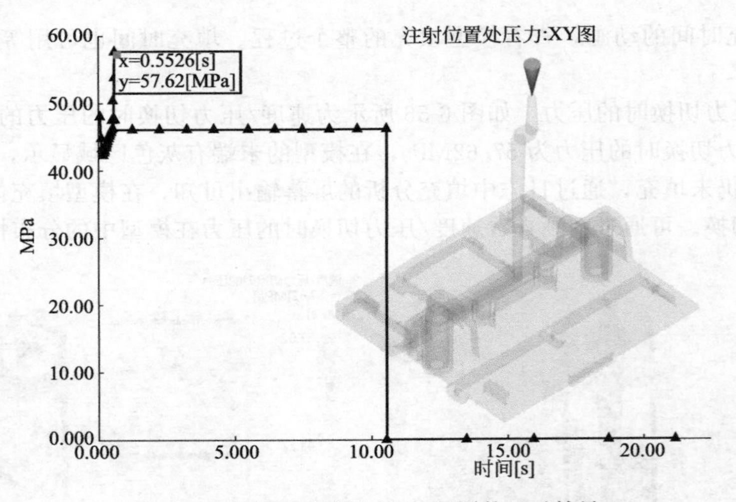

图 6-58　注射位置处压力：XY 图的显示结果

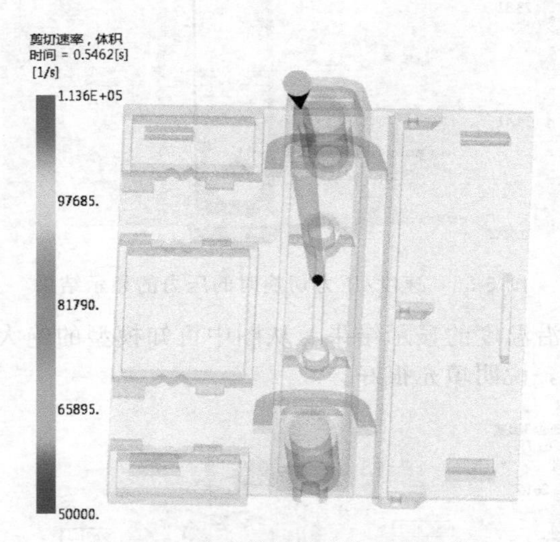

图 6-59　体积剪切速率的显示结果

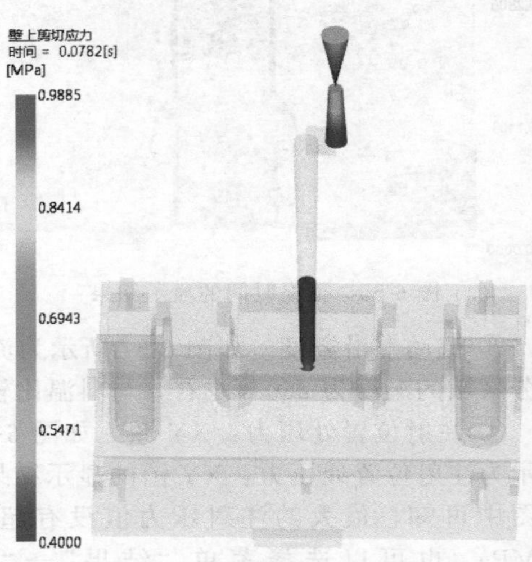

图 6-60　壁上剪切应力的显示结果

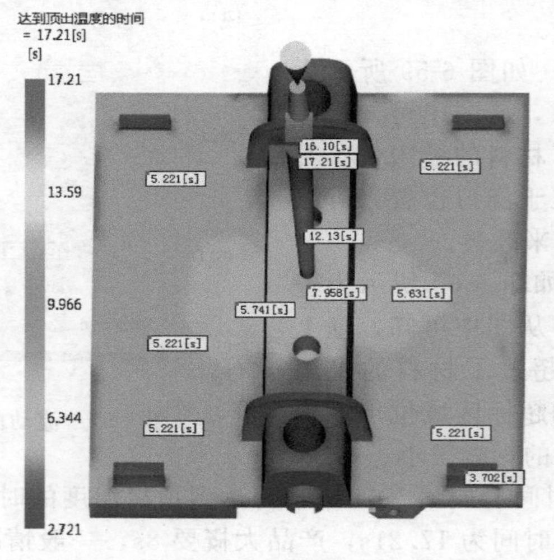

图 6-61　达到顶出温度的时间的显示结果

⑧ 锁模力：XY 图　如图 6-62 所示为锁模力：XY 图的显示结果，从图中可知，锁模力的最大值为 53.12t。也可以选择菜单“结果”→“检查”→“检查”命令，单击曲线尖峰位置，可显示最大锁模力及时间。

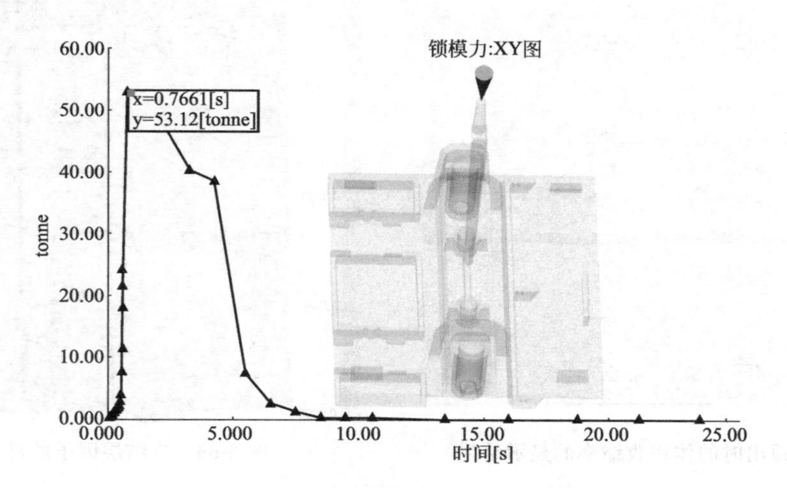

图 6-62　锁模力：XY 图的显示结果

⑨ 气穴　如图 6-63 所示为气穴的显示结果，可以重叠填充时间结果，判断气穴的显示位置，为模具设计的排气提供参考。

⑩ 熔接线　如图 6-64 所示为熔接线的显示结果，从图中可知，模型的熔接线主要是由零件的结构原因所造成的。

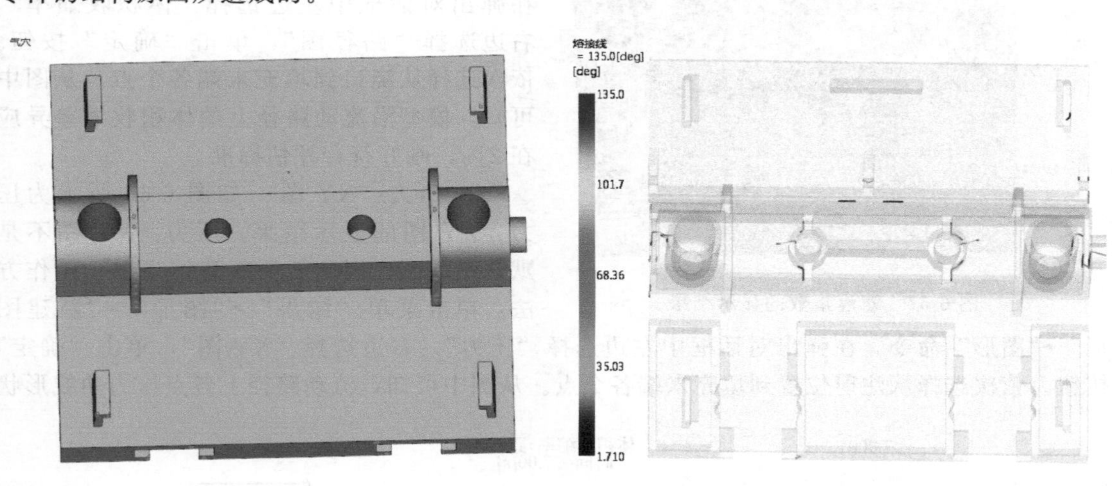

图 6-63　气穴的显示结果　　　　图 6-64　熔接线的显示结果

⑪ 顶出时的体积收缩率　如图 6-65 所示为顶出时的体积收缩率的显示结果，从图中可知，模型中比色卡上最大值显示区域（一般显示为红色）为顶出时的体积收缩率最大的区域。

⑫ 冻结层因子　如图 6-66 所示为冻结层因子的显示结果，可以单击“动画”中的“播放”按钮，以动画的形式模拟模型和浇口中的冷凝层随时间变化的过程，从中找出浇口的冻结时间，为修改保压时间提供参考。从图中可知浇口在 8.471s 时已冻结。

⑬ 缩痕，指数　如图 6-67 所示为缩痕指数的显示结果，从图中可知，模型中比色卡上

最大值显示区域（一般显示为红色）为缩痕指数最大的区域。

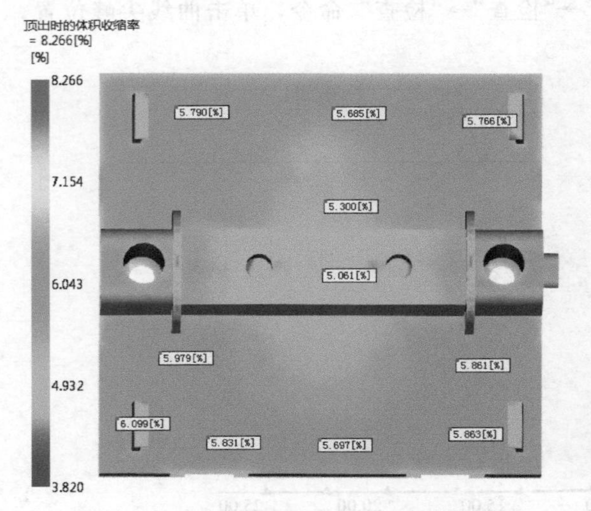

图 6-65 顶出时的体积收缩率的显示结果

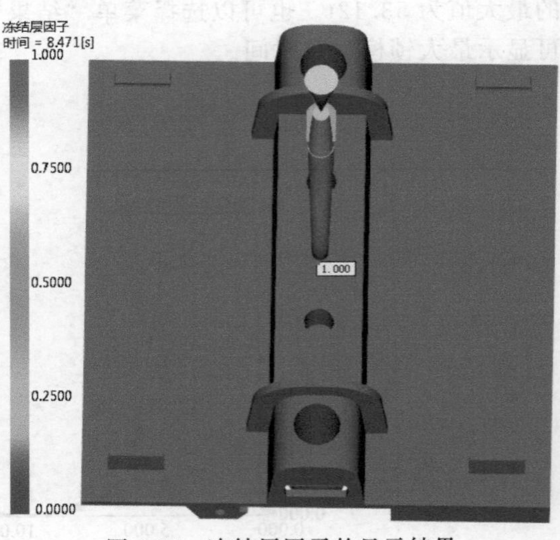

图 6-66 冻结层因子的显示结果

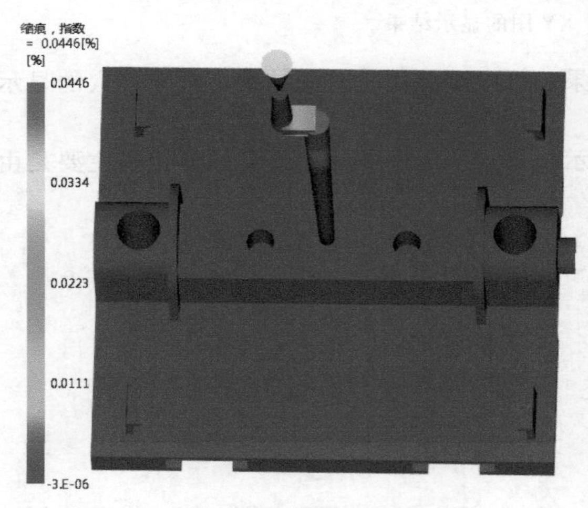

图 6-67 缩痕指数的显示结果

⑭ 体积收缩率：路径图　如图 6-68 所示为体积收缩率：路径图的显示结果。体积收缩率：路径图不是默认结果图，因此需要新建结果图，操作方法：单击菜单“结果”→“图形”→“新建图形”→“图形”命令，在弹出对话框中左边选择“体积收缩率”，右边选择“路径图”，单击“确定”按钮。依次选择从浇口到填充末端各个点。从图中可知，模型沿流动路径上的体积收缩差异应在 2%，刚好符合评估标准。

⑮ 压力：XY 图　如图 6-69 所示为压力：XY 图的显示结果。压力：XY 图不是默认结果图，因此需要新建结果图，操作方法：单击菜单“结果”→“图形”→“新建图形”→“图形”命令，在弹出对话框中左边选择“压力”，右边选择“XY 图”，单击“确定”按钮。依次选择从注射位置到填充末端各个点。从图中可知，流动路径上各点压力曲线形状

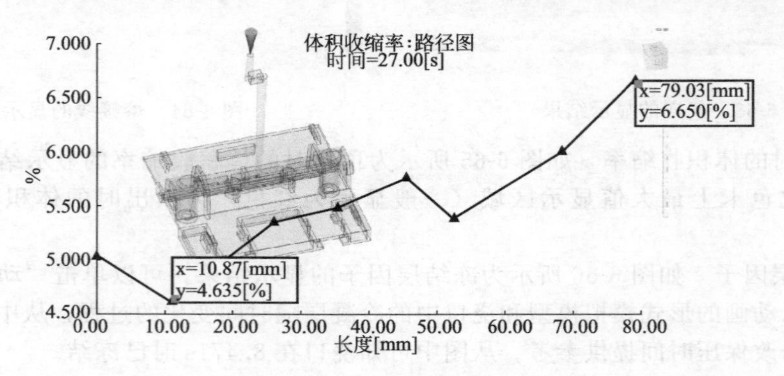

图 6-68 体积收缩率：路径图的显示结果

相差较大，因此需要调整保压曲线。

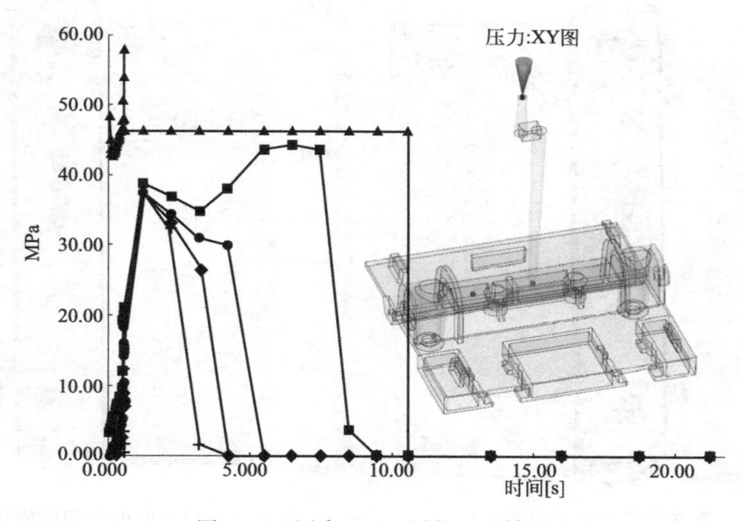

图 6-69　压力：XY 图的显示结果

(6) 总结

通过上面的分析结果与保压评估标准相比较，特别是顶出时的体积收缩率的结果可知，大部分区域体积收缩率已符合评估标准，只有填充末端区域体积收缩率已超出评估标准，而增大保压压力是调整体积收缩的有效措施之一。根据冻结层因子和压力：XY 图结果可以优化保压曲线。

(7) 保压曲线优化

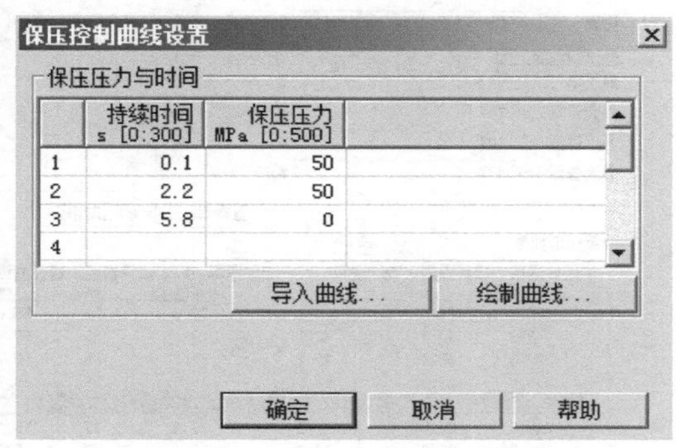

图 6-70　“保压控制曲线设置”对话框

首先在任务栏选中“MP05_08”方案，然后右击，在弹出的快捷菜单中选择“复制”命令，复制方案并改名为“MP05_09”。然后单击菜单“主页”→“成型工艺设置”→“工艺设置”命令，弹出“工艺设置向导—冷却设置”对话框。在对话框中所有参数采用冷却优化后的参数。单击“下一步”按钮，弹出“工艺设置向导-填充＋保压设置”对话框。在对话框中“充填控制”选项选择“注射时间”，文本框中输入填充优化分析后的时间 0.52s，“速度/压力切换”选项选择“自动”。“保压控制”选项选择保压控制方式为“保压压力与时间”，单击右侧的“编辑曲线”按钮，弹出“保压控制曲线设置”对话框。在对话框中保压时间和保压压力如图 6-70 所示。保压曲线的优化在上一章中详细讲解过，这里不再赘述。

(8) 保压优化结果

① 填充时间　如图 6-71 所示为填充时间的显示结果，从图中可知模型没有短射的情况，填充时间为 0.5606s，比色卡上最大值显示区域（一般显示为红色）为模型的最后填充区域，也是模型的末端，填充非常平衡。与前面一个方案相比较，填充时间相差不大。

② 顶出时的体积收缩率　如图 6-72 所示为顶出时的体积收缩率的显示结果，从图中可知，模型中的大部分区域的体积收缩率在 6%左右，体积收缩率非常均匀，均匀的体积收缩率意味着收缩翘曲较小。材料的体积收缩率标准可从材料的详细资料中的收缩属性选项查看，如图 6-73 所示。

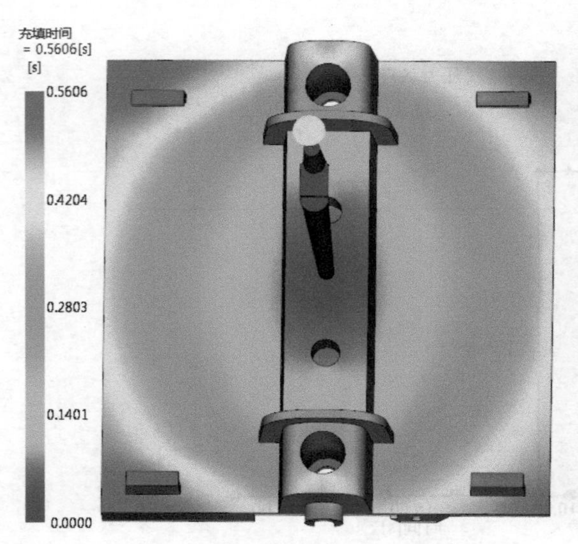

图 6-71 填充时间的显示结果

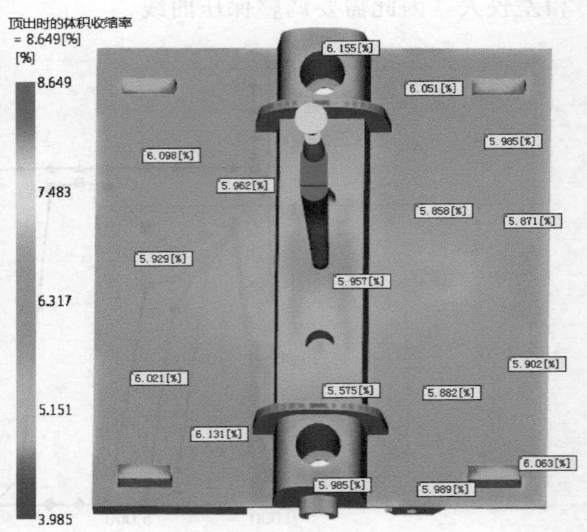

图 6-72 顶出时的体积收缩率的显示结果

热塑性材料

结晶形态 | 应力 - 应变(张力) | 应力 - 应变(压缩)

描述 | 推荐工艺 | 流变属性 | 热属性 | pvT 属性 | 机械属性 | 收缩属性 | 填充物/纤维 | 光学属性 | 环境影响 | 质量指示器

选择一个收缩模型(中性面和双层面)
残余应变 查看应变系数 默认流动/纤维集 查看模型系数...

测试平均收缩率
平行 1.556 %
垂直 2.01 %

测试收缩率范围
最小平行 1.44 %
最大平行 1.744 %
最小垂直 1.704 %
最大垂直 2.433 %

查看观测的收缩测试信息...

收缩成型摘要

	熔体温度 C	模具温度 C	流动速率 (R) cm^3/s	流动速率 (F) cm^3/s	螺杆直径 mm	螺杆位移 mm	厚度 mm	保压压力 MPa	保压时间 s	冷却时间 s	平行收缩 %	垂直收缩 %	体积收缩率 %
1	258.5	62.4	42	30.8	35	55.8	2	34.1	15.1	10	1.62	2.27	7.37
2	259	62.4	42.1	30.1	35	55.7	2	54.4	15.1	10	1.54	1.99	6.27
3	259.8	62.4	42.1	30.1	35	55.7	2	74.9	15.1	10	1.46	1.75	5.87
4	259.8	62.3	22.5	15.8	35	55.7	2	54.1	15.1	10	1.56	2.03	6.36
5	259.5	62.6	62.6	50.6	35	55.7	2	54.4	15.1	10	1.53	1.96	6.31
6	249.3	62.6	42	29.4	35	55.4	2	33.6	15.1	10	1.6	2.26	7.36
7	249.2	62.6	42.1	29.4	35	55.3	2	54.1	15.1	10	1.53	1.97	6.47
8	249.2	61.9	42.1	29.4	35	55.4	2	74.7	15.1	10	1.46	1.79	5.91
9	249.5	62.4	22.5	15.6	35	55.4	2	53.9	15.1	10	1.56	2.01	6.41
10	249.6	62.6	62	43.6	35	55.4	2	53.8	15.1	10	1.53	2	6.3
11	269.6	63.1	42.2	31.6	35	55.5	2	32.8	15.1	10	1.63	2.25	7.29
12	269.3	63.1	42.2	30.1	35	55.6	2	52.7	15.1	10	1.57	1.94	6.36
13	270.4	63.1	42.2	30.8	35	55.3	2	72.5	15.1	10	1.49	1.7	5.87
14	270.2	63.1	22.5	17.1	35	55.4	2	52.7	15.1	10	1.58	2.01	6.34
15	269.6	63.1	62.7	45.1	35	55.4	2	52.4	15.1	10	1.56	1.96	6.32
16	260.1	62.2	37.5	22.4	35	55.6	1.7	43.7	12.1	10	1.52	2.05	7.87
17	259.5	62.2	37.5	22.4	35	55.4	1.7	53.9	12.1	10	1.5	1.9	7.3
18	260	62.4	37.5	22.9	35	55.4	1.7	63.8	12.1	10	1.44	1.76	7.02
19	260	62.4	22.5	13.8	35	55.2	1.7	53.4	12.1	10	1.5	1.92	7.31
20	259.8	62.5	53.3	37	35	55.2	1.7	53.9	12.1	10	1.48	1.89	7.46

图 6-73 材料收缩成型摘要

③ 冻结层因子 如图 6-74 所示为冻结层因子的显示结果，从图中可知浇口在 8.653s 时已冻结，与前一方案的浇口冻结时间相差不大，说明保压时间的设置是合理的。

④ 体积收缩率：路径图 如图 6-75 所示为体积收缩率：路径图的显示结果。从图中可知，模型沿流动路径上的体积收缩差异应在 0.49%（最大值减去最小值），未超过评估标准，说明保压曲线的优化是有效的。

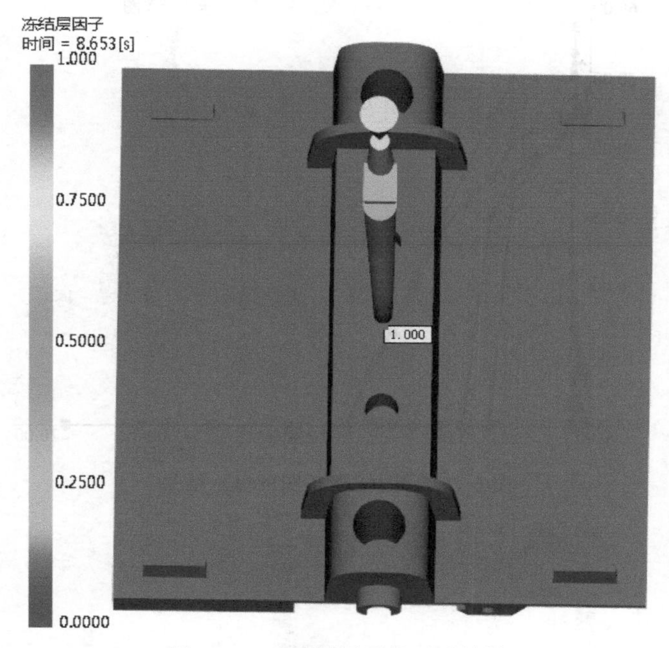

图 6-74　冻结层因子的显示结果

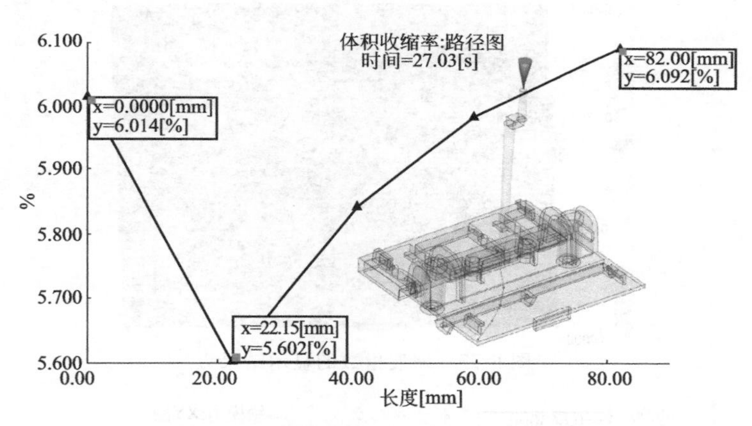

图 6-75　体积收缩率：路径图的显示结果

⑤ 压力：XY 图　如图 6-76 所示为压力：XY 图的显示结果。从图中可知，流动路径上各点压力曲线形状非常接近，型腔内的保压压力非常接近，符合评估标准。

⑥ 缩痕，指数　如图 6-77 所示为缩痕指数的显示结果，从图中可知，模型中比色卡上最大值显示区域（一般显示为红色）为缩痕指数最大的区域，缩痕最大区域位于浇注系统中。

⑦ 锁模力：XY 图　如图 6-78 所示为锁模力：XY 图的显示结果，从图中可知，锁模力的最大值为 59.31t，符合注射机的锁模力要求。

（9）保压优化总结

通过保压曲线优化的分析结果与保压评估标准相比较可得出以下结论：顶出时的体积收缩率的结果已符合评估标准，并且体积收缩率非常均匀；流动路径上各点压力曲线形状非常接近，型腔内的保压压力非常接近；保压时间、保压压力、缩痕指数及锁模力均符合评估标准，说明保压曲线的优化是非常有效的。

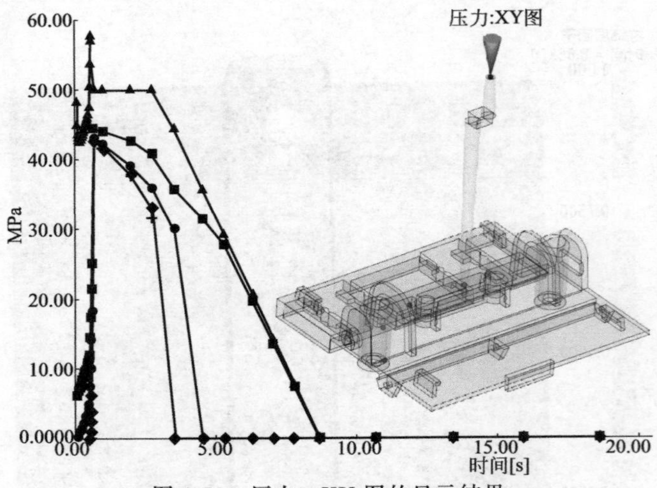

图 6-76 压力：XY 图的显示结果

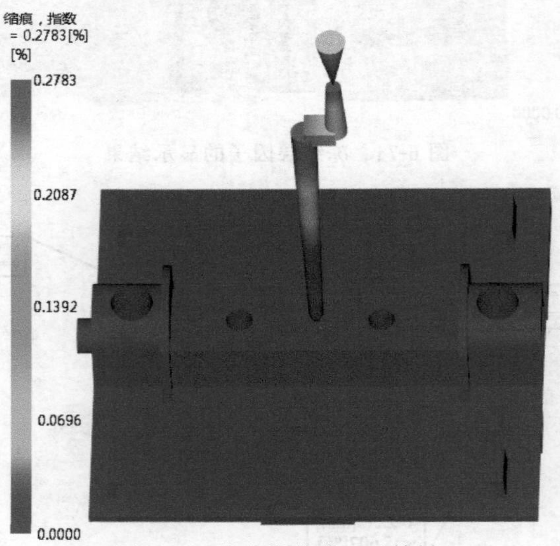

图 6-77 缩痕指数的显示结果

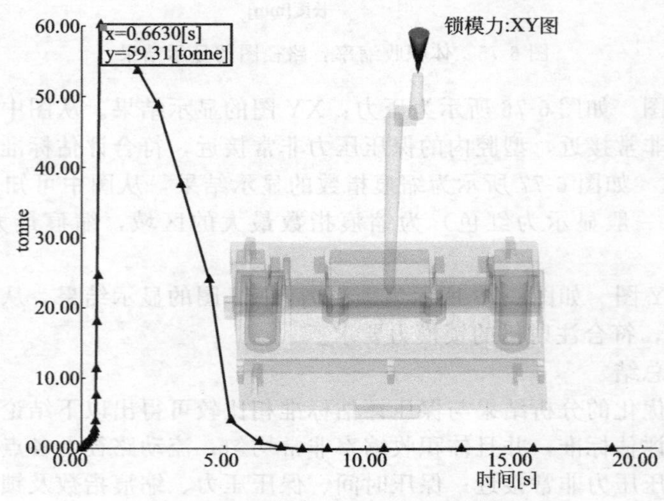

图 6-78 锁模力：XY 图的显示结果

6.12 翘曲分析及优化

在进行翘曲分析之前，要完成对填充、保压和冷却的优化，在得到了合格的填充、保压和冷却分析之后，再对制品进行翘曲分析。

(1) 复制方案并改名

在任务栏首先选中“MP06_09”方案，然后右击，在弹出的快捷菜单中选择“复制”命令，复制方案并改名为“MP06_10”。

(2) 设置分析序列

单击菜单“主页”→“成型工艺设置”→“分析序列”命令，选择“冷却＋填充＋保压＋翘曲”选项，单击“确定”按钮。

(3) 工艺设置

单击菜单“主页”→“成型工艺设置”→“工艺设置”命令，弹出“工艺设置向导—冷却设置”对话框。在对话框中所有参数采用冷却优化后的参数。单击“下一步”按钮，弹出“工艺设置向导—填充＋保压设置”对话框。在对话框中“充填控制”选项选择“注射时间”，文本框中输入填充优化分析后的时间 0.52s，“速度/压力切换”选项选择“自动”。“保压控制”选项采用保压优化后的保压曲线。单击“下一步”按钮，弹出“工艺设置向导—翘曲设置”对话框。在对话框中勾选“分离翘曲原因”选项。

(4) 开始分析

单击菜单“主页”→“分析”→“开始分析”命令，点击“确定”按钮。

(5) 翘曲分析结果

① 变形，所有效应：Z 方向　如图 6-79 所示为 Z 方向所有效应引起变形的显示结果，从图中可知，模型的最大变形量为 0.3431～－0.4710mm。

② 变形，冷却不均：Z 方向　如图 6-80 所示为 Z 方向冷却不均引起变形的显示结果，从图中可知，模型的最大变形量为 0.0406～－0.0704mm。冷却不均对模型的变形影响不大。

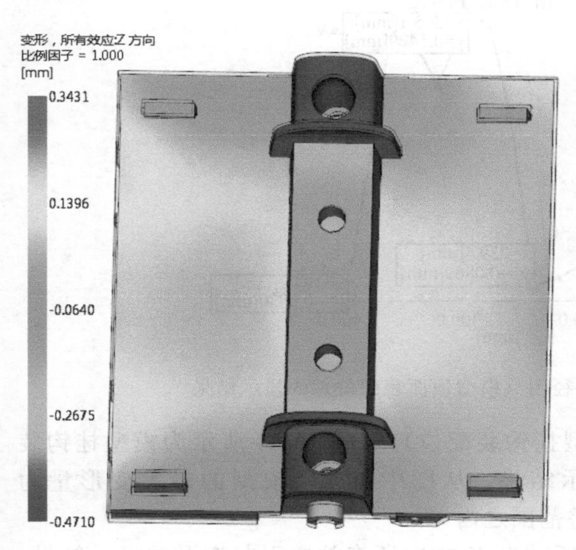

图 6-79　Z 方向所有效应引起变形的显示结果

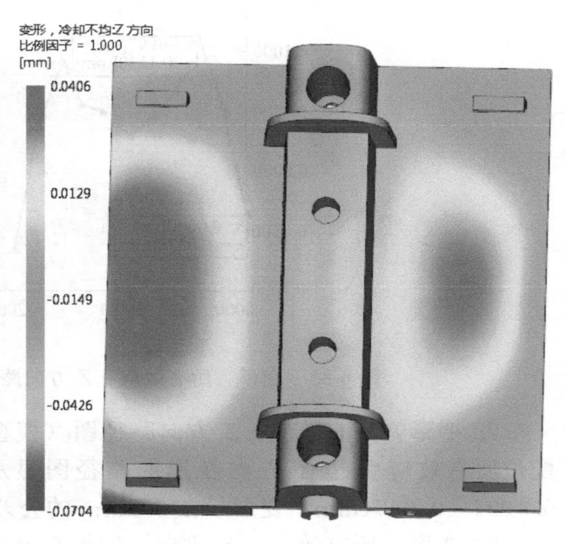

图 6-80　Z 方向冷却不均引起变形的显示结果

③ 变形，收缩不均：Z 方向　如图 6-81 所示为 Z 方向收缩不均引起变形的显示结果，

从图中可知，模型的最大变形量为 0.3993～－0.4841mm。*Z* 方向收缩不均引起变形与 *Z* 方向所有效应引起变形基本一样，由此可判断模型的变形是由收缩不均所引起的。

④ 变形，取向效应：*Z* 方向　如图 6-82 所示为 *Z* 方向取向效应引起变形的显示结果，从图中可知，模型的最大变形量为 0.2173～－0.2054mm。这表明取向效应对模型的变形产生影响不大。

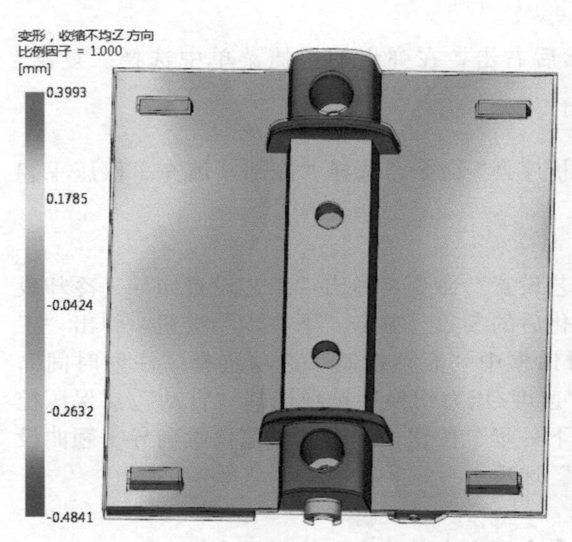

图 6-81　*Z* 方向收缩不均引起变形的显示结果

图 6-82　*Z* 方向取向效应引起变形的显示结果

⑤ 变形，所有效应：*Z* 方向路径图（模型顶面装配位）　如图 6-83 所示为模型顶面装配位所有效应引起 *Z* 方向变形的路径图显示结果，从图中可知，模型的最大变形量为 0.1429～－0.0869mm。变形量在 0.3mm 的公差范围之内。

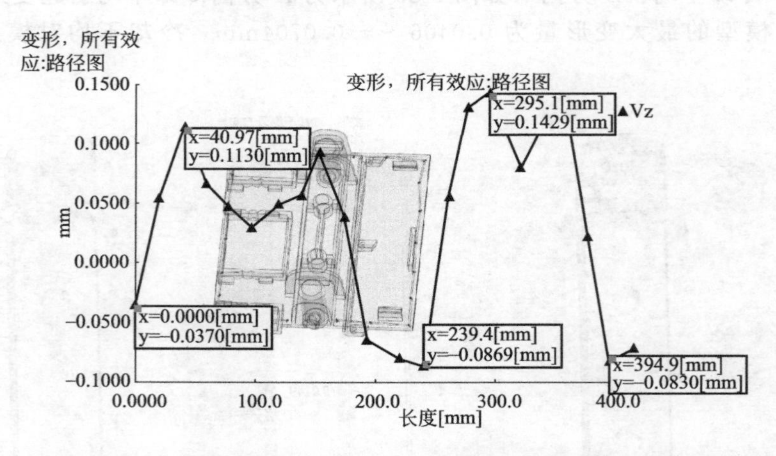

图 6-83　变形，所有效应：*Z* 方向路径图（模型顶面装配位）的显示结果

⑥ 变形，所有效应：*Z* 方向路径图（模型挂钩装配位）　如图 6-84 所示为模型挂钩装配位所有效应引起 *Z* 方向变形的路径图显示结果，从图中可知，模型的最大变形量为 0.1994～0.0494mm。变形量在 0.2mm 的公差范围之内。

⑦ 变形，所有效应：*X* 方向　如图 6-85 所示为 *X* 方向所有效应引起变形的显示结果，从图中可知，通过检查 *X* 方向最远侧两点即图中位置 1 和位置 2 可知 *X* 方向的收缩率为 1.66%，查找材料中的收缩属性如图 6-86 所示可知，分析所用材料的测试平均收缩率为

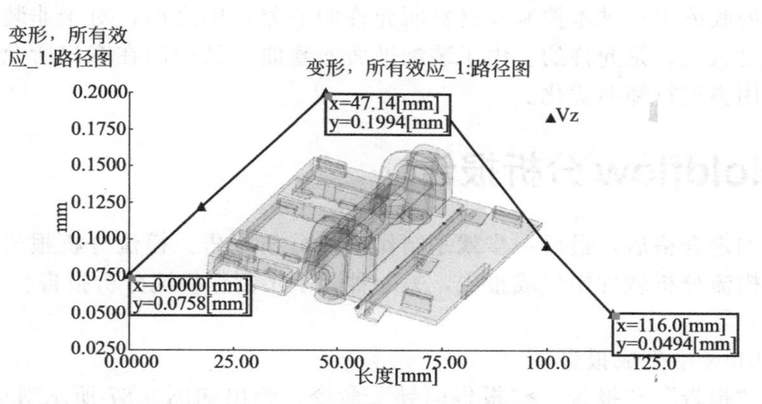

图 6-84　变形，所有效应：Z 方向路径图（模型挂钩装配位）的显示结果

1.556%，说明可以进一步调整保压压力，使 X 方向的收缩进一步减小，从而缩小 Z 方向装配平面的翘曲量。

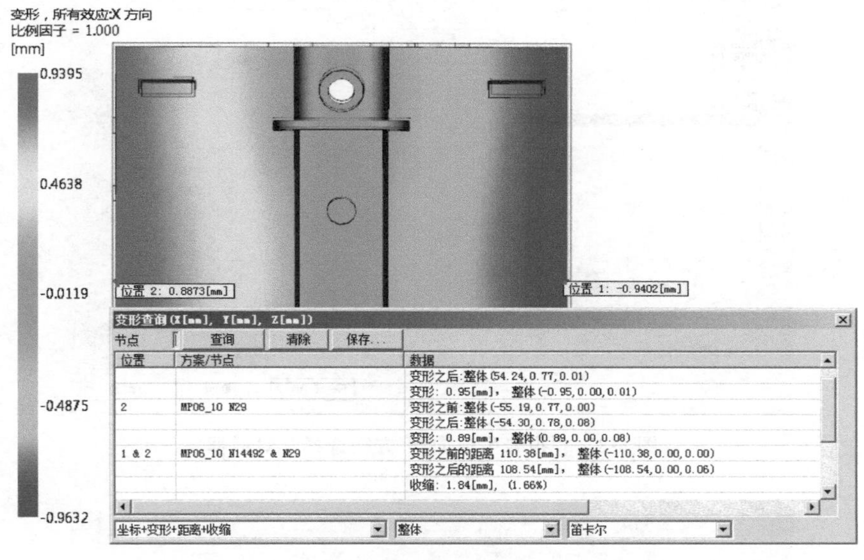

图 6-85　X 方向所有效应引起变形的显示结果

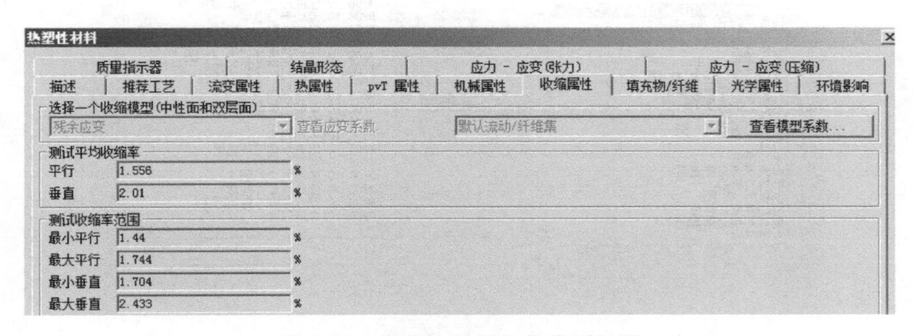

图 6-86　热塑性材料的收缩属性图

（6）总结

从上面的翘曲分析结果可知，装配平面的 Z 方向的翘曲已控制在客户所允许的公差范

围之内，模型的收缩率也基本控制在材料所允许的公差范围之内，对于非装配区域的翘曲，如果翘曲量不是太大，是允许的。由于装配平面的翘曲量已控制在客户所允许的范围之内，因此，可以不用再进行翘曲优化。

6.13 Moldflow 分析报告

分析结果判定合格后，最后一步就是制作模流分析报告。模流分析报告的做法有两种，一种是直接在模流分析软件中生成报告，另一种是手工制作模流分析报告。一般客户都采用第二种做法。

(1) Moldflow 中生成报告

单击菜单“报告”→“报告”→“报告向导”命令，弹出如图 6-87 所示对话框，在对话框中“所选方案”选项添加为“MP06_10”方案，单击“下一步”按钮，弹出如图 6-88 所示

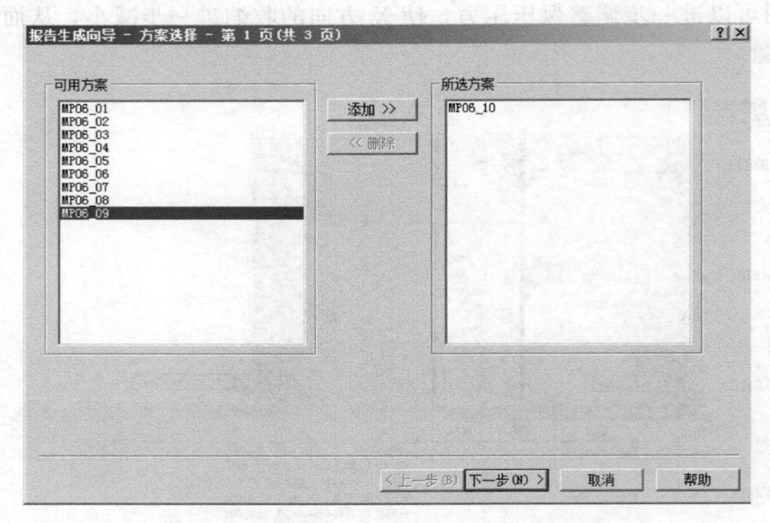

图 6-87 “报告生成向导-方案选择”对话框

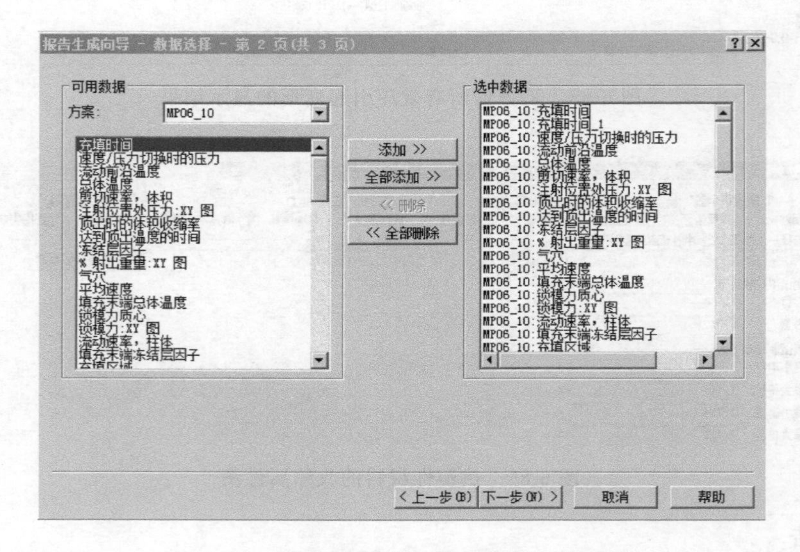

图 6-88 “报告生成向导-数据选择”对话框

对话框，在对话框中对重要的分析结果进行添加，然后单击“下一步”按钮，弹出如图 6-89 所示对话框，在对话框中“报告格式”一般选用“HTML 文档”格式，在“报告项目”中可以添加动画和描述文本，完成后单击“生成”按钮。在生成之前要摆好模型的视角。生成后的报告如图 6-90 所示。

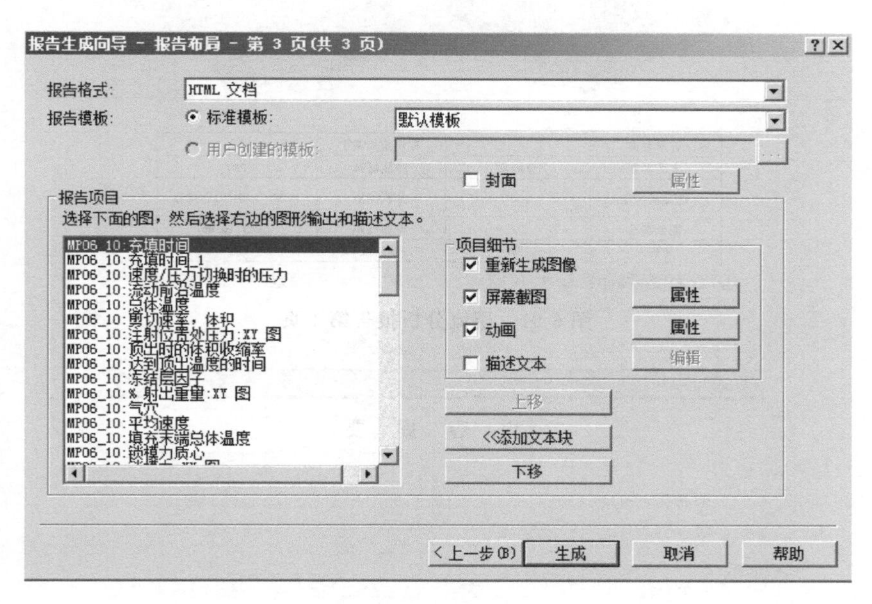

图 6-89　“报告生成向导-报告布局”对话框

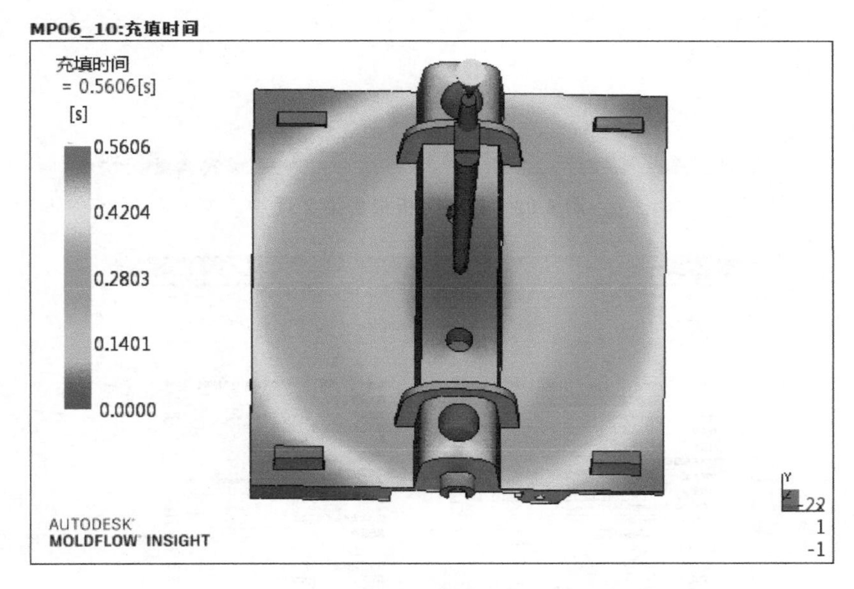

图 6-90　生成后的报告

（2）手工制作报告

手工制作的报告一般采用 Microsoft Office PowerPoint 文档，一般公司都有自己独特的模版，制作报告只要在模板中更换图片和更改文字即可。手工制作报告如图 6-91～图 6-125 所示。

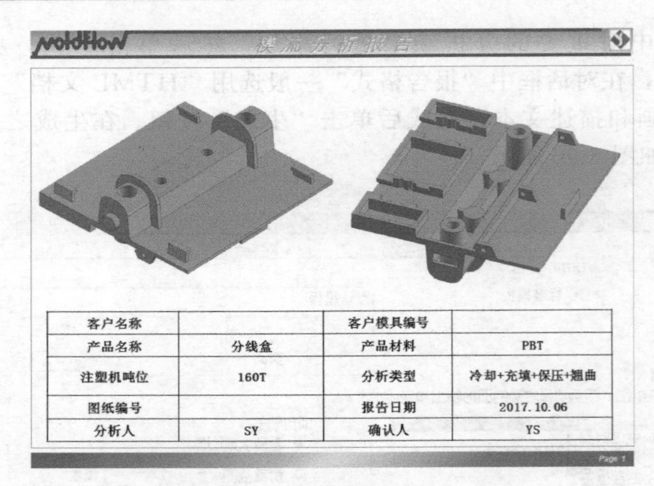

客户名称		客户模具编号	
产品名称	分线盒	产品材料	PBT
注塑机吨位	160T	分析类型	冷却+充填+保压+翘曲
图纸编号		报告日期	2017.10.06
分析人	SY	确认人	YS

图 6-91 模流分析报告第 1 页

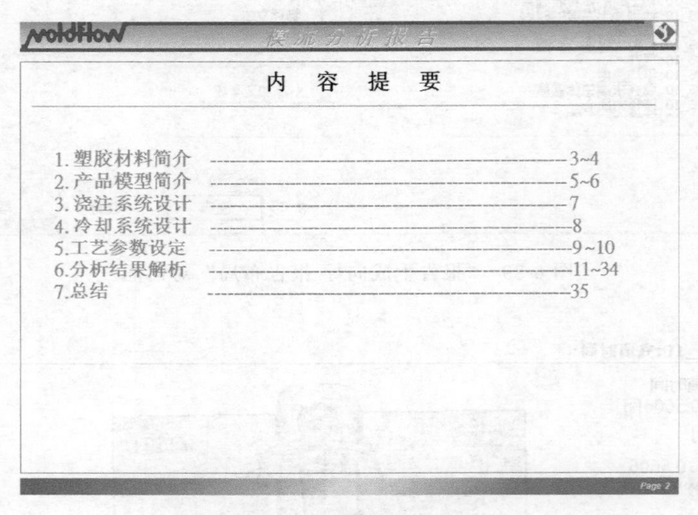

内 容 提 要

1. 塑胶材料简介 ---------- 3~4
2. 产品模型简介 ---------- 5~6
3. 浇注系统设计 ---------- 7
4. 冷却系统设计 ---------- 8
5. 工艺参数设定 ---------- 9~10
6. 分析结果解析 ---------- 11~34
7. 总结 ---------- 35

图 6-92 模流分析报告第 2 页

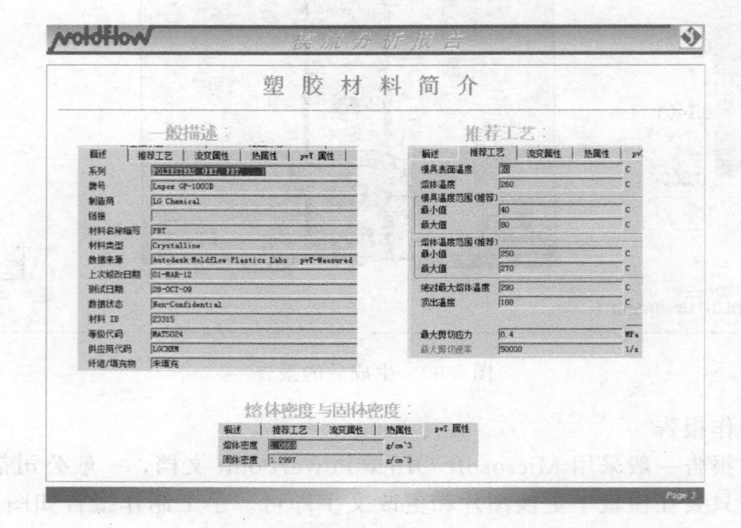

图 6-93 模流分析报告第 3 页

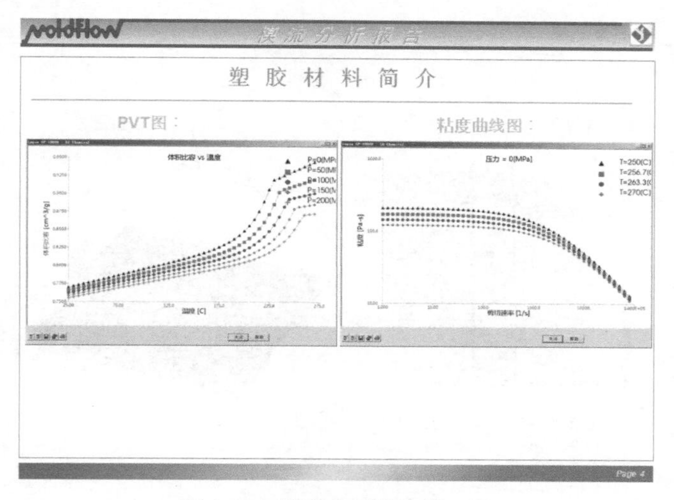

图 6-94　模流分析报告第 4 页

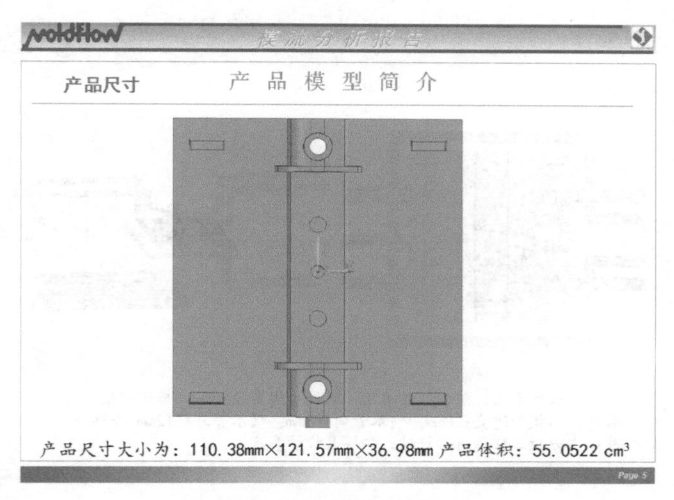

图 6-95　模流分析报告第 5 页

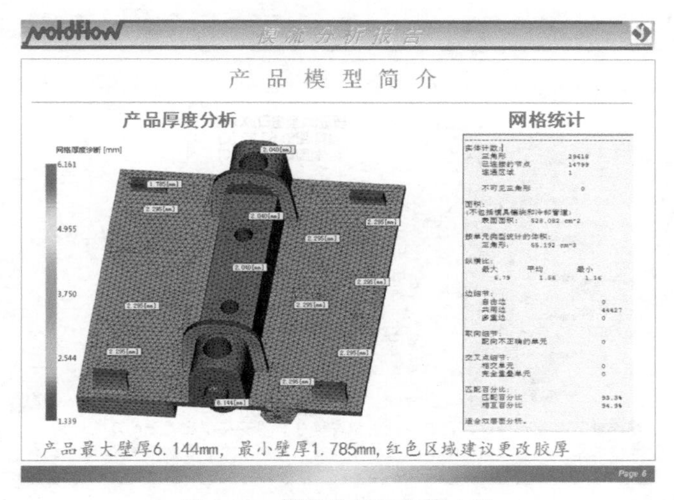

图 6-96　模流分析报告第 6 页

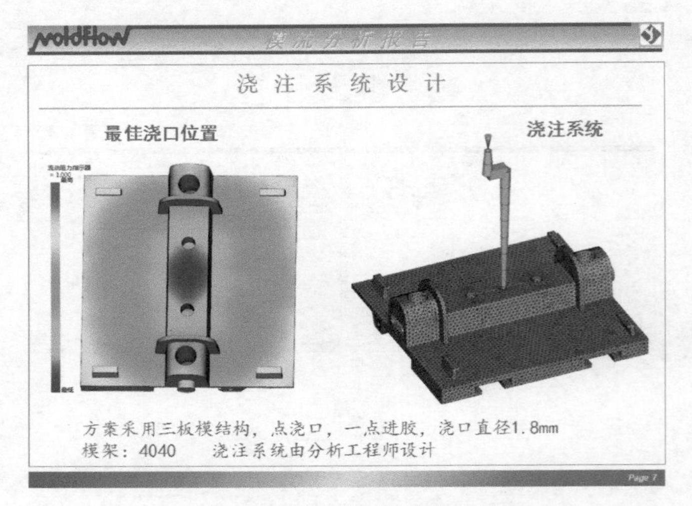

图 6-97　模流分析报告第 7 页

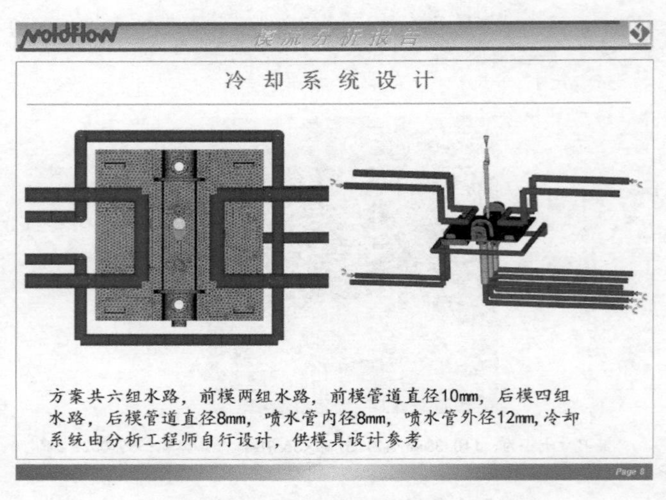

图 6-98　模流分析报告第 8 页

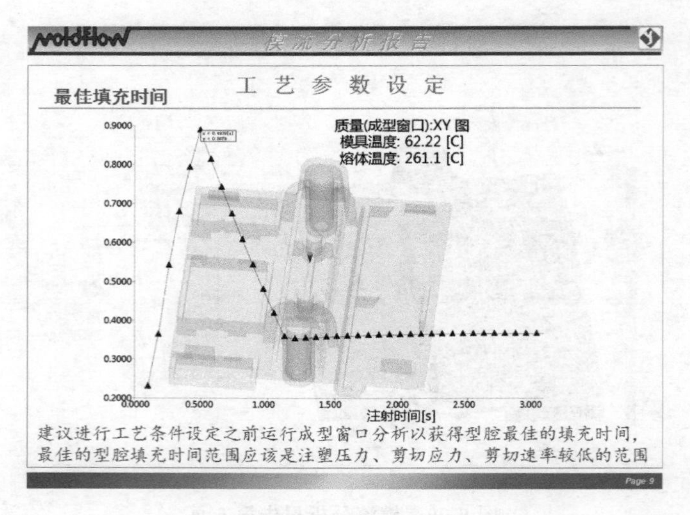

图 6-99　模流分析报告第 9 页

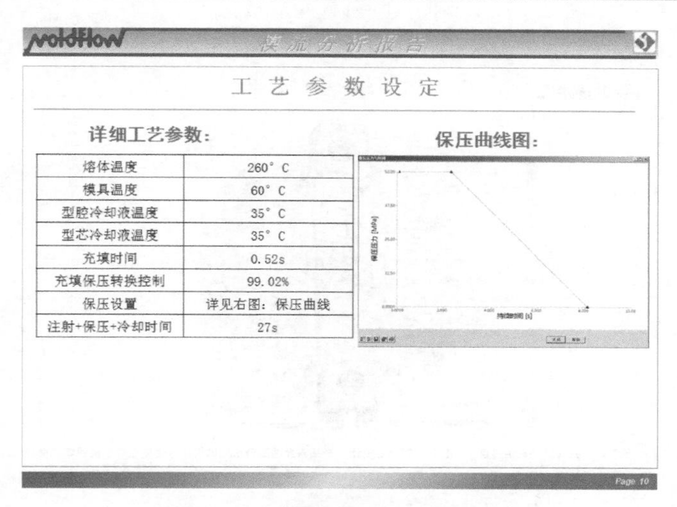

熔体温度	260° C
模具温度	60° C
型腔冷却液温度	35° C
型芯冷却液温度	35° C
充填时间	0.52s
充填保压转换控制	99.02%
保压设置	详见右图：保压曲线
注射+保压+冷却时间	27s

图 6-100　**模流分析报告第 10 页**

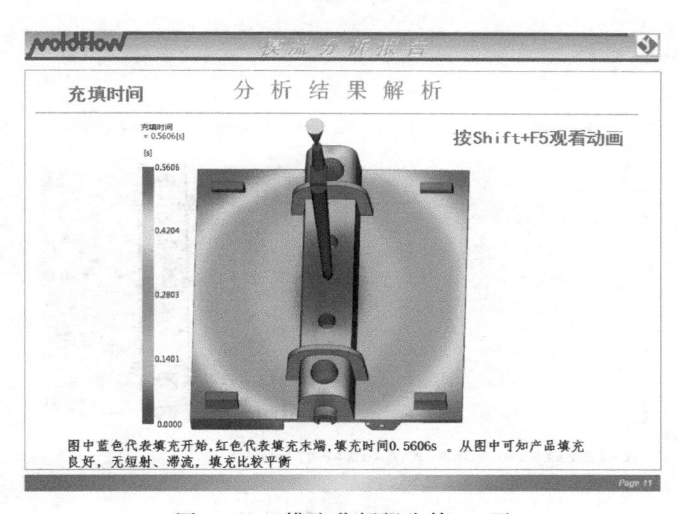

图 6-101　**模流分析报告第 11 页**

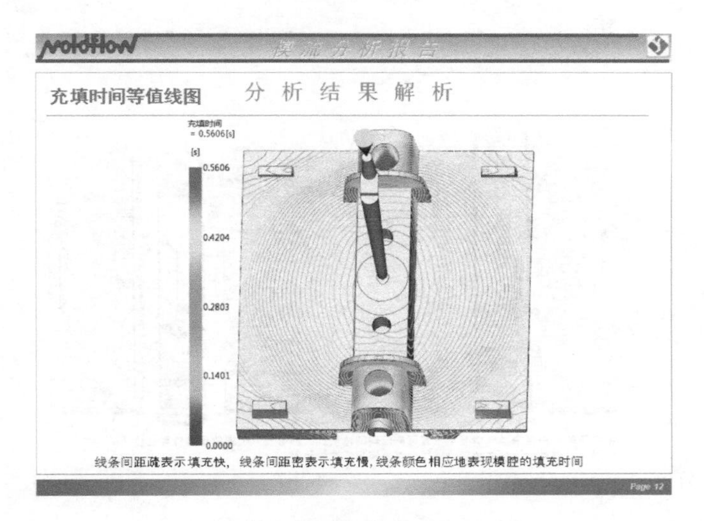

图 6-102　**模流分析报告第 12 页**

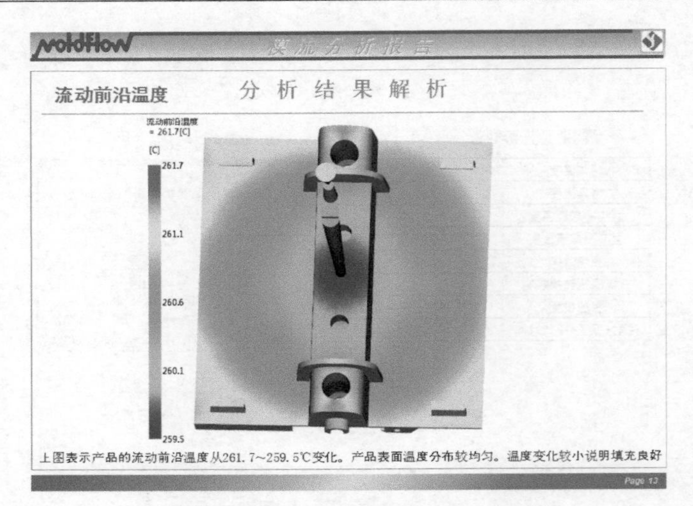

图 6-103　模流分析报告第 13 页

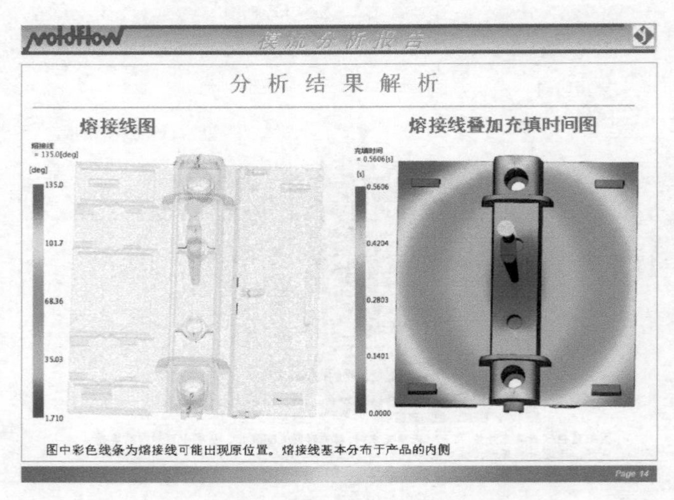

图 6-104　模流分析报告第 14 页

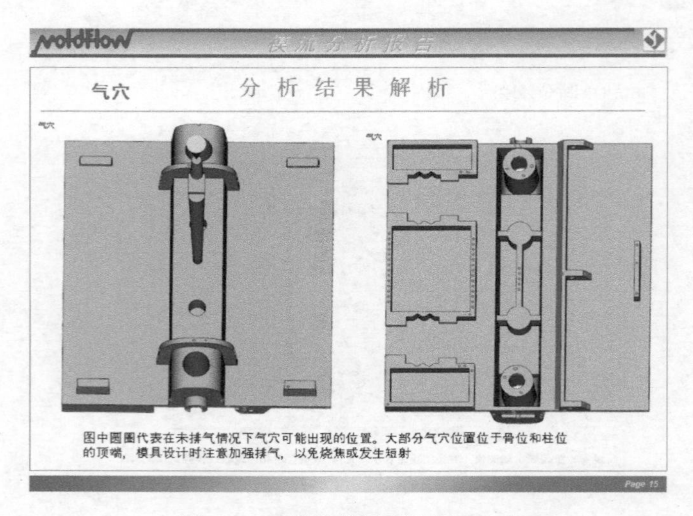

图 6-105　模流分析报告第 15 页

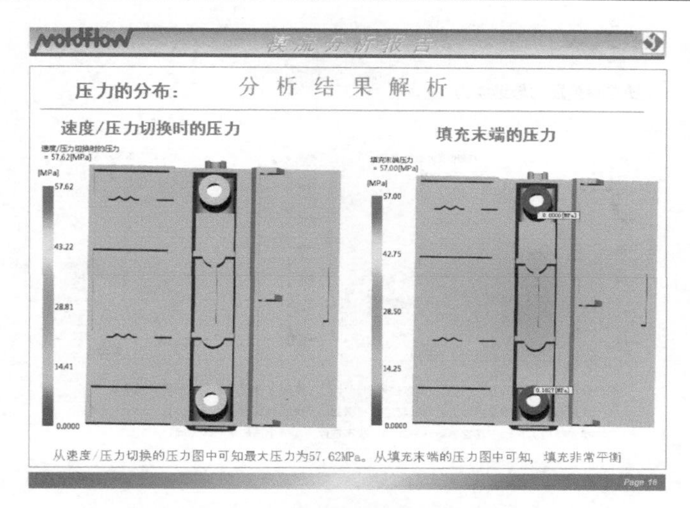

图 6-106　**模流分析报告第 16 页**

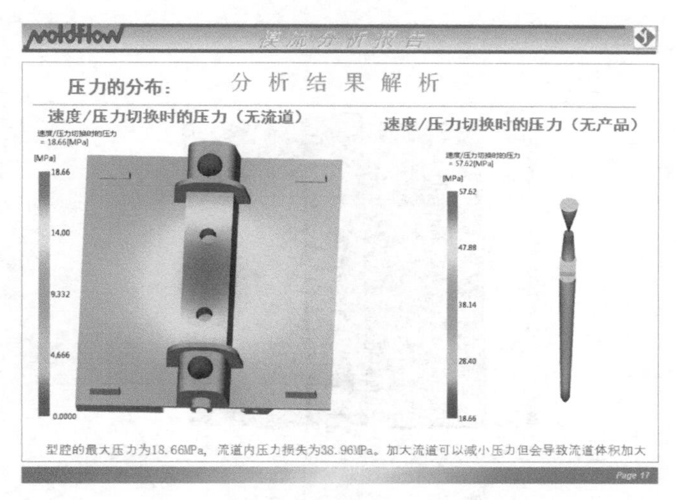

图 6-107　**模流分析报告第 17 页**

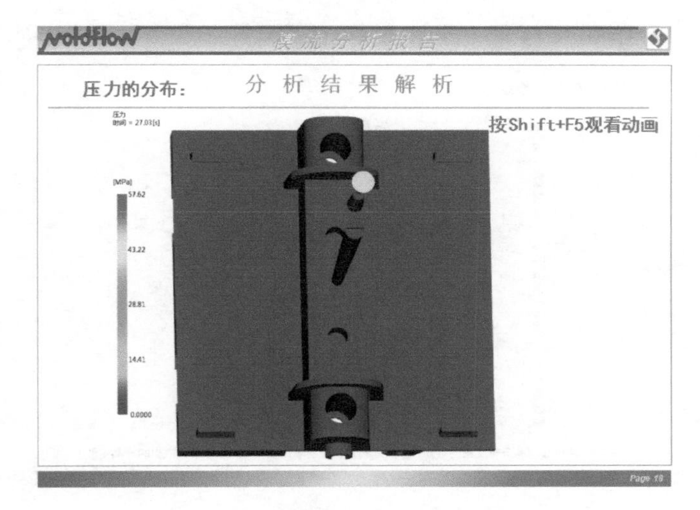

图 6-108　**模流分析报告第 18 页**

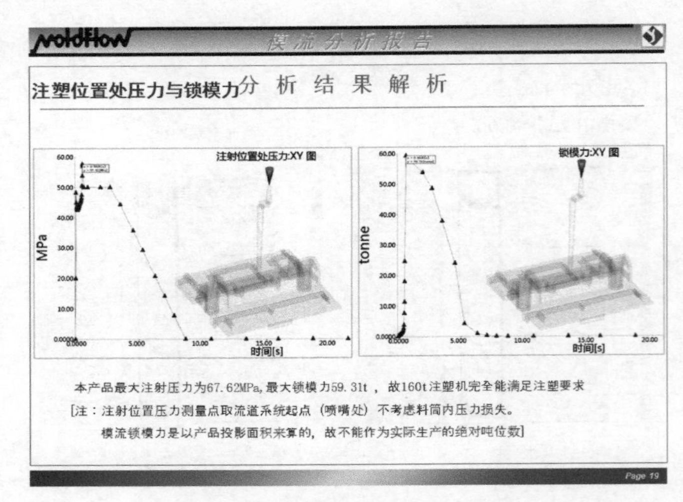

图 6-109　模流分析报告第 19 页

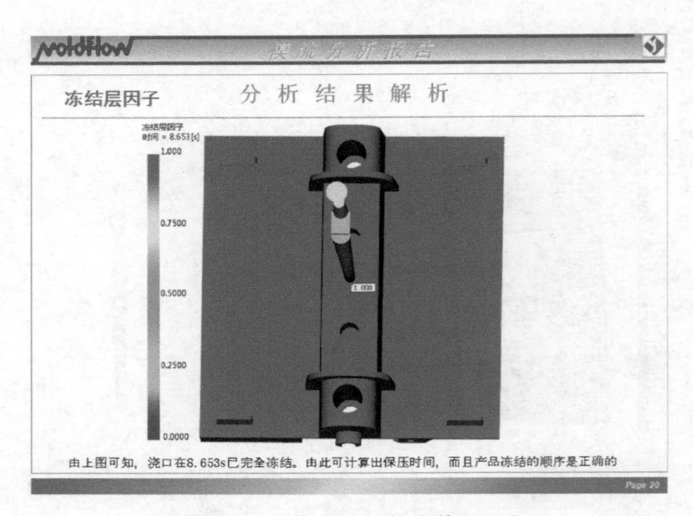

图 6-110　模流分析报告第 20 页

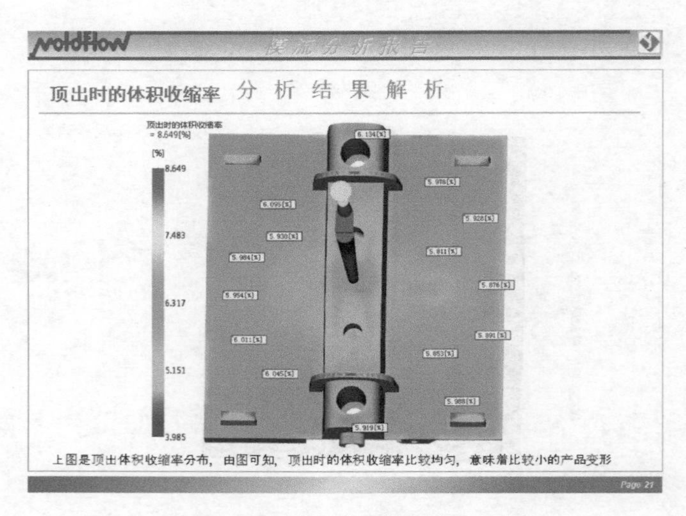

图 6-111　模流分析报告第 21 页

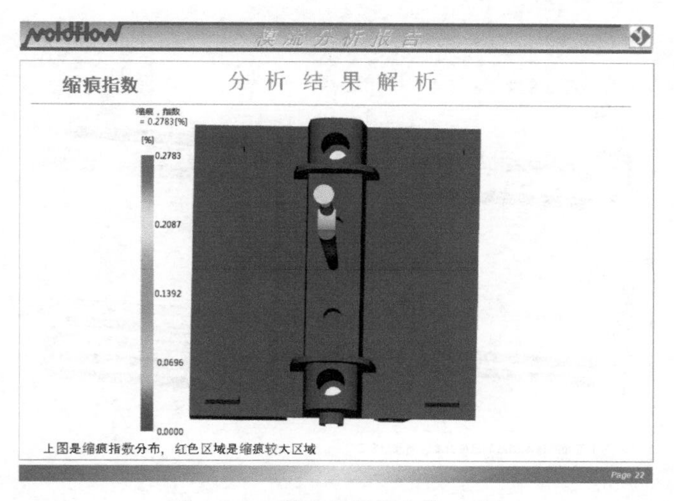

图 6-112　模流分析报告第 22 页

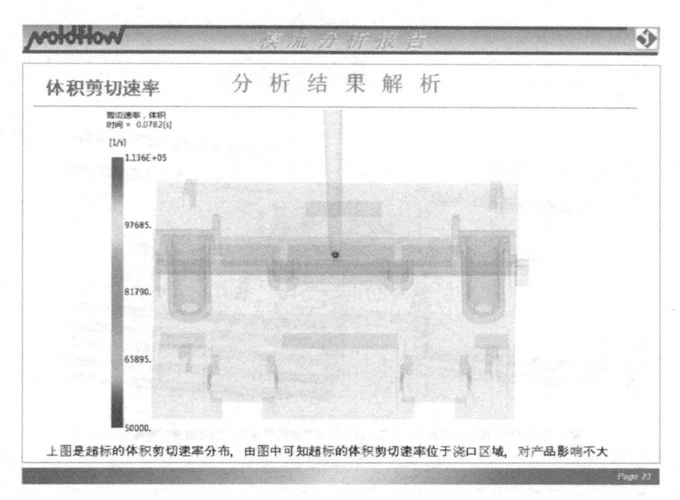

图 6-113　模流分析报告第 23 页

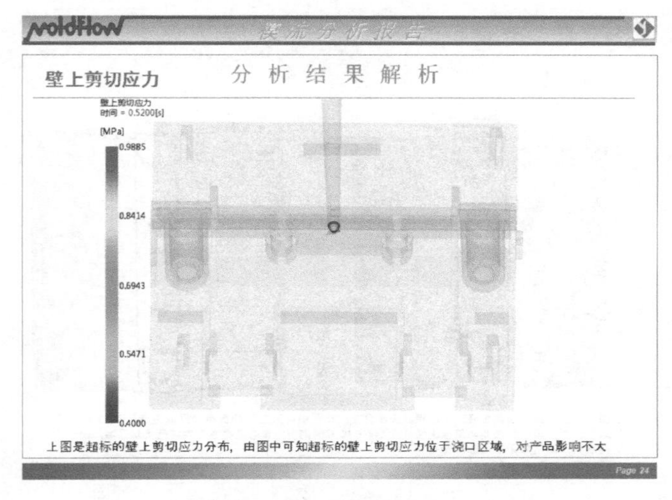

图 6-114　模流分析报告第 24 页

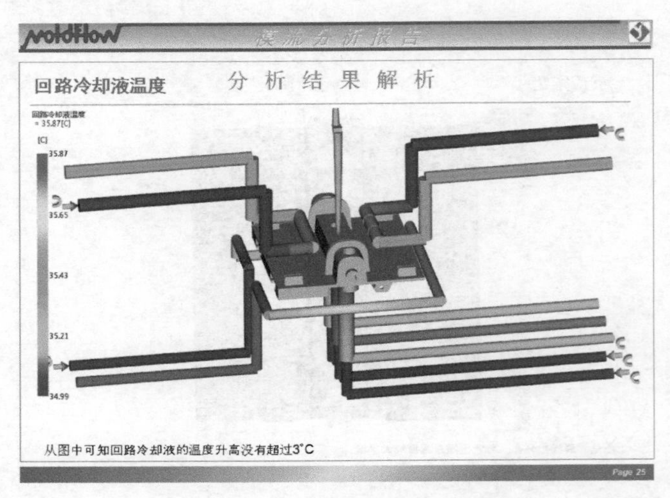

图 6-115 模流分析报告第 25 页

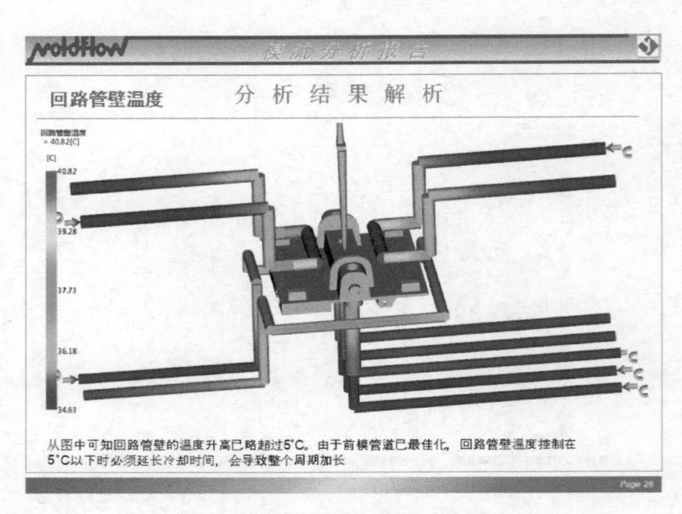

图 6-116 模流分析报告第 26 页

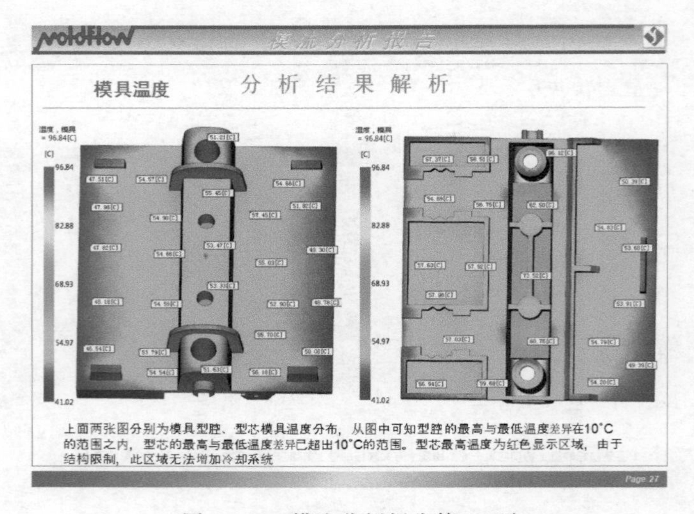

图 6-117 模流分析报告第 27 页

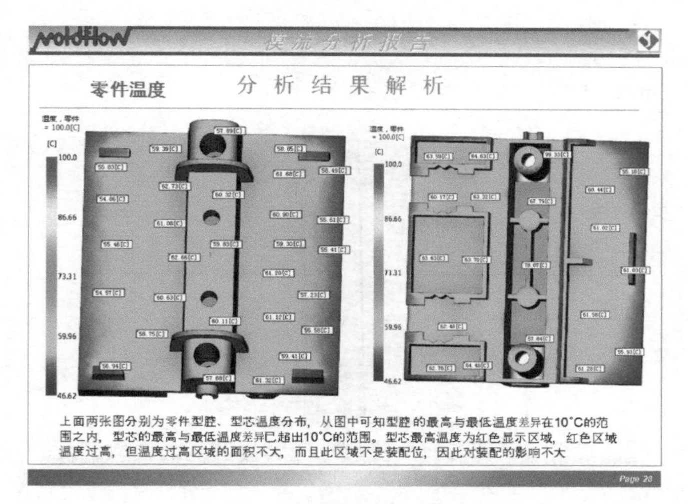

图 6-118　**模流分析报告第 28 页**

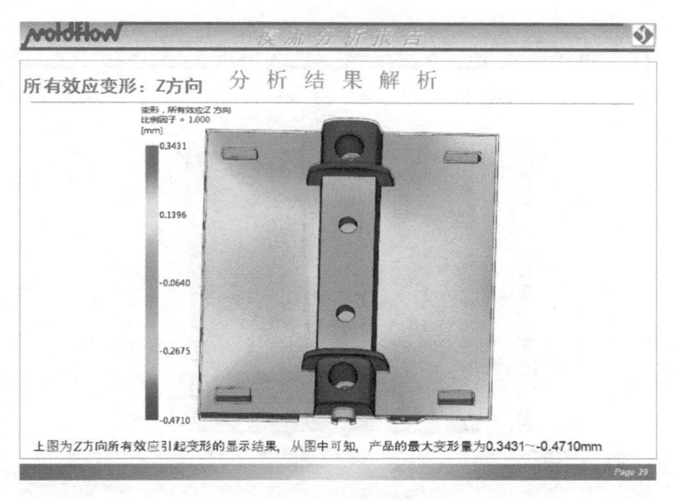

图 6-119　**模流分析报告第 29 页**

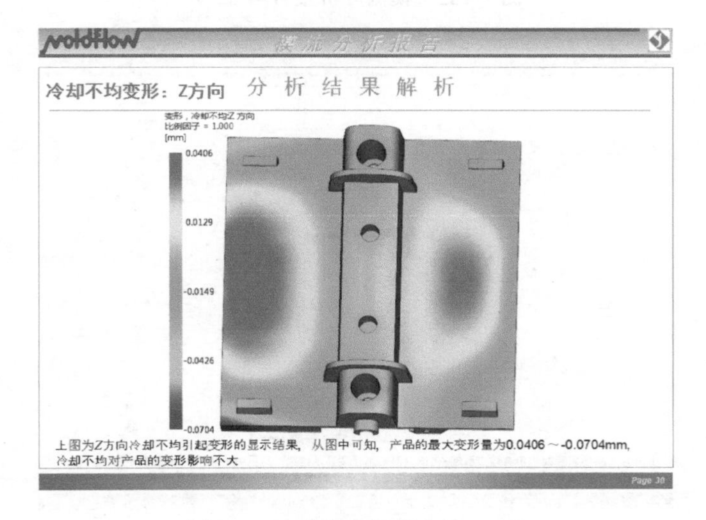

图 6-120　**模流分析报告第 30 页**

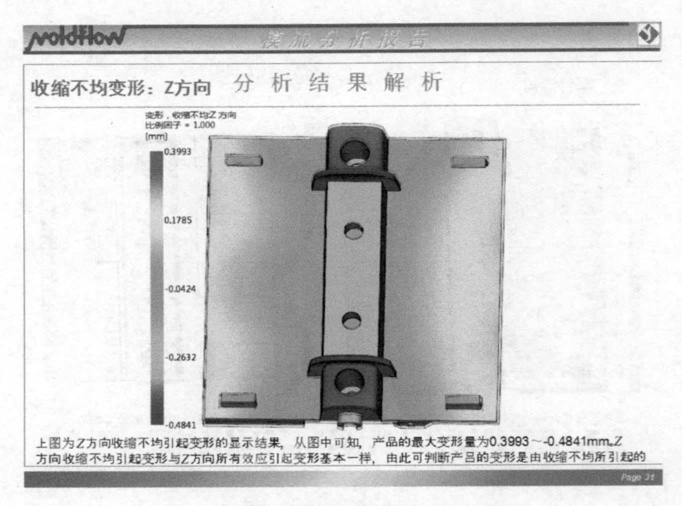

图 6-121 模流分析报告第 31 页

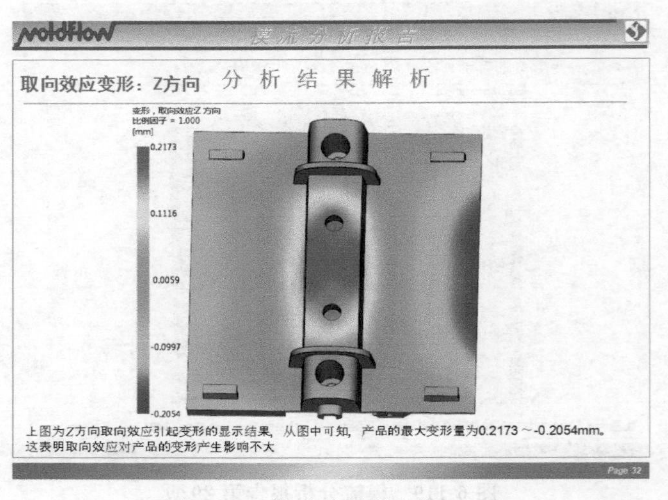

图 6-122 模流分析报告第 32 页

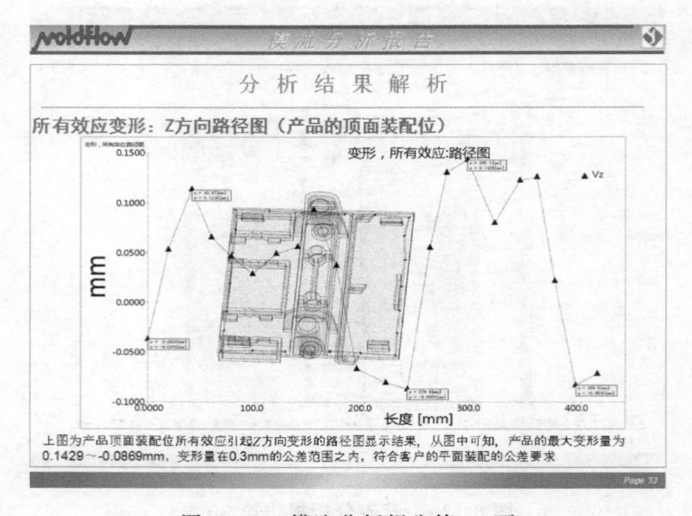

图 6-123 模流分析报告第 33 页

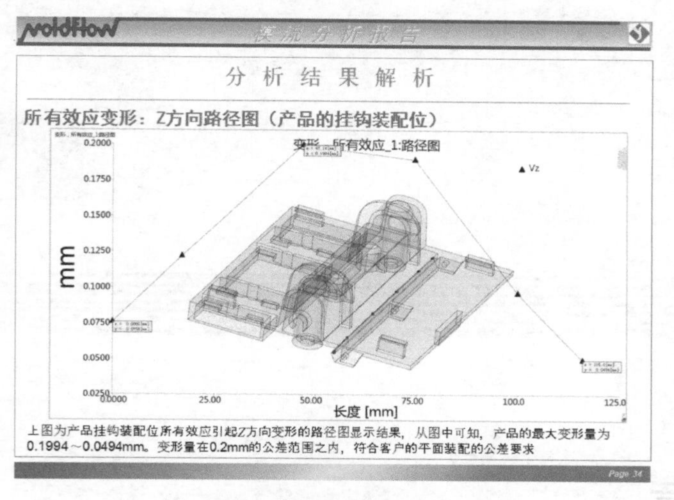

图 6-124　模流分析报告第 34 页

moldflow　模流分析报告

总　　结

分析结果	数值大小	总结说明
填充时间	0.5606s	① 最大注塑压力为57.62MPa，锁模力为59.31t，注塑压力与锁模力都在160t注塑机的范围之内 ② 产品填充流动状况良好，无短射滞流现象，填充比较平衡 ③ 产品表面流动前温度整体较为均匀，流动前沿温度与料温接近说明产品填充较好 ④ 产品熔接线位置位于产品的内部 ⑤ 产品的气穴主要位于骨位底面，模具设计时加强排气 ⑥产品的变形属于均匀收缩，变形主要因素是收缩不均引起的，Z方向装配平面的变形在客户所允许的公差范围之内
最大注射压力	57.62MPa	
最大锁模力	59.31t	
流动前沿温度	259.5～261.7℃	
缩痕指数	0%～0.2783%	
成型周期	32s	

Page 35

图 6-125　模流分析报告第 35 页

第7章 手机保护套——双色模分析

7.1 概述

概述

双色模注射成型是由两种不同品种、不同色泽的塑胶材料在同一台注塑机上注塑，由两个不同的注射单元经过两组浇注系统进入到型腔中，分两次成型。一般前模的两个型腔是不相同的，而后模的两个型芯是相同的。两组型腔、型芯在一套模具上，而且需要专业的双色注塑机进行注塑。

双色模注塑原理：第一个注射单元把第一种塑胶材料注射到第一个型腔后（一般先注射硬胶，后注射软胶），模具开模，但并不顶出。模具旋转180°后合模，第二个注射单元把第二种材料（软胶）注射到第一次注射过的型腔中（即第一个型腔中），由于模具旋转180°，因此第二个型腔旋转到第一个注射单元的位置。在第二个注射单元注塑第二种材料的同时，第一个注塑单元也向第二个型腔注射，两个型腔注射完成后开模，第一个注射单元位置的型腔不顶出，第二个注射单元位置的型腔顶出产品，模具反旋转180°，循环注射。

Moldflow提供了“热塑性材料重叠注塑”模块进行双色模或嵌入成型注塑的模流分析。“热塑性材料重叠注塑”模块共有四种分析序列，分别为“填充”“填充＋保压”“填充＋保压＋重叠注塑填充”和“填充＋保压＋重叠注塑填充＋重叠注塑保压”。如果网格是3D类型还可选择“填充＋保压＋重叠注塑填充＋重叠注塑保压＋翘曲”分析序列。新版本还增加了“冷却（FEM）”分析，本案例暂不讨论冷却分析。

本案例是常见的双色手机保护套，分析任务说明书如图7-1所示。在软件中可见，绿色的产品是硬胶，黄色的产品是软胶。进胶口和流道客户均已指定，在进行模具设计之前，客户要求用Moldflow验证模具设计方案及产品的成型缺陷和改善措施，确认浇口的位置及数量，确认注塑机的最大注塑压力和锁模力，确认最佳的浇注系统，确认产品外观面上的熔接线和气穴位置，确认软硬胶的熔融情况。明确工艺参数，产品的成型周期，进而提高生产效率，降低生产成本。

双色模分析任务说明书：
①硬胶材料：ABS
②软胶材料：TPU
③确认分析任务：
- 浇口位置及数量
- 最佳浇注系统
- 熔接线、气穴
- 注塑压力、锁模力
- 软硬胶的熔融性
- 装配平面公差 0.5mm 以下

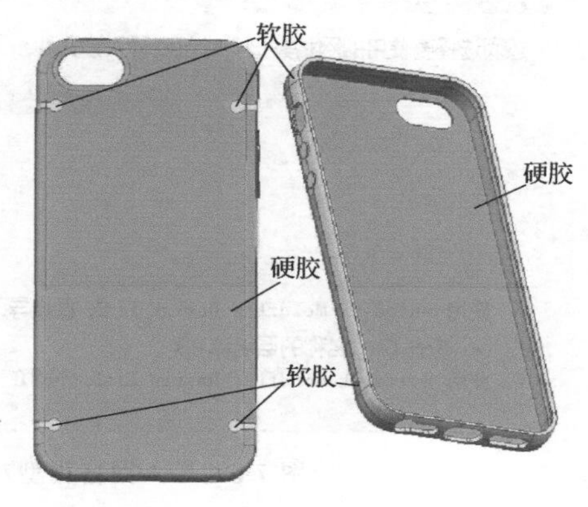

图 7-1　分析任务说明书

7.2　双色模分析流程

双色模
分析流程

双色模分析流程：导入产品（装配文件）→对产品划分网格并修复→硬胶产品的浇口位置分析→硬胶产品的成型窗口分析→软胶产品的浇口位置分析→软胶产品的成型窗口分析→设置热塑性塑料重叠注塑的方式→对硬胶产品和软胶产品的注射顺序进行编组→创建软硬胶产品的浇注系统并编组→硬胶填充＋保压分析及优化→软胶填充＋保压分析及优化→翘曲分析及优化→制作模流分析报告。

7.3　3D 网格划分及修复

3D 网格划分
及修复

本案例采用 3D 网格划分，因为软胶产品受产品结构的限制，如果划分成双层面网格，网格的匹配达不到翘曲分析的要求，而 3D 网格没有匹配率的限制。同时采用 3D 网格分析时，分析的功能更丰富更全面。

（1）新建工程

打开软件后，单击菜单“开始并学习”→“启动”→“新建工程”命令，创建一个工程名称为 MP07 的工程。如图 7-2 所示。最后单击“确定”按钮。

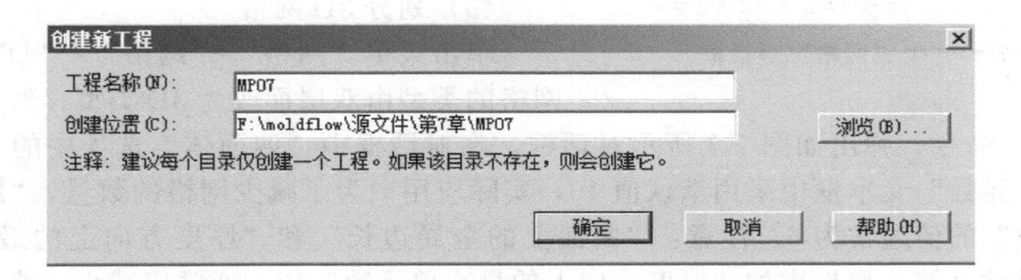

图 7-2　“新建工程”对话框

（2）导入模型

单击菜单“主页”→“导入”→“导入”命令，选择文件目录：源文件\第 7 章\MP07.xt。导入的网格类型选择“双层面”，如图 7-3 所示。然后单击“确定”按钮。

（3）划分 2D 网格

单击菜单“网格”→“网格”→“生成网格”命令，弹出如图 7-4 所示对话框，在对话框中

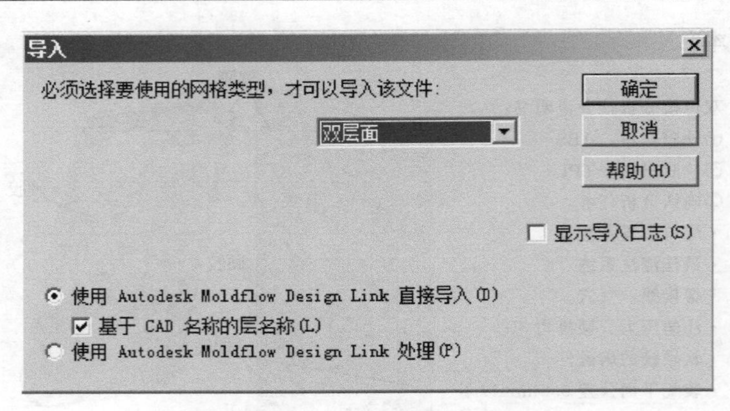

图 7-3 导入网格类型对话框

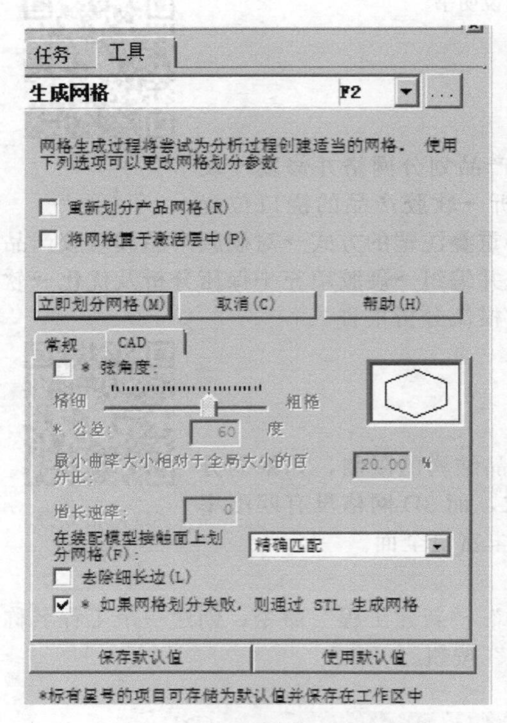

图 7-4 “生成网格”对话框

“曲面上的全局边长”输入框输入 1（软胶产品的壁厚），单击“CAD”选项，“在装配模型接触面上划分网格”选项中选择“精确匹配”，这样划分的网格软胶产品和硬胶产品接触面的网格大小是一致的，也就是匹配网格。进行双色模分析时，要求软胶产品与硬胶产品的接触面是匹配的。最后单击“立即划分网格”按钮。

（4）网格统计

单击菜单“网格”→“网格诊断”→“网格统计”命令，单击“显示”按钮。网格统计结果如图 7-5 所示，从图中可知，网格的质量还好，没有自由边、多重边、配向不正确的单元及相交和完全重叠的单元，网格的匹配百分比达到 93.1%，最大纵横比为 12.23，最大纵横比最好在 8 以下，有相交的网格单元，因此需要对纵横比和相交单元进行诊断并修复，修复方法在前面已经讲解过，此处就不再赘述。网格的纵横比修复后如图 7-6 所示。网格质量已完全达到模流分析要求。

（5）划分 3D 网格

单击菜单“网格”→“网格”→“3D”命令，把网格的类型由双层面改为 3D 类型，然后再次点击“生成网格”命令，弹出如图 7-7 所示对话框，在对话框中“四面体”选项中的“厚度方向上的最小单元数”文本框中采用默认值 10，实际应用中为了减少网格的数量，“厚度方向的最小单元数”的值通常为 6。注意：“曲面上的全局边长”和“厚度方向上的最小单元数”的默认值通常足够。如果增加“厚度方向上的最小单元数”值，通常应减少“曲面上的全局边长”值。单击“立即划分网格”按钮。

（6）3D 网格统计

单击菜单“网格”→“网格诊断”→“网格统计”命令，单击“显示”按钮。网格统计结果如图 7-8 所示，从图中可知，四面体的数量较多，对电脑的要求很高，一般情况下划分 3D 网格后，对纵横比的要求不高，可以不进行修复。如果要进行修复，可以用“网格修复向导”命令对 3D 网格进行修复，如图 7-9 所示。

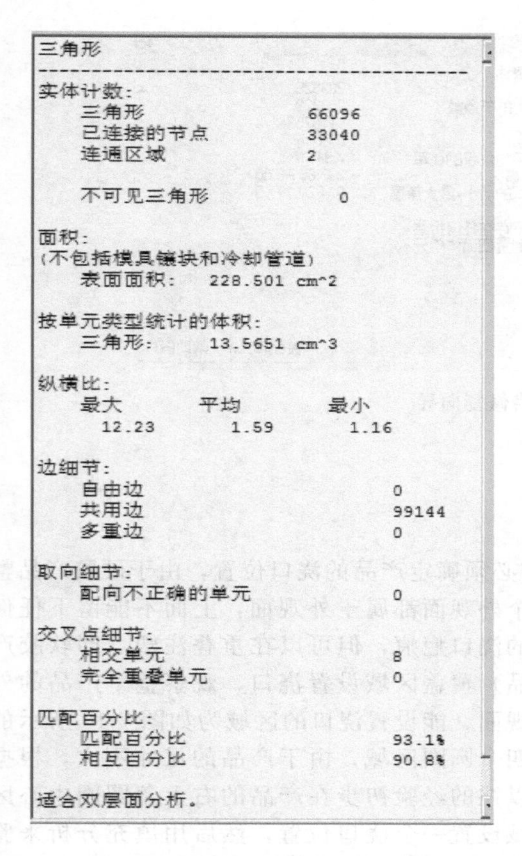

图 7-5　修复前网格统计结果

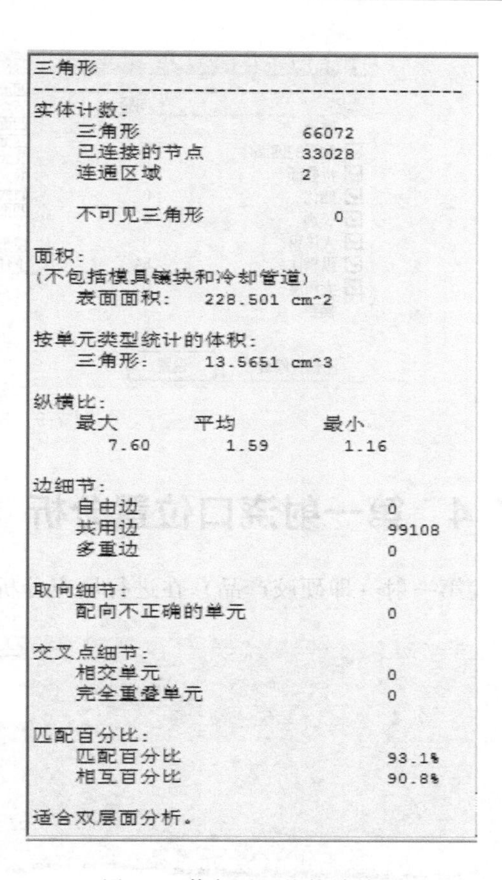

图 7-6　修复后网格统计结果

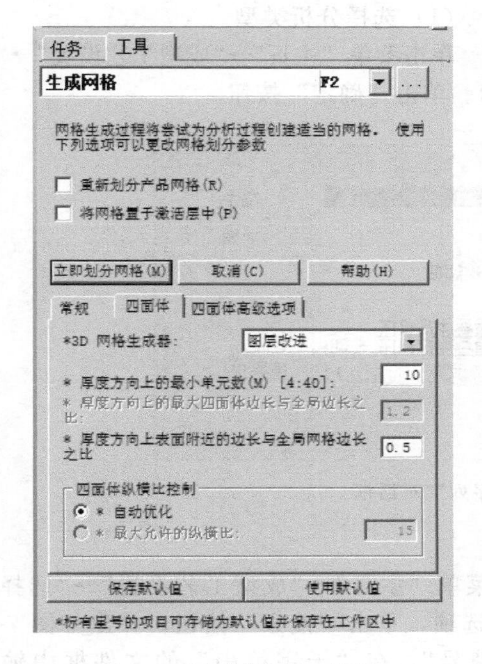

图 7-7　“生成网格”对话框

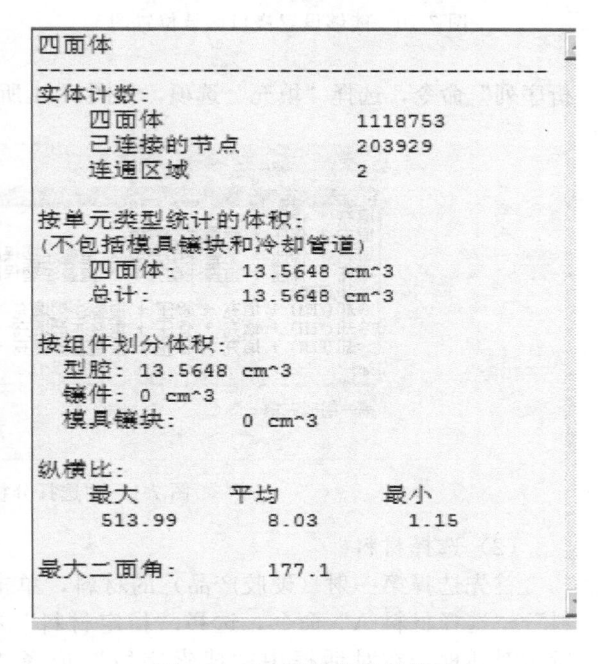

图 7-8　四面体网格统计结果

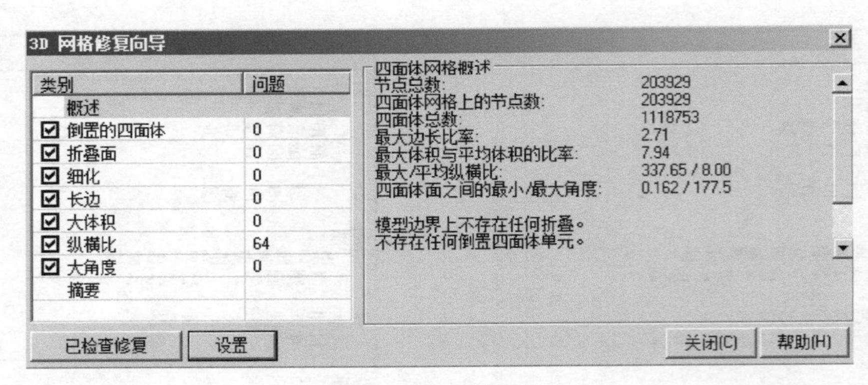

图 7-9　3D 网格修复向导

7.4　第一射浇口位置分析

第一射（即硬胶产品）在进行填充分析之前必须确定产品的浇口位置，由于硬胶产品整个外观面都属于外观面，上面不能留下任何的浇口疤痕，但可以在重叠注塑（即软胶产品）覆盖区域设置浇口，观察整个产品的外观面，能设置浇口的区域为如图 7-10 所示的四个圆圈区域，由于产品的尺寸不大，根据以往的经验初步在产品的右上角圆圈中心区域设置一个浇口位置，然后用填充分析来验证浇口位置的合理性，其操作步骤如下。

图 7-10　能够设置浇口区域位置图

（1）选择分析类型

单击菜单“主页”→“成型工艺设置”→“分析序列”命令，选择“填充”选项，如图 7-11 所示。单击“确定”按钮。

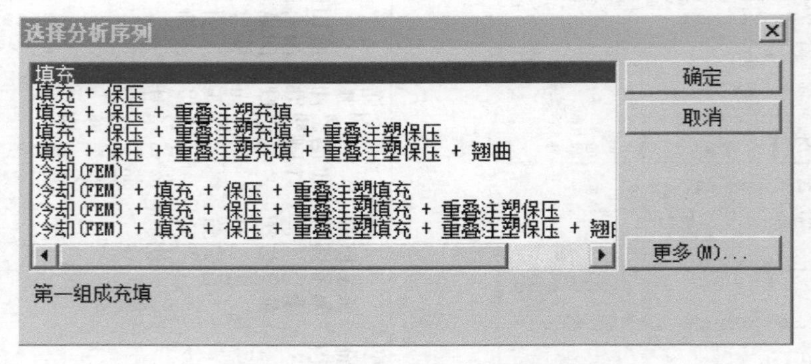

图 7-11　“选择分析序列”对话框

（2）选择材料

首先选择第一射（硬胶产品）的材料，单击菜单“主页”→“成型工艺设置”→“选择材料”→“选择材料 A”命令，选择“指定材料”单选项，单击“搜索”按钮。弹出如图 7-12 所示对话框，在对话框中“搜索字段”选择“牌号”，在“子字符串”的文件框中输入“PT271”。单击“搜索”按钮。最后选择该牌号的材料，并点击“确定”按钮。

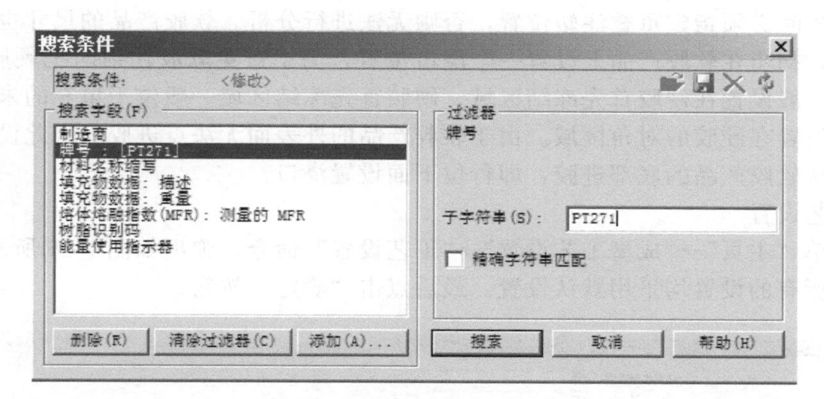

图 7-12　“搜索条件”对话框

其次选择重叠注塑（软胶产品）的材料，单击菜单“主页”→“成型工艺设置”→“选择材料”→“选择材料 B”命令，选择“指定材料”单选项，单击“搜索”按钮。弹出如图 7-13 所示对话框，在对话框中“搜索字段”选择“牌号”，在“子字符串”的文件框中输入“Elastollan C 95 A 10”。单击“搜索”按钮。最后选择该牌号的材料，并点击“确定”按钮。

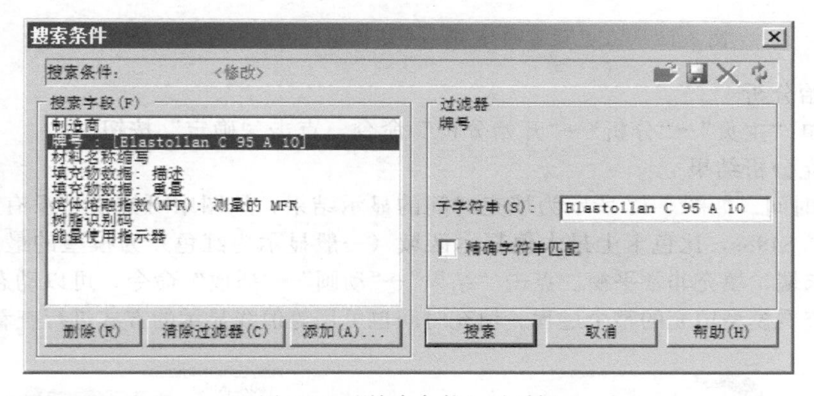

图 7-13　“搜索条件”对话框

（3）设置注射位置

首先设置第一射（硬胶产品）的注射位置，单击菜单“边界条件”→“注射位置”→“注射位置”→“注射位置”命令，在硬胶的圆孔即软胶覆盖区域设置第一射的注射位置，如图 7-14 所示。

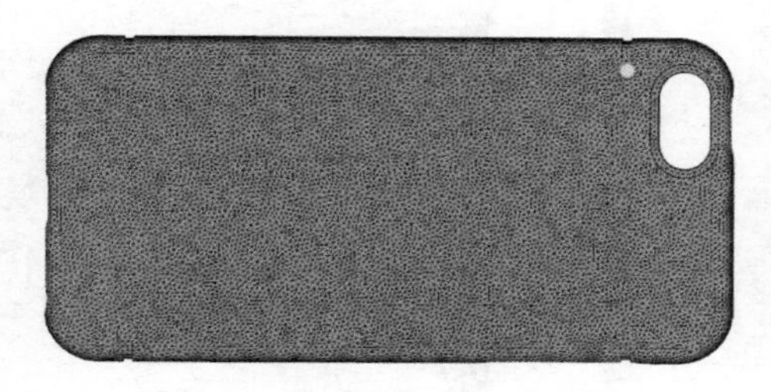

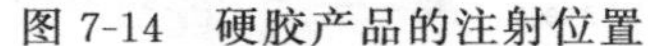
图 7-14　硬胶产品的注射位置

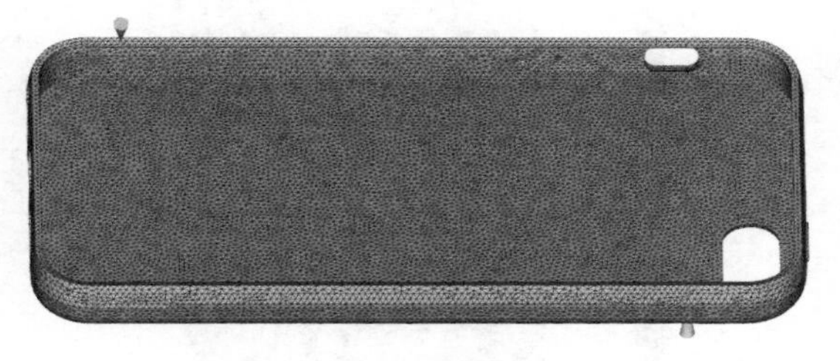

图 7-15　软胶产品的注射位置

其次设置重叠注塑（软胶产品）的注射位置，单击菜单“边界条件”→“注射位置”→“注射位置”→“重叠注塑位置”命令，在如图 7-15 所在的位置设置软胶产品的注塑位置。在进行第一射分析时必须指定重叠注塑位置，否则无法进行分析。软胶产品的尺寸也不大，根据以往的经验，初步在软胶产品上设置一个浇口位置，为了避免软胶注射时把硬胶熔化太多，软胶的浇口一般设置在硬胶首先冻结区域，硬胶首先冻结区域一般位于填充的末端。因此软胶浇口位置设置在硬胶的对角区域。由于软胶产品的外表面无法点进胶，因此设置为细水口转大水口，从软胶产品的底部进胶，即行位下面设置浇口。

(4) 工艺设置

单击菜单“主页”→“成型工艺设置”→“工艺设置”命令，弹出如图 7-16 所示的对话框，在对话框中所有的设置均采用默认设置。最后点击“确定”按钮。

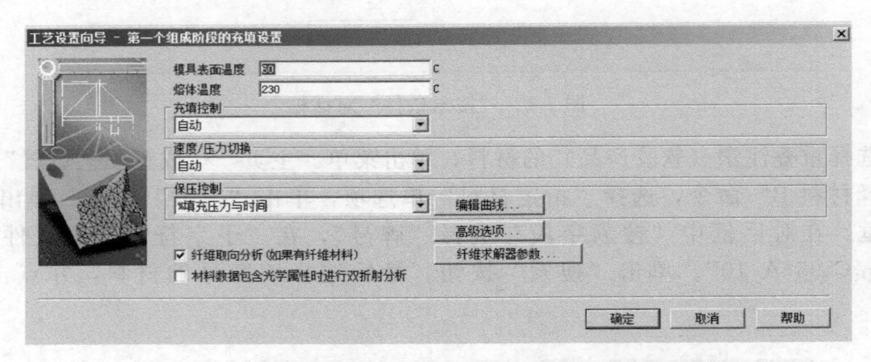

图 7-16 “工艺设置向导-第一个组成阶段的充填设置”对话框

(5) 开始分析

单击菜单“主页”→“分析”→“开始分析”命令，点击“确定”按钮。

(6) 填充分析结果

① 填充时间 如图 7-17 所示为填充时间的显示结果，从图中可知模型没有短射的情况，填充时间为 0.8498s，比色卡上最大值显示区域（一般显示为红色）为模型的最后填充区域，也是模型的末端，填充非常平衡。点击“结果”→“动画”→“播放”命令，可以动态播放填充时间的动画，查看模型填充的整个过程。填充时间也可用等值线显示的方式进行查看。

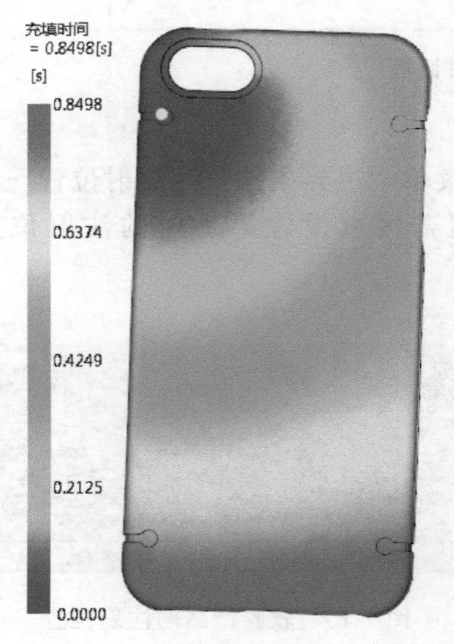

图 7-17 填充时间的显示结果

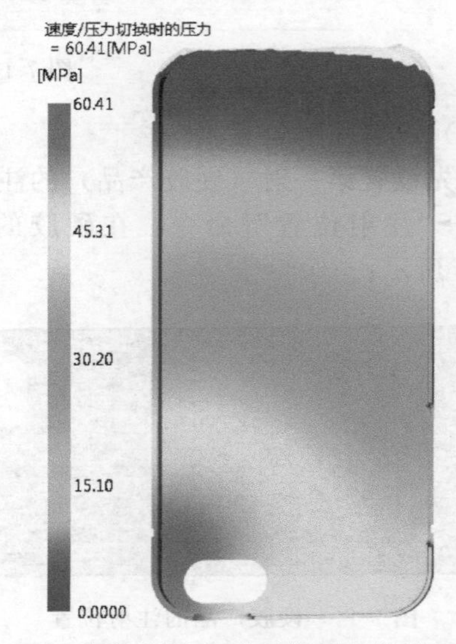

图 7-18 速度/压力切换时的压力的显示结果

② 速度/压力切换时的压力 如图 7-18 所示为速度/压力切换时的压力的显示结果，从

图中可知速度/压力切换时的压力为 60.41MPa，在模型的末端有灰色区域显示，表示此区域在速度/压力切换时仍未填充，通过日志中填充分析的屏幕输出可知，在模型填充体积的 98.176%进行速度与压力切换。可通过动画查看速度/压力切换时的压力在模型中的分布情况。

③ 流动前沿温度 如图 7-19 所示为流动前沿温度的显示结果，从图中可知，流动前沿温度相差不大，说明模型的填充效果很好。

图 7-19 流动前沿温度的显示结果

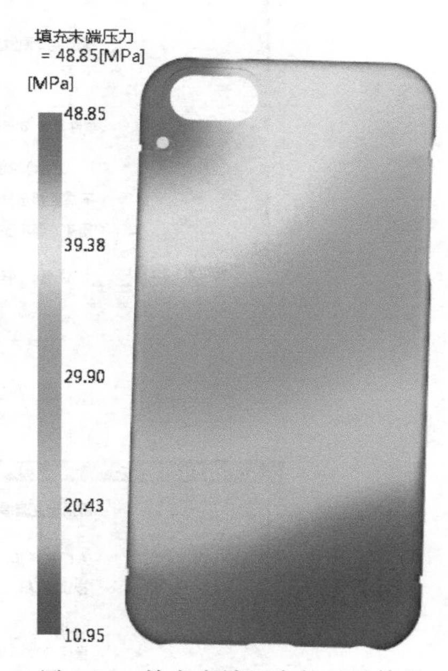

图 7-20 填充末端压力的显示结果

④ 填充末端压力 如图 7-20 所示为填充末端压力的显示结果，由于模型的填充从一侧向另一侧均匀填充，从图中可知，模型的填充末端的压力非常平衡，在填充分析评估范围以内。

(7) 总结

从填充分析的结果可以看出，浇口位置的设置非常好，模型在填充的过程中没有短射、滞留，填充非常平衡，流动前沿的温度也相差很小，因为模型较薄，填充的压力略高，但在注塑机可以允许的范围之内，一般情况下，模型的填充压力最好不要超过注塑机最大压力的一半。总之浇口的设置已达到模型填充的要求。

7.5 第一射填充分析及优化

在确定第一射（硬胶产品）的浇口位置后，接下来就是创建第一射的浇注系统，然后进行完整的填充分析及优化，其操作步骤如下。

(1) 复制方案并改名

在任务栏首先选中“MP07_01”方案，然后右击，在弹出的快捷菜单中选择“复制”命令，复制方案并改名为“MP07_02”。

(2) 向导创建浇注系统

单击菜单“几何”→“创建”→“流道系统”命令，弹出如图 7-21 所示的对话框。在对话框中“指定主流道位置”选项选择“模型中心”按钮，并且在“X:”文本框后输入 0.1，避开重叠注塑的主流道，否则第一射的浇注系统会和重叠注塑的注塑浇注系统连通，导致无法进行分析。“顶部流道平面 Z”文本框中输入 60.5，单击“下一步”按钮，弹出如图 7-22 所示的对话框，主流道、流道尺寸如图所示，单击“下一步”按钮，弹出如图 7-23 所示的对话框，侧浇口尺寸如图中所示，最后单击“完成”按钮，向导创建浇注系统如图 7-24 所示。

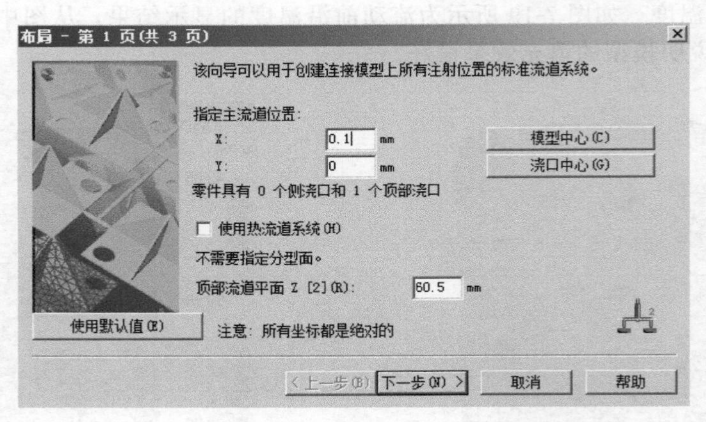

图 7-21 “布局”对话框

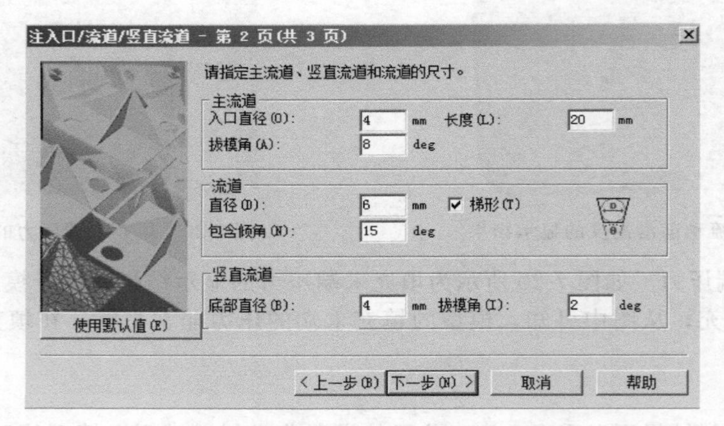

图 7-22 “注入口/流道/竖直流道”对话框

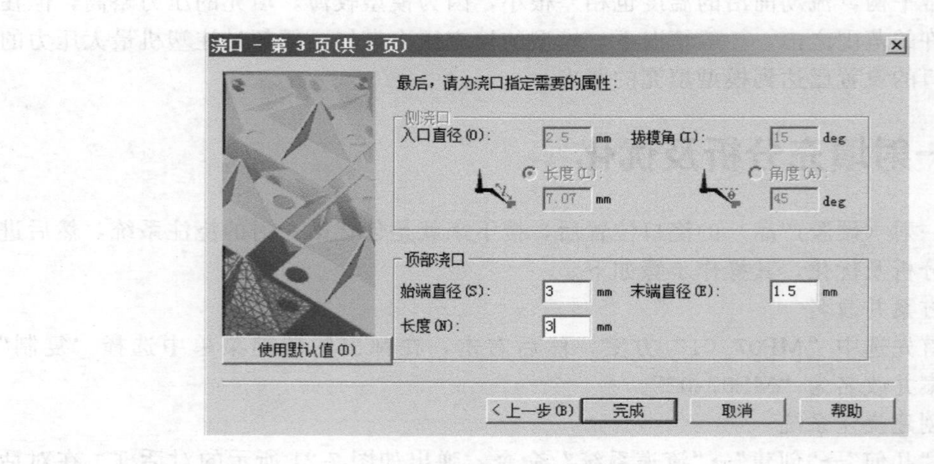

图 7-23 “浇口”对话框

注意在进行向导创建浇注系统之前，浇口的位置必须设定在圆的中心，不能用网格的原始节点（网格的原始节点和重叠注塑的网格节点是重合的），否则创建浇注系统后第一射产品会和重叠注塑的产品连通，导致无法进行分析。

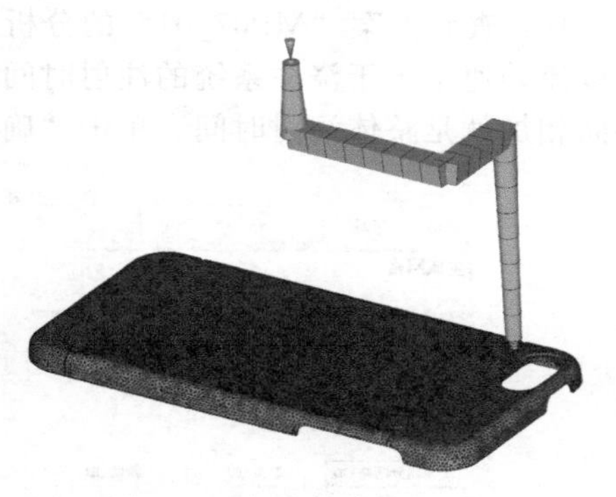

图 7-24　向导创建浇注系统

(3) 修改浇注系统

在实际的模具设计中梯形流道一般都是直接通向各个分流道，所以向导创建的梯形流道并不合适。首先删除梯形流道单元，选择所有梯形流道单元、曲线及节点，然后单击菜单“几何”→“实用程序”→“删除”命令，或者按键盘上“Delete”键，进行删除。单击菜单“几何”→“创建”→“曲线”→“创建曲线”命令，分别选择分流道的端点和竖直主流道底部端点，点击“创建为”后面的“三点”按钮，弹出“指定属性”对话框，在对话框中点击“新建”按钮，从中选择“冷流道”，弹出如图 7-25 所示的对话框，在对话框中“截面形状是”选项选择“梯形”，“形状是”选项选择“非锥体”，单击“编辑尺寸”按钮，弹出如图 7-26 所示的对话框，横截面尺寸如图所示。最后单击“确定”直至完成。

冷流道
流道属性 | 模具属性 | 模具温度曲线
截面形状是
梯形　形状是　非锥体　编辑尺寸...
出现次数　1　[1:1024]
不包括锁模力计算
名称　Cold runner (default) #1
确定　取消　帮助

图 7-25　“冷流道”对话框

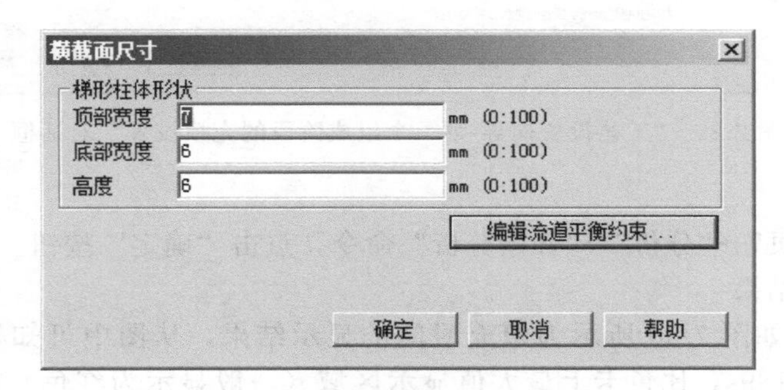

图 7-26　“横截面尺寸”对话框

(4) 流道的网格划分

单击菜单“网格”→“网格”→“生成网格”命令，弹出如图 7-27 所示对话框，在对话框中单击“曲线”按钮，“浇注系统的边长与直径之比”选项后的文本框输入 2，在单选项“将网格置于激活层中”前打钩。单击“立即划分网格”按钮。网格划分后的流道如图 7-28 所示。

(5) 工艺设置

单击菜单“主页”→“成型工艺设置”→“工艺设置”命令，弹出如图 7-29 所示“工艺设置向导”对话框。在对话框中“充填控制”选项选择“注射时间”，后面的文本框中输入

1.1s，查看方案“MP07_01”的分析日志中填充阶段的流动速率，然后用浇注系统的体积除以流动速率等于浇注系统的注射时间，最后在日志的填充阶段查找产品的注射时间，两个时间相加就是整体注射时间。单击“确定”按钮。

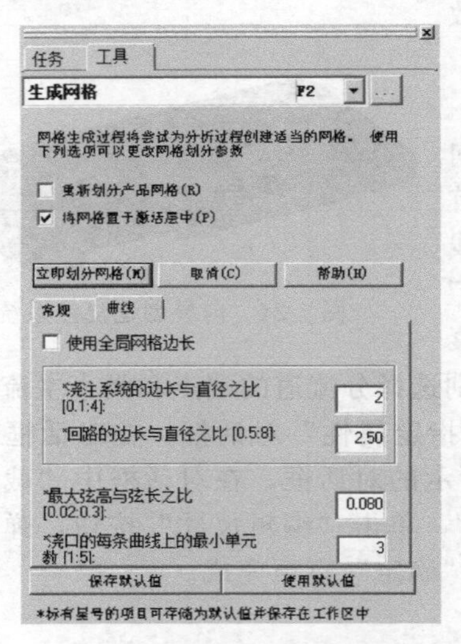

图 7-27　“生成网格”对话框

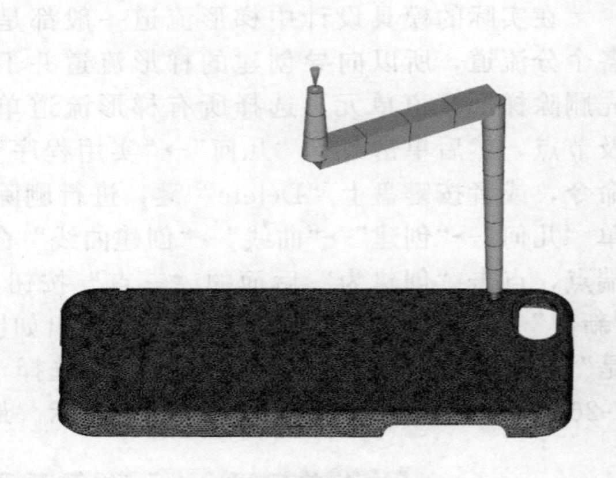

图 7-28　网格划分后的流道

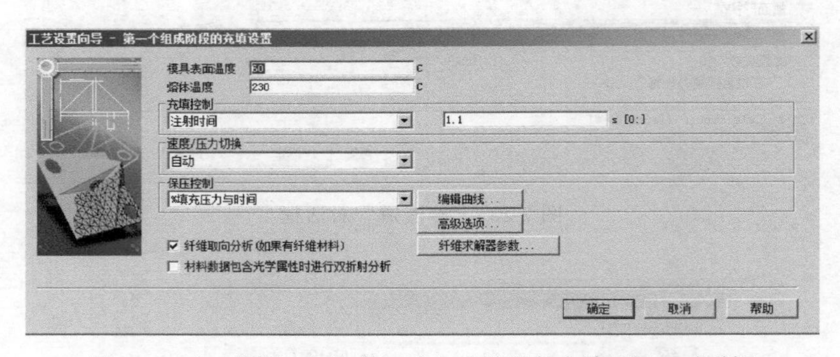

图 7-29　“工艺设置向导-第一个组成阶段的充填设置”对话框

（6）开始分析

单击菜单“主页”→“分析”→“开始分析”命令，点击“确定”按钮。

（7）填充优化结果

① 填充时间　如图 7-30 所示为填充时间的显示结果，从图中可知模型没有短射的情况，填充时间为 1.189s，比色卡上最大值显示区域（一般显示为红色）为模型的最后填充区域，也是模型的末端，填充基本平衡。

② 速度/压力切换时的压力　如图 7-31 所示为速度/压力切换时的压力的显示结果，从图中可知速度/压力切换时的压力为 90.65MPa，在模型的末端有灰色区域显示，表示此区域在速度/压力切换时仍未填充，通过日志中填充分析的屏幕输出可知，在模型填充体积的 97.488%进行速度与压力切换。可通过动画查看速度/压力切换时的压力在模型中的分布情况。速度/压力切换时的压力略高，但没有超过注塑机最大注塑压力的 80%。

③ 流动前沿温度　如图 7-32 所示为流动前沿温度的显示结果，从图中可知模型的绝大部分区域的温度为 230℃，与料温比较接近。最低温度与最高温度相差不大，说明填充非常好。

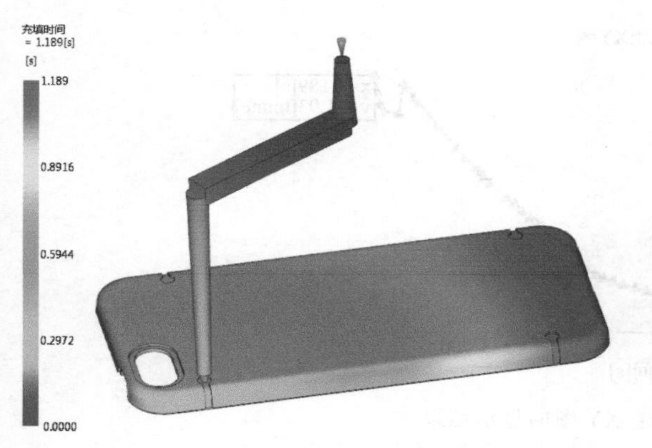

图 7-30　填充时间的显示结果

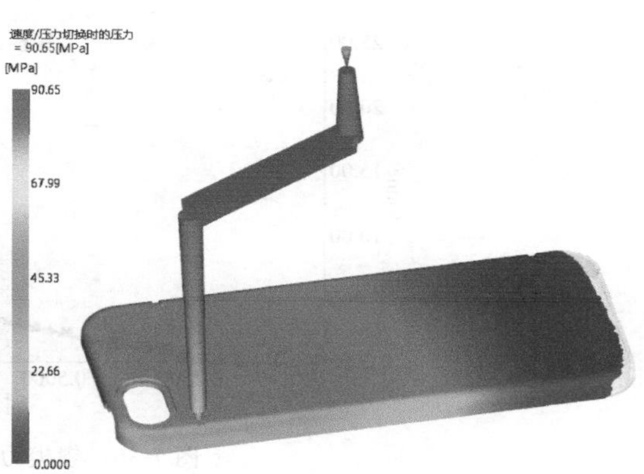

图 7-31　速度/压力切换时的压力的显示结果

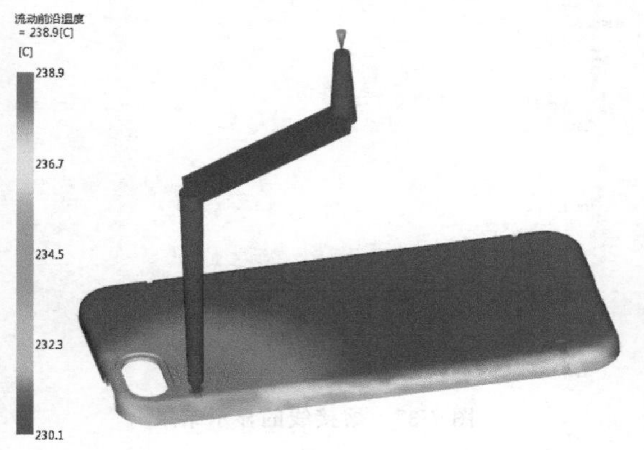

图 7-32　流动前沿温度的显示结果

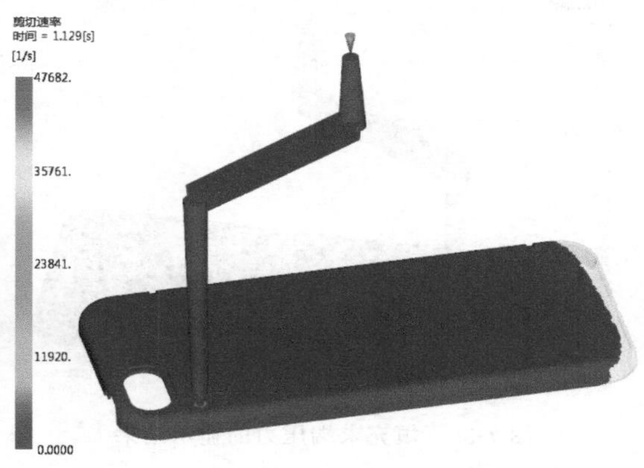

图 7-33　剪切速率的显示结果

④ 剪切速率　如图 7-33 所示为剪切速率的显示结果，从图中可知，体积剪切速率的最大值未超材料的极限值 50000s^{-1}。其中剪切速率的最大区域位于浇口位置。

⑤ 壁上剪切应力　如图 7-34 所示为壁上剪切应力的显示结果，从图中可知，其中壁上剪切应力的最大区域位于浇口位置。可以通过提高模温、料温或者延长填充时间的方式来改善。

⑥ 锁模力：XY 图　如图 7-35 所示为锁模力：XY 图的显示结果，从图中可知，锁模力的最大值为 21.93t。也可以选择菜单"结果"→"检查"→"检查" 命令，单击曲线尖峰位置，可显示最大锁模力及时间。

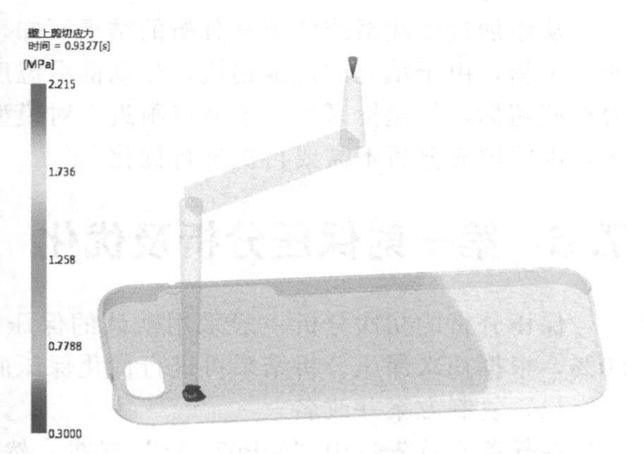

图 7-34　壁上剪切应力的显示结果

⑦ 填充末端压力　如图 7-36 所示为填充末端压力的显示结果，从图中可知，由于填充是从一侧向另一侧填充，从压力的分布可知填充比较平衡。

⑧ 熔接线　如图 7-37 所示为熔接线的显示结果，从图中可知，模型的熔接线主要出现在两股料汇合处，熔接线的汇合角度较大，对模型外观的影响较小，熔接线是由模型的结构所造成的。而且熔接线靠近浇口位置，这样便会使用较高的流动前沿温度来创建熔接线，并

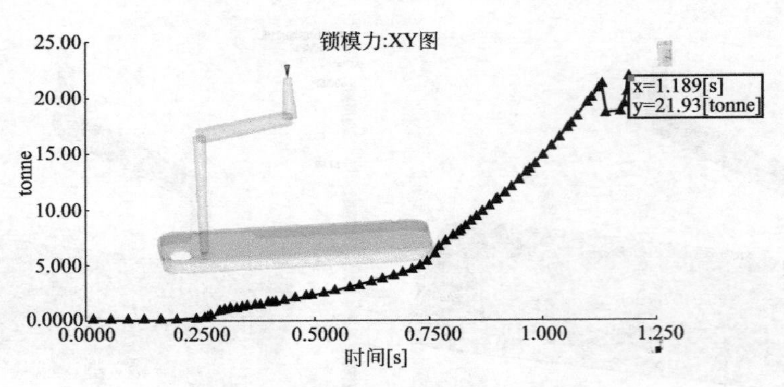

图 7-35　锁模力：XY 图的显示结果

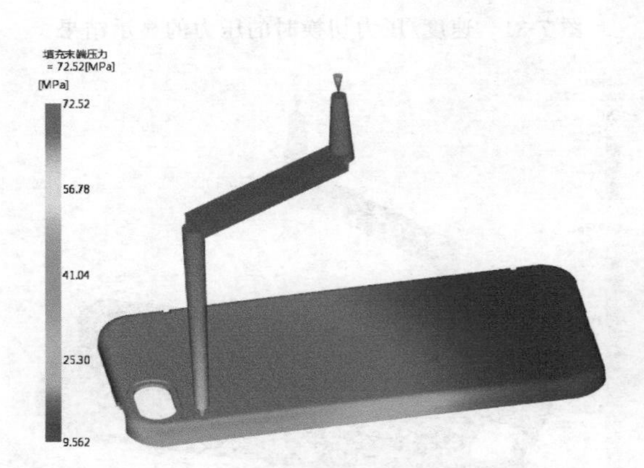

图 7-36　填充末端压力的显示结果

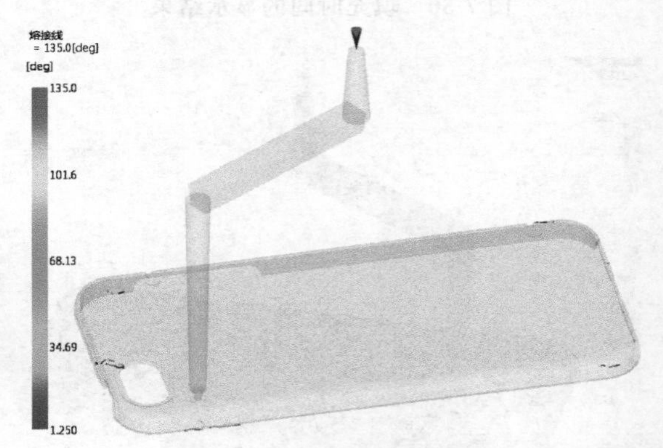

图 7-37　熔接线的显示结果

使用更大的压力来保压熔接线。

(8) 总结

从添加过浇注系统的填充分析的结果可知，模型在填充的过程中没有短射、滞留，填充非常平衡，由于填充的速度稍快，流动前沿温度较高但是在材料所允许的范围之内，剪切应力有些超标，但超标区域位于浇口附近，对模型的影响不大，其他的分析结果都符合评估标准，因此填充分析不需要再次进行优化。

7.6 第一射保压分析及优化

保压分析的初次分析一般采用默认的保压曲线，即 10s 的保压时间和最大填充压力的 80%，根据初次保压分析结果再进行优化保压曲线。

(1) 复制方案并改名

在任务栏首先选中“MP07_02”方案，然后右击，在弹出的快捷菜单中选择“复制”命令，复制方案并改名为“MP07_03”。

(2) 设置分析序列

单击菜单“主页”→“成型工艺设置”→“分析序列”命令，选择“填充＋保压”选项，单击“确定”按钮。

(3) 工艺设置

单击菜单“主页”→“成型工艺设置”→“工艺设置”命令，弹出如图 7-38 所示“工艺设置向导—第一个组成阶段的填充＋保压设置”对话框。在对话框中“充填控制”选项选择

“注射时间”，文本框中输入填充优化分析后的时间 1.1s，“速度/压力切换”选项选择“自动”。“保压控制”选项采用系统默认的保压控制方式为“%填充压力与时间”，单击右侧的“编辑曲线”按钮，弹出如图 7-39 所示的对话框。在对话框中“持续时间”表示为保压时间，默认设置为 10s，“%填充压力”表示填充压力的百分比，一般情况下为填充压力的 80%。“冷却时间”选项采用默认值“指定”，文本框输入 20s。

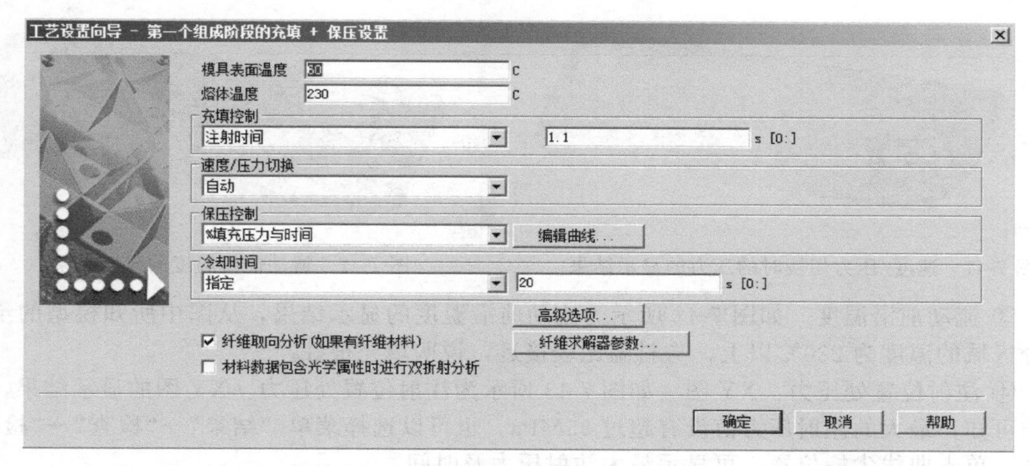

图 7-38　“工艺设置向导-第一个组成阶段的充填+保压设置”对话框

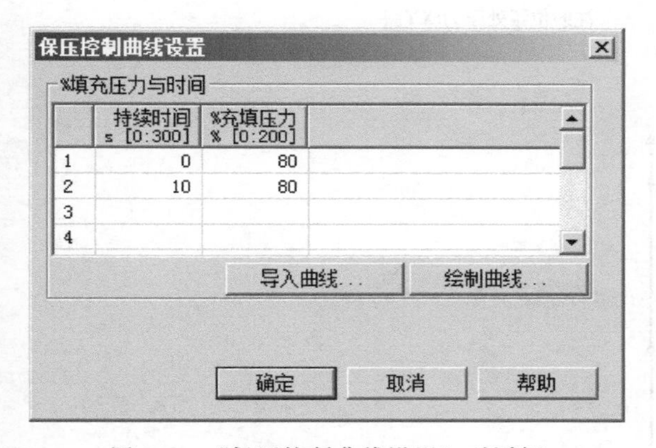

图 7-39　“保压控制曲线设置”对话框

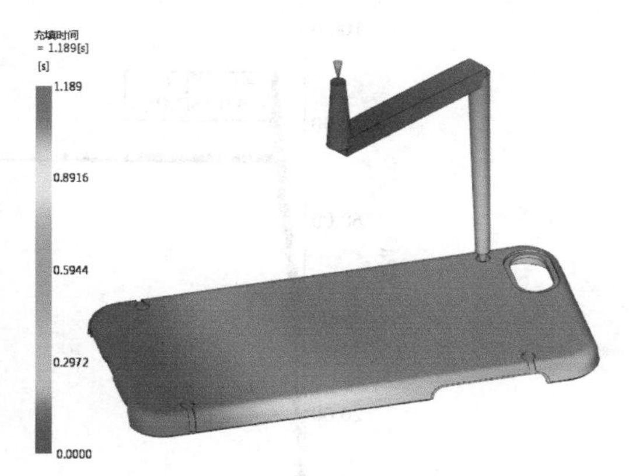

图 7-40　填充时间的显示结果

（4）开始分析

单击菜单“主页”→“分析”→“开始分析”命令，点击“确定”按钮。

（5）保压分析结果

① 填充时间　如图 7-40 所示为填充时间的显示结果，从图中可知模型没有短射的情况，填充时间为 1.189s，比色卡上最大值显示区域（一般显示为红色）为模型的最后填充区域，也是模型的末端，填充基本平衡。点击“结果”→“动画”→“播放”命令，可以动态播放填充时间的动画，查看模型填充的整个过程。填充时间也可用等值线显示的方式进行查看。

② 速度/压力切换时的压力　如图 7-41 所示为速度/压力切换时的压力的显示结果，从图中可知速度/压力切换时的压力为 90.65MPa，在模型的末端有灰色区域显示，表示此区域在速度/压力切换时仍未填充，通过日志中填充分析的屏幕输出可知，在模型填充体积的 97.488%进行速度与压力切换。可通过动画查看速度/压力切换时的压力在模型中的分布情况。

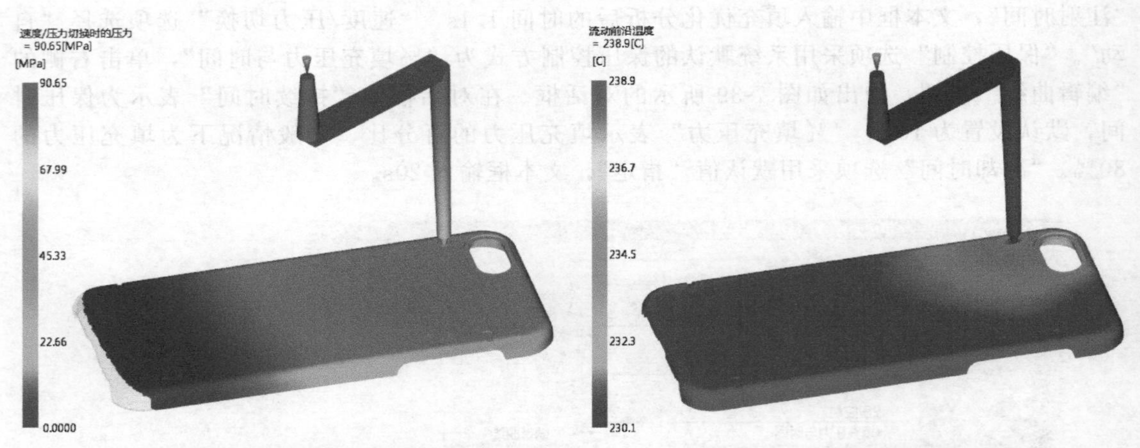

图 7-41 速度/压力切换时的压力的显示结果　　图 7-42 流动前沿温度的显示结果

③ 流动前沿温度　如图 7-42 所示为流动前沿温度的显示结果，从图中所知模型的绝大部分区域的温度为 230℃以上，与料温比较接近，说明填充很好。

④ 注射位置处压力：XY 图　如图 7-43 所示为注射位置处压力：XY 图的显示结果，从图中可知，最大的注射压力值没有超过 95MPa。也可以选择菜单“结果”→“检查”→“检查”命令，单击曲线尖峰位置，可显示最大注射压力及时间。

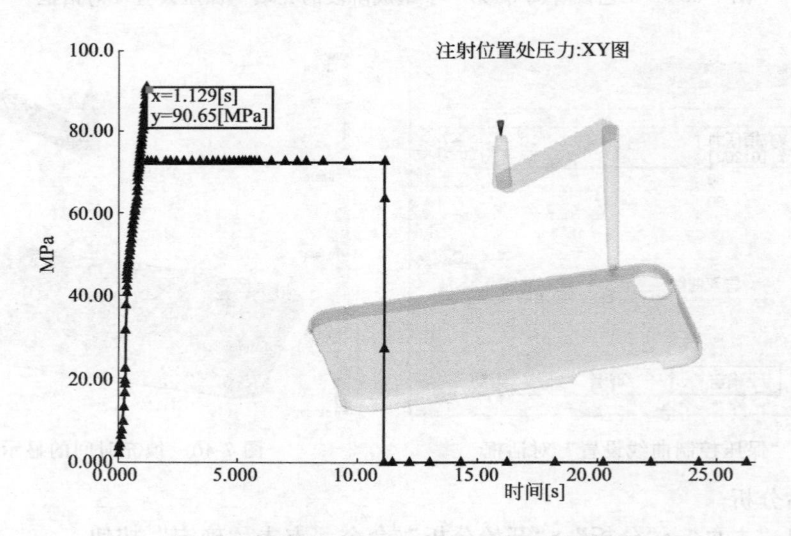

图 7-43 注射位置处压力：XY 图的显示结果

⑤ 剪切速率　如图 7-44 所示为剪切速率的显示结果，从图中可知，体积剪切速率最大值超过了材料的极限值。其中剪切速率的超标区域位于浇口位置。可以通过增大浇口尺寸的方式来改善。

⑥ 壁上剪切应力　如图 7-45 所示为壁上剪切应力的显示结果，从图中可知，壁上剪切应力的最大值已经超过了材料的极限值。其中壁上剪切应力最大的时间是在保压阶段。说明恒定的保压有较大的残余应力，可以用衰减的保压压力的方式来改善。

⑦ 达到顶出温度的时间　如图 7-46 所示为达到顶出温度的时间的显示结果，从图中可知，流道达到顶出温度的时间为 54.37s，模型大概要 7s，一般情况下流道冷却到 50%，模型冷却到 80%即可顶出。

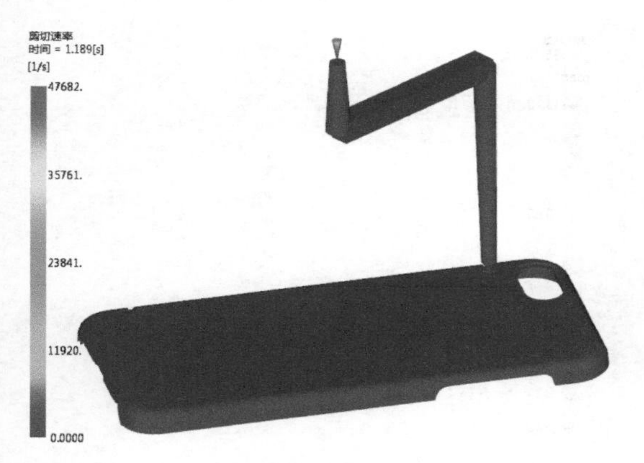

图 7-44　剪切速率的显示结果

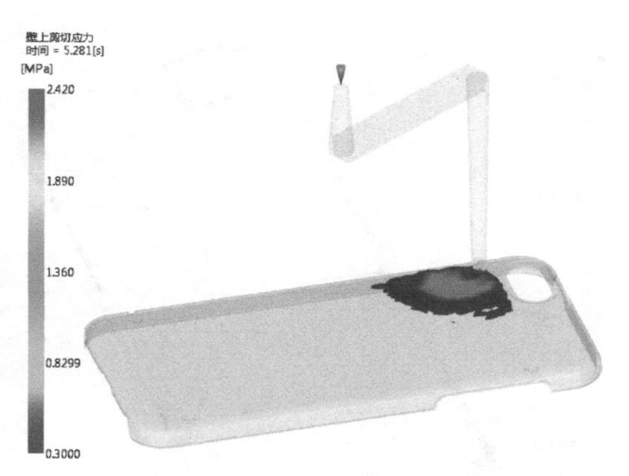

图 7-45　壁上剪切应力的显示结果

⑧ 锁模力：XY 图　如图 7-47 所示为锁模力：XY 图的显示结果，从图中可知，锁模力的最大值为 46.95t。也可以选择菜单“结果”→“检查”→“检查”命令，单击曲线尖峰位置，可显示最大锁模力及时间。

⑨ 气穴　如图 7-48 所示为气穴的显示结果，可以重叠填充时间结果，判断气穴的显示位置，为模具设计的排气提供参考。

⑩ 熔接线　如图 7-49 所示为熔接线的显示结果，从图中可知，模型的熔接线主要出现在孔的交接处。

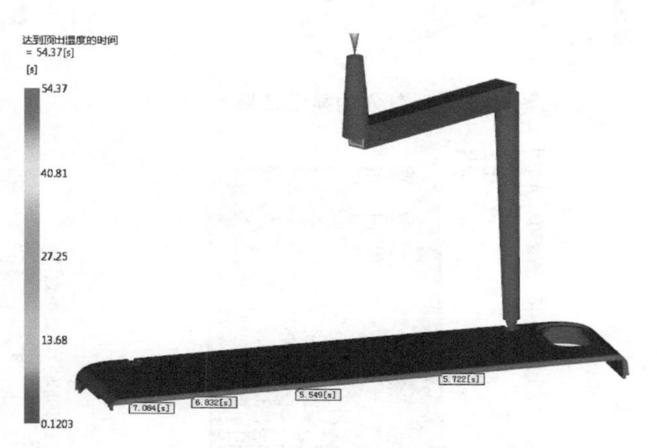

图 7-46　达到顶出温度的时间的显示结果

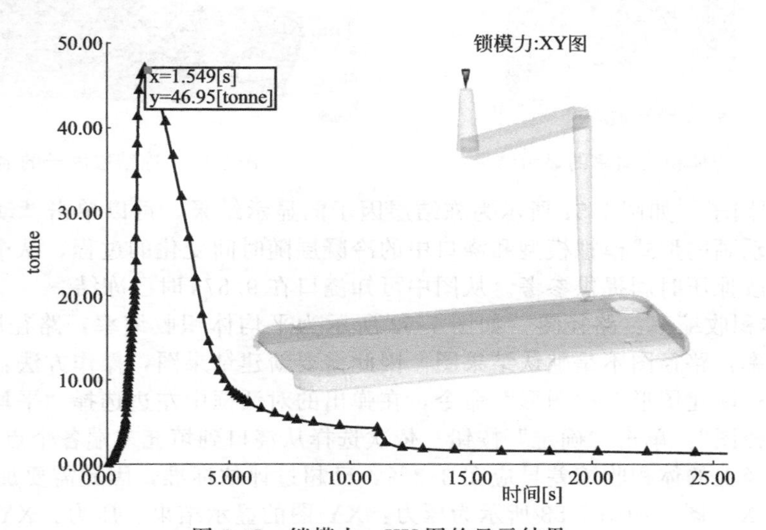

图 7-47　锁模力：XY 图的显示结果

⑪ 平均体积收缩率　如图 7-50 所示为平均体积收缩率的显示结果，从图中可知，模型中比色卡上最大值显示区域（一般显示为红色）为顶出时的体积收缩率最大的区域，而蓝色区域是负数，说明过保压，需要优化保压曲线。

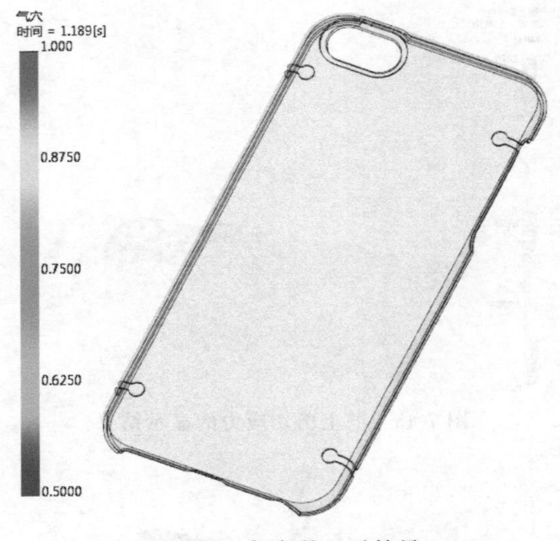

图 7-48　气穴的显示结果

图 7-49　熔接线的显示结果

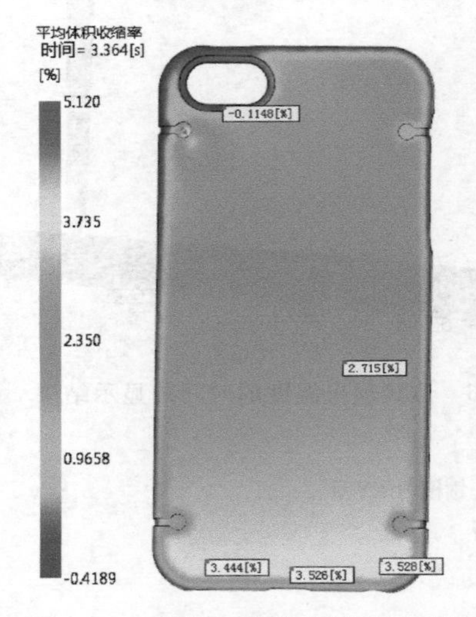

图 7-50　平均体积收缩率的显示结果

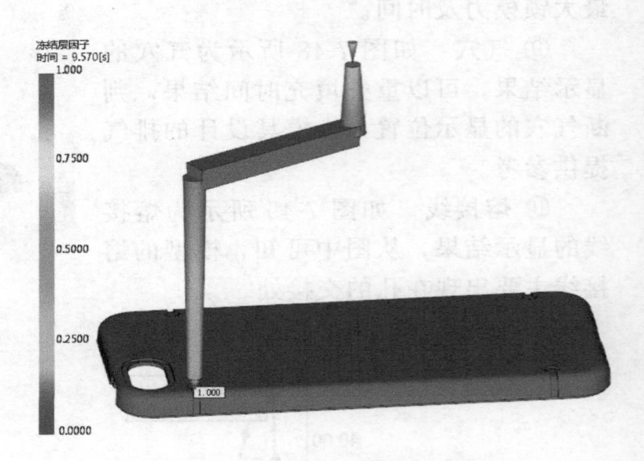

图 7-51　冻结层因子的显示结果

⑫ 冻结层因子　如图 7-51 所示为冻结层因子的显示结果，可以单击“动画”中的“播放”按钮，以动画的形式模拟模型和浇口中的冷凝层随时间变化的过程，从中找出浇口的冻结时间，为修改保压时间提供参考。从图中可知浇口在 9.57s 时已冻结。

⑬ 平均体积收缩率：路径图　如图 7-52 所示为平均体积收缩率：路径图的显示结果。平均体积收缩率：路径图不是默认结果图，因此需要新建结果图，操作方法：单击菜单“结果”→“图形”→“新建图形”→“图形”命令，在弹出的对话框中左边选择“平均体积收缩率”，右边选择“路径图”，单击“确定”按钮。依次选择从浇口到填充末端各个点。从图中可知，模型沿流动路径上的体积收缩差异应在 3.3%，已超过评估标准，因此需要加大保压压力。

⑭ 压力：XY 图　如图 7-53 所示为压力：XY 图的显示结果。压力：XY 图不是默认结果图，因此需要新建结果图，操作方法：单击菜单“结果”→“图形”→“新建图形”→“图形”命令，在弹出的对话框中左边选择“压力”，右边选择“XY 图”，单击“确定”按钮。依次选择从注射位置到填充末端各个点。从图中可知，流动路径上各点压力曲线形状相差较大，因此需要调整保压曲线。

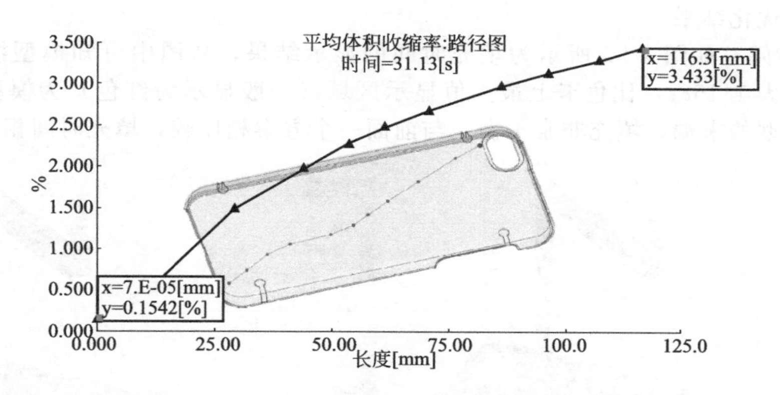

图 7-52　平均体积收缩率：路径图的显示结果

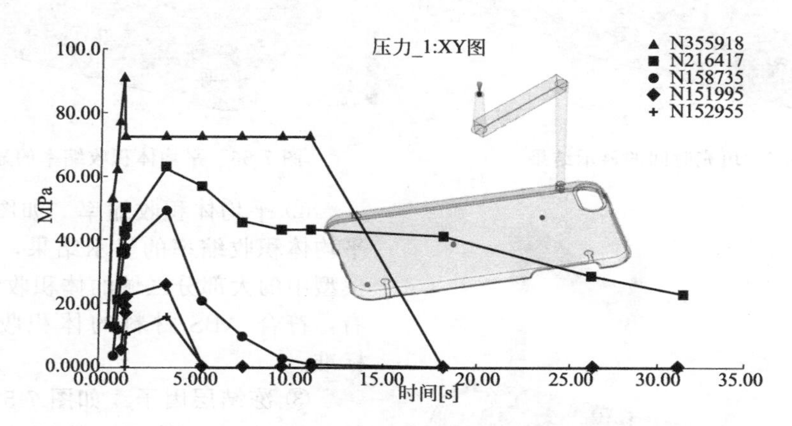

图 7-53　压力：XY 图的显示结果

（6）总结

通过上面的分析结果与保压评估标准相比较，特别是平均体积收缩率的结果可知，体积收缩率已超出评估标准，而增大保压压力是调整体积收缩的有效措施之一。根据压力：XY 图结果可以优化保压曲线。

（7）保压曲线优化

首先在任务栏选中“MP07_03”方案，然后右击，在弹出的快捷菜单中选择“复制”命令，复制方案并改名为“MP07_04”。然后单击菜单“主页”→“成型工艺设置”→“工艺设置”命令，弹出“工艺设置向导—第一个组成阶段的填充＋保压设置”对话框。在对话框中“填充控制”选项选择“注射时间”，文本框中输入填充优化分析后的时间 1.1s，“速度/压力切换”选项选择“自动”。“保压控制”选项选择保压控制方式为“保压压力与时间”，单击右侧的“编辑曲线”按钮，弹出“保压控制曲线设置”对话框。在对话框中保压时间和保压压力如图 7-54 所示。由于产品的壁厚比较薄，过长的保压时间会导致体积收缩率的不均匀。

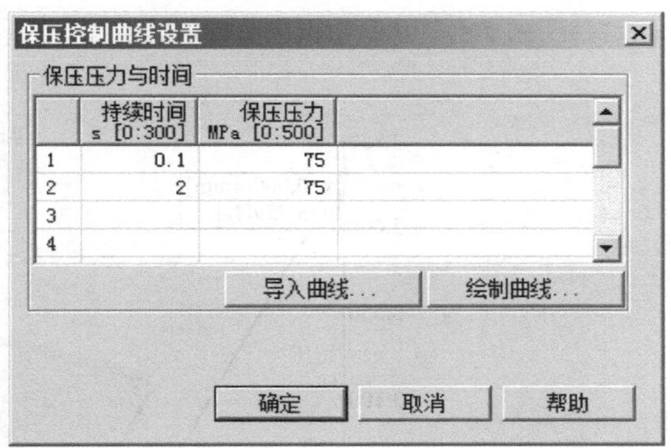

	持续时间 s [0:300]	保压压力 MPa [0:500]
1	0.1	75
2	2	75
3		
4		

图 7-54　“保压控制曲线设置”对话框

（8）保压优化结果

① 填充时间　如图 7-55 所示为填充时间的显示结果，从图中可知模型没有短射的情况，填充时间为 1.158s，比色卡上最大值显示区域（一般显示为红色）为模型的最后填充区域，也是模型的末端，填充非常平衡。与前面一个方案相比较，填充时间相差不大。

图 7-55　填充时间的显示结果

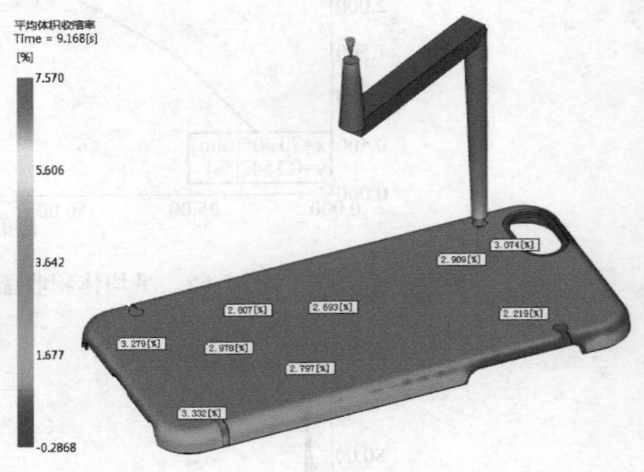

图 7-56　平均体积收缩率的显示结果

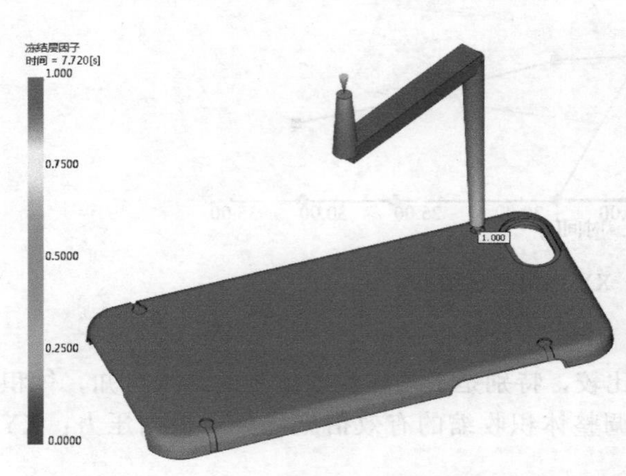

图 7-57　冻结层因子的显示结果

② 平均体积收缩率　如图 7-56 所示为平均体积收缩率的显示结果，从图中可知，模型中的大部分区域的体积收缩率在 3%左右，符合 ABS 材料的体积收缩率的评估标准。

③ 冻结层因子　如图 7-57 所示为冻结层因子的显示结果，从图中可知浇口在 7.72s 时已冻结，从速度的显示结果可知，当保压压力结束后，虽然浇口仍未冷却，但没有出现产品内的熔胶回流到流道的现象。对于薄壁产品过长的保压时间会导致体积收缩率的不均匀，而不均匀的体积收缩率是导致产品翘曲变形的主要原因。

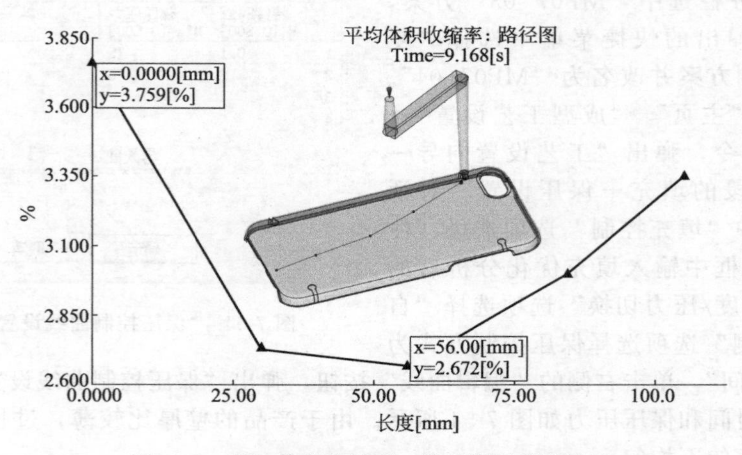

图 7-58　平均体积收缩率：路径图的显示结果

④ 平均体积收缩率：路径图　如图 7-58 所示为平均体积收缩率：路径图的显示结果。从图中可知，模型沿流动路径上的体积收缩率差异应在 2%，未超过评估标准，说明保压曲线的优化是有效的。

⑤ 压力：XY 图　如图 7-59 所示为压力：XY 图的显示结果。从图中可知，流动路径上各点压力曲线形状非常接近，型腔内的保压压力非常接近，符合评估标准。

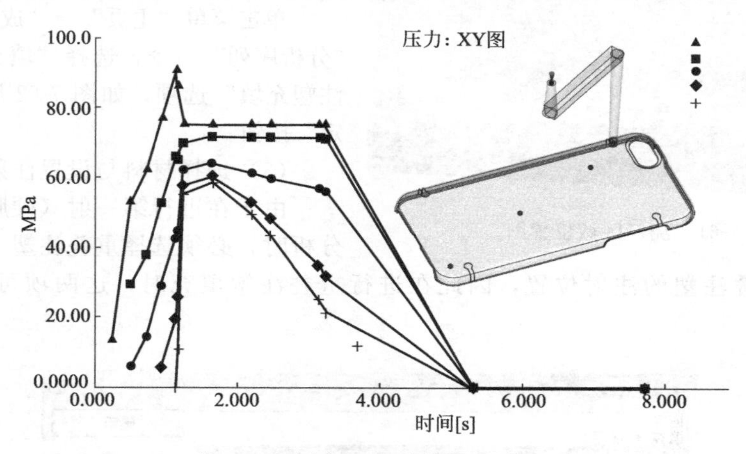

图 7-59　压力：XY 图的显示结果

⑥ 锁模力：XY 图　如图 7-60 所示为锁模力：XY 图的显示结果，从图中可知，锁模力的最大值为 50.33t，符合注射机的锁模力要求。

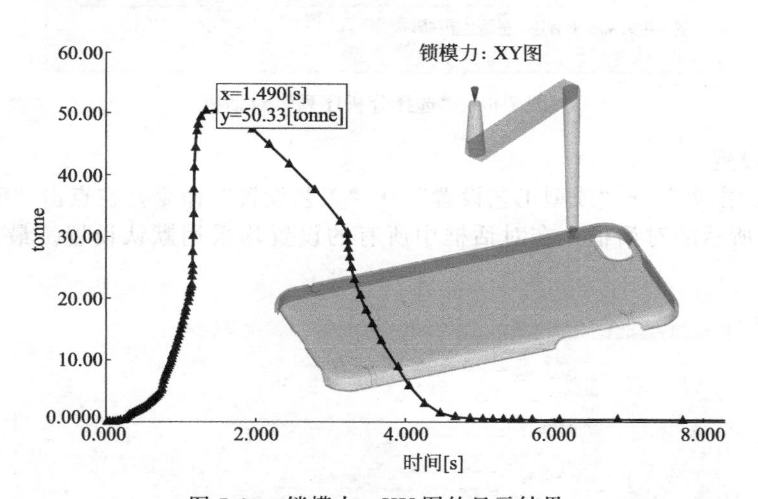

图 7-60　锁模力：XY 图的显示结果

7.7　重叠注塑浇口位置分析

重叠注塑（即软胶产品）在进行填充分析之前必须确定产品的浇口位置，由于软胶产品包在硬胶产品的下面，因此不能用细水口直接进胶。双色模后模部分是完全一样的，而前模是不一样的，因此需要做四个前模行位，软胶产品的流道只能从行位下面穿过，软胶产品的流道如图 7-61 所示。为了减少软胶产品流道的长度，浇口设置在拐角附近，用填充分析来验证浇口位置的合理性，其操作步骤如下。

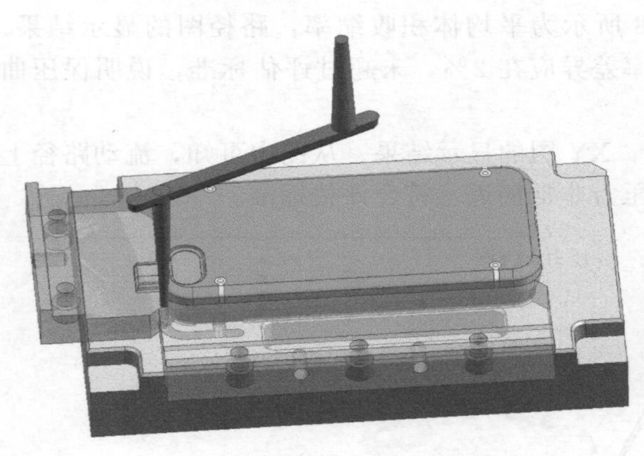

图 7-61　浇口区域位置图

（1）复制方案并改名

在任务栏首先选中“MP07_04”方案，然后右击，在弹出的快捷菜单中选择“复制”命令，复制方案并改名为“MP07_05”。

（2）选择分析类型

单击菜单“主页”→“成型工艺设置”→“分析序列”命令，选择“填充＋保压＋重叠注塑充填”选项，如图 7-62 所示。单击“确定”按钮。

（3）选择材料与设置注射位置

由于在进行第一射（硬胶产品）的填充分析时，必须选择重叠注塑（软胶产品）的材料和设置重叠注塑的注射位置，因此在进行重叠注塑填充时，这两项可以不必再重新选择。

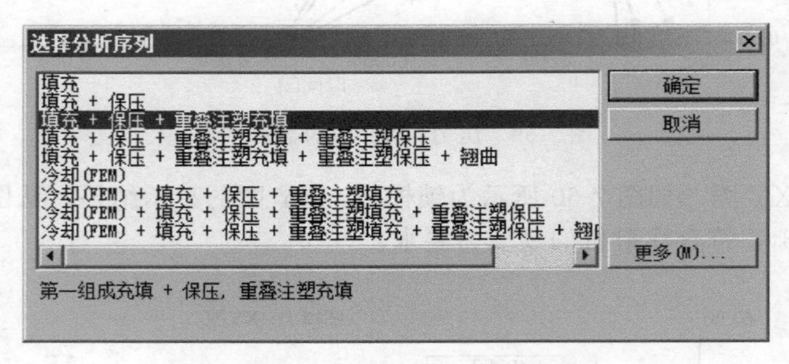

图 7-62　“选择分析序列”对话框

（4）工艺设置

单击菜单“主页”→“成型工艺设置”→“工艺设置”命令，在点击“下一步”按钮后弹出如图 7-63 所示的对话框，在对话框中所有的设置均采用默认设置。最后点击“确定”按钮。

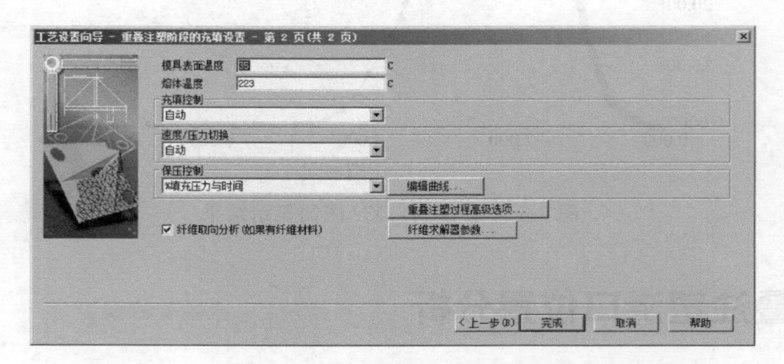

图 7-63　“工艺设置向导-重叠注塑阶段的充填设置”对话框

（5）开始分析

单击菜单“主页”→“分析”→“开始分析”命令，点击“确定”按钮。

（6）重叠注塑填充分析结果

① 填充时间（重叠注塑）　如图 7-64 所示为重叠注塑填充时间的显示结果，从图中

可知模型没有短射的情况，填充时间为 0.5941s，比色卡上最大值显示区域（一般显示为红色）为模型的最后填充区域，也是模型的末端，填充非常平衡。点击“结果”→“动画”→“播放”命令，可以动态播放填充时间的动画，查看模型填充的整个过程。填充时间也可用等值线显示的方式进行查看。

② 速度/压力切换时的压力（重叠注塑）　如图 7-65 所示为重叠注塑速度/压力切换时的压力的显示结果，从图中可知速度/压力切换时的压力为 129.1MPa，在模型的末端有灰色区域显示，表示此区域在速度/压力切换时仍未填充，通过日志中填充分析的屏幕输出可知，在模型填充体积的 97.153%进行速度与压力切换。可通过动画查看速度/压力切换时的压力在模型中的分布情况。

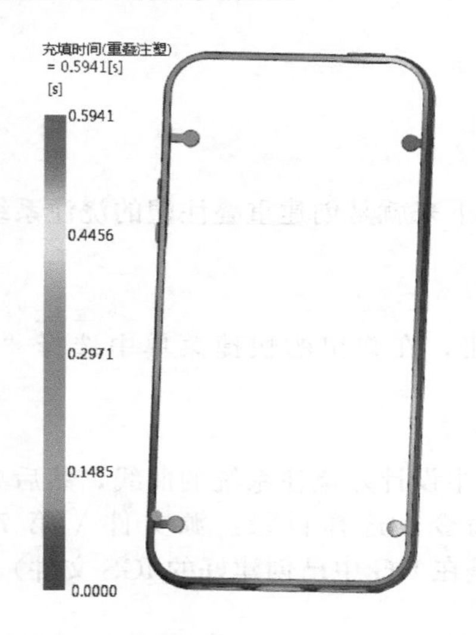

图 7-64　重叠注塑填充时间的显示结果

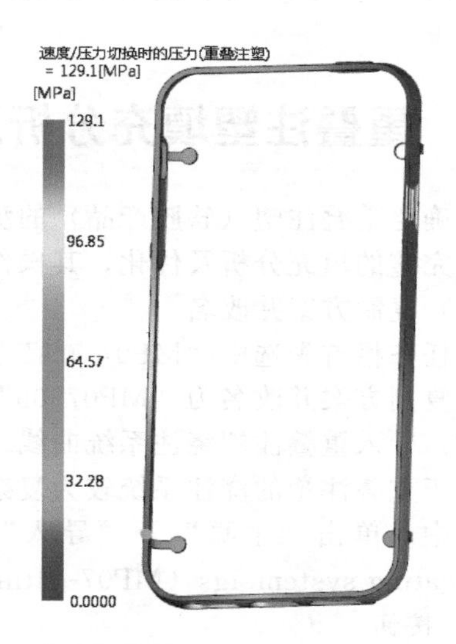

图 7-65　重叠注塑速度/压力切换时的压力的显示结果

③ 流动前沿温度（重叠注塑）　如图 7-66 所示为重叠注塑流动前沿温度的显示结果，从图中可知，流动前沿温度相差稍大，在靠近浇口位置的圆柱发生了轻微的滞留，导致流动前沿温度有所下降，但下降的幅度不大，在材料所允许的范围之内。

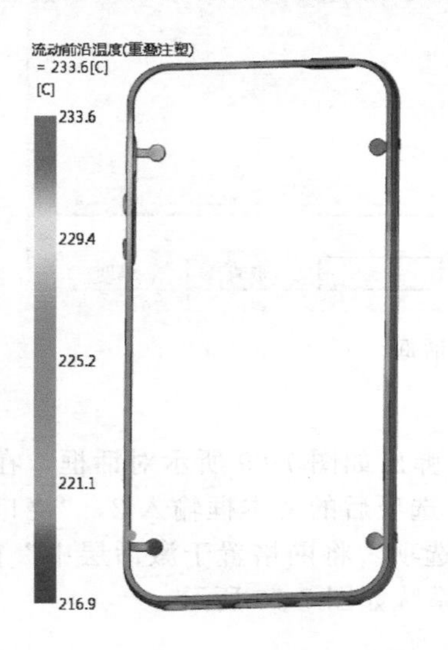

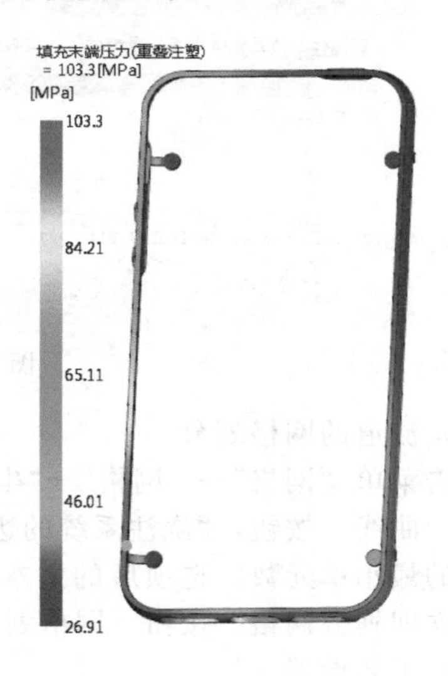

图 7-66　重叠注塑流动前沿温度的显示结果　　图 7-67　重叠注塑填充末端压力的显示结果

④ 填充末端压力（重叠注塑） 如图 7-67 所示为重叠注塑填充末端压力的显示结果，模型的填充是从一侧向另一侧均匀填充。从图中可知，模型的填充末端的压力非常平衡。

(7) 总结

从填充分析的结果可以看出，浇口位置的设置比较好，模型在填充的过程中没有短射，填充比较平衡，在靠近浇口区域的圆柱发生了轻微的滞留，导致流动前沿温度有所下降，但下降的幅度不大，在材料所允许的范围之内。因为模型较薄，填充的压力较高，但在注塑机可以允许的范围之内。填充末端的压力较高，是因为充填时间较短导致压力过高，但是延长填充时间又会导致短射、流动前沿温度下降等一系统的问题。总之浇口的设置已达到模型填充的要求。

7.8 重叠注塑填充分析及优化

在确定重叠注塑（软胶产品）的浇口位置后，接下来就是创建重叠注塑的浇注系统，然后进行完整的填充分析及优化，其操作步骤如下。

(1) 复制方案并改名

在任务栏首先选中“MP07_05”方案，然后右击，在弹出的快捷菜单中选择“复制”命令，复制方案并改名为“MP07_06”。

(2) 导入重叠注塑浇注系统曲线

由于重叠注塑的浇注系统较为复杂，因此在 UG 中设计好浇注系统的曲线，然后导入模流分析中。单击“主页”→“导入”→“添加”命令。选择目录：源文件 \ 第 7 章 \ MP07-gating system. igs（MP07-gating system. igs 是在 UG 中已创建好的 IGS 文件），单击“打开”按钮。

(3) 设置重叠注塑浇注系统曲线的属性

重叠浇注系统的尺寸大小与第一射浇注系统的大小是一样的，唯一不同的是所有重叠浇注系统的“重叠注塑组成”选项选择“第二次注塑”，如图 7-68 所示。

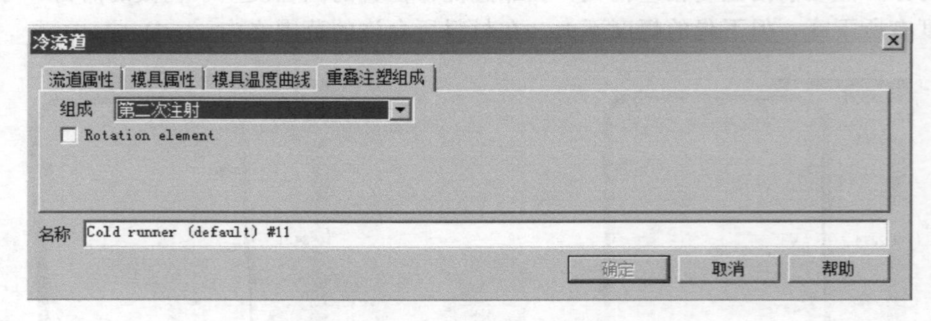

图 7-68 “冷流道”对话框

(4) 流道的网格划分

单击菜单“网格”→“网格”→“生成网格”命令，弹出如图 7-69 所示对话框，在对话框中单击“曲线”按钮，“浇注系统的边长与直径之比”选项后的文本框输入 2，“浇口的每条曲线上的最小单元数”选项后的文本框输入 3，在单选项“将网格置于激活层中”前打钩。单击“立即划分网格”按钮。网格划分后的软胶浇注系统如图 7-70 所示。

(5) 工艺设置

单击菜单“主页”→“成型工艺设置”→“工艺设置”命令，弹出“工艺设置向导”

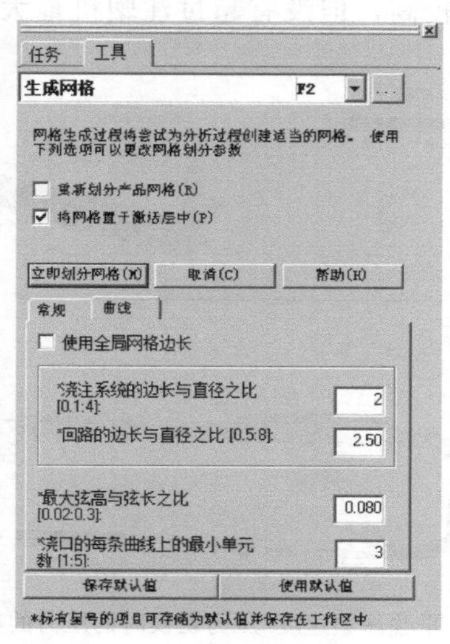

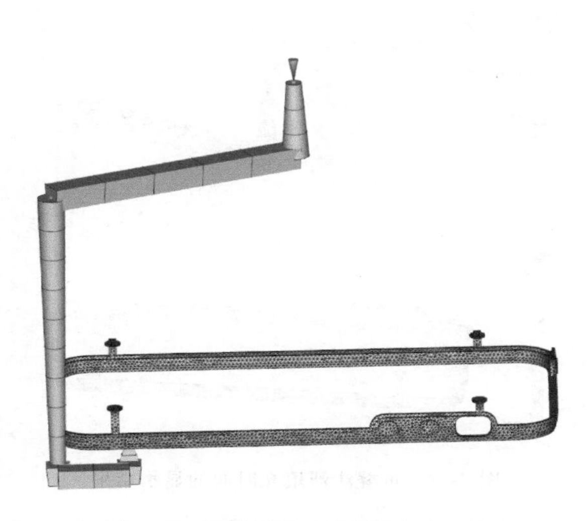

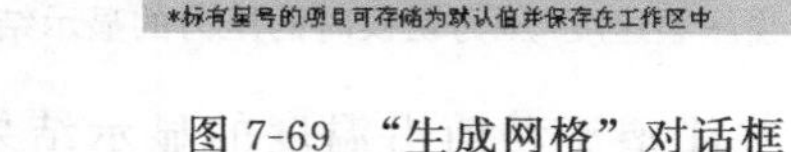

图7-69 “生成网格”对话框　　　　图7-70 网格划分后的软胶浇注系统

对话框，单击“下一步”按钮，弹出如图7-71所示对话框，在对话框中“充填控制”选项选择“注射时间”，后面的文本框中输入1.2s，查看方案“MP07_05”的分析日志中填充阶段的流动速率，然后用浇注系统的体积除以流动速率等于浇注系统的注射时间，最后在日志的填充阶段查找产品的注射时间，两个时间相加就是整体注射时间。单击“确定”按钮。

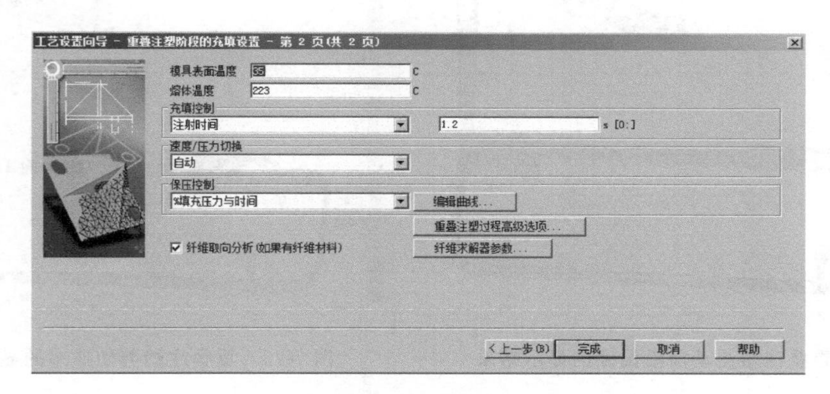

图7-71 “工艺设置向导-重叠注塑阶段的充填设置”对话框

(6) 开始分析

单击菜单“主页”→“分析”→“开始分析”命令，点击“确定”按钮。

(7) 重叠注塑填充优化结果

① 填充时间（重叠注塑） 如图7-72所示为重叠注塑填充时间的显示结果，从图中可知模型没有短射的情况，填充时间为1.37s，比色卡上最大值显示区域（一般显示为红色）为模型的最后填充区域，也是模型的末端，填充比较平衡。

② 速度/压力切换时的压力（重叠注塑） 如图7-73所示为重叠注塑速度/压力切换时的压力的显示结果，从图中可知速度/压力切换时的压力为104.5MPa，在模型的末端有灰色区域显示，表示此区域在速度/压力切换时仍未填充，通过日志中填充分析的屏幕输出可知，在模型填充体积的95.767%进行速度与压力切换。可通过动画查看速度/压力切换时的

压力在模型中的分布情况。速度/压力切换时的压力比较高，但没有超过注塑机最大注塑压力的 80%。

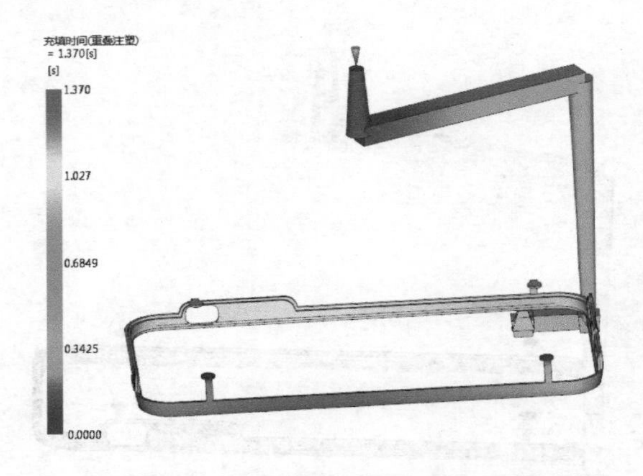

图 7-72　重叠注塑填充时间的显示结果

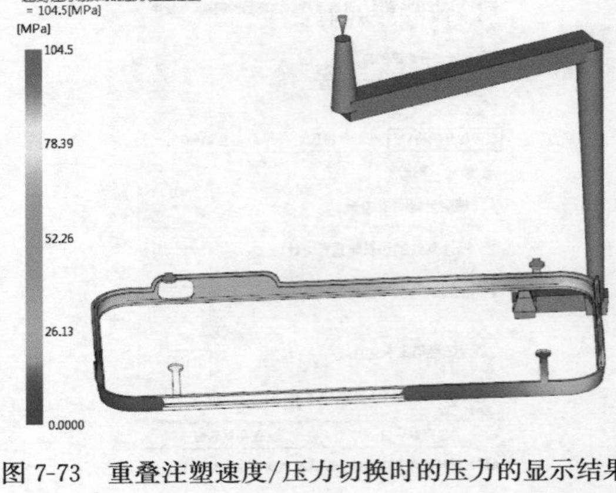

图 7-73　重叠注塑速度/压力切换时的压力的显示结果

③ 流动前沿温度（重叠注塑）　如图 7-74 所示为重叠注塑流动前沿温度的显示结果，流动前沿温度相差稍大，在靠近浇口位置的圆柱发生了轻微的滞留，导致流动前沿温度有所下降，但下降的幅度不大，在材料所允许的范围之内，在填充的末端流动前沿温度上升的较多，可能会导致硬胶重新熔化区域的加厚。

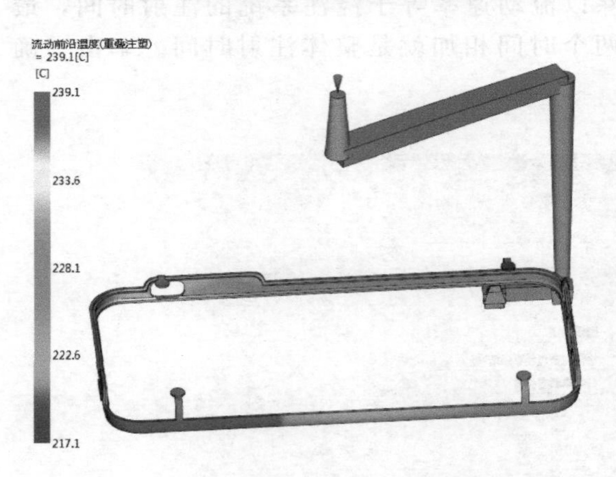

图 7-74　重叠注塑流动前沿温度的显示结果

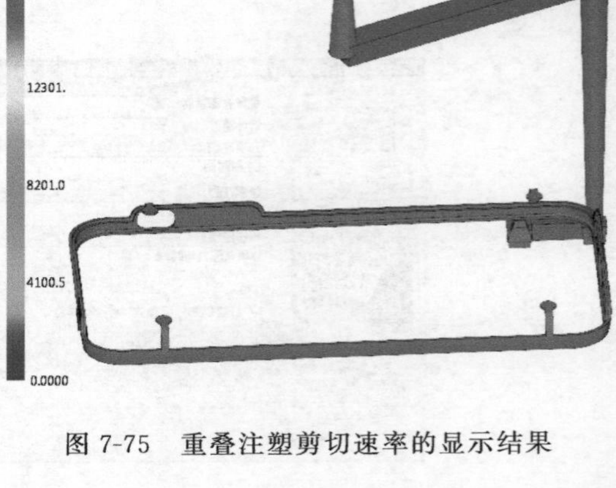

图 7-75　重叠注塑剪切速率的显示结果

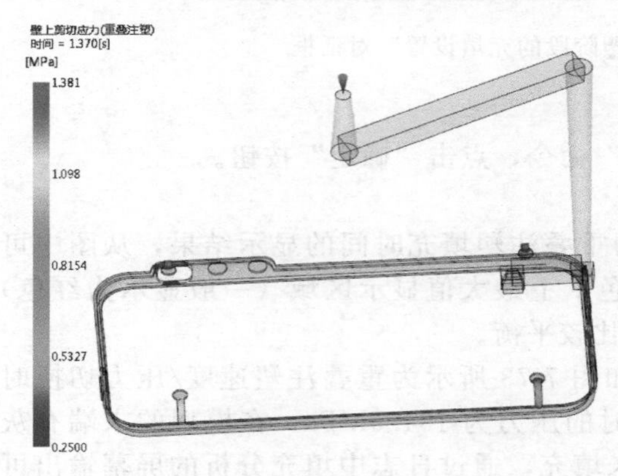

图 7-76　重叠注塑壁上剪切应力的显示结果

④ 剪切速率（重叠注塑）　如图 7-75 所示为重叠注塑剪切速率的显示结果，从图中可知，体积剪切速率的最大值未超材料的极限值 $40000s^{-1}$。

⑤ 壁上剪切应力（重叠注塑）　如图 7-76 所示为重叠注塑壁上剪切应力的显示结果，从图中可知，其中壁上剪切应力的最大区域位于产品流向较窄区域，这是由产品的结构所决定的。可以通过提高模温、料温或者延长填充时间的方式来改善，但是提高模温、料温会导致重新熔化区域的加厚，延长填充时间会导致流动前沿温度的

下降。

⑥ 锁模力（重叠注塑）：XY 图 如图 7-77 所示为重叠注塑锁模力：XY 图的显示结果，从图中可知，锁模力的最大值为 8.883t。也可以选择菜单“结果”→“检查”→“检查”命令，单击曲线尖峰位置，可显示最大锁模力及时间。

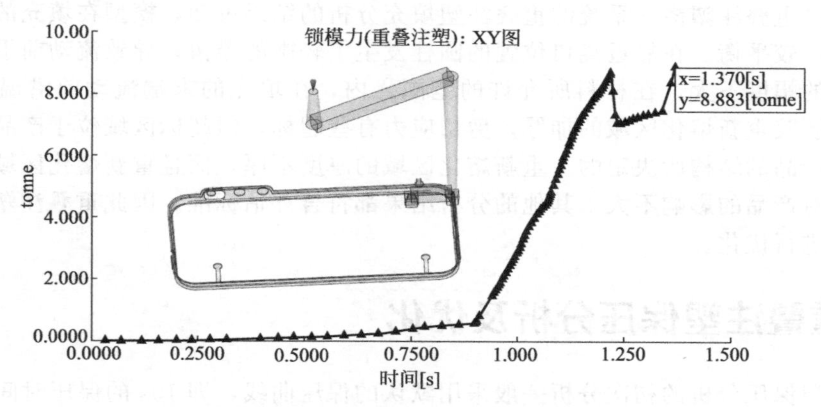

图 7-77 重叠注塑锁模力：XY 图的显示结果

⑦ 填充末端压力（重叠注塑） 如图 7-78 所示为重叠注塑填充末端压力的显示结果，从图中可知，由于填充是从一侧向另一侧填充，从压力的分布可知填充比较平衡，在模型的两个圆柱区域发生了滞留，导致压力有所下降。

⑧ 熔接线（重叠注塑） 如图 7-79 所示为重叠注塑熔接线的显示结果，从图中可知，模型的熔接线主要出现在两股料汇合处，熔接线是由模型的结构造成的。

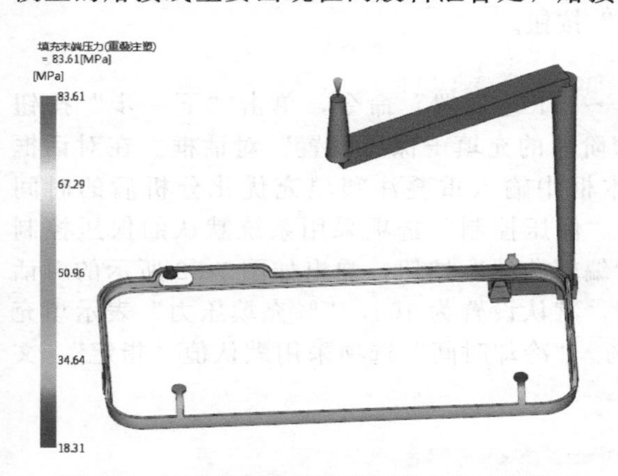

图 7-78 重叠注塑填充末端压力的显示结果

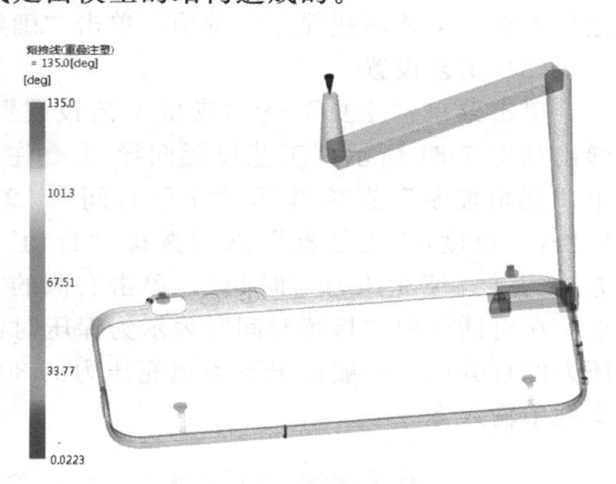

图 7-79 重叠注塑熔接线的显示结果

⑨ 重新熔化区域，重叠注塑组成（重叠注塑） 重新熔化区域是指在进行重叠注塑（软胶）时如果第一射产品（硬胶）没有完全冷却，而重叠注塑的温度比较高，会将与硬胶产品接触的表面重新熔化，或者重叠注塑的熔体温度足以将硬胶的材料加热到其转变温度以上，也会出现重新熔化。硬胶产品与软胶产品较薄表层的重新熔化可提高其组成之间的结构强度，但较厚的重新熔化导致硬胶产品的属性（如其精确的形状或光学

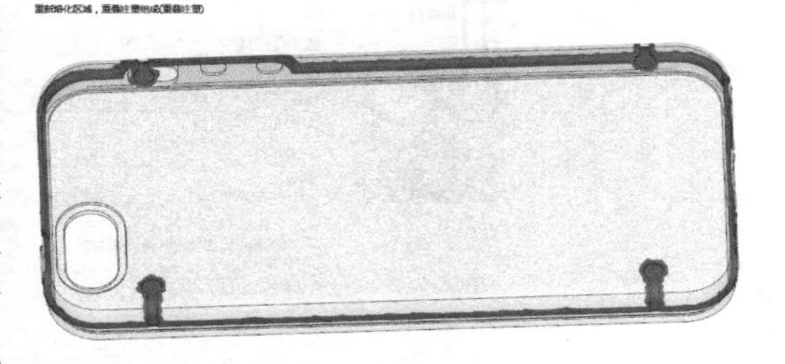

图 7-80 重新熔化区域，重叠注塑组成（重叠注塑）的显示结果

属性）发生无法预测的变化。一般情况下软胶产品的熔体温度要比硬胶产品的熔体温度低10～20℃。如图7-80所示为第一射重新熔化区域的显示结果，从图中可知，重新熔化区域的厚度不是太厚，而且重新熔化区域不处于装配位置区域，对产品的影响不大。

（8）总结

从添加过重叠注塑浇注系统的重叠注塑填充分析的结果可知，模型在填充的过程中没有短射，填充比较平衡。在靠近浇口位置的圆柱发生了轻微的滞留，导致流动前沿温度有所下降，但下降的幅度不大，在材料所允许的范围之内，在填充的末端流动前沿温度上升得较多，会导致硬胶重新熔化区域的加厚。剪切应力有些超标，但超标区域位于产品流向较窄区域，这是由产品的结构所决定的。重新熔化区域的厚度不厚，而且重新熔化区域不处于装配位置区域，对产品的影响不大。其他的分析结果都符合评估标准。因此重叠注塑的填充分析不需要再次进行优化。

7.9　重叠注塑保压分析及优化

重叠注塑保压分析的初次分析一般采用默认的保压曲线，即10s的保压时间和最大填充压力的80％，根据初次保压分析结果再进行优化保压曲线。

（1）复制方案并改名

在任务栏首先选中“MP07_06”方案，然后右击，在弹出的快捷菜单中选择“复制”命令，复制方案并改名为“MP07_07”。

（2）设置分析序列

单击菜单“主页”→“成型工艺设置”→“分析序列”命令，选择“填充＋保压＋重叠注塑填充＋重叠注塑保压”选项，单击“确定”按钮。

（3）工艺设置

单击菜单“主页”→“成型工艺设置”→“工艺设置”命令，单击“下一步”按钮弹出如图7-81所示“工艺设置向导-重叠注塑阶段的充填＋保压设置”对话框。在对话框中“充填控制”选项选择“注射时间”，文本框中输入重叠注塑填充优化分析后的时间1.2s，“速度/压力切换”选项选择“自动”。“保压控制”选项采用系统默认的保压控制方式为“％填充压力与时间”，单击右侧的“编辑曲线”按钮，弹出如图7-82所示的对话框。在对话框中“持续时间”表示为保压时间，默认设置为10s，“％充填压力”表示填充压力的百分比，一般情况下为填充压力的80％。“冷却时间”选项采用默认值“指定”，文本框中输入20s。

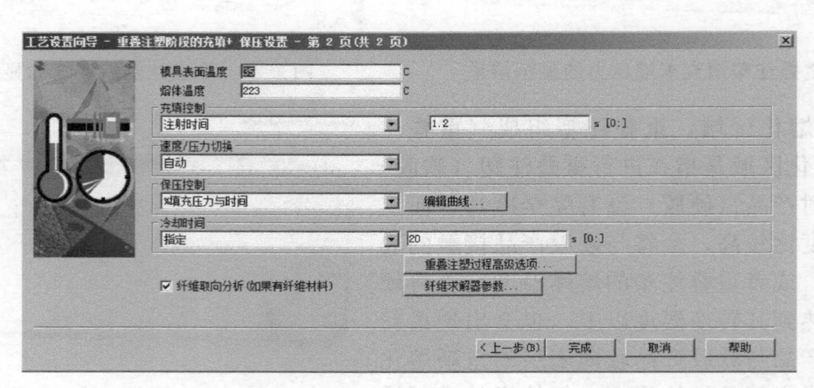

图7-81　“工艺设置向导-重叠注塑阶段的充填＋保压设置”对话框

(4) 开始分析

单击菜单“主页”→“分析”→“开始分析”命令，点击“确定”按钮。

(5) 重叠注塑保压分析结果

① 填充时间（重叠注塑） 如图 7-83 所示为重叠注塑填充时间的显示结果，从图中可知模型没有短射的情况，填充时间为 1.37s，比色卡上最大值显示区域（一般显示为红色）为模型的最后填充区域，也是模型的末端，填充基本平衡。点击“结果”→“动画”→“播放”命令，可以动态播放填充时间的动画，查看模型填充的整个过程。填充时间也可用等值线显示的方式进行查看。

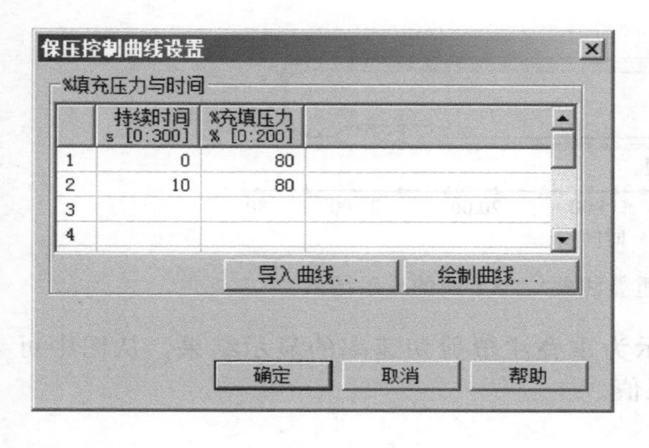

	持续时间 s [0:300]	%充填压力 % [0:200]
1	0	80
2	10	80
3		
4		

图 7-82 “保压控制曲线设置”对话框

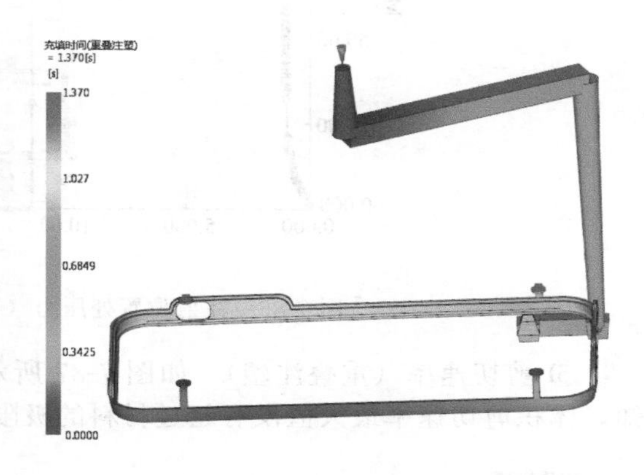

图 7-83 填充时间（重叠注塑）的显示结果

② 速度/压力切换时的压力（重叠注塑） 如图 7-84 所示为重叠注塑速度/压力切换时的压力的显示结果，从图中可知速度/压力切换时的压力为 104.5MPa，在模型的末端有灰色区域显示，表示此区域在速度/压力切换时仍未填充，通过日志中填充分析的屏幕输出可知，在模型填充体积的 95.767%进行速度与压力切换。可通过动画查看速度/压力切换时的压力在模型中的分布情况。

③ 流动前沿温度（重叠注塑） 如图 7-85 所示为重叠注塑流动前沿温度的显示结果，从图中可知流动前沿温度相差稍大，在靠近浇口位置的圆柱发生了轻微的滞留，导致流动前沿温度有所下降，但下降的幅度不大，在材料所允许的范围之内，在填充的末端流动前沿温度上升得较多，可能会导致硬胶重新熔化区域的加厚。

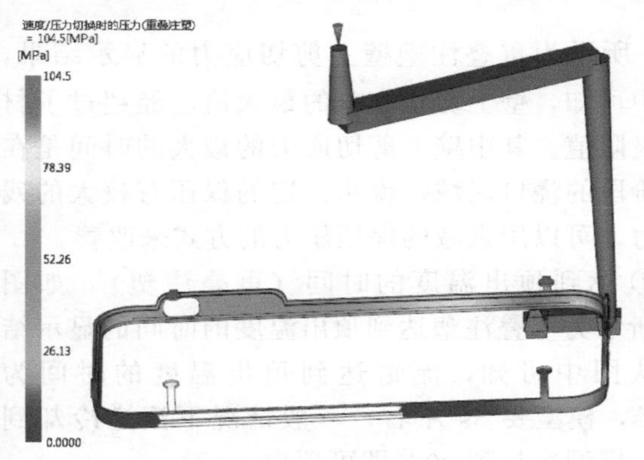

图 7-84 速度/压力切换时的压力（重叠注塑）的显示结果

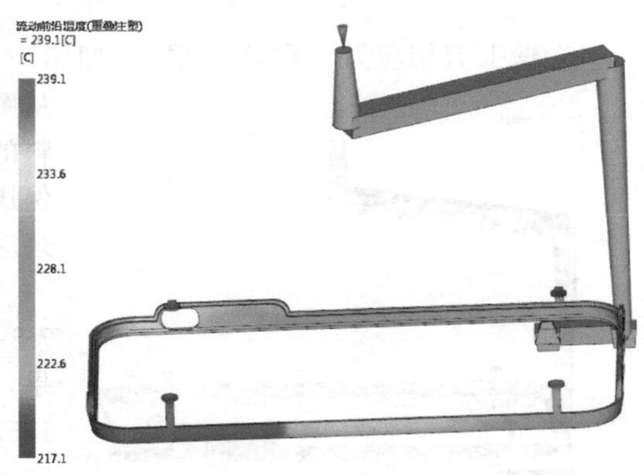

图 7-85 流动前沿温度（重叠注塑）的显示结果

④ 注射位置处压力（重叠注塑）：XY 图 如图 7-86 所示为重叠注塑注射位置处压力：

XY 图的显示结果，从图中可知，最大的注射压力值没有超过 105MPa。也可以选择菜单“结果”→“检查”→“检查”命令，单击曲线尖峰位置，可显示最大注射压力及时间。

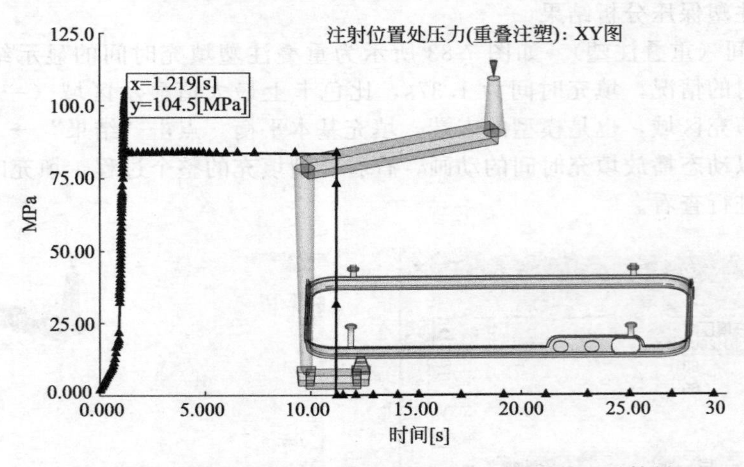

图 7-86　注射位置处压力（重叠注塑）：XY 图的显示结果

⑤ 剪切速率（重叠注塑）　如图 7-87 所示为重叠注塑剪切速率的显示结果，从图中可知，体积剪切速率最大值没有超过材料的极限值。

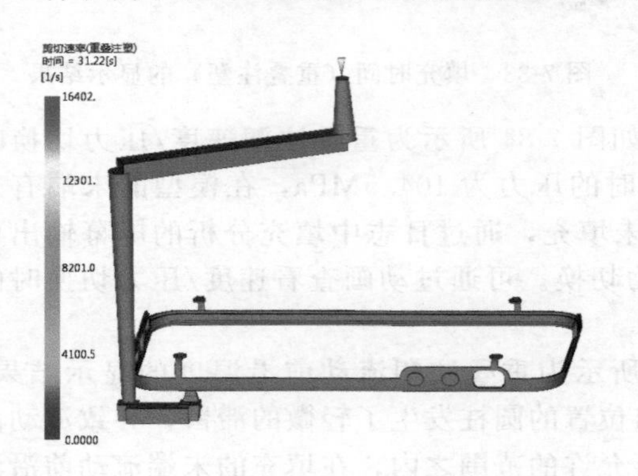

图 7-87　剪切速率（重叠注塑）的显示结果　图 7-88　壁上剪切应力（重叠注塑）的显示结果

⑥ 壁上剪切应力（重叠注塑）　如图 7-88 所示为重叠注塑壁上剪切应力的显示结果，从图中可知，壁上剪切应力的最大值已经超过了材料的极限值。其中壁上剪切应力的最大的时间是在保压阶段的浇口区域，说明恒定的保压有较大的残余应力，可以用衰减的保压压力的方式来改善。

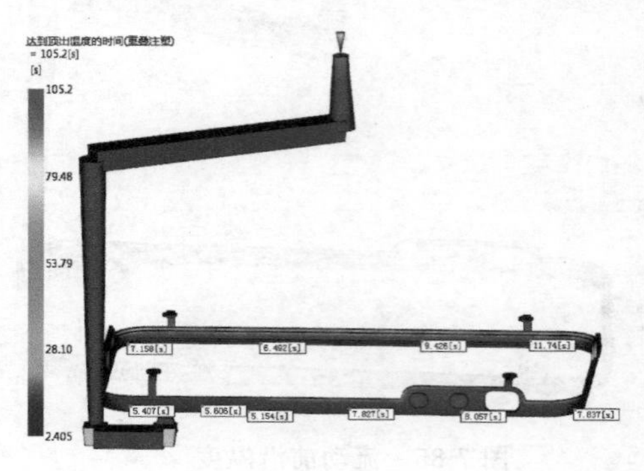

图 7-89　达到顶出温度（重叠注塑）的时间的显示结果

⑦ 达到顶出温度的时间（重叠注塑）　如图 7-89 所示为重叠注塑达到顶出温度的时间的显示结果，从图中可知，流道达到顶出温度的时间为 105.2s，模型要 8s 左右，一般情况下流道冷却到 50%，模型冷却到 80%即可顶出。

⑧ 锁模力（重叠注塑）：XY 图　如图 7-90 所示为重叠注塑锁模力：XY 图的显示结果，从图中可知，锁模力的最大值为 10.2t。也可以选择菜单

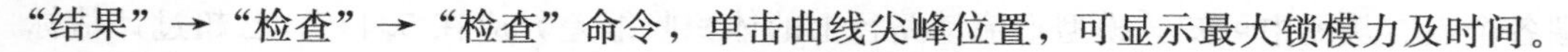

“结果”→“检查”→“检查”命令，单击曲线尖峰位置，可显示最大锁模力及时间。

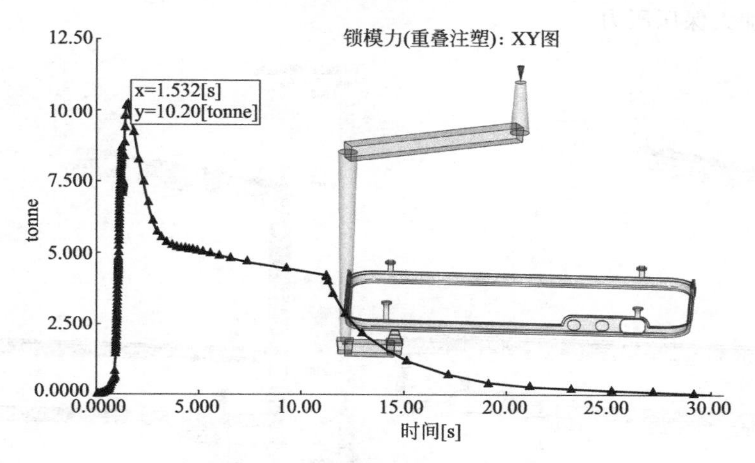

图 7-90　锁模力（重叠注塑）：XY 图的显示结果

⑨ 气穴（重叠注塑）　如图 7-91 所示为重叠注塑气穴的显示结果，可以重叠填充时间结果，判断气穴的显示位置，为模具设计的排气提供参考。

⑩ 熔接线（重叠注塑）　如图 7-92 所示为重叠注塑熔接线的显示结果，从图中可知，模型的熔接线主要出现在两股料的交接处。

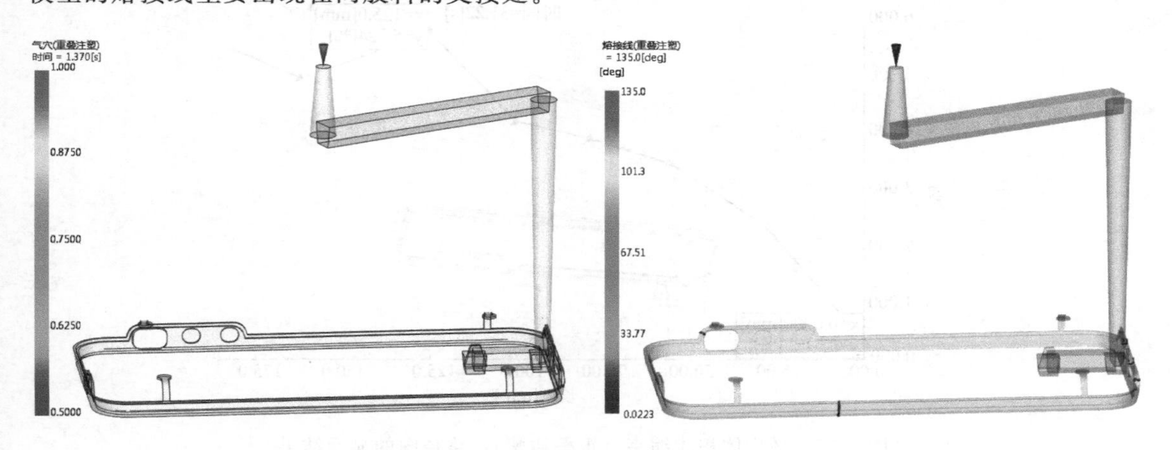

图 7-91　气穴（重叠注塑）的显示结果　　图 7-92　熔接线（重叠注塑）的显示结果

⑪ 平均体积收缩率（重叠注塑）　如图 7-93 所示为重叠注塑平均体积收缩率的显示结果，从图中可知，模型中比色卡上最大值区域（一般显示为红色）为顶出时的体积收缩率最大的区域，而蓝色区域是负数，说明过保压，需要优化保压曲线。

⑫ 冻结层因子（重叠注塑）　如图 7-94 所示为重叠注塑冻结层因子的显示结果，可以单击“动画”中的“播放”按钮，以动画的形式模拟模型和浇口中的冷凝层随时间变化的过程，从中找出浇口的冻结时间，为修改保压时间提供参考。从图中可知浇口在 7.367s 时已冻结。

⑬ 平均体积收缩率（重叠注塑）：路径图　如图 7-95 所示为重叠注塑平均体积收缩率：路径图的显示结果。平均体积收缩率：路径图不是默认结果图，因此需要新建结果图，操作方法：单击菜单“结果”→“图形”→“新建图形”→“图形”命令，在弹出的对话框中左边选择“平均体积收缩率”，右边选择“路径图”，单击“确定”按钮。依次选择从浇口到填

充末端各个点。从图中可知，模型沿流动路径上的体积收缩差异应在 5.4%，已超过评估标准，因此需要加大保压压力。

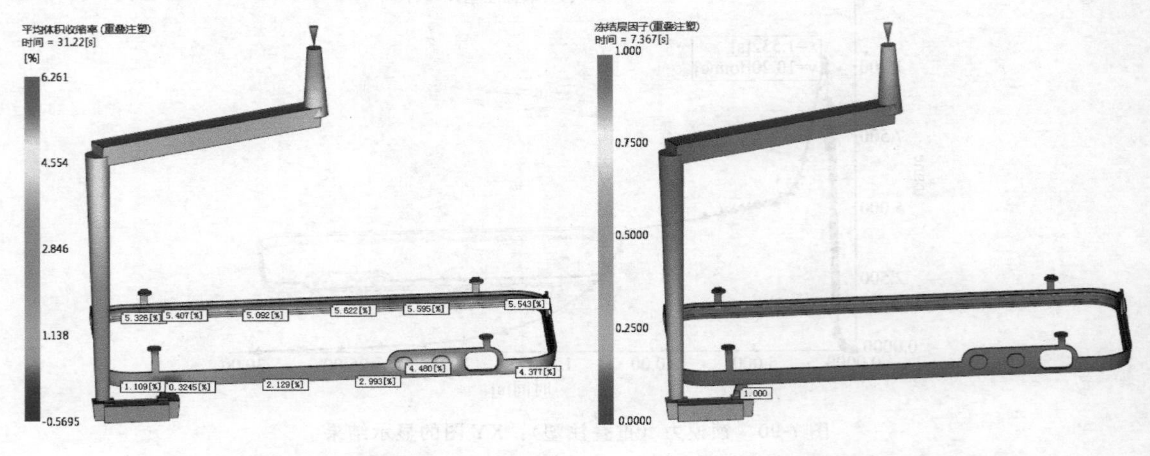

图 7-93 平均体积收缩率（重叠注塑）的显示结果

图 7-94 冻结层因子（重叠注塑）的显示结果

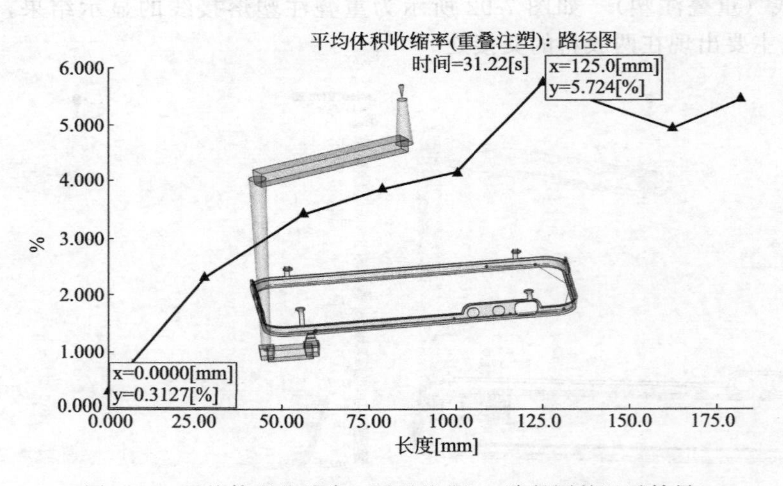

图 7-95 平均体积收缩率（重叠注塑）：路径图的显示结果

⑭ 压力（重叠注塑）：XY 图 如图 7-96 所示为重叠注塑压力：XY 图的显示结果。压力：XY 图不是默认结果图，因此需要新建结果图，操作方法：单击菜单“结果”→“图形”→“新建图形”→“图形”命令，在弹出的对话框中左边选择“压力”，右边选择“XY 图”，单击“确定”按钮。依次选择从注射位置到填充末端各个点。从图中可知，流动路径上各点压力曲线形状相差较大，因此需要调整保压曲线。

(6) 总结

通过上面的分析结果与保压评估标准相比较，特别是平均体积收缩率的结果可知，体积收缩率已超出评估标准，而增大保压压力是调整体积收缩率的有效措施之一。根据压力：XY 图结果可以优化保压曲线。

(7) 保压曲线优化

首先在任务栏选中“MP07_07”方案，然后右击，在弹出的快捷菜单中选择“复制”

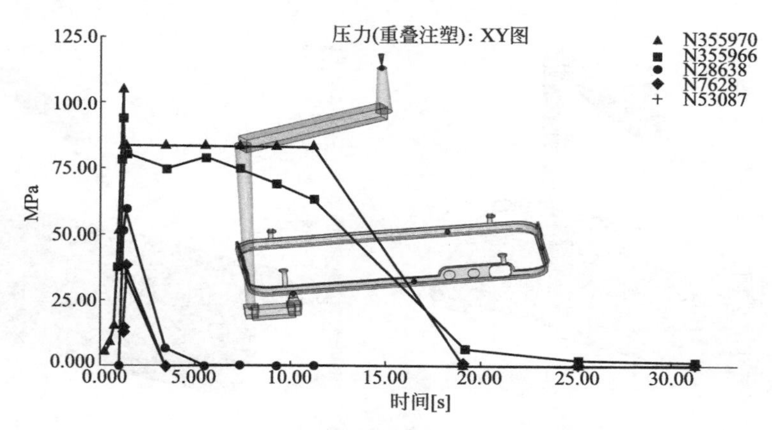

图 7-96　压力（重叠注塑）：XY 图的显示结果

命令，复制方案并改名为“MP07_08”。然后单击菜单“主页”→“成型工艺设置”→“工艺设置”命令，弹出“工艺设置向导-第一个组成阶段的填充＋保压设置”对话框。在对话框中“充填控制”选项选择“注射时间”，文本框中输入填充优化分析后的时间 1.1s，“速度/压力切换”选项选择“自动”。“保压控制”选项选择保压控制方式为“保压压力与时间”，单击右侧的“编辑曲线”按钮，弹出“保压控制曲线设置”对话框。在对话框中保压时间和保压压力如图 7-97 所示。由于产品的壁厚比较薄，因此过长的保压时间会导致体积收缩率的不均匀。

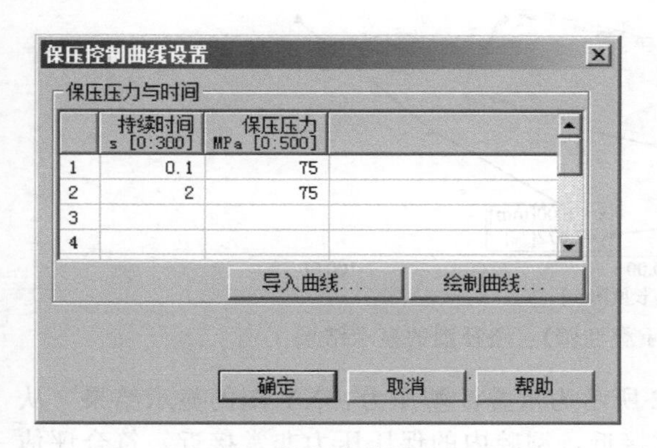

图 7-97　“保压控制曲线设置”对话框

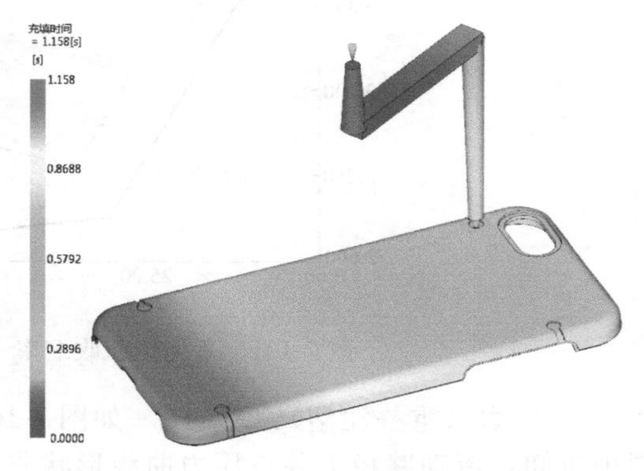

图 7-98　填充时间（重叠注塑）的显示结果

（8）保压优化结果

① 填充时间（重叠注塑）　如图 7-98 所示为重叠注塑填充时间的显示结果，从图中可知模型没有短射的情况，填充时间为 1.158s，红色显示区域为模型的最后填充区域，也是模型的末端，填充非常平衡。与前面一个方案相比较，填充时间相差不大。

② 平均体积收缩率（重叠注塑）　如图 7-99 所示为重叠注塑平均体积收缩率的显示结果，从图中可知，模型中的大部分区域的体积收缩率在 3%左右，符合 ABS 材料的体积收缩率的评估标准。

③ 冻结层因子（重叠注塑）　如图 7-100 所示为重叠注塑冻结层因子的显示结果，从图中可知浇口在 7.72s 时已冻结，从速度的显示结果可知，当保压压力结束后，虽然浇口仍未冷却，但没有出现产品内的熔胶回流到流道的现象。对于薄壁产品过长的保压时间会导致体积收缩率的不均匀，而不均匀的体积收缩率是导致产品翘曲变形的主要原因。

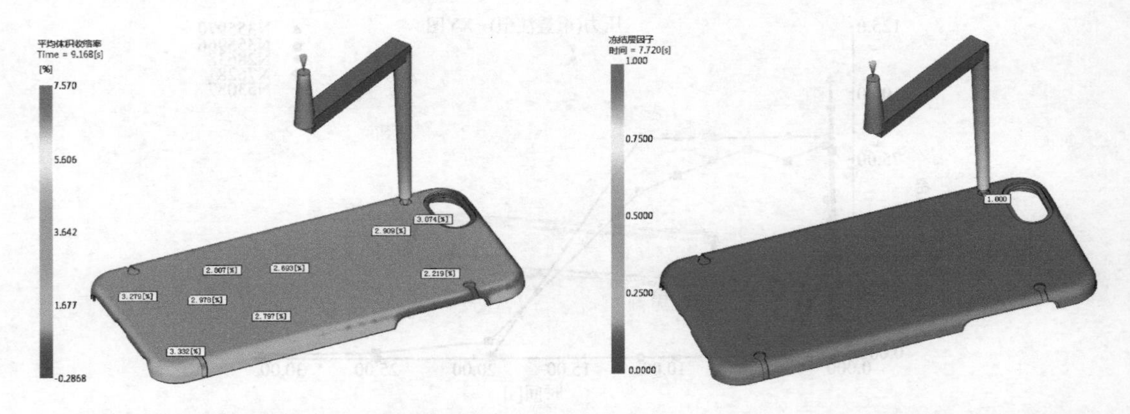

图 7-99　平均体积收缩率（重叠注塑）的显示结果　　图 7-100　冻结层因子（重叠注塑）的显示结果

④ 平均体积收缩率（重叠注塑）：路径图　如图 7-101 所示为重叠注塑平均体积收缩率：路径图的显示结果。从图中可知，模型沿流动路径上的体积收缩率差异应在 2%，未超过评估标准，说明保压曲线的优化是有效的。

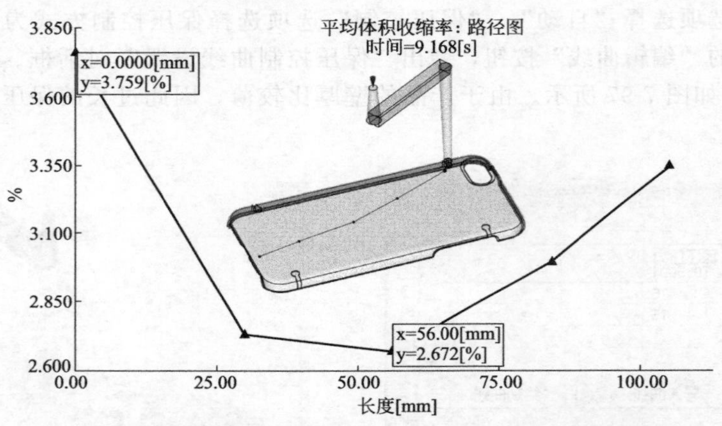

图 7-101　平均体积收缩率（重叠注塑）：路径图的显示结果

⑤ 压力（重叠注塑）：XY 图　如图 7-102 所示为重叠注塑压力：XY 图的显示结果。从图中可知，流动路径上各点压力曲线形状非常接近，型腔内的保压压力非常接近，符合评估

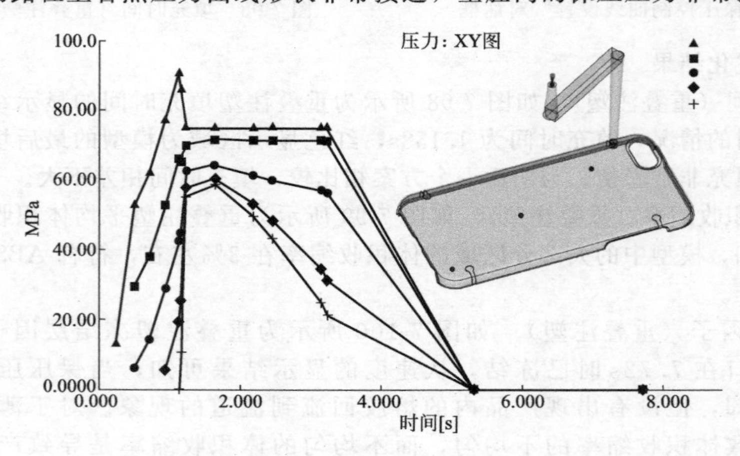

图 7-102　压力（重叠注塑）：XY 图的显示结果

标准。

⑥ 锁模力（重叠注塑）：XY 图　如图 7-103 所示为重叠注塑锁模力：XY 图的显示结果，从图中可知，锁模力的最大值为 50.33t，符合注射机的锁模力要求。

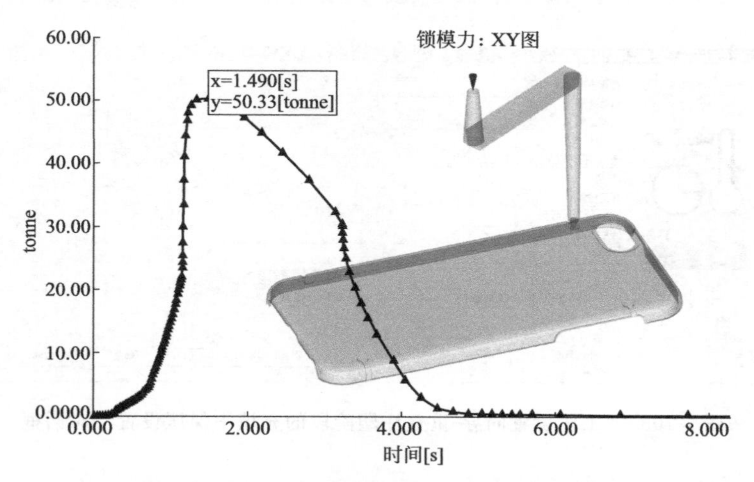

图 7-103　锁模力（重叠注塑）：XY 图的显示结果

7.10　双色模翘曲分析及优化

第一射的保压分析和重叠注塑保压分析完成之后，可以进行翘曲分析。翘曲分析的工艺参数选择第一射的保压分析优化和重叠注塑保压优化分析后的参数。具体步骤如下。

（1）复制方案并改名

在任务栏首先选中“MP07_08”方案，然后右击，在弹出的快捷菜单中选择“复制”命令，复制方案并改名为“MP07_09”。

（2）设置分析序列

单击菜单“主页”→“成型工艺设置”→“分析序列”命令，选择“填充＋保压＋重叠注塑填充＋重叠注塑保压＋翘曲”选项，单击“确定”按钮。

（3）工艺设置

单击菜单“主页”→“成型工艺设置”→“工艺设置”命令，弹出如图 7-104 所示“工艺设置向导-第一个组成阶段的充填＋保压设置”对话框。在对话框中所有参数均采用第一个组成阶段的填充＋保压优化的参数。单击“下一步”按钮，弹出如图 7-105 所示的对话

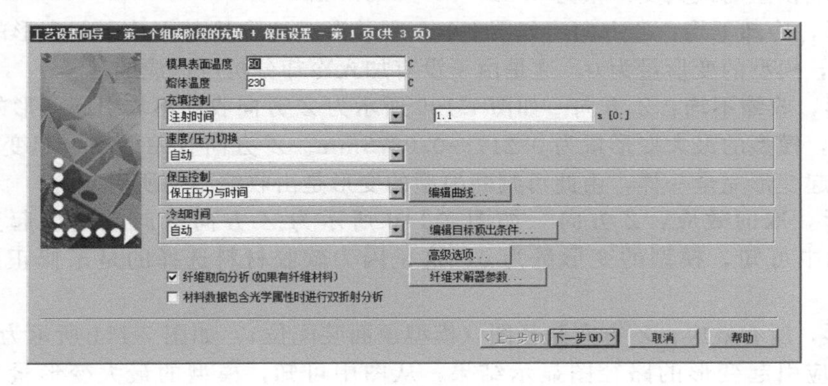

图 7-104　“工艺设置向导-第一个组成阶段的充填＋保压设置”对话框

框，在对话框中所有参数均采用第一个组成阶段的填充＋保压优化的参数。单击“下一步”按钮，弹出如图 7-106 所示的对话框，在对话框中“翘曲分析类型”选项选择“小变形”，并勾选“分离翘曲原因”单选项。最后单击“完成”按钮。

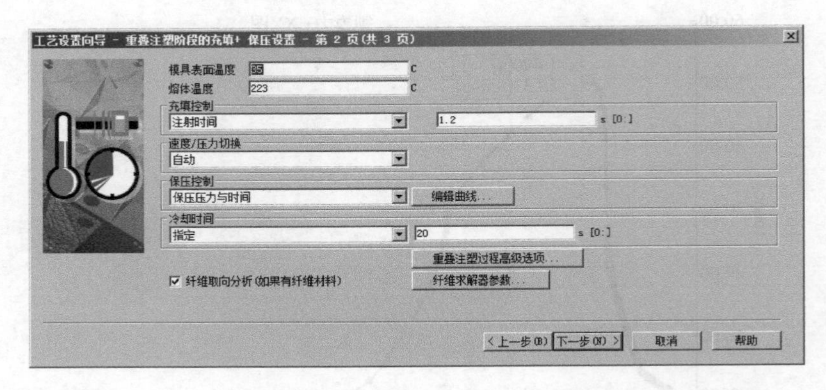

图 7-105 “工艺设置向导-重叠注塑阶段的充填＋保压设置”对话框

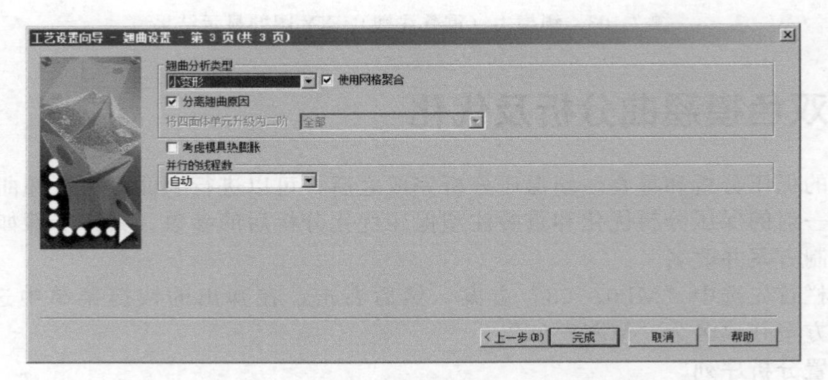

图 7-106 “工艺设置向导-翘曲设置”对话框

（4）开始分析

单击菜单“主页”→“分析”→“开始分析”命令，点击“确定”按钮。

（5）填充＋保压＋重叠注塑填充＋重叠注塑保压＋翘曲分析结果

① 变形，所有效应：Z 方向　如图 7-107 所示为 Z 方向所有效应引起变形的显示结果，从图中可知，模型的最大变形量为 0.211～0.0875mm。

② 变形，冷却不均：Z 方向　如图 7-108 所示为 Z 方向冷却不均引起变形的显示结果，从图中可知，模型的变形量为 0，这是由于没有加入冷却分析所造成的。

③ 变形，收缩不均：Z 方向　如图 7-109 所示为 Z 方向收缩不均引起变形的显示结果，从图中可知，模型的最大变形量为 0.211～0.0875mm。Z 方向收缩不均引起变形与 Z 方向所有效应引起变形完全一样，由此可判断模型的变形是由收缩不均所引起的。

④ 变形，取向效应：Z 方向　如图 7-110 所示为 Z 方向取向效应引起变形的显示结果，从图中可知，模型的变形量为 0，这是因为软胶材料选择的是未修正的残余应力模型。

⑤ 变形，所有效应：Z 方向路径图（模型顶面装配位）　如图 7-111 所示为模型顶面装配位所有效应引起变形的路径图显示结果，从图中可知，模型的最大变形量为 0.1107～0.0748mm。变形量在 0.3mm 的公差范围之内。

图 7-107　Z 方向所有效应引起变形的显示结果

图 7-108　Z 方向冷却不均引起变形的显示结果

图 7-109　Z 方向收缩不均引起变形的显示结果

图 7-110　Z 方向取向效应引起变形的显示结果

⑥ 变形，所有效应：Y 方向　如图 7-112 所示为 Y 方向所有效应引起变形的显示结果，从图中可知，通过检查 Y 方向最远侧两点即图中位置 1 和位置 2 可知 Y 方向的收缩率为 0.63%，查找材料中的收缩属性如图 7-113 可知，分析所用材料的测试平均收缩率为 0.5106%，说明可以进一步调整保压压力，使 Y 方向的收缩进一步减小，从而缩小 Z 方向装配平面的翘曲量。

（6）总结

从上面的翘曲分析结果可知，装配平面的 Z 方向的翘曲已控制在客户所允许的公差范围之内，模型的收缩率也基本控制在材料所允许的公差范围之内，对于非装配区域的翘曲，

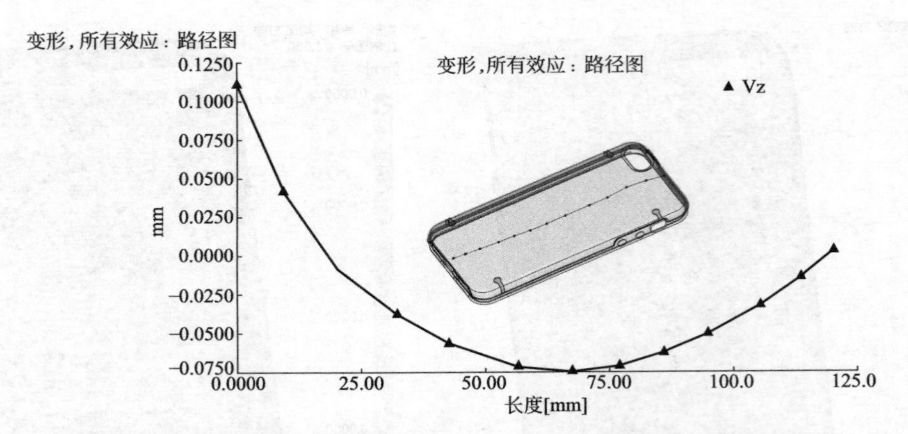

图 7-111　变形，所有效应：*Z* 方向路径图（模型顶面装配位）的显示结果

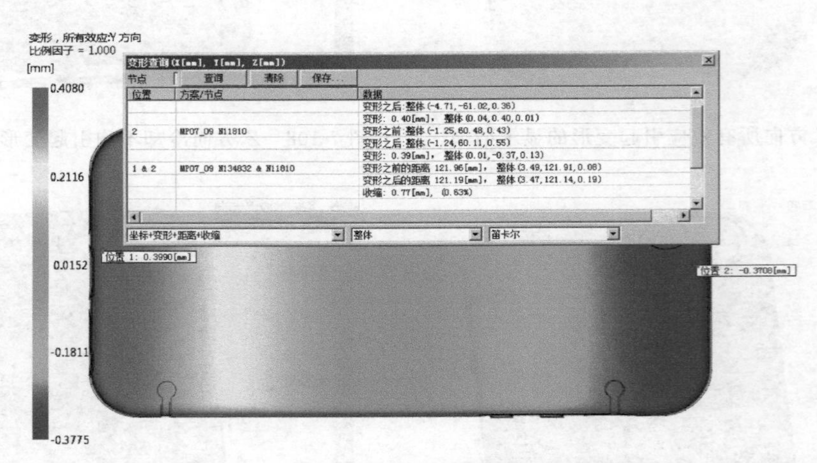

图 7-112　*Y* 方向所有效应引起变形的显示结果

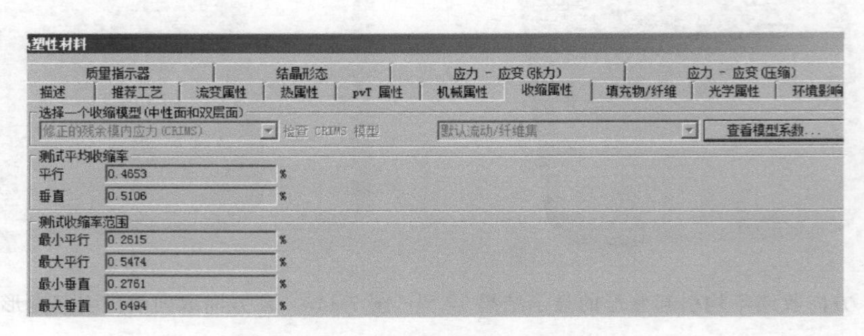

图 7-113　热塑性材料的收缩属性图

如果翘曲量不是太大，是允许的。由于装配平面的翘曲量已控制在客户所允许的范围之内，因此，可以不用再进行翘曲优化。本模型分析由于没有考虑冷却分析，而且软胶材料选择的是未修正的残余应力模型，因此分析结果与实际的结果会有所差异，但差异不大。

第 8 章

打印机前门——热流道系统

8.1 概述

概述

本案例是国外某知名公司生产的打印机前门，由于外观要求非常严格，不允许在外观上有任何进胶口，只允许在产品的装配位，即产品中间的四方格内进胶，因为产品较大，而且是一点进胶，可能会出现短射的缺陷，因此采用热嘴进胶方案。在此方案基础上用 Moldflow 软件模拟模具注塑的过程，进行填充、冷却、保压和翘曲分析，从而确认浇口的位置及数量，确认注塑机的最大注塑压力和锁模力，确认最佳的浇注系统和冷却系统，确认产品外观面上的熔接线和气穴位置，确认产品装配平面的公差范围。分析任务说明书如图 8-1 所示。

分析任务说明书：

①材料：PC＋ABS

②穴数：1×1

③确认分析任务：

- 浇口位置及数量
- 注塑压力、锁模力
- 最佳热流道系统
- 最佳冷却系统
- 熔接线、气穴位置
- 装配平面公差在 1mm 以内

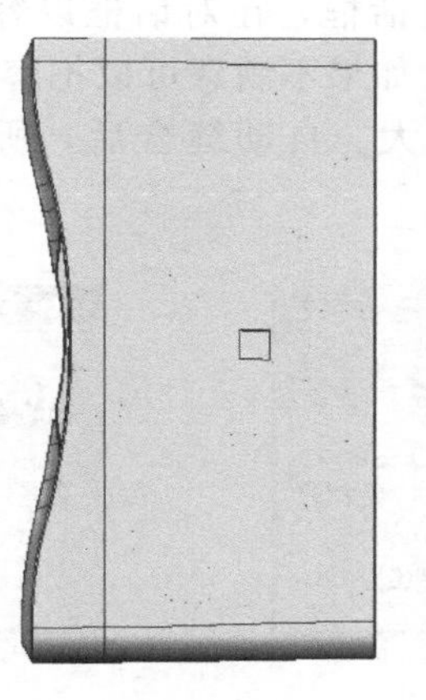
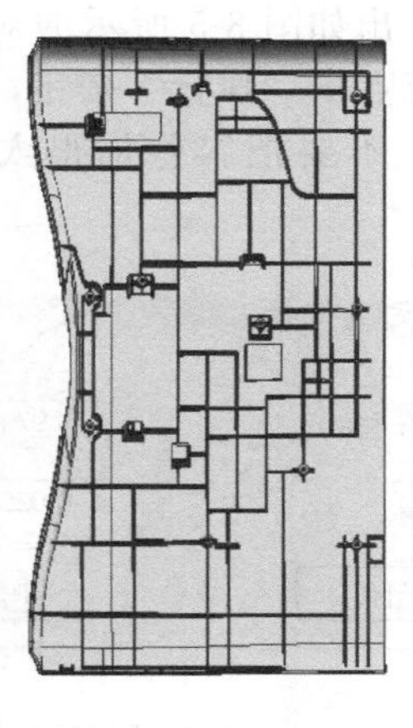

图 8-1　分析任务说明书

8.2 CAD Doctor 的前处理

CAD Doctor
的前处理

本产品由于较大，骨位较多，而且上面的小圆角、小 C 角也较多，用 NXUG 软件已经不能满足产品前处理的要求。因此本案例使用 Moldflow 自带的专业前处理软件 CAD Doctor。CAD Doctor 可以快速高效地对产品进行修复和简化，而且用 CAD Doctor 软件修复后产品导入 Moldflow 中的网格质量非常好，可以大大减少自由边、重叠面、相交单元等问题，而且网格的纵横比也大幅度减少，特别是网格的匹配率会显著提高。

(1) 产品的修复

① 打开 CAD Doctor 软件，单击菜单“文件”→“导入”命令，弹出如图 8-2 所示的对话框。选择文件目录：源文件 \ 第 8 章 \ MP08.igs。点击“打开”按钮。

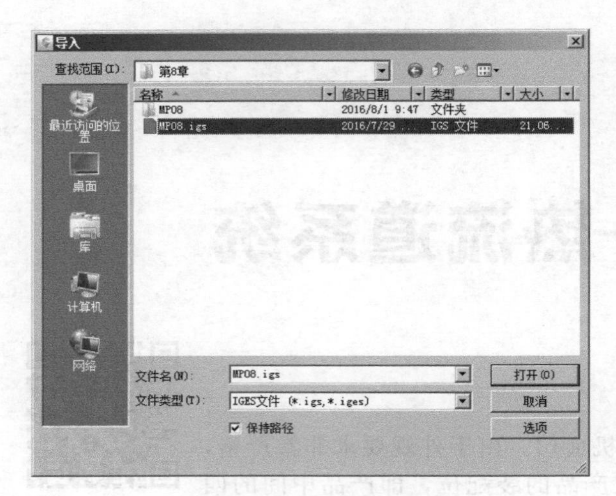

图 8-2 “导入”对话框

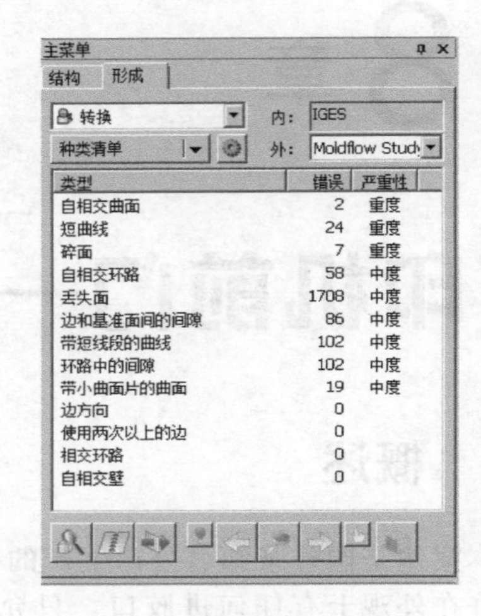

图 8-3 模型检查的结果

② 检查模型。单击菜单“检查”→“执行”命令，模型检查的结果如图 8-3 所示。图中第一项是检查的类型，第二项是此类型所出错误的数量，第三项是出现错误的严重性。

③ 自动缝合。单击菜单“修复”→“自动”→“自动缝合”命令，弹出如图 8-4 所示的对话框。对话框中在自动缝合前的自由边是 9748，缝合的容差输入 0.0254，点击“试运行”按钮。弹出如图 8-5 所示的对话框，在对话框以容差 0.254 自动缝合后的自由边还有 15，如果满意点击“执行”按钮，如果不满意可以把容差加大，点击“重新试运行”按钮。一般情况下，不要把容差加得太大。自动缝合后，所有的错误都大大地减少，如图 8-6 所示。

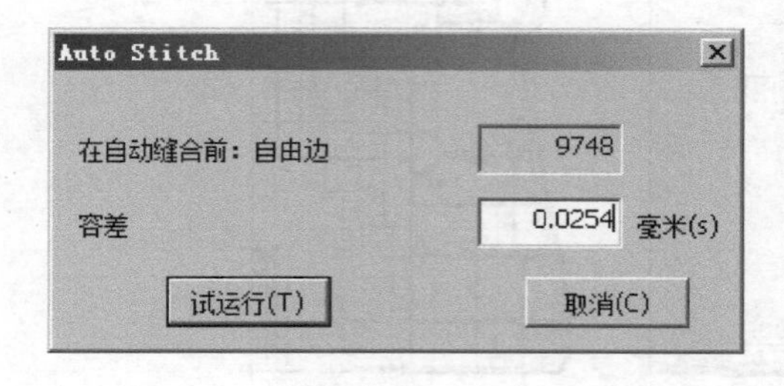

图 8-4 “自动缝合”试运行对话框

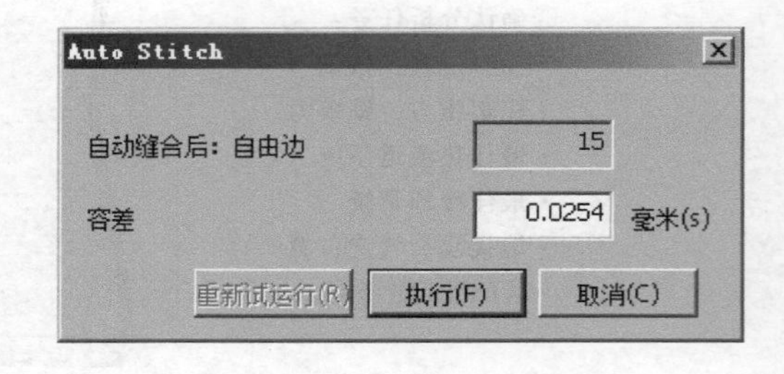

图 8-5 “自动缝合”执行对话框

④ 自动修复。单击菜单“修复”→“自动”→“自动修复”命令，自动修复后如图 8-7 所示。自动修复可以修复模型中的绝大部分错误，如果还错误则需要进行手工修复，手工修复的详细方法由于篇幅有限，这里不再做讲解。手工修复后如图 8-8 所示。最终结果所有的类型错误为 0。

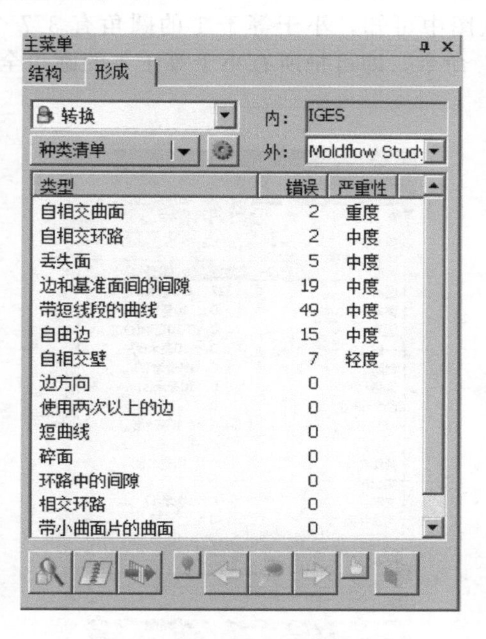

图 8-6 自动缝合后的模型结果

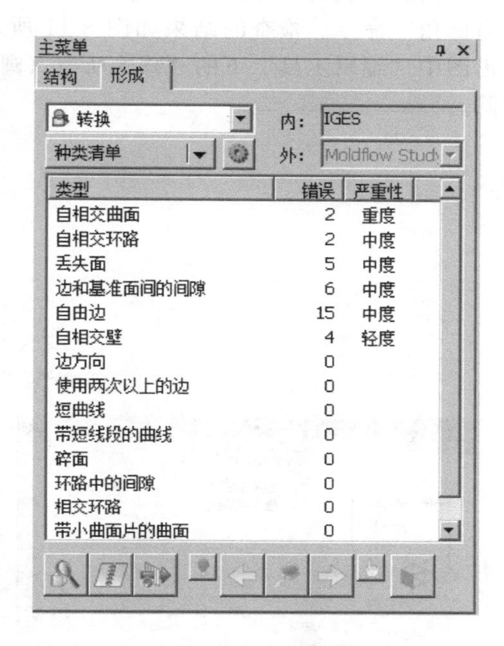

图 8-7 自动修复的模型结果

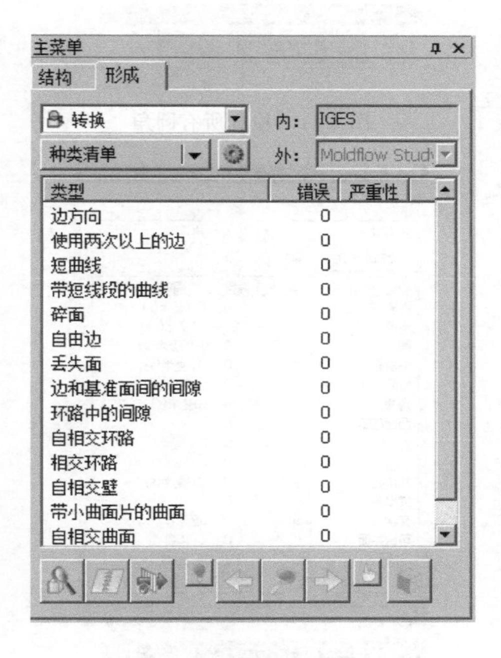

图 8-8 手工修复的模型结果

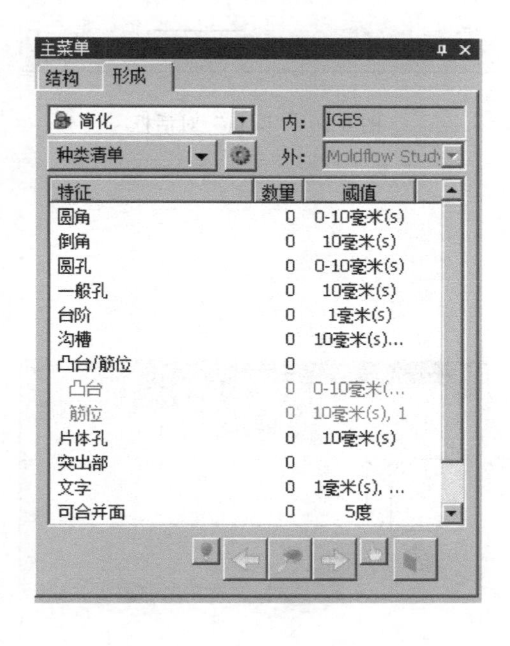

图 8-9 主菜单下的简化界面

(2) 产品的简化

① 在主菜单下把“转换”切换成“简化”，主菜单变成简化界面，如图 8-9 所示。

② 简化圆角。选择“圆角”，右击鼠标，在弹出的快捷菜单中选择“修改阈值”命令，弹出如图 8-10 所示的对话框。在对话框中“圆角的最大半径”输入值改为 1。一般情况下删除 1 及以下的圆角对产品本身的影响不大，如果产品有小圆角，在划分网格时，网格的质量不好，而且修复的工作量太大。然后单击“OK”按钮。回到主菜单后单击左下角的“检查所有圆角”命令。检查的结果如图 8-11 所示。从图中可知，小于等于 1 的圆角有 327 个，单击图中“编辑工具”下的“移除所有（圆角）”命令，即可把所有小于等于 1 的圆角全部移除。

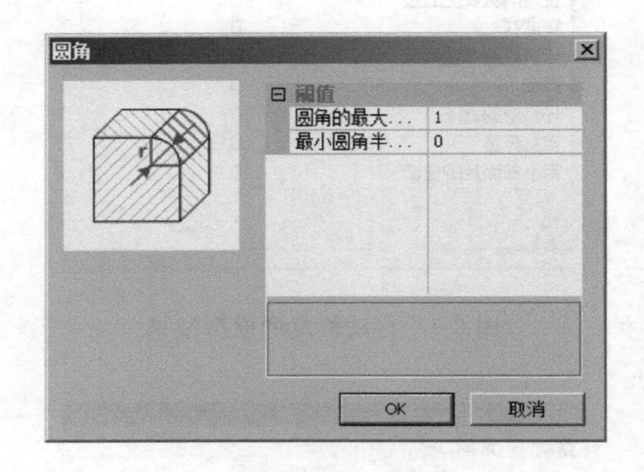

图 8-10 “圆角”对话框

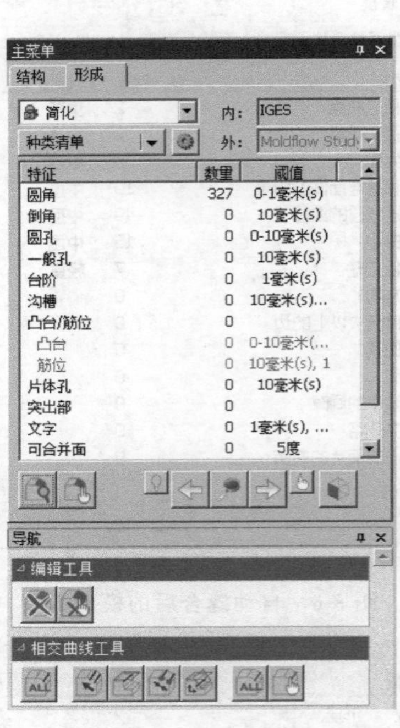

图 8-11 检查所有圆角

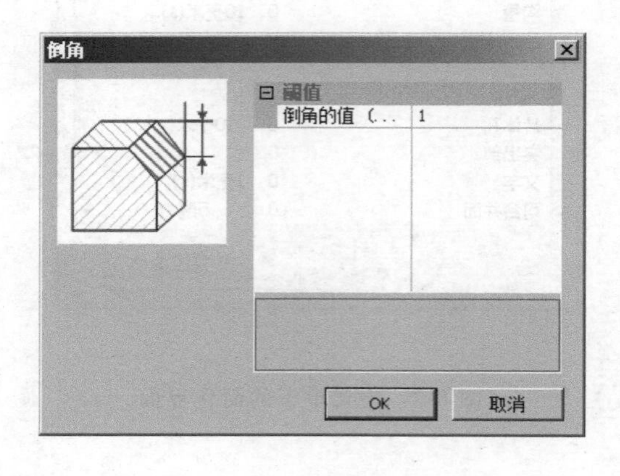

图 8-12 “倒角”对话框

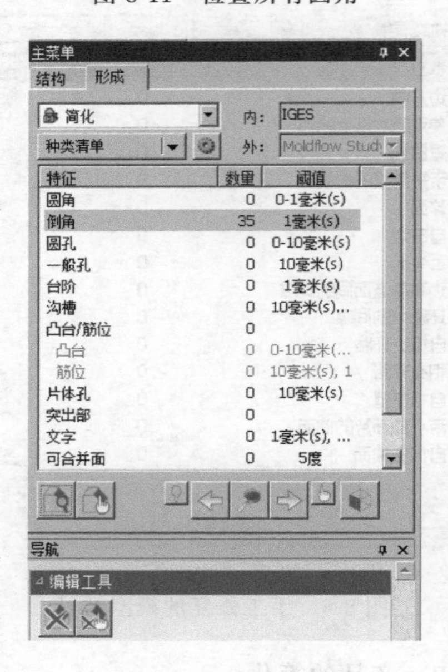

图 8-13 检查所有倒角

③ 简化倒角。选择“倒角”，右击鼠标，在弹出的快捷菜单中选择“修改阀值”命令，弹出如图 8-12 所示的对话框。在对话框中“倒角的值”输入值改为 1。一般情况下删除 1 及以下的倒角对产品本身的影响不大，如果产品有小倒角，在划分网格时，网格的质量不好，而且修复的工作量太大。然后单击“OK”按钮。回到主菜单后单击左下角的“检查所有倒角”命令。检查的结果如图 8-13 所示。从图中可知，小于等于 1 的倒角有 35 个，单击图中“编辑工具”下的“移除所有（倒角）”命令。即可把所有小于等于 1 的倒角全部移除。其他特征类型的修复同上，这里不再做讲解。

(3) 再次修复

在主菜单下把“简化”切换成“转换”，主菜单变成转换界面，修复方法同上。先检查，再自动缝合和修复，对于不能自动修复的要进行手工修复。

(4) 导出

单击菜单“文件”→“导出”命令，弹出如图 8-14 所示的对话框。保存的目录：源文件\第 8 章\MP08。然后单击“保存”按钮。

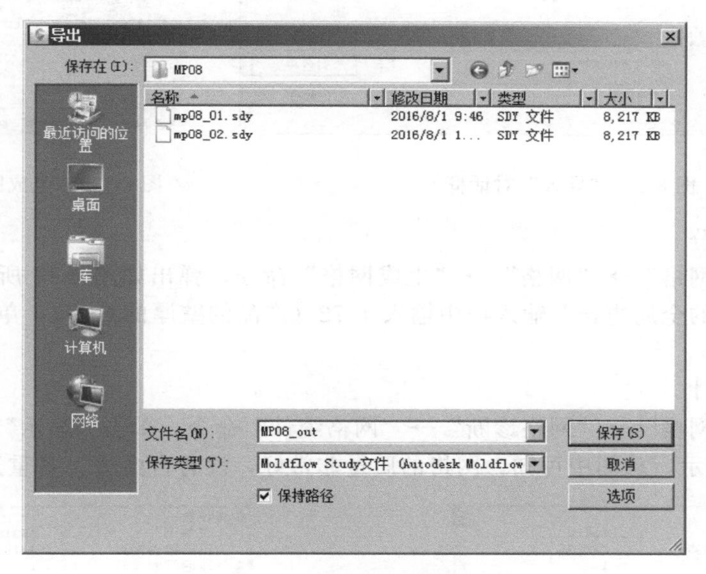

图 8-14 “导出”对话框

8.3 网格划分及修复

网格划分及修复

(1) 新建工程

打开 Moldflow 软件后，单击菜单“开始并学习”→“启动”→“新建工程”命令，创建一个工程名称为 MP08 的工程，如图 8-15 所示。最后单击“确定”按钮。

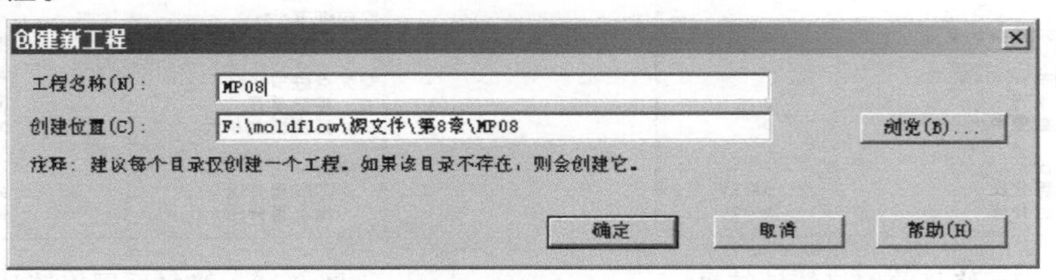

图 8-15 “创建新工程”对话框

（2）导入模型

单击菜单“主页”→“导入”→“导入”命令，选择文件目录：源文件\第 8 章\MP08_out. sdy 。如图 8-16 所示。然后单击“打开”按钮。

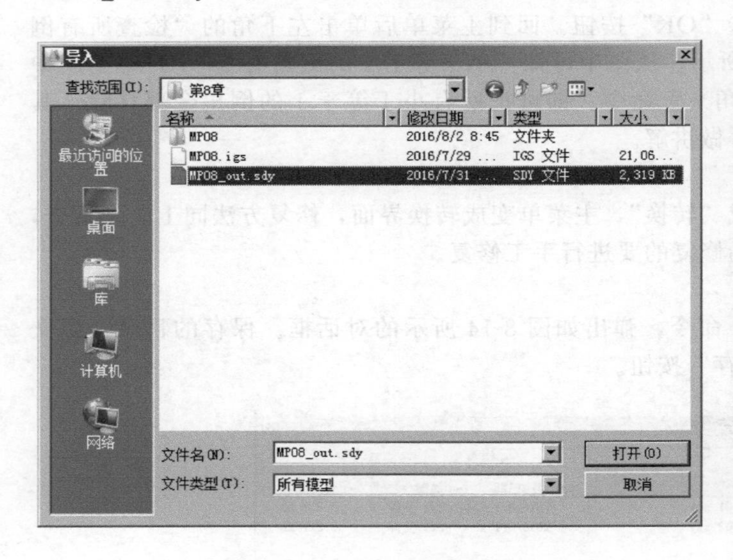

图 8-16 “导入”对话框

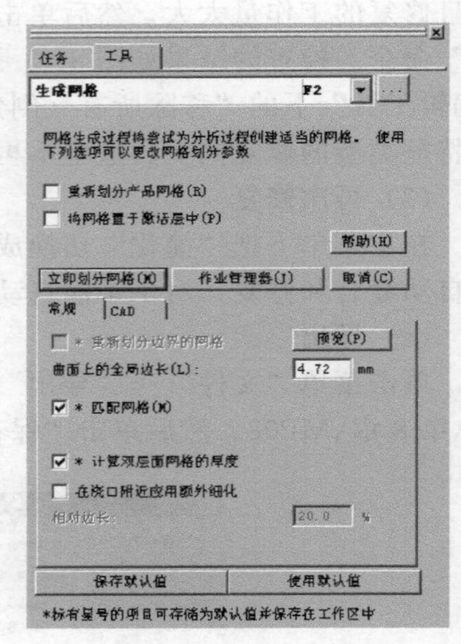

图 8-17 “生成网格”对话框

（3）网格划分

单击菜单“网格”→“网格”→“生成网格”命令，弹出如图 8-17 所示对话框，在对话框中“曲面上的全局边长”输入框中输入 4.72（产品的壁厚的 2 倍），单击“立即划分网格”按钮。

（4）网格统计

单击菜单“网格”→“网格诊断”→“网格统计”命令，单击“显示”按钮。网格统计结果如图 8-18 所示，从图中可知，网格的质量非常好，没有自由边、多重边、配向不正确

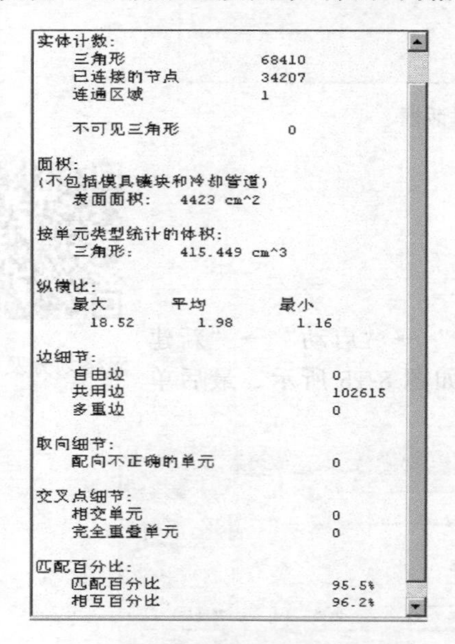

图 8-18 修复前网格统计结果

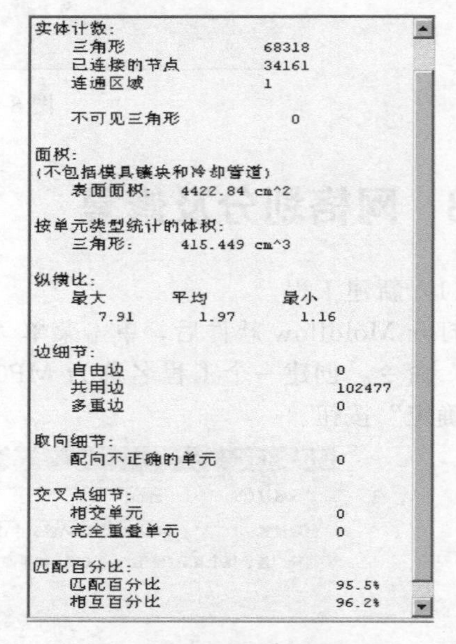

图 8-19 修复后网格统计结果

的单元及相交和完全重叠的单元，网格的匹配百分比达到 95.5%，最大纵横比为 18.52，最大纵横比最好在 8 以下，因此需要对纵横比进行诊断并修复，纵横比修复方法在前面已经讲解过，此处就不再赘述。网格的纵横比修复后如图 8-19 所示。网格质量已完全达到模流分析要求。

8.4 浇口位置分析

产品的尺寸比较大，尺寸为 275.21mm×512.02mm×63.08mm，产品的外观要求非常严格，只允许在产品中间四方形的装配位有浇口位置。一个浇口可能无法满足注塑的要求，用浇口位置分析找出最佳的浇口位置，并用快速填充分析来验证浇口的数量和浇口的位置是否能满足注塑要求。其操作步骤如下。

(1) 方案改名

在任务栏首先选中初始分析的方案，然后右击，在弹出的快捷菜单中选择“重命名”命令，方案并改名为“MP08_01”。

(2) 选择分析类型

单击菜单“主页”→“成型工艺设置”→“分析序列”命令，选择“浇口位置”选项，如图 8-20 所示。单击“确定”按钮。

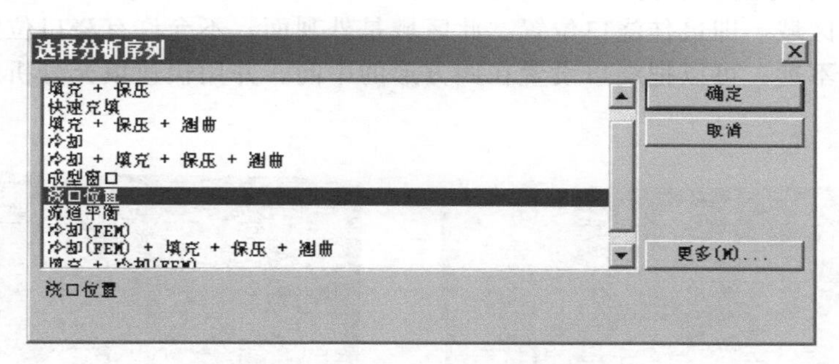

图 8-20 “选择分析序列”对话框

(3) 选择材料

单击菜单“主页”→“成型工艺设置”→“选择材料”→“选择材料 A”命令，选择“指定材料”单选项，单击“搜索”按钮。弹出如图 8-21 所示对话框，在对话框中“搜索字段”选择“牌号”，在“子字符串”的文件框中输入“Multilon TN-7295”。单击“搜索”按钮。最后选择该牌号的材料，并点击“确定”按钮。

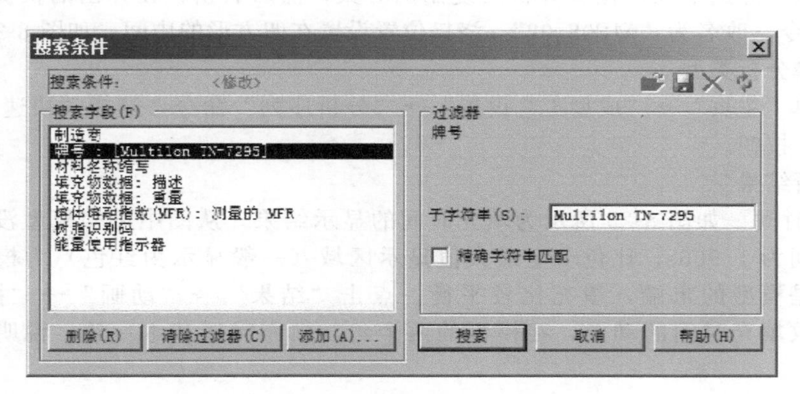

图 8-21 “搜索条件”对话框

(4) 工艺设置

单击菜单“主页”→“成型工艺设置”→“工艺设置”命令，弹出如图 8-22 所示的对话框，所有选项均用默认设置。最后点击“确定”按钮。

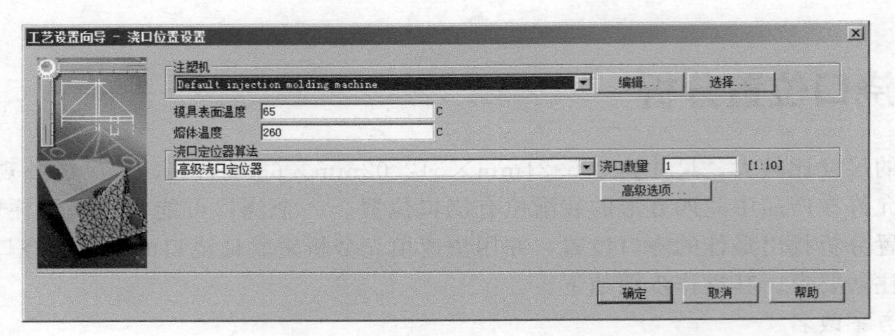

图 8-22 “工艺设置向导-浇口位置设置”对话框

(5) 开始分析

单击菜单“主页”→“分析”→“开始分析”命令，点击“确定”按钮。

(6) 分析结果

如图 8-23 所示为流动阻力指示器，从图中可知，中间深色区域（软件中显示为蓝色）为流动阻力最低区域，即最佳浇口位置。此区域是外观面，不允许有浇口位置，但此区域距离四方形装配位不远，可以把浇口设置在四方形的中间，并用快速填充分析来验证浇口位置是否最佳。

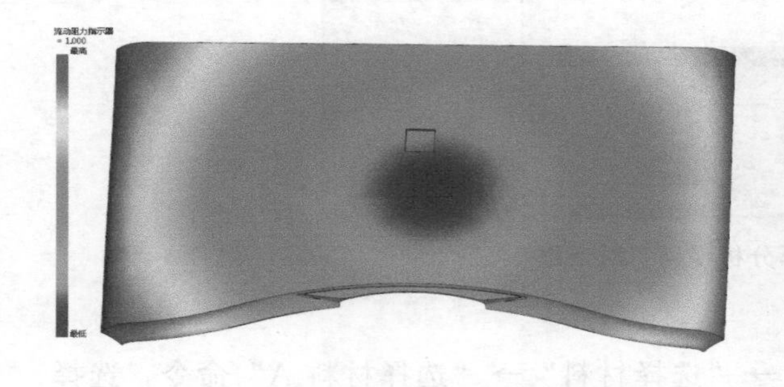

图 8-23 流动阻力指示器

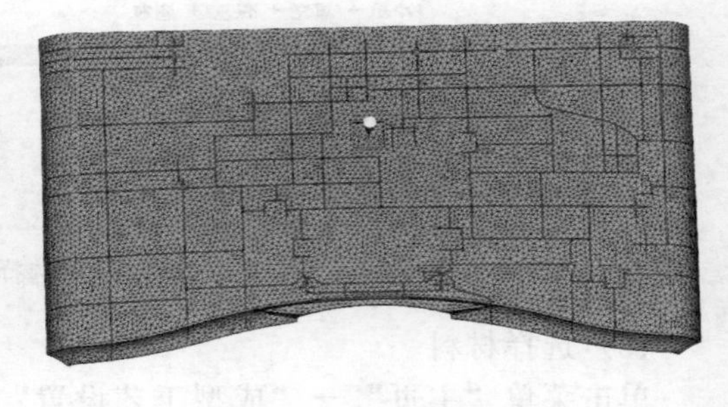

图 8-24 浇口的位置

(7) 更改浇口位置

在任务栏首先选中浇口位置分析后复制的方案，然后右击，在弹出的快捷菜单中选择“重命名”命令，改名为“MP08_02”。浇口位置设置在四方形的中间，如图 8-24 所示。

(8) 选择分析类型

单击菜单“主页”→“成型工艺设置”→“分析序列”命令，选择“快速充填”选项。单击“确定”按钮。

(9) 分析结果

① 填充时间　如图 8-25 所示为填充时间的显示结果，从图中可知模型没有短射的情况，填充时间为 1.906s，比色卡上最大值显示区域（一般显示为红色）为模型的最后填充区域，也是模型的末端，填充比较平衡。点击“结果”→“动画”→“播放”命令，可以动态播放填充时间的动画，在模型的两个角，填充时间基本一致，说明在两侧填充比较平衡。

② 速度/压力切换时的压力　如图 8-26 所示为速度/压力切换时的压力的显示结果，从

图中可知速度/压力切换时的压力为 115.6MPa，压力比较大，但没有超出注塑机最大注塑压力的 80%。

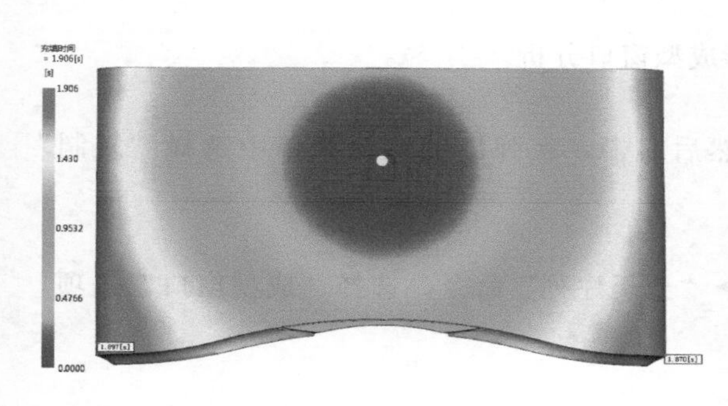

图 8-25　填充时间的显示结果

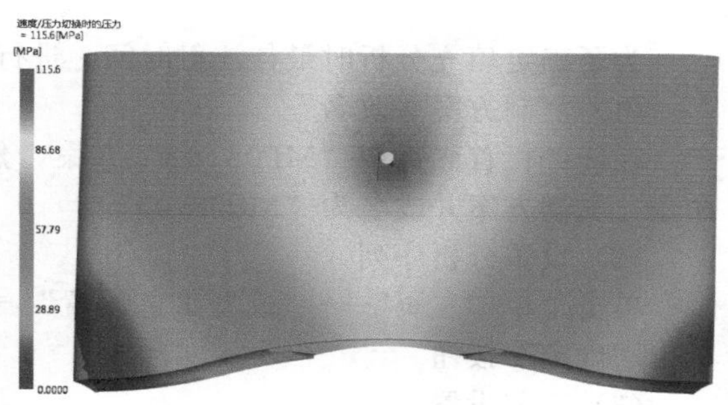

图 8-26　速度/压力切换时的压力的显示结果

③ 流动前沿温度　如图 8-27 所示为流动前沿温度的显示结果，从图中可知模型的绝大部分区域的温度为 262℃左右，与料温比较接近。紫色区域温度下降较快，发生了轻微滞留。

④ 填充末端压力　如图 8-28 所示为填充末端压力的显示结果，从图中可知，模型的填充末端的压力比较平衡，在填充分析的评估范围之内。

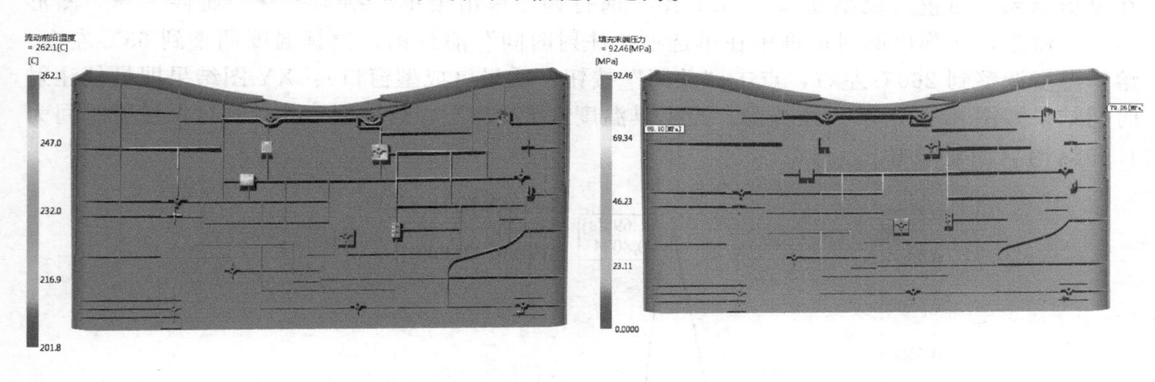

图 8-27　流动前沿温度的显示结果　　图 8-28　填充末端压力的显示结果

⑤ 气穴　如图 8-29 所示为气穴的显示结果，可以重叠填充时间结果，判断气穴的显示位置，为模具设计的排气提供参考。

⑥ 熔接线　如图 8-30 所示为熔接线的显示结果，从图中可知，模型的熔接线较少，说明一点填充效果很好。

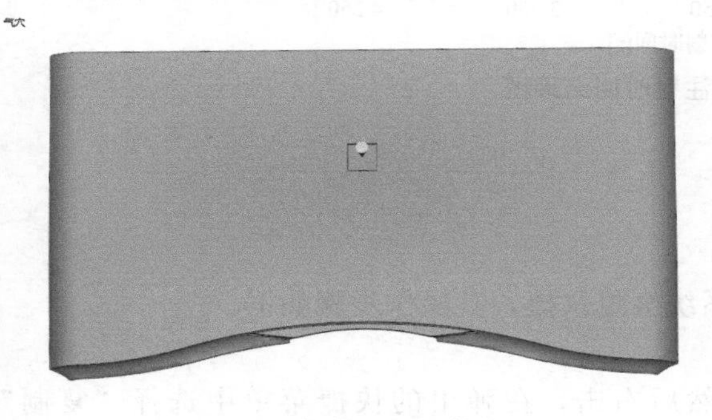

图 8-29　气穴的显示结果

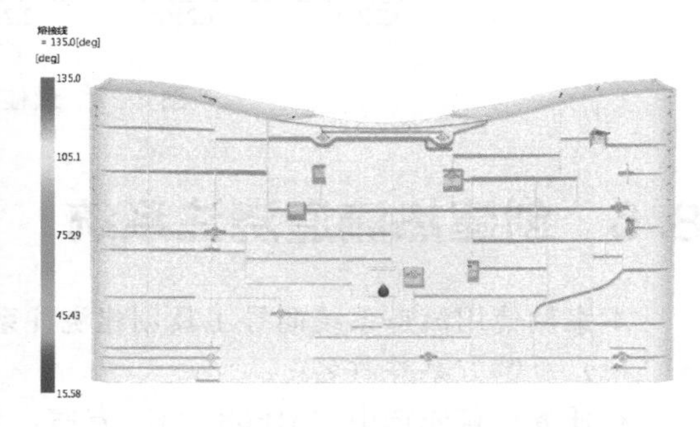

图 8-30　熔接线的显示结果

8.5 成型窗口分析

为了确定填充分析时最佳注射时间，进行成型窗口分析。

(1) 复制方案并改名

在任务栏首先选中“MP08_02”方案，然后右击，在弹出的快捷菜单中选择“复制”命令，复制方案并改名为“MP08_03”。

(2) 设置分析序列

单击菜单“主页”→“成型工艺设置”→“分析序列”命令，选择“成型窗口”选项，单击“确定”按钮。

(3) 工艺设置

单击菜单“主页”→“成型工艺设置”→“工艺设置”命令，所有参数均采用默认参数设置。

(4) 开始分析

单击菜单“主页”→“分析”→“开始分析”命令，点击“确定”按钮。

(5) 质量（成型窗口）：XY图的分析结果

首先在材料的推荐工艺中查明推荐的模具温度是65℃，推荐的熔体温度是260℃，接着在分析结果“质量（成型窗口）：XY图”前打钩，单击菜单“结果”→“属性”→“图形属性”命令，在弹出的对话框中在单选项“注射时间”前打钩，模具温度调整到65℃左右，熔体温度调整到260℃左右，点击“关闭”按钮。质量（成型窗口）：XY图结果即最佳注射时间结果如图8-31所示。经查询，当模具温度在67.78℃，熔体温度在261℃，注射时间为1.698s时，质量最好。

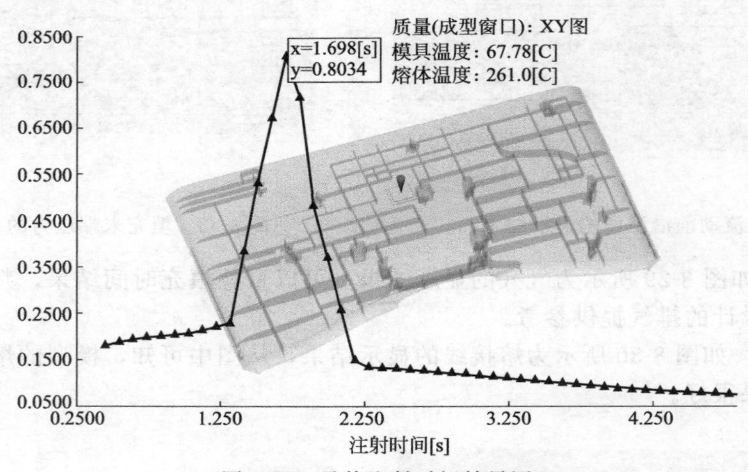

图8-31 最佳注射时间结果图

8.6 创建热流道浇注系统

本案例使用流道系统向导工具创建浇注系统会更快捷，其操作步骤如下。

(1) 复制方案并改名

在任务栏首先选中“MP08_03”方案，然后右击，在弹出的快捷菜单中选择“复制”命令，复制方案并改名为“MP08_04”。

(2) 向导创建浇注系统

单击菜单“几何”→“创建”→“流道系统”命令，弹出如图 8-32 所示的对话框。在对话框中“指定主流道位置”选项“X”后面文本框均输入 0，选项“Y”后面文本框均输入 0。勾选“使用热流道系统”选项，“顶部流道平面 Z”文本框中输入 260，单击“下一步”按钮，弹出如图 8-33 所示的对话框，主流道、流道尺寸如图所示，单击“下一步”按钮，弹出如图 8-34 所示的对话框，侧浇口尺寸如图中所示，最后单击“完成”按钮，向导创建热流道系统如图 8-35 所示。

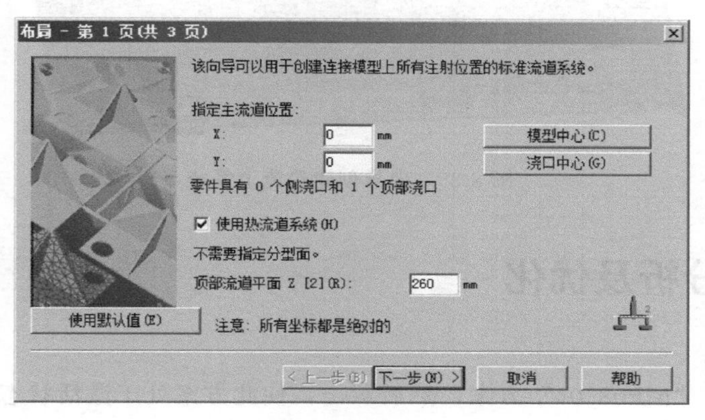

图 8-32 “布局”对话框

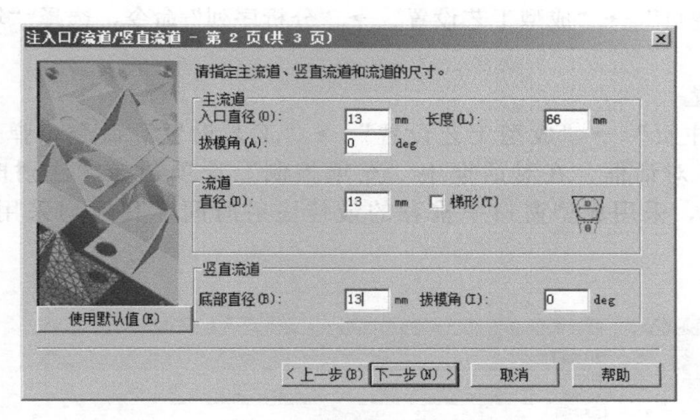

图 8-33 “注入口/流道/竖直流道”对话框

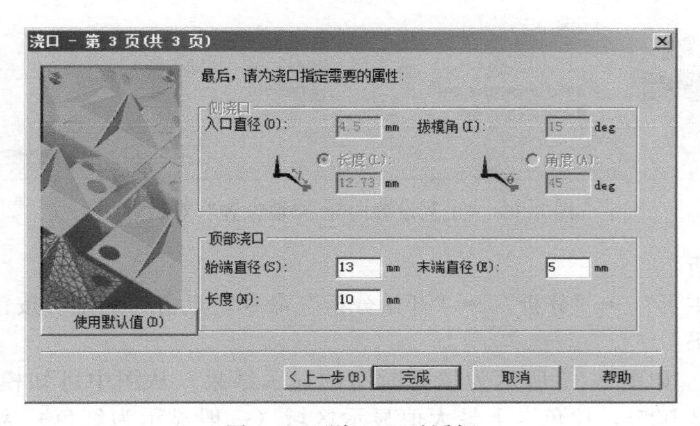

图 8-34 “浇口”对话框

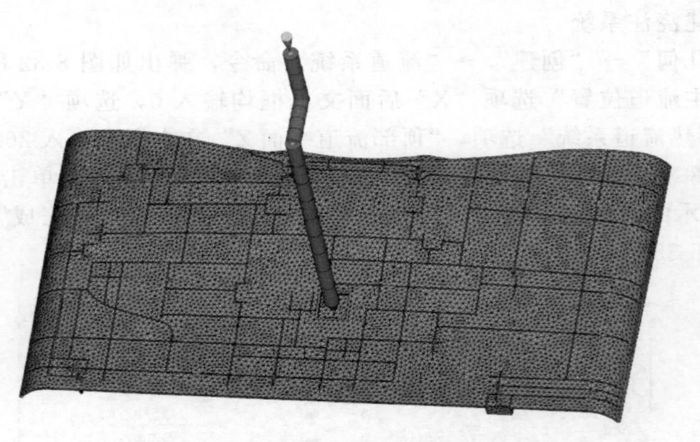

图 8-35　向导创建热流道系统

8.7　填充分析及优化

（1）激活方案

在任务栏选中“MP08_04”方案，然后双击，使此方案处于激活状态。

（2）设置分析序列

单击菜单“主页”→“成型工艺设置”→“分析序列”命令，选择“填充”选项，单击“确定”按钮。

（3）工艺设置

单击菜单“主页”→“成型工艺设置”→“工艺设置”命令，弹出如图 8-36 所示“工艺设置向导”对话框。在对话框中“充填控制”选项选择“注射时间”，后面的文本框中输入 1.7s，采用成型窗口中推荐的最佳注射时间，其他均采用默认设置，单击“确定”按钮。

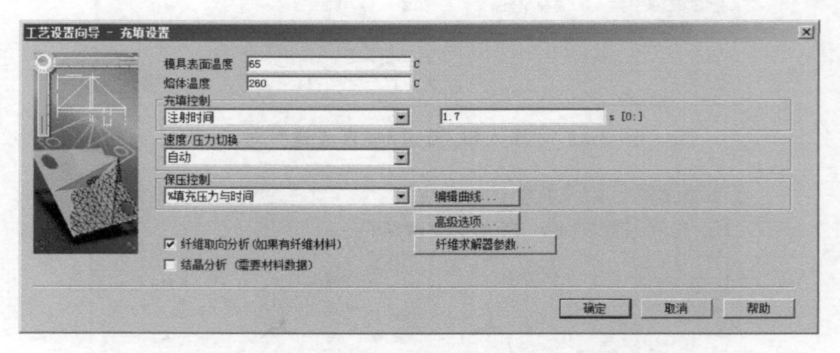

图 8-36　“工艺设置向导-充填设置”对话框

（4）开始分析

单击菜单“主页”→“分析”→“开始分析”命令，点击“确定”按钮。

（5）分析结果

① 填充时间　如图 8-37 所示为填充时间的显示结果，从图中可知模型没有短射的情况，填充时间为 2.025s，比色卡上最大值显示区域（一般显示为红色）为模型的最后填充区域，也是模型的末端，填充基本平衡。从图中可知，两侧的填充时间基本一致，说明两侧

填充平衡。

② 速度/压力切换时的压力　如图 8-38 所示为速度/压力切换时的压力的显示结果，从图中可知速度/压力切换时的压力为 121.2MPa，在模型的末端有灰色区域显示，表示此区域在速度/压力切换时仍未填充，通过日志中填充分析的屏幕输出可知，在模型填充体积的 97.27%进行速度与压力切换。可通过动画查看速度/压力切换时的压力在模型中的分布情况。

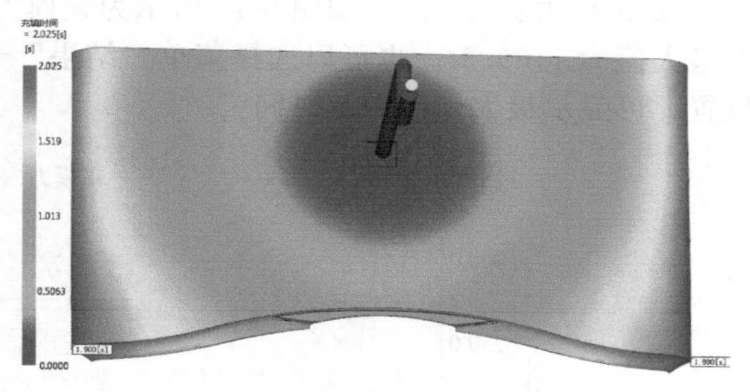

图 8-37　填充时间的显示结果

③ 流动前沿温度　如图 8-39 所示为流动前沿温度的显示结果，从图中可知模型的绝大部分区域的温度为 266℃左右，与料温比较接近。最低温度与最高温度相差较小，说明填充非常好。

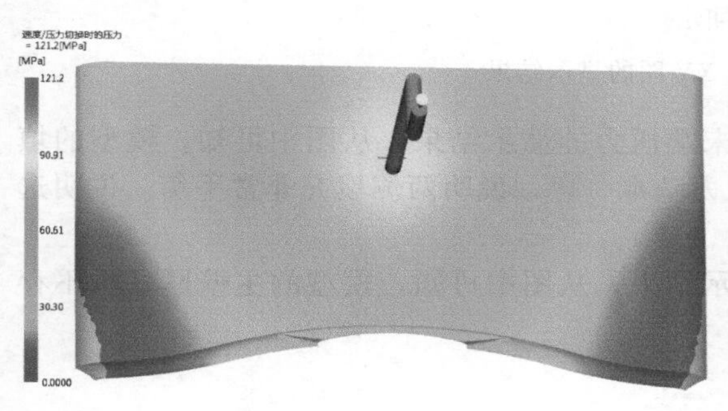

图 8-38　速度/压力切换时的压力的显示结果

图 8-39　流动前沿温度的显示结果

④ 剪切速率，体积　如图 8-40 所示为体积剪切速率的显示结果，从图中可知，体积剪切速率的最大值已超材料的极限值 $40000s^{-1}$。其中剪切速率的最大区域位于浇口位置。对于点浇口来说，浇口区域的剪切速率过大是不可避免的，浇口区域不是产品的外观，因此对产品的影响不大。

⑤ 壁上剪切应力　如图 8-41 所示为壁上剪切应力的显示结果，从图中可知，壁上剪切应力的最大值已经超过了材料的极限值。其中壁上剪切应力的超标区域位于骨位，模型的主壁厚未有超标区域，模型的骨位不属于装配区域，因此超标区域对于模型总体装配影响不大。

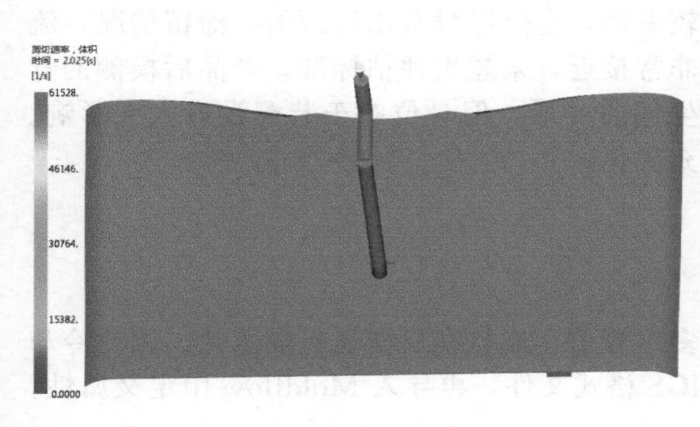

图 8-40　体积剪切速率的显示结果

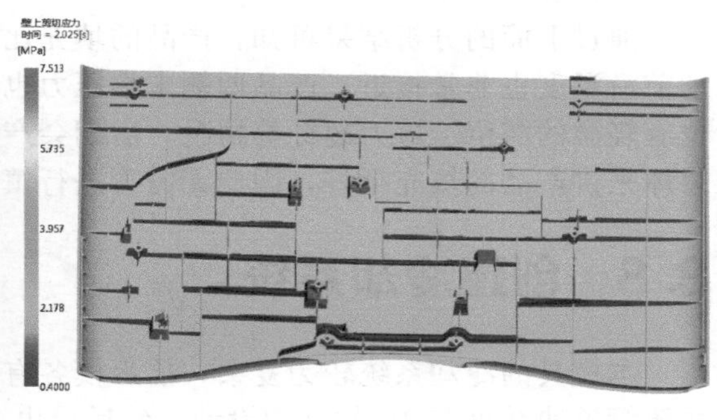

图 8-41　壁上剪切应力的显示结果

⑥ 锁模力：XY 图　如图 8-42 所示为锁模力：XY 图的显示结果，从图中可知，锁模力的最大值为 1109.3t。也可以选择菜单“结果”→“检查”→“检查”命令，单击曲线尖峰位置，可显示最大锁模力及时间。

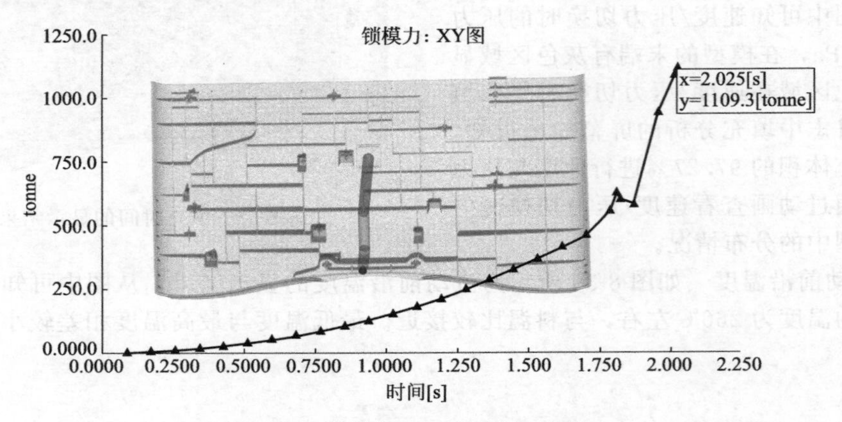

图 8-42　锁模力：XY 图的显示结果

⑦ 填充末端压力　如图 8-43 所示为填充末端压力的显示结果，从图中可知，模型的填充末端的压力非常平衡，相差无几，两侧的压力基本一样，说明两侧填充非常平衡。说明选择的浇口位置非常合适。

⑧ 熔接线　如图 8-44 所示为熔接线的显示结果，从图中可知，模型的主壁厚基本不存在熔接线，说明填充效果非常好。

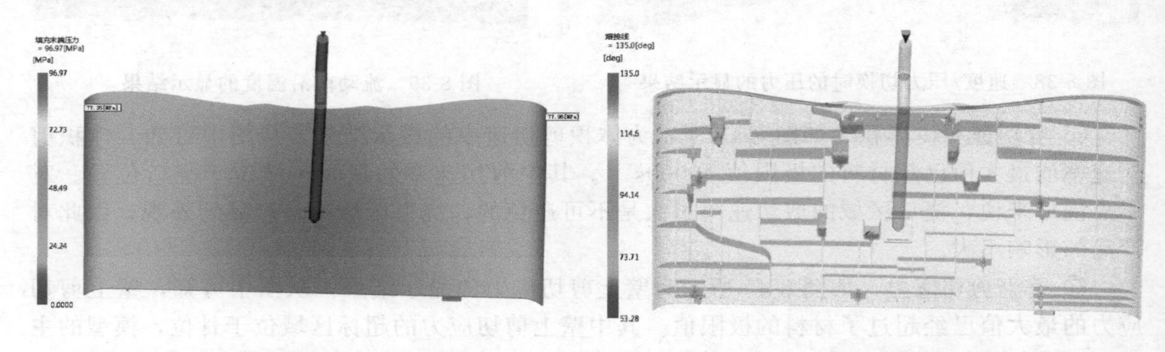

图 8-43　填充末端压力的显示结果　　图 8-44　熔接线的显示结果

（6）总结

通过上面的分析结果可知，产品的填充比较平衡，主壁厚没有出现短射、滞留情况，流动前沿温度也非常接近。产品两侧末端压力也非常接近，未超出评估标准，产品后模侧的骨位有轻微的滞留、应力超标等情况，后期会产生翘曲变形，但骨位对于装配没有太大影响。总体来讲产品的填充很好，因此无需再进行填充优化。

8.8　创建冷却系统

本模具的冷却系统较为复杂，前后模各有多组管道，而且在后模还有隔水片。因此冷却系统管道曲线可在 3D 软件中设计，然后导出 IGS 格式文件，再导入 Moldflow 中定义属性，再对其进行网格划分。

（1）复制方案并改名

在任务栏首先选中“MP08_04”方案，然后右击，在弹出的快捷菜单中选择“复制”命令，复制方案并改名为“MP08_05”。

(2) 导入冷却系统曲线

单击“主页”→“导入”→“添加”命令。选择目录：源文件\第 8 章\MP08-cool. igs（MP08-cool. igs 是在 UG 中已创建好的 IGS 文件），单击“打开”按钮。导入后的结果如图 8-45 所示。

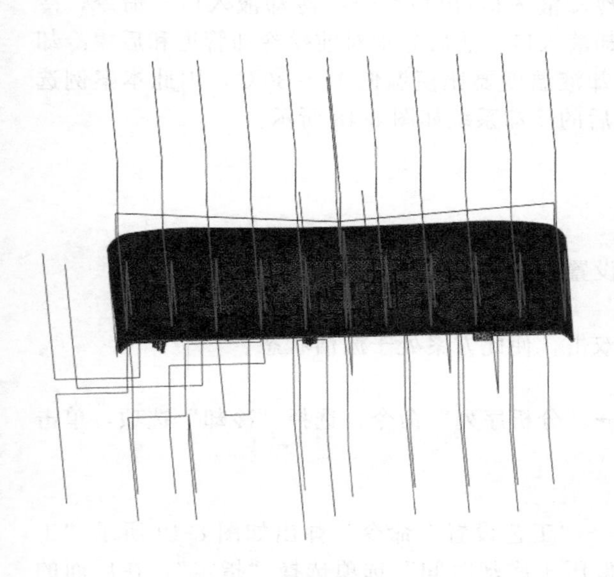

图 8-45　导入曲线结果图

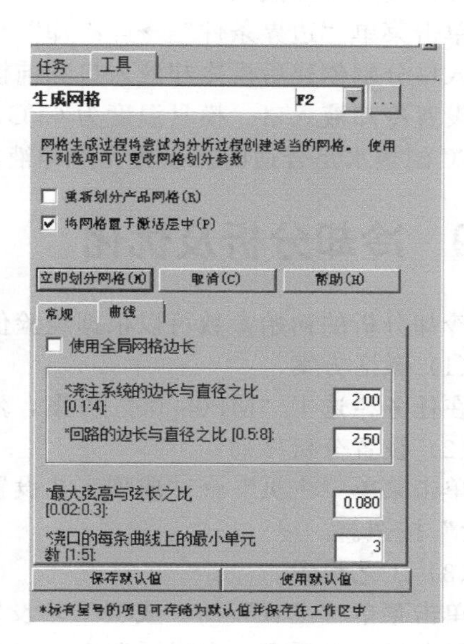

图 8-46　“生成网格”对话框

(3) 冷却系统曲线指定属性

分别对前模冷却系统曲线、后模冷却系统曲线、隔水片指定属性，对冷却管道指定属性在前面的章节已经讲过，这里不再赘述。冷却管道直径 10mm，隔水片直径 16mm。

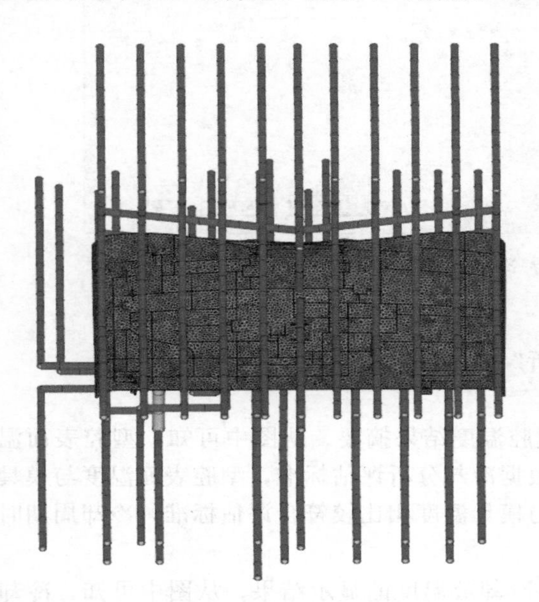

图 8-47　网格划分后的冷却管道

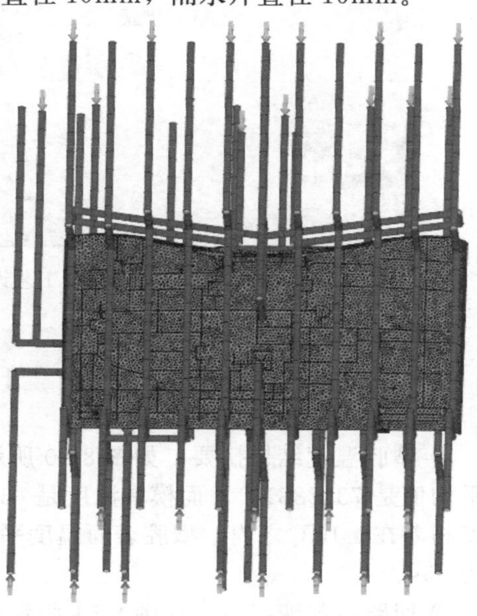

图 8-48　设置完冷却液入口后的冷却系统

(4) 冷却系统的网格划分

单击菜单“网格”→“网格”→“生成网格”命令，弹出如图8-46所示的对话框，在“回路的边长与直径之比”的文本框中默认数字为2.5，符合冷却管道长径比的要求。在单选项“将网格置于激活层中”前打钩。然后点击“立即划分网格”按钮。网格划分后的冷却管道如图8-47所示。

(5) 设置冷却液入口

单击菜单“边界条件”→“冷却”→“冷却液入口/出口”→“冷却液入口”命令，冷却液入口分别创建后模冷却液入口和前模冷却液入口。然后分别对前模冷却管道和后模冷却管道设置冷却液入口。模具温度为65℃，冷却液温度要比模温低10～30℃，因此本案例选择50℃的热水是合适的。设置完冷却液入口后的冷却系统如图8-48所示。

8.9 冷却分析及优化

冷却分析的初始参数可以根据经验值来设置，根据分析结果再次进行优化。

(1) 激活方案

在任务栏选中“MP08_05”方案，然后双击，使此方案处于激活状态。

(2) 设置分析序列

单击菜单“主页”→“成型工艺设置”→“分析序列”命令，选择“冷却”选项，单击“确定”按钮。

(3) 工艺设置

单击菜单“主页”→“成型工艺设置”→“工艺设置”命令，弹出如图8-49所示“工艺设置向导”对话框。在对话框中“注射+保压+冷却时间”选项选择“指定”，在后面的文本框中输入30，其他参数采用默认值。单击“确定”按钮。

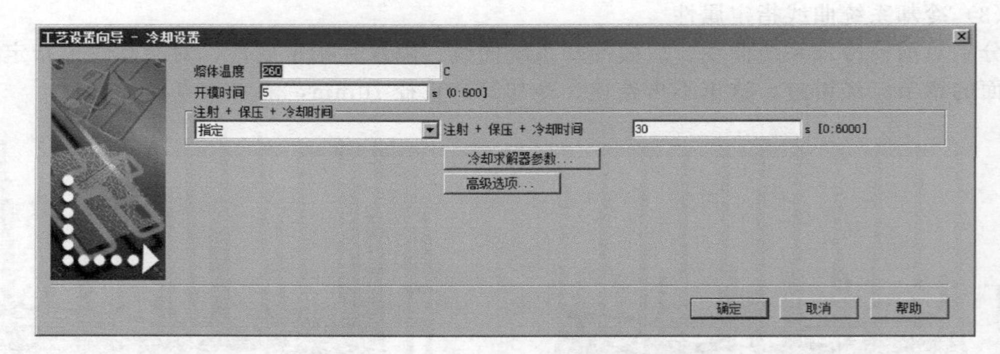

图8-49 “工艺设置向导-冷却设置”对话框

(4) 开始分析

单击菜单“主页”→“分析”→“开始分析”命令，点击“确定”按钮。

(5) 分析结果

① 型腔温度结果摘要　如图8-50所示为型腔温度结果摘要。从图中可知，型腔表面温度平均值是73.2881℃，而模具温度是65℃，根据冷却分析评估标准，型腔表面温度与模具温度相差在±10℃之内，型腔表面温度平均值与模具温度相比较符合评估标准，冷却周期时间为35s。

② 回路冷却液温度　如图8-51所示为回路冷却液温度的显示结果，从图中可知，冷却液入口与出口的温差为0.4℃，符合在3℃以内的要求。

型腔温度结果摘要

====================================

零件表面温度　- 最大值	= 189.0693 C
零件表面温度　- 最小值	= 39.2882 C
零件表面温度　- 平均值	= 77.3140 C
型腔表面温度 - 最大值	= 189.6732 C
型腔表面温度 - 最小值	= 32.8082 C
型腔表面温度 - 平均值	= 73.2881 C
平均模具外部温度	= 40.2566 C
通过外边界的热量排除	= 1.5470 kW
周期时间	= 35.0000 s
最高温度	= 260.0000 C
最低温度	= 25.0000 C

图 8-50　型腔温度结果摘要

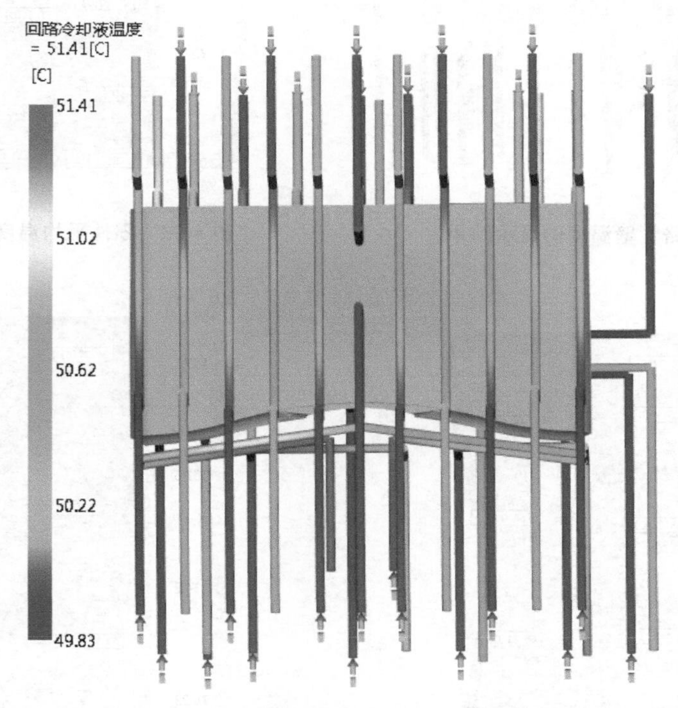

图 8-51　回路冷却液温度的显示结果

③ 回路管壁温度　如图 8-52 所示为回路管壁温度的显示结果，从图中可知，回路管壁的最高温度比冷却液入口温度高 8.7℃，局部小区域管道离产品较近，局部温度过高，但大部分区域回路管壁温度在评估标准之内。

④ 平均温度，零件　如图 8-53 所示为零件平均温度的显示结果，从图中可知，零件的平均温度为 75℃左右。目标模温为 65℃，刚好在评估标准范围之内。局部小区域的平均温度过高，这是由局部胶厚过厚引起的。

⑤ 温度，模具　如图 8-54 所示为模具温度的显示结果，从图中可知，模具的前模温度在 65℃左右，符合评估标准，单侧模面温度差异也在 10℃以内。模具的后模温度大部分在 70℃左右，局部区域温度稍高是因为此区域要出斜顶机构无法进行管道冷却。对于图中温度过高区域，经查询是柱体区域，这是因为网格划分不均匀而引起的。

⑥ 温度，零件　如图 8-55 所示为零件温度的显示结果，从图中可知，零件的最高与最低温度差异在±10℃以内，单侧零件表面温度差异也在 10℃以内。

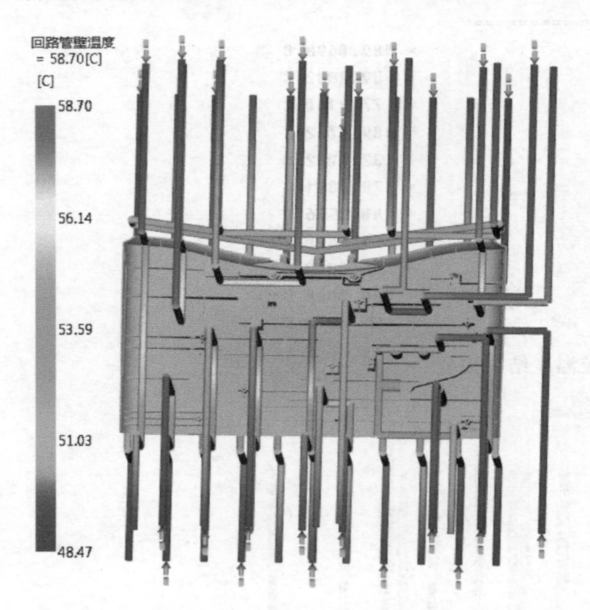

图 8-52　回路管壁温度的显示结果

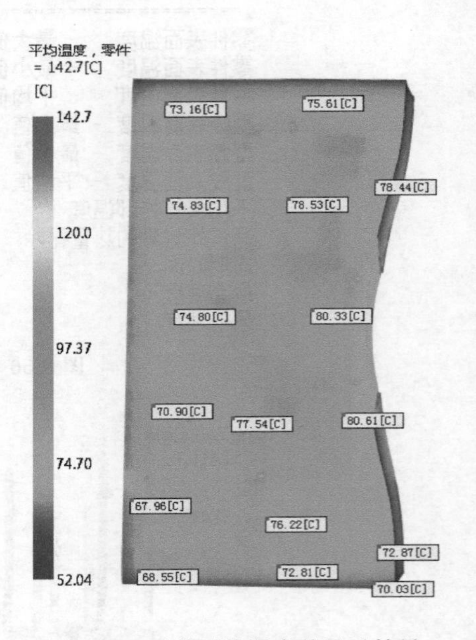

图 8-53　零件平均温度的显示结果

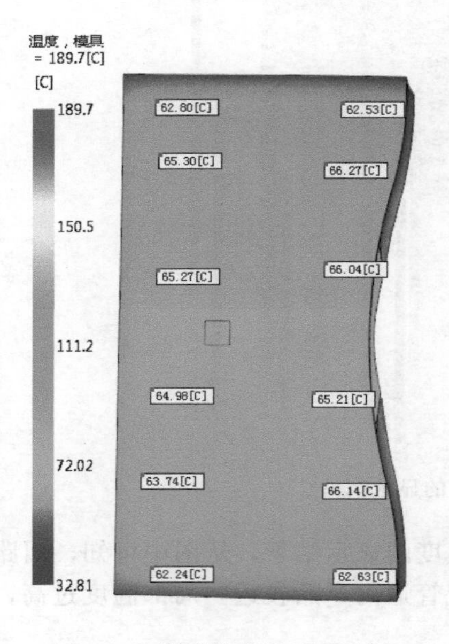

图 8-54　模具温度的显示结果

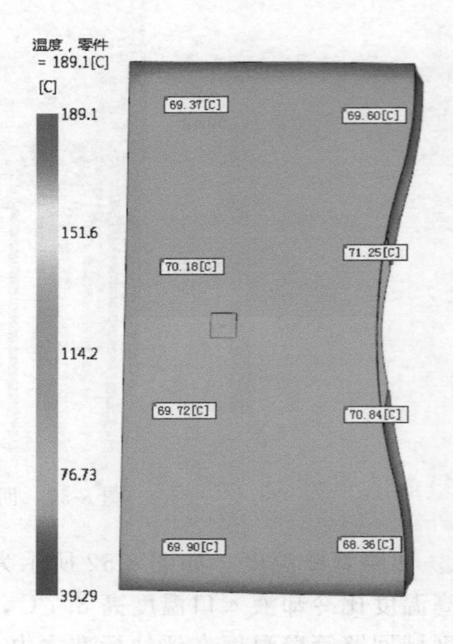

图 8-55　零件温度的显示结果

（6）总结

通过上面的分析结果与冷却评估标准相比较，可得出以下结论：分析结果基本符合评估标准，局部区域温度稍高是因为此区域要出斜顶机构无法进行管道冷却。在进行分析评定时，分析结果要无限靠近评估标准，对于大型复杂的模具要完全符合评估标准是比较困难的。此次冷却分析结果可以不用再进行优化，当冷却分析对翘曲变形影响较大时再进行冷却优化。

8.10 保压分析及优化

保压分析的初次分析一般采用默认的保压曲线，即 10s 的保压时间和最大填充压力的 80%，根据初次保压分析结果再进行优化保压曲线。

(1) 复制方案并改名

在任务栏首先选中“MP08_05”方案，然后右击，在弹出的快捷菜单中选择“复制”命令，复制方案并改名为“MP08_06”。

(2) 设置分析序列

单击菜单“主页”→“成型工艺设置”→“分析序列”命令，选择“冷却＋填充＋保压”选项，单击“确定”按钮。

(3) 工艺设置

单击菜单“主页”→“成型工艺设置”→“工艺设置”命令，弹出如图 8-56 所示“工艺设置向导-冷却设置”对话框。在对话框中所有参数采用冷却优化后的参数。单击“下一步”按钮，弹出如图 8-57 所示“工艺设置向导-填充＋保压设置”对话框。在对话框中“填充控制”选项选择“注射时间”，文本框中输入填充优化分析后的时间 1.7s，“速度/压力切换”选项选择“自动”。“保压控制”选项采用系统默认的保压控制方式为“%填充压力与时间”，单击右侧的“编辑曲线”按钮，弹出如图 8-58 所示的对话框。在对话框中“持续时间”表示为保压时间，默认设置为 10s，“%填充压力”表示填充压力的百分比，一般情况下为填充压力的 80%。

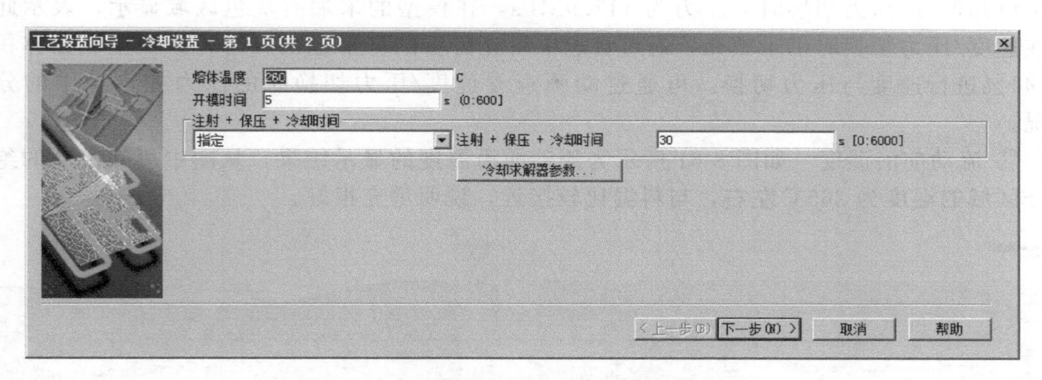

图 8-56 “工艺设置向导-冷却设置”对话框

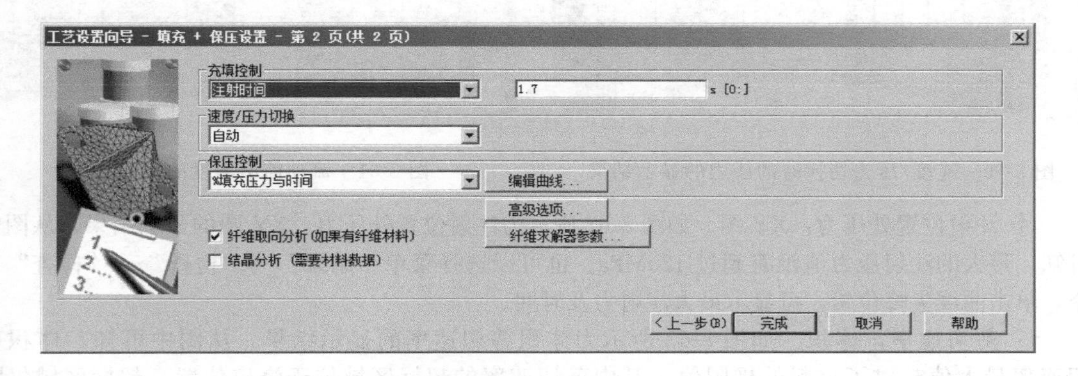

图 8-57 “工艺设置向导-填充＋保压设置”对话框

(4) 开始分析

单击菜单“主页”→“分析”→“开始分析”命令，点击“确定”按钮。

(5) 保压分析结果

① 填充时间　如图8-59所示为填充时间的显示结果，从图中可知模型没有短射的情况，填充时间为1.951s，比色卡上最大值显示区域（一般显示为红色）为模型的最后填充区域，也是模型的末端，填充基本平衡。点击“结果”→“动画”→“播放”命令，可以动态播放填充时间的动画，查看模型填充的整个过程。填充时间也可用等值线显示的方式进行查看。

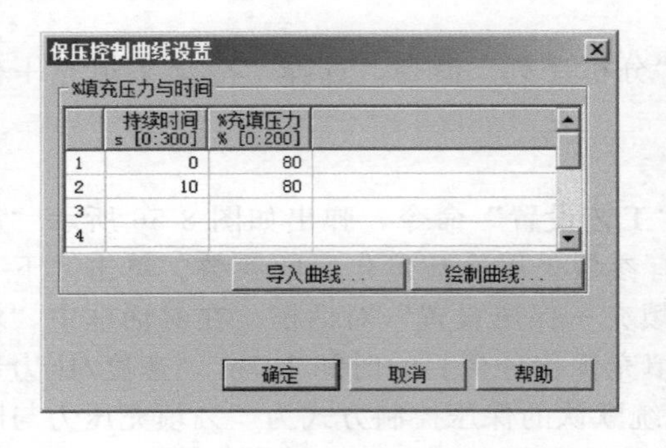

图8-58　“保压控制曲线设置”对话框　　图8-59　填充时间的显示结果

② 速度/压力切换时的压力　如图8-60所示为速度/压力切换时的压力的显示结果，从图中可知速度/压力切换时的压力为117.9MPa，在模型的末端有灰色区域显示，表示此区域在速度/压力切换时仍未填充，通过日志中填充分析的屏幕输出可知，在模型填充体积的97.41%进行速度与压力切换。可通过动画查看速度/压力切换时的压力在模型中的分布情况。

③ 流动前沿温度　如图8-61所示为流动前沿温度的显示结果，从图中可知模型的绝大部分区域的温度为265℃左右，与料温比较接近，说明填充很好。

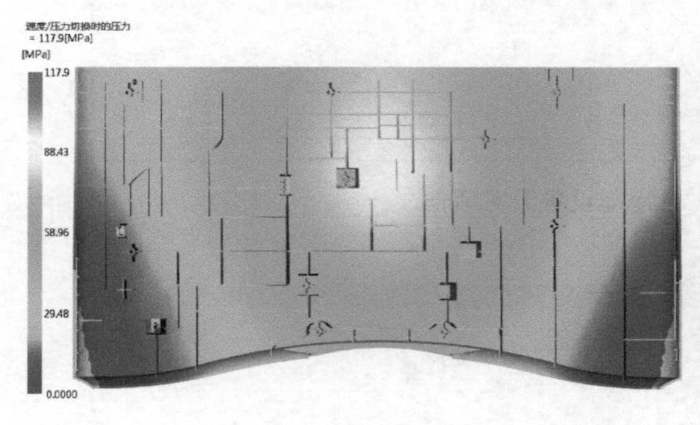

图8-60　速度/压力切换时的压力的显示结果　　图8-61　流动前沿温度的显示结果

④ 注射位置处压力：XY图　如图8-62所示为注射位置处压力：XY图的显示结果，从图中可知，最大的注射压力值没有超过120MPa。也可以选择菜单“结果”→“检查”→“检查”命令，单击曲线尖峰位置，可显示最大注射力及时间。

⑤ 剪切速率，体积　如图8-63所示为体积剪切速率的显示结果，从图中可知，体积剪切速率最大值超过了材料的极限值。其中剪切速率的超标区域位于浇口位置。超标区域仅限几个网格，是由网格质量不佳所造成的，对于整体分析影响极小，可忽略不计。

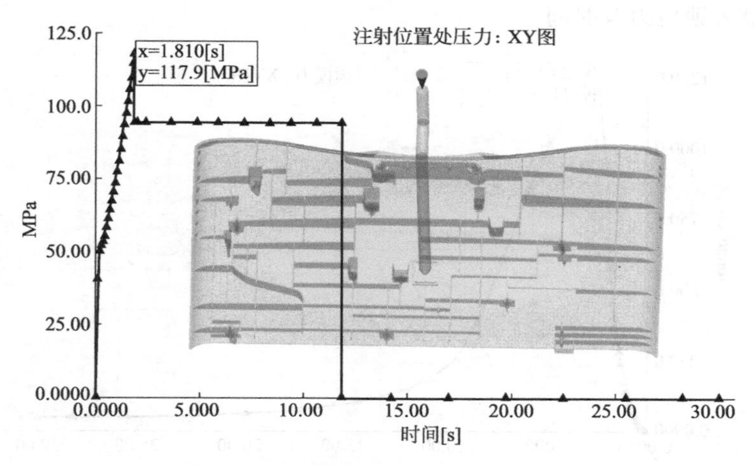

图 8-62　注射位置处压力：XY 图的显示结果

⑥ 壁上剪切应力　如图 8-64 所示为壁上剪切应力的显示结果，从图中可知，壁上剪切应力的最大值已经超过了材料的极限值。其中壁上剪切应力的最大时间是在保压阶段，说明恒定的保压有较大的残余应力，可以用分段的保压压力的方式来改善。

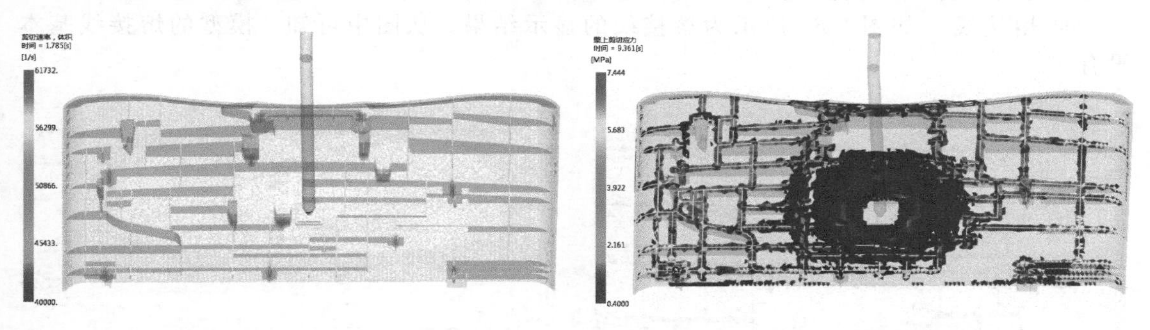

图 8-63　体积剪切速率的显示结果　　　　图 8-64　壁上剪切应力的显示结果

⑦ 达到顶出温度的时间　如图 8-65 所示为达到顶出温度的时间的显示结果，从图中可知，产品大概要 15s，一般情况下产品冷却到 80%即可顶出。

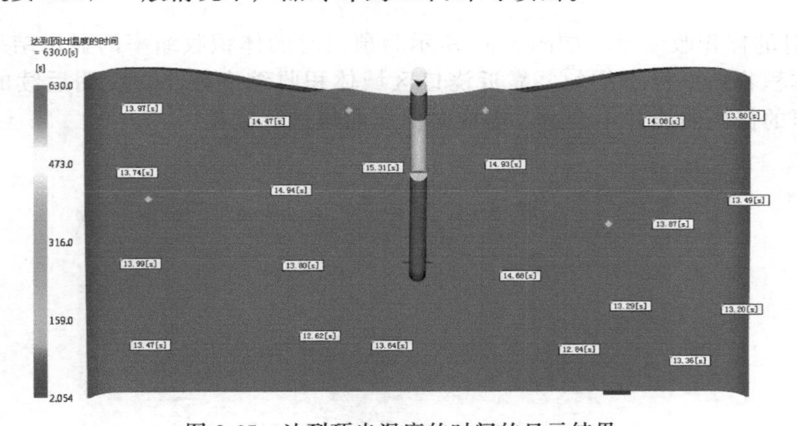

图 8-65　达到顶出温度的时间的显示结果

⑧ 锁模力：XY 图　如图 8-66 所示为锁模力：XY 图的显示结果，从图中可知，锁模力的最大值为 1196.1t。也可以选择菜单“结果”→“检查”→“检查”命令，单击曲线尖峰

位置，可显示最大锁模力及时间。

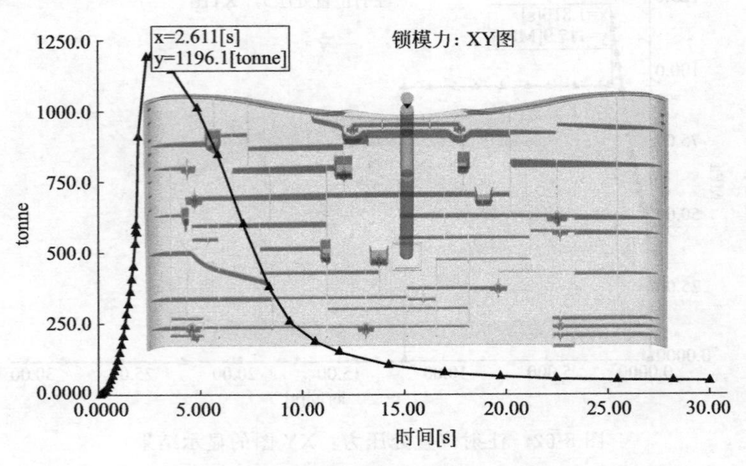

图 8-66 锁模力：XY图的显示结果

⑨ 气穴 如图 8-67 所示为气穴的显示结果，可以重叠填充时间结果，判断气穴的显示位置，为模具设计的排气提供参考。

⑩ 熔接线 如图 8-68 所示为熔接线的显示结果，从图中可知，模型的熔接线基本没有。

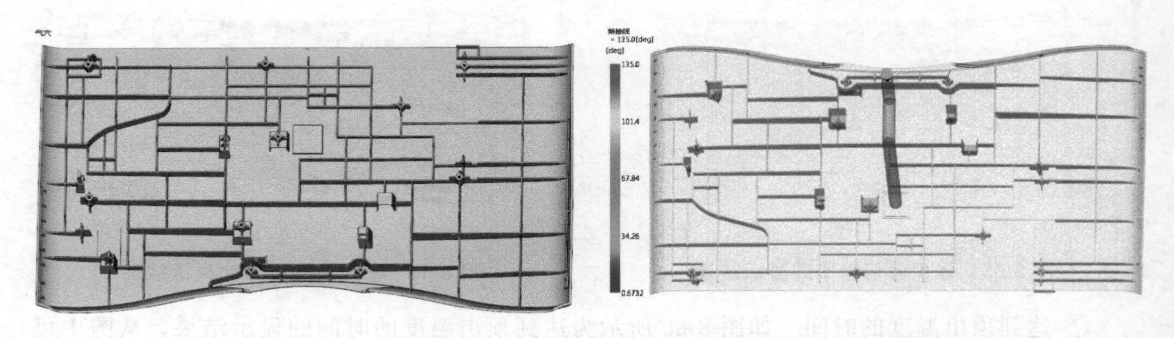

图 8-67 气穴的显示结果 图 8-68 熔接线的显示结果

⑪ 顶出时的体积收缩率 如图 8-69 所示为顶出时的体积收缩率的显示结果，从图中可知，模型的体积收缩率极不均匀，靠近浇口区域体积收缩率较小，说明后续的保压压力太大，一段恒压的保压曲线并不合适，需要对保压曲线进行优化。

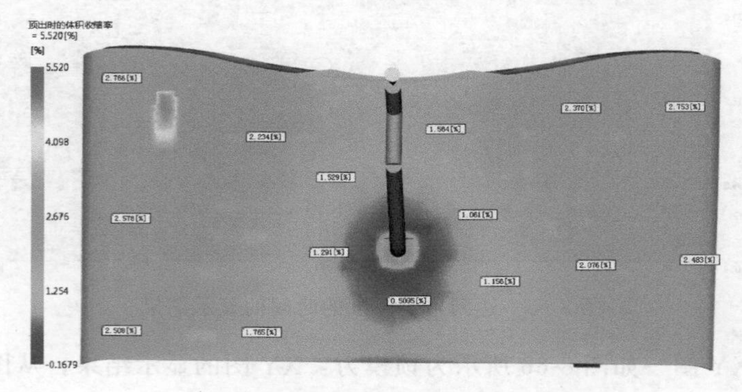

图 8-69 顶出时的体积收缩率的显示结果

⑫ 冻结层因子　如图 8-70 所示为冻结层因子的显示结果，可以单击“动画”中的“播放”按钮，以动画的形式模拟模型和浇口中的冷凝层随时间变化的过程。从图中可知模型在 19.72s 时全部冻结。由于模型采用的是热流道，因此模型的冻结时间与保压时间有关。

⑬ 缩痕，指数　如图 8-71 所示为缩痕指数的显示结果，从图中可知，模型中比色卡上最大值区域（一般显示为红色）为缩痕指数最大的区域。

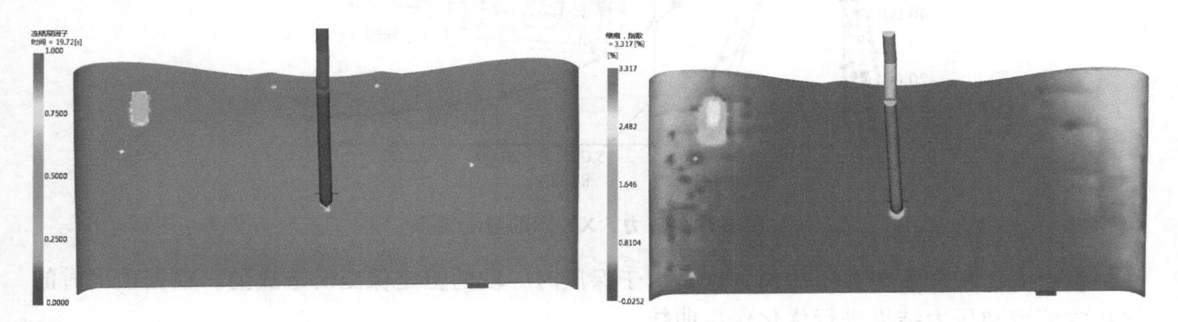

图 8-70　冻结层因子的显示结果　　　　图 8-71　缩痕指数的显示结果

⑭ 体积收缩率：路径图　如图 8-72 所示为体积收缩率：路径图的显示结果。体积收缩率：路径图不是默认结果图，因此需要新建结果图，操作方法：单击菜单“结果”→“图形”→“新建图形”→“图形”命令，在弹出的对话框中左边选择“体积收缩率”，右边选择“路径图”，单击“确定”按钮。依次选择从浇口到填充末端各个点。从图中可知，模型沿流动路径上的体积收缩率差异应在 2.2%，已超过评估标准，因此需要优化保压曲线。

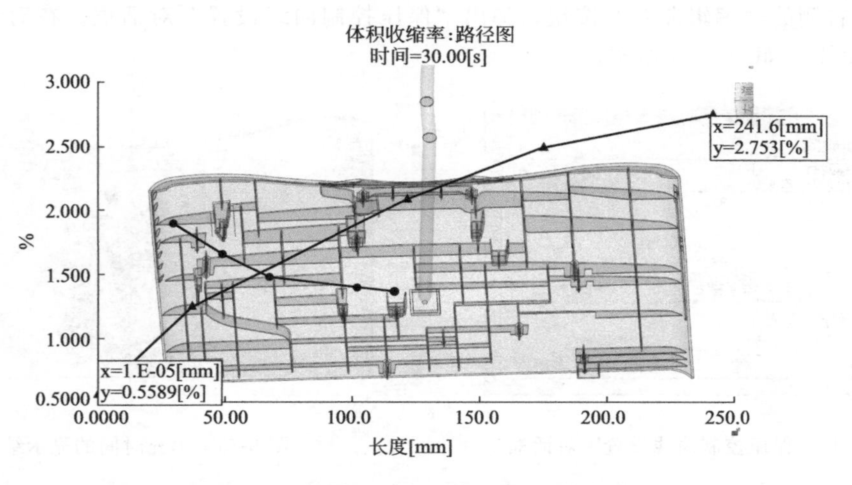

图 8-72　体积收缩率：路径图的显示结果

⑮ 压力：XY 图　如图 8-73 所示为压力：XY 图的显示结果。压力：XY 图不是默认结果图，因此需要新建结果图，操作方法：单击菜单“结果”→“图形”→“新建图形”→“图形”命令，在弹出的对话框中左边选择“压力”，右边选择“XY 图”，单击“确定”按钮。依次选择从注射位置到填充末端各个点。从图中可知，流动路径上各点压力曲线形状比较接近，但在浇口附近存在较大的残余压力，因此需要优化保压曲线。

(6) 总结

通过上面的分析结果与保压评估标准相比较，特别是由顶出时的体积收缩率的结果可

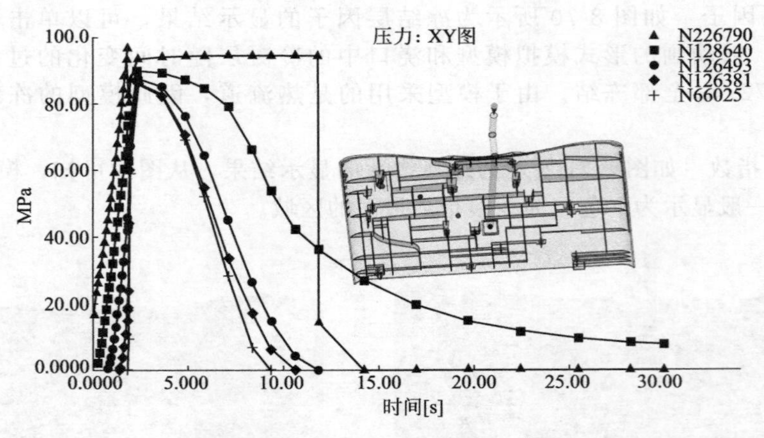

图 8-73　压力：XY 图的显示结果

知，模型的体积收缩率并不均匀，这是由于保压时一段的恒定保压所造成的。根据顶出时的体积收缩率和压力结果进行优化保压曲线。

（7）保压曲线优化

首先在任务栏选中“MP08_06”方案，然后右击，在弹出的快捷菜单中选择“复制”命令，复制方案并改名为“MP08_07”。然后单击菜单“主页”→“成型工艺设置”→“工艺设置”命令，弹出“工艺设置向导-冷却设置”对话框。在对话框中所有参数采用冷却优化后的参数。单击“下一步”按钮，弹出“工艺设置向导-填充+保压设置”对话框。在对话框中“充填控制”选项选择“注射时间”，文本框中输入填充优化分析后的时间 1.7s，“速度/压力切换”选项选择“自动”。“保压控制”选项选择保压控制方式为“保压压力与时间”，单击右侧的“编辑曲线”按钮，弹出“保压控制曲线设置”对话框。在对话框中保压时间和保压压力如图 8-74 所示。

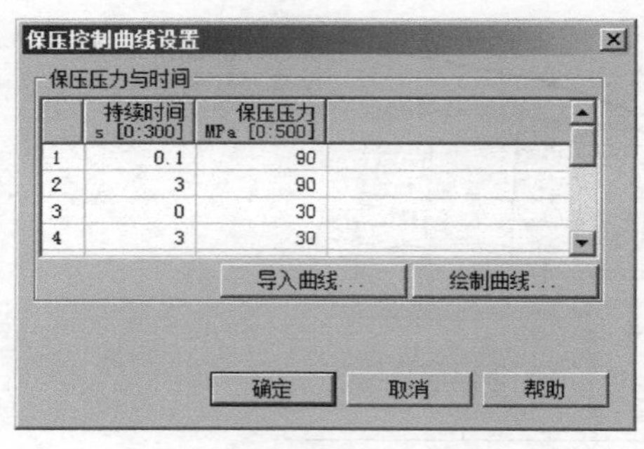

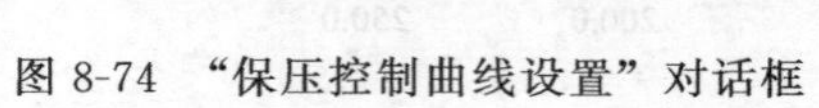
图 8-74　“保压控制曲线设置”对话框

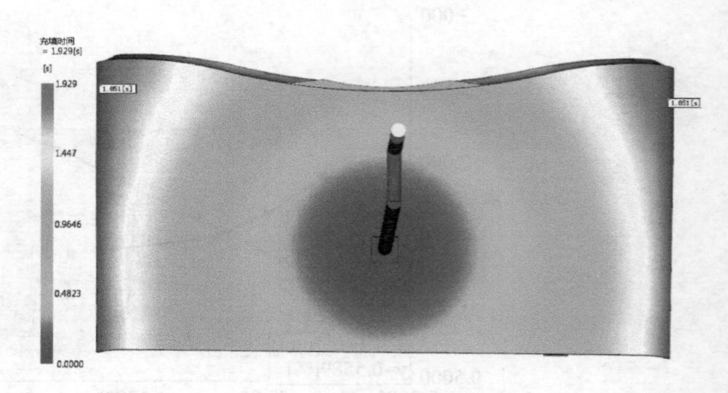

图 8-75　填充时间的显示结果

（8）保压优化结果

① 填充时间　如图 8-75 所示为填充时间的显示结果，从图中可知模型没有短射的情况，填充时间为 1.929s，比色卡上最大值显示区域（一般显示为红色）为模型的最后填充区域，也是模型的末端，填充非常平衡。与前面一个方案相比较，填充时间相差不大。

② 顶出时的体积收缩率　如图 8-76 所示为顶出时的体积收缩率的显示结果，从图中可知，模型中的大部分区域的体积收缩率在 3%左右，整个模型的体积收缩率非常均匀，说明保压优化非常有效。

③ 冻结层因子　如图 8-77 所示为冻结层因子的显示结果，从图中可知模型在 14.32s 时已基本冻结，与前面方案的冻结时间相差较大，这是由于是热流道进胶，保压时间的长短对其影响很大。

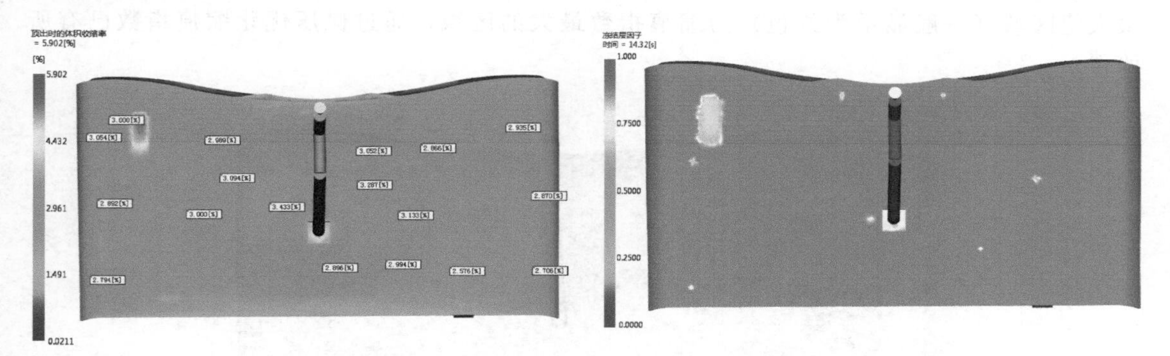

图 8-76　顶出时的体积收缩率的显示结果　　　　图 8-77　冻结层因子的显示结果

④ 体积收缩率：路径图　如图 8-78 所示为体积收缩率：路径图的显示结果。从图中可知，模型沿流动路径上的体积收缩率差异应在 0.3%，未超过评估标准，说明保压曲线的优化是有效的。

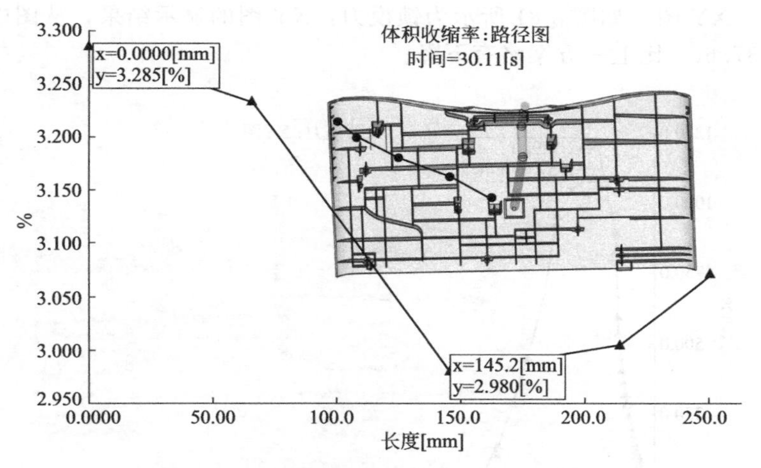

图 8-78　体积收缩率：路径图的显示结果

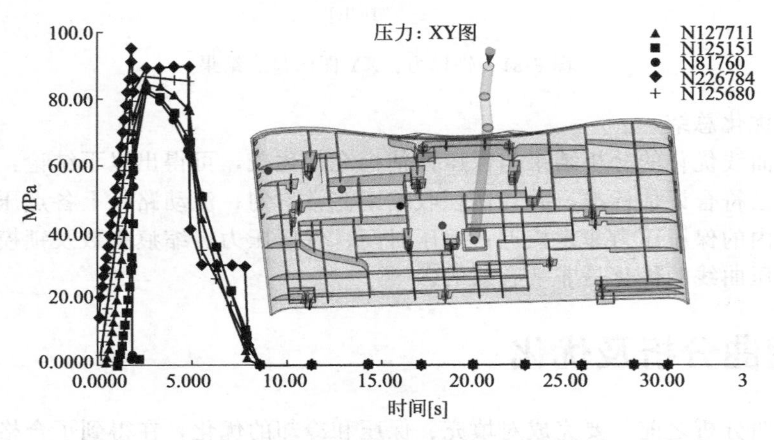

图 8-79　压力：XY 图的显示结果

⑤ 压力：XY 图　如图 8-79 所示为压力：XY 图的显示结果。从图中可知，流动路径上各点压力曲线形状非常接近，型腔内的保压压力非常接近，符合评估标准。

⑥ 缩痕，指数　如图 8-80 所示为缩痕指数的显示结果，从图中可知，模型中比色卡上最大值区域（一般显示为红色）为缩痕指数最大的区域，通过保压优化缩痕指数已有所改善。

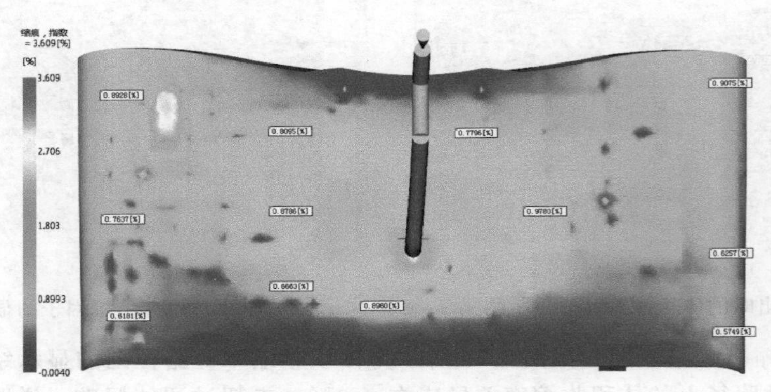

图 8-80　缩痕指数的显示结果

⑦ 锁模力：XY 图　如图 8-81 所示为锁模力：XY 图的显示结果，从图中可知，锁模力的最大值为 1137.6t，比上一方案略有下降。

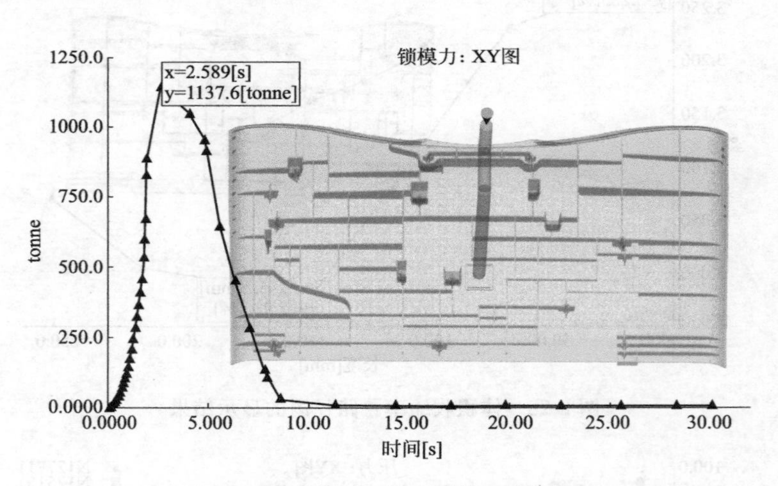

图 8-81　锁模力：XY 图的显示结果

（9）保压优化总结

通过保压曲线优化的分析结果与保压评估标准相比较，可得出以下结论：顶出时的体积收缩率的结果已符合评估标准，并且体积收缩率非常均匀；流动路径上各点压力曲线形状非常接近；型腔内的保压压力非常接近；保压时间、保压压力、缩痕指数及锁模力均符合评估标准，说明保压曲线的优化是非常有效的。

8.11　翘曲分析及优化

在进行翘曲分析之前，要完成对填充、保压和冷却的优化，在得到了合格的填充、保压和冷却分析之后，再对制品进行翘曲分析。

(1) 复制方案并改名

在任务栏首先选中“MP08_07”方案，然后右击，在弹出的快捷菜单中选择“复制”命令，复制方案并改名为“MP08_08”。

(2) 设置分析序列

单击菜单“主页”→“成型工艺设置”→“分析序列”命令，选择“冷却＋填充＋保压＋翘曲”选项，单击“确定”按钮。

(3) 工艺设置

单击菜单“主页”→“成型工艺设置”→“工艺设置”命令，弹出“工艺设置向导-冷却设置”对话框。在对话框中所有参数采用冷却优化后的参数。单击“下一步”按钮，弹出“工艺设置向导-填充＋保压设置”对话框。在对话框中“充填控制”选项选择“注射时间”，文本框中输入填充优化分析后的时间 1.7s，“速度/压力切换”选项选择“自动”。“保压控制”选项采用保压优化后的保压曲线。单击“下一步”按钮，弹出“工艺设置向导-翘曲设置”对话框。在对话框中勾选“分离翘曲原因”选项。

(4) 开始分析

单击菜单“主页”→“分析”→“开始分析”命令，点击“确定”按钮。

(5) 翘曲分析结果

① 变形，所有效应：*Z* 方向　如图 8-82 所示为 *Z* 方向所有效应引起变形的显示结果，从图中可知，模型的最大变形量为 2.996～－1.723mm。

② 变形，冷却不均：*Z* 方向　如图 8-83 所示为 *Z* 方向冷却不均引起变形的显示结果，从图中可知，模型的最大变形量为 0.4635～－0.5835mm，冷却不均对模型的变形影响较小。

图 8-82　*Z* 方向所有效应引起变形的显示结果

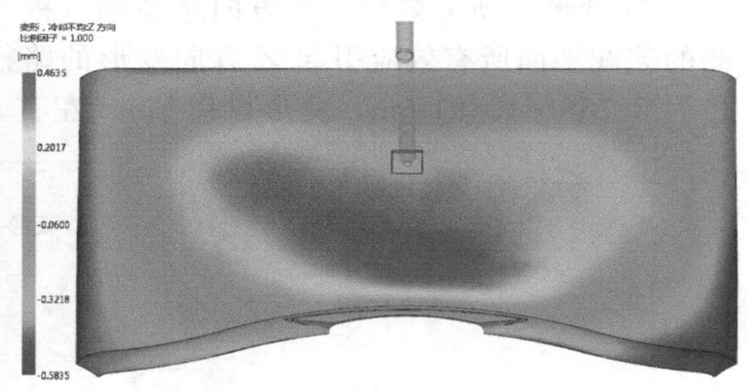

图 8-83　*Z* 方向冷却不均引起变形的显示结果

③ 变形，收缩不均：*Z* 方向　如图 8-84 所示为 *Z* 方向收缩不均引起变形的显示结果，从图中可知，模型的最大变形量为 3.299～－2.056mm。*Z* 方向收缩不均引起变形与 *Z* 方向所有效应引起变形基本一样，由此可判断模型的变形是由收缩不均所引起的。

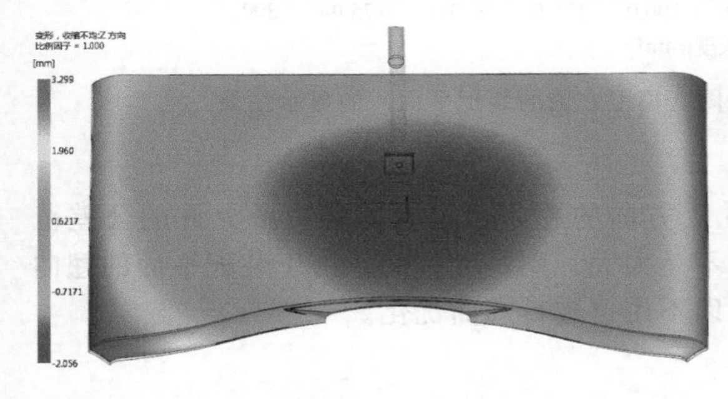

图 8-84　*Z* 方向收缩不均引起变形的显示结果

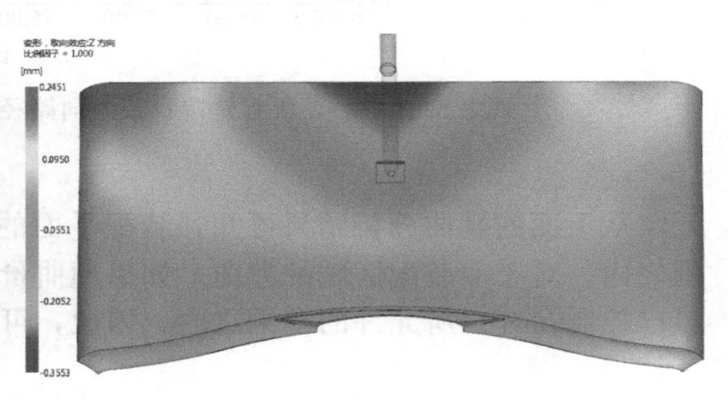

图 8-85　*Z* 方向取向效应引起变形的显示结果

④ 变形，取向效应：*Z* 方向　如图 8-85 所示为 *Z* 方向取向效应引起变形的显示结果，从图中可知，模型的最大变形量为 0.2451～－0.3553mm。这表明取向效应对模型的变形产生影响不大。

⑤ 变形，所有效应：*Z* 方向路径图（模型左侧的装配平面）　如图 8-86 所示为模型左侧的装配平面所有效应引起 *Z* 方向变形的路径图显示结果，从图中可知，模型的最大变形量为 2.778～1.856mm。变形量在 1mm 的公差范围之内。

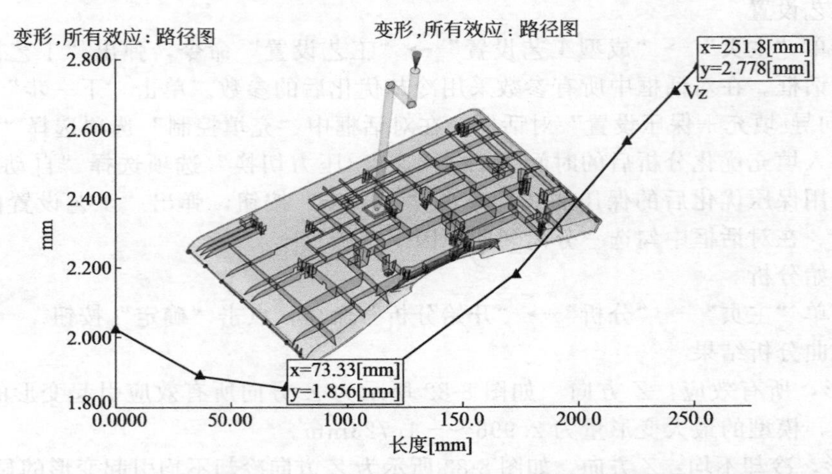

图 8-86　变形，所有效应：*Z* 方向路径图（模型左侧的装配平面）的显示结果

⑥ 变形，所有效应：*Z* 方向路径图（模型右侧的装配平面）　如图 8-87 所示为模型右侧的装配平面所有效应引起 *Z* 方向变形的路径图显示结果，从图中可知，模型的最大变形量为 2.766～1.691mm。变形量在 1mm 左右。

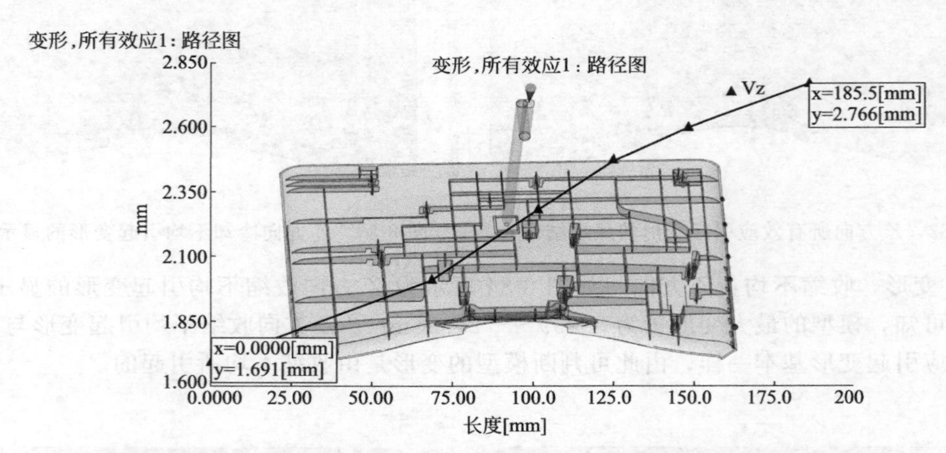

图 8-87　变形，所有效应：*Z* 方向路径图（模型右侧的装配平面）的显示结果

（6）总结

从上面的翘曲分析结果可知，装配平面的 *Z* 方向的翘曲已控制在客户所允许的公差范围之内，对于非装配区域的翘曲，如果翘曲量不是太大，则是允许的。由于装配平面的翘曲量已控制在客户所允许的范围之内，因此，可以不用再进行翘曲优化。

第 9 章

汽车后视镜——热流道转冷流道

9.1 概述

概述

本案例为汽车后视镜上的外壳。由于外观要求非常严格，不允许在外观上有任何进胶口，只允许在产品的内观面进胶，因此首先进行浇口位置分析，以便找到最佳浇口位置，进行填充、冷却、保压和翘曲分析及优化，从而确认注塑机的最大注塑压力和锁模力，最佳的浇注系统和冷却系统，产品外观面上的熔接线和气穴位置，产品装配平面的公差范围。分析任务说明书如图 9-1 所示。

分析任务说明书：
①材料：ASA
②穴数：1×1
③确认分析任务：
- 浇口位置及数量
- 注塑压力及锁模力
- 最佳流道系统
- 最佳冷却系统
- 熔接线、气穴
- 装订配平面公差在 0.5mm 以内

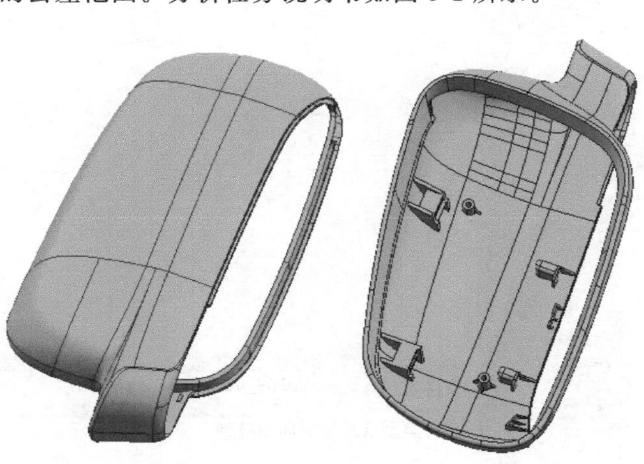

图 9-1　分析任务说明书

9.2 网格划分及修复

产品在网格划分之前已在 CAD Doctor 软件中做过前期处理，主要是去除产品一些小于 1 的圆角面和 C 角面，这样进行网格划分时，网格的质量更好。CAD Doctor 的前处理在上一章已经详细地讲解过，这里不再赘述。

(1) 新建工程

打开软件后，单击菜单“开始并学习”→“启动”→“新建工程”命令，创建一个工程名称为 MP09 的工程，如图 9-2 所示。最后单击“确定”按钮。

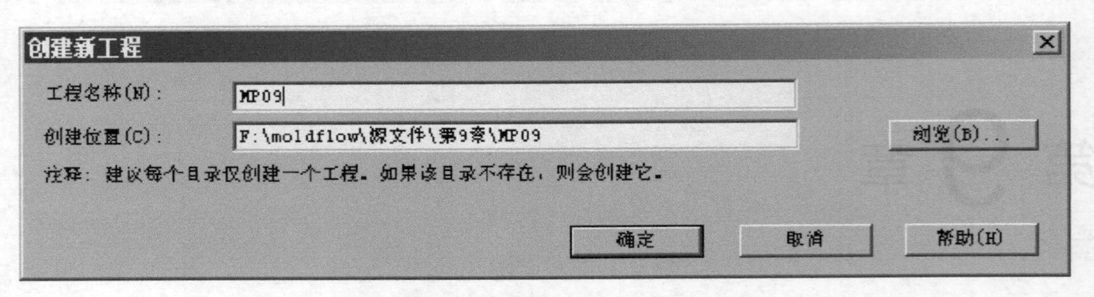

图 9-2 “创建新工程”对话框

(2) 导入模型

单击菜单“主页”→“导入”→“导入”命令，选择文件目录：源文件\第 9 章\MP09_out.sdy 。如图 9-3 所示。然后单击“打开”按钮。导入模型后把方案名改为“MP09_01”。

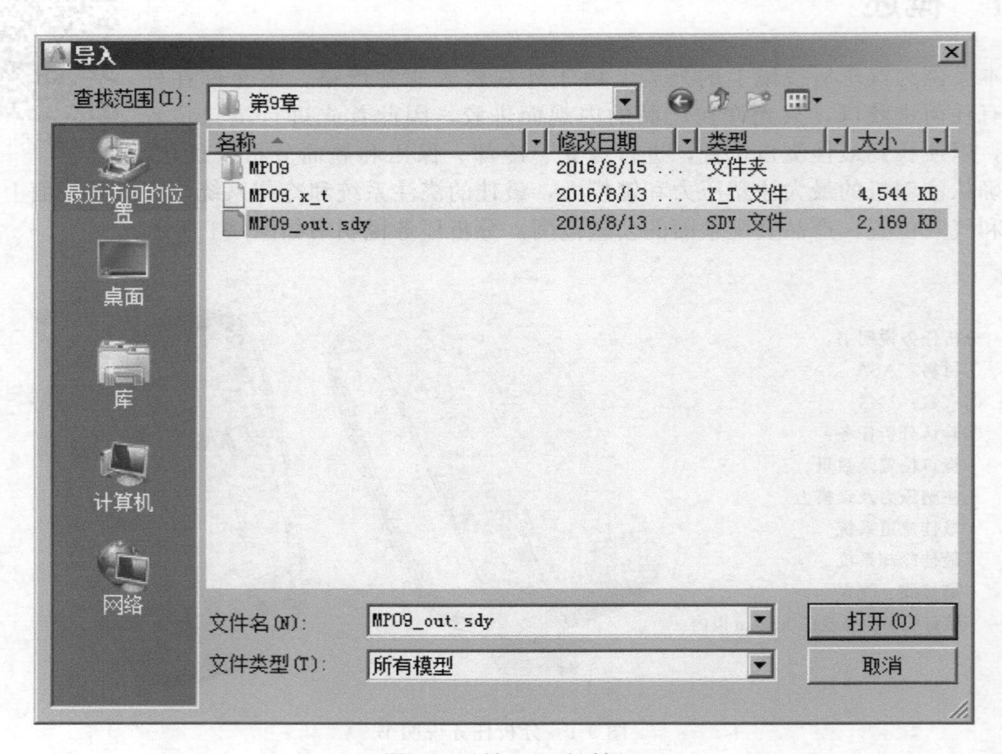

图 9-3 “导入”对话框

(3) 网格划分

单击菜单“网格”→“网格”→“生成网格”命令，弹出如图 9-4 所示对话框，在对话框中“曲面上的全局边长”输入框用默认值 2.18（产品的平均壁厚为 2.7），单击“立即划分网格”按钮。

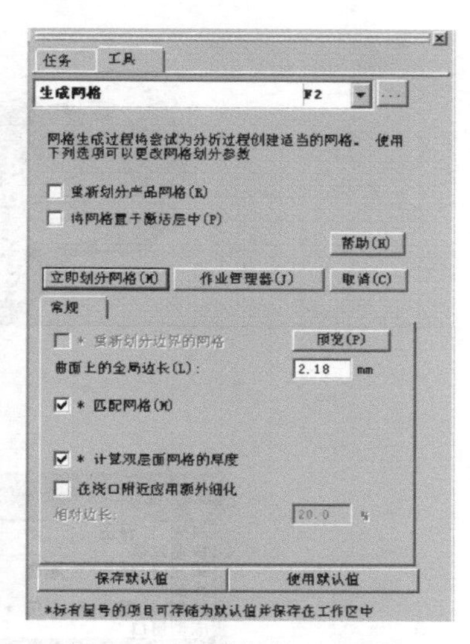

图 9-4　“生成网格”对话框

(4) 网格统计

单击菜单“网格”→“网格诊断”→“网格统计”命令，单击“显示”按钮。网格统计结果如图 9-5 所示，从图中可知，网格的质量很好，没有自由边、多重边、配向不正确的单元及相交和完全重叠的单元，网格的匹配百分比达到 93.6%，最大纵横比为 15.83，最大纵横比最好在 8 以下，因此需要对纵横比进行诊断并修复，纵横比修复方法在前面已经讲解过，此处就不再赘述。网格的纵横比修复后如图 9-6 所示。网格质量已完全达到模流分析要求。

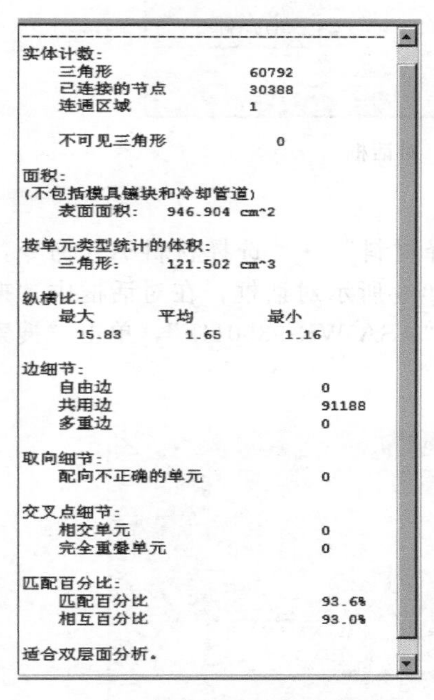

图 9-5　修复前网格统计结果

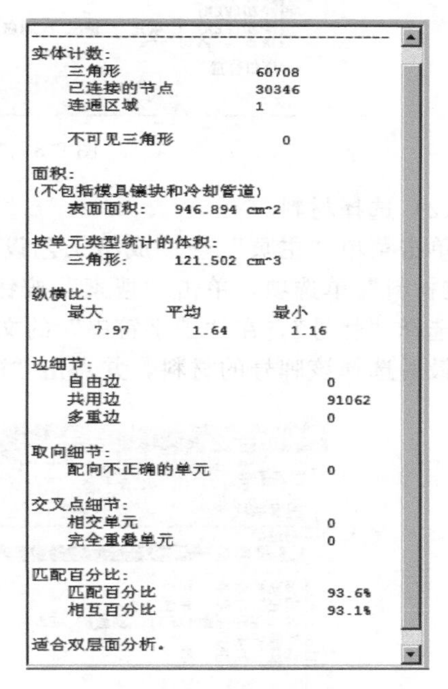

图 9-6　修复后网格统计结果

9.3　限制性浇口位置分析

限制性浇口位置分析

本产品由于是外观件，在外观面上不能有浇口以避免影响外观，因此本产品的进胶范围面的选择余地非常小，只能在如图 9-7 所示红色面（软件中可见）的范围内选择进胶点。其他非进胶口区域可以用“限制性浇口节点”命令进行限制。

(1) 选择分析类型

单击菜单“主页”→“成型工艺设置”→“分析序列”命令，选择“浇口位置”选项，如图 9-8 所示。单击“确定”按钮。

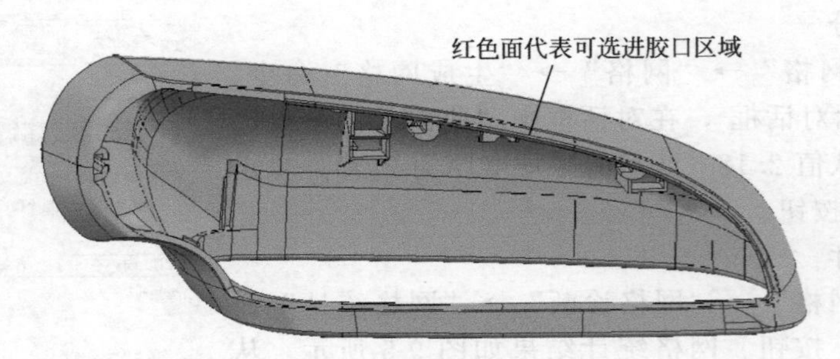

图 9-7　产品进胶口区域

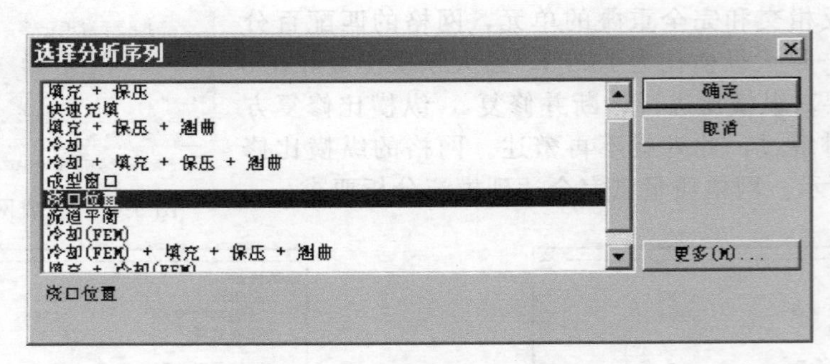

图 9-8　“选择分析序列”对话框

（2）选择材料

单击菜单“主页”→“成型工艺设置”→“选择材料”→“选择材料 A”命令，选择“指定材料”单选项，单击“搜索”按钮，弹出如图 9-9 所示对话框，在对话框中“搜索字段”选择“牌号”，在“子字符串”的文件框中输入“ASA WR-9300HF”，单击“搜索”按钮。最后选择该牌号的材料，并点击“确定”按钮。

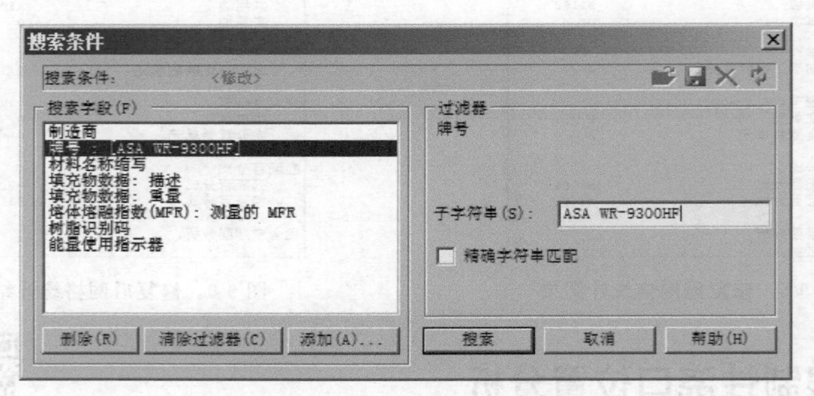

图 9-9　“搜索条件”对话框

（3）设置限制性浇口节点

单击菜单“边界条件”→“注射位置”→“限制性浇口节点”命令，如图 9-10 所示。在对话框中“选择选项”选择除图 9-7 红色区域（软件中可见）节点外模型上所有的节点，点击“应用”按钮。选中的节点会以红色显示。

（4）工艺设置

单击菜单“主页”→“成型工艺设置”→“工艺设置”命令，弹出如图 9-11 所示的对话框，在对话框中所有选项均用默认设置。点击“确定”按钮。

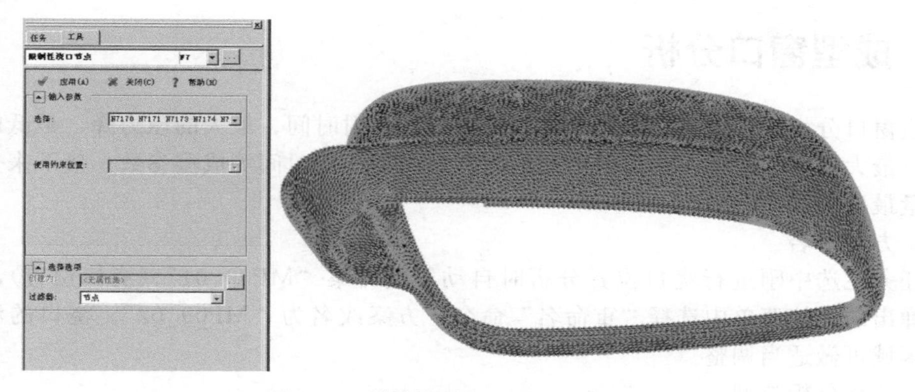

图 9-10　“限制性浇口节点”对话框

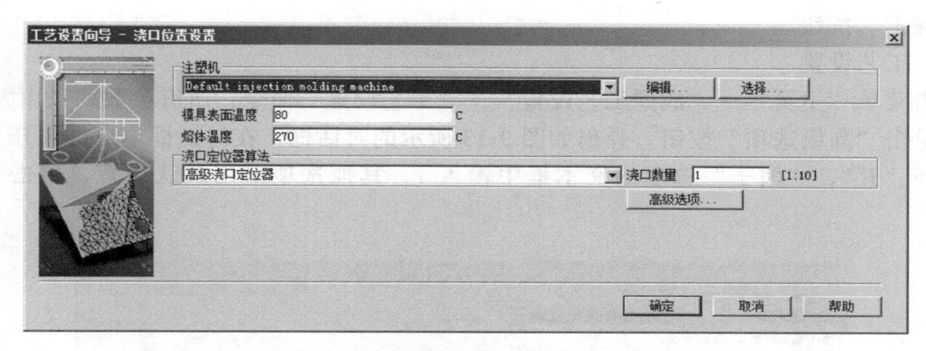

图 9-11　“工艺设置向导-浇口位置设置”对话框

（5）开始分析

单击菜单“主页”→“分析”→“开始分析”命令，点击“确定”按钮。

（6）分析结果

如图 9-12 所示表示浇口的流动阻力指示器，从图中可知，左图比色卡上“最低”指示的颜色代表最佳浇口区域。

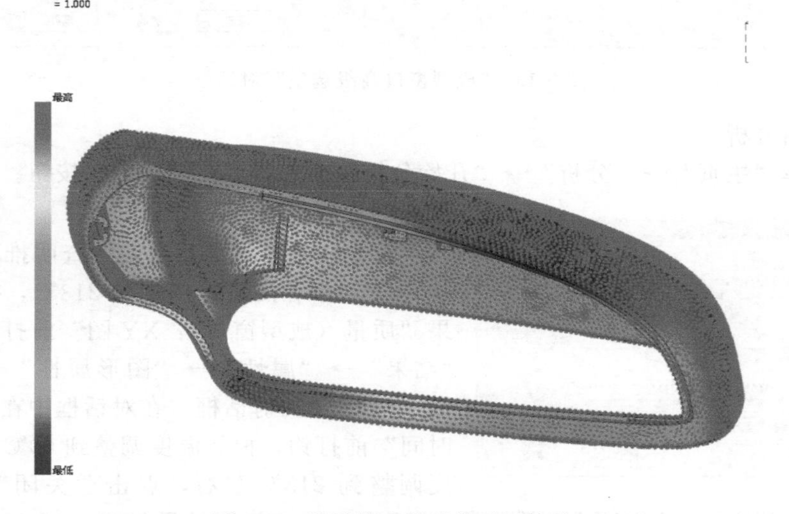

图 9-12　流动阻力指示器显示结果

9.4 成型窗口分析

成型窗口分析能帮助我们确定产品填充的最佳注射时间、最大的压力降、最低的流动前沿温度、最大的剪切速率、最大的剪切应力和最长的冷却时间等成型参数。接下来分析产品成型质量最佳的注射时间。

（1）方案改名

在任务栏选中刚进行浇口位置分析时自动复制方案“MP09_01”（浇口位置），然后右击，在弹出的快捷菜单中选择“重命名”命令，方案改名为“MP09_02”。浇口的注射位置在附近区域可做适当调整。

（2）选择分析类型

单击菜单“主页”→“成型工艺设置”→“分析序列”命令，选择“成型窗口”选项，单击“确定”按钮。

（3）工艺设置

单击菜单“主页”→“成型工艺设置”→“工艺设置”命令，所有参数均采用默认参数设置，单击“高级选项”按钮，弹出如图9-13所示的对话框，在对话框中“注射压力限制”选项选择“开”，“因子”选项的文本框中输入1，其他选项采用默认设置，单击“确定”按钮。

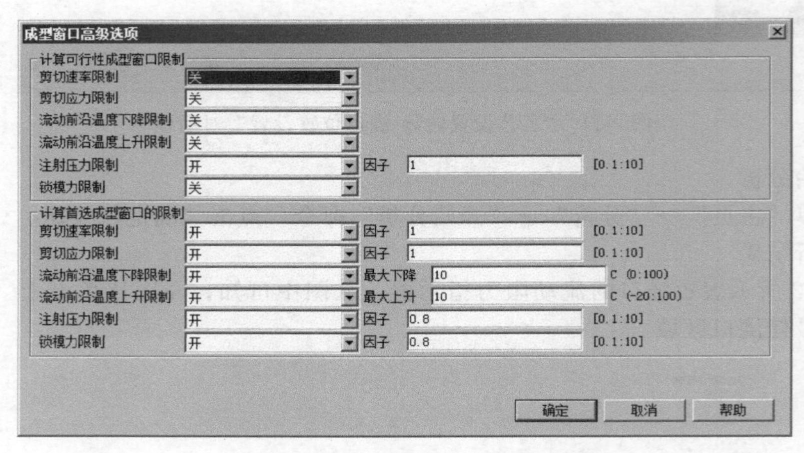

图9-13 “成型窗口高级选项”对话框

（4）开始分析

单击菜单“主页”→“分析”→“开始分析”命令，点击“确定”按钮。

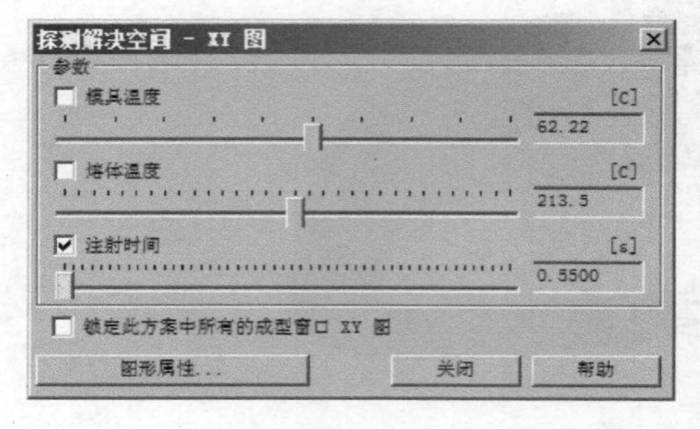

图9-14 “探测解决空间-XY图”对话框

（5）分析结果

首先在材料的推荐工艺中查明推荐的模具温度是60℃，推荐的熔体温度是213℃，接着在分析结果“质量（成型窗口）：XY图”前打钩，单击菜单“结果”→“属性”→“图形属性”命令，弹出如图9-14所示的对话框，在对话框中在单选项“注射时间”前打钩，模具温度调整到60℃左右，熔体温度调整到213℃左右，点击“关闭”按钮。质量（成型窗口）：XY图结果如图9-15所示。经查询当模具温度在 62.22℃，熔体温度在 213.5℃，注射时间为 3.735s 时，质量最好。但 3.735s 的注射时间过长，会导致流动前沿温度下降、注射压力过高等一系列问题，在填充时可进一步优化。

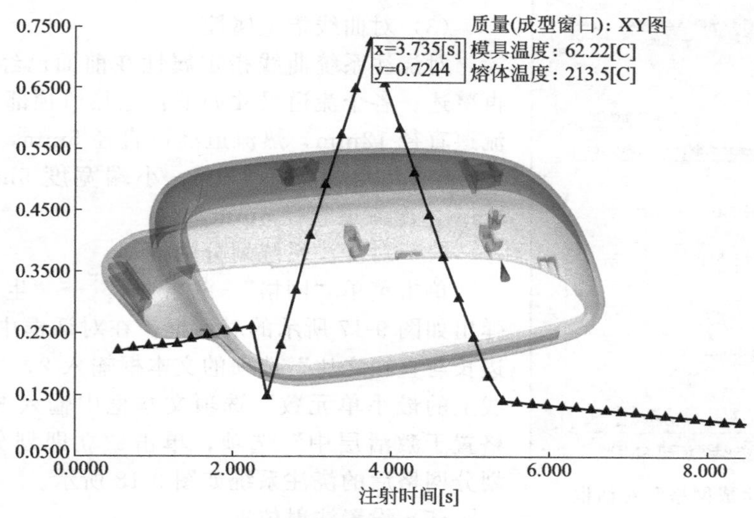

图 9-15　质量（成型窗口）：XY 图结果

9.5　创建浇注系统

本案例的浇注系统由两部分构成，一部分为热流道，一部分为冷流道。浇注系统曲线在 NX-UG 软件中创建，添加到 Moldflow 中对其指定属性，最后进行网格划分，其操作步骤如下。

（1）复制方案并改名

在任务栏首先选中方案“MP09_02”，然后右击，在弹出的快捷菜单中选择“复制”命令，复制方案并改名为“MP09_03”。

（2）添加浇注系统曲线

单击菜单“主页”→“导入”→“添加”命令，弹出如图 9-16 所示的对话框，在对话

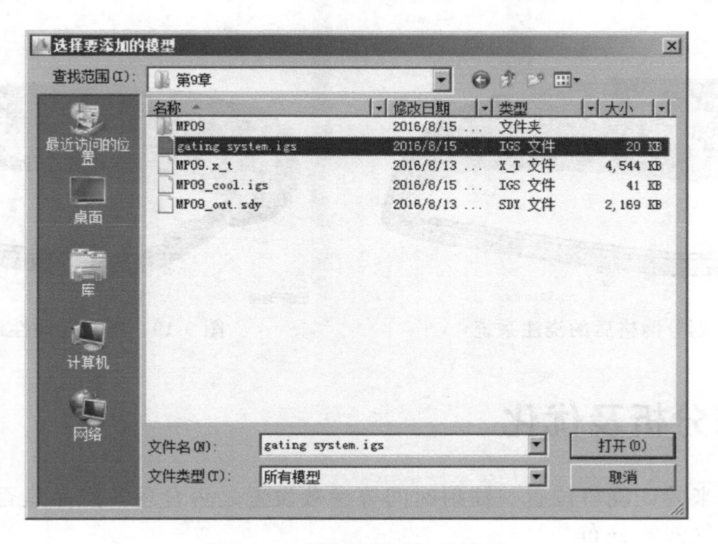

图 9-16　“添加模型”对话框

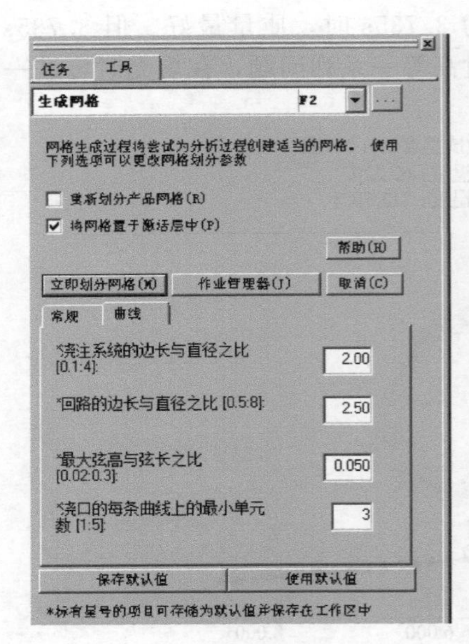

图 9-17 “生成网格”对话框

框中选择文件目录：源文件\第 9 章\gating system. igs，单击“打开”按钮。添加曲线后可对图层改名，并整理图层。

（3）对曲线指定属性

对浇注系统曲线指定属性在前面已经讲过，这里不再赘述。各个流道尺寸如下：主热道顶部直径 6mm，热流道直径 12mm，热流道浇口直径 5mm，冷浇口大端宽度 8mm，大端高度 1mm，小端宽度 5mm，小端高度 3mm，冷流道直径 5mm。

（4）对浇注系统划分网格

单击菜单“网格”→“网格”→“生成网格”命令，弹出如图 9-17 所示的对话框，在对话框中“浇注系统的边长与直径之比”选项的文本框输入 2，“浇口的每条曲线上的最小单元数”选项文本框中输入 3，勾选“将网格置于激活层中”选项，单击“立即划分网格”按钮。划分网格后的浇注系统如图 9-18 所示。

（5）设置注射位置

单击菜单“主页”→“成型工艺设置”→“注射位置”命令，在热主流道的顶部设置注射位置。

（6）连通性诊断

单击菜单“网格”→“网格诊断”→“连通性”命令，选择模型或者浇注系统上的任何一个单元。诊断结果如图 9-19 所示。

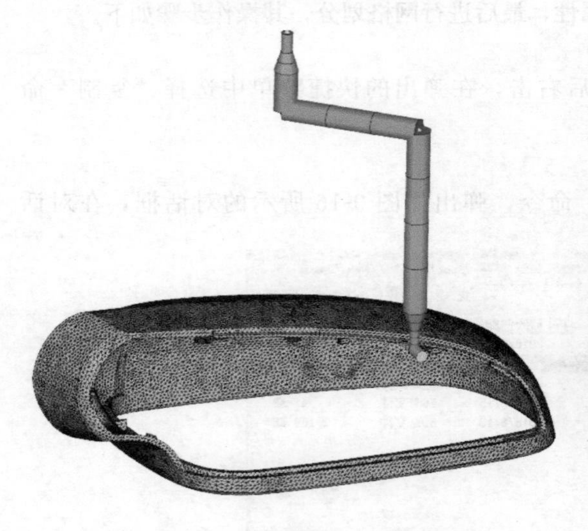

图 9-18 划分网格后的浇注系统

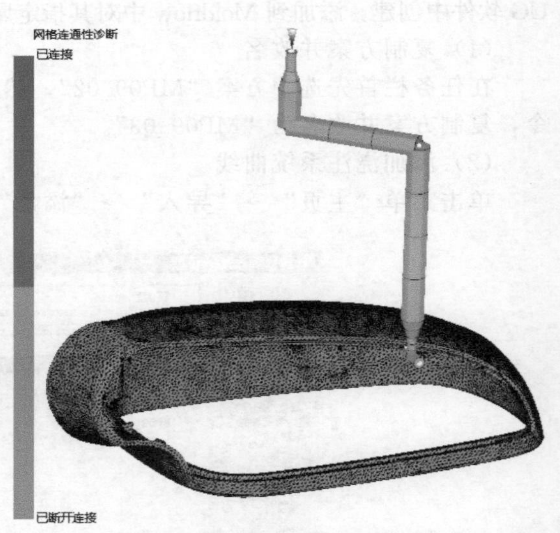

图 9-19 网格连通性诊断结果

9.6 填充分析及优化

用填充分析来验证浇口位置、注射时间等参数设置是否合理，产品是否填充平衡，有无短射、熔接线及气穴的分布。

(1) 激活方案

在任务栏选中“MP09_03”方案，然后双击，使此方案处于激活状态。

(2) 设置分析序列

单击菜单“主页”→“成型工艺设置”→“分析序列”命令，选择“填充”选项，单击“确定”按钮。

(3) 工艺设置

单击菜单“主页”→“成型工艺设置”→“工艺设置”命令，弹出如图 9-20 所示“工艺设置向导”对话框。在对话框中“充填控制”选项选择“注射时间”，后面的文本框中输入 3.8s，采用成型窗口中推荐的最佳注射时间，其他均采用默认设置，单击“确定”按钮。由于冷流道的体积非常小，故冷流道的注射时间可以忽略不计。

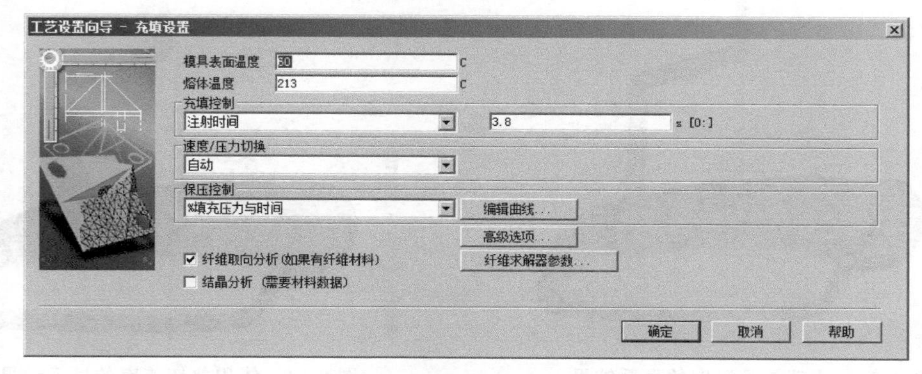

图 9-20 “工艺设置向导-充填设置”对话框

(4) 开始分析

单击菜单“主页”→“分析”→“开始分析”命令，点击“确定”按钮。

(5) 分析结果

① 填充时间　如图 9-21 所示为填充时间的显示结果，从图中可知模型没有短射的情况，填充时间为 4.691s，比色卡上最大值显示区域（一般显示为红色）为模型的最后填充区域，也是模型的末端，填充基本平衡。填充时间较长会导致出现一系列的问题。

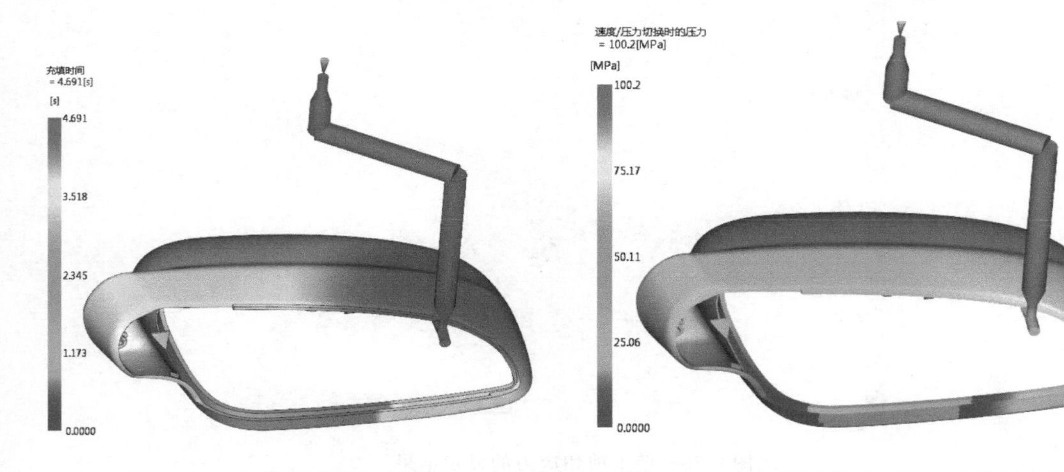

图 9-21　填充时间的显示结果　　　图 9-22　速度/压力切换时的压力的显示结果

② 速度/压力切换时的压力　如图 9-22 所示为速度/压力切换时的压力的显示结果，从

图中可知速度/压力切换时的压力为100.2MPa，在模型的末端有灰色区域显示，表示此区域在速度/压力切换时仍未填充，通过日志中填充分析的屏幕输出可知，在模型填充体积的97.51%进行速度与压力切换。可通过动画查看速度/压力切换时的压力在模型中的分布情况。

③ 流动前沿温度　如图9-23所示为流动前沿温度的显示结果，从图中可知模型的流动前沿温度相差较大，这是因为填充时间较长导致填充速度下降而使熔胶温度下降，需要进一步进行优化。

④ 剪切速率，体积　如图9-24所示为体积剪切速率的显示结果，从图中可知，体积剪切速率的最大值未超材料的极限值50000s^{-1}。

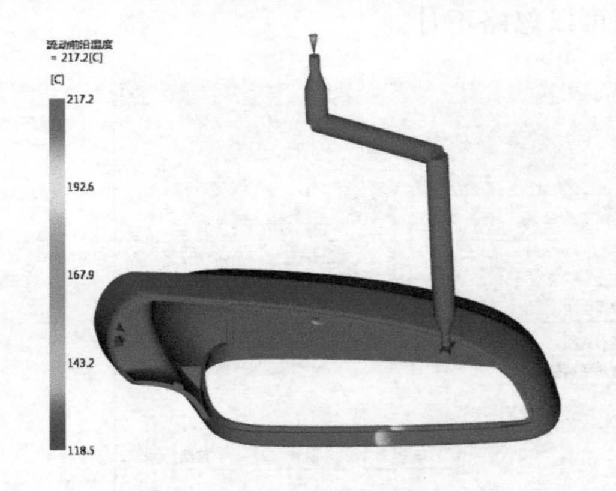

图9-23　流动前沿温度的显示结果

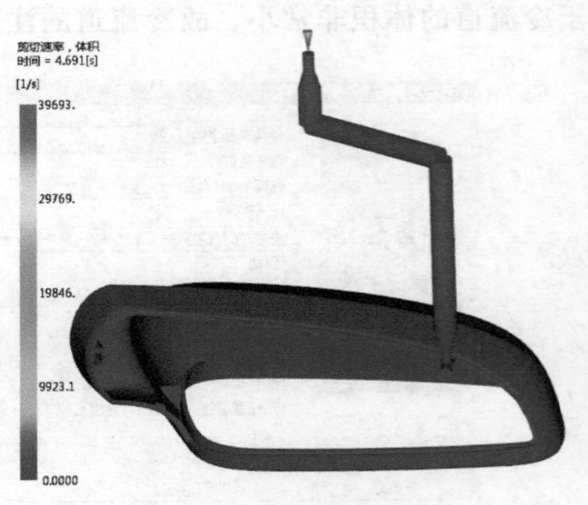

图9-24　体积剪切速率的显示结果

⑤ 壁上剪切应力　如图9-25所示为壁上剪切应力的显示结果，从图中可知，壁上剪切应力的最大值已经超过了材料的极限值，其中壁上剪切应力的超标区域位于填充末端。这是因为填充时间过长所造成的。

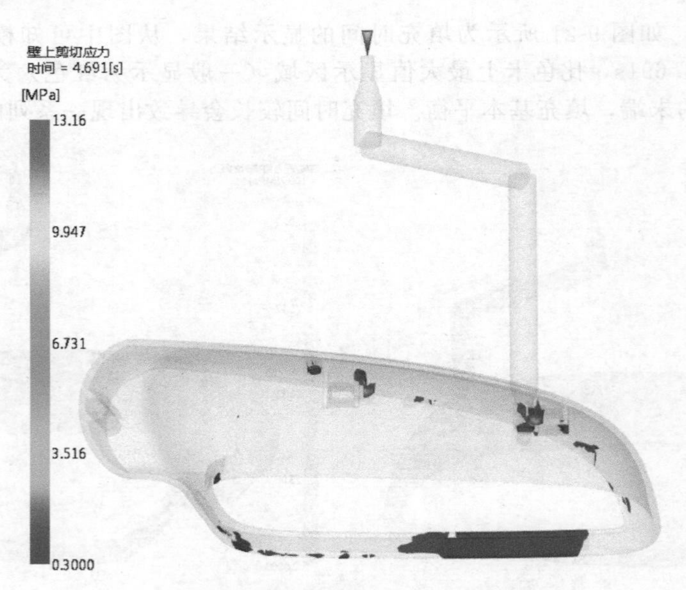

图9-25　壁上剪切应力的显示结果

⑥ 锁模力：XY图　如图9-26所示为锁模力：XY图的显示结果，从图中可知，锁模力的最大值为128t。也可以选择菜单“结果”→“检查”→“检查”命令，单击曲线尖峰位

置，可显示最大锁模力及时间。

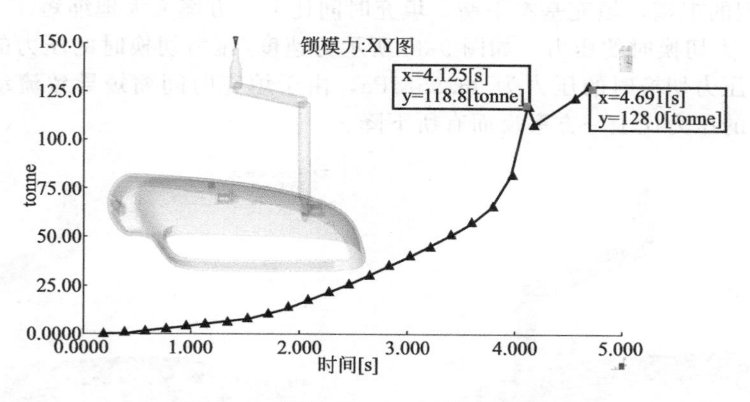

图 9-26　锁模力：XY 图的显示结果

⑦ 填充末端压力　如图 9-27 所示为填充末端压力的显示结果，从图中可知，模型的填充末端的压力为 0。

⑧ 熔接线　如图 9-28 所示为熔接线的显示结果，从图中可知，在填充的末端存在熔接线，但由于产品后续涂装加工，熔接线对产品的外观影响不大。

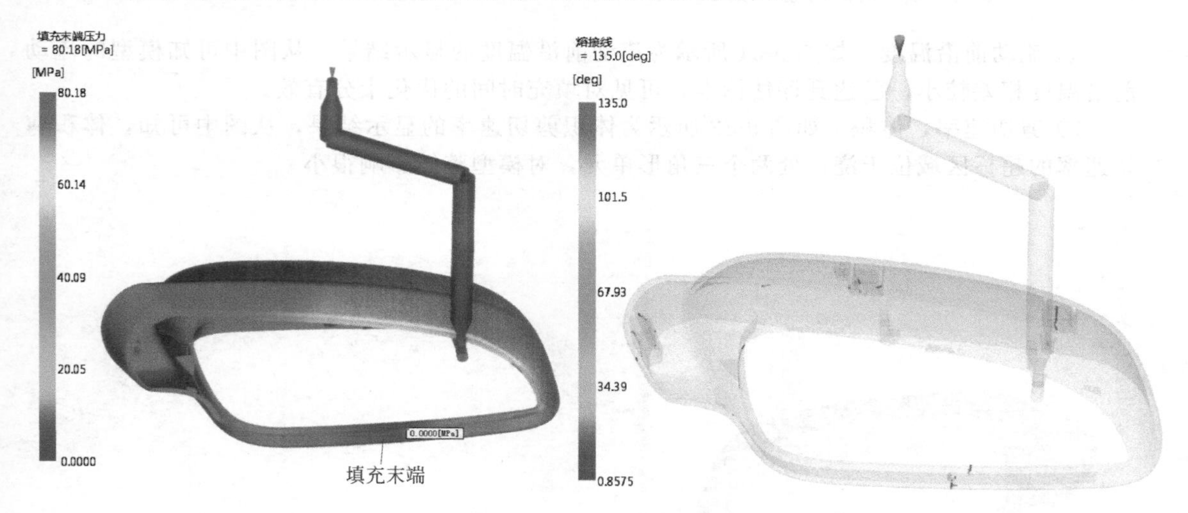

图 9-27　填充末端压力的显示结果　　图 9-28　熔接线的显示结果

(6) 总结

通过上面的分析结果可知，产品的填充时间过长，导致流动前沿温度下降很多，超出评估标准，另外过长的填充时间也导致剪切应力过大，因此需要对填充进行优化。

(7) 复制方案并改名

在任务栏首先选中“MP09_03”方案，然后右击，在弹出的快捷菜单中选择“复制”命令，复制方案并改名为“MP09_04”。

(8) 工艺设置

单击菜单“主页”→“成型工艺设置”→“工艺设置”命令，“填充控制”选项选择“自动”，单击“确定”按钮。

(9) 填充优化分析结果

① 填充时间　如图 9-29 所示为填充时间的显示结果，从图中可知模型没有短射的情

况，填充时间为 2.606s，比色卡上最大值显示区域（一般显示为红色）为模型的最后填充区域，也是模型的末端，填充基本平衡。填充时间比上一方案大大地缩短。

② 速度/压力切换时的压力　如图 9-30 所示为速度/压力切换时的压力的显示结果，从图中可知速度/压力切换时的压力为 96.95MPa，由于填充时间缩短导致流动速率加大，速度/压力切换时的压力比上一方案反而有所下降。

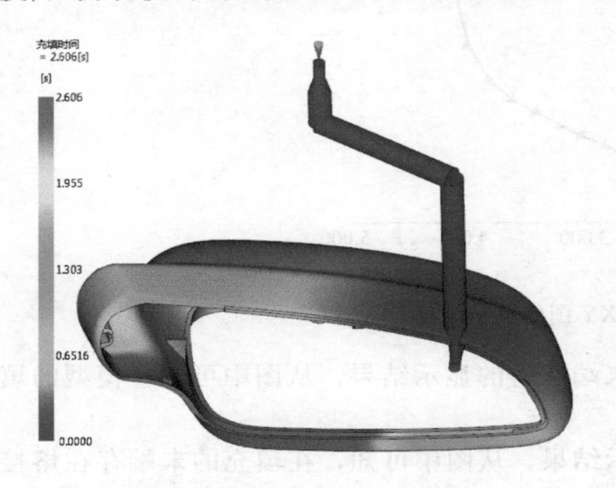

图 9-29　填充时间的显示结果　图 9-30　速度/压力切换时的压力的显示结果

③ 流动前沿温度　如图 9-31 所示为流动前沿温度的显示结果，从图中可知模型的流动前沿温度相差较小，已达到评估标准，可见对填充时间的优化十分有效。

④ 剪切速率，体积　如图 9-32 所示为体积剪切速率的显示结果，从图中可知，体积剪切速率的超标区域位于浇口处两个三角形单元，对模型整体影响很小。

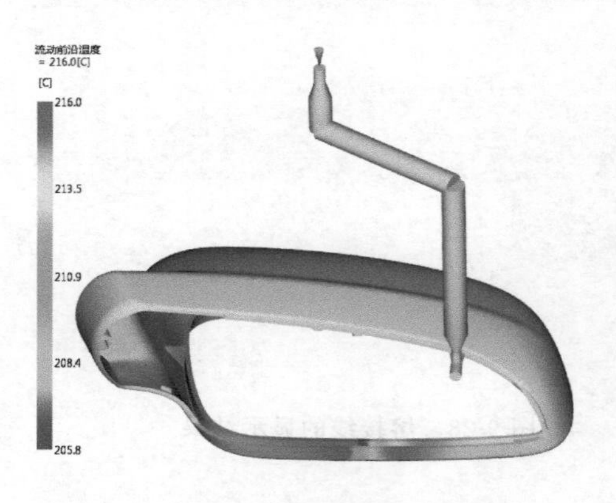

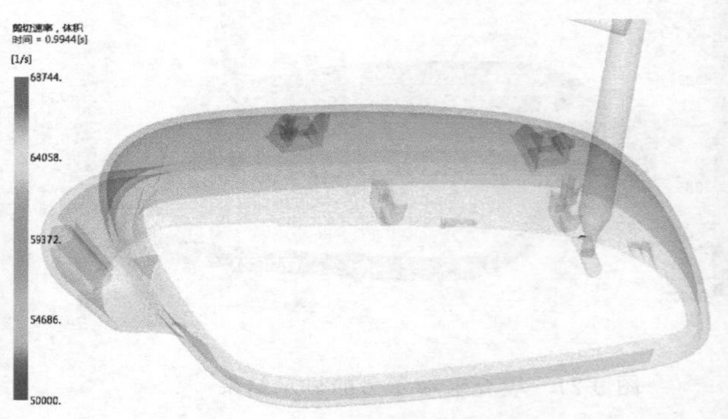

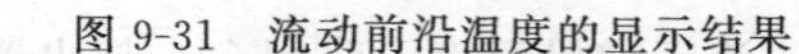

图 9-31　流动前沿温度的显示结果　图 9-32　体积剪切速率的显示结果

⑤ 壁上剪切应力　如图 9-33 所示为壁上剪切应力的显示结果，从图中可知，壁上剪切应力的最大值已经超过了材料的极限值。壁上剪切应力比上一方案有所下降。

⑥ 锁模力：XY 图　如图 9-34 所示为锁模力：XY 图的显示结果，从图中可知，锁模力的最大值为 111.7t，比上一方案有所下降。

⑦ 填充末端压力　如图 9-35 所示为填充末端压力的显示结果，从图中可知，模型的填充末端的压力位于两股料交接处，与上一方案比较区别不大。

⑧ 熔接线　如图 9-36 所示为熔接线的显示结果，从图中可知，在填充的末端存在熔接线，优化填充时间对熔接线的影响不大。

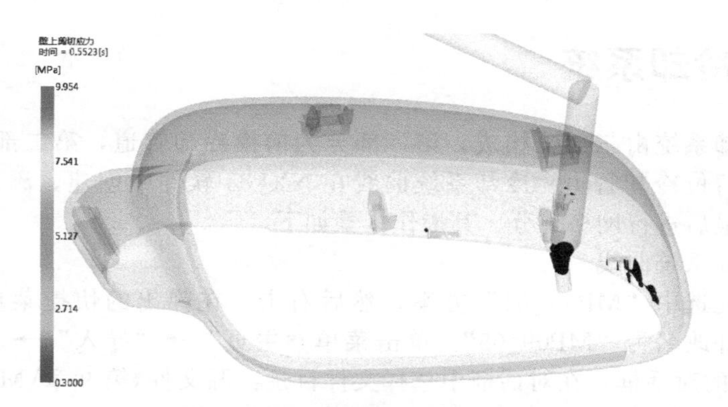

图 9-33　壁上剪切应力的显示结果

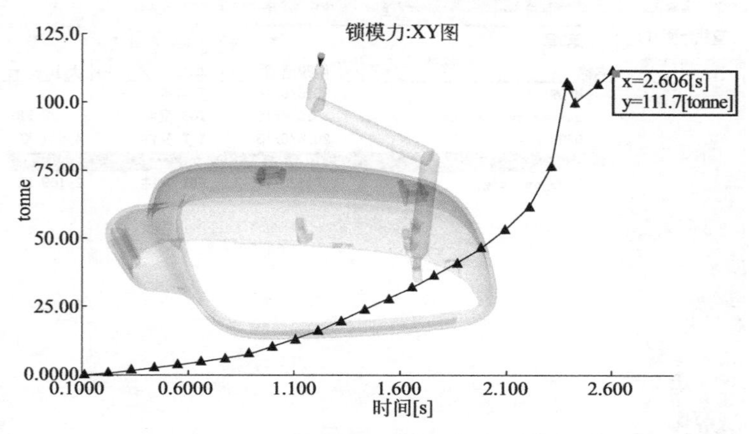

图 9-34　锁模力：XY 图的显示结果

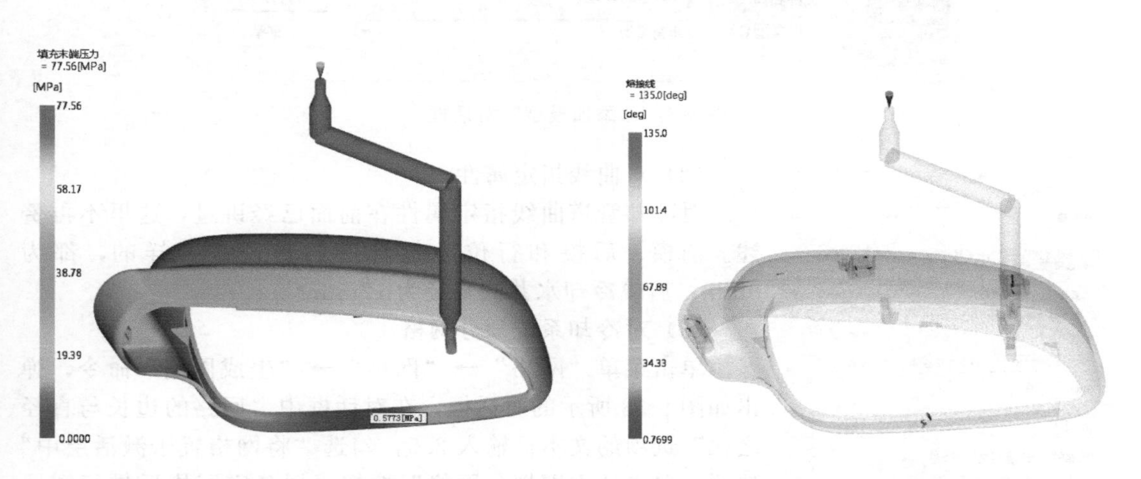

图 9-35　填充末端压力的显示结果　　　　图 9-36　熔接线的显示结果

（10）优化总结

通过上面填充分析优化的结果可知，缩短填充时间会加快流动速率，从而提高流动前沿温度，减小剪切应力，降低注射压力和锁模力。这从侧面也反映了成型窗口优化的最佳填充时间只是一个参考值，在实际分析中可进一步优化。

9.7 创建冷却系统

本案例的冷却系统由三部分构成，第一部分为前模冷却管道，第二部分为后模冷却管道，第三部分为行位冷却管道。冷却系统曲线在NXUG软件中创建，添加到Moldflow中对其指定属性，最后进行网格划分，其操作步骤如下。

(1) 添加冷却系统曲线

在任务栏首先选中“MP09_04”方案，然后右击，在弹出的快捷菜单中选择“复制”命令，复制方案并改名为“MP09_05”。单击菜单“主页”→“导入”→“添加”命令，弹出如图9-37所示的对话框，在对话框中选择文件目录：源文件\第9章\MP09_cool.igs，单击“打开”按钮。添加曲线后可对图层改名，并整理图层。

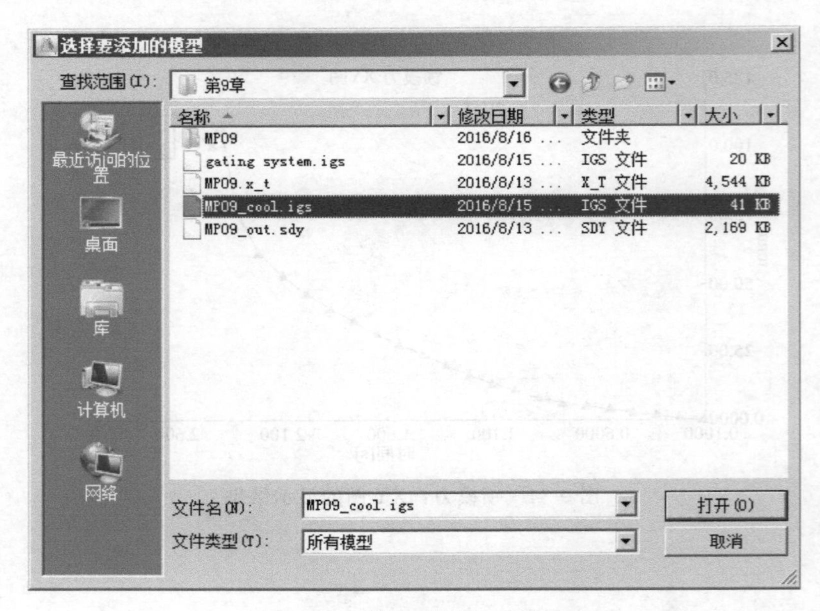

图9-37 “添加模型”对话框

(2) 对曲线指定属性

对冷却管道曲线指定属性在前面已经讲过，这里不再赘述。前模、后模和行位冷却管道的直径是一样的，都为8mm，后模冷却水井的直径为12mm。

(3) 对冷却系统划分网格

单击菜单“网格”→“网格”→“生成网格”命令，弹出如图9-38所示的对话框，在对话框中“回路的边长与直径之比”选项的文本框输入2.5，勾选“将网格置于激活层中”选项，单击“立即划分网格”按钮。划分完网格后进行图层整理，划分网格后的冷却系统如图9-39所示。

图9-38 “生成网格”对话框

(4) 设置冷却液入口

单击菜单“边界条件”→“冷却”→“冷却液入口/出口”→“冷却液入口”命令，设置三组水路的冷却液入口，设置时冷却水要使模温平衡，由于模具温度为60℃，冷却水比模温低 10～30℃，因此前模冷却水入水口温度设置 50℃，行位与后模冷却水入水口温度设置 40℃。

（5）连通性诊断

单击菜单“网格”→“网格诊断”→“连通性”命令，选择前模冷却管道上的任何一个单元。诊断结果如图 9-40 所示。依次对每组运水管道进行连通性诊断，确保每组冷却管道都是连通的。

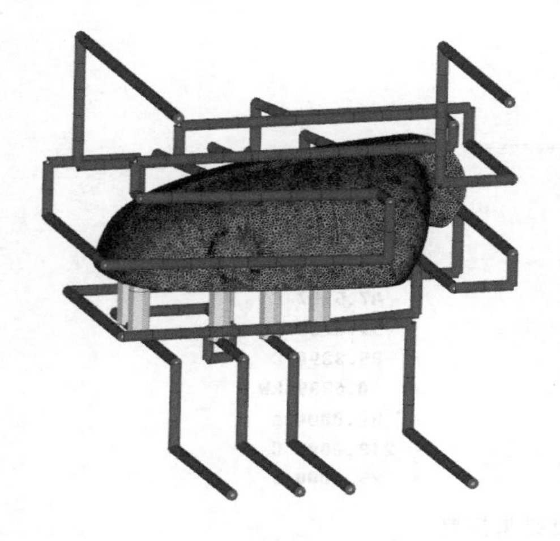

图 9-39　划分网格后的冷却系统

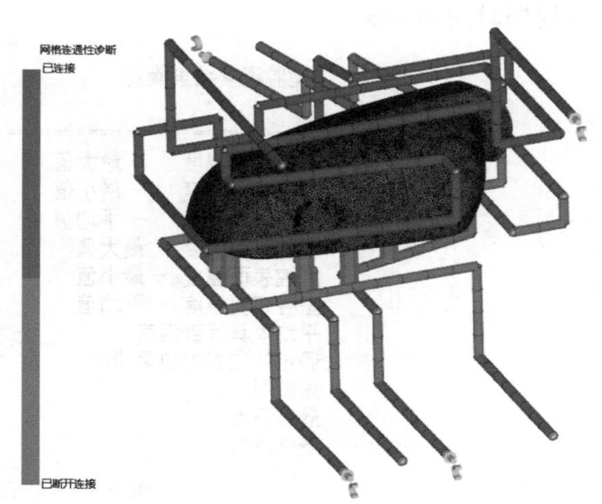

图 9-40　网格连通性诊断结果

9.8　冷却分析及优化

（1）激活方案

在任务栏选中“MP09_05”方案，然后双击，使此方案处于激活状态。

（2）设置分析序列

单击菜单“主页”→“成型工艺设置”→“分析序列”命令，选择“冷却”选项，单击“确定”按钮。

（3）工艺设置

单击菜单“主页”→“成型工艺设置”→“工艺设置”命令，弹出如图 9-41 所示“工艺设置向导”对话框。在对话框中“注射＋保压＋冷却时间”选项选择“指定”，在后面的文本框中输入 25，其他参数采用默认值。单击“确定”按钮。

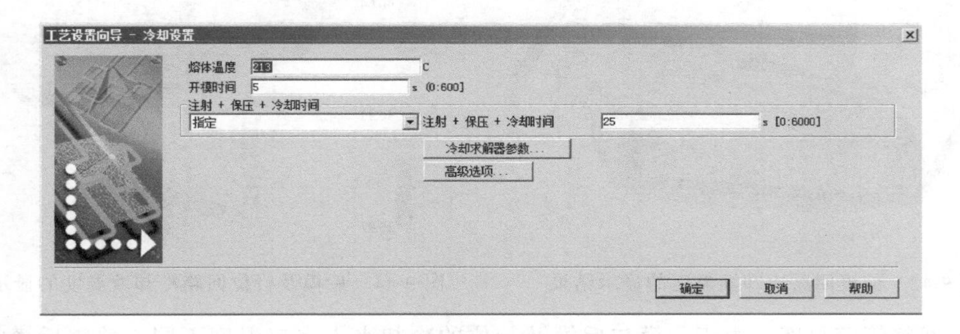

图 9-41　“工艺设置向导-冷却设置”对话框

(4) 开始分析

单击菜单“主页”→“分析”→“开始分析”命令，点击“确定”按钮。

(5) 分析结果

① 型腔温度结果摘要　如图 9-42 所示为日志中的型腔温度结果摘要。从图中可知，型腔表面温度平均值是 59.6732℃，而模具温度是 60℃，根据冷却分析评估标准，型腔表面温度与模具温度相差在±10℃之内，型腔表面温度平均值与模具温度相比较符合评估标准，冷却周期时间为 30s。

型腔温度结果摘要

======================================	
零件表面温度 - 最大值	= 104.9976 C
零件表面温度 - 最小值	= 50.2361 C
零件表面温度 - 平均值	= 64.4917 C
型腔表面温度 - 最大值	= 102.4362 C
型腔表面温度 - 最小值	= 47.5097 C
型腔表面温度 - 平均值	= 59.6732 C
平均模具外部温度	= 35.3390 C
通过外边界的热量排除	= 0.6339 kW
周期时间	= 30.0000 s
最高温度	= 213.0000 C
最低温度	= 25.0000 C

图 9-42　型腔温度结果摘要

② 回路冷却液温度　由于前模与后模及行位的冷却水入水口温度不同，关闭后模及行位运水的图层，如图 9-43 所示为前模回路冷却液温度的显示结果，从图中可知，冷却液入口与出口的温差为 1℃，符合在 3℃以内的要求。打开后模及行位运水的图层，关闭前模运水图层，如图 9-44 所示为后模及行位回路冷却液温度的显示结果，从图中可知，冷却液入口与出口的温差为 1.3℃，符合在 3℃以内的要求。

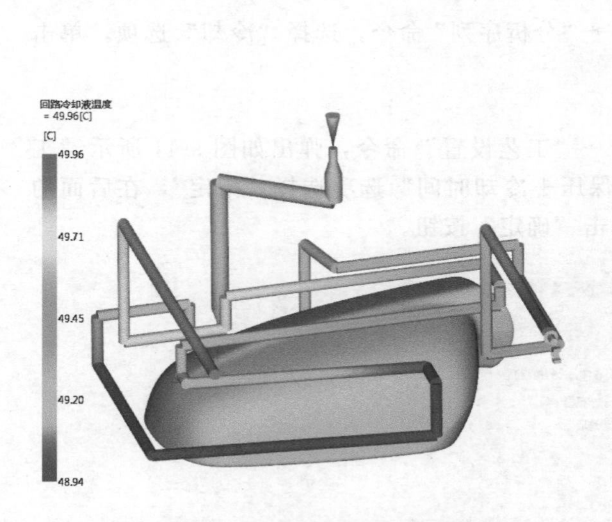

图 9-43　前模回路冷却液温度的显示结果

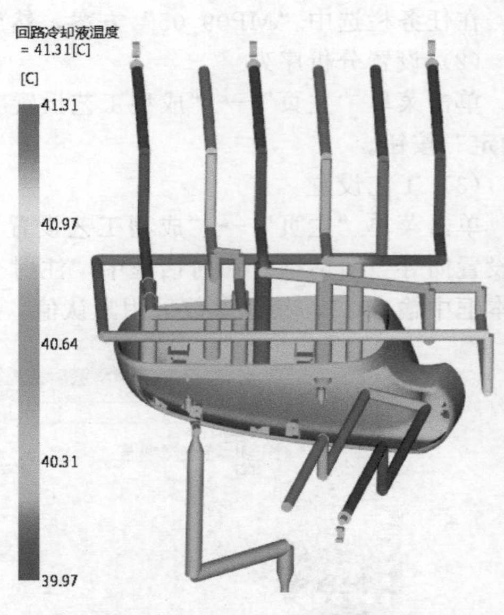

图 9-44　后模及行位回路冷却液温度的显示结果

③ 回路管壁温度　由于前模与后模及行位的冷却水入水口温度不同，关闭后模及行位运水的图层，如图 9-45 所示为前模回路管壁温度的显示结果，从图中可知，回路管壁的最

高温度比冷却液入口温度高 6℃，比评估标准略高。打开后模及行位运水的图层，关闭前模运水图层，如图 9-46 所示为后模及行位回路管壁温度的显示结果，从图中可知，回路管壁的最高温度比冷却液入口温度高 8.3℃，比评估标准稍高。局部小区域管道离产品较近，局部温度过高，但大部分区域回路管壁温度在评估标准之内。

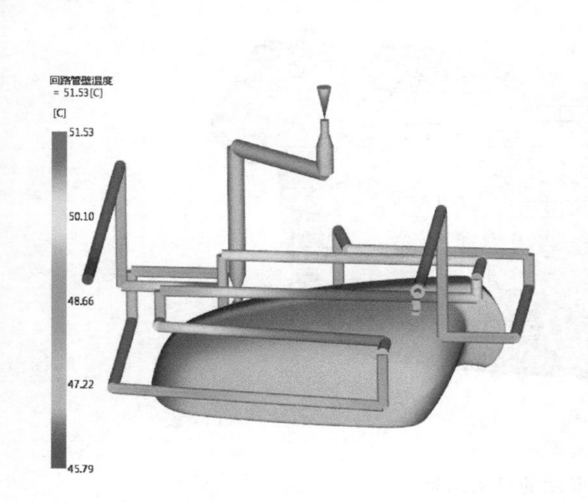

图 9-45　前模回路管壁温度的显示结果

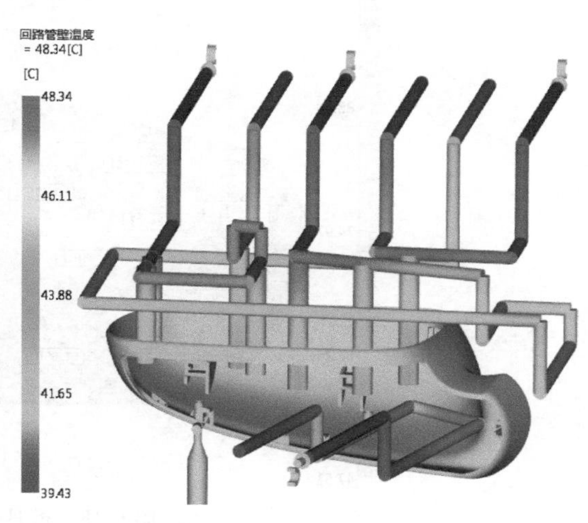

图 9-46　后模及行位回路管壁温度的显示结果

④ 平均温度，零件　如图 9-47 所示为零件平均温度的显示结果，从图中可知，零件的平均温度为 70℃左右。目标模温为 60℃，刚好在评估标准范围之内。局部小区域的平均温度过高，这是由局部胶厚过厚引起的。

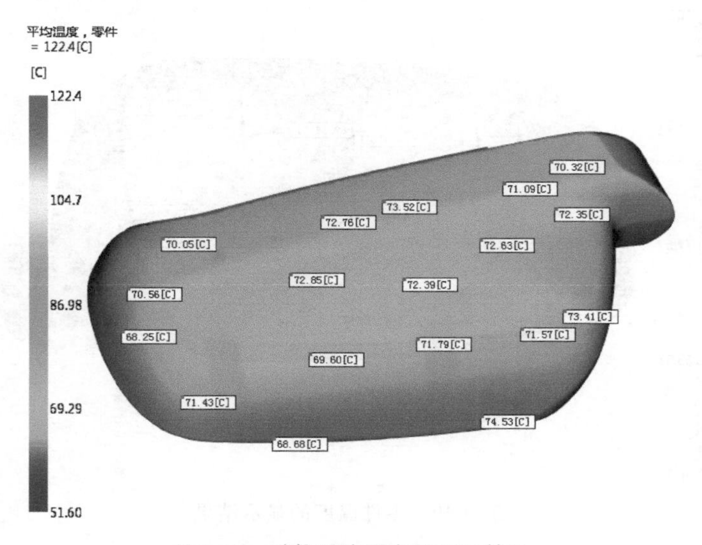

图 9-47　零件平均温度的显示结果

⑤ 温度，模具　如图 9-48 所示为模具温度的显示结果，从图中可知，模具的前模温度在 60℃左右，符合评估标准单侧模面温度差异也在 10℃以内。模具的后模温度大部分在 65℃左右，局部区域温度稍高是因为此区域要出斜顶机构无法进行管道冷却。对于图中温度过高区域经查询是柱体区域，这是因为网格划分不均匀而引起的。

⑥ 温度，零件　如图 9-49 所示为零件温度的显示结果，从图中可知，零件的最高与最

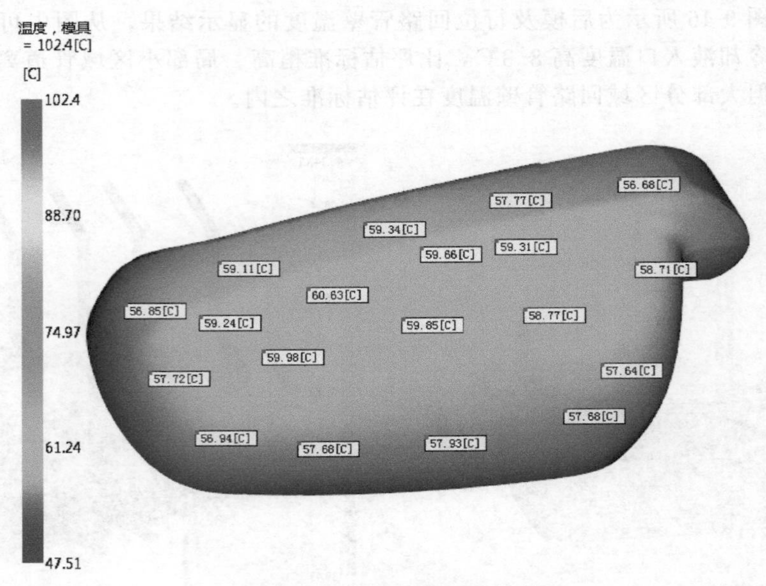

图 9-48 模具温度的显示结果

低温度差异在±10℃以内，单侧零件表面温度差异也在10℃以内。

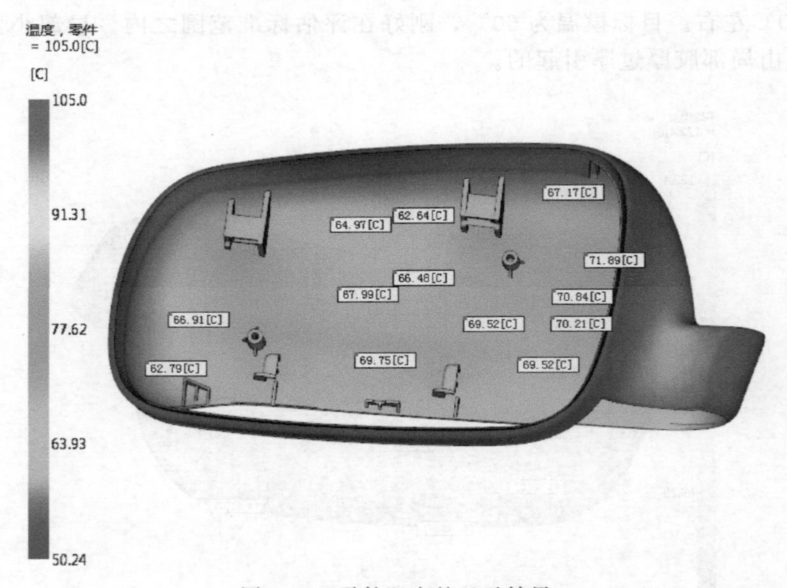

图 9-49 零件温度的显示结果

（6）总结

通过上面的分析结果与冷却评估标准相比较，可得出以下结论：分析结果基本符合评估标准，局部区域温度稍高是因为此区域要出斜顶机构无法进行管道冷却。在进行分析评定时，分析结果要无限靠近评估标准，对于大型复杂的模具要完全符合评估标准是比较困难的。此次冷却分析结果可以不用再进行优化，当冷却分析对翘曲变形影响较大时再进行冷却优化。

9.9 保压分析及优化

保压分析的初次分析一般采用默认的保压曲线，即 10s 的保压时间和最大填充压力的 80%，根据初次保压分析结果再进行优化保压曲线。

(1) 复制方案并改名

在任务栏首先选中"MP09_05"方案，然后右击，在弹出的快捷菜单中选择"复制"命令，复制方案并改名为"MP09_06"。

(2) 设置分析序列

单击菜单"主页"→"成型工艺设置"→"分析序列"命令，选择"冷却＋填充＋保压"选项，单击"确定"按钮。

(3) 工艺设置

单击菜单"主页"→"成型工艺设置"→"工艺设置"命令，弹出如图 9-50 所示"工艺设置向导-冷却设置"对话框。在对话框中所有参数采用冷却优化后的参数。单击"下一步"按钮，弹出如图 9-51 所示"工艺设置向导-填充＋保压设置"对话框。在对话框中"充填控制"选项选择"注射时间"，文本框中输入填充优化分析后的时间 2.2s，"速度/压力切换"选项选择"自动"。"保压控制"选项采用系统默认的保压控制方式为"%填充压力与时间"，单击右侧的"编辑曲线"按钮，弹出如图 9-52 所示的对话框。在对话框中"持续时间"表示为保压时间，默认设置为 10s，"%充填压力"表示填充压力的百分比，一般情况下为填充压力的 80%。

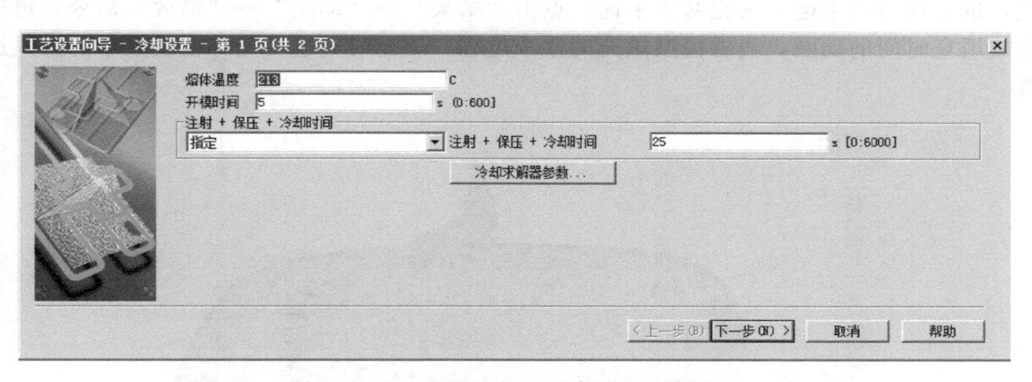

图 9-50　"工艺设置向导-冷却设置"对话框

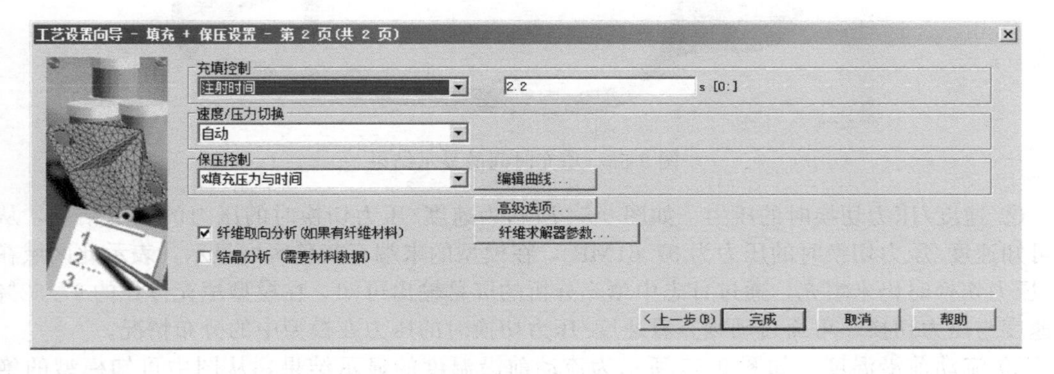

图 9-51　"工艺设置向导-填充＋保压设置"对话框

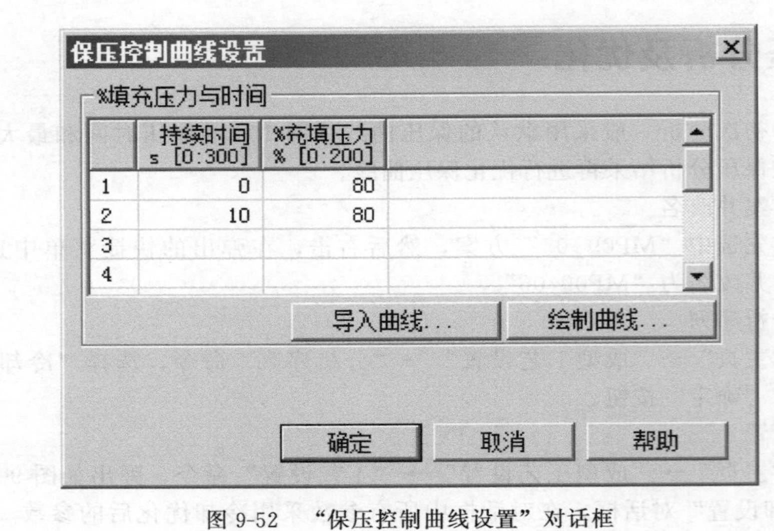

图 9-52 “保压控制曲线设置”对话框

（4）开始分析

单击菜单“主页”→“分析”→“开始分析”命令，点击“确定”按钮。

（5）保压分析结果

① 填充时间 如图 9-53 所示为填充时间的显示结果，从图中可知模型没有短射的情况，填充时间为 2.599s，比色卡上最大值显示区域（一般显示为红色）为模型的最后填充区域，也是模型的末端，填充基本平衡。点击“结果”→“动画”→“播放”命令，可以动态播放填充时间的动画，查看模型填充的整个过程。填充时间也可用等值线显示的方式进行查看。

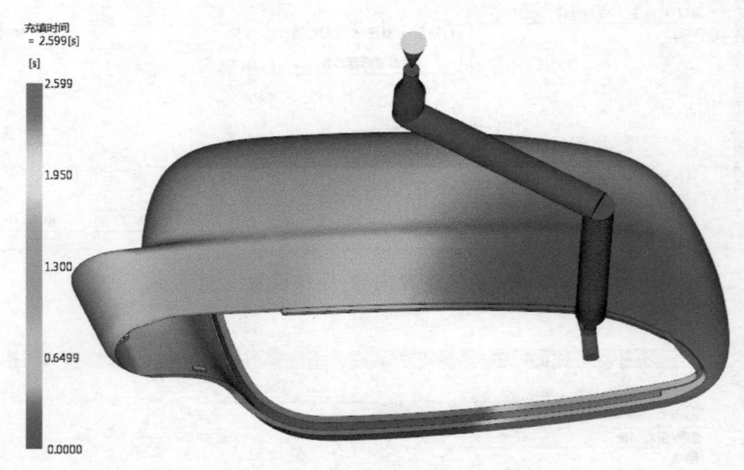

图 9-53 填充时间的显示结果

② 速度/压力切换时的压力 如图 9-54 所示为速度/压力切换时的压力的显示结果，从图中可知速度/压力切换时的压力为 97.61MPa，在模型的末端有灰色区域显示，表示此区域在速度/压力切换时仍未填充，通过日志中填充分析的屏幕输出可知，在模型填充体积的 97.62%进行速度与压力切换。可通过动画查看速度/压力切换时的压力在模型中的分布情况。

③ 流动前沿温度 如图 9-55 所示为流动前沿温度的显示结果，从图中可知模型的绝大部分区域的温度为 213℃左右，最低温度与最高温度相差 10℃，在评估标准范围之内。

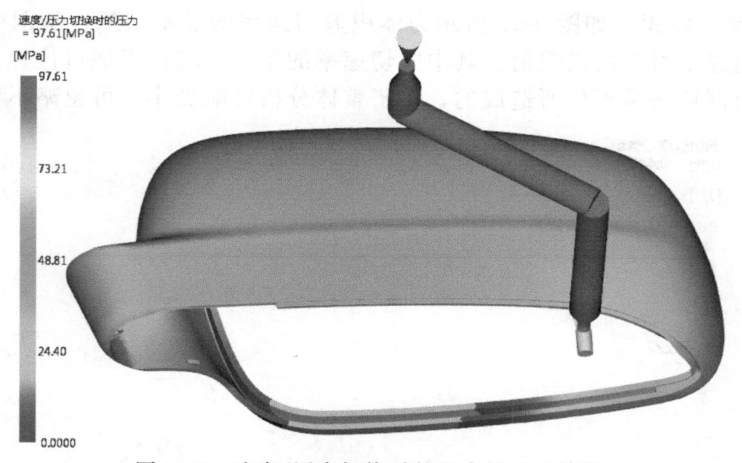

图 9-54　速度/压力切换时的压力的显示结果

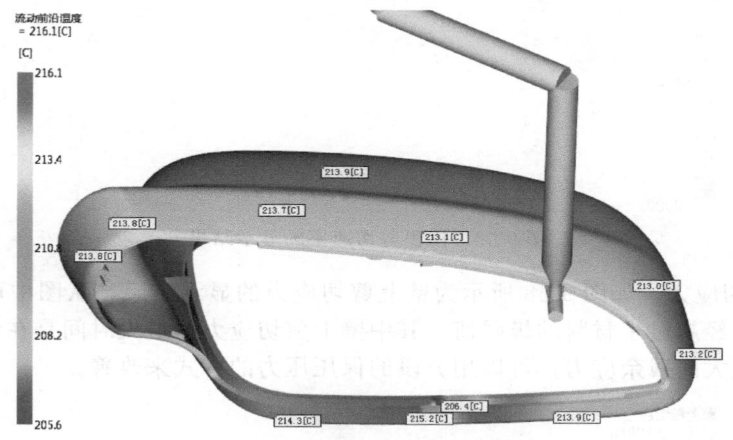

图 9-55　流动前沿温度的显示结果

④ 注射位置处压力：XY 图　如图 9-56 所示为注射位置处压力：XY 图的显示结果，从图中可知，最大的注射压力值没有超过 100MPa。也可以选择菜单“结果”→“检查”→“检查”命令，单击曲线尖峰位置，可显示最大注射力及时间。

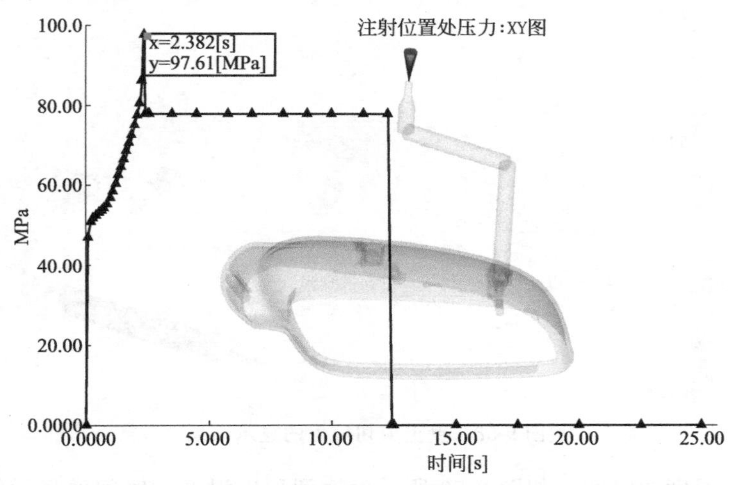

图 9-56　注射位置处压力：XY 图的显示结果

⑤ 剪切速率，体积　如图 9-57 所示为体积剪切速率的显示结果，从图中可知，体积剪切速率最大值超过了材料的极限值。其中剪切速率的超标区域位于浇口位置。超标区域仅限几个网格，是由网格质量不佳所造成的，对于整体分析影响极小，可忽略不计。

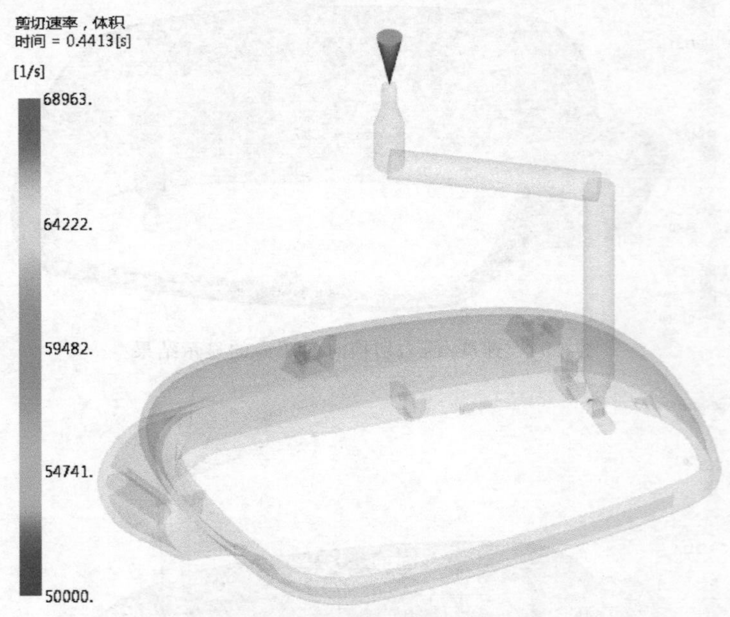

图 9-57　体积剪切速率的显示结果

⑥ 壁上剪切应力　如图 9-58 所示为壁上剪切应力的显示结果，从图中可知，壁上剪切应力的最大值已经超过了材料的极限值。其中壁上剪切应力的最大时间是在保压阶段。说明恒定的保压有较大的残余应力，可以用分段的保压压力的方式来改善。

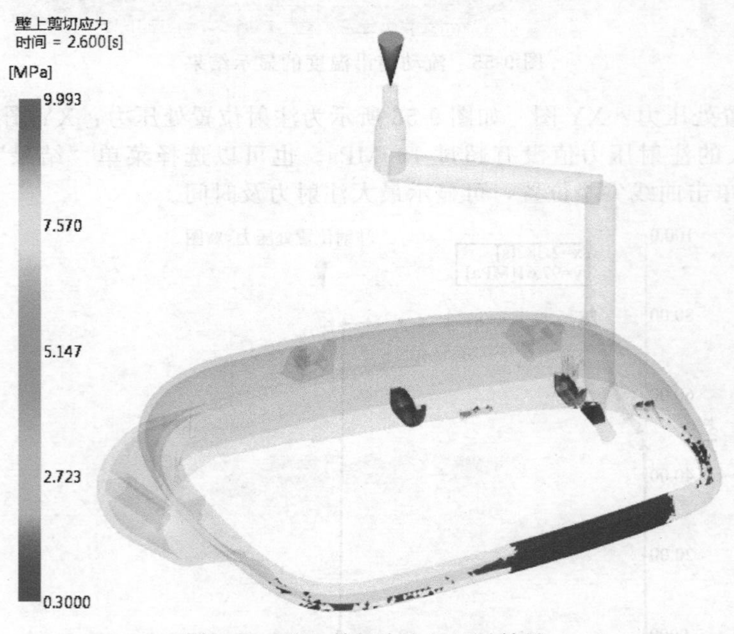

图 9-58　壁上剪切应力的显示结果

⑦ 达到顶出温度的时间　如图 9-59 所示为达到顶出温度的时间的显示结果，从图中可

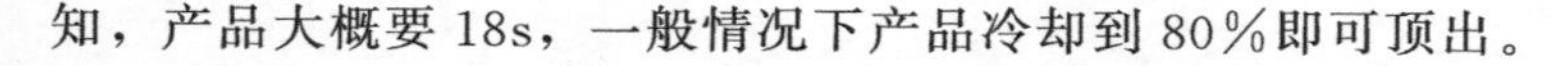

知，产品大概要 18s，一般情况下产品冷却到 80%即可顶出。

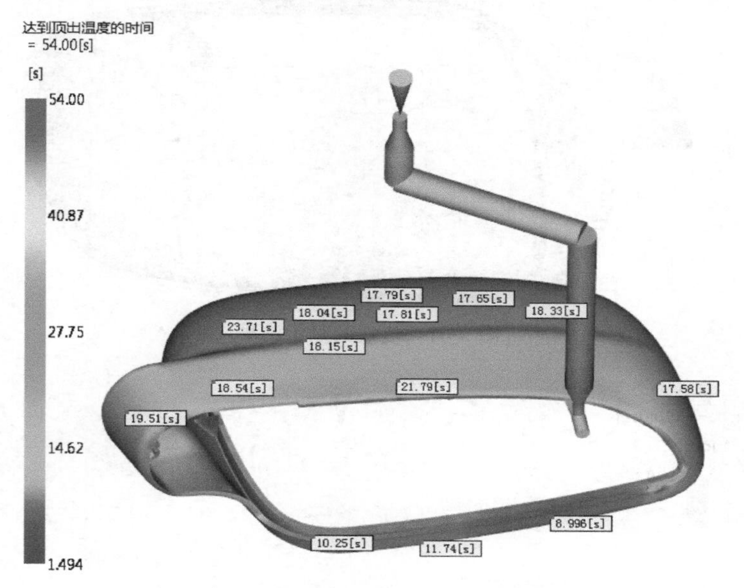

图 9-59　达到顶出温度的时间的显示结果

⑧ 锁模力：XY 图　如图 9-60 所示为锁模力：XY 图的显示结果，从图中可知，锁模力的最大值为 153.5t。也可以选择菜单“结果”→“检查”→“检查”命令，单击曲线尖峰位置，可显示最大锁模力及时间。

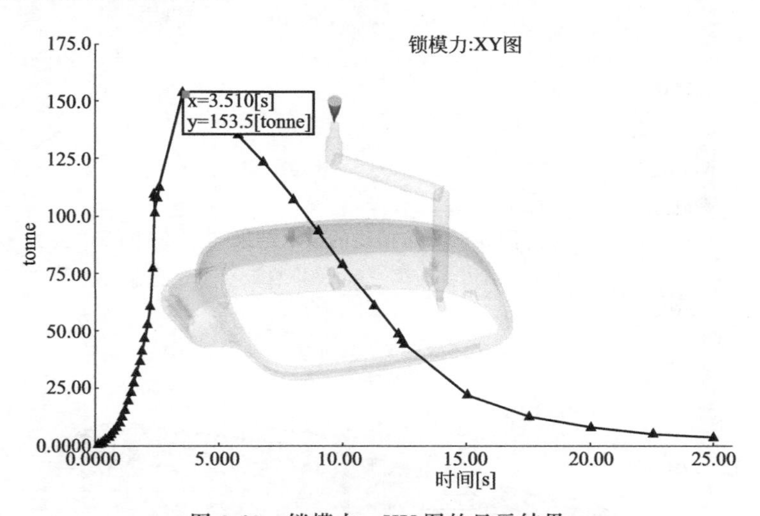

图 9-60　锁模力：XY 图的显示结果

⑨ 气穴　如图 9-61 所示为气穴的显示结果，可以重叠填充时间结果，判断气穴的显示位置，为模具设计的排气提供参考。

⑩ 熔接线　如图 9-62 所示为熔接线的显示结果，从图中可知，在填充的末端存在熔接线。

⑪ 顶出时的体积收缩率　如图 9-63 所示为顶出时的体积收缩率的显示结果，从图中可知，模型的体积收缩率极不均匀，靠近浇口区域体积收缩率较小，说明后续的保压压力太大，一段恒压的保压曲线并不合适，需要对保压曲线进行优化。

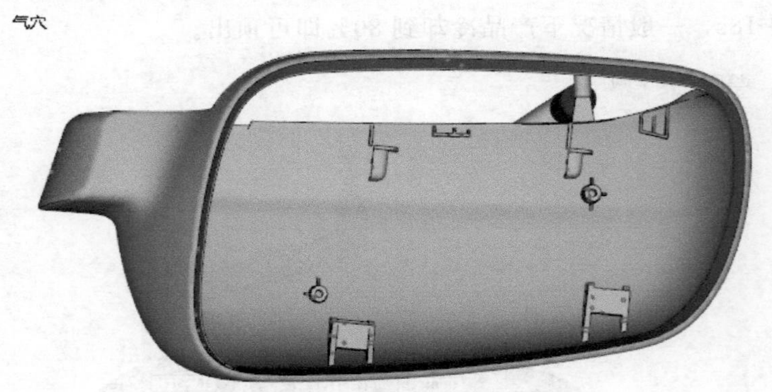

图 9-61　气穴的显示结果

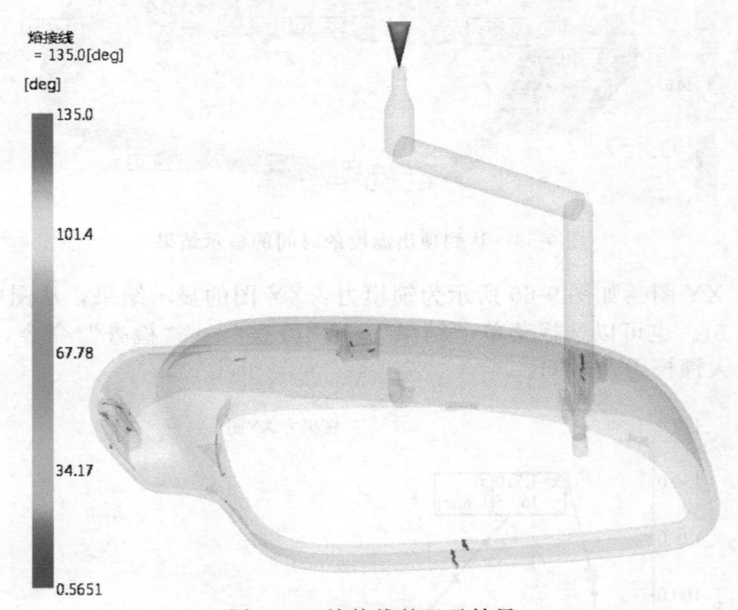

图 9-62　熔接线的显示结果

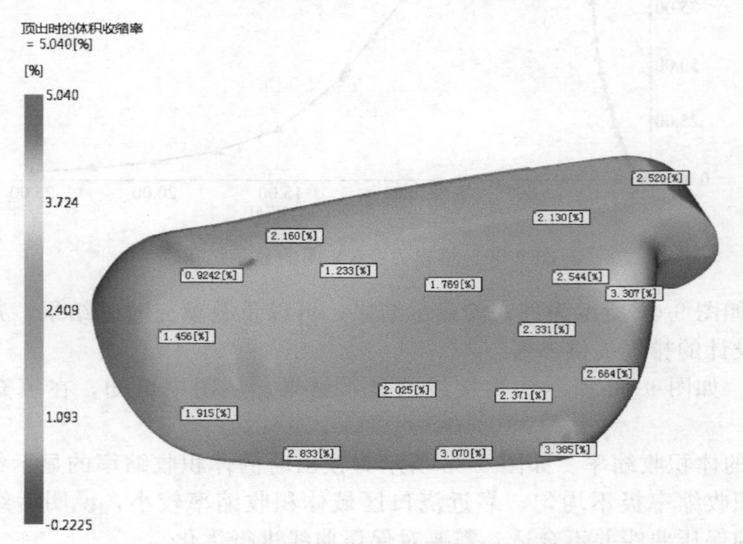

图 9-63　顶出时的体积收缩率的显示结果

⑫ 冻结层因子　如图 9-64 所示为冻结层因子的显示结果，可以单击“动画”中的“播放”按钮，以动画的形式模拟模型和浇口中的冷凝层随时间变化的过程。从图中可知模型在 17.54s 时全部冻结。由于模型采用的是热流道，因此模型的冻结时间与保压时间有关。

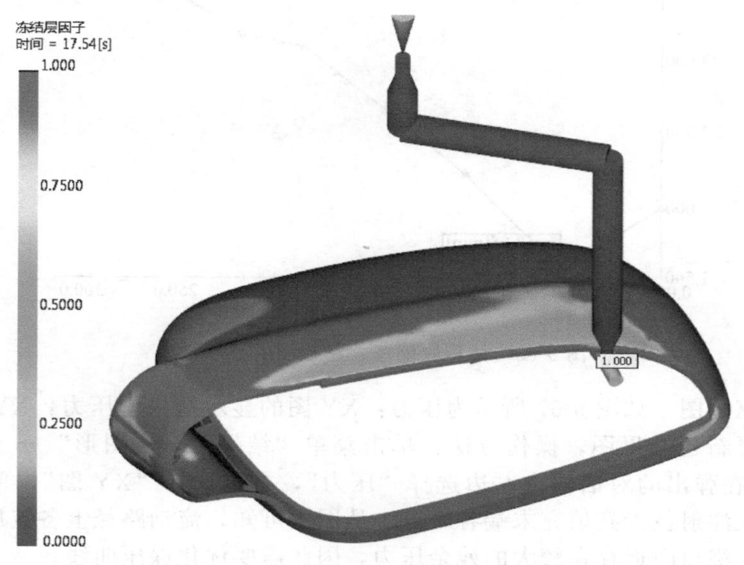

图 9-64　冻结层因子的显示结果

⑬ 缩痕，指数　如图 9-65 所示为缩痕指数的显示结果，从图中可知，模型中比色卡上最大值显示区域为缩痕指数最大的区域。

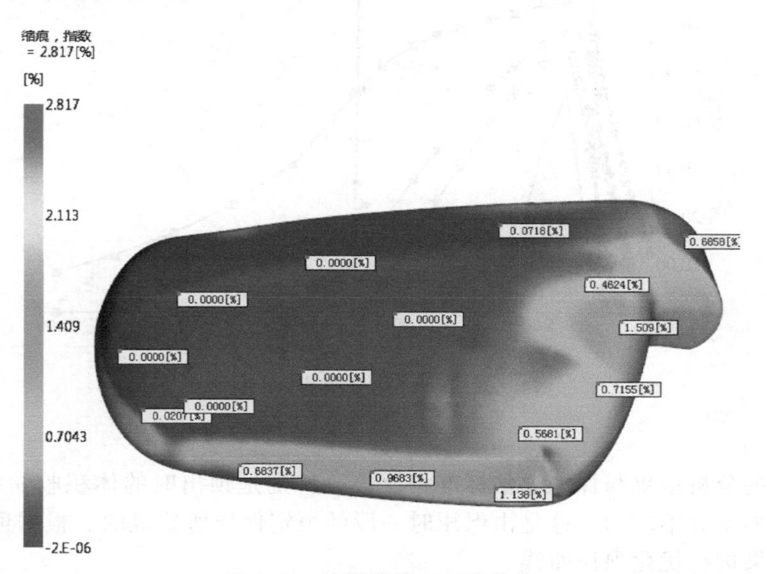

图 9-65　缩痕指数的显示结果

⑭ 体积收缩率：路径图　如图 9-66 所示为体积收缩率：路径图的显示结果。体积收缩率：路径图不是默认结果图，因此需要新建结果图，操作方法：单击菜单“结果”→“图形”→“新建图形”→“图形”命令，在弹出的对话框中左边选择“体积收缩率”，右边选择“路径图”，单击“确定”按钮。依次选择从浇口到填充末端各个点。从图中可知，模型沿流动路径上的体积收缩率差异应在 2.1%，已超过评估标准，因此需要优化保压曲线。

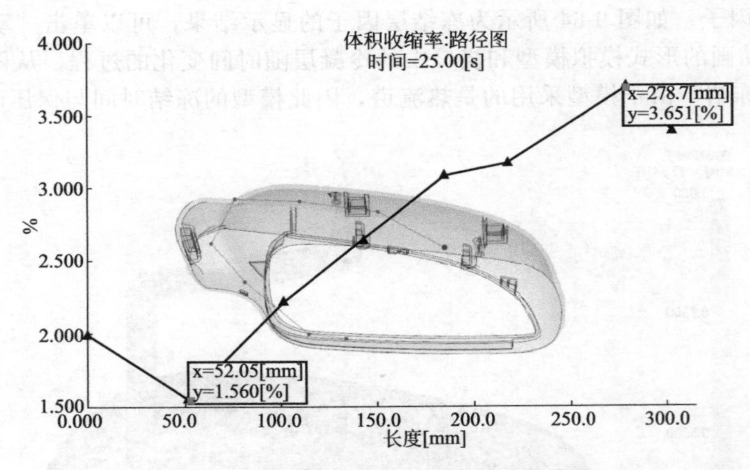

图 9-66 体积收缩率：路径图的显示结果

⑮ 压力：XY 图 如图 9-67 所示为压力：XY 图的显示结果。压力：XY 图不是默认结果图，因此需要新建结果图，操作方法：单击菜单“结果”→“图形”→“新建图形”→“图形”命令，在弹出的对话框中左边选择“压力”，右边选择“XY 图”，单击“确定”按钮。依次选择从注射位置到填充末端各个点。从图中可知，流动路径上各点压力曲线形状比较大接近，但在浇口附近存在较大的残余压力，因此需要优化保压曲线。

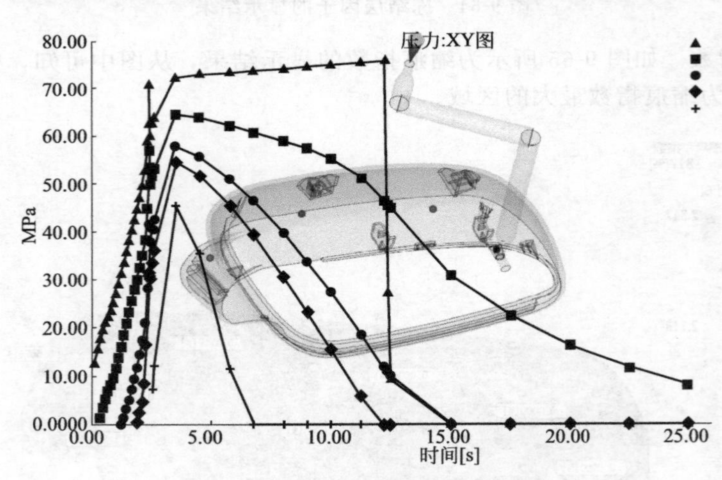

图 9-67 压力：XY 图的显示结果

（6）总结

通过上面的分析结果与保压评估标准相比较，特别是顶出时的体积收缩率的结果可知，模型的体积收缩率并不均匀，这是由保压时一段的恒定保压所造成的。根据顶出时的体积收缩率和压力结果进行优化保压曲线。

（7）保压曲线优化

首先在任务栏选中“MP09 _ 06”方案，然后右击，在弹出的快捷菜单中选择“复制”命令，复制方案并改名为“MP09 _ 07”。然后单击菜单“主页”→“成型工艺设置”→“工艺设置”命令，弹出“工艺设置向导—冷却设置”对话框。在对话框中所有参数采用冷却优化后的参数。单击“下一步”按钮，弹出“工艺设置向导—填充＋保压设置”对话框。在对话框中“充填控制”选项选择“注射时间”，文本框中输入填充优化分析后的时间

2.2s，“速度/压力切换”选项选择“自动”。“保压控制”选项选择保压控制方式为“保压压力与时间”，单击右侧的“编辑曲线”按钮，弹出“保压控制曲线设置”对话框。在对话框中保压时间和保压压力如图 9-68 所示。

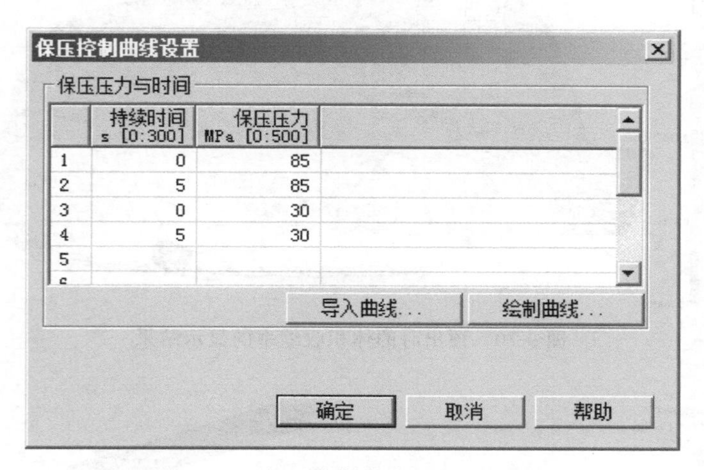

图 9-68 “保压控制曲线设置”对话框

(8) 保压优化结果

① 填充时间　如图 9-69 所示为填充时间的显示结果，从图中可知模型没有短射的情况，填充时间为 2.543s，比色卡上最大值显示区域（一般显示为红色）为模型的最后填充区域，也是模型的末端，填充非常平衡。与前面一个方案相比较，填充时间相差不大。

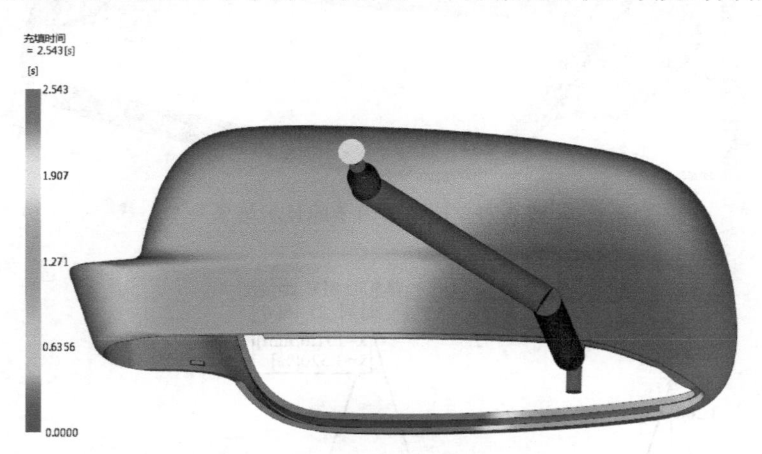

图 9-69 填充时间的显示结果

② 顶出时的体积收缩率　如图 9-70 所示为顶出时的体积收缩率的显示结果，从图中可知，模型中的大部分区域的体积收缩率在 2%左右，整个模型的体积收缩率比较均匀，说明保压优化非常有效。

③ 冻结层因子　如图 9-71 所示为冻结层因子的显示结果，从图中可知模型在 15.29s 时已基本冻结，与前面方案的冻结时间相差较大，这是由于热流道进胶，保压时间的长短对其影响很大。

④ 体积收缩率：路径图　如图 9-72 所示为体积收缩率：路径图的显示结果。从图中可知，模型沿流动路径上的体积收缩率差异应在 1.2%，未超过评估标准，说明保压曲线的优化是有效的。

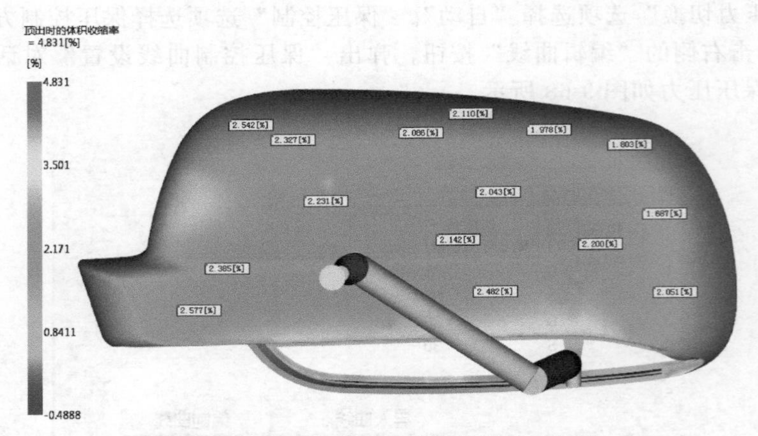

图 9-70 顶出时的体积收缩率的显示结果

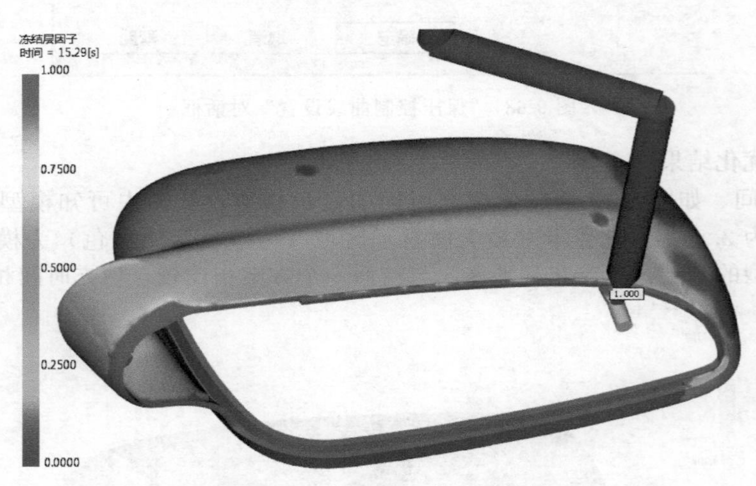

图 9-71 冻结层因子的显示结果

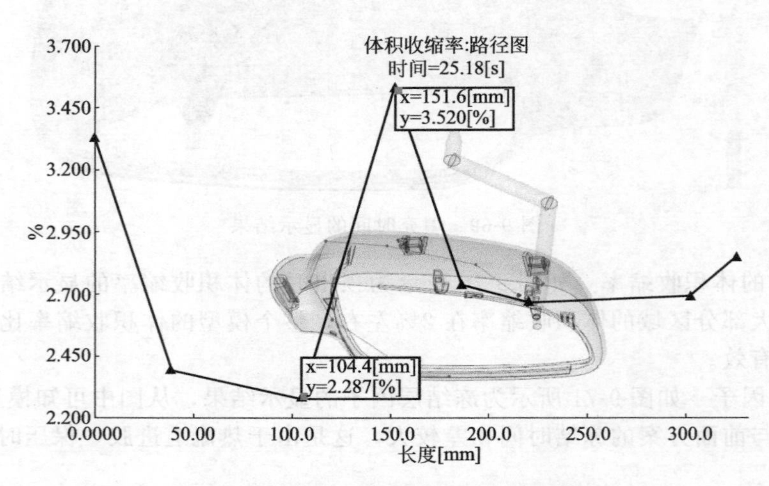

图 9-72 体积收缩率：路径图的显示结果

⑤ 压力：XY 图 如图 9-73 所示为压力：XY 图的显示结果。从图中可知，流动路径上各点压力曲线形状非常接近，型腔内的保压压力非常接近，符合评估标准。

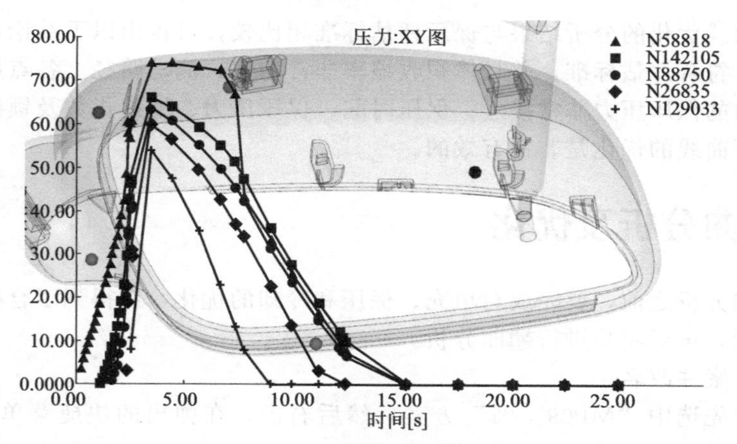

图 9-73　压力：XY 图的显示结果

⑥ 缩痕，指数　如图 9-74 所示为缩痕指数的显示结果，从图中可知，模型中的红色区域为缩痕指数最大的区域，通过保压优化缩痕指数已有所改善。

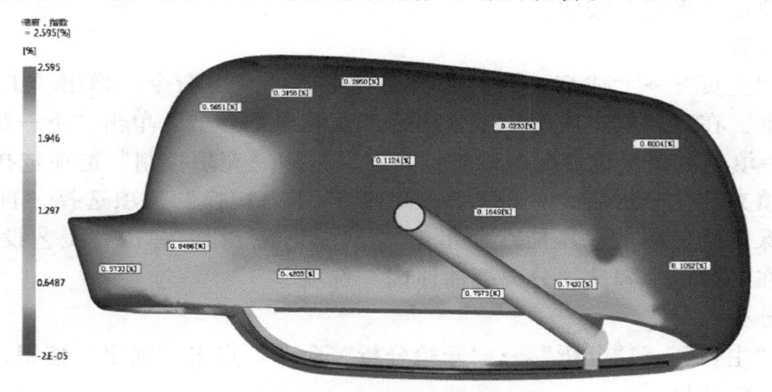

图 9-74　缩痕指数的显示结果

⑦ 锁模力：XY 图　如图 9-75 所示为锁模力：XY 图的显示结果，从图中可知，锁模力的最大值为 1137.6t，比上一方案略有下降。

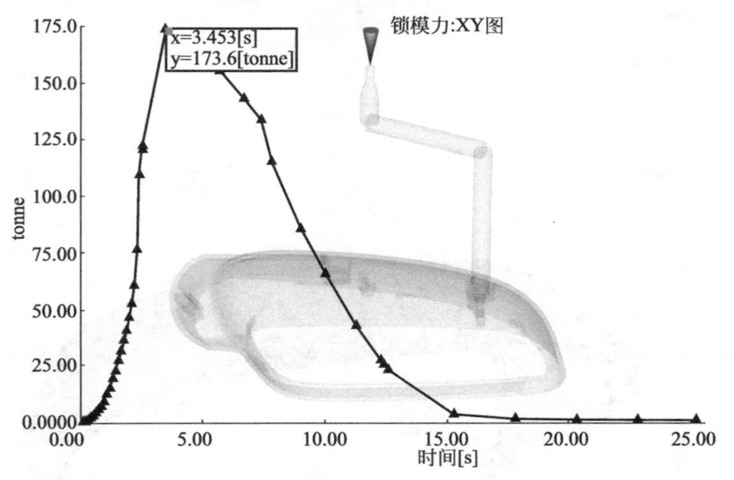

图 9-75　锁模力：XY 图的显示结果

（9）保压优化总结

通过保压曲线优化的分析结果与保压评估标准相比较，可得出以下结论：顶出时的体积收缩率的结果已符合评估标准，并且体积收缩率非常均匀；流动路径上各点压力曲线形状非常接近，型腔内的保压压力非常接近；保压时间、保压压力、缩痕指数及锁模力均符合评估标准，说明保压曲线的优化是非常有效的。

9.10　翘曲分析及优化

在进行翘曲分析之前，要完成对填充、保压和冷却的优化，在得到了合格的填充、保压和冷却分析之后，再对制品进行翘曲分析。

（1）复制方案并改名

在任务栏首先选中“MP09_07”方案，然后右击，在弹出的快捷菜单中选择“复制”命令，复制方案并改名为“MP09_08”。

（2）设置分析序列

单击菜单“主页”→“成型工艺设置”→“分析序列”命令，选择“冷却＋填充＋保压＋翘曲”选项，单击“确定”按钮。

（3）工艺设置

单击菜单“主页”→“成型工艺设置”→“工艺设置”命令，弹出“工艺设置向导-冷却设置”对话框。在对话框中所有参数采用冷却优化后的参数。单击“下一步”按钮，弹出“工艺设置向导-填充＋保压设置”对话框。在对话框中“充填控制”选项选择“注射时间”，文本框中输入填充优化分析后的时间2.2s，“速度/压力切换”选项选择“自动”。“保压控制”选项采用保压优化后的保压曲线。单击“下一步”按钮，弹出“工艺设置向导-翘曲设置”对话框，在对话框中勾选“分离翘曲原因”选项。

（4）开始分析

单击菜单“主页”→“分析”→“开始分析”命令，点击“确定”按钮。

（5）翘曲分析结果

① 变形，所有效应：Z 方向　如图9-76所示为 Z 方向所有效应引起变形的显示结果，从图中可知，模型的最大变形量为0.5174～－0.462mm。

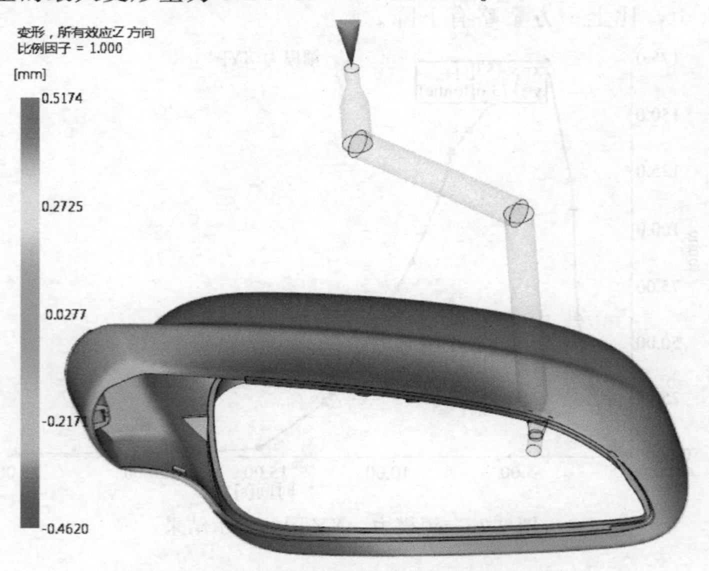

图9-76　Z 方向所有效应引起变形的显示结果

② 变形，冷却不均：Z 方向　如图 9-77 所示为 Z 方向冷却不均引起变形的显示结果，从图中可知，模型的最大变形量为 0.2337～－0.2996mm。Z 方向冷却不均引起变形为 Z 方向所有效应引起变形的一半，由此可判断冷却不均引起变形对模型的变形影响很大。

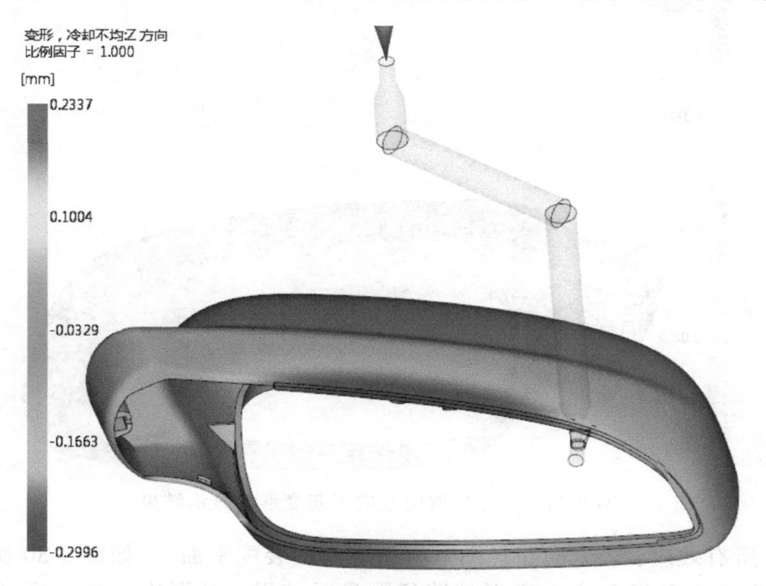

图 9-77　Z 方向冷却不均引起变形的显示结果

③ 变形，收缩不均：Z 方向　如图 9-78 所示为 Z 方向收缩不均引起变形的显示结果，从图中可知，模型的最大变形量为 0.2737～－0.297mm。Z 方向收缩不均引起变形为 Z 方向所有效应引起变形的一半，由此可判断收缩不均引起变形对模型的变形影响很大。

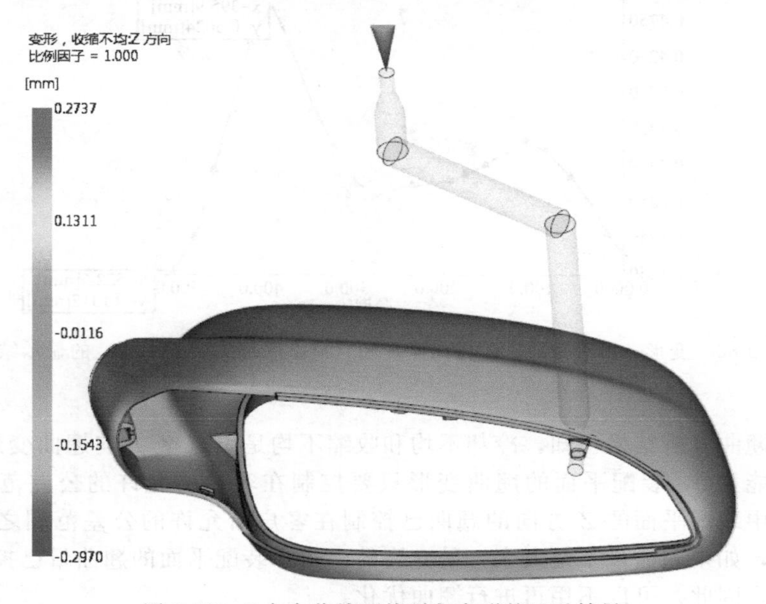

图 9-78　Z 方向收缩不均引起变形的显示结果

④ 变形，取向效应：Z 方向　如图 9-79 所示为 Z 方向取向效应引起变形的显示结果，从图中可知，模型的最大变形量为 0.0606～－0.0485mm，这表明取向效应对模型的变形产生影响不大。

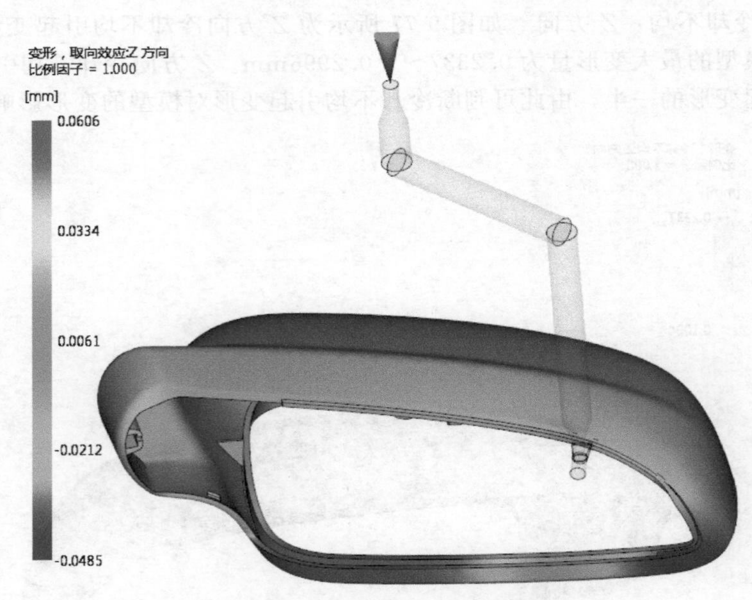

图 9-79　*Z* 方向取向效应引起变形的显示结果

⑤ 变形，所有效应：Z 方向路径图（模型底部的装配平面）　如图 9-80 所示为模型底部的装配平面所有效应引起 *Z* 方向变形的路径图显示结果，从图中可知，模型的最大变形量为 0.5024～0.1312mm。变形量在 0.5mm 的公差范围之内。

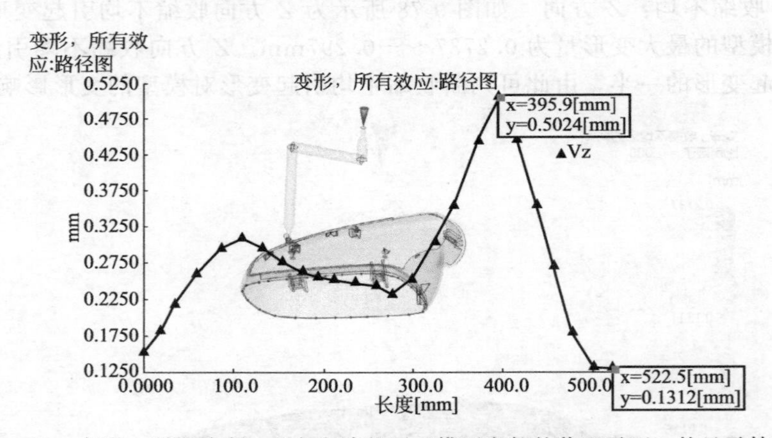

图 9-80　变形，所有效应：*Z* 方向路径图（模型底部的装配平面）的显示结果

（6）总结

从上面的翘曲分析结果可知，冷却不均和收缩不均是引起 *Z* 方向翘曲变形的主要因素，翘曲变形不可能为 0，装配平面的翘曲变形只要控制在客户所允许的公差范围之内就可以了。在本案例中装配平面的 *Z* 方向的翘曲已控制在客户所允许的公差范围之内，对于非装配区域的翘曲，如果翘曲量不是太大，是允许的。由于装配平面的翘曲量已控制在客户所允许的范围之内，因此，可以不用再进行翘曲优化。

第10章 汽车保险杠——针阀式热流道

10.1 概述

本案例为汽车保险杠的外壳。由于产品非常大，客户要求采用针阀式热嘴按顺序进胶，产品的外观不能有熔接线、气穴、缩痕、缩孔等外观缺陷。首先根据以往的经验确定大概的浇口数目和位置，创建热流道系统后用填充分析来验证浇口的合理性并加以优化，进行冷却、保压和翘曲分析及优化，从而确认注塑机的最大注塑压力和锁模力，确认产品外观面上的熔接线和气穴位置。分析任务说明书如图 10-1 所示。

概述

分析任务说明书：
①材料：PP＋EPDM-T20
②穴数：1×1
③确认分析任务：
· 浇口位置及数量
· 注塑压力及锁模力
· 最佳浇注系统
· 最佳冷却系统
· 熔接线、气穴分布
· 变形尺寸大小

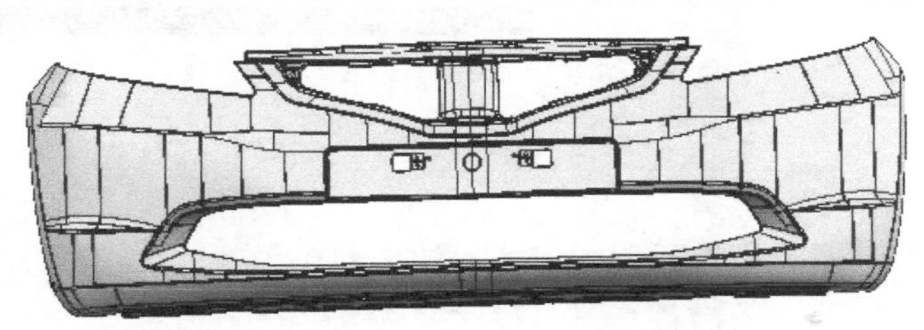

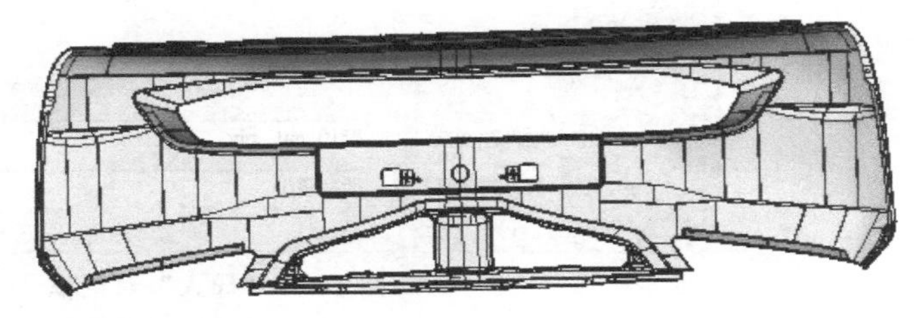

图 10-1　分析任务说明书

10.2 网格划分及修复

由于产品非常大，在长度上已达到了 1.7m，而且产品的左右方向基本对称。如果对整个产品进行后处理则需要花费很长的时间，为了减小模型前处理的工作量，只对产品的一半进行前处理，修复好网格后再把另外一半镜像复制，这样大大地节省模型的前处理时间。产品在网格划分之前已在 CAD Doctor 软件中做过前期处理，主要是去除产品一些小于 1 的圆角面和 *C* 角面。这样进行网格划分时，网格的质量更好，CAD Doctor 的前处理在前面已经详细地讲解过，这里不再赘述。

（1）新建工程

打开软件后，单击菜单“开始并学习”→“启动”→“新建工程”命令，创建一个工程名称为 MP10 的工程，如图 10-2 所示。最后单击“确定”按钮。

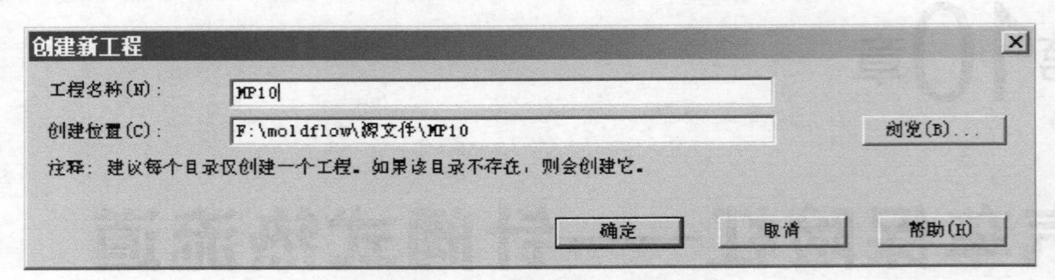

图 10-2 “创建新工程”对话框

（2）导入模型

单击菜单“主页”→“导入”→“导入”命令，选择文件目录：源文件 \ 第 10 章 \ MP10_out.sdy，如图 10-3 所示。然后单击“打开”按钮。导入模型后把方案名改为“MP10_01”。

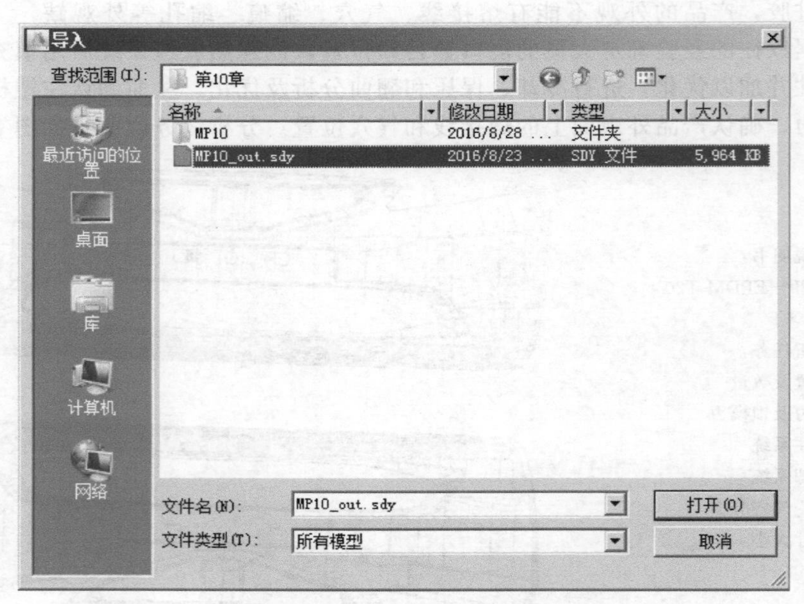

图 10-3 “导入”对话框

（3）网格划分

单击菜单“网格”→“网格”→“生成网格”命令，弹出如图 10-4 所示对话框，在对话框中“曲面上的全局边长”输入框用默认值 8.2（产品平均壁厚的 3 倍），单击“立即划分网格”按钮。

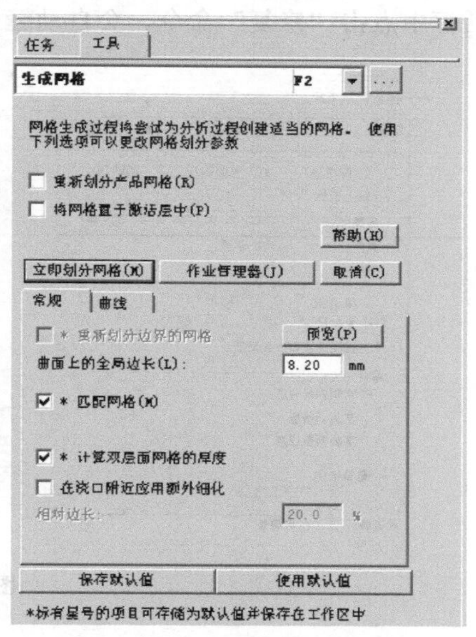

图 10-4　“生成网格”对话框

（4）网格统计

单击菜单“网格”→“网格诊断”→“网格统计”命令，单击“显示”按钮。网格统计结果如图 10-5 所示，从图中可知，网格的质量很好，没有自由边、多重边、配向不正确的单元及相交和完全重叠的单元，网格的匹配百分比达到 93.6%，最大纵横比为 18.93，最大纵横比最好在 10 以下，因此需要对纵横比进行诊断并修复，纵横比修复方法在前面已经讲解过，此处就不再赘述。网格的纵横比修复后如图 10-6 所示，网格质量已完全达到模流分析要求。

（5）镜像另一半的网格三角形

首先把产品中间的横切面网格单元删除，接着单击菜单“几何”→“实用程序”→“移动”→“镜像”命令，弹出如图 10-7 所示的对话框，在对话框中“选择”选项选中所有的节点和三角形单元，“镜像”选项选择“YZ 平面”，“参考点”输入“0.0，0.0，0.0”，最后选择单选项“复制”，单击“应用”按钮。

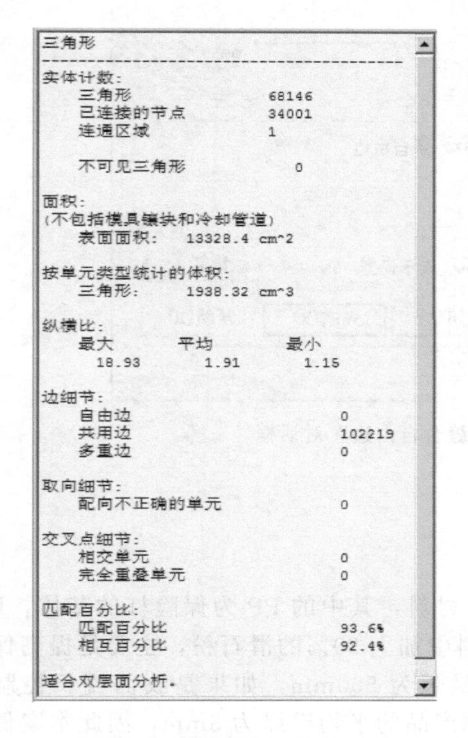

图 10-5　修复前网格统计结果

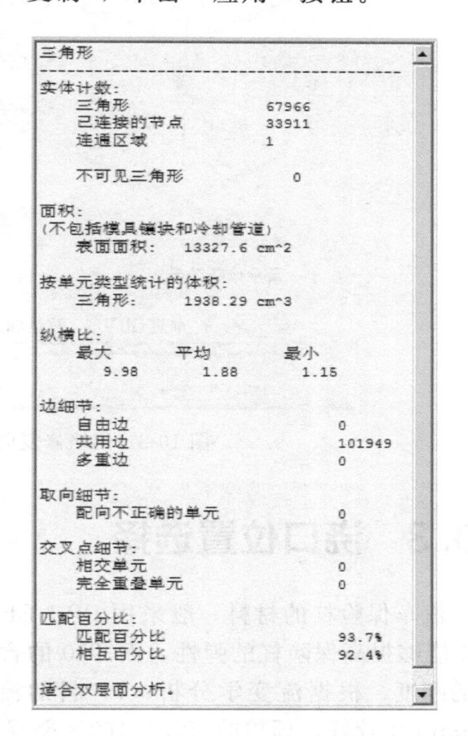

图 10-6　修复后网格统计结果

（6）修复网格

网格镜像后，相交的网格之间会出现自由边，可用网格修复向导命令进行修复。单击菜单“网格”→“网格修复”→“网格修复向导”命令，弹出如图 10-8 所示的对话框，在对话框中点击“修复”命令，会自动缝合自由边。修复完成后点击“关闭”按钮。

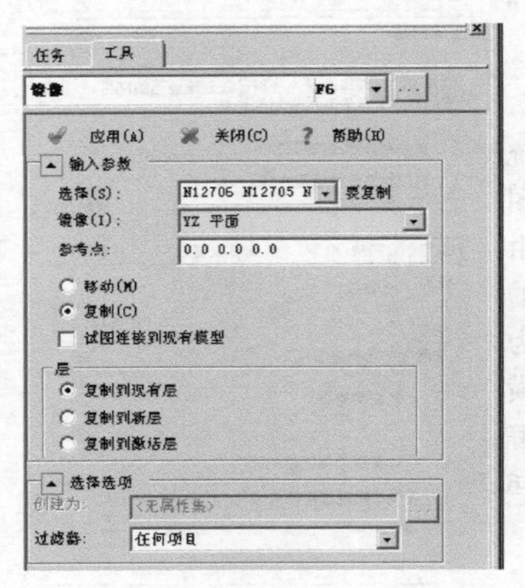

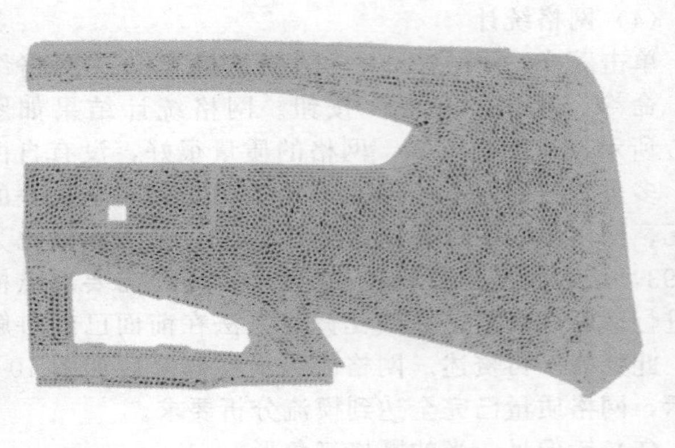

图 10-7 “镜像”对话框

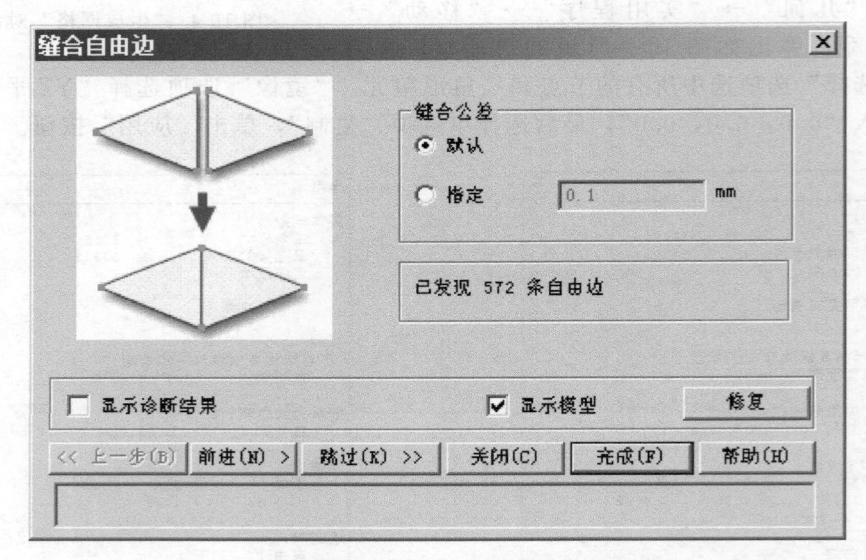

图 10-8 网格修复向导中的“缝合自由边”对话框

10.3 浇口位置选择

汽车保险杠的材料一般采用 PP＋EPDM-T20 材料，其中的 PP 为保险杠的基体，EPDM 能够提高保险杠的弹性，而 T20 的含义是材料中加上 20%的滑石粉，主要是提高保险杠的刚度。根据流变学分析，PP 料的流长一般最长为 500mm，如果是纹面流长控制在 160mm 比较好，理想的流长＝160×壁厚。本案例产品的平均壁厚为 3mm，因此本案例的最大流长为 480mm，也就是两热流道之间的最大距离为 480mm，根据以往的经验及本案例的实际情况，流道的位置及数量如图 10-9 所示，共采用 6 个热流道，从中间两个热流道开始向两侧按顺序进胶。浇口的位置及数量是否合理可以用填充分析进行验证。

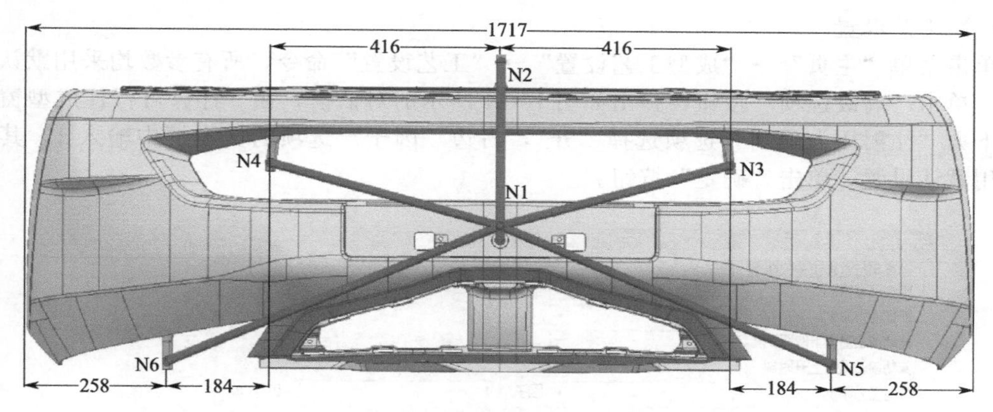

图 10-9　流道的位置及数量

10.4　成型窗口分析

本案例成型窗口分析是为了找到最佳的流动速率，因为针阀式浇口按顺序进胶，像接力赛一样，填充控制不宜使用自动或填充时间进行控制，一般采用流动速率进行控制。成型窗口分析能帮助我们确定产品填充的最佳注射时间，从而可计算出最佳的流动速率。因为填充时从最中间的两个热浇口开始，其他浇口接力填充，因此成型窗口分析只指定中间两个浇口位置。

(1) 重命名方案

在任务栏选中网格修复的方案，然后右击，在弹出的快捷菜单中选择“重命名”命令，方案改名为“MP10_01”。

(2) 选择分析类型

单击菜单“主页”→“成型工艺设置”→“分析序列”命令，选择“成型窗口”选项，单击“确定”按钮。

(3) 选择材料

单击菜单“主页”→“成型工艺设置”→“选择材料”→“选择材料 A”命令，选择“指定材料”单选项，单击“搜索”按钮。弹出如图 10-10 所示对话框，在对话框中“搜索字段”选择“牌号”，在“子字符串”的文件框中输入“AIP-2120”。单击“搜索”按钮。最后选择该牌号的材料，并点击“确定”按钮。

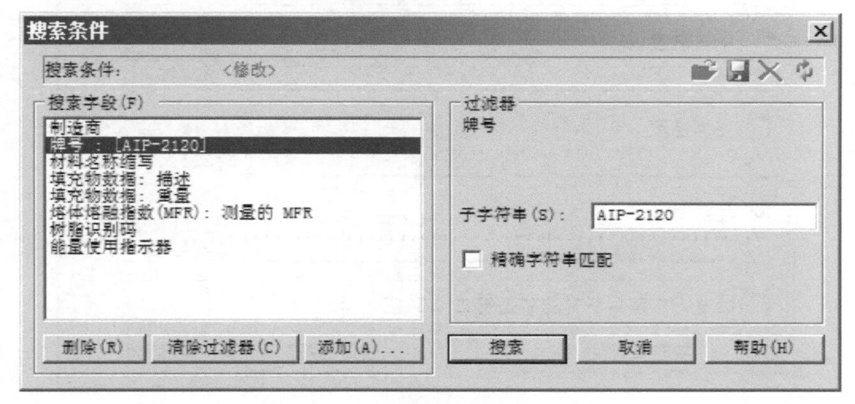

图 10-10　“搜索条件”对话框

（4）工艺设置

单击菜单“主页”→“成型工艺设置”→“工艺设置”命令，所有参数均采用默认参数设置，单击“高级选项”按钮，弹出如图 10-11 所示的对话框，在“计算可行性成型窗口限制”下方“注射压力限制”选项选择“开”，右边“因子”选项的文本框中输入 1，其他选项采用默认设置，单击“确定”按钮。

成型窗口高级选项

计算可行性成型窗口限制

剪切速率限制	关			
剪切应力限制	关			
流动前沿温度下降限制	关			
流动前沿温度上升限制	关			
注射压力限制	开	因子	1	[0.1:10]
锁模力限制	关			

计算首选成型窗口的限制

剪切速率限制	开	因子	1	[0.1:10]
剪切应力限制	开	因子	1	[0.1:10]
流动前沿温度下降限制	开	最大下降	10	C (0:100)
流动前沿温度上升限制	开	最大上升	10	C (-20:100)
注射压力限制	开	因子	0.8	[0.1:10]
锁模力限制	开	因子	0.8	[0.1:10]

确定　取消　帮助

图 10-11　“成型窗口高级选项”对话框

（5）开始分析

单击菜单“主页”→“分析”→“开始分析”命令，点击“确定”按钮。

（6）分析结果

首先在材料的推荐工艺中查明推荐的模具温度是 60℃，推荐的熔体温度是 225℃，接着在分析结果“质量（成型窗口）：XY 图”前打钩，单击菜单“结果”→“属性”→“图形属性”命令，弹出如图 10-12 所示的对话框，在对话框中在单选项“注射时间”前打钩，模具温度调整到 62.22℃左右，熔体温度调整到 225℃左右，点击“关闭”按钮。质量（成型窗口）：XY 图结果如图 10-13 所示。经查询当模具温度在 62.22℃，熔体温度在 225℃，注射时间为 4.033s 时，质量最好。

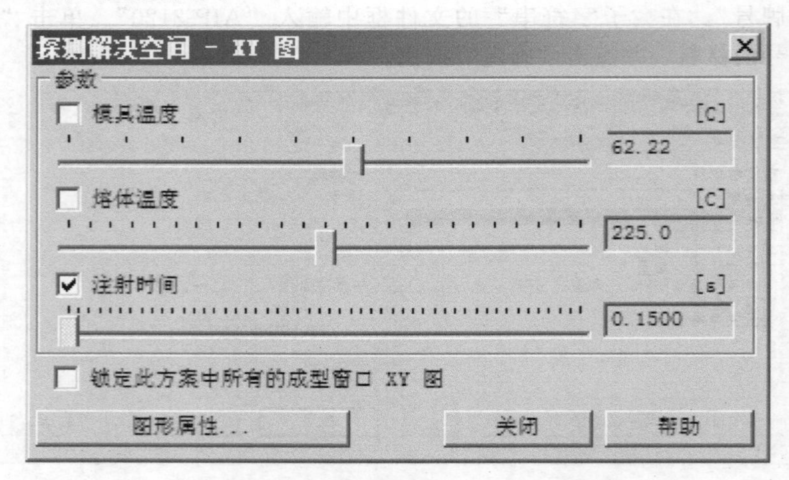

图 10-12　“探测解决空间-XY 图”对话框

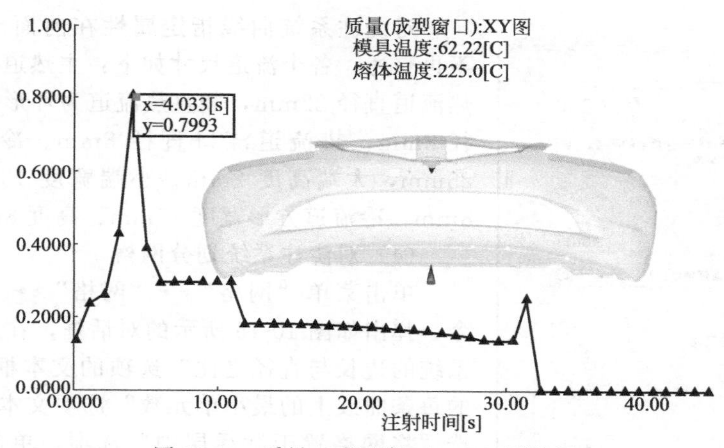

图 10-13　质量（成型窗口）：XY 图结果

10.5　阀浇口热流道系统创建

本案例的浇注系统由两部分构成，一部分为热流道，一部分为冷流道。浇注系统曲线在 NXUG 软件中创建，添加到 Moldflow 中对其指定属性，最后进行网格划分，其操作步骤如下。

（1）复制方案并改名

在任务栏首先选中方案“MP10 _ 01”，然后右击，在弹出的快捷菜单中选择“复制”命令，复制方案并改名为“MP10 _ 02”。

（2）添加浇注系统曲线

单击菜单“主页”→“导入”→“添加”命令，弹出如图 10-14 所示的对话框，在对话框中选择文件目录：源文件 \ 第 10 章 \ MP10 _ gate. igs，单击“打开”按钮。添加曲线后可对图层改名，并整理图层。

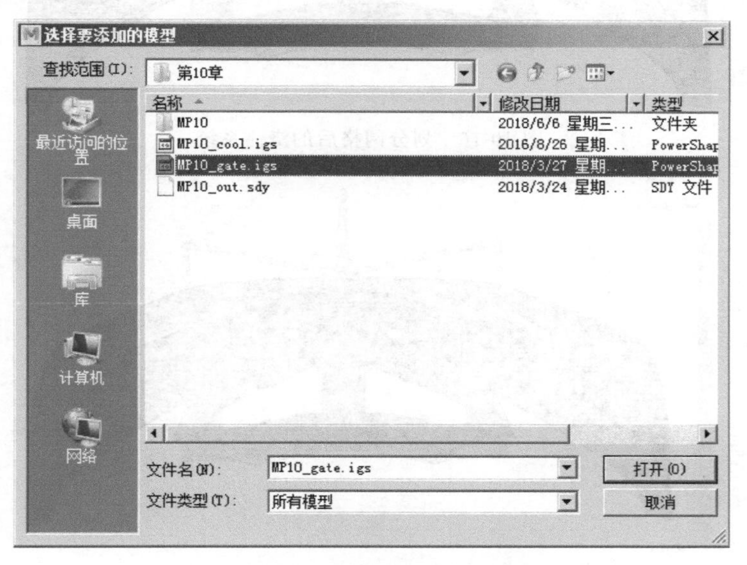

图 10-14　“添加模型”对话框

（3）对曲线指定属性

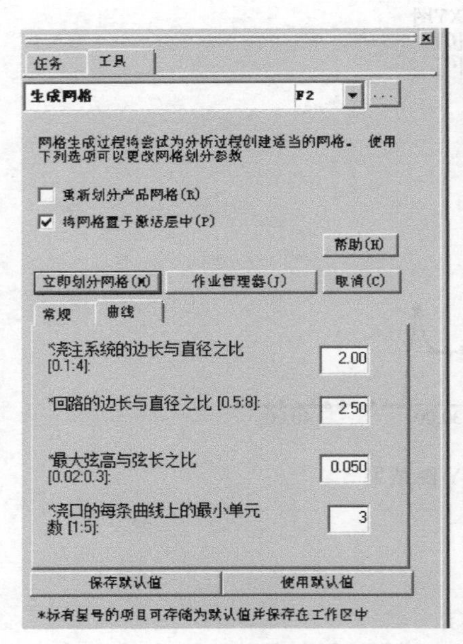

图 10-15 “生成网格”对话框

对浇注系统曲线指定属性在前面已经讲过，这里不再赘述。各个流道尺寸如下：主热道顶部直径 8mm，热流道直径 22mm，竖直热流道为环形外径 22mm、内径 8mm，热流道浇口直径 8mm。冷浇口大端宽度 25mm，大端高度 2mm，小端宽度 15mm，小端高度 8mm，冷流道方形宽度 15mm、高度 8mm。

（4）对浇注系统划分网格

单击菜单“网格”→“网格”→“生成网格”命令，弹出如图 10-15 所示的对话框，在对话框中“浇注系统的边长与直径之比”选项的文本框输入 2，“浇口的每条曲线上的最小单元数”选项文本框中输入 3，勾选“将网格置于激活层中”选项，单击“立即划分网格”按钮。划分网格后的浇注系统如图 10-16 所示。

（5）设置注射位置

单击菜单“主页”→“成型工艺设置”→“注射位置”命令，在热主流道的顶部设置注射位置。

（6）连通性诊断

单击菜单“网格”→“网格诊断”→“连通性”命令，选择模型或者浇注系统上的任何一个单元。诊断结果如图 10-17 所示。

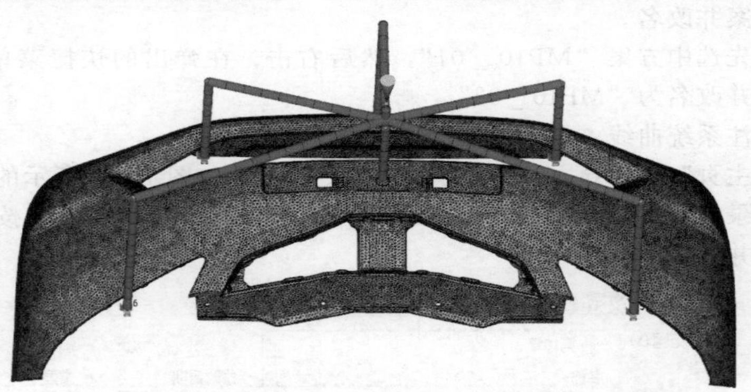

图 10-16 划分网格后的浇注系统

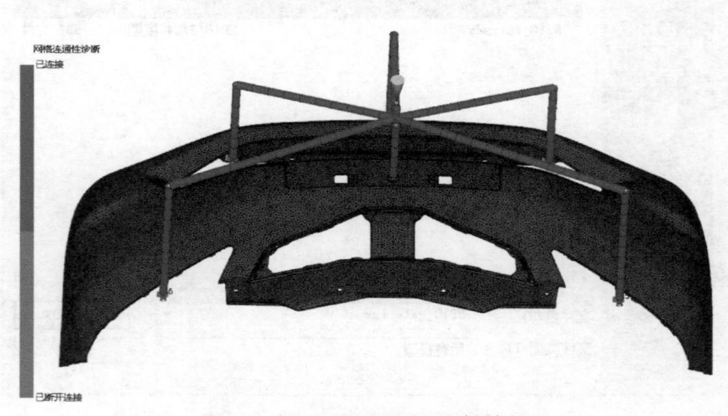

图 10-17 网格连通性诊断结果

（7）创建阀浇口

单击菜单“边界条件”→“浇注系统”→“阀浇口控制器”→“创建|编辑”命令，弹出如图 10-18 所示对话框。在对话框中单击“查看/编辑”按钮，弹出如图 10-19 所示对话框。其对话框各个选项如下：

①“控制器名称”：可自行命名各个阀浇口名称。

②“阀浇口触发器”：触发阀浇口的方法有“时间”“流动前沿”“压力”“%体积”“螺杆位置”。一般情况下最先打开的阀浇口选择“时间”触发器，其次打开的阀浇口可选择“流动前沿”作为触发器，如果选择“流动前沿”作为触发器，在其右侧会出现“触发器位置”选项，其中包括“指定节点”和“浇口”，默认选择“浇口”，“延迟时间”选项后面的文本框默认值 0s，在实际应用中通常可以延迟 0.1～0.2s。

③“阀浇口初始状态”：选择“已关闭”选项。

④“阀浇口打开/关闭速度”：选择“实时”选项。

⑤“阀浇口打开/关闭时间”：一般选择 0s 打开，30s 关闭。关闭时间可在保压优化后再对关闭时间进行优化。

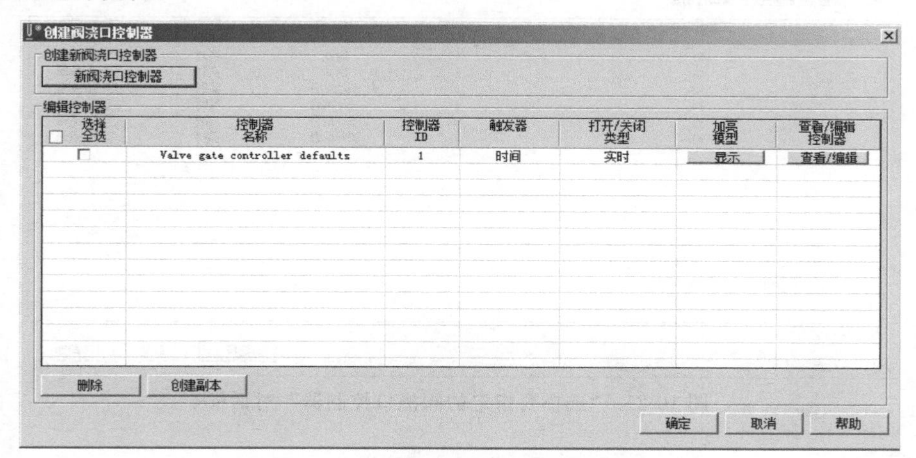

图 10-18 “创建阀浇口控制器”对话框

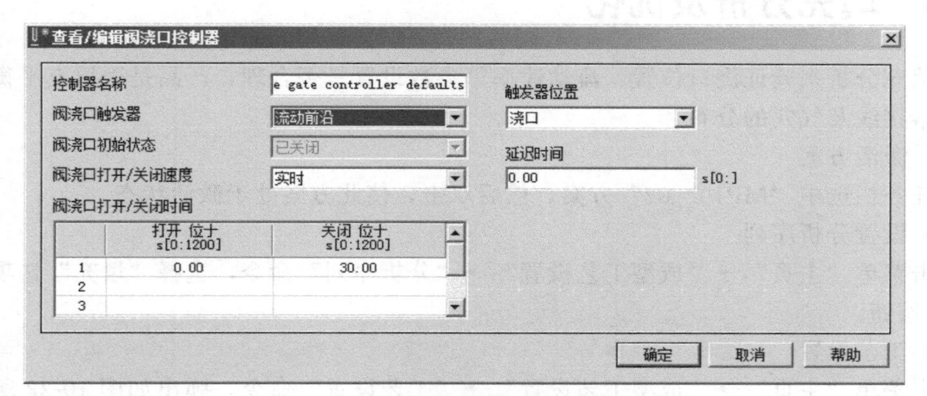

图 10-19 “查看/编辑阀浇口控制器”对话框

(8) 指定阀浇口

单击菜单“边界条件”→“浇注系统”→“阀浇口控制器”→“指定给单元”命令，弹出如图 10-20 所示对话框。选择阀浇口最底部的一个单元，不要勾选“应用到共享该属性的所有实体”选项，点击“确定”按钮。弹出如图 10-21 所示对话框。在对话框中依次选择各个阀浇口控制器的名称，中间最先开始进胶的两个浇口采用时间作为触发器来控制，另外四个阀浇口在初次分析时可采用流动前沿作为触发器来控制。

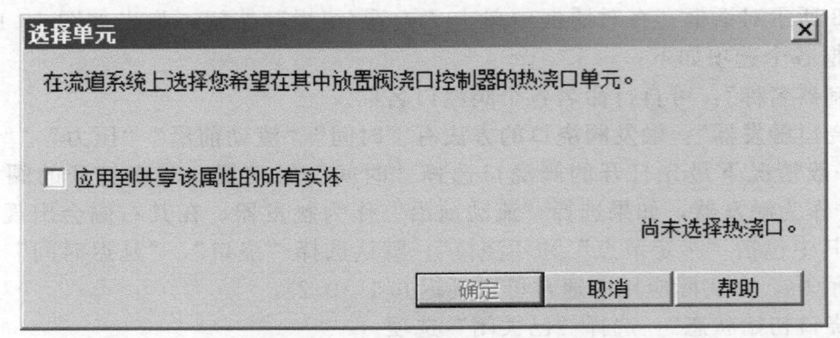

图 10-20 “选择单元”对话框

选择要指定的阀浇口控制器

选择要指定给选定单元的阀浇口控制器

控制器名称	控制器 ID	触发器	打开/关闭类型	查看/编辑控制器
N1	1	时间	实时	查看/编辑
N2	2	时间	实时	查看/编辑
N3	3	流动前沿	实时	查看/编辑
N4	4	流动前沿	实时	查看/编辑
N5	5	流动前沿	实时	查看/编辑
N6	6	流动前沿	实时	查看/编辑

选择 取消 帮助

图 10-21 “选择要指定的阀浇口控制器”对话框

10.6 填充分析及优化

用填充分析来验证浇口位置、流动速率等参数设置是否合理，产品是否填充平衡，有无短射、熔接线及气穴的分布。

（1）激活方案

在任务栏选中“MP10_02”方案，然后双击，使此方案处于激活状态。

（2）设置分析序列

单击菜单“主页”→“成型工艺设置”→“分析序列”命令，选择“填充”选项，单击“确定”按钮。

（3）工艺设置

单击菜单“主页”→“成型工艺设置”→“工艺设置”命令，弹出如图 10-22 所示“工艺设置向导”对话框。在对话框中“充填控制”选项选择“流动速率”，后面的文本框中输入 953，流动速率等于产品的体积除以成型窗口中推荐的最佳注射时间，其他均采用默认设置，单击“确定”按钮。由于冷流道的体积非常小，冷流道可以忽略不计。由于针阀式浇口像接力赛一样对产品进行填充，因此“充填控制”选项不宜采用“自动”或“注射时间”。流动速率计算出来后要在实际所用注射机的流动速率范围之内。

（4）开始分析

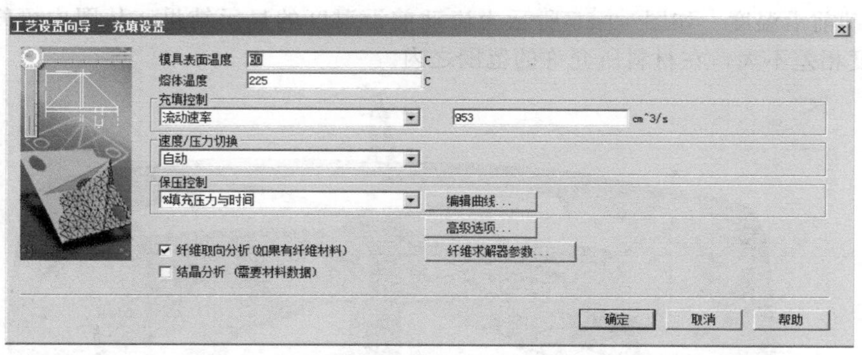

图 10-22 “工艺设置向导-充填设置”对话框

单击菜单“主页”→“分析”→“开始分析”命令，点击“确定”按钮。

(5) 分析结果

① 填充时间　如图 10-23 所示为填充时间的显示结果，从图中可知模型没有短射的情况，填充时间为 4.983s，比色卡上最大值显示区域（一般显示为红色）为模型的最后填充区域，也是模型的末端，填充基本平衡。

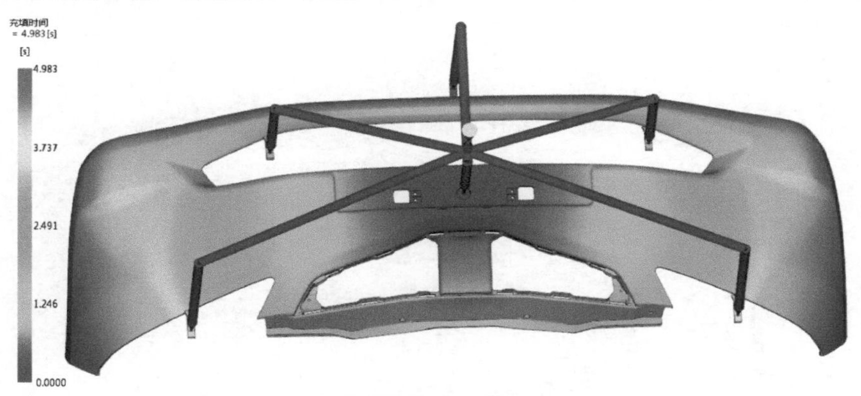

图 10-23 填充时间的显示结果

② 速度/压力切换时的压力　如图 10-24 所示为速度/压力切换时的压力的显示结果，从图中可知速度/压力切换时的压力为 52.85MPa，在模型的末端有灰色区域显示，表示此区域在速度/压力切换时仍未填充，通过日志中填充分析的屏幕输出可知，在模型填充体积的 97.51%进行速度与压力切换。可通过动画查看速度/压力切换时的压力在模型中的分布情况。

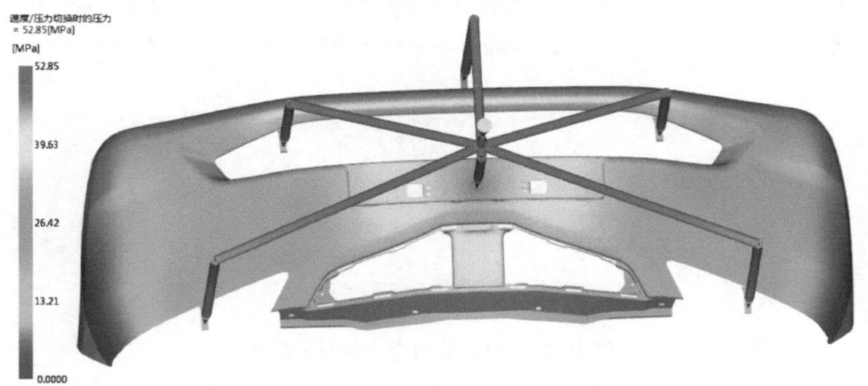

图 10-24 速度/压力切换时的压力的显示结果

③ 流动前沿温度　如图 10-25 所示为流动前沿温度的显示结果，从图中可知模型的流动前沿温度相差不大，在材料所允许的范围之内。

图 10-25　流动前沿温度的显示结果

④ 剪切速率，体积　如图 10-26 所示为体积剪切速率的显示结果，从图中可知，体积剪切速率的最大值略超材料的极限值 100000s^{-1}。超标区域位于浇口附近。

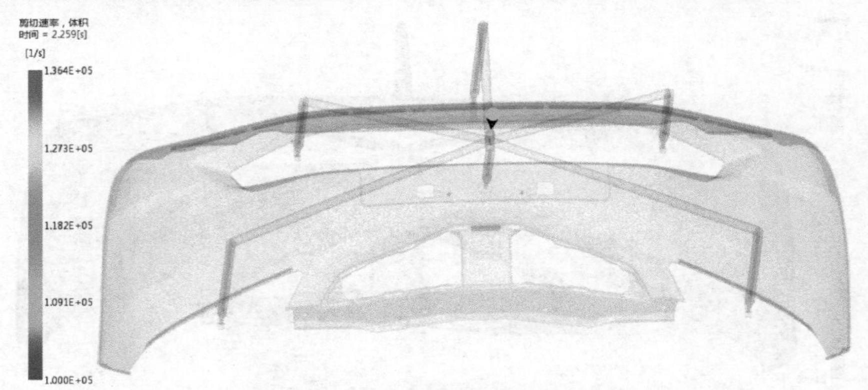

图 10-26　体积剪切速率的显示结果

⑤ 壁上剪切应力　如图 10-27 所示为壁上剪切应力的显示结果，从图中可知，壁上剪切应力的最大值已经超过了材料的极限值。其中壁上剪切应力的超标区域很小，位于浇口附近，这是因为填充过快所造成的。

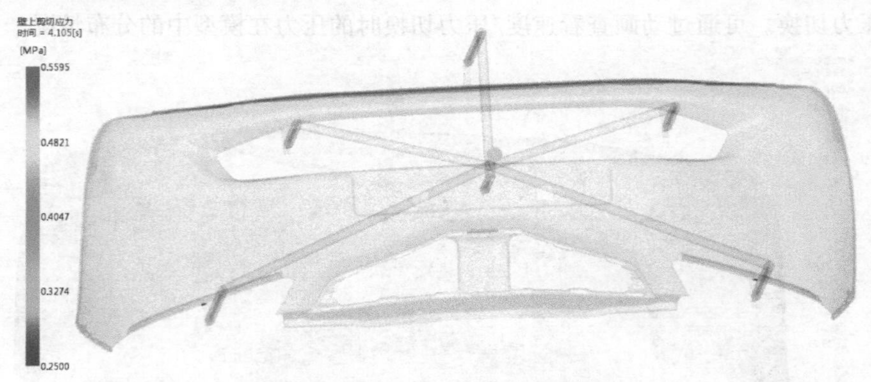

图 10-27　壁上剪切应力的显示结果

⑥ 锁模力：XY 图　如图 10-28 所示为锁模力：XY 图的显示结果，从图中可知，锁模

力的最大值为 1875.9t。也可以选择菜单“结果”→“检查”→“检查”命令，单击曲线尖峰位置，可显示最大锁模力及时间。

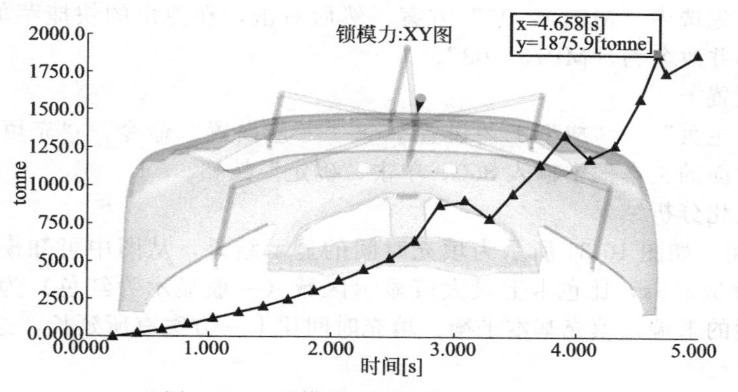

图 10-28　锁模力：XY 图的显示结果

⑦ 填充末端压力　如图 10-29 所示为填充末端压力的显示结果，从图中可知，模型两侧的填充末端的压力为 0，说明填充平衡。

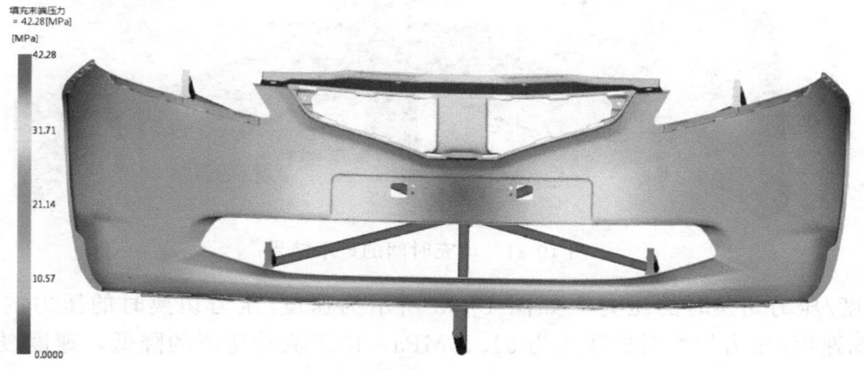

图 10-29　填充末端压力的显示结果

⑧ 熔接线　如图 10-30 所示为熔接线的显示结果，从图中可知，在两股料交接区域存在熔接线，但由于此区域位于装配位，熔接线对产品的外观影响不大。

图 10-30　熔接线的显示结果

（6）总结

通过上面的分析结果可知，产品在注射时的流动速率比较大，导致填充时剪切速率和剪切应力超出评估标准，另外过大的流动速率也会导致选择注塑机的范围缩小，因此需要对填充进行优化。

（7）复制方案并改名

在任务栏首先选中“MP10 _ 02”方案，然后右击，在弹出的快捷菜单中选择“复制”命令，复制方案并改名为“MP10 _ 03”。

（8）工艺设置

单击菜单“主页”→“成型工艺设置”→“工艺设置”命令，“充填控制”选项选择“流动速率”，后面的文本框中输入850，单击“确定”按钮。

（9）填充优化分析结果

① 填充时间　如图10-31所示为填充时间的显示结果，从图中可知模型没有短射的情况，填充时间为5.589s，比色卡上最大值显示区域（一般显示为红色）为模型的最后填充区域，也是模型的末端，填充基本平衡。填充时间比上一方案有所延长，这是流动速率降低所造成的。

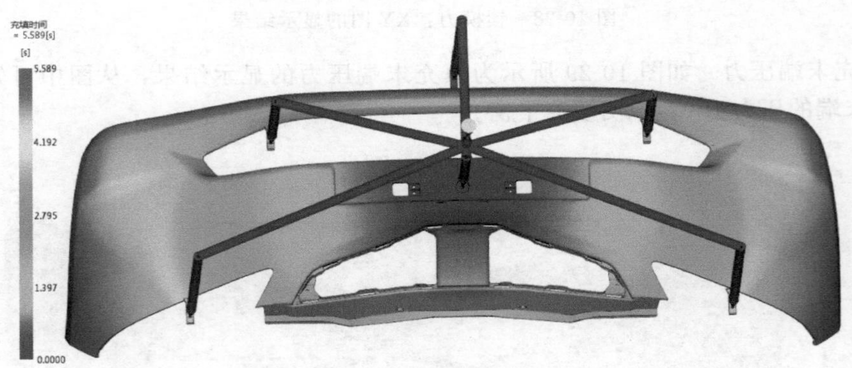

图10-31　填充时间的显示结果

② 速度/压力切换时的压力　如图10-32所示为速度/压力切换时的压力的显示结果，从图中可知速度/压力切换时的压力为51.65MPa，由于流动速率的降低，速度/压力切换时的压力比上一方案反而略有下降。

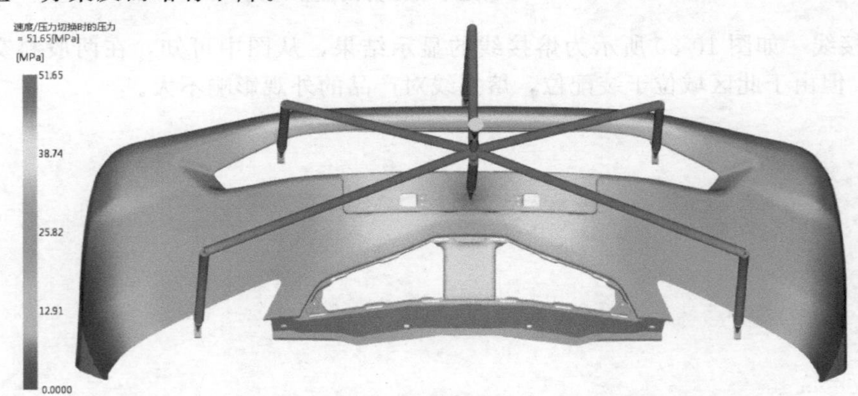

图10-32　速度/压力切换时的压力的显示结果

③ 流动前沿温度　如图10-33所示为流动前沿温度的显示结果，从图中可知由于流动速率的降低，模型的最低流动前沿温度比上一方案也降低了2℃，但最低的流动前沿温度仍然在材料所允许的范围之内。

④ 剪切速率，体积　如图10-34所示为体积剪切速率的显示结果，从图中可知，体积剪切速率已在材料所允许的范围之内。由此可见降低流动速率是改善剪切速率的有效措施之一。

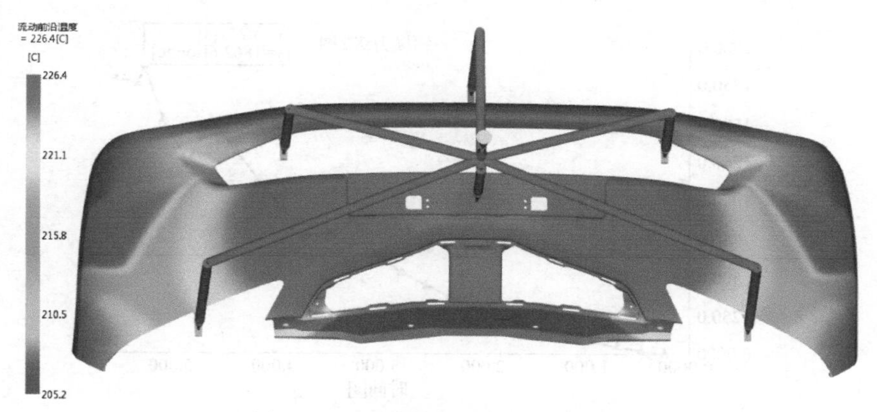

图 10-33　流动前沿温度的显示结果

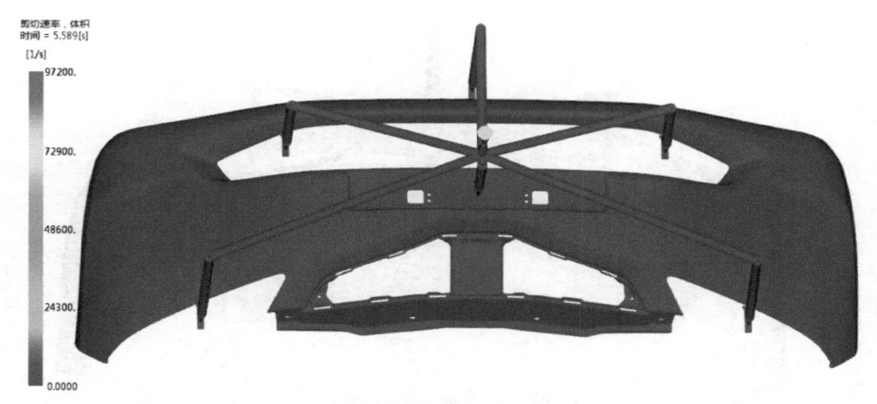

图 10-34　体积剪切速率的显示结果

⑤ 壁上剪切应力　如图 10-35 所示为壁上剪切应力的显示结果，从图中可知，由于流动速率的降低，壁上剪切应力比上一方案也有所下降，超标区域很小而且位于浇口附近，对模型的影响不大。

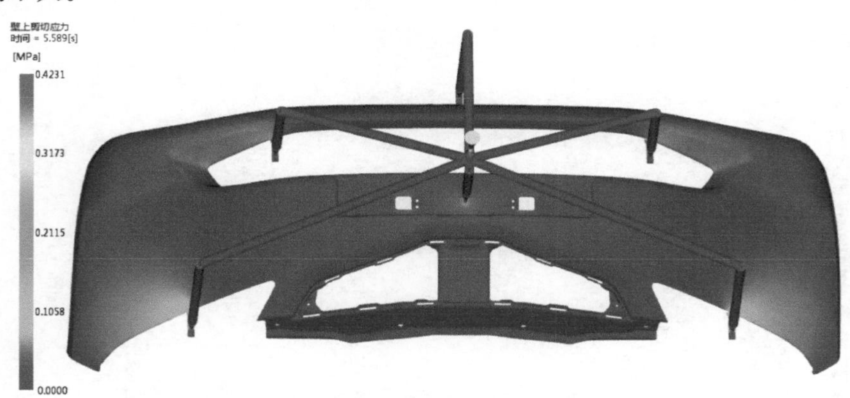

图 10-35　壁上剪切应力的显示结果

⑥ 锁模力：XY 图　如图 10-36 所示为锁模力：XY 图的显示结果，从图中可知，锁模力的最大值为 1862.6t，比上一方案有所下降。

⑦ 填充末端压力　如图 10-37 所示为填充末端压力的显示结果，从图中可知，模型的填充末端的压力位于模型的两侧，填充非常平衡。

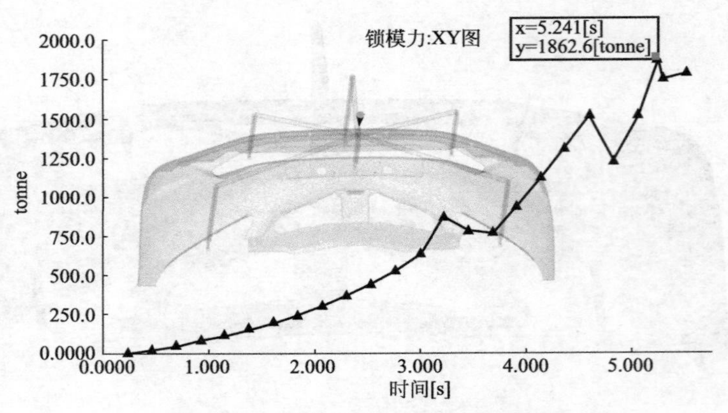

图 10-36 锁模力：XY 图的显示结果

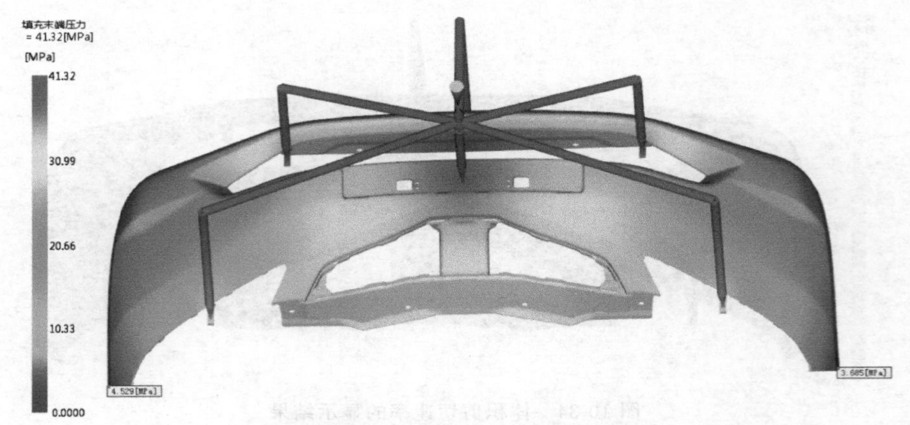

图 10-37 填充末端压力的显示结果

⑧ 熔接线 如图 10-38 所示为熔接线的显示结果，从图中可知，在两股料交汇区域存在熔接线，降低流动速率对熔接线的影响不大。

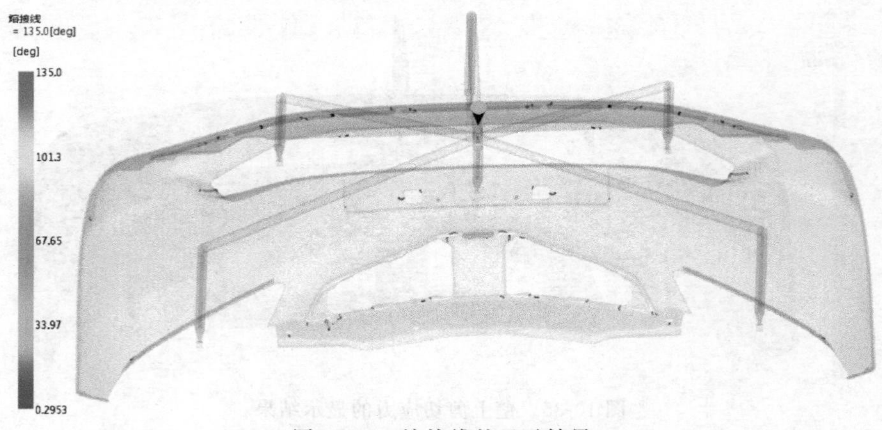

图 10-38 熔接线的显示结果

（10）优化总结

通过上面填充分析优化的结果可知，降低流动速率可以有效地降低剪切速率和剪切应力，同时也可降低注射压力和锁模力，让选择注塑机的窗口范围更加广泛。

10.7　创建冷却系统

本案例的冷却系统由两部分构成，一部分为前模冷却管道，一部分为后模冷却管道。冷却系统曲线在 NXUG 软件中创建，添加到 Moldflow 中对其指定属性，最后进行网格划分，其操作步骤如下。

（1）添加冷却系统曲线

在任务栏首先选中“MP10 _ 03”方案，然后右击，在弹出的快捷菜单中选择“复制”命令，复制方案并改名为“MP10 _ 04”。单击菜单“主页”→“导入”→“添加”命令，弹出如图 10-39 所示的对话框，在对话框中选择文件目录：源文件 \ 第 10 章 \ MP10 _ cool. igs，单击“打开”按钮。添加曲线后可对图层改名，并整理图层。

（2）对曲线指定属性

对冷却管道曲线指定属性在前面已经讲过，这里不再赘述。前模、后模、行位冷却管道的直径是一样的，都为 15mm，冷却水井的直径为 22mm。

（3）对冷却系统划分网格

单击菜单“网格”→“网格”→“生成网格”命令，弹出如图 10-40 所示的对话框，在对话框中“回路的边长与直径之比”选项的文本框输入 2. 50，勾选“将网格置于激活层中”选项，单击“立即划分网格”按钮。划分完网格后进行图层整理，划分网格后的冷却系统如图 10-41 所示。

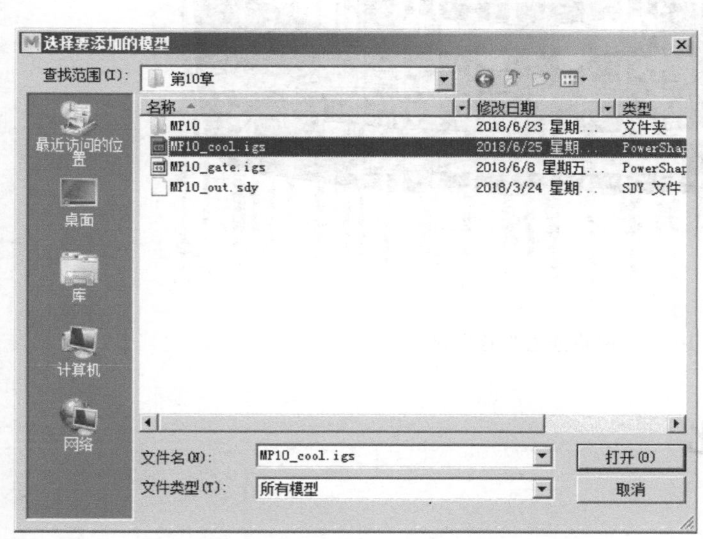

图 10-39　“添加模型”对话框

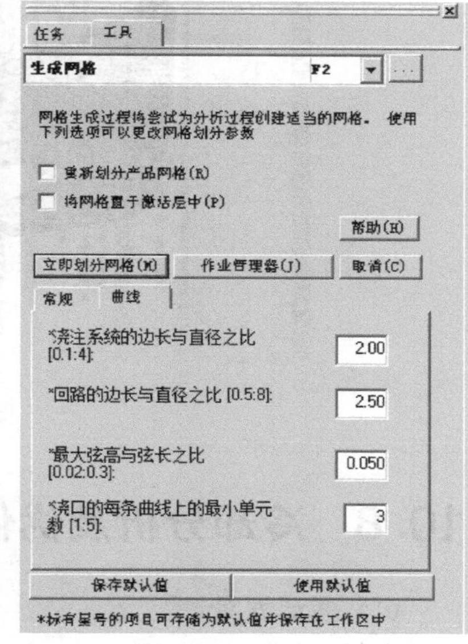

图 10-40　“生成网格”对话框

（4）设置冷却液入口

单击菜单“边界条件”→“冷却”→“冷却液入口/出口”→“冷却液入口”命令，设置水路的冷却液入口，设置时冷却水要使模温平衡，由于模具温度为 60℃，冷却水比模温低 10～30℃，因此前模冷却水入水口温度设置为 35℃，后模与行位冷却水入水口温度设置为 30℃。

（5）连通性诊断

单击菜单“网格”→“网格诊断”→“连通性”命令，选择前模冷却管道上的任何一个

图 10-41 划分网格后的冷却系统

单元。诊断结果如图 10-42 所示。依次对每组运水管道进行连通性诊断，确保每组冷却管道都是连通的。

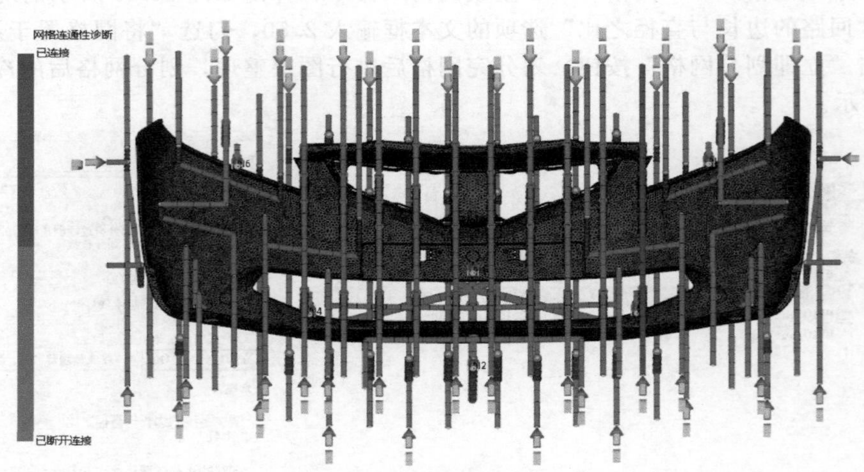

图 10-42 网格连通性诊断结果

10.8 冷却分析及优化

（1）激活方案

在任务栏选中“MP10 _ 04”方案，然后双击，使此方案处于激活状态。

（2）设置分析序列

单击菜单“主页”→“成型工艺设置”→“分析序列”命令，选择“冷却”选项，单击“确定”按钮。

（3）工艺设置

单击菜单“主页”→“成型工艺设置”→“工艺设置”命令，弹出如图 10-43 所示“工艺设置向导”对话框。在对话框中“注射＋保压＋冷却时间”选项选择“指定”，在后面的文本框中输入 45，其他参数采用默认值。单击“确定”按钮。

（4）开始分析

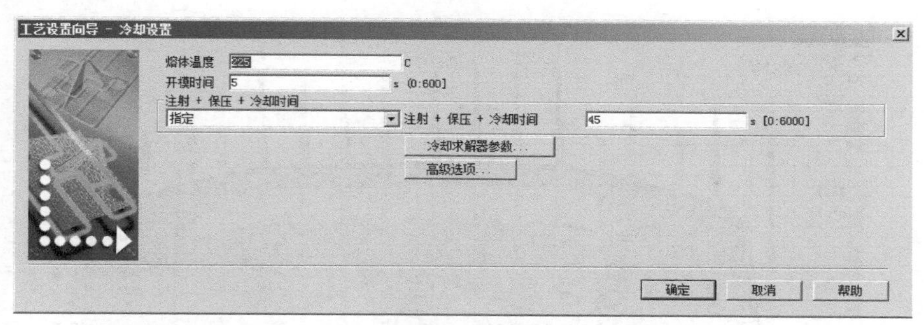

图 10-43　“工艺设置向导-冷却设置”对话框

单击菜单“主页”→“分析”→“开始分析”命令，点击“确定”按钮。

(5) 分析结果

① 型腔温度结果摘要　如图 10-44 所示为型腔温度结果摘要。从图中可知，型腔表面温度平均值是 61.4701℃，而模具温度是 60℃，根据冷却分析评估标准，型腔表面温度与模具温度相差在±10℃之内，型腔表面温度平均值与模具温度相比较符合评估标准，冷却周期时间为 50s。

型腔温度结果摘要

======================================

零件表面温度　- 最大值	= 92.7873 C
零件表面温度　- 最小值	= 34.8975 C
零件表面温度　- 平均值	= 65.9933 C
型腔表面温度 - 最大值	= 89.7984 C
型腔表面温度 - 最小值	= 29.2112 C
型腔表面温度 - 平均值	= 61.4701 C
平均模具外部温度	= 27.9224 C
通过外边界的热量排除	= 2.4409 kW
周期时间	= 50.0000 s
最高温度	= 225.0000 C
最低温度	= 25.0000 C

图 10-44　型腔温度结果摘要

② 回路冷却液温度　由于前模与后模及行位的冷却水入水口温度不同，关闭后模及行位运水的图层，如图 10-45 所示为前模回路冷却液温度的显示结果，从图中可知，冷却液入口与出口的温差为 1.62℃，符合在 3℃以内的要求。打开后模及行位运水的图层，关闭前模运水图层，如图 10-46 所示为后模及行位回路冷却液温度的显示结果，从图中可知，冷却液入口与出口的温差为 2.5℃，符合在 3℃以内的要求。

③ 回路管壁温度　由于前模与后模的冷却水入水口温度不同，关闭后模运水的图层，如图 10-47 所示为前模回路管壁温度的显示结果，从图中可知，回路管壁的最高温度比冷却液入口温度高 7℃，比评估标准略高。打开后模运水的图层，关闭前模运水图层，如图 10-48 所示为后模回路管壁温度的显示结果，从图中可知，回路管壁的最高温度比冷却液入口温度高 11℃，比评估标准稍高。局部小区域管道离产品较近，局部温度过高，但大部分区域回路管壁温度在评估标准之内。

④ 平均温度，零件　如图 10-49 所示为零件平均温度的显示结果，从图中可知，零件的平均温度为 70℃左右。目标模温为 60℃，刚好在评估标准范围之内。局部小区域的平均温度过高，这是由局部胶厚过厚引起的。

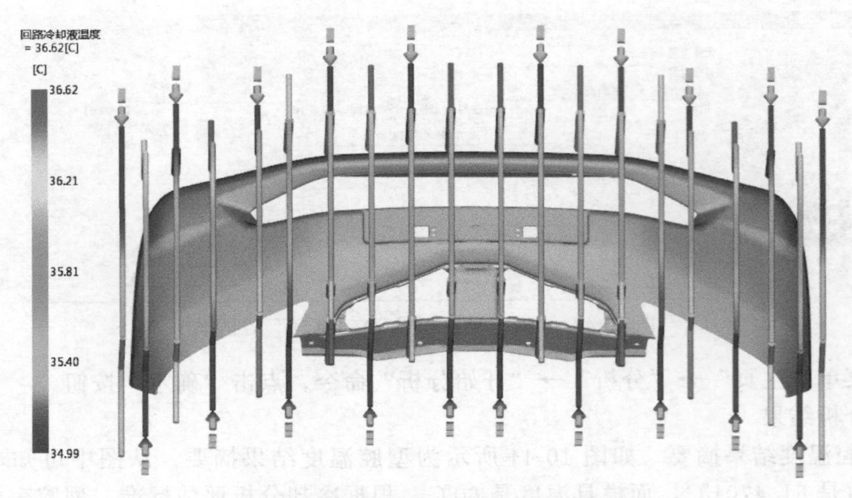

图 10-45 前模回路冷却液温度的显示结果

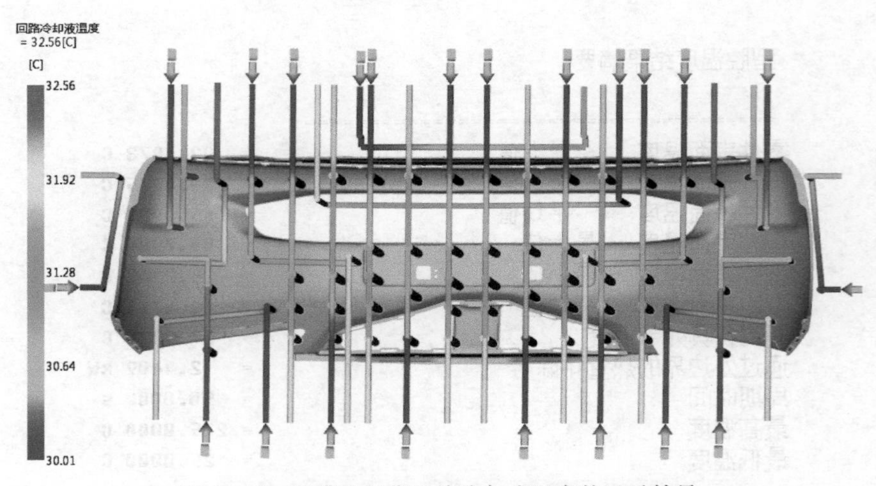

图 10-46 后模及行位回路冷却液温度的显示结果

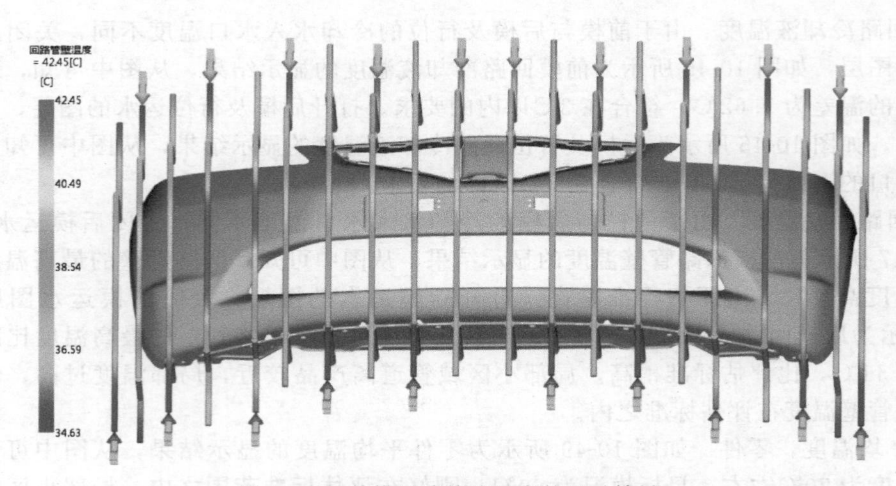

图 10-47 前模回路管壁温度的显示结果

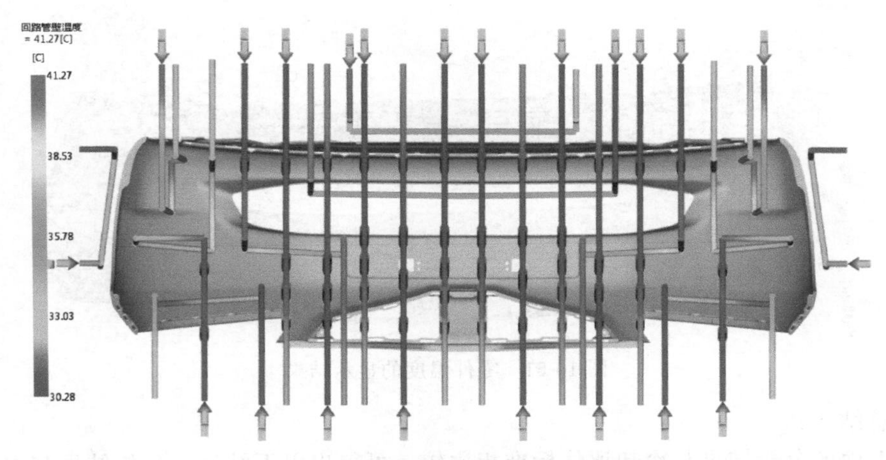

图 10-48　后模回路管壁温度的显示结果

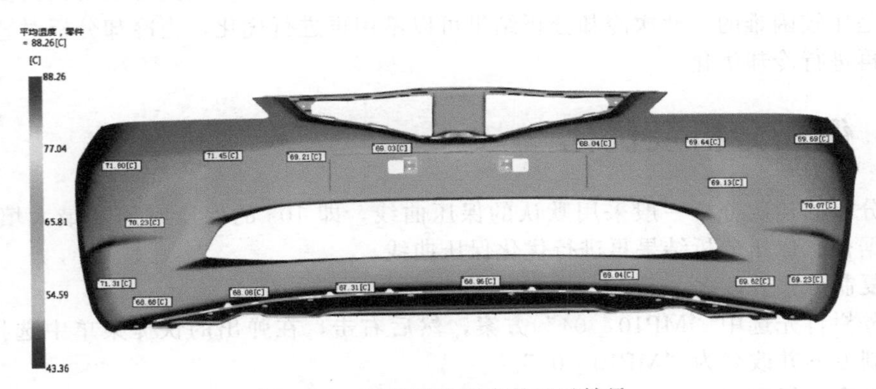

图 10-49　零件平均温度的显示结果

⑤ 温度，模具　如图 10-50 所示为模具温度的显示结果，从图中可知，模具的前模温度在 60℃左右，符合评估标准单侧模面温度差异也在 10℃以内。模具的后模温度大部分在 68℃左右，局部区域温度稍高是因为此区域要出斜顶机构无法进行管道冷却。对于图中温度过高区域经查询是柱体区域，这是因为网格划分不均匀而引起的。

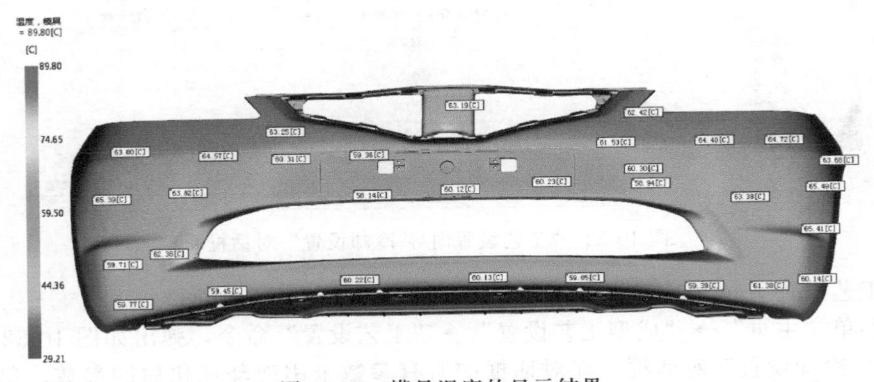

图 10-50　模具温度的显示结果

⑥ 温度，零件　如图 10-51 所示为零件温度的显示结果，从图中可知，零件的最高与最低温度差异在±10℃以内，单侧零件表面温度差异也在 10℃以内。

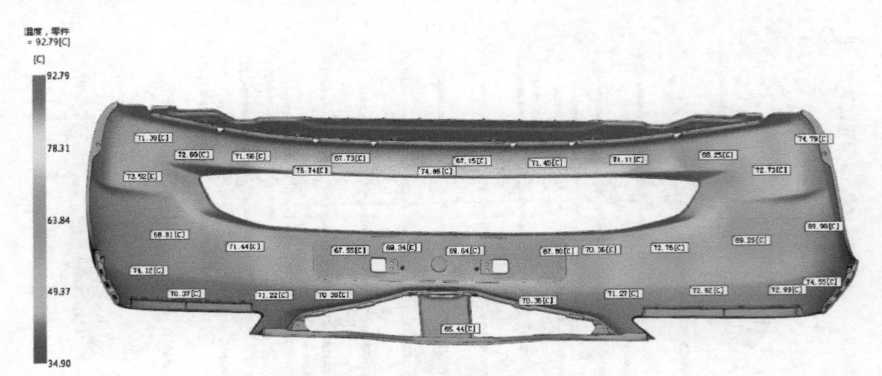

图 10-51　零件温度的显示结果

(6) 总结

通过上面的分析结果与冷却评估标准相比较，可得出以下结论：分析结果基本符合评估标准。在进行分析评定时，分析结果要无限靠近评估标准，对于大型复杂的模具要完全符合评估标准是比较困难的。此次冷却分析结果可以不用再进行优化，当冷却分析对翘曲变形影响较大时再进行冷却优化。

10.9 保压分析及优化

保压分析的初次分析一般采用默认的保压曲线，即 10s 的保压时间和最大填充压力的 80％，根据初次保压分析结果再进行优化保压曲线。

(1) 复制方案并改名

在任务栏首先选中“MP10 _ 04”方案，然后右击，在弹出的快捷菜单中选择“复制”命令，复制方案并改名为“MP10 _ 05”。

(2) 设置分析序列

单击菜单“主页”→“成型工艺设置”→“分析序列”命令，选择“冷却＋填充＋保压”选项，单击“确定”按钮。

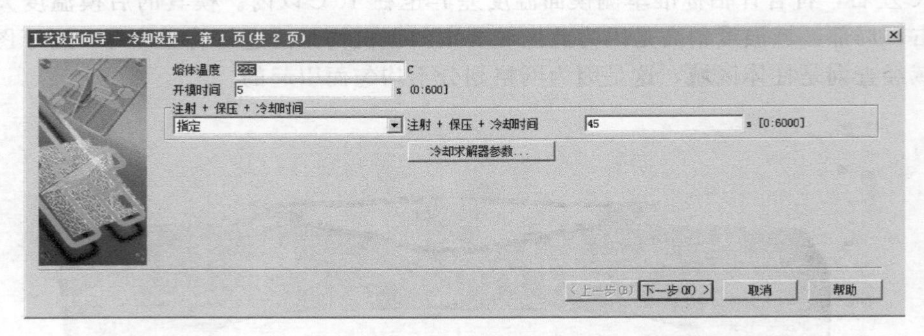

图 10-52　“工艺设置向导-冷却设置”对话框

(3) 工艺设置

单击菜单“主页”→“成型工艺设置”→“工艺设置”命令，弹出如图 10-52 所示“工艺设置向导-冷却设置”对话框。在对话框中所有参数采用冷却优化后的参数。单击“下一步”按钮，弹出如图 10-53 所示“工艺设置向导-填充＋保压设置”对话框。在对话框中“充填控制”选项选择“流动速率”，文本框中输入填充优化分析后的流动速率 850，“速度/压力切换”选项选择“自动”。“保压控制”选项采用系统默认的保压控制方式为“％填充压力与时间”，单击右侧的“编辑曲线”按钮，弹出如图 10-54 所示的对话框。在对话框中“持续时间”表示保压时间，默认设置为 10s，“%填充压力”表示填充压力的百分比，一般情况下为填充压力的 80%。

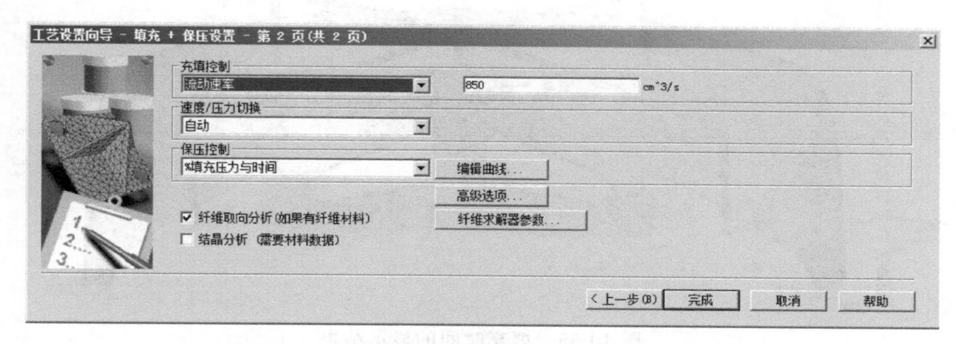

图 10-53　“工艺设置向导-填充＋保压设置”对话框

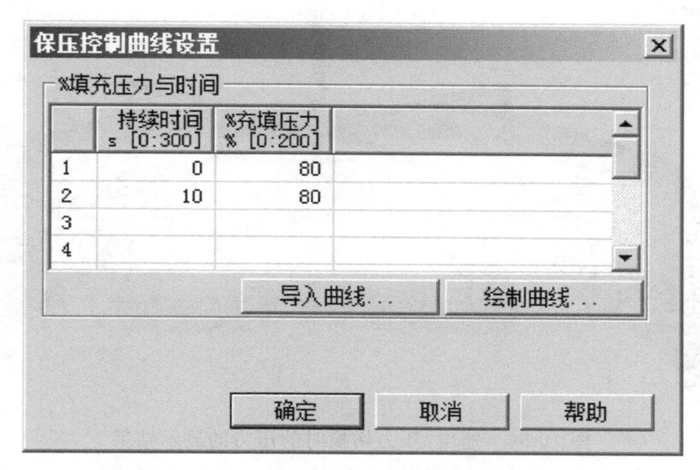

图 10-54　“保压控制曲线设置”对话框

（4）开始分析

单击菜单“主页”→“分析”→“开始分析”命令，点击“确定”按钮。

（5）保压分析结果

① 填充时间　如图 10-55 所示为填充时间的显示结果，从图中可知模型没有短射的情况，填充时间为 5.569s，比色卡上最大值显示区域（一般显示为红色）为模型的最后填充区域，也是模型的末端，填充基本平衡。点击“结果”→“动画”→“播放”命令，可以动态播放填充时间的动画，查看模型填充的整个过程。填充时间也可用等值线显示的方式进行查看。

② 速度/压力切换时的压力　如图 10-56 所示为速度/压力切换时的压力的显示结果，从图中可知速度/压力切换时的压力为 51.51MPa，在模型的末端有灰色区域显示，表示此区域在速度/压力切换时仍未填充，通过日志中填充分析的屏幕输出可知，在模型填充体积的 97.44%进行速度与压力切换。可通过动画查看速度/压力切换时的压力在模型中的分布情况。

③ 流动前沿温度　如图 10-57 所示为流动前沿温度的显示结果，从图中可知模型的绝大部分区域的温度为 226℃左右，最低温度与最高温度相差 11℃，略超评估标准。

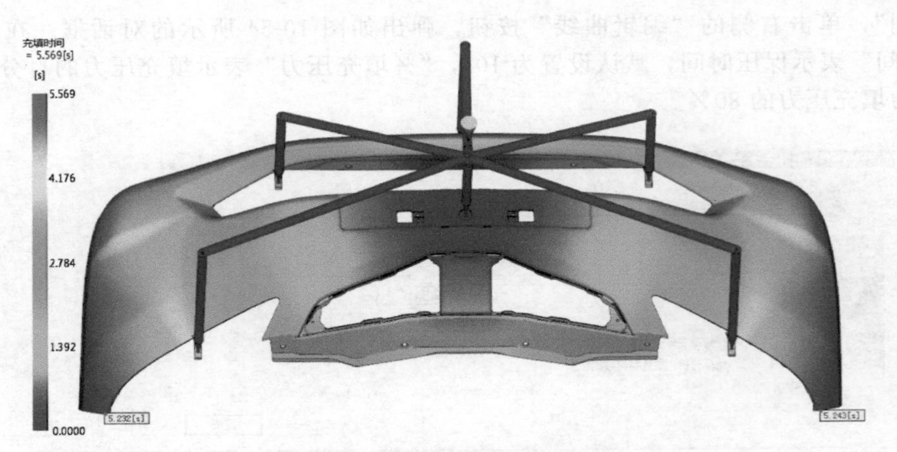

图 10-55 填充时间的显示结果

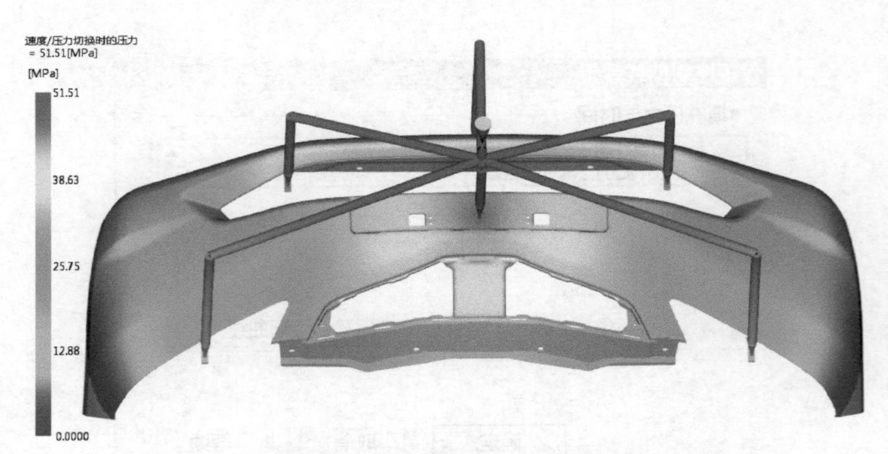

图 10-56 速度/压力切换时的压力的显示结果

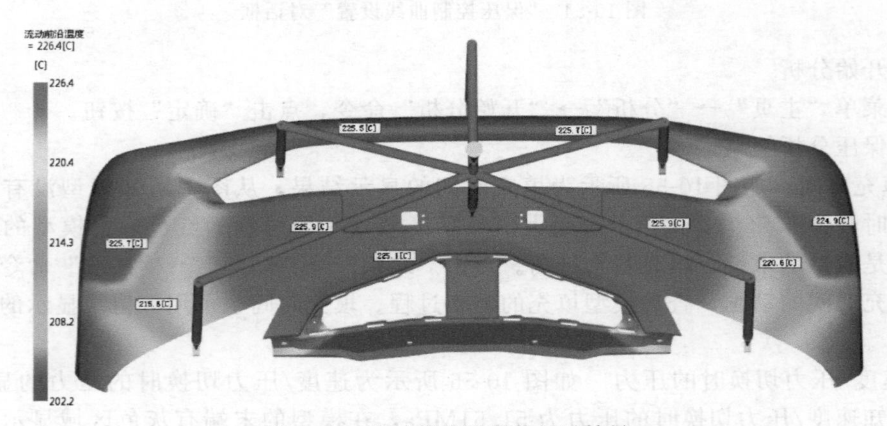

图 10-57 流动前沿温度的显示结果

④ 注射位置处压力：XY 图 如图 10-58 所示为注射位置处压力：XY 图的显示结果，从图中可知，最大的注射压力值没有超过 65MPa。也可以选择菜单“结果”→“检查”→“检查”命令，单击曲线尖峰位置，可显示最大注射力及时间。

⑤ 剪切速率，体积 如图 10-59 所示为体积剪切速率的显示结果，从图中可知，体积

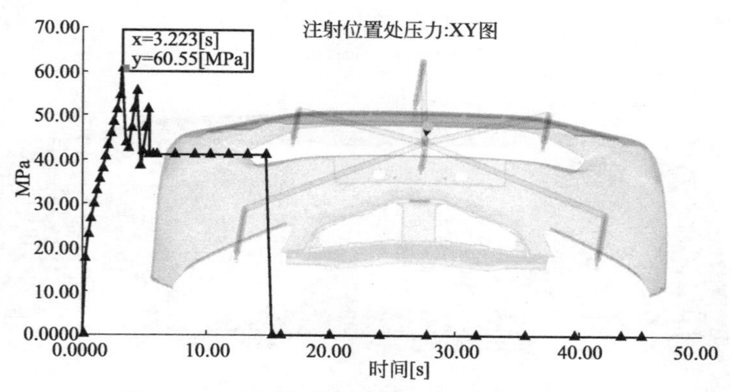

图 10-58　注射位置处压力：XY 图的显示结果

剪切速率最大值没有超过材料的极限值 100000。

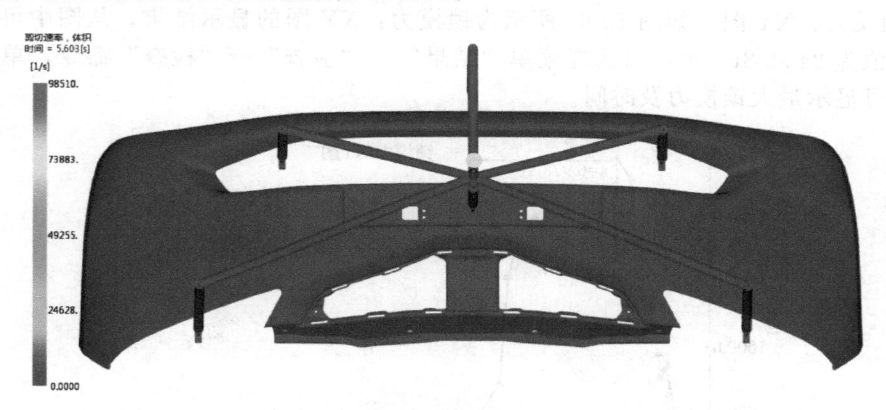

图 10-59　体积剪切速率的显示结果

⑥ 壁上剪切应力　如图 10-60 所示为壁上剪切应力的显示结果，从图中可知，壁上剪切应力的最大值已经超过了材料的极限值。但是超标区域位于主热流道的入口，对产品没有影响。

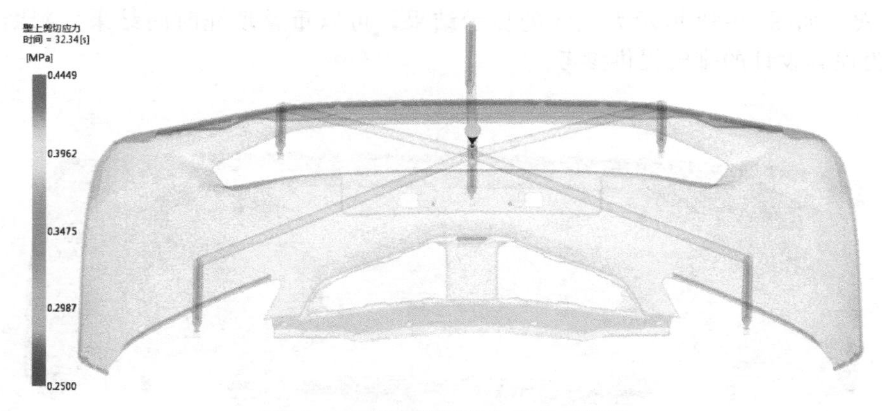

图 10-60　壁上剪切应力的显示结果

⑦ 达到顶出温度的时间　如图 10-61 所示为达到顶出温度的时间的显示结果，从图中可知，产品大部分区域的达到顶出温度的时间在 18s 左右，一般情况下产品冷却到 80% 即可顶出。

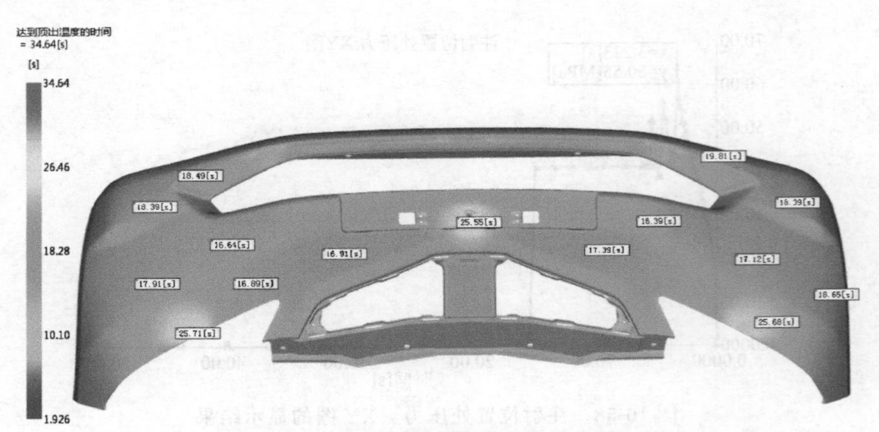

图 10-61 达到顶出温度的时间的显示结果

⑧ 锁模力：XY 图 如图 10-62 所示为锁模力：XY 图的显示结果，从图中可知，锁模力的最大值为 2434.8t。也可以选择菜单“结果”→“检查”→“检查”命令，单击曲线尖峰位置，可显示最大锁模力及时间。

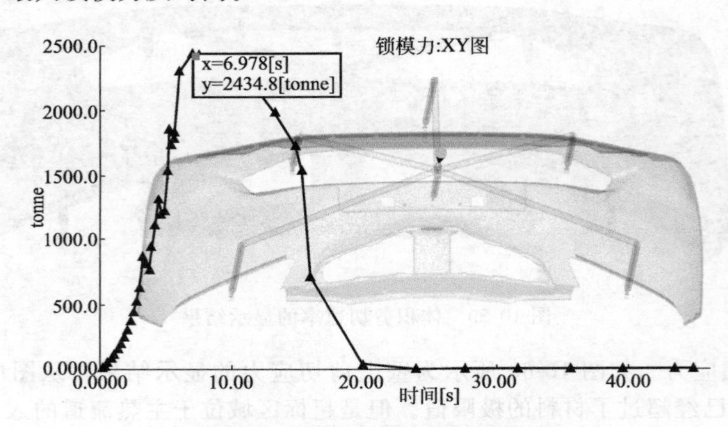

图 10-62 锁模力：XY 图的显示结果

⑨ 气穴 如图 10-63 所示为气穴的显示结果，可以重叠填充时间结果，判断气穴的显示位置，为模具设计的排气提供参考。

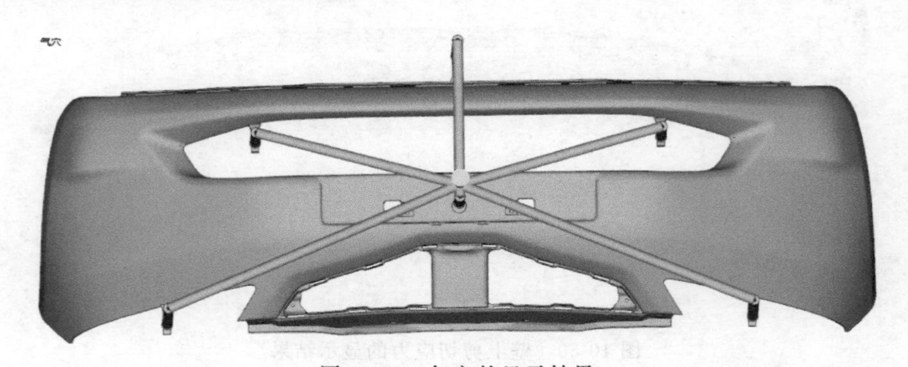

图 10-63 气穴的显示结果

⑩ 熔接线 如图 10-64 所示为熔接线的显示结果，从图中可知，在两股交接处存在熔接线，此区域位于装配位，对产品的外观影响不大。

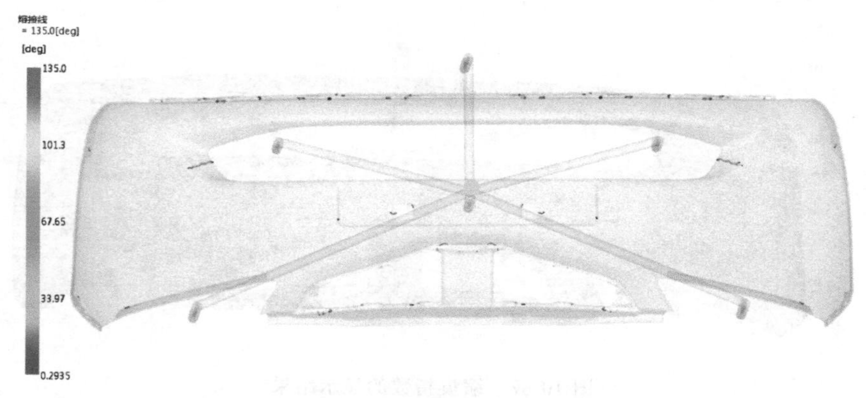

图 10-64　熔接线的显示结果

⑪ 顶出时的体积收缩率　如图 10-65 所示为顶出时的体积收缩率的显示结果，从图中可知，模型的体积收缩率极不均匀，靠近浇口区域体积收缩率较大，说明后续的保压时间太短，体积收缩率不均匀说明一段恒压的保压曲线并不合适，需要对保压曲线进行优化。

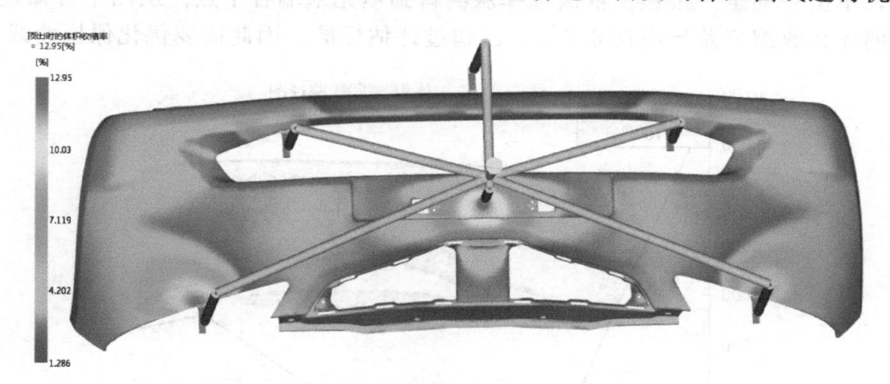

图 10-65　顶出时的体积收缩率的显示结果

⑫ 冻结层因子　如图 10-66 所示为冻结层因子的显示结果，可以单击“动画”中的“播放”按钮，以动画的形式模拟模型和浇口中的冷凝层随时间变化的过程。从图中可知模型在 27.64s 时全部冻结。由于模型采用的是热流道，因此模型的冻结时间与保压时间有关。

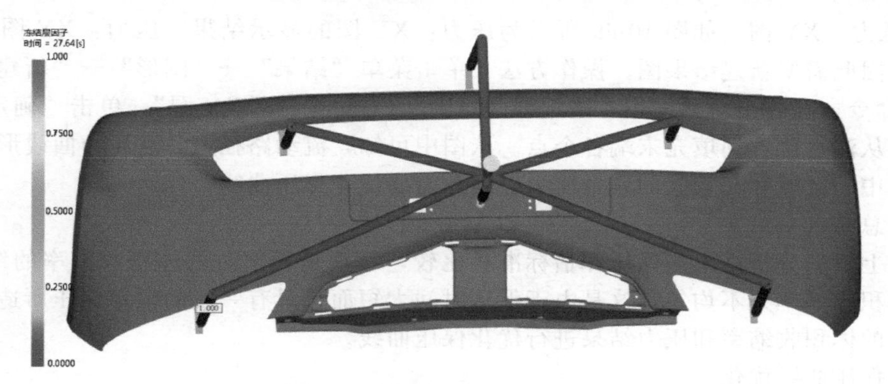

图 10-66　冻结层因子的显示结果

⑬ 缩痕，指数　如图 10-67 所示为缩痕指数的显示结果，从图中可知，模型中的红色区域为缩痕指数最大的区域。

图 10-67　缩痕指数的显示结果

⑭ 体积收缩率：路径图　如图 10-68 所示为体积收缩率：路径图的显示结果。体积收缩率：路径图不是默认结果图，因此需要新建结果图，操作方法：单击菜单“结果”→“图形”→“新建图形”→“图形”命令，在弹出对话框中左边选择“体积收缩率”，右边选择“路径图”，单击“确定”按钮。依次选择从浇口到填充末端各个点。从图中可知，模型沿流动路径上的体积收缩率差异应在 6.7%，已超过评估标准，因此需要优化保压曲线。

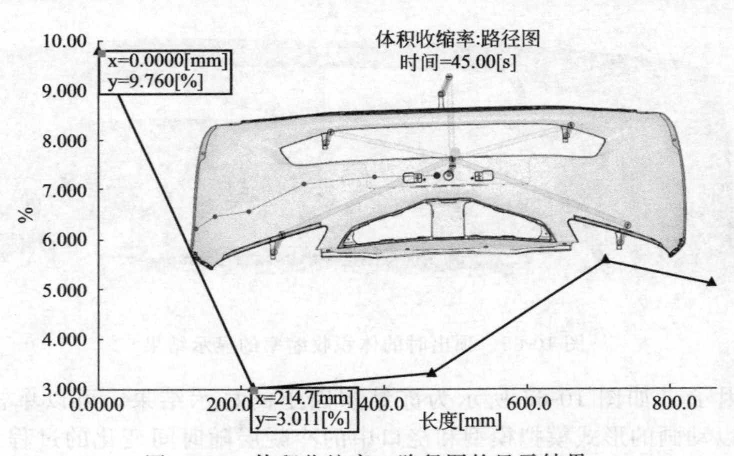

图 10-68　体积收缩率：路径图的显示结果

⑮ 压力：XY 图　如图 10-69 所示为压力：XY 图的显示结果。压力：XY 图不是默认结果图，因此需要新建结果图，操作方法：单击菜单“结果”→“图形”→“新建图形”→“图形”命令，在弹出对话框中左边选择“压力”，右边选择“XY 图”，单击“确定”按钮。依次选择从注射位置到填充末端各个点。从图中可知，流动路径上各点压力曲线形状比较接近，但在中间区域存在较大的残余压力，因此需要优化保压曲线。

(6) 总结

通过上面的分析结果与保压评估标准相比较，特别是顶出时的体积收缩率的结果可知，模型的体积收缩率并不均匀，这是由于保压时间太短而且只有一段的恒定保压所造成的。根据顶出时的体积收缩率和压力结果进行优化保压曲线。

(7) 保压曲线优化

首先在任务栏首先选中“MP10_05”方案，然后右击，在弹出的快捷菜单中选择“复制”命令，复制方案并改名为“MP10_06”。然后单击菜单“主页”→“成型工艺设置”→“工艺设置”命令，弹出“工艺设置向导-冷却设置”对话框。在对话框中所有参数采用冷

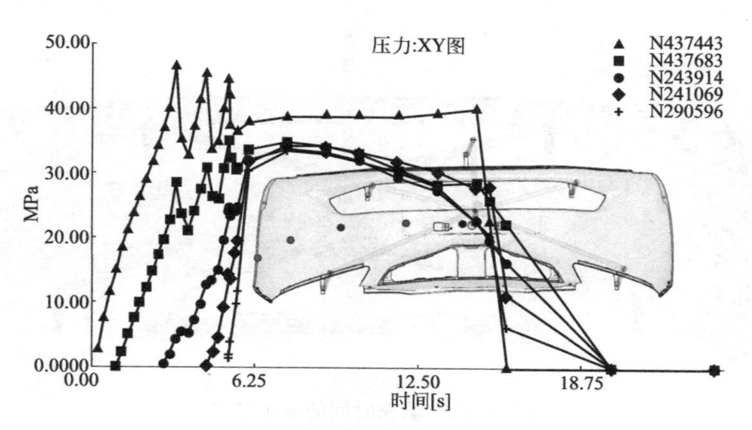

图 10-69　压力：XY 图的显示结果

却优化后的参数。单击“下一步”按钮，弹出“工艺设置向导—填充＋保压设置”对话框。在对话框中“充填控制”选项选择“流动速率”，文本框中输入填充优化分析后的流动速率 850，“速度/压力切换”选项选择“自动”。“保压控制”选项选择保压控制方式为“保压压力与时间”，单击右侧的“编辑曲线”按钮，弹出“保压控制曲线设置”对话框。在对话框中持续时间和保压压力的设置如图 10-70 所示。

保压控制曲线设置

保压压力与时间

	持续时间 s [0:300]	保压压力 MPa [0:500]
1	0.1	45
2	8	45
3	0	40
4	4	40
5	0	30
6	15	30
7		

导入曲线...　绘制曲线...

确定　取消　帮助

图 10-70　“保压控制曲线设置”对话框

（8）保压优化结果

① 填充时间　如图 10-71 所示为填充时间的显示结果，从图中可知模型没有短射的情况，填充时间为 5.603s，比色卡上最大值显示区域（一般显示为红色）为模型的最后填充区域，也是模型的末端，填充非常平衡。与前面一个方案相比较，填充时间相差不大。

② 顶出时的体积收缩率　如图 10-72 所示为顶出时的体积收缩率的显示结果，从图中可知，模型中的大部分区域的体积收缩率在 3%左右，整个模型的体积收缩率比较均匀，说明保压优化非常有效。

③ 冻结层因子　如图 10-73 所示为冻结层因子的显示结果，从图中可知模型在 31.73s 时已基本冻结，与前面方案的冻结时间相差较大，这是由于延长保压时间所造成的。

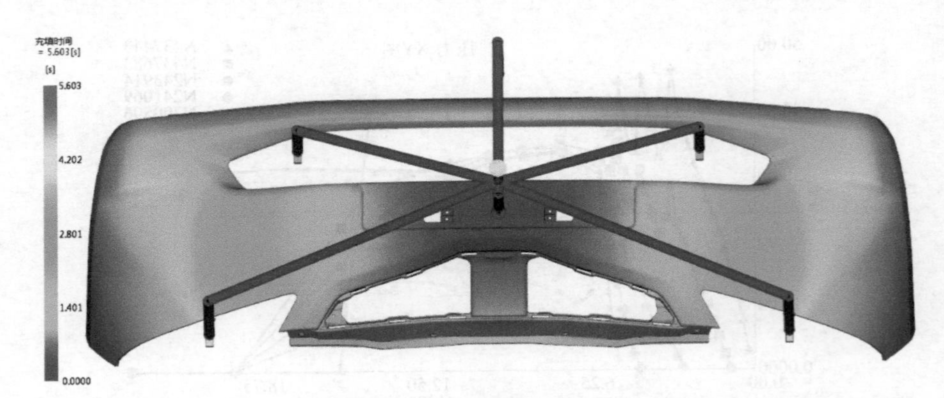

图 10-71 填充时间的显示结果

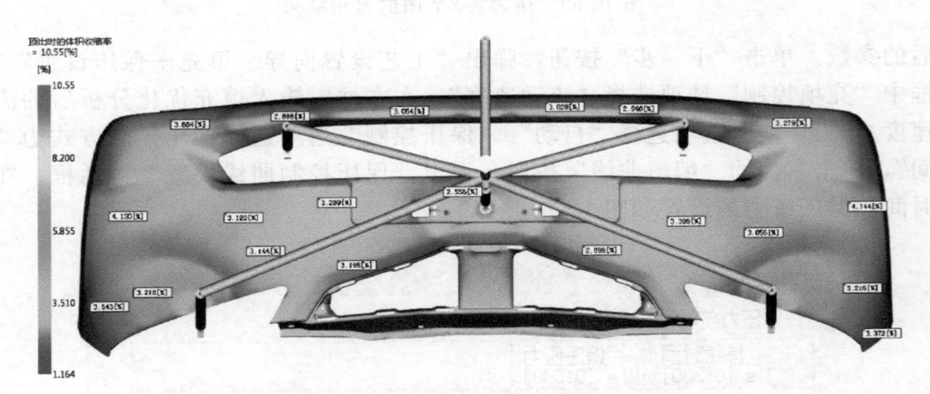

图 10-72 顶出时的体积收缩率的显示结果

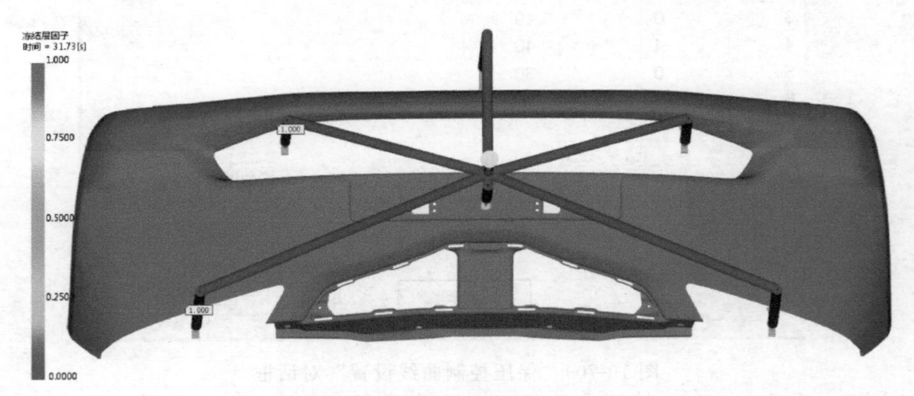

图 10-73 冻结层因子的显示结果

④ 体积收缩率：路径图 如图 10-74 所示为体积收缩率：路径图的显示结果。从图中可知，模型沿流动路径上的体积收缩率差异应在 0.41%，未超过评估标准，说明保压曲线的优化是有效的。

⑤ 压力：XY 图 如图 10-75 所示为压力：XY 图的显示结果。从图中可知，流动路径上各点压力曲线形状非常接近，型腔内的保压压力非常接近，符合评估标准。

⑥ 缩痕，指数 如图 10-76 所示为缩痕指数的显示结果，从图中可知，模型中的绝大部分区域缩痕指数为 0，说明保压曲线的优化非常有效。

⑦ 锁模力：XY 图 如图 10-77 所示为锁模力：XY 图的显示结果，从图中可知，锁模

力的最大值为 2707.3t，根据最大的锁模力选择适当的注塑机。

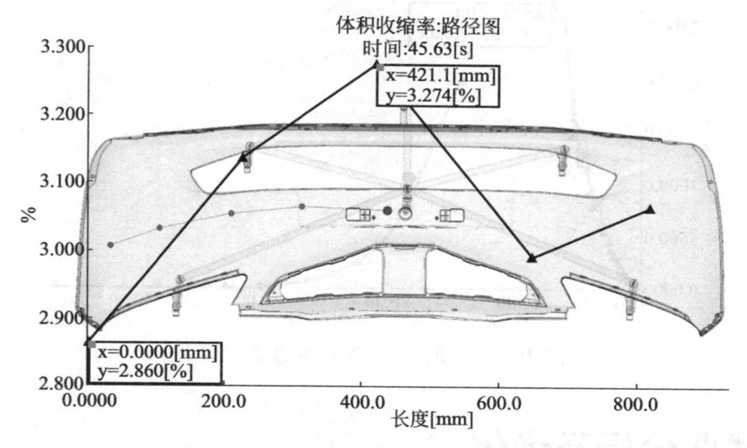

图 10-74　体积收缩率：路径图的显示结果

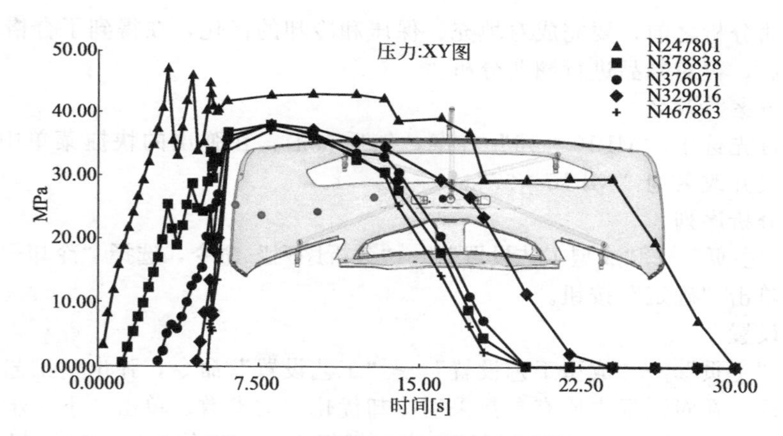

图 10-75　压力：XY 图的显示结果

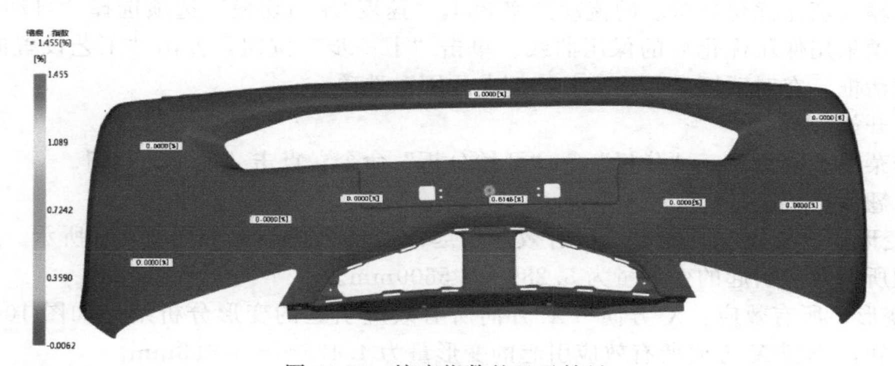

图 10-76　缩痕指数的显示结果

（9）保压优化总结

通过保压曲线优化的分析结果与保压评估标准相比较，可得出以下结论：顶出时的体积收缩率的结果已符合评估标准，并且体积收缩率非常均匀；流动路径上各点压力曲线形状非常接近，型腔内的保压压力非常接近；保压时间、保压压力、缩痕指数及锁模力均符合评估标准，说明保压曲线的优化是非常有效的。

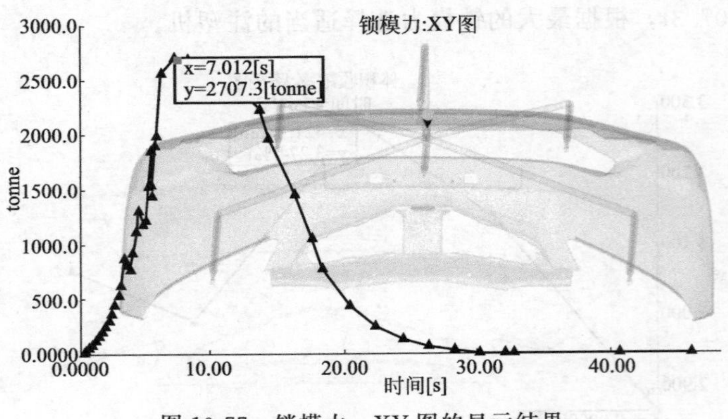

图 10-77 锁模力：XY 图的显示结果

10.10 翘曲分析及优化

在进行翘曲分析之前，要完成对填充、保压和冷却的优化，在得到了合格的填充、保压和冷却分析之后，再对制品进行翘曲分析。

(1) 复制方案并改名

在任务栏首先选中“MP10 _ 06”方案，然后右击，在弹出的快捷菜单中选择“复制”命令，复制方案并改名为“MP10 _ 07”。

(2) 设置分析序列

单击菜单“主页”→“成型工艺设置”→“分析序列”命令，选择“冷却＋填充＋保压＋翘曲”选项，单击“确定”按钮。

(3) 工艺设置

单击菜单“主页”→“成型工艺设置”→“工艺设置”命令，弹出“工艺设置向导—冷却设置”对话框。在对话框中所有参数采用冷却优化后的参数。单击“下一步”按钮，弹出“工艺设置向导-填充＋保压设置”对话框。在对话框中“充填控制”选项选择“流动速率”，文本框中输入填充优化分析后的流动速率 850，“速度/压力切换”选项选择“自动”。“保压控制”选项采用保压优化后的保压曲线。单击“下一步”按钮，弹出“工艺设置向导-翘曲设置”对话框。在对话框中勾选“分离翘曲原因”选项。

(4) 开始分析

单击菜单“主页”→“分析”→“开始分析”命令，点击“确定”按钮。

(5) 翘曲分析结果

① 变形，所有效应：变形　所有效应引起的变形分析结果如图 10-78 所示。从图中可知，模型所有效应引起的变形量为 5.289～0.5609mm。

② 变形，所有效应：*X* 方向　*X* 方向所有效应引起的变形分析结果如图 10-79 所示。从图中可知，模型 *X* 方向所有效应引起的变形量为 4.475～－4.493mm。

③ 变形，所有效应：*Y* 方向　*Y* 方向所有效应引起的变形分析结果如图 10-80 所示。从图中可知，模型 *Y* 方向所有效应引起的变形量为 4.915～－3.668mm。

④ 变形，所有效应：*Z* 方向　*Z* 方向所有效应引起的变形分析结果如图 10-81 所示。从图中可知，模型 *Z* 方向所有效应引起的变形量为 4.555～－2.06mm。

⑤ 变形，冷却不均：变形　冷却不均引起的变形分析结果如图 10-82 所示。从图中可知，模型冷却不均引起的变形量为 1.468～0.0401mm。

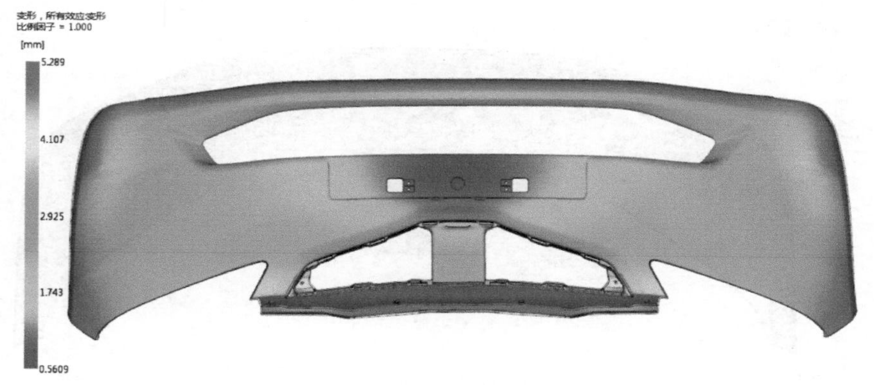

图 10-78　所有效应引起的变形分析结果

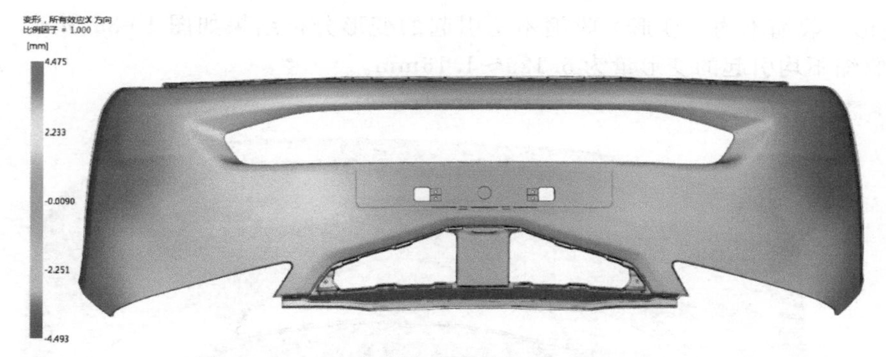

图 10-79　X 方向所有效应引起的变形分析结果

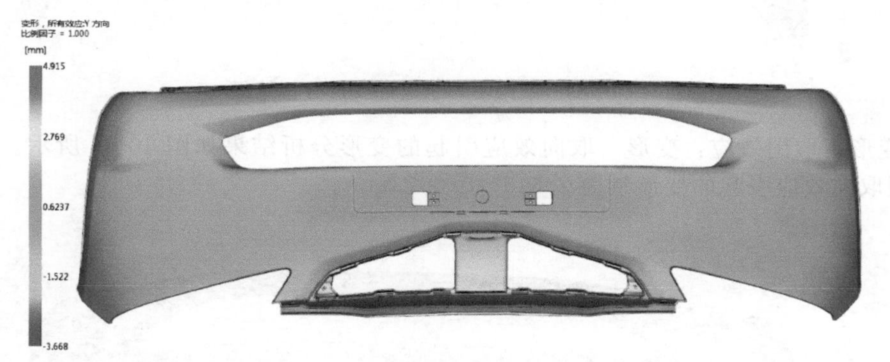

图 10-80　Y 方向所有效应引起的变形分析结果

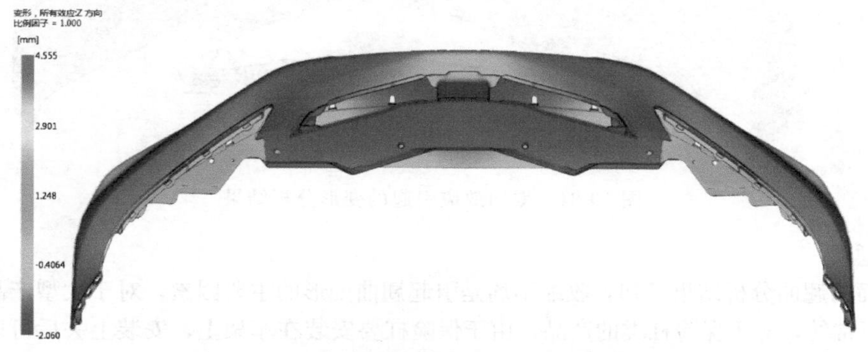

图 10-81　Z 方向所有效应引起的变形分析结果

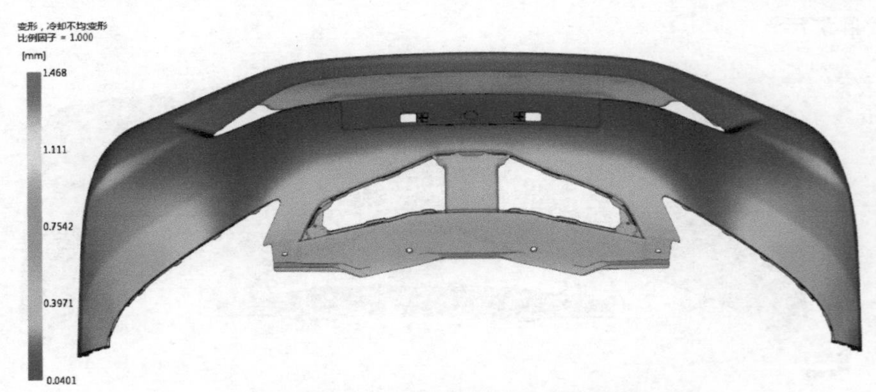

图 10-82 冷却不均引起的变形分析结果

⑥ 变形，收缩不均：变形 收缩不均引起的变形分析结果如图 10-83 所示。从图中可知，模型收缩不均引起的变形量为 5.129～1.16mm。

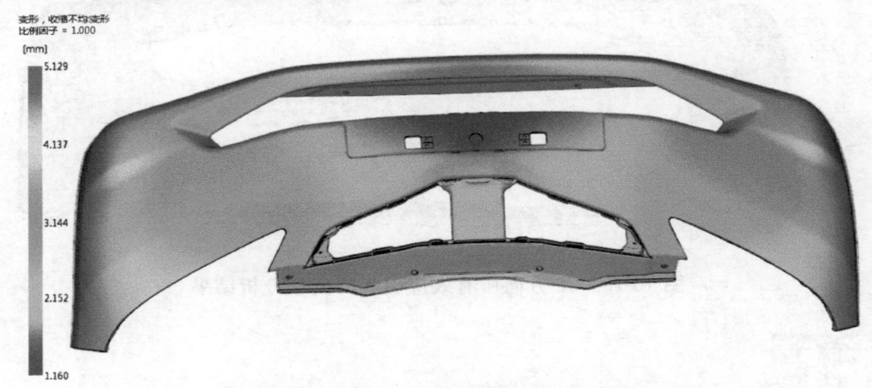

图 10-83 收缩不均引起的变形分析结果

⑦ 变形，取向效应：变形 取向效应引起的变形分析结果如图 10-84 所示。从图中可知，模型取向效应引起的变形量为 2.615～0.0073mm。

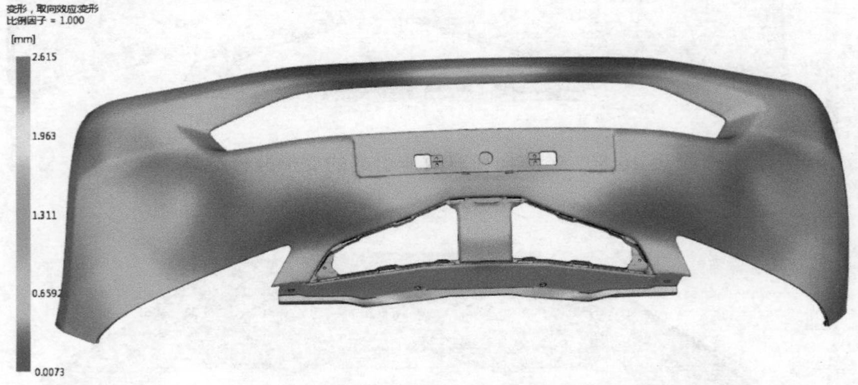

图 10-84 取向效应引起的变形分析结果

（6）总结

从上面的翘曲分析结果可知，收缩不均是引起翘曲变形的主要因素，对于大型产品翘曲变形比较大是正常的，对于保险杠类的产品，由于保险杠要安装在车架上，安装上去后可以起到夹装校正的作用，一般情况下对于保险杠的翘曲变形要求不高，因此，可以不用再进行翘曲优化。